多沙河流水利枢纽工程
泥沙设计理论与关键技术

张金良 著

黄河水利出版社

·郑州·

内 容 提 要

本书针对高、超高、特高含沙量河流水利枢纽工程泥沙设计难题,创新和发展了多沙河流水利枢纽工程泥沙设计理论,研究揭示了"河道 – 水库"水沙运动能耗机制以及泄水建筑物布设与水库排沙及有效库容保持的互馈机制,提出了水库拦沙能力与库区泥沙冲淤临界形态计算方法,研发了多沙河流水库淤积形态与库容分布耦合设计技术、超高含沙量河流拦沙库容再生利用技术、特高含沙量河流水库水沙分置开发技术、多沙河流水利枢纽工程安全防护技术等多项技术。

本书可供广大水利工作者、工程技术人员和高等院校师生参考。

图书在版编目(CIP)数据

多沙河流水利枢纽工程泥沙设计理论与关键技术/
张金良著. —郑州:黄河水利出版社,2019.2
ISBN 978 – 7 – 5509 – 2286 – 0

Ⅰ.①多…　Ⅱ.①张…　Ⅲ.①多沙河流 – 水利枢
纽 – 水利工程 – 设计 – 中国　Ⅳ.①TV632

中国版本图书馆 CIP 数据核字(2019)第 038030 号

组稿编辑:王路平　电话:0371-66022212　E-mail:hhslwlp@ 126. com

出　版　社:黄河水利出版社　　　　　　　　　　　网址:www.yrcp. com
　　　　　地址:河南省郑州市顺河路黄委会综合楼 14 层　邮政编码:450003
发行单位:黄河水利出版社
　　　　　发行部电话:0371 – 66026940、66020550、66028024、66022620(传真)
　　　　　E-mail:hhslcbs@ 126. com
承印单位:河南瑞之光印刷股份有限公司
开本:787 mm×1 092 mm　1/16
印张:29
字数:670 千字
版次:2019 年 2 月第 1 版　　　　　　　　印次:2019 年 2 月第 1 次印刷

定价:260.00 元

前　言

　　水安全是全面建成小康社会的重要保障,重大水工程是实现区域均衡发展、促进生态文明建设的基础设施。我国北方水土流失严重地区,水少沙多,生态环境脆弱,发展落后,水资源供需矛盾尤其突出。工程泥沙设计理论与技术不完善是制约多沙河流重大水工程建设的短板。

　　我国工程泥沙设计技术发展总体经历三个阶段:20世纪50~70年代,以三门峡水库为代表,采取"蓄水拦沙"设计,由于对泥沙问题的预估过于乐观,包括对黄河来沙量的设计、水库排沙泄流规模、水库调度运用以及库区淤积等问题考虑得不够,水库库容快速淤损,回水末端淤积上延,渭河下游洪涝灾害问题突出。为此,进行了两期泄流规模改建,同时将水库运用方式改为"蓄清排浑"运用,经过一系列措施的实施,三门峡水库基本控制库容大量淤损,实现了水库既定的部分开发目标。20世纪八九十年代,在对三门峡等水库运用实践总结基础上,为减缓黄河下游淤积,保障防洪安全,小浪底水库设计阶段对泥沙问题进行了深入研究,提出了"拦粗排细、蓄清排浑"的运用方式,采用正向进沙高滩深槽淤积形态和一定规模的死水位泄量等进行工程设计,以及采取了联合调水调沙等运用方式,实现了水库既定开发目标,工程泥沙设计技术显著提升。2000年以来,以小浪底水库为代表的运用实践,为多沙河流水库设计提供了丰富的技术支撑,但在工程泥沙设计方面尤其是在高、超高、特高含沙量河流的水利枢纽工程泥沙设计方面还面临突出问题。

　　当前,我国正在实施的黄河古贤水利枢纽年均入库含沙量28 kg/m³,是世界上入库水流含沙量最高的混凝土重力坝;泾河东庄水利枢纽年均入库含沙量140 kg/m³,是世界上入库水流含沙量最高的双曲拱坝;甘肃马莲河水利枢纽年均入库含沙量280 kg/m³,是世界上入库水流含沙量最高的均质土坝。三座水利枢纽分别为高、超高、特高含沙量河流水利枢纽工程,其泥沙问题的严重性、复杂性均为世界之最,工程设计面临新挑战。古贤水利枢纽是黄河水沙调控体系控制性骨干工程,世界上在红层软岩上建设的最高混凝土重力坝,坝高215 m,总库容129.4亿m³,库区长度202 km,高含沙河流超长水库横向进沙淤积形态和库容分布设计是前所未有的难题;泾河东庄水利枢纽坝高230 m,总库容32.76亿m³,超高含沙河流水库蛇形弯道输沙和库容再生利用问题也属于世界性难题;马莲河水利枢纽坝高71 m,总库容4.79亿m³,特高含沙河流供水水库开发目前尚属空白。

　　多沙河流水利枢纽工程泥沙设计理论与关键技术研究工作意义重大,技术难度大,科技含量高。项目由黄河勘测规划设计研究院有限公司技术总负责,联合水利部水利水电规划设计总院、天津大学、中国水利水电科学研究院、清华大学、华北水利水电大学共同攻关研究。研究历时20余年。

　　研究团队针对不同含沙量级河流、不同开发目标、不同进沙方式水库工程泥沙设计面临的问题,进行理论创新、技术攻关及实践应用,系统解决了高、超高、特高含沙量河流水利枢纽工程泥沙问题。项目依托黄河古贤水利枢纽、泾河东庄水利枢纽、甘肃马莲河水利枢纽等重大工程设计,得到变化环境下小浪底水库运行方式研究、河流泥沙数值模拟系统开发及应用研究、多沙河流汛期供水水库有效库容保持研究、小浪底水库枢纽进水塔群前防淤堵研究、国家自然科学基金"弯曲河流多尺度湍流结构掀沙过程及其对河湾演化影响的研究"等20多个项目和基金的支持,对工程泥沙问题进行了全链条研究。内容包括水沙条件设计、下游输沙能力与水库拦沙能力设计、泥沙模拟技术、淤积形态设计、库容分布和特征水位设计、超高含沙河流水库拦沙库容再生利用技术、特高含沙河流水库水沙分置开发技术、防淤堵技术、坝面浑水压力设计、抗磨蚀防护等,形成了多沙河流工程泥沙设计理论与技术体系,为多沙河流水利枢纽工程泥沙设计提供了技术支撑。

　　本书由张金良主持撰写和统稿,参与撰写的人员有刘继祥、陈建国、张红武、白玉川、付健、万占伟、罗秋实、陈翠霞、鲁俊、张建、韦诗涛、梁艳洁、高兴、王惠芹。研究工作期间,天津大学、中国水利水电科学研究院、华北水利水电大学、清华大学、水利部水利水电规划设计总院等单位的领导、专家,为本次研究成果进行了指导,做出了重要贡献,在此深表感谢!

作　者

2018 年 12 月

目 录

第 1 章

概　述

1.1　研究背景

　　水是万物之母、生存之本、文明之源。兴水利、除水害始终是治国安邦的大事,水安全是全面建成小康社会的重要保障,是国家安全的重要组成部分,关系到资源安全、生态安全、经济安全和社会安全。党的十八大以来,中共中央高度重视水安全工作,把水安全上升为国家战略,做出一系列重大决策部署。2014 年 3 月 14 日,习近平总书记专题听取水安全战略问题汇报并发表重要讲话,强调水安全是涉及国家长治久安的大事,明确提出"节水优先、空间均衡、系统治理、两手发力"的治水方针,为系统解决我国新老水问题、保障国家水安全提供了根本遵循和行动指南。党的十九大提出全面建成小康社会、全面建设社会主义现代化国家的宏伟目标和战略部署,对持续增强国家水安全保障能力提出了新的更高要求。

　　由于季风气候的影响,我国水资源时空分布不均,北方地区水资源匮乏,水土流失严重,生态环境脆弱,发展落后,水资源供需矛盾尤其突出,建设重大水工程是实现区域经济社会可持续发展和生态环境良性维持的重要措施。多沙河流水利枢纽工程泥沙设计理论与技术是支撑水工程设计与安全建设运行的关键,目前工程泥沙设计理论与技术在水库开发模式、淤积形态设计、库容分布设计、工程安全防护等方面仍存在技术难题,是制约多沙河流重大水工程建设的短板。

　　我国工程泥沙设计技术发展总体经历如下三个阶段:

　　(1)20 世纪 50～70 年代,以三门峡水库为代表,采取"蓄水拦沙"设计,由于对泥沙问题的预估过于乐观,包括对黄河来沙量的设计、水库排沙泄流规模、水库调度运用以及库区淤积等问题考虑得不够,水库库容快速淤损,回水末端淤积上延,渭河下游洪涝灾害问题突出。为了减缓水库淤积和渭河下游洪涝灾害,1962 年 2 月,水利电力部在郑州召开会议,决定将三门峡水库的运用方式由"蓄水拦沙"改为拦洪(滞洪)排沙,汛期敞开闸门泄流,只保留防御特大洪水的任务并经国务院批准。但是,受水库泄流规模限制,水库滞洪排沙运用多,并不能缓解水库淤积,对黄河下游也十分不利,又先后进行了两期泄流规模改建,同时将水库运用方式改为"蓄清排浑"运用,经过一系列措施的实施,三门峡水库基本控制库容大量淤损,实现了水库既定的部分开发目标。

　　(2)20 世纪八九十年代,在对三门峡等水库运用实践总结基础上,为减缓黄河下游淤积,保障防洪安全,小浪底水库设计时对泥沙问题进行了深入研究,提出了"拦粗排细、蓄清排浑"的运用方式,采用正向进沙高滩深槽淤积形态和一定规模的死水位泄量等进行工程设计,并采取了联合调水调沙等运用方式,实现了水库既定开发目标,工程泥沙设计技术显著提升。

　　(3)2000 年以来,以小浪底水库为代表的运用实践,为多沙河流水库设计提供了丰富的技术支撑,但在工程泥沙设计方面还面临突出的问题,包括:①设计理论提升问题;②侧向进沙水库淤积形态和库容分布耦合设计问题;③百公斤级以上含沙量河流水库开发模式和工程泥沙设计技术问题等。当下,多沙河流水利枢纽工程泥沙设计面临着理论方法不完善、库容配置边界不明确、库容修复技术研究成果少、枢纽防护技术待突破等理论与技术问题,在设计阶段处理不当会引起一系列重大工程问题。理论基础层面,高含沙水流能耗理论、多沙水库泥沙淤积机制、高坝大库泥沙防护理论还制约着工程设计技术的发展;泥沙分析涉及的入库水沙设计、泥沙冲淤模拟、临界形态设计、淹没回水计算还面临不少挑战;库容保持涉及的库容配置、拦沙库容修复再生、水库拦沙—供水协同技术有待突破;枢纽防护涉及的防淤堵、坝面浑水压力和泥沙磨蚀也直接影响着工程安全。

研究团队依托当前正在开展的黄河古贤水利枢纽、泾河东庄水利枢纽、甘肃马莲河水利枢纽等重大工程设计,对涉及的工程泥沙问题进行了全链条研究,形成了系统的多沙河流水利枢纽工程泥沙设计理论技术体系。团队承担的黄河古贤水利枢纽项目建议书,历经 16 年(2000~2016 年),于 2015 年 12 月通过水利部水规总院技术审查,2016 年 11 月通过中国国际工程咨询公司评估;古贤水利枢纽可行性研究,于 2018 年 11 月通过水利部水规总院技术审查。团队承担的东庄水利枢纽项目(2010~2018 年),2017 年 7 月 15 日项目可行性研究通过了国家发改委批复(发改农经 2017〔1318〕号),2018 年 12 月初步设计成果通过水利部水规总院技术审查。团队承担的马莲河水利枢纽项目(2013~2018 年)可行性研究报告于 2018 年 11 月通过水利部水规总院技术审查。团队有关多沙河流水利枢纽工程的设计理论和关键技术,在工程实践中得到应用,有力支撑了工程的规划设计,发挥了巨大的工程效益。

研究还得到变化环境下小浪底水库运行方式研究、河流泥沙数值模拟系统开发及应用研究、多沙河流汛期供水水库有效库容保持研究、小浪底水库枢纽进水塔群前防淤堵研究、国家自然科学基金"弯曲河流多尺度湍流结构掀沙过程及其对河湾演化影响的研究"等 20 多个项目和基金的支持。项目研究工作历时 20 年,累计投入经费 5 亿元。

1.2　研究现状

多沙河流水利枢纽工程泥沙设计理论与关键技术,主要涉及工程泥沙设计理论与工程泥沙设计技术两个层面,就两个层面目前的研究成果分别综述如下。

1.2.1　工程泥沙设计理论

水利枢纽工程泥沙设计理论的核心,是研究工程兴建前后库区、坝区的泥沙运动特性,由此推演不同工程规模及工程布置时水沙运动的特点、泥沙淤积的形态以及与水库调度之间的响应,支撑工程的规划设计。

1.2.1.1　库区水沙运动研究

水库输沙流态包括均匀明流输沙、壅水明流输沙、浑水水库输沙和异重流输沙等形态,理论研究层面,以往的研究者通过构建不同的泥沙数学模型进行描述,水库悬移质不平衡输沙规律研究方面,以水库悬移质不平衡输沙规律为主线进行研究。苏联一些学者从 20 世纪 30 年代开始就直接从沙量平衡出发,建立一维不平衡输沙方程;之后我国窦国仁也提出了类似的方程。这些研究成果虽然抓住了不平衡输沙的主要矛盾,但由于局限于均匀沙和均匀流,不符合水库悬移质运动规律。韩其为针对实际非均匀沙和非均匀流,通过积分二维扩散方程得到了一维非均匀沙不平衡输沙方程,并与已得到的一维不平衡输沙方程的结果基本一致。在积分一维不平衡输沙方程的成果方面还有王静远、朱启贤等的级数解。不同模型控制方程大体相同，差异主要在于阻力、水流挟沙能力、推移质输移等问题的处理上。韩其为等提出了挟沙能力级配及有效床沙级配的概念和详细的表达式，这对非均匀沙的不平衡输沙研究非常重要。

针对其中较为特殊的异重流输沙和溯源冲刷问题，很多人开展了专门的研究。对异重流的研究多集中于异重流的形成条件、潜入条件、持续运动的条件及水库异重流计算等方面，范家骅对异重流开展了试验研究，揭示了潜入条件的特点；韩其为认为需要补充均匀流的条件，即潜入点的水深必须大于异重流正常水深，否则潜入不成功，并对异重流水库淤积和排沙进行了研究。对水库异重流排沙的计算，夏震寰、王士强基于统计资料进行了分析；姜乃森根据三门峡、官厅、刘家峡、黑松林、小河口等水库的资料得到了经验公式。张俊华针对水库模型相似律的异重流相似条件开展了理论研究，并利用实体模型试验检验。除此之外，一些文献成果对异重流倒灌及异重流孔口排沙问题也进行了研究。

溯源冲刷常发生在水库泄空时的坝前以上河段或三角洲前坡以上河段。对溯源冲刷主要有两种研究方法，一是简化河床变形方程方法，对挟沙能力方程和河床变形方程适当简化后，可将溯源冲刷的纵剖面方程化为二阶常系数热传导（偏微分）方程，彭润泽、曹叔尤、巨江等在溯源冲刷机制研究方面取得了一定的成果。二是构造溯源冲刷纵剖面方法，在对冲刷纵剖面进行假设的基础上导出冲刷参数以求出冲刷量的变化等。美国斯坦福大学的 Hsieh Wen Shen 和 Robert Janssen 建立了冲刷宽度和流量之间的关系。此外，在水库排沙、减淤以及恢复库容方面还有大量的研究成果，其中对三门峡水库的排沙研究最多。国外学者有代表性的是 Brune 和 Churchill 所做的工作，后来大多数学者在此基础上针对具体水库开展了敏感因素分析。

1.2.1.2 水库淤积形态的研究

理论研究方面，我国对三角洲形态的淤积研究较早，中国水利水电科学研究院河渠所以及张威、韩其为等对三角洲淤积的趋向性、形成特点、三角洲和前坡淤积比降、洲面线与水面线方程以及前坡长度等三角洲形态有关设计理论进行过研究，并利用官厅水库资料进行了验证。此外，俞维升和李宏源通过水槽试验亦证实了沙质推移质在壅水区以三角洲形式向前推进。除三角洲淤积形态外，对锥体淤积形态、带状淤积形态等，也有过大量研究，已有一些经验性的形态判别方法，韩其为从理论上证实了锥体淤积剖面近似于直线、坝前淤积厚度与总淤积体积近似于线性关系。具体进行水库淤积形态设计时，常用的方法包括公式计算、数学模型计算和物理模型试验等。多沙河流水库库区淤积形态尤其是槽库容形态变化复杂，目前关于临界冲淤状态的研究尚少，影响工程设计。

1.2.2 工程泥沙设计技术

1.2.2.1 水库泥沙模拟技术

多沙水库泥沙模拟技术是研究水库泥沙运动的重要手段之一，主要包括水槽试验、物理模型试验和数学模型。它们既相互独立，又相辅相成。

1. 水槽试验研究

试验水槽，从外型上划分为顺直型水槽和顺直型水槽附加局部障碍，从功能上可划分为明流水槽和异重流水槽,从约束方向上有横向可变宽和纵比降可调整的水槽。水槽千差万别的精细设计是为概化水流,以减小次要因素的影响,获得更为客观的试验成果。针对异重流、溯源冲刷等开展过基础试验,研究了不同的水力与边界因子对水库冲淤、水沙输移规律的敏感程度。彭润泽、韩其为、李昆鹏等利用水槽试验研究了溯源冲刷,结合理论推导,给出了预测方法;范家骅等、张小峰等利用水槽异重流试验研究了局部掺混、头部流速、潜入条件、纵向运动速度修正系数等。

2.物理模型试验研究

实体模型技术的关键点是模型相似理论的建立。20世纪50年代初期,我国从苏联引入方程分析法和爱因斯坦模型相似律。近年来,张俊华等针对多沙河流水库的特点,提出了适合小浪底水库的模型相似和异重流相似条件,并利用小浪底水库模型,预测了小浪底水库拦沙初期、后期库区水沙运动规律,河床纵横剖面形态变化、库容变化。

3.数学模型研究

随着计算机技术的日新月异,数学模型研究手段的便捷性体现得更为突出。在异重流研究方面,Kassem和Lmran运用立面二维Navier-Stokes模型模拟了实验室水槽异重流和加拿大Saguenay峡湾发生的异重流运动;De Cesare等运用三维Navier-Stokes模型模拟了瑞士Alps山上的Luzzone水库异重流运动。在水库淤积模拟方面,M. Frenette和J. C. Souriac依据实测资料从数学模型出发计算了海地Peligre水库的淤积发展;Souza等对巴西水库淤积形态进行了研究。

多沙河流水库坝区输沙流态和冲淤模式十分复杂,从目前已有研究情况看,现有模拟技术难以全面适应高、超高、特高不同含沙量水库冲淤模拟。

1.2.2.2 水库库容分布设计技术

水利枢纽的开发建设往往是从水资源的综合利用角度进行规划设计的,一般要同时兼具防洪、发电、供水、灌溉等多目标需求,按照一定的设计水平年和保证率,可以计算出防洪兴利的库容需求大小,如何结合地形、来水来沙等条件进行库容分布设计直接影响水库的规模指标。

当前水库工程设计时,对于少沙河流,往往是在确定完死库容后,结合原始地形进行特征库容分布设计;对于多沙河流,往往是将水库淤积形态计算和库容分布设计分别进行,传统水库淤积形态设计中未充分考虑河槽冲淤临界状态,而实际上水库具有死滩活槽的特点,槽库容有冲有淤,目前对河槽冲淤临界状态的界定尚不清晰,这给水库库容分布设计带来影响,造成水库回水计算基底边界不明确,可能导致移民回水超出设计范围,诱发社会问题。同时,在多沙河流水库拦沙库容计算方面,与水库下游河道输沙要求结合不紧密,尚未成熟的合理确定拦沙库容的方法,而与之紧密相关的水沙条件设计尚未解决实测径流、泥沙系列的一致性处理等难题。

1.2.2.3 水库拦沙库容再生利用技术

在河流上修建水库后,水位抬高,流速减小,必然造成泥沙在水库中的淤积,对此以往有过研究,如韩其为和何明民的《泥沙运动统计理论》、韩其为的《水库淤积》、武汉水利电力学院的《河流动力学》(张瑞瑾主编)、沙玉清的《泥沙运动力学》、钱宁和万兆惠的《泥沙运动力学》、张瑞瑾和谢鉴衡等的《河流泥沙动力学》、窦国仁的《泥沙运动理论》、侯晖昌的《河流动力学基本问题》等。在水库库容保持方面已经有比较成熟的理论和办法,包括蓄清排浑、降水冲刷、异重流排沙和水沙联合调度等措施,以及上游拦蓄减少入库沙量、优化规划设计、合理的水库运用方式和机械清淤等综合措施。以上研究,未对水库拦沙库容再生利用进行研究,相关理论未成体系,也没有相应的技术。

1.2.2.4 特高含沙河流水库水沙分置技术

多沙河流上汛期有供水任务的水库,要长期保持有效库容,在汛期来沙量较大的时期,必须保证一定的排沙时段,尤其是特高含沙河流水库,长期保持有效库容对水库泄流排沙的要求更高。但水库排沙期无法蓄水,很难保证水资源量,无法满足供水任务的要求,特高含沙河流水库库容保持和供水矛盾突出。目前,在河流上修建的水利枢纽工程多为单库开发模式,无法满足特高含沙河流水库供水保证率要求,特高含沙河流水沙分置开发处于空白。

1.2.2.5 枢纽安全防护技术

多沙河流水利枢纽安全防护涉及水库防淤堵技术、坝前浑水容重设计和抗冲耐磨防护技术等。

1.水库防淤堵技术

多沙河流水库由于入库水流含沙量较高,随着水库的运用,库区泥沙淤积形态从运行初期的三角洲淤积逐渐发展为锥体淤积,且随着坝前泥沙淤积厚度的增大,泄水孔洞淤堵的风险也不断增加。我国以往在多沙河流上兴建的水库,不少出现了泄水孔洞淤堵的情况,如刘家峡水库、王瑶水库、三门峡水库等。现有的防淤堵研究多是采用实测资料进行分析的,针对发生淤堵的工程案例进行剖析总结,对发生淤堵的位置、成因、淤堵时的水情、淤堵解除的措施进行归纳分析。小浪底水利枢纽规划设计阶段曾利用物理模型试验进行了专门研究。坝区水沙运动模拟也可以为枢纽的设计提供支撑,但目前的研究较少。

2.坝前浑水容重设计

坝前浑水容重设计,是枢纽工程建筑物设计的重要参数,关乎枢纽的自身安全。少沙河流工程设计时,多是将坝前水体视作清水处理,多沙河流水库大坝坝面浑水容重不同于少沙河流,相关设计规范未提及浑水容重计算方法,导致坝前浑水容重计算存在争议,国内外部分专家认为浑水中泥沙颗粒是松散结构,为非连续介质,对大坝压力影响有限,还有部分专家认为随着含沙量的增加,水体由牛顿体转变为非牛顿体,松散颗粒形态逐渐转变为具有流动性的连续介质,对大坝侧向压力也可能产生较大的影响。因此,坝前浑水容重计算存在争议,相关设计规范也未提及。

3.抗冲耐磨防护技术

多沙河流由于泥沙的大量存在,会对泄水建筑物、水轮机等产生一定程度的磨蚀,严重时影响泄水建筑物及水轮机的正常使用。现有的抗冲耐磨防护技术多是从抗冲耐磨材料的研发着手,主要着眼于混凝土细骨料、减水剂及外加剂。泄水流道抗水力劈裂和抗磨蚀也难以兼顾。

1.3 主要研究内容和研究思路

本书紧扣高、超高、特高含沙量河流水利枢纽工程泥沙设计难题,采用实测资料分析、数学模型计算、物理模型试验和理论分析等多种手段,围绕水沙条件设计、下游输沙能力与水库拦沙能力设计、泥沙模拟技术、淤积形态设计、库容分布和特征水位设计、超高含沙河流水库拦沙库容再生利用技术、特高含沙河流水库水沙分置开发技术、防淤堵技术、坝面浑水压力设计、抗磨蚀防护等内容,创新发展多沙河流水利枢纽工程泥沙设计理论,研究揭示"河道 – 水库"水沙运动能耗机制和泄水建筑物布设与水库排沙及有效库容保持的互馈机制,提出水库拦沙能力与库区泥沙冲淤临界形态计算方法,研发多沙河流水库淤积形态与库容分布耦合设计技术、超高含沙量河流拦沙库容再生利用技术、特高含沙量河流水库水沙分置开发技术、多沙河流水利枢纽工程安全防护技术等成套技术,破解了长期以来制约超高含沙、特高含沙河流大型水利枢纽工程建设的泥沙设计世界级技术难题,填补在含沙量超过 100 kg/m³ 量级河流上建设大型综合性水利枢纽工程的设计空白。

总体思路见图 1-1。

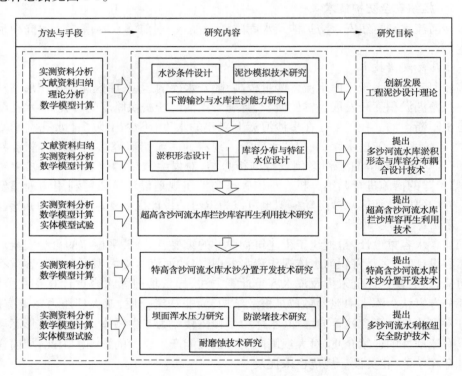

图 1-1   总体思路

1.3.1   工程泥沙设计理论

基于能耗理论,研究泥沙有效悬浮功和河流边界最小能耗原理,推导以悬移质造床为主的河相关系,诠释河道 – 水库水沙运动能耗变化机制,构建库区泥沙冲淤临界形态计算公式;基于动力学理论和最小能耗原理研究黄河下游输沙能力,分析不同泥沙配置途径的时空差异效应,构建泥沙配置模型,研究变化环境下黄河泥沙配置方案,给出水库拦沙库容,明确未来水沙情景下的最优配置模式;研究库容保持、修复、再生理论与泄流排沙规模,提出工程泥沙设计指标体系与设计方法,形成工程泥沙设计新标准。

1.3.2 工程泥沙设计技术

1.3.2.1 水库淤积形态与库容分布耦合设计技术

研究水库纵向淤积形态与横向淤积形态,提出水库淤积形态的影响因素及判别方法;识别库区干支流水沙与泥沙淤积形态响应关系,提出水库高滩深槽、高滩中槽、高滩高槽三种泥沙淤积形态设计技术,实现拦沙库容、调水调沙库容、兴利库容、防洪库容分布与淤积形态的耦合设计,研究库容变化对设计水面线的影响。

1.3.2.2 超高含沙河流水库拦沙库容再生利用技术

创新超高含沙河流水库拦沙库容再生利用设计理念,研究提出非常排沙底孔、双高程进口排沙底孔等低位非常排沙孔洞的设置技术,研究孔洞平面位置、进口高程、泄流规模等设计技术,研究低位非常排沙孔洞调度方式,论证非常排沙效果。

1.3.2.3 特高含沙河流供水水库水沙分置开发模式

针对特高含沙河流上汛期有供水任务的水库,研究干流大库调控泥沙、调蓄水库调节供水的并联水库模式,以及形成并联水库兴利库容联合配置设计技术,论证水沙分置效果。

1.3.2.4 多沙河流水利枢纽工程安全防护技术

研究枢纽泄水孔洞泥沙淤堵机制,提出防淤堵技术;分析浑水容重与水体含沙量的关系,提出坝前不同含沙量计算方法和坝前浑水含沙量垂线分布方法,明确浑水容重计算工况,提出计算水沙条件和高含沙水流条件下上游坝面浑水压力计算新方法,指导大坝工程结构受力安全设计。研究高含沙水流对建筑物的破坏,创建高含沙河流上高坝深孔新型结构型式,研究提出泄流排沙孔洞抗磨蚀新技术。

1.4 主要技术成果及创新点

本次研究工作突破高(年均含沙量 $10 \sim 100$ kg/m³)、超高(年均含沙量 $100 \sim 200$ kg/m³)、特高(年均含沙量 200 kg/m³ 以上)含沙河流重大水利枢纽工程库区淤积形态设计、拦沙库容再生利用、水沙分置开发、枢纽安全防护等世界级技术难题,创新发展了多沙河流水利枢纽工程泥沙规划设计理论与技术体系,引领了多沙河流水利枢纽工程设计技术前沿,促成国家重大工程建设落地。项目的科学技术创新要点如下:

(1)创新发展了工程泥沙设计理论。提出了高、超高、特高含沙河流分级标准;探明了"水库-河道"联动机制、输沙能量转换机制,创建了水库拦沙能力计算新方法,构建了库区泥沙冲淤能耗最小临界形态计算公式,从理论上揭示了泄水建筑物布设与水库排沙及有效库容保持的互馈机制,为多沙河流水利枢纽工程拦沙库容设置、淤积形态设计、泄水排沙建筑物规划设计等提供了理论基础。

(2)建立了多沙河流水库淤积形态与库容分布耦合设计技术。识别出库区干支流水沙与泥沙淤积形态响应关系,完整构建了水库高滩深槽、高滩中槽、高滩高槽三种泥沙淤积形态设计技术,实现了拦沙库容、调水调沙库容、兴利库容、防洪库容分布与淤积形态的

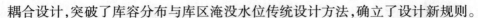

耦合设计,突破了库容分布与库区淹没水位传统设计方法,确立了设计新规则。

(3)创建了超高含沙河流水库拦沙库容再生利用技术。创建了"协调水沙关系塑造－水库泄流排沙－淤损库容修复再生－长期有效库容保持"协同设计技术,首次提出在死水位以下创造坝前临时泥沙侵蚀基准面实现拦沙库容再生利用的设计理念,发明低位非常排沙孔洞的设置与设计技术,提出了非常规排沙调度方式,实现拦沙库容恢复20%以上,使死库容复活并永续利用,为因泥沙淤积而失去部分功能的水库焕发青春提供了新技术。

(4)创建了特高含沙河流供水水库水沙分置的开发模式。创建了特高含沙河流干流大库调控泥沙、调蓄水库调节供水的并联水库水沙分置开发模式,建立了兴利库容联合配置设计技术,破解了有效库容保持和供水调节之间难以协调的技术难题,开辟了特高含沙河流重大水利枢纽工程开发新途径。

(5)研发了多沙河流水利枢纽工程安全防护技术。提出了基于不同工况的枢纽上游坝面浑水容重计算方法,研发了泄流排沙孔洞抗磨蚀新技术,为多沙河流大坝安全防护提供了新的技术支撑。

第 2 章

水沙条件设计

设计水沙条件是根据河流水沙变化趋势和一定时期人类活动影响分析,预测的代表一定时期某一水平的水沙过程,是水利枢纽工程规模论证及效益分析的重要基础条件。尤其是对于多沙河流,或者即使是少沙河流,但是泥沙问题严重的枢纽工程,水沙条件设计尤为重要。例如,黄河是世界上输沙量最大、含沙量最高的河流,1919~1960 年陕县站实测多年平均输沙量为 16 亿 t,平均含沙量达 35 kg/m³。"水少、沙多,水沙关系不协调"的自然特性使大量的泥沙淤积在黄河下游河道,使之成为举世闻名的"地上悬河",严重威胁着黄淮海平原的安全。据统计,1950~1999 年黄河下游河道共淤积泥沙 93 亿 t,河床平均每年抬升 0.05 m 左右。黄河水沙设计成果的可靠性和合理性,关系着河道治理战略和流域规划治理布局,影响着工程建设规模和建设时机,对流域经济社会持续发展有着重要的影响。

黄河泥沙问题决定了黄河防洪、治理的特殊性和复杂性。三门峡水利枢纽工程是黄河干流新建的第一座大型水利枢纽工程,工程于 1957 年 4 月动工兴建,1958 年 11 月截流,1960 年 9 月开始蓄水运用。1960 年 9 月至 1962 年 3 月进行蓄水拦沙运用,最高水位曾达 332.58 m。蓄水后暴露出一系列问题,其严重程度超过了原设计的估计。为此,1962 年 3 月改为低水位防洪排沙运用,但因泄流能力不足,泥沙淤积仍继续发展。主要的问题有 3 个:一是水库淤积末端迅速上延,严重威胁关中地区以西安为中心的工农业基地。由于潼关河床抬高 4.5 m,渭河来水宣泄不畅,浸没、盐碱化面积增加。低水位运用后,虽然坝前水位降低,但潼关河床一度下降又继续升高,由于前期淤积影响,淤积上延继续有所发展。二是水库库容迅速损失。1960~1964 年汛后,335 m 以下库容已损失43%,年平均损失库容近 10 亿 m³(原设计年损失 3.7 亿 m³),较原设计成倍增加。三是由于淤积严重,库容损失迅速,原设计防洪效益势将迅速受到影响,兴利效益如装机 116万 W、灌溉面积 6 500 万亩(1 亩 =1/15 hm²,全书同)及维持下游航运水深不小于 1 m 等均无法全部实现。

产生以上问题的根本原因在于对泥沙问题估计不足,表现在原初步设计和技术设计期间,对以下几个方面做出的估计与实际情况不符。一是原设计采用的多年平均来沙量为 13.6 亿 t,数值偏小,后经重新整编修订为 16 亿 t。二是原设计对水土保持减少来沙效益估计过高,平均每年减少 3%,20 年可减少来沙 60%,实际上建库 20 年来平均来沙量并没有显著的减少。三是原设计对异重流排沙量平均占入库总沙量的比例估计为 35%,实际上 1960~1964 年期间,异重流排沙量仅占同时期进库沙量的 25.7%。四是对淤积上延的影响没有充分的认识。在严峻的形势下,1964 年和 1969 年对三门峡水利枢纽进行了两次改建,增大泄流能力。可见,造成三门峡水库运用被动的原因,主要是设计对水土保持减沙前景估计过于乐观,设计入库沙量偏小。

黄河小浪底水利枢纽是黄河中游又一座大型水利枢纽工程,总库容 127.5 亿 m³,于1999 年 10 月蓄水运用。工程设计水平年为 2000 年,设计水沙条件考虑水保措施减沙 3亿 t,小浪底初步设计选择 1950~1975 年翻番系列作为 50 年代表系列,这个系列包含丰水段、平水段和枯水段,年平均水量和年平均沙量接近于长系列的年平均水量和年平均沙量,具有代表性。不同系列水沙组合不同,对水库的淤积过程、坝前水位抬高过程、库容变化过程、下游的减淤过程等都会产生影响,且多系列计算可以对水库的效益指标进行敏感性分析。因此,招标设计阶段采用 1919 年 7 月至 1975 年 6 月 56 年系列作为长系水沙条件,从中选择 1950~1975 年翻番系列在内的 6 个不同组合的 50 年代表系列,进行水库和下游河道泥沙冲淤计算,进行敏感性分析,以确定水库的淤积过程和黄河下游的平均减淤效益。6 个 50 年系列平均入库水量 289.2 亿 m³、沙量 12.74 亿 t,其中 1950~1975 年系列年平均入库水量 315.0 亿 m³、沙量 13.35 亿 t。

小浪底水库设计阶段,选取的水沙代表系列年均入库径流量为 289 亿 m³,年均入库输沙量为 12.7 亿 t。在此条件下,水库运用第 15 年(2014 年)库区淤积量达到设计拦沙量 75.5 亿 m³。相应下游河道冲刷量在水库运用第 14 年达到最大,最大冲刷量 19.6 亿 t,小浪底水库对下游河道的减淤作用相当于黄河下游 20 年左右不淤积。

小浪底水库建成后,实测入库径流量和输沙量较原设计值大幅减少,2000~2013 年实测年均入库径流量为 219 亿 m³,为原设计值的 76%,年均入库输沙量为 3.3 亿 t,仅为原设计的 26%,因此水库淤积速率较原设计明显减小,水库运用至 2014 年汛前,库区累计淤积量仅为 30.15 亿 m³,占设计拦沙量的 40%;相应下游河道冲刷量也已超出预测冲刷最大值 19.6 亿 t,2018 年汛前已达到 30.1 亿 t。与三门峡入库沙量设计偏小相反,小浪底初步设计时设计水沙条件偏于安全,导致水库拦沙期延长,下游河道冲刷增加。这也反映了黄河泥沙问题的复杂性和多沙河流泥沙设计的重要性。

2.1 实测水沙资料及资料的插补延长

2.1.1 实测水沙资料

水文测站是在河流上设立的,按一定技术标准经常收集和提供水文要素的各种水文观测现场的总称。水文测站按目的和作用分为基本站、专用站、实验站和辅助站;按观测项目分为水文站(流量站)、水位站、雨量站、水质站、地下水监测站、蒸发站、泥沙站以及墒情站等。水文站测验的泥沙资料主要是悬移质泥沙,对于推移质泥沙,由于推移质运动的复杂性及采样器不够完善,测验精度差,目前推移质泥沙测验尚处于试验阶段。目前,仅长江及长江支流岷江等河流的水文站开展了砂质和砾卵石推移质输沙率的测验,其他河流水文站尚未开展。

我国设立水文测站历史悠久,早在公元前 3 世纪,在四川都江堰设立"石人",用以观测水位,以后历代为防汛、航运、灌溉等需要在黄河、运河、太湖等设立"水则""水志""志桩"等观测水位。鸦片战争后,西方列强入侵,霸占海关和控制航运,在沿海设立了一些海关水尺,开始用近代科学方法系统收集、积累水文资料。民国时期开始建立正规的水文测站,但站点稀少,谈不上统一规划,也缺乏科学的布站原则,未能形成较全面的水文站网。

我国自行设置水文站,先于 1910 年在海河小孙庄等处设立水文站,其后陆续在永定河、黄河、长江中下游设置少数水文站观测水位、流量及含沙量。到 1937 年,全国有水文站、水位站、雨量站、实验站等共计 2 637 处,为中华人民共和国成立前水文测站数量最多的年份。此后,由于日军侵略,连年战乱,测站遭受破坏。民国时期的水文测站,缺乏统一规划,机构变动频繁,隶属关系更迭转移甚多,站点设置不稳定,布局不合理,设备简陋,记录不全,资料也很少整编刊印。到 1949 年中华人民共和国成立时,全国接管的水文测站仅 353 处,其中水文站 148 处、水位站 203 处、雨量站 2 处。中华人民共和国成立后,水文站网得到快速发展。至 1956 年,全国各类水文测站有 6 600 余处,其中水文站 1 769 处。1956 年开展了全国第一次水文站网规划,至 1960 年,全国布设基本水文站 3 611 处,在许多河流上游荒无人烟的地区布设了水文站,是我国水文站网建设历史上的巅峰时期。此后经历了 20 世纪 60 年代初和"文革"时期两次水文站管理权限下放,水文站裁撤,水文站网建设的低谷期,国家基本水文站减少至 1963 年的 2 664 处。"文革"结束后,随着改革开放和国家经济的复苏,水文站网建设也开始恢复,进入 20 世纪 80 年代,水文站网建设出现了继 1960 年后的第二个峰值,国家基本水文站达到 3 400 多处,此后基本稳定调整发展。截至 2011 年底,全国共建成各类水文测站 46 783 处,包括国家基本水文站 3 219 处(含其他部门管理的基本水文站 180 处)、水位站 1 523 处、雨量站 19 082 处、蒸发站 19 处、墒情站 1 648 处、水质站 7 750 处、地下水监测站 13 489 处、实验站 53 处。

黄河流域 1919 年设立陕县水文站,1933 年又先后增设了泺口、柳园口及部分支流水文(位)站,至 1949 年中华人民共和国成立时,全流域共有水文站 44 个、水位站 48 个。中华人民共和国成立后,水文事业发展很快,目前黄河流域共有基本水文站 381 处、水位站 51 处、雨量站 1 962 处。

水文泥沙基础资料在洪水预报、工程建设中发挥了重要基础作用。水利水电工程设计应用时,水沙资料需要有一定的代表性,如资料测验长度不足,或缺测漏测,测验资料不连续等,需要对水沙资料进行插补延长。

2.1.2　实测径流资料的插补延长

2.1.2.1　径流资料插补延长

《水利水电工程水文计算规范》(SL 278—2002)规定:设计依据站实测径流系列至少 30 年,径流系列不足 30 年或虽有 30 年但系列代表性不足时应进行插补延长。插补延长根据资料条件可采用下列方法:

(1)本站水位资料系列较长,且有一定长度流量资料时,可通过本站的水位流量关系插补延长;

(2)上下游或邻近相似流域参证站资料系列较长,且与设计依据站有一定长度同步系列时,可通过径流相关关系插补延长;

(3)设计依据站径流资料系列较短,而流域内有较长系列雨量资料时,可通过降雨径流关系插补延长。

对于多沙河流如黄河,大多属冲积性河道,河床冲淤变幅大,水位变幅剧烈,水位流量关系年内或年际变化均较大,因此水位流量关系插补延长一般不适用于多沙河流。下面以黄河支流岚漪河裴家川站、佳芦河申家湾站和仕望川大村站为代表进行径流资料的插补延长。

1. 径流相关关系插补延长

黄河支流岚漪河的控制站裴家川站,控制流域面积 2 159 km²,1956 年建站,1986 年撤销,有 1956 ~ 1985 年资料;上游岢岚站 1959 年建站,控制流域面积 476 km²,有

1959～2015 年完整测验资料。两站区间无水利枢纽工程调蓄,通过分析,1959～1985 年两站径流量相关关系(见图 2-1)较好,因此裴家川站 1986～2015 年径流量可根据 1959～1985 年裴家川站与岢岚站径流量相关关系,采用岢岚站 1986～2015 年径流量资料进行插补。

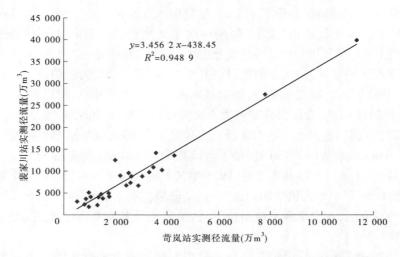

图 2-1 1959～1985 年岚漪河裴家川站与岢岚站的径流量相关关系

2. 降雨径流关系插补延长

设计依据站径流资料系列较短,而流域内有较长系列雨量资料时,可通过降雨径流关系插补延长,如黄河中游佳芦河申家湾站和仕望川大村站。佳芦河申家湾站 1956 年 10 月设立,流域面积 1 121 km²,工作中需要插补 1956 年与 1968 年径流资料,由于黄土高原 20 世纪 70 年代开展水土保持治理,流域下垫面降雨产流条件发生了变化,由降雨径流双累积曲线也可以看出,曲线斜率在 1970 年开始发生了转折,因此建立了 1957～1967 年 + 1969 年降雨径流关系(见图 2-2),利用降雨资料插补申家湾站 1956 年和 1968 年径流资料。再如仕望川大村站,1958 年 10 月设立,控制流域面积 2 141 km²,1956～1958 年径流资料也可根据 1959～1969 年降雨径流关系插补(见图 2-3)。

2.1.2.2 实测泥沙资料的插补延长

泥沙资料的插补延长可采用水沙关系法或上下游水文站输沙量相关法。资料短缺时,可根据上下游或邻近流域下垫面相似、降水和产沙条件相似的参证站实测资料类比分析等方法分析确定。

屈产河裴沟站 1962 年建站,需要插补 1956～1962 年输沙量资料,经分析裴沟站 2000 年以前径流输沙关系(见图 2-4)较好,可根据裴沟站 1963～1999 年水沙关系,利用裴沟站 1956～1962 年径流量插补 1956～1962 年输沙量资料。

黄河中游支流岚漪河的控制站裴家川站和上游岢岚站,流域地貌类型一致,区间无水利枢纽工程调蓄,两站沙量关系(见图 2-5)较好,裴家川站 1986～2015 年输沙量可根据 1959～1985 年裴家川站与岢岚站输沙量相关关系,采用岢岚站 1986～2015 年输沙量资料进行插补。

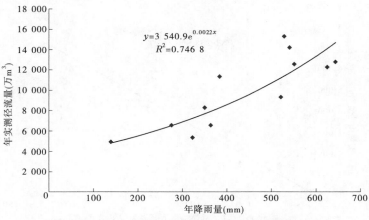

图 2-2 佳芦河 1957～1967 年 + 1969 年降雨径流关系

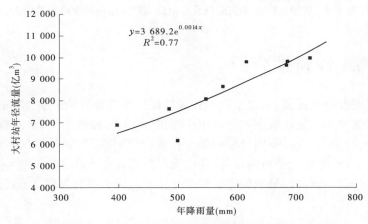

图 2-3 仕望川 1959～1969 年降雨径流关系

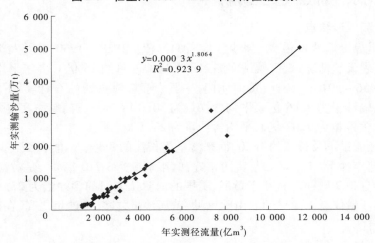

图 2-4 1963～1999 年屈产河裴沟站径流输沙关系

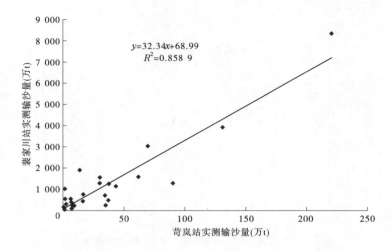

图 2-5 1959～1985 年岚漪河裴家川站与苛岚站的输沙量相关关系

2.2　实测水沙特性分析

根据工程泥沙设计标准、水电水利工程泥沙设计规范等有关标准,实测水沙特性分析一般需分析依据站实测输沙量系列的多年平均值、最大值和最小值,实测输沙量、含沙量的年际变化,输沙量、含沙量年内分配和集中程度,悬移质泥沙颗粒级配。由于多沙河流泥沙问题的复杂性,除以上分析内容外,还应重点分析近期水沙变化,包括水沙量、年内分配、流量级变化,以及不同流量级相应水沙量变化等。以黄河和黄河支流泾河为例分析实测水沙特性。

2.2.1　黄河水沙特点及变化分析

2.2.1.1　实测水沙特点

黄河是世界上输沙量最大、含沙量最高的河流。1919～1960 年受人类活动影响较小,基本可代表天然情况,三门峡站实测多年平均输沙量约 16 亿 t,多年平均含沙量 37.6 kg/m³。据 1956～2016 年统计,黄河龙门、华县、河津、洑头四站合计实测平均径流量为 329.3 亿 m³,输沙量为 9.86 亿 t,平均含沙量为 30.0 kg/m³;三门峡站实测平均径流量为 320.5 亿 m³,输沙量为 9.02 亿 t,平均含沙量为 28.1 kg/m³。

黄河的径流量不及长江的 1/20,而来沙量为长江的 3 倍,与世界多泥沙河流相比,孟加拉国的恒河年沙量 14.5 亿 t,与黄河相近,但年水量达 3 710 亿 m³,是黄河的 7 倍,而含沙量较小,只有 3.9 kg/m³,远小于黄河;美国的柯罗拉多河的含沙量为 27.5 kg/m³,与黄河相近,而年沙量仅有 1.35 亿 t。由此可见,黄河沙量之多,含沙量之高,在世界大江大河中是绝无仅有的。

黄河水沙具有以下特点。

1. 水沙异源,地区分布不均

黄河流经不同的自然地理单元,流域地形、地貌和气候等条件差别很大,受其影响,黄河具有水沙异源的特点(见表2-1)。黄河水量主要来自上游,泥沙主要来自中游。

表2-1 黄河主要站区实测水沙特征值统计(1919年7月至2017年6月)

站名	水量(亿 m³)			沙量(亿 t)			含沙量(kg/m³)		
	7~10月	11月至翌年6月	水文年	7~10月	11月至翌年6月	水文年	7~10月	11月至翌年6月	水文年
河口镇	125.59	99.28	224.87	0.87	0.24	1.11	6.96	2.40	4.94
龙门	154.88	124.71	279.59	6.76	0.97	7.73	43.65	7.74	27.63
河龙区间	29.29	25.43	54.72	5.89	0.72	6.61	200.98	28.59	120.87
渭洛汾河	54.29	34.01	88.30	3.98	0.37	4.35	73.26	10.93	49.25
四站	209.17	158.72	367.89	10.74	1.34	12.08	51.33	8.42	32.82
潼关	205.99	157.29	363.28	9.53	1.95	11.48	46.25	12.41	31.60
三门峡	204.24	157.25	361.49	9.87	1.60	11.47	48.34	10.17	31.73
伊洛沁河	23.83	14.09	37.92	0.19	0.02	0.21	7.81	1.46	5.45
花园口	227.69	176.01	403.70	8.70	1.68	10.38	38.19	9.55	25.71
利津	177.97	115.91	293.88	5.71	1.05	6.76	32.11	9.05	23.02

注:1. 四站指龙门、华县、河津、洑头之和。

2. 利津站水沙为1950年7月至2017年6月年平均值。

上游河口镇以上流域面积为38万 km²,占全流域面积的51%,年水量占全河水量的55.4%,而年沙量仅占9.0%。上游径流又集中来源于流域面积仅占全河流域面积30%的兰州以上,其天然径流量占全河的66.5%,是黄河水量的主要来源区;兰州以上泥沙量约占头道拐来沙量的69%。

中游河龙区间(河口—龙门)流域面积11万 km²,占全流域面积的15%,该区间有皇甫川、无定河、窟野河等众多支流汇入,年水量占全河水量的13.5%,而年沙量却占53.9%,是黄河泥沙的主要来源区;龙门至三门峡区间(简称龙三间,下同)面积19万 km²,该区间有渭河、泾河、汾河等支流汇入,年水量占全河水量的21.8%,年沙量占35.4%,该区间部分地区也属于黄河泥沙的主要来源区。河口镇至三门峡河段两岸支流时常有含沙量高达1 000~1 700 kg/m³的高含沙洪水出现。

三门峡以下的伊洛河和沁河是黄河的清水来源区之一,年水量占全河水量的9.3%,年沙量仅占1.7%。

2. 水沙年际变化大

受大气环流和季风的影响,黄河水沙,特别是沙量年际变化大。以三门峡水文站为例,实测最大年径流量为659.1亿 m³(1937年),最小年径流量仅为120.3亿 m³(2002年),丰枯极值比为5.5。三门峡水文站最大年输沙量为37.26亿 t(1933年),最小年输沙量为0.50亿 t(2015年),丰枯极值比为74.3。由于输沙量年际变化较大,黄河泥沙主要集中在几个大沙年份,20 世纪 80 年代以前各年代最大 3 年输沙量所占比例在 40% 左右;1980 年以来黄河来沙进入一个长时期枯水时段,潼关站最大年沙量为 14.39 亿 t,多年平均沙量 5.36 亿 t,但大沙年份所占比例依然较高,潼关站年来沙量大于 10 亿 t 的 1981 年、1988 年、1994 年和 1996 年四年沙量占 1981~2016 年 36 年总沙量的 25.7%。

黄河水沙年际变化大,一般枯水枯沙与丰水丰沙交替出现,丰枯段周期长短不一。潼关水文站在人类活动影响较小的 20 世纪 60 年代以前出现了 1922~1932 年枯水枯沙时段,年均水量为 312.73 亿 m³,年均沙量为 11.4 亿 t。其中 1927~1931 年,年均水量 286.0 亿 m³,年均沙量 9.59 亿 t。1928 年水量为 198.98 亿 m³,沙量为 4.83 亿 t。随后,1933 年出现特大暴雨洪水,潼关断面输沙量高达 37.26 亿 t(水文年),是有实测资料以来的最大值。随后的 1936 年与 1937 年、1941 年与 1942 年,由于降雨条件不同,相邻年份潼关断面沙量差别也较大,1936 年潼关断面来沙量 8.64 亿 t,1937 年达到 25.30 亿 t,后者为前者的 2.9 倍;1941 年潼关断面来沙量 8.64 亿 t,1942 年为 20.30 亿 t,后者为前者的 2.3 倍。20 世纪 50 年代末的 1958 年、1959 年潼关断面年沙量仍达到 30.04 亿 t、26.13 亿 t,为 1919~1969 年系列均值的 1.9 倍、1.6 倍。黄河潼关水文站历年实测径流量、输沙量过程见图 2-6。

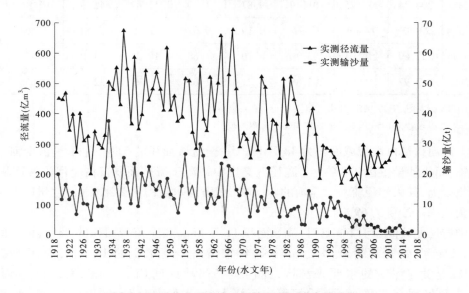

图 2-6　潼关水文站历年实测径流量、输沙量过程

3. 水沙年内分配不均匀

水沙在年内分配也不均匀,主要集中在汛期(7~10 月)。黄河汛期水量占年水量的 60% 左右,汛期沙量占年沙量的 80% 以上,集中程度更甚于水量,且主要集中在暴雨洪水期,往往 5~10 d 的沙量可占年沙量的 50%~90%,支流沙量的集中程度又甚于干流。如龙门站 1961 年最大 5 d 沙量占年沙量的 33%,三门峡站 1933 年 5 d 沙量占年沙量的 54%;支流窟野河 1966 年最大 5 d 沙量占年沙量的 75%,岔巴沟 1966 年最大 5 d 沙量占年沙量的 89%。

4. 水沙关系不协调

来沙系数(含沙量与流量的比值)一般作为衡量水沙关系是否协调的重要参数。黄河中下游干流河道冲淤资料表明,较为协调的水沙关系,其来沙系数约为 0.01 kg·s/m⁶。以潼关站为例,1986 年以来,尽管来沙量有所减少,但由于来水量也大量减少,有利于输沙的大流量及历时大大减少,其多年平均来沙系数高达 0.026 kg·s/m⁶,汛期高达 0.032 kg·s/m⁶。

2.2.1.2　近期水沙变化分析

黄河干流龙门水文站控制了黄河流域面积的 65%、径流量的 80%、泥沙量的 60%。干流潼关水文站,位于北干流下端,控制了黄河流域面积的 91%、径流量的 90%、泥沙量的近 100%。以龙门、潼关等水文站为重点分析黄河水沙变化。近期黄河水沙变化呈现以下特性。

(1)年均径流量和输沙量大幅度减少。

对黄河主要水文站实测径流量、输沙量资料的统计分析表明,由于气候降雨和人类活动对下垫面的影响,以及经济社会的发展,用水量大幅增加,进入黄河的水沙量逐步减少,20 世纪 80 年代中期以来发生显著变化,2000 年以来水沙量减少幅度更大,见表 2-2。

黄河干流头道拐、龙门、潼关、花园口和利津等站 1919～1959 年多年平均实测径流量分别为 250.71 亿 m³、325.44 亿 m³、426.14 亿 m³、479.96 亿 m³ 和 463.57 亿 m³,1987～1999 年平均径流量为 164.45 亿 m³、205.41 亿 m³、260.62 亿 m³、274.91 亿 m³ 和 148.24 亿 m³,较 1919～1959 年多年平均值偏少了 34.41%、36.88%、38.84%、42.72% 和 68.02%,2000 年以来水量减少更多,以上各站 2000～2016 年平均径流量仅有 160.39 亿 m³、181.71 亿 m³、227.42 亿 m³、251.40 亿 m³ 和 156.59 亿 m³,与 1919～1959 年相比,分别减少了 36.02%、44.17%、46.63%、47.62%、66.22%。支流入黄水量同样变化很大,渭河华县站和汾河河津站 1987～1999 年入黄水量较 1919～1959 年多年平均值减少 39.55% 和 65.27%,2000 年以来较 1919～1959 年减少了 37.95% 和 69.00%。从四站历年实测径流量过程看,1990 年以来,除 2012 年径流量与多年均值相近外,其他年份均小于多年平均值,其中 2002 年仅 158.95 亿 m³,是 1919 年以来径流量最小的一年,见图 2-7。

与径流量变化趋势基本一致,实测输沙量也大幅度减少。头道拐、龙门、潼关、花园口和利津站 1919～1959 年多年平均实测输沙量分别为 1.42 亿 t、10.60 亿 t、15.92 亿 t、15.16 亿 t 和 13.15 亿 t,1987～1999 年平均输沙量分别减至 0.45 亿 t、5.31 亿 t、8.07 亿 t、7.11 亿 t 和 4.15 亿 t,较 1919～1959 年偏少68.17%、49.91%、49.29%、53.09% 和 68.47%,2000 年以来减幅更大,2000～2016 年头道拐、龙门和潼关年均沙量仅有 0.41 亿 t、1.43 亿 t 和 2.42 亿 t,与 1919～1959 年相比,分别减少 71.26%、86.49%、84.80%,为历史上实测最枯沙时段。小浪底水库投入运用以来,由于水库拦沙作用,进入下游的沙量大大减少,2000～2016 年花园口站和利津站年均沙量仅有 0.86 亿 t、1.20 亿 t。渭河、汾河和北洛河等支流入黄沙量也同步减少,2000～2016 年华县站、河津站、洑头站输沙量较 1919～1959 年多年均值偏少 75% 以上。中游四站输沙量减少过程见图 2-8。

表2-2 黄河主要干支流水文站实测径流量和输沙量不同时段对比

时段	头道拐 水量(亿m³)	头道拐 沙量(亿t)	头道拐 来沙系数(kg·s/m⁶)	龙门 水量(亿m³)	龙门 沙量(亿t)	龙门 来沙系数(kg·s/m⁶)	潼关 水量(亿m³)	潼关 沙量(亿t)	潼关 来沙系数(kg·s/m⁶)	花园口 水量(亿m³)	花园口 沙量(亿t)	花园口 来沙系数(kg·s/m⁶)	利津 水量(亿m³)	利津 沙量(亿t)	利津 来沙系数(kg·s/m⁶)
1919~1949年	253.71	1.39	0.007	328.78	10.20	0.030	427.18	15.56	0.027	481.75	15.03	0.020			
1950~1959年	241.40	1.51	0.008	315.10	11.85	0.038	422.93	17.04	0.030	474.41	15.56	0.022	463.57	13.15	0.019
1960~1969年	274.96	1.83	0.008	340.87	11.38	0.031	456.56	14.37	0.022	515.20	11.31	0.013	512.88	11.00	0.013
1970~1979年	232.40	1.15	0.007	283.12	8.67	0.034	353.88	13.02	0.033	377.73	12.19	0.027	304.19	8.88	0.030
1980~1989年	242.10	0.99	0.005	278.69	4.69	0.019	374.35	7.86	0.018	418.52	7.79	0.014	290.66	6.46	0.024
1990~1999年	153.73	0.39	0.005	194.08	5.06	0.042	241.54	7.87	0.043	249.57	6.79	0.034	131.49	3.79	0.069
2000~2016年	160.39	0.41	0.005	181.71	1.43	0.014	227.42	2.42	0.015	251.40	0.86	0.004	156.59	1.20	0.015
1919~2016年	224.87	1.11	0.007	279.59	7.73	0.031	363.28	11.48	0.027	403.70	10.38	0.020	293.88	6.76	0.025
1919~1959年①	250.71	1.42	0.007	325.44	10.60	0.032	426.14	15.92	0.028	479.96	15.16	0.021	463.57	13.15	0.019
1960~1986年②	255.33	1.40	0.007	307.31	8.48	0.028	402.78	12.08	0.023	445.79	10.68	0.017	387.59	9.17	0.019
1987~1999年③	164.45	0.45	0.005	205.41	5.31	0.040	260.62	8.07	0.037	274.91	7.11	0.030	148.24	4.15	0.059
2000~2016年④	160.39	0.41	0.005	181.71	1.43	0.014	227.42	2.42	0.015	251.40	0.86	0.004	156.59	1.20	0.015
③较①少(%)	34.41	68.17	26.02	36.88	49.91	-25.73	38.84	49.29	-35.60	42.72	53.09	-42.98	68.02	68.47	-208.37
④较①少(%)	36.02	71.26	29.78	44.17	86.49	56.66	46.63	84.80	46.64	47.62	94.32	79.28	66.22	90.90	20.24
④较②少(%)	37.18	70.85	26.13	40.87	83.11	51.69	43.54	79.97	37.18	43.61	91.93	74.62	59.60	86.95	20.04

续表 2-2

时段	华县 水量(亿m³)	华县 沙量(亿t)	华县 来沙系数(kg·s/m⁶)	河津 水量(亿m³)	河津 沙量(亿t)	河津 来沙系数(kg·s/m⁶)	洑头 水量(亿m³)	洑头 沙量(亿t)	洑头 来沙系数(kg·s/m⁶)	四站 水量(亿m³)	四站 沙量(亿t)	四站 来沙系数(kg·s/m⁶)
1919~1949 年	77.99	4.23	0.219	15.28	0.48	0.647	7.03	0.81	5.177	429.08	15.72	0.027
1950~1959 年	83.83	4.26	0.191	17.41	0.70	0.726	6.50	0.92	6.896	422.84	17.74	0.031
1960~1969 年	97.89	4.39	0.145	18.28	0.35	0.328	8.90	1.00	3.968	465.93	17.12	0.025
1970~1979 年	57.67	3.82	0.362	9.93	0.19	0.602	5.75	0.80	7.618	356.47	13.47	0.033
1980~1989 年	81.01	2.77	0.133	6.74	0.04	0.311	7.11	0.47	2.966	373.54	7.98	0.018
1990~1999 年	41.80	2.79	0.504	4.83	0.03	0.422	6.63	0.89	6.390	247.34	8.78	0.045
2000~2016 年	49.28	1.06	0.137	4.90	0.00	0.037	4.69	0.16	2.279	240.58	2.65	0.014
1919~2016 年	70.18	3.36	0.215	11.62	0.29	0.681	6.60	0.70	5.079	367.88	12.07	0.028
1919~1959 年①	79.41	4.24	0.212	15.80	0.53	0.673	6.90	0.84	5.554	427.56	16.21	0.028
1960~1986 年②	79.98	3.76	0.185	12.09	0.21	0.450	7.30	0.77	4.540	406.68	13.22	0.025
1987~1999 年③	48.01	2.79	0.382	5.49	0.04	0.385	6.68	0.84	5.935	265.58	8.98	0.040
2000~2016 年④	49.28	1.06	0.137	4.90	0.00	0.037	4.69	0.16	2.279	240.58	2.65	0.014
③较①少(%)	39.55	34.15	-80.19	65.27	93.11	42.86	3.27	0.02	-6.85	37.88	44.63	-43.51
④较①少(%)	37.95	75.09	35.32	69.00	99.48	94.55	32.00	81.02	58.96	43.73	83.65	48.37
④较②少(%)	38.39	71.90	25.99	59.48	98.66	91.85	35.69	79.24	49.79	40.84	79.95	42.69

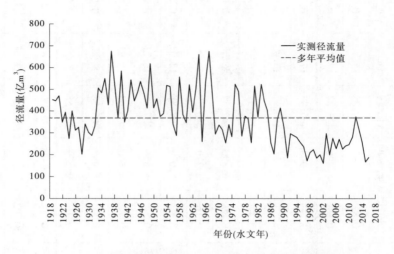

图 2-7　中游四站(龙华河洑)历年实测径流量过程

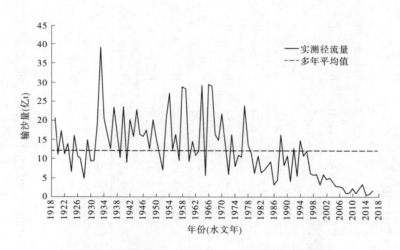

图 2-8　中游四站(龙华河洑)历年实测输沙量过程

随着水沙量的减少,表示水沙关系的来沙系数发生变化,潼关水文站 1919~1949 年、1950~1959 年、1960~1969 年、1970~1979 年、1980~1989 年、1990~1999 年、2000~2016 年多年平均来沙系数分别为 0.027 kg·s/m⁶、0.030 kg·s/m⁶、0.022 kg·s/m⁶、0.033 kg·s/m⁶、0.018 kg·s/m⁶、0.043 kg·s/m⁶、0.015 kg·s/m⁶,20 世纪 90 年代来沙系数明显增加,2000 年以来多年平均来沙系数有所减小。中游龙门站、潼关站来沙系数变化过程见图 2-9、图 2-10。

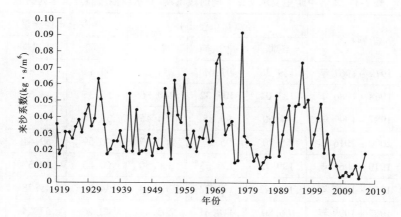

图 2-9　黄河龙门水文站历年来沙系数变化

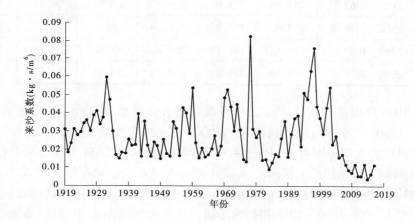

图 2-10　黄河潼关水文站历年来沙系数变化

（2）径流量年内分配比例发生变化，汛期比例减少。

由于龙羊峡、刘家峡等大型水库的调蓄作用和沿途引用黄河水，黄河干流河道内实际来水年内分配发生了很大的变化，表现为汛期比例下降，非汛期比例上升，年内径流量月分配趋于均匀。

统计黄河中游河口镇、龙门、潼关等站不同时段汛期、非汛期径流量的比例（见表 2-3）可以看出，1986 年以前上述各站汛期径流量一般可占年径流量的 60% 左右，1986 年以来普遍降到了 40% 左右。

（3）汛期小流量历时增加、挟带泥沙量比例提高，有利于输沙的大流量历时和水量明显减少。

黄河不仅径流量、泥沙量大大减少，而且水沙过程也发生了很大变化，汛期平枯水流量历时增加，输沙比例大大提高。从潼关水文站汛期日均流量过程的统计结果（见

表2-3 黄河中游主要水文站不同时段汛期、非汛期径流量及其年内分配

水文站	时段	径流量（亿 m³）			占全年径流量比例（%）		
		汛期	非汛期	全年	汛期	非汛期	全年
河口镇	1919~1967 年	159.86	97.41	257.27	62.14	37.86	100.00
	1968~1986 年	133.04	107.32	240.36	55.35	44.65	100.00
	1987~1999 年	64.60	99.85	164.45	39.28	60.72	100.00
	2000~2016 年	65.10	95.29	160.39	40.59	59.41	100.00
龙门	1919~1967 年	199.72	130.78	330.50	60.43	39.57	100.00
	1968~1986 年	155.42	131.22	286.64	54.22	45.78	100.00
	1987~1999 年	86.80	118.61	205.41	42.26	57.74	100.00
	2000~2016 年	77.08	104.63	181.71	42.42	57.58	100.00
潼关	1919~1967 年	262.38	172.09	434.47	60.39	39.61	100.00
	1968~1986 年	209.62	161.87	371.49	56.43	43.57	100.00
	1987~1999 年	119.43	141.19	260.62	45.82	54.18	100.00
	2000~2016 年	105.60	121.82	227.42	46.43	53.57	100.00

表2-4）看,1987 年以来,2 000 m³/s 以下量级历时大大增加,相应水量、沙量所占比例也明显提高。1960~1968 年日均流量小于 2 000 m³/s 出现天数占汛期比例为 36.4%,水量、沙量占汛期的比例分别为 18.1%、14.6%;1969~1986 年出现天数比例为 61.5%,水量、沙量占汛期的比例分别为 36.7%、28.9%,与 1960~1968 年相比略有提高。而 1987~1999年该流量级出现天数比例增加至 87.8%,水量、沙量占汛期的比例也分别增加至 69.5%、47.9%,2000~2016 年该流量级出现天数比例增为 91.8%,水量、沙量占汛期的比例增为 76.9%、68.1%。潼关站不同时期汛期 2 000 m³/s 以下流量级水沙特征见图 2-11。

表2-4 潼关站不同时期各流量级水沙特征值(7~10 月)

项目	时段	流量级（m³/s）							
		<500	500~1 000	1 000~2 000	2 000~3 000	3 000~4 000	4 000~5 000	>5 000	合计
年均天数（天）	1960~1968 年	2.9	8.4	33.4	33.8	25.4	11.9	7.2	123
	1969~1986 年	5.8	24.3	45.5	24.9	13.8	6.2	2.5	123
	1987~1999 年	24.8	41.7	41.5	10.7	3.2	0.8	0.4	123
	2000~2016 年	29.8	45.7	37.4	6.9	2.6	0.4	0.2	123

续表2-4

项目	时段	流量级（m³/s）							
		<500	500～1 000	1 000～2 000	2 000～3 000	3 000～4 000	4 000～5 000	>5 000	合计
占总天数（%）	1960～1968 年	2.3	6.9	27.2	27.5	20.7	9.7	5.9	100
	1969～1986 年	4.7	19.8	37.0	20.3	11.2	5.0	2.0	100
	1987～1999 年	20.1	33.9	33.7	8.7	2.6	0.7	0.3	100
	2000～2016 年	24.2	37.2	30.4	5.6	2.2	0.3	0.1	100
年均水量（亿 m³）	1960～1968 年	0.73	5.80	44.14	73.04	75.55	45.48	35.79	280.55
	1969～1986 年	1.93	15.87	57.56	52.31	41.25	23.42	12.88	205.22
	1987～1999 年	6.78	25.89	50.27	22.36	9.03	3.22	1.87	119.42
	2000～2016 年	8.39	28.87	43.98	14.17	7.80	1.57	0.81	105.59
年均沙量（亿 t）	1960～1968 年	0.03	0.15	1.61	2.88	3.09	2.35	2.15	12.27
	1969～1986 年	0.04	0.47	2.11	2.34	1.85	1.13	1.12	9.06
	1987～1999 年	0.08	0.54	2.31	1.63	0.84	0.43	0.29	6.12
	2000～2016 年	0.12	0.42	0.72	0.38	0.17	0.04	0.01	1.85
含沙量（kg/m³）	1960～1968 年	43.67	26.42	36.47	39.47	40.89	51.69	60.20	43.75
	1969～1986 年	19.56	29.80	36.72	44.69	44.75	48.09	87.02	44.13
	1987～1999 年	12.36	20.77	45.96	73.05	92.99	132.14	154.58	51.24
	2000～2016 年	14.31	14.49	16.29	26.95	21.71	23.16	11.64	17.54

相反,日均流量大于 2 000 m³/s 的流量级历时、相应水量、沙量比例则大大减少。如 2 000～4 000 m³/s 流量级天数的比例由 1960～1968 年的 48.1% 减少至 1969～1986 年的 31.5%,1987～1999 年该流量级出现天数比例仅为 11.3%,而 2000～2016 年又减少至 7.8%;该流量级水量占汛期水量的比例由 1960～1968 年的 53.0% 减少至 1969～1986 年的 45.6%,1987～1999 年减少为 26.3%,2000～2016 年减少为 20.8%;该流量级相应沙量占汛期的比例也由 1960～1968 年的 48.7% 减少至 1969～1986 年的 46.2%、1987～1999 年的 40.4%、2000～2016 年的 29.8%,逐时段持续减少。大于 4 000 m³/s 流量级天数的比例由 1960～1968 年的 15.6% 减少至 1969～1986 年的 7.0%,1987～1999 年该流量级天数比例仅为 1.0%,2000～2016 年又减少至 0.4%;该流量级水量占汛期水量比例 1960～1968 年为 29.0%,1969～1986 年为 17.7%,1987～1999 年为 4.3%,2000～2016 年为 2.3%,该流量级相应沙量占汛期的比例,1960～1968 年为 36.7%,1969～1986 年为 24.8%,1987～1999 年为 11.7%,2000～2016 年仅为 2.5%。潼关站不同时期汛期 2 000

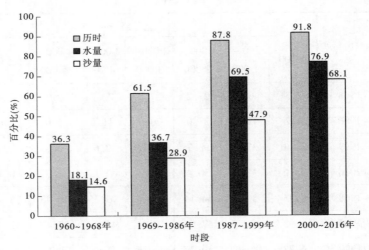

图 2-11　潼关站不同时期汛期 2 000 m³/s 以下流量级水沙特征值

m³/s 以上流量级水沙特征值见图 2-12。

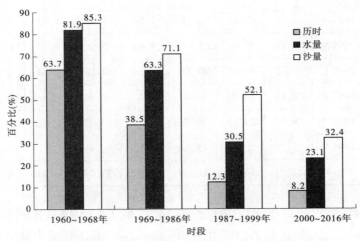

图 2-12　潼关站不同时期汛期 2 000 m³/s 以上流量级水沙特征值

中游潼关站日平均大流量连续出现的概率、持续时间及其总水量、总沙量占汛期比例自 1986 年以来也降低很多。如 1960 ~ 1968 年、1969 ~ 1986 年、1987 ~ 1999 年、2000 ~ 2016 年四个时期,日平均流量连续 3 d 以上大于 3 000 m³/s 出现的概率分别为 2.44 次/年、1.61 次/年、0.46 次/年、0.53 次/年,四个时期平均每场洪水持续时间分别为 16.7 d、12.2 d、4.7 d、5.7 d;相应占汛期水量和沙量的比例,1960 ~ 1968 年为 51.8% 和 52.6%,1969 ~ 1986 年为 33.4% 和 31.8%,1987 ~ 1999 年仅为 5.7% 和 6.1%,2000 ~ 2016 年为 9.0% 和 10.2%。

(4)中常洪水的洪峰流量减小,但形成大洪水的基本条件未发生变化,未来仍有发生大洪水的可能。

20 世纪 80 年代后期以来,黄河中下游中常洪水的洪峰流量减小,3 000 m³/s 以上量级的洪水场次也明显减少。统计结果(见表 2-5)表明,黄河中游龙门站年均洪水发生的场次,在 1987 年以前,3 000 m³/s 以上和 6 000 m³/s 以上分别是 4.4 场和 1.7 场,1987 ~ 1999 年分别减少至 1.4 场和 0.3 场,2000 年以来洪水发生场次更少,3 000 m³/s 以上年均仅 0.9 场,最大洪峰流量为 7 540 m³/s(2012 年 7 月 28 日)。

表 2-5　中下游主要站不同时段洪水特征值统计

| 站名 | 时段 | 洪水发生场次(场/年) | | 最大洪峰 | |
		>3 000 m³/s	>6 000 m³/s	流量(m³/s)	发生年份
龙门	1950 ~ 1986 年	4.4	1.7	21 000	1967
	1987 ~ 1999 年	1.4	0.3	11 100	1996
	2000 ~ 2016 年	0.9	0.1	7 540	2012
潼关	1950 ~ 1986 年	5.5	1.3	13 400	1954
	1987 ~ 1999 年	2.8	0.3	8 260	1988
	2000 ~ 2016 年	0.9	0	5 800	2011
花园口	1950 ~ 1986 年	5.0	1.4	22 300	1958
	1987 ~ 1999 年	2.6	0.4	7 860	1996
	2000 ~ 2016 年	1.2	0.1	6 600	2010

潼关站年均洪水发生的场次,在 1987 年以前,3 000 m³/s 以上和 6 000 m³/s 以上分别是 5.5 场和 1.3 场,1987 ~ 1999 年分别减少至 2.8 场和 0.3 场,2000 年以来 3 000 m³/s 以上洪水年均不足 1 场,最大洪峰流量为 5 800 m³/s(2011 年 9 月 21 日)。

下游花园口站 1987 年以前年均发生 3 000 m³/s 以上和 6 000 m³/s 以上的洪水分别为 5.0 场和 1.4 场,1987 ~ 1999 年后分别减少至 2.6 场和 0.4 场,2000 年小浪底水库运用以来,进入下游 3 000 m³/s 以上洪水年均 1.2 场,大部分为汛前调水调沙期间小浪底水库塑造的洪水,最大洪峰流量 6 600 m³/s,是 2010 年汛前调水调沙异重流排沙期间洪峰异常增值所致。

同时,分析黄河干流主要水文站逐年最大洪峰流量(见图 2-13 ~ 图 2-15)可以发现,1987 年以后洪峰流量明显减小。潼关站和花园口站 1987 ~ 2016 年最大洪峰流量仅 8 260 m³/s 和 7 860 m³/s("96·8"洪水)。

黄河流域大洪水的发生条件是在中游地区发生大面积、较长历时的强降雨,1996 年以来黄河中游未发生大面积、较长历时的强降雨,但局部强降雨引起局部大洪水仍时有发生。如 2003 年府谷水文站出现了洪峰流量 12 800 m³/s(7 月 30 日)的洪水,2012 年吴堡水文站出现了洪峰流量 10 600 m³/s(7 月 27 日)的洪水。河龙区间支流清涧河 2002 年 7 月出现洪峰流量 5 500 m³/s 的洪水,是 1953 年建站以来实测第二大洪水;佳芦河 2012 年 7 月出现了 1971 年以来最大洪水;洪峰流量 2 010 m³/s;汾川河 2013 年 7 月 25 日出现了洪峰流量 1 750 m³/s 的大洪水,为建站以来最大值。无定河支流大理河 2017 年 7 月 26

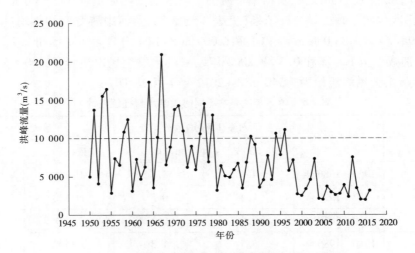

图 2-13 龙门水文站历年最大洪峰流量过程

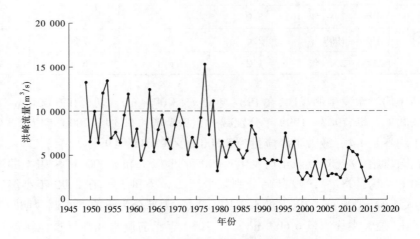

图 2-14 潼关站历年最大洪峰流量过程

日绥德站最大洪峰流量 3 290 m³/s,为 1959 年建站以来最大洪水;干流白家川站洪峰流量 4 480 m³/s,为 1975 年建站以来最大洪水,产洪量 1.67 亿 m³、输沙量 0.78 亿 t,洪水最大含沙量 873 kg/m³,平均含沙量达到 480 kg/m³。

由此可见,黄河中游地区大洪水发生状态未改变,未来只要黄河仍发生类似历史上的大范围、高强度、长历时降雨,黄河仍会出现大水大沙年份。

(5)2000 年以来中游悬移质泥沙粒径变细。

统计黄河上中游主要控制站不同时期悬移质泥沙颗粒组成及中数粒径变化见表 2-6。由表 2-6 可以看出,随着近期黄河水沙量的变化,2000 年以来黄河上游悬移质泥沙粒径变粗,而中游悬移质泥沙粒径变细。

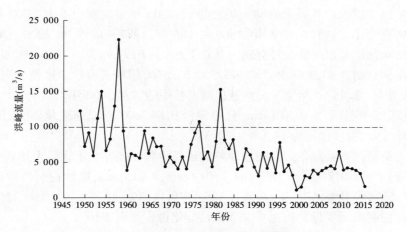

图 2-15　花园口站历年最大洪峰流量过程

表 2-6　黄河主要控制站悬移质泥沙颗粒级配(光电法成果)

站名	时段	分组泥沙百分数(%)				中数粒径 d_{50}
		细沙	中沙	粗沙	全沙	(mm)
头道拐	1958～1968 年	63.8	21.5	14.7	100	0.016
	1969～1986 年	59.2	22.2	18.6	100	0.018
	1987～1999 年	63.7	17.1	19.2	100	0.013
	2000～2015 年	59.4	19.9	20.6	100	0.019
	1958～2015 年	61.6	21.1	17.3	100	0.017
龙门	1957～1968 年	43.1	27.8	29.1	100	0.031
	1969～1986 年	46.0	26.3	27.7	100	0.029
	1987～1999 年	46.5	27.4	26.0	100	0.028
	2000～2015 年	53.5	23.0	23.4	100	0.021
	1957～2015 年	45.4	26.9	27.7	100	0.029
潼关	1961～1968 年	52.3	27.9	19.8	100	0.023
	1969～1986 年	53.2	26.5	20.3	100	0.023
	1987～1999 年	52.9	27.1	20.0	100	0.023
	2000～2015 年	61.1	22.2	16.6	100	0.018
	1961～2015 年	53.6	26.6	19.8	100	0.023
华县	1957～1968 年	64.6	24.1	11.3	100	0.017
	1969～1986 年	63.5	25.6	10.8	100	0.017
	1987～1999 年	59.4	25.1	15.4	100	0.019
	2000～2015 年	67.1	21.2	11.7	100	0.015
	1957～2015 年	63.4	24.5	12.1	100	0.018

上游头道拐站 1958～1968 年悬移质泥沙中数粒径为 0.016 mm,1969～1986 年为 0.018 mm,1987～1999 年减小为 0.013 mm,2000～2015 年又有所增加,为 0.019 mm。从不同时期分组泥沙组成上看,不同时期细沙比例为 59.2% ～63.8%,中沙比例为 17.1% ～ 22.2%,粗沙比例为 14.7% ～20.6%,2000～2015 年悬移质泥沙中数粒径稍有增加。

对于黄河中游来沙粒径及悬移质泥沙组成,2000 年以前变化不大,2000 年以后泥沙颗粒粒径略有变小。1957 ~ 1968 年、1969 ~ 1986 年、1987 ~ 1999 年、2000 ~ 2015 年四个时段龙门站悬移质泥沙中数粒径分别为 0.031 mm、0.029 mm、0.028 mm、0.021 mm,细沙占全沙的比例分别为 43.1%、46.0%、46.5%、53.5%,粗沙占全沙的比例分别为 29.1%、27.7%、26.0%、23.4%。相应潼关站悬移质泥沙中数粒径 2000 年以前均在 0.023 mm 左右,2000 ~ 2015 年变化为 0.018 mm,分组泥沙比例 2000 年以前变化不大,细沙比例为 52.3% ~ 53.2%,粗沙比例为 19.8% ~ 20.3%。

中游支流渭河华县站各时期泥沙颗粒组成及中数粒径变化不大。上述各个时期泥沙中数粒径分别为 0.017 mm、0.017 mm、0.019 mm、0.015 mm,细沙占全沙的比例分别为 64.6%、63.5%、59.4%、67.1%,粗沙比例分别为 11.3%、10.8%、15.4%、11.7%。中游干支流主要控制站历年悬移质泥沙中数粒径变化过程见图 2-16。

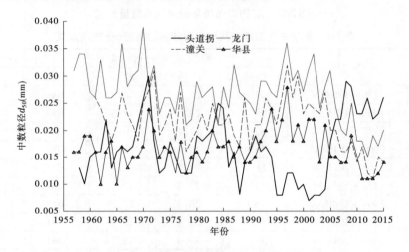

图 2-16 主要控制站悬移质泥沙中数粒径变化

2.2.2 泾河水沙特点及变化分析

2.2.2.1 实测水沙特性

1. 来水来沙量

泾河和渭河主要水文测站多年平均水沙量统计见表 2-7。

张家山站(含泾惠渠)实测多年平均径流量为 16.92 亿 m³,多年平均输沙量为 2.37 亿 t,年均含沙量为 140 kg/m³。汛期(7 ~ 10 月,下同)平均水量为 10.46 亿 m³,占全年的 61.8%;汛期平均沙量为 2.17 亿 t,占全年的 91.6%;汛期平均含沙量为 207 kg/m³。

咸阳站实测多年平均径流量为 43.87 亿 m³,多年平均输沙量为 1.16 亿 t,年均含沙量为 26 kg/m³。汛期平均水量为 26.43 亿 m³,占全年的 60.2%;汛期平均沙量为 0.99 亿 t,占全年的 85.3%;汛期平均含沙量为 37 kg/m³。

华县站实测多年平均径流量为 73.43 亿 m³,多年平均输沙量为 3.29 亿 t,年均含沙量为 45 kg/m³。汛期平均水量为 45.20 亿 m³,占全年的 61.6%;汛期平均沙量为 2.96 亿 t,

占全年的 90.0%；汛期平均含沙量为 65 kg/m³。

2. 水沙基本特征

1）水沙异源

根据泾河的水沙来源情况,将泾河张家山以上流域划分为 3 个来水来沙区间:干流杨家坪以上,支流马莲河雨落坪以上,以及杨家坪、雨落坪至张家山区间。统计 1959 年 7 月至 2015 年 6 月实测资料,各区间水沙量占张家山站水沙量比例见表 2-8。水量主要来自杨家坪以上和杨家坪、雨落坪至张家山区间,占 73.0%；沙量主要来自马莲河、洪河和蒲河三条多沙支流,其来水量仅占 41.2%,来沙量却占 76.9%。

渭河的水沙来源区可大致分为渭河干流咸阳以上,支流泾河张家山以上以及张家山、咸阳至华县区间。各区间来水来沙占华县站水沙量的比例统计见表 2-9。泾河张家山以上来水量占 17.9%,来沙量占 67.7%；渭河干流咸阳以上区域来水量占 59.3%,来沙量占 33.5%；张家山、咸阳至华县区间来水量占 22.8%,受渭河下游淤积的影响,区间净来沙量为负值。总体来看,渭河的泥沙主要来自其支流泾河,水量则主要来自干流咸阳以上和咸阳至华县区间的南山支流。

2）水沙量年内分布集中

张家山站(含泾惠渠)水沙量年内分布情况见表 2-10。年内水量主要集中在 7～10 月,占全年的 61.85%；沙量主要集中在 7～8 月,占全年的 80.60%；从平均含沙量来看,7 月、8 月最高,分别为 310.0 kg/m³ 和 297.7 kg/m³,其次为 6 月和 9 月,分别为 138.71 kg/m³ 和 92.91 kg/m³。

咸阳站水沙量年内分布情况见表 2-11。年内水量主要集中在 7～10 月,占全年的 60.24%；沙量主要集中在 7～9 月,占全年的 80.36%；从平均含沙量来看,7 月、8 月最高,分别为 58.06 kg/m³ 和 66.60 kg/m³,其次为 6 月和 9 月,分别为 31.88 kg/m³ 和 24.16 kg/m³。

华县站水沙量年内分布情况见表 2-12。年内水量主要集中在 7～10 月,占全年的 61.56%；沙量主要集中在 7～9 月,占全年的 86.39%；从平均含沙量来看,7 月、8 月最高,分别为 109.17 kg/m³ 和 112.28 kg/m³,其次为 6 月和 9 月,分别为 40.21 kg/m³ 和 36.75 kg/m³。

3）水沙量年际变化大

泾河流域来水来沙量年际变化很大,张家山站实测最大年径流量为 41.83 亿 m³(1964 年),最小为 7.02 亿 m³(2009 年),前者为后者的 6.0 倍；来沙量年际变化更大,最大年来沙量为 11.71 亿 t(1933 年),最小为 0.24 亿 t(2014 年),前者约为后者的 49 倍。

4）水流含沙量高

统计 1956～2015 年张家山站(含泾惠渠)汛期不同流量级的水沙量所占比例,见表 2-13。张家山站(含泾惠渠)汛期不同流量级平均含沙量变化见图 2-17。由表 2-13、图 2-17 可知,张家山站(含泾惠渠)汛期流量级小于 100 m³/s 的平均含沙量为 61.39 kg/m³；流量级为 100～200 m³/s 的平均含沙量迅速增大到 139.66 kg/m³；流量级为 200～300 m³/s 的平均含沙量增大到 227.02 kg/m³；流量级为 300～400 m³/s 和 400～500 m³/s 的平均含沙量分别为 307.62 kg/m³ 和 311.17 kg/m³；而流量超过 500 m³/s 的平均含沙量超过 400 kg/m³。

表 2-7 泾河和渭河主要水文测站多年平均水沙量统计

河名	站名	水量（亿 m³）			沙量（亿 t）			含沙量（kg/m³）			资料起止时间
		汛期	非汛期	全年	汛期	非汛期	全年	汛期	非汛期	全年	
泾河（干流）	杨家坪	4.08	2.63	6.71	0.56	0.07	0.63	137	28	94	1955 年 7 月至 2015 年 6 月
	景村	8.08	5.38	13.46	1.67	0.19	1.86	207	35	138	1963 年 7 月至 2015 年 6 月
	张家山（含泾惠渠）	10.46	6.46	16.92	2.17	0.20	2.37	207	32	140	1932 年 7 月至 2015 年 6 月
泾河支流	洪河 红河（杨闾）	0.27	0.17	0.44	0.07	0.01	0.08	253	66	181	1959 年 7 月至 2015 年 6 月
	蒲河 毛家河	1.14	0.70	1.84	0.31	0.04	0.35	272	56	189	1956 年 7 月至 2015 年 6 月
	马莲河 雨落坪	2.83	1.44	4.27	1.06	0.13	1.19	377	86	278	1955 年 7 月至 2015 年 6 月
	三水河 芦村河（旬邑）	0.45	0.35	0.80	0.017	0.002	0.019	39	5	24	1959 年 7 月至 1996 年 6 月 + 2006 年 7 月至 2015 年 6 月
渭河（干流）	咸阳	26.43	17.44	43.87	0.99	0.17	1.16	37	10	26	1934 年 7 月至 2015 年 6 月
	临潼	37.75	27.17	64.92	2.46	0.28	2.74	65	11	42	1961 年 7 月至 2015 年 6 月
	华县	45.20	28.23	73.43	2.96	0.33	3.29	65	12	45	1935 年 7 月至 2015 年 6 月

注：汛期为 7～10 月，非汛期为 11 月至翌年 6 月，全年为 7 月至翌年 6 月。

表 2-8 泾河各主要区间水沙量占张家山站水沙量比例 （%）

来水来沙区间	杨家坪以上	雨落坪以上	杨家坪、雨落坪至张家山	马莲河 + 洪河 + 蒲河（多沙支流）
水量占张家山站水量的比例	42.2	26.9	30.9	41.2
沙量占张家山站沙量的比例	29.5	56.7	13.8	76.9

注：统计资料年限为 1950 年 7 月至 2015 年 6 月。

表 2-9　渭河主要区间水沙量占华县站比例

（%）

来水来沙区间	张家山以上（河道）	张家山以上	咸阳以上	张家山、咸阳至华县区间
水量占华县站比例	17.9		59.3	22.8
沙量占华县站比例	67.7		33.5	−1.2

注：统计资料年限为 1950 年 7 月至 2015 年 6 月。

表 2-10　张家山站（含泾惠渠）年内各月实测水沙量分配比例（1932 年 7 月至 2015 年 6 月）

月份	1	2	3	4	5	6	7	8	9	10	11	12	全年
水量（亿 m³）	0.49	0.64	1.00	0.80	0.89	0.95	2.78	3.54	2.46	1.69	1.04	0.64	16.92
水量占全年（%）	2.90	3.80	5.90	4.71	5.27	5.62	16.41	20.91	14.54	9.99	6.16	3.79	100.00
沙量（亿 t）	0	0	0.003	0.010	0.057	0.132	0.861	1.053	0.229	0.025	0.003	0	2.373
沙量占全年（%）	0.01	0.02	0.15	0.43	2.41	5.56	36.26	44.35	9.63	1.06	0.11	0.01	100.00
含沙量（kg/m³）	0.31	0.76	3.51	12.96	64.28	138.71	310.0	297.7	92.91	14.90	2.52	0.41	140.30

表 2-11　咸阳站年内各月实测水沙量分配比例（1934 年 7 月至 2015 年 6 月）

月份	1	2	3	4	5	6	7	8	9	10	11	12	全年
水量（亿 m³）	1.25	1.16	1.52	2.51	3.41	2.90	5.70	5.95	8.46	6.32	3.07	1.62	43.87
水量占全年（%）	2.85	2.64	3.47	5.72	7.77	6.61	13.00	13.56	19.27	14.41	7.00	3.70	100.00
沙量（亿 t）	0.001	0.001	0.004	0.021	0.046	0.092	0.331	0.396	0.204	0.055	0.006	0.001	1.158
沙量占全年（%）	0.05	0.06	0.35	1.78	3.98	7.98	28.57	34.17	17.62	4.78	0.53	0.11	100.00
含沙量（kg/m³）	0.48	0.63	2.80	8.21	13.54	31.88	58.06	66.60	24.16	8.76	2.00	0.79	26.42

表 2-12　华县站年内各月实测水沙量分配比例（1935 年 7 月至 2015 年 6 月）

月份	1	2	3	4	5	6	7	8	9	10	11	12	全年
水量（亿 m³）	1.932	1.907	2.618	4.031	5.512	4.489	9.891	11.166	13.840	10.301	5.161	2.582	73.43
水量占全年（%）	2.63	2.60	3.56	5.49	7.50	6.11	13.47	15.21	18.85	14.03	7.03	3.52	100.00
沙量（亿 t）	0.002	0.002	0.007	0.032	0.092	0.181	1.080	1.254	0.509	0.113	0.015	0.003	3.29
沙量占全年（%）	0.05	0.06	0.22	0.97	2.81	5.49	32.82	38.11	15.46	3.44	0.47	0.10	100.00
含沙量（kg/m³）	0.81	1.02	2.71	8.05	16.74	40.21	109.17	112.28	36.75	11.00	2.99	1.27	44.81

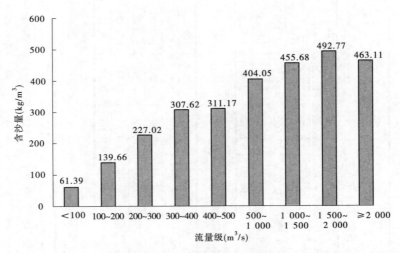

图 2-17　张家山站(含泾惠渠)汛期不同流量级平均含沙量变化(1956～2015 年)

表 2-13　张家山站(含泾惠渠)汛期不同流量级水沙量统计(1956～2015 年)

流量级 (m³/s)	天数 (d)	占总天数 比例(%)	水量 (亿 m³)	占总水量 比例(%)	沙量 (亿 t)	占总沙量 比例(%)	平均含沙量 (kg/m³)
<100	95.6	77.8	3.44	36.2	0.21	11.2	61.39
100～200	16.0	13.0	1.94	20.4	0.27	14.3	139.66
200～300	5.4	4.3	1.13	11.8	0.26	13.5	227.02
300～400	2.3	1.8	0.67	7.0	0.21	10.9	307.62
400～500	1.0	0.8	0.36	3.8	0.11	5.9	311.17
500～1 000	2.2	1.8	1.29	13.6	0.52	27.5	404.05
1 000～1 500	0.3	0.3	0.34	3.5	0.15	8.1	455.68
1 500～2 000	0.1	0.1	0.14	1.5	0.07	3.6	492.77
≥2 000	0.1	0.1	0.21	2.2	0.10	5.0	463.11
合计	123.0	100.0	9.52	100.0	1.90	100.0	199.19

2.2.2.2　近期水沙变化分析

张家山站(含泾惠渠)不同时期年均水沙量变化情况见表 2-14。20 世纪 50 年代以前,输沙量最大,20 世纪 50～70 年代输沙量基本相当,80 年代比上述时段偏小,90 年代比 80 年代又偏大,2000 年以来,在来水量大幅度偏小的同时,输沙量也大幅度偏小。

表 2-14 张家山站(含泾惠渠)不同时期实测水沙特征值统计

时段 (水文年)	径流量(亿 m³)			输沙量(亿 t)			含沙量(kg/m³)		
	汛期	非汛期	全年	汛期	非汛期	全年	汛期	非汛期	全年
1932~1949 年	13.97	6.65	20.62	3.06	0.24	3.30	219	35	160
1950~1959 年	10.44	6.29	16.73	2.49	0.22	2.71	238	35	162
1960~1969 年	12.77	9.18	21.95	2.46	0.27	2.73	193	30	125
1970~1979 年	10.92	6.36	17.28	2.50	0.11	2.61	229	17	151
1980~1989 年	9.79	7.53	17.32	1.54	0.32	1.86	157	42	107
1990~1999 年	8.11	5.62	13.73	2.12	0.28	2.40	261	51	175
2000~2014 年	6.45	4.43	10.88	0.91	0.06	0.97	142	13	89
1932~2014 年	10.46	6.46	16.92	2.17	0.20	2.37	207	32	140

从不同时期的平均含沙量看,20 世纪 60 年代、80 年代和 2000 年以来年均含沙量相对较小,其他时期年均含沙量基本相当,含沙量震荡变化,并未出现明显的趋势性变化。历年含沙量变化过程见图 2-18。

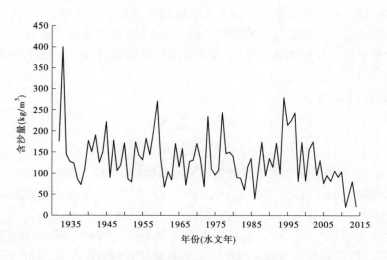

图 2-18 张家山站(含泾惠渠)历年平均含沙量变化过程

2.3 水沙变化原因及未来水沙变化趋势

2.3.1 水沙变化原因分析方法

水沙变化原因分析需要分析自然条件和人类活动对河流水沙的影响,水沙变化原因分析方法规程规范没有规定,在多沙河流研究实践中,评估水利水土保持措施减水减沙效益的方法主要采用水文分析法(简称水文法)和水土保持分析法(简称水保法)以及基于遥感资料的遥感水文模型等。

水文法就是利用水土保持治理前(通常称为基准期)实测的水文泥沙资料,建立降雨输沙量数学模型,然后将水土保持治理后的降雨因子代入所建模型,计算出相当于治理前下垫面条件下的产沙量系列。若将治理前的实测沙量视为基准期天然沙量,那么根据治理后降雨因子由降雨产沙模型计算的产沙量就相当于治理后的天然产沙量,两时段天然产沙量之差即为降雨变化对产沙的影响量。相应地,将模型计算的天然产沙量与同一时段实测沙量相减,即可视为下垫面变化对产沙的影响量。利用水文法可以区分降雨变化和下垫面变化对流域减沙的影响程度。

水保法也叫成因分析法,通过对不同地区水土保持径流试验小区观测的水土保持措施减水减沙资料统计分析,确定各单项措施在单位面积上的减水减沙量,即减水减沙指标,并按一定方法进行尺度转换后再推到流域面上;然后根据各单项水土保持措施减水减沙指标和单项措施面积,二者相乘即得分项水土保持措施减水减沙量,逐项相加,并考虑流域产沙在河道运行中的冲淤变化以及人类活动新增水土流失等因素,即可得到流域面上水利水土保持综合治理的减水减沙量。通过水保法,可以清楚了解各单项水利水土保持措施在流域水沙变化中的贡献率,能与水文法计算结果进行佐证分析,并可以对未来水沙变化趋势进行预测。

水保法的计算公式为

减水量: $$\Delta W' = \sum \alpha_{Ri} f_i \tag{2-1}$$

减沙量: $$\Delta W'_s = \sum \alpha_{si} f_i \tag{2-2}$$

式中,α_{Ri}、α_{si}分别为各单项水土保持措施减水指标(m^3/hm^2)和减沙指标,t/hm^2;f_i为各单项水土保持措施面积,hm^2;$\Delta W'$、$\Delta W'_s$分别为各单项水土保持措施减水量(m^3)和减沙量(t)。

遥感水文模型是"十二五"国家科技支撑计划项目"黄河水沙调控技术研究与应用"课题研发,从分析不同地貌类型区的产沙驱动力及其影响因素入手,建立了不同规模梯田运用和林草植被变化与流域产沙的响应关系,论证和验证了响应关系的合理性,分析了雨强、梯田占比、植被类型等因素对响应关系的影响。构建以上关系式采用的林草覆盖率、梯田面积等数据均系遥感调查获取,并在建模时采用了"下垫面—流域水沙量"直接挂钩的方法。因此,把构建的计算模型称为遥感水文统计模型,用于在大空间尺度上测算梯田和林草植被变化的减水减沙量、评价不同时期的产流产沙环境。

对水文法而言,一般都是采用降雨指标和年输沙量建立关系,但在降雨指标的选取上差别较大,总体上可以分为四类,一是时段降雨量,如全年、汛期、6~9 月、7~8 月、5~9 月降雨量等;二是时段雨强,如全年、7~8 月、5~9 月雨强等;三是不同等级降雨量,如大于 10 mm、25 mm、50 mm 的降雨量;四是最大 N 日降雨量,如最大 1 日、3 日、5 日、7 日、30 日降雨量等。尽管各家采用的降雨指标不同,但最终都是通过对 20 世纪五六十年代的实测降雨指标、年输沙量回归分析后获得经验公式,计算精度取决于原始资料的代表性和精度。

就水保法而言,除水土保持措施数据外,减水减沙指标的确定方法差别也较大,水保基金是参照小区观测资料并根据流域措施质量情况确定的,并随着降水情况变动,各个流域采用的数值也不完全一样;"八五"攻关是利用试验站的观测资料,分析降雨径流输沙关系及同梯田效益、林地效益、草地效益的关系,结合措施的质量情况进行综合分析;"十一五"按小区推算,有的取减洪指标,也有的取减水指标,在选用减水减沙指标时,考虑降水条件;黄河水沙变化研究在"十一五"减沙指标成果基础上进行修正,取用多年平均值;"十二五"研究采用基于遥感的水文法模型。方法的不统一必然造成计算结果的差异。对这些方法不统一所引起计算结果差异的定量评价则是一个非常复杂和困难的问题,有待进一步研究。

2.3.2　黄河近期沙量减少原因分析成果

科技部、水利部和国家自然科学基金委员会多年来对黄河水沙变化研究给予了持续的关注和支持。针对黄河近期水沙变化以及影响因素,主要开展的研究项目有:"十一五"国家科技支撑计划课题"黄河流域水沙变化情势评价研究"(简称"十一五"国家科技支撑)、"十二五"国家科技支撑计划课题"黄河水沙调控技术研究与应用"(简称"十二五"国家科技支撑)、"黄河水沙变化研究"、"人民治黄 70 周年黄河治理开发与保护效益分析"、"黄河水沙变化及古贤入库水沙设计专题报告"以及正在开展的"十三五"重大专项项目"黄河流域水沙变化机理与趋势预测"等。

(1)由姚文艺、徐建华主持的"十一五"国家科技支撑计划课题"黄河流域水沙变化情势评价研究",主要研究时段为 1997~2006 年,研究范围为河口镇至龙门区间(泾河、渭河、北洛河、汾河),涉及面积 28.72 万 km²,利用水文法和水保法两种方法计算了 1997~2006 年人类活动等对水沙变化的影响。研究结果表明,1997~2006 年与 1970 年前相比,黄河中游实测年均总减沙量约为 11.80 亿 t,水文法计算的水利水保综合治理等人类活动年均减沙量约 5.87 亿 t,占总减沙量的 49.7%,降雨减少引起的年均减沙量为 5.93 亿 t,占总减沙量的 50.3%。水保法计算的水利水保综合治理等人类活动年均减沙量约 5.24 亿 t,占总减沙量的 44.4%,人类活动对减沙量的影响和降雨的影响基本持平。水利水保措施中林草梯田(含封禁)年均减沙量 2.83 亿 t,淤地坝年均减沙量 1.17 亿 t,水库年均拦沙量 0.71 亿 t。

(2)由刘晓燕主持的"十二五"国家科技支撑计划课题"黄河水沙调控技术研究与应用",主要研究时段为 2007~2014 年,研究范围为黄河干流青铜峡以上、河龙区间、北洛河、泾河张家山以上、渭河咸阳以上、汾河。资料至 2014 年。课题分析了研究区近年的气候和下垫面变化情况、黄河近年水沙锐减的主要驱动力及其量化贡献,对黄河未来水沙情势进行了展望。通过遥感手段获取了大量植被、梯田数据,提出了基于遥感水文统计模型,对林草减水减少作用进行评价。

研究认为,在20世纪70~90年代中期,坝库拦沙和气候变化是黄河来沙减少的主要驱动力;但进入21世纪,黄土高原产流产沙环境变化成为近十几年水沙大幅减少的主要原因。在2007~2014年下垫面和1966~2014年平均降雨情况下,如果黄河李家峡和洮河九甸峡以下没有坝库拦沙,潼关来沙量应为5亿t。若按2014年下垫面,多年平均降雨量条件下的潼关年均来沙量应为4.5亿~5亿t。提出2007~2014年黄河主要产沙区的年均雨量和雨强与1956~1975年相当,但较1966~2014年均值偏丰,尤以河龙区间、泾河和汾河等地区更为突出。如果分别与1956~2014年和1956~1975年的平均降雨条件相比,2007~2014年的降雨减沙量分别为-2.8亿~-1.1亿t和-1.1亿~0.6亿t。

中游五站(龙门、洑头、咸阳、张家山、河津)以上地区主要下垫面因素在2007~2014年的实际减沙量为15.6亿~17.3亿t,其中林草梯田等因素年均减沙12.54亿~14.11亿t,水库和淤地坝拦沙以及灌溉引沙增量实际拦(引)沙3.2亿t。

(3)由黄河水利委员会联合中国水利水电科学研究院开展的“黄河水沙变化研究”(2015)主要研究时段为2010~2012年,研究范围为黄河潼关以上区域,面积72.4万km²。采用水文法和水保法研究了2000~2012年水沙变化的主导因素以及各因素占总减水、减沙量的比例。预测了未来30~50年、50~100年黄河水沙变化趋势。研究提出,与基准期(1954~1969年)相比,2000~2012年降雨影响减沙量为2.66亿t,降雨对泥沙减少的贡献率约占20%,人类活动对泥沙减少的贡献率约占80%。人类活动年均总减沙量为11.06亿t,其中林草梯田(封禁)年均减沙5.09亿t,淤地坝年均减沙3.02亿t,水库年均拦沙1.87亿t。

(4)黄河水利委员会组织编制的“人民治黄70年黄河治理开发与保护效益分析”,研究了1996~2015年水土保持措施减沙量。提出了1996~2015年黄河流域水土保持措施年均拦沙量为4.35亿t(其中坡面措施3.14亿t、淤地坝1.21亿t),拦沙水库年均拦沙量为0.76亿t。

(5)黄河勘测规划设计研究院有限公司编制的黄河水沙变化及古贤入库水沙设计专题报告,研究主要时段为2000~2015年,研究范围重点为黄河流域潼关以上区间。利用水文法和水保法计算了2000~2015年人类活动等对水沙变化的影响。研究结果表明,2000~2015年与1970年前相比,黄河潼关以上年均总减沙量约为15.47亿t,水文法计算的降雨减少引起的年均减沙量为5.08亿t,占总减沙量的32.9%,非降雨因素年均减沙量约10.39亿t,占总减沙量的67.1%;水保法计算的水利水保措施年均减沙量为9.52亿t,其中坡面措施(包括梯田、林地、草地、封禁治理)年均减沙量为4.30亿t,淤地坝年均减沙量为3.34亿t,水库工程年均拦沙量为1.89亿t。

近期水沙变化研究成果见表2-15,水利水保措施各项减沙量见表2-16。

表2-15　近期水沙变化研究成果

成果来源	研究范围	研究时段	降雨影响		非降雨影响		水保法水利水保减沙量（亿t）
			减沙量（亿t）	占比（%）	减沙量（亿t）	占比（%）	
"十一五"国家科技支撑	河龙区间泾洛渭汾	1997~2006年	5.93	50.3	5.87	49.7	5.24
"十二五"国家科技支撑	青铜峡以上、河龙区间、泾洛渭汾	2007~2014年	-2.8~-1.1	增沙	16.18~17.84		16.18~17.84
黄河水沙变化研究	潼关以上	2000~2012年	2.66	20	11.06	80	11.06
古贤水沙专题	潼关以上	2000~2015年	5.08	32.9	10.39	67.1	9.52

表2-16　近期研究成果人类活动各因素减沙量

研究项目	研究范围	研究时段	各项因素年均减沙量成果（亿t）						
			林草梯田（含封禁）	淤地坝	水库	灌溉引沙	人为增沙	河道冲淤	合计
"十一五"国家科技支撑	河龙区间（已控区）、泾洛渭汾	1997~2006年	2.828	1.166	0.714	0.620	-0.715	0.346	4.959
"十二五"国家科技支撑	青铜峡以上、河龙区间、泾洛渭汾	2007~2014年	12.540~14.109	1.253	1.809	0.080	—	-0.035	16.176~17.845
黄河水沙变化研究	潼关以上	2000~2012年	5.087	3.020	1.872	0.023	0.958	0.100	11.060
人民治黄70周年	黄河流域	1996~2015年	3.14	1.21	0.76	—			5.11
古贤水沙专题	潼关以上	2000~2015年	4.30	3.34	1.88				9.52

　　由于黄河水沙问题极其复杂,黄土高原产洪产沙机制尚未被完全掌握。近期开展的各项研究成果,通过对研究区域降雨及水利水保措施减水减沙效益分析评价,提出不同产沙区不同时期水沙变化的定量数据,但不同研究成果在降雨、各项水利水保措施对减沙量的影响等存在一定的差别。

2.3.3 水沙变化趋势分析

水沙量变化趋势分析方法较多,主要有水沙过程线法、滑动平均法、水沙关系法、累积曲线法、差积曲线法等,综合分析确定。

2.3.3.1 水沙过程线法

水沙过程线法就是以径流量或输沙量为纵坐标、以时间为横坐标点绘江河径流量或输沙量随时间的变化过程,直接反映水沙变化的趋势。图 2-19 为黄河潼关站历年实测径流量和输沙量过程,20 世纪 90 年代以来,除 2012 年径流量与多年平均值相近外,其他年份均小于多年平均值。与径流量变化趋势基本一致,20 世纪 80 年代以来,实测输沙量也大幅度减少。

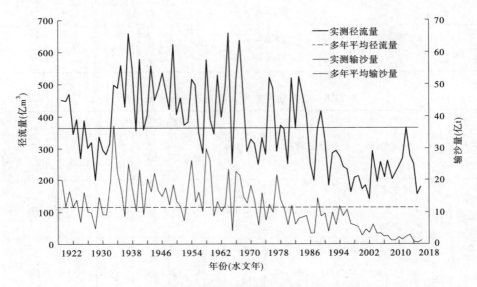

图 2-19 黄河潼关站历年实测径流量和输沙量过程

2.3.3.2 滑动平均法

水沙系列 $W_1, W_2, W_3, \cdots, W_n$,取 k 年滑动平均组成新的水沙系列,通过绘制新系列滑动平均值曲线,分析水沙系列变化趋势。与水沙过程线相比,滑动平均可使个别年份对水沙变化趋势的影响得以弱化,波动范围减小,过程线更加平滑。

潼关站 1919～2016 年系列年径流量与年输沙量 5 年滑动平均累计值见图 2-20,可以明显看出,20 世纪 80 年代中期后径流量、输沙量多年平均值呈下降趋势。

2.3.3.3 水沙关系法

水沙关系法是通过绘制年或者主要来水来沙期的径流量与输沙量关系图,通过点群关系分析水沙变化趋势。图 2-21、图 2-22 分别为北洛河刘家河站 1954～2015 年和马莲河雨落坪站 1955～2015 年各年代的 6～9 月径流量与输沙量关系,可以看出,各年代径流量与输沙量关系没有明显分层,但是可以看出 2000 年以来径流量、输沙量明显偏小。

2.3.3.4 累积曲线法

双累积曲线(double mass curve)法是由美国学者 C. F. Merriam 于 1937 年提出的。所

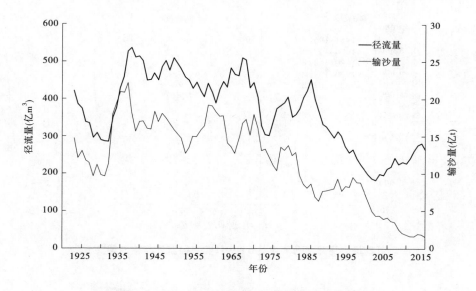

图 2-20　黄河潼关站 5 年滑动实测径流量、输沙量过程

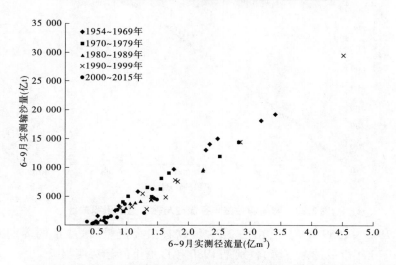

图 2-21　北洛河刘家河站 6～9 月实测径流量与输沙量关系

谓双累积曲线法,就是在直角坐标中绘制同期内一个变量的时段累积值与另一个变量相应的时段累积值的关系线,根据累积关系曲线分析两个变量之间响应关系的变化趋势。图 2-23 为黄河潼关站年径流量与输沙量双累积曲线,可以看出,双累积曲线斜率在 1980 年左右、2000 年左右有明显变化,2000 年左右斜率减小幅度更大,含沙量减小。

2.3.3.5　差积曲线法

累积曲线数值很大,当变化趋势较小时不易看出。河流径流量有周期变化的趋势,在累积曲线上也较难发现。为此,将累积曲线旋转到接近至水平,即差积曲线。差积曲线是将每年的年平均量减去一个常数,再逐年累计。常数取值最简单的方法取多年均值。但往往为使曲线直观取接近均值的其他常数。图 2-24 为潼关站径流量与输沙量差积曲线。

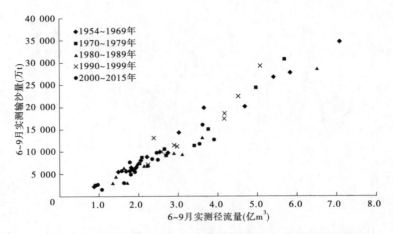

图 2-22　马莲河雨落坪站 6～9 月实测径流量与输沙量关系

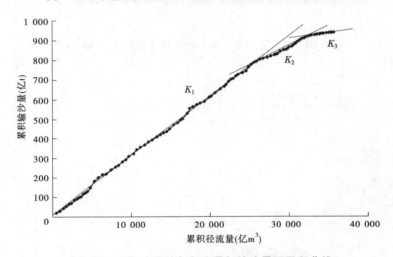

图 2-23　黄河潼关站年径流量与输沙量双累积曲线

差积常数区 1919～1959 年均值,由图 2-24 可以看出径流量、输沙量的周期变化。径流量、输沙量 1970 年以后逐渐下降,特别是 1986 年以后下降趋势明显。

2.3.4　黄河已有成果对未来水沙量的预测

河流每年径流量、输沙量的变化是随机性的,但长时段分析发现存在一定的变化规律,成为趋势。趋势可能有增加或减少,也可能无变化。2000 年以来,我国河流输沙量总体有减少的趋势,其影响因素除降水外,有水利水电工程建设、水土保持、工农业用水、生活用水及其他人类活动。

水库拦沙可以减少其下游河道的输沙量,但不能减少流域的侵蚀量,拦沙时间也是有限的。黄土高原的支流水库大多建于 20 世纪 70 年代前后,至 20 世纪末基本失去拦沙能力,是近年陆续开展的除险加固工作使它们重获新生,目前河潼区间大中型水库的累积拦沙量均远大于其死库容。未来长时期除兰州以上的龙羊峡、拉西瓦水库死库容远未淤满,

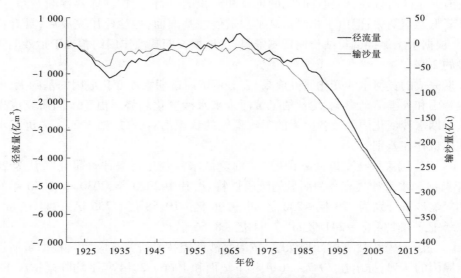

图 2-24　潼关站径流量与输沙量差积曲线

尚可继续发挥稳定的拦沙功能,黄河流域已建水库及水电站将在未来 50 年内不再发挥拦沙作用。

　　水土保持措施主要包括林草(封禁)、梯田、淤地坝,林草植被是黄土高原地区坡面治理的主要措施,对中等强度以下降雨的减水减沙作用明显,对大暴雨尤其是对大雨量、高强度暴雨的减水减沙作用会降低。如 2013 年汾川河洪水、2017 年无定河"7·26"洪水。大量研究表明,黄河流域黄土高原地区植被主要为草本植物、少量林木,历史时期植被覆盖情况随降雨条件变化,降雨条件较好则植被较好,降雨条件较差则植被差。20 世纪 70 年代至 90 年代末,黄土高原地区相继落实三北防护林建设、以小流域综合治理为主的重点生态工程建设、天然林保护、水土保持世界银行贷款项目等措施,特别是 1998 年以来,随着退耕还林(草)、封山禁牧、生态移民等政策措施的落实,黄土高原地区植被破坏的状况基本得到遏制,部分地区林草植被覆盖率提高,生态环境趋于改善。

　　梯田工程的减水减沙作用不仅在于梯田发挥自身的拦蓄径流、泥沙作用,田面上种植的作物、林草等同时发挥植被的减蚀作用。梯田的蓄水减蚀拦沙在标准洪水下作用显著,但遇到超标准洪水,有可能发生水毁,而降低减沙作用。按照相关技术规范要求,地处干旱、半干旱地区的黄土高原坡式梯田要求田埂上方容量能拦蓄当地 10~20 年一遇的一次降雨中相邻两埂之间坡面所产生的地表径流与泥沙,若遇超过这一设计标准的暴雨,容许径流泥沙坡埂流出田面,而水平梯田和隔坡梯田相应设计标准通常采用 10 年一遇的 24 h 暴雨径流。当遇超设计标准的暴雨洪水时,梯田工程就有可能损毁,从而降低减蚀拦沙作用。

　　淤地坝工程拦沙减蚀趋势。淤地坝具有拦沙、淤地等作用。中华人民共和国成立后,黄河流域淤地坝建设得到快速发展,截至 2015 年建设淤地坝 58 422 座。调查研究表明,2000 年以来新修的淤地坝尚有较大的拦蓄泥沙能力,未来一定时期,淤地坝还将继续建设,拦沙能力将进一步增加。淤地坝工程减沙作用主要体现在拦沙和减蚀两个方面,拦沙作用具有一定的时效性,即随着时间的推移和淤积的进行,其拦沙库容逐渐淤满,拦沙作用逐渐降低乃至消失;但由于相对抬高了沟道侵蚀基准面,拦沙作用完成后,具有长期减蚀作用,根据水土保持试验站长期观测资料,淤地坝长期减蚀作用约相当于拦沙期年平均来沙量的20%。

近期完成的黄河水沙变化研究成果,在分析黄河近期水沙变化成因的基础上,考虑未来气候降雨和人类活动影响,均预估了黄河未来水沙变化趋势。由于不同研究成果对黄河流域近期水沙变化原因及各因素的影响程度的认识尚有分歧,对黄河未来可能水沙变化的认识也存在差别。

"十一五"国家科技支撑计划课题"黄河流域水沙变化情势评价研究",认为2020~2050年黄河来水来沙具有较为明显的阶段性特点,其中2020年、2030年、2050年的年来水量和年输沙量分别为229亿~236亿 m^3、9.96亿~10.88亿t、236亿~244亿 m^3、8.61亿~9.56亿t和234亿~241亿 m^3、7.94亿~8.66亿t。

"十二五"国家科技支撑计划课题"黄河水沙调控技术研究与应用",根据黄河近期水沙变化原因的认识,提出在2007~2014年下垫面和1966~2014年平均降雨情况下,如果黄河李家峡和洮河九甸峡以下没有坝库拦沙,潼关站来沙量应为5亿t,花园口站天然径流量在460亿 m^3 左右。

黄河水利委员会联合中国水利水电科学研究院开展的"黄河水沙变化研究"(2015),预估在黄河古贤水库投入运用后,预测未来30~50年潼关水文站年均径流量为210亿~220亿 m^3,年均输沙量为3亿~5亿t;未来50~100年潼关水文站年均径流量为200亿~210亿 m^3,年均输沙量为5亿~7亿t。若未来30~50年不考虑古贤水库投入运用,潼关站来沙量为6亿~9亿t。

2013年国务院批复的《黄河流域综合规划(2012~2030年)》认为未来黄河流域降雨条件不会发生大的变化,规划期天然年沙量仍采用16亿t。现状(2007年)水利水保措施年平均减沙量在4亿t左右,到2030年适宜治理的水土流失区将得到初步治理,流域生态环境明显改善,多沙粗沙区拦沙工程及其他水利水保措施年平均可减少入黄泥沙6.0亿~6.5亿t。在正常的降雨条件下,2030年水平年均入黄沙量为9.5亿~10亿t。考虑远景(2050年水平)黄土高原水土流失得到有效治理,进入黄河下游的泥沙量仍有8亿t左右,水沙关系仍然不协调。

黄河勘测规划设计研究院有限公司编制的黄河水沙变化及古贤入库水沙设计专题报告,认为在现状下垫面条件下,中游万家寨、龙口水库拦沙完成后,考虑气候变化的周期性,在多年平均降雨情况下,黄河来沙量仍可达8亿~9亿t。设计水平年黄河四站来沙水平考虑为8亿t。

从20世纪80年代以来黄河实测沙量变化情况看,由于黄土高原地区水利水保措施的持续投入,黄河来沙量呈现减少的趋势。

多沙河流水沙变化原因很复杂,各项因素减沙量存在很大争议,因此工程实践中综合考虑多种方法成果,在工程设计中充分考虑水沙的丰枯变化,留有安全余地。

2.4　设计水沙条件

设计水沙条件是根据河流水沙变化趋势和一定时期人类活动影响分析预测的代表一定时期某一水平的水沙过程,是工程规模论证及效益分析的重要基础条件。

2.4.1　设计水沙条件计算方法

2.4.1.1　现状下垫面水沙条件

1. 径流还原

《水利水电工程水文计算规范》(SL 278—2002)规定:人类活动使径流量及其过程发生明显变化时应进行径流还原计算。还原水量应包括工农业及生活耗水量、蓄水工程的蓄变量、分洪溃口水量、跨流域引水量及水土保持措施影响水量等项目,应对径流量及其过程影响显著的项目进行还原。径流还原计算可采用实测加分项还原,也可采用降雨径流模式法,一般按逐年、逐月进行,求出控制站历年逐月天然径流量。由于实测加还原系列仅还原了国民经济地表用水损耗量和大中型水库蓄变量,未对流域面上的水利水保工程影响、地下水开采、煤炭开采等下垫面变化进行一致性处理,因此需要在实测加还原系列基础上进行径流系列一致性处理。在实测加还原系列基础上,针对影响河川径流的主要因素,采用降水径流相关法、上下游断面径流相关法和成因分析法等分析下垫面变化对河川径流影响,进行一致性处理,提出现状下垫面条件下径流系列成果。

河川径流量还原,采用下式计算:

$$W_{天然} = W_{实测} + W_{还原}$$

$$W_{还原} = W_{用水还原} + W_{分洪} + W_{库蓄}$$

$$W_{用水还原} = W_{农灌} + W_{工业} + W_{城镇生活} + W_{引水}$$

式中:$W_{天然}$ 为水文站实测加还原径流量;$W_{实测}$ 为水文站实测径流量;$W_{还原}$ 指还原水量;$W_{用水还原}$ 指用水还原水量;$W_{农灌}$ 为农业灌溉耗水量;$W_{工业}$ 为工业耗水量;$W_{城镇生活}$ 为城镇生活耗水量;$W_{引水}$ 为跨流域(或跨区间)引水量,引出为正,引入为负;$W_{分洪}$ 为河道分洪决口水量,分出为正,分入为负;$W_{库蓄}$ 为大中型水库蓄水变量,增加为正,减少为负。

一致性处理方法有降水径流相关法、上下游断面径流相关法和成因分析法等,在进行一致性处理时,针对影响河川径流的主要因素分析采用。

1) 降水径流相关法

在降水量和实测加还原径流量系列的基础上,用双累积相关法(点绘年降水量累积值与实测加还原径流量累积值相关曲线)判断年降水径流变化的转折年份,以转折年份为界,分前后二段或三段对所选站点进行系列一致性分析。以年降水径流关系变化转折点的前段或后段作为基础系列,以转折点的后段或前段作为修正系列。首先建立基础系列的降水径流关系点群,而后逐一判断修正系列的点子在点群中的位置是否合理;对于偏离基础系列的点,根据修正点与基础系列降水径流关系点群中心线、上下包线的距离,并参考修正点前期年降水量的影响,逐一进行修正。

2）上下游断面径流相关法

对于区间产流量较小的河段或区间,用上下游径流双累积相关法(点绘上下游站点实测加还原径流量累积值相关曲线),结合区间水量平衡分析,进行一致性分析。修正时以基础系列的上下游径流关系为基础,以河段水量平衡进行控制。

3）成因分析法

对于降水径流关系或上下游径流关系变化不明显的河流和测站,根据当地实际情况,分析可能影响径流的主要因素如水库蒸发和渗漏损失、地下水开采等,采用成因分析法对径流系列进行合理修订。

2.沙量还原

《水利水电工程水文计算规范》(SL 278—2002)规定:人类活动对工程地址的输沙量影响显著时,应进行资料一致性改正。改正方法可采用输沙率法、地形法和分项调查法。泥沙资料一致性改正是将受人类活动影响的资料还原到天然状态,一般称还原改正;也可将早期未受人类活动影响的资料修改到现状条件下,一般称还现改正。输沙率法是通过建立流量与输沙率相关关系,用流量推算相应输沙量。地形法是根据人类活动或溃口等自然事件前后水库、湖泊或河道容积冲淤变化进行改正。分项调查法是对各种人类活动、水土保持措施等进行分项调查改正。其成果应结合流域水沙变化规律进行合理性分析。

多沙河流实践中,流域水沙关系未发生趋势性变化,减水与减沙基本同步,现状水平年沙量可利用实测月流量与输沙率相关关系或水平年月水量乘以实测平均含沙量求得。人类活动使输沙量及其过程发生明显变化时,应在分析黄河近期水沙变化成因的基础上,考虑未来气候降雨和人类活动影响,预估未来水沙变化趋势。采用考虑近期工程作用和水土保持措施影响的实测资料建立水沙关系,按现状下垫面条件设计月径流量过程计算现状水平依据站的月沙量过程。

2.4.1.2　设计水平年水沙条件

设计水平年月径流量、输沙量是在现状水平基础上根据水平年水量、沙量预测值分别进行缩放求得的。流域水沙关系未发生趋势性变化的,可采用实测月流量输沙率关系,依据设计月径流量计算月输沙量。

设计水平年历年日流量过程,根据设计水平年历年各月水量与实测历年各月水量的比值,对历年各月实测日流量进行同比例缩放求得。设计水平年历年日输沙率过程,根据设计水平年历年各月输沙率与实测历年各月输沙率的比值,对历年各月实测日输沙率进行同比例缩放求得。

2.4.2　设计水沙条件实例

人类活动使古贤入库输沙量及其过程发生明显变化,在分析黄河近期水沙变化成因的基础上,考虑未来气候降雨和人类活动影响,预估未来水沙变化趋势。采用考虑近期工程作用和水土保持措施影响的实测资料建立水沙关系,按现状下垫面条件设计月径流量过程计算现状水平依据站的月沙量过程。马莲河流域水沙关系未发生趋势性变化,减水与减沙基本同步,现状水平年沙量可利用实测月流量与输沙率相关关系或水平年月水量乘以实测平均含沙量求得。

下面分别以古贤水库入库水沙条件设计和马莲河水库入库水沙条件设计作为代表，说明设计水沙条件的设计过程。

2.4.2.1　古贤水库设计水沙条件

古贤坝址代表站为龙门站，渭河华县、汾河河津、北洛河状头等站是进行古贤水库减淤作用研究涉及的主要支流控制站，伊洛沁河的黑石关、武陟是研究黄河下游冲淤变化涉及的支流控制站。以上各站均需要进行水平年水沙条件设计。

《黄河流域设计水文成果修订》在实测加还原系列基础上，采用降水径流相关法、上下游断面径流相关法和成因分析法等分析下垫面变化对各河段径流影响，并将下垫面划分为早期下垫面、近期Ⅰ下垫面和近期Ⅱ下垫面三种情景进行一致性处理，推荐采用近期Ⅰ下垫面条件下黄河流域 1956～2010 年径流修订成果。近期Ⅰ下垫面代表时段为 1980～2010 年。

为与《黄河流域设计水文成果修订》推荐径流系列成果相协调，本次水沙条件设计先考虑近期Ⅰ下垫面的水沙条件，进而推算设计水平年(2030 年)的水沙条件。

1. 近期Ⅰ下垫面水沙条件

1) 近期Ⅰ下垫面水沙条件计算方法

(1) 河口镇。根据河口镇 1980 年以来实测水沙资料(与近期Ⅰ下垫面代表时段相协调)，建立河口镇的水沙关系曲线，以近期Ⅰ下垫面水沙条件河口镇站设计月平均流量求出月沙量。河口镇站水沙关系式可表示为

$$W_s = KQ^A \tag{2-3}$$

式中：W_s 为月沙量，万 t；Q 为月平均流量，m^3/s；K、A 分别为系数、指数。

(2) 龙门站。黄河中游水利水保工程对河口镇至龙门区间的减沙有一定的作用，以 1980 年以来的流域条件作为估算河口镇至龙门区间沙量的基础。龙门站月沙量计算公式可表示为

$$W_s = W_{s河} + K\Delta W_{s河龙} \tag{2-4}$$

式中：W_s 为龙门站设计月沙量，亿 t；$W_{s河}$ 为河口镇站设计月沙量，亿 t；$\Delta W_{s河龙}$ 为河口镇至龙门区间实测月沙量(对万家寨、龙口、天桥水库淤积泥沙量进行了还原)，亿 t；K 为考虑不同时段(不同年代)水利水保工程减沙系数，根据河龙区间 1980 年以来支流径流泥沙关系求得不同时段水平年平均沙量，K 即为不同时段水平年沙量与实测沙量的比值。

(3) 华县站。渭河华县站的来水来沙主要由咸阳以上干流和支流泾河组成，南山支流来水来沙亦有一定影响。渭河咸阳以上及南山支流水多沙少，含沙量较低(咸阳站多年平均含沙量 31 kg/m^3)；泾河水少沙多，含沙量高(多年平均含沙量达 143 kg/m^3)。在计算华县站沙量时，考虑了泾河来水所占比例对华县沙量的影响。近期Ⅰ下垫面华县站月沙量计算公式为

11 月至翌年 6 月

$$W_s = KW^\alpha \tag{2-5}$$

7～9 月

$$W_s = KW^\alpha/B^\beta \tag{2-6}$$

式中：W_s 为月沙量；W 为月水量；$B = \dfrac{W_{华} - W_{张}}{W_{华}}$，$W_{华}$、$W_{张}$ 分别为华县、张家山的水量；K、α、β 分别为系数、指数，依据实测资料确定。

（4）河津站。根据 1980 年以来实测水沙资料，建立水沙经验关系，河津站的月沙量以近期 I 下垫面月水量查关系曲线求出月沙量。计算关系式为

$$W_s = KW^{\alpha} \tag{2-7}$$

式中：W_s 为近期 I 下垫面条件河津站月沙量，万 t；W 为近期 I 下垫面条件河津站设计月水量，亿 m^3；K、α 分别为系数、指数。

（5）湫头站。北洛河 96% 以上的泥沙来自刘家河以上黄土丘陵区，刘家河站沙量可代表北洛河湫头站沙量。根据 1980 年以来刘家河站实测资料分析，建立月水沙经验关系，湫头站月沙量以刘家河站现状水平年的月水量查关系曲线求出月沙量。计算关系式为

$$W_s = KW^{\alpha}$$

式中：W_s 为水平年刘家河站月沙量，亿 t；W 为水平年刘家河站月水量，亿 m^3；K、α 分别为系数、指数。

（6）黑石关站、武陟站。黑石关站、武陟站水平年沙量依据实测资料（1980 年以来）建立的经验关系式为

$$W_s = KQ^{m} \tag{2-8}$$

式中：W_s 为沙量，亿 t；Q 为流量，m/s；K、m 分别为系数、指数。

2）近期 I 下垫面水沙条件计算成果

根据上述计算方法，近期 I 下垫面条件 1956 ~ 2010 年河口镇、龙门、华县、河津、湫头等站水沙量计算结果见表 2-17。

表 2-17　近期 I 下垫面条件河口镇、龙门、华县、河津、湫头等站水沙特征值（1956 ~ 2010 年系列）

水文站	项目	径流量（亿 m^3）			输沙量（亿 t）			含沙量（kg/m^3）		
		汛期	非汛期	全年	汛期	非汛期	全年	汛期	非汛期	全年
河口镇	设计水平	97.1	107.0	204.1	0.54	0.24	0.78	5.5	2.3	3.8
	实测	108.9	101.4	210.3	0.74	0.25	0.99	6.8	2.4	4.7
龙门	设计水平	108.1	113.5	221.6	4.95	0.82	5.77	45.7	7.2	26.0
	实测	133.1	123.2	256.3	5.77	1.08	6.85	43.3	8.8	26.7
华县	设计水平	29.5	17.8	47.3	2.86	0.21	3.07	96.9	11.8	65.0
	实测	36.0	29.9	65.9	2.65	0.55	3.20	73.6	18.4	48.6
河津	设计水平	4.7	3.5	8.2	0.12	0.01	0.13	25.6	2.3	15.7
	实测	5.6	3.8	9.4	0.16	0.02	0.18	28.6	4.4	18.6
湫头	设计水平	3.0	2.0	5.0	0.51	0.02	0.53	167.7	14.4	107.0
	实测	3.7	3.0	6.7	0.63	0.08	0.71	169.7	29.0	107.1
四站	设计水平	145.4	136.7	282.1	8.44	1.06	9.50	58.0	7.8	33.7
	实测	178.4	159.8	338.2	9.20	1.73	10.93	51.6	10.8	32.3

近期 I 下垫面条件 1956 ~ 2010 年系列河口镇站年平均水量为 204.1 亿 m^3，其中汛期水量为 97.1 亿 m^3，占全年的 47.6%；年平均沙量为 0.78 亿 t，其中汛期沙量为 0.54

亿 t,占全年的 69.2%。与同期实测系列相比,年均水量减少 6.19 亿 m³,年均沙量减少 0.21 亿 t。

中游龙门站年平均水量、沙量分别为 221.6 亿 m³、5.77 亿 t,其中汛期水量为 108.1 亿 m³,占全年总水量的 48.8%;汛期沙量为 4.95 亿 t,占全年总沙量的 85.7%。与同期实测系列相比,年水量减少 34.7 亿 m³,其中汛期减少 25.0 亿 m³,年沙量减少 1.08 亿 t。近期 I 下垫面条件系列年汛期及全年含沙量较实测系列稍有增加。

近期 I 下垫面条件龙华河㳇四站年平均水量、沙量分别为 282.1 亿 m³、9.50 亿 t,其中汛期水量为 145.4 亿 m³,占全年总水量的 51.5%;汛期沙量为 8.44 亿 t,占全年总沙量的 88.8%。与同期实测系列相比,年水量减少 56.2 亿 m³,年沙量减少 1.43 亿 t,全年含沙量相差不大。

近期 I 下垫面条件 1956～2010 年系列,黑石关站、武陟站年平均水量为 26.2 亿 m³,年平均沙量为 0.09 亿 t,年平均含沙量为 3.5 kg/m³,与同期实测系列相比,设计水平年平均水量减少了 6.4 亿 m³,年平均沙量减少了 0.05 亿 t,年平均含沙量接近。近期 I 下垫面条件黑石关站、武陟站水沙特征值见表 2-18。

表 2-18　近期 I 下垫面条件黑石关站、武陟站水沙特征值（1956～2010 年系列）

水文站	项目	径流量（亿 m³）			输沙量（亿 t）			含沙量（kg/m³）		
		汛期	非汛期	全年	汛期	非汛期	全年	汛期	非汛期	全年
黑石关	设计水平	13.2	6.8	20.0	0.06	0.01	0.07	4.9	0.6	3.4
	实测	13.3	11.7	25.0	0.09	0.01	0.10	6.5	1.1	4.0
武陟	设计水平	3.9	2.3	6.2	0.02	0	0.02	5.1	0.8	3.5
	实测	4.9	2.7	7.6	0.03	0.01	0.04	7.2	1.7	5.2
两站	设计水平	17.2	9.0	26.2	0.08	0.01	0.09	4.9	0.6	3.5
	实测	18.1	14.5	32.6	0.12	0.02	0.14	6.7	1.2	4.2

2. 设计水平年水沙条件

设计水平年月径流量、输沙量是在现状水平基础上根据水平年水量、沙量预测值分别进行缩小求得的。考虑水平年黄河来沙量 8 亿 t,需要在近期下垫面基础上减沙 1.5 亿 t,相应减水量 10 亿 m³ 左右（水土保持措施减沙 1 亿 t,相应减水量约 5 亿 m³）。

水沙量的减少主要考虑河龙区间、渭河、北洛河、汾河等区域,减少量按照各区间实测水沙量比例进行分配。根据上述区域新增的减水、减沙量,求出多年平均设计水平与近期 I 下垫面条件水沙量的比值,设计水平年上述各站径流、输沙过程按此比例在现状基础上同比例缩小。头道拐以上、汾河、伊洛沁河水土保持减水减沙作用较弱,因此头道拐、河津、黑石关和武陟各站水沙量值以近期 I 下垫面条件水平代替设计水平。

设计水平年各年龙华河㳇日流量过程,根据设计水平年各年各月水量与实测各年各月水量的比值,对各年各月实测日流量进行同倍比缩小求得。设计水平年各年龙门、华县、河津、㳇头、黑石头、小浪底日输沙率过程,根据设计水平年各年各月输沙率与实测各年各月输沙率的比值,对各年各月实测日输沙率进行同倍比缩小求得。

设计水平年龙门、华县、河津、洑头四站水沙特征值见表2-19。

表2-19 设计水平年龙门、华县、河津、洑头四站水沙特征值

（1956～2010年系列，黄河来沙8亿t）

水文站	径流量（亿 m³）			输沙量（亿 t）			含沙量（kg/m³）		
	汛期	非汛期	全年	汛期	非汛期	全年	汛期	非汛期	全年
龙门	104.3	109.4	213.7	4.17	0.69	4.86	39.9	6.3	22.7
华县	28.5	17.1	45.6	2.41	0.18	2.59	84.6	10.3	56.7
河津	4.6	3.3	7.9	0.10	0.01	0.11	22.3	2.0	13.7
洑头	2.9	1.9	4.8	0.43	0.02	0.45	146.4	12.6	93.5
四站	140.2	131.9	272.1	7.10	0.90	8.00	50.7	6.8	29.4
黑石关	13.2	6.8	20.0	0.06	0.01	0.07	4.9	0.6	3.4
武陟	3.9	2.3	6.2	0.02	0	0.02	5.1	0.8	3.5

设计水平年龙门站年平均水量、沙量分别为213.7亿 m³、4.86亿 t，其中汛期水量为104.3亿 m³，占全年总水量的48.8%；汛期沙量为4.17亿 t，占全年总沙量的85.8%，汛期、全年含沙量分别为39.9 kg/m³和22.7 kg/m³。

中游龙华河洑四站系列平均水量为272.1亿 m³，其中汛期水量为140.2亿 m³，占全年总水量的51.5%；年平均沙量为8.00亿 t，汛期沙量为7.10亿 t，占全年总沙量的88.8%。全年及汛期平均含沙量分别为29.4 kg/m³和50.7 kg/m³。

设计水平年龙门及四站水沙量的年际间变化较大。该系列龙门站最大年水量为416.9亿 m³，最小年水量为142.8亿 m³，二者比值为2.92；最大年沙量为15.78亿 t，最小年沙量为0.80亿 t，二者比值19.64。四站最大年水量为497.8亿 m³，最小年水量为169.9亿 m³，二者比值为2.93；最大年沙量为21.04亿 t，最小年沙量为2.13亿 t，二者比值为9.89。设计水平年龙门站及四站历年径流量、输沙量过程见图2-25、图2-26。设计水平年龙门站历年逐月径流量、输沙量过程和逐日径流量、输沙量过程见图2-27、图2-28。

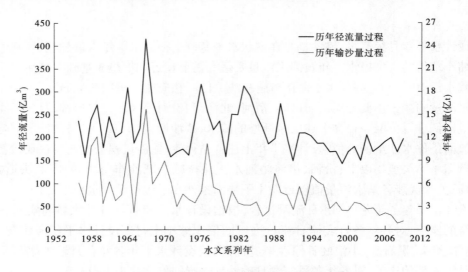

图2-25 水平年龙门站历年径流量、输沙量过程

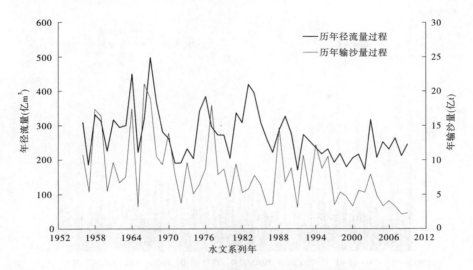

图 2-26　水平年四站(龙华河涨)历年径流量、输沙量过程

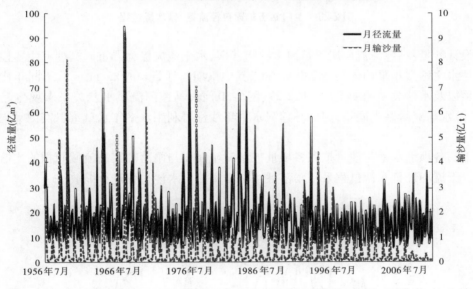

图 2-27　水平年龙门站历年逐月径流量、输沙量过程

2.4.2.2　马莲河水库设计水沙条件

1. 设计水沙计算方法

设计径流:采用坝址断面天然径流扣除坝址以上水平年工农业用水量和水土保持减水量。

水土保持减水量,根据第二期黄河水沙变化研究基金成果,20 世纪 90 年代马莲河雨落坪以上水土保持措施年均减水量为 0.33 亿 m³。按照《黄河流域综合规划》(2012 ~ 2030 年)提出的渭河流域水平年水土流失治理面积与现状水土流失治理面积的比例,推算马莲河流域水平年水土保持减水量约为 0.46 亿 m³。

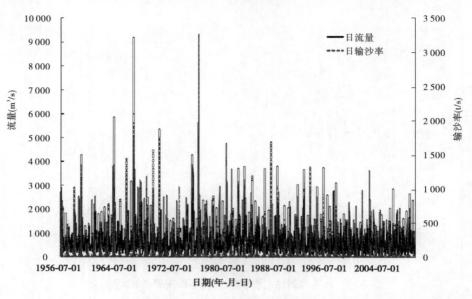

图2-28　龙门站历年逐日径流量、输沙量过程

设计沙量：马莲河流域属于黄河多沙粗沙区，水土流失极为严重。马莲河主要控制站雨落坪水文站多年平均含沙量280 kg/m³，其中汛期含沙量406 kg/m³。从不同年代实测含沙量以及水沙关系的变化（见图2-29、图2-30）看，马莲河流域水沙关系未发生趋势性变化，减水与减沙基本同步，因此马莲河水平年沙量可利用水平年水量乘以实测平均含沙量求得。

干流各坝址水平年沙量按照各坝址控制流域面积与雨落坪控制流域面积的比值进行折算。干流坝址日水沙过程采用雨落坪水文站实测日水沙过程进行缩放。

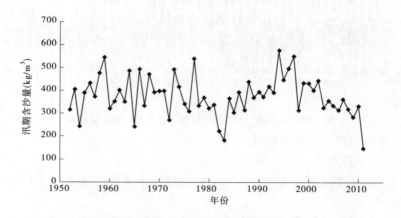

图2-29　雨落坪站历年实测汛期平均含沙量过程

2.设计水沙系列成果

设计系列采用1956年6月至2012年5月56年系列。干流各坝址设计水沙系列特征值统计见表2-20，干流坝址历年水沙量变化过程分别见图2-31～图2-33。贾嘴坝址设

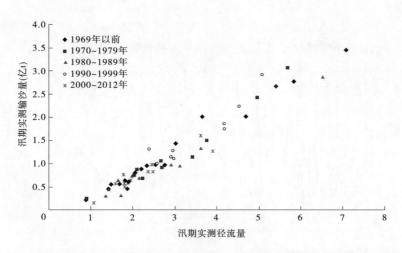

图 2-30　马莲河雨落坪站不同时期汛期实测径流量、输沙量关系

计水沙系列,年均水量 2.772 亿 m³,年均沙量 0.817 亿 t,年均含沙量 294.77 kg/m³;权家台坝址设计水沙系列,年均水量 2.634 亿 m³,年均沙量 0.780 亿 t,年均含沙量 296.02 kg/m³;古坪坝址设计水沙系列,年均水量 2.627 亿 m³,年均沙量 0.778 亿 t,年均含沙量 296.17 kg/m³。设计水沙系列过程包含一些丰水丰沙年,也包含一些枯水枯沙年,具有很好的代表性。

表 2-20　干流各坝址设计水沙系列特征值统计(1956 年 6 月至 2012 年 5 月)

干流坝址	水量(亿 m³)			沙量(亿 t)			含沙量(kg/m³)		
	汛期	非汛期	全年	汛期	非汛期	全年	汛期	非汛期	全年
贾嘴	1.917	0.855	2.772	0.793	0.024	0.817	413.67	28.29	294.77
权家台	1.827	0.807	2.634	0.758	0.022	0.780	414.72	27.42	296.02
古坪	1.822	0.805	2.627	0.756	0.022	0.778	414.93	27.44	296.17

2.4.3　设计水沙代表系列的选取

在基准系列当中,通过采用系列丰枯变化的分析、滑动平均、均值与方差比较、差积曲线、累积均值等方法。从中找出一段较短的系列便于分析计算使用的系列,称之为设计代表性系列。

工程泥沙设计标准规定:设计水沙系列长度应根据工程设计需要选定。设计水沙系列的多年平均径流量、输沙量、含沙量应接近设计水平年长系列的多年平均值,且包含丰、平、枯水沙情况。

下面以古贤水库设计水沙系列选取为例,说明设计水沙代表系列的选取过程。

2.4.3.1　水库投入运用时机

古贤水利枢纽为特大型工程,建设期约 10 年,且前期论证研究和设计工作技术复杂,还需要一定的周期,因此从黄河治理开发的迫切需要和现实可能两方面出发,古贤水利枢

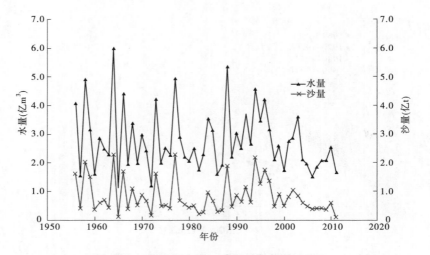

图 2-31　贾嘴坝址设计系列水沙量变化过程

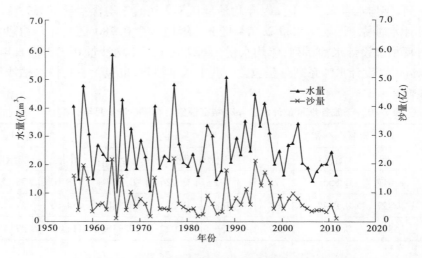

图 2-32　权家台坝址设计系列水沙量变化过程

纽建成生效时间为 2030 年。

2.4.3.2　系列长度

泥沙冲淤计算起始年份按 2017 年考虑。考虑黄河设计水沙变化以及古贤水库设计拦沙量,为充分论证古贤水库防洪减淤效益,设计水沙代表系列长度确定为 73 年(古贤水库投入运用前 13 年、投入运用后 60 年),即 2017~2090 年。

2.4.3.3　选取原则

(1)立足于黄河未来水沙量的预估值,在设计水平年 1956~2010 年系列中选取水沙代表系列。

(2)选取的水沙代表系列应由尽量少的自然连续系列组合而成。

(3)选取的水沙系列应反映丰、平、枯水年的水沙变化情况。

(4)兼顾古贤水库投入运用前和水库投入运用后水沙系列的代表性。

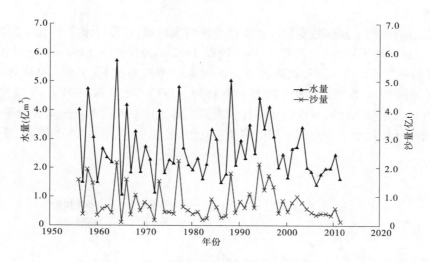

图 2-33　古坪坝址设计系列水沙量变化过程

2.4.3.4　选取结果

水沙代表系列选取分两个时段,即古贤水库投入运用前(2017~2030 年)和古贤水库投入运用后(2030~2090 年)。

1. 古贤水库生效前水沙代表系列(2017~2030 年)

古贤水库生效前水沙代表系列主要用于古贤投入前中下游河道及水库泥沙冲淤演变预测以及古贤水库投入运用紧迫性论证。

古贤水库投入前水沙代表系列基本不影响水库工程规模论证,因此该水沙代表系列可按照近期Ⅰ下垫面水沙与设计水平年黄河水沙量均值选取,通过滑动分析,在设计水平 1956~2010 年水沙条件中选取 1969~1981 年 13 年系列作为古贤水库投入运用前设计水沙代表系列。

该系列龙门站年平均水量为 213.2 亿 m³,沙量为 5.51 亿 t,平均含沙量 25.9 kg/m³;四站年平均水量为 266.7 亿 m³,沙量为 8.72 亿 t,平均含沙量 32.7 kg/m³。该系列四站最大年水量为 384.0 亿 m³,最小年水量为 190.4 亿 m³;最大年沙量为 18.01 亿 t,最小年沙量为 3.64 亿 t。

古贤水库投入运用前水沙代表系列特征值统计见表 2-21。

表 2-21　古贤水库投入运用前水沙代表系列水沙特征值统计(1969~1981 年)

时段	水量(亿 m³)			沙量(亿 t)			含沙量(kg/m³)		
	汛期	非汛期	全年	汛期	非汛期	全年	汛期	非汛期	全年
龙门站	104.6	108.6	213.2	4.88	0.63	5.51	46.7	5.8	25.9
四站	141.0	125.7	266.7	8.01	0.71	8.72	56.8	5.6	32.7

2. 古贤水库生效后水沙代表系列(2030~2090 年)

古贤水库生效后水沙代表系列主要用于古贤水库工程规模论证、水库运用及减淤效果分析等。

考虑前期黄河水沙丰枯变化及水库拦沙期内水沙量,在设计水平1956~2010年水沙条件中,通过滑动平均分析(见图2-34),选取1962~2009年+1956~1961年+1990~1995年(简称1962-8系列,该简称方便区别水沙敏感系列)、1956~2009年+1990~1995年(简称1956系列)、1970~2009年+1956~1975年(简称1970系列)3个60年系列作为古贤水库投入运用后设计水沙代表系列。各水沙系列的多年平均径流量、输沙量、含沙量均接近设计水平年基准系列的多年平均值,且包含丰、平、枯水沙情况,具有较好的代表性。

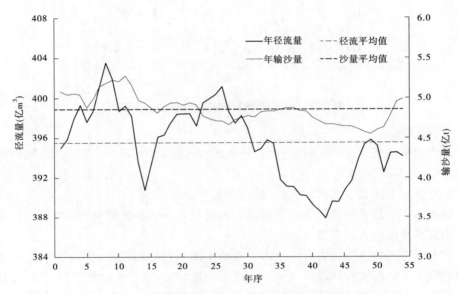

图2-34 设计水平基础系列5年滑动平均水沙量过程

1)1962-8系列

该系列考虑水库冲淤平衡前多年平均水量和沙量与设计水平年多年平均水量和沙量接近。

该系列龙门站年均水量为210.7亿 m^3,沙量为4.86亿t。其中,前30年水量为231.0亿 m^3,沙量为5.36亿t;后30年水量为192.3亿 m^3,沙量为4.35亿t。整个60年系列龙门站最大年水量为416.9亿 m^3,最小年水量为142.8亿 m^3,二者比值为2.92;最大年沙量为15.78亿t,最小年沙量为0.80亿t,二者比值为19.73。

四站年均水量为268.6亿 m^3,沙量为8.02亿t,其中汛期水量为137.8亿 m^3,占全年总水量的51.3%;汛期沙量为7.10亿t,占全年总沙量的88.5%。其中,前30年水量为296.1亿 m^3,沙量为8.81亿t;后30年水量为241.0亿 m^3,沙量为7.24亿t。

该系列古贤水库拦沙期为38年(代表时段为1962~2000年),拦沙期内龙门站年均水量为219.8亿 m^3,沙量为5.12亿t,四站年平均水沙量分别为279.3亿 m^3、8.43亿t。

水库拦沙期内包含了大沙年1964年(龙门站10.14亿t、四站17.47亿t)、1966年(龙门站10.09亿t、四站21.04亿t)、1967年(龙门站15.78亿t、四站18.89亿t)、1977

年(龙门站 11.28 亿 t、四站 18.01 亿 t)等,大水年 1964 年(龙门站 309.65 亿 m³、四站 450.02 亿 m³)、1976 年(龙门站 316.76 亿 m³、四站 384.04 亿 m³)、1977 年(龙门站 11.28 亿 m³、四站 18.01 亿 m³)等。

该设计水沙代表系列龙门站、四站历年径流量、输沙量过程见图 2-35、图 2-36。

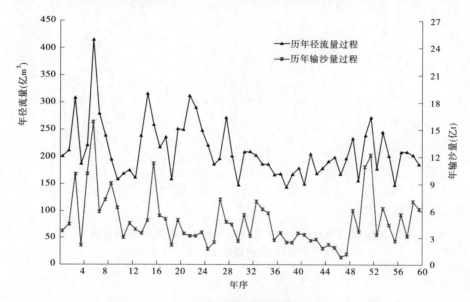

图 2-35 设计水沙代表系列龙门站历年径流量、输沙量过程

(1962 - 8 系列,黄河四站年均来沙量 8 亿 t)

2)1956 系列

龙门站年均水量为 211.7 亿 m³,沙量为 4.86 亿 t,其中汛期水量为 102.8 亿 m³,占全年总水量的 48.6%;汛期沙量为 4.14 亿 t,占全年总沙量的 85.3%。其中,前 30 年水量为 234.4 亿 m³,沙量为 6.00 亿 t,水沙量相对偏丰,后 30 年年水、沙量分别为 189.0 亿 m³、3.71 亿 t,水沙量相对偏枯。整个 60 年系列龙门站最大年水量为 416.9 亿 m³,最小年水量为 142.8 亿 m³,二者比值 2.92;最大年沙量为 15.78 亿 t,最小年沙量为 0.80 亿 t,二者比值为 19.64。

四站的水沙特点基本与龙门站一致,该系列年平均水、沙量分别为 268.6 亿 m³、8.02 亿 t,其中前 30 年水量为 300.8 亿 m³、沙量为 9.62 亿 t,后 30 年水量为 236.4 亿 m³、沙量为 6.43 亿 t。

该系列古贤水库拦沙期为 34 年(代表时段为 1956~1989 年),拦沙期内龙门站年均水量为 232.6 亿 m³,沙量为 5.77 亿 t,四站年平均水沙量分别为 297.6 亿 m³、9.33 亿 t。

该设计水沙系列龙门站、四站历年径流量、输沙量过程见图 2-37、图 2-38。

3)1970 系列

龙门站年均水量为 210.6 亿 m³、沙量为 4.88 亿 t。其中,前 30 年水量为 211.2 亿 m³,沙量为 4.59 亿 t,沙量相对较枯;后 30 年水量为 210.0 亿 m³,沙量为 5.17 亿 t,沙量相对较丰。整个 60 年系列龙门站最大年水量为 416.9 亿 m³,最小年水量为 142.8

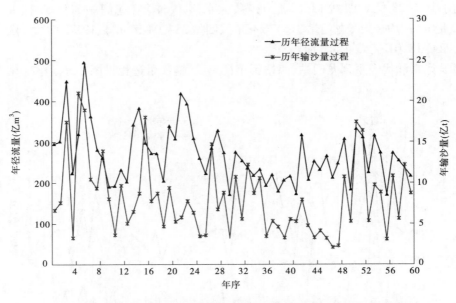

图 2-36 设计水沙代表系列四站历年径流量、输沙量过程
（1962 - 8 系列,黄河四站年均来沙量 8 亿 t）

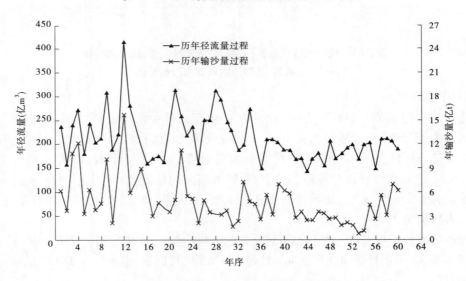

图 2-37 设计水沙代表系列龙门站历年径流量、输沙量过程
（1956 系列,黄河四站年均来沙量 8 亿 t）

亿 m³,二者比值为 2.92;最大年沙量为 15.8 亿 t,最小年沙量为 0.80 亿 t,二者比值为 19.64。

该系列四站年均水量为 268.5 亿 m³,沙量为 7.98 亿 t,其中汛期水量为 137.2 亿 m³,占全年总水量的 51.1%;汛期沙量为 7.10 亿 t,占全年总沙量的 89.0%。其中,前 30 年水量为 265.3 亿 m³,沙量为 7.70 亿 t;后 30 年水量为 271.8 亿 m³、沙量为 8.27 亿 t。

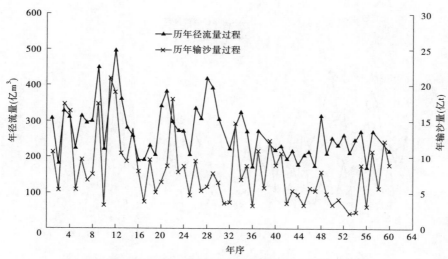

图 2-38　设计水沙代表系列四站历年径流量、输沙量过程

（1956 系列,黄河四站年均来沙量 8 亿 t）

该系列古贤水库拦沙期为 44 年（代表时段为 1970～2009 年 + 1956～1959 年）,拦沙期内龙门站年均水量为 205.6 亿 m³、沙量为 4.39 亿 t,四站年平均水沙量分别为 259.6 亿 m³、7.33 亿 t。

该设计水沙系列龙门站、四站历年径流量、输沙量过程见图 2-39、图 2-40。

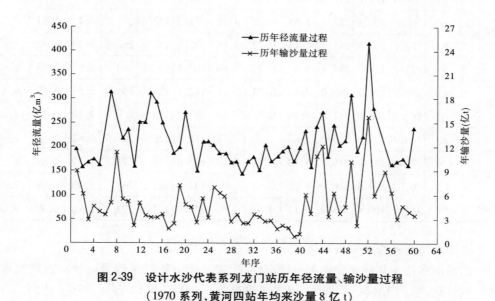

图 2-39　设计水沙代表系列龙门站历年径流量、输沙量过程

（1970 系列,黄河四站年均来沙量 8 亿 t）

不同水沙代表系列龙门站及四站水量特征值统计见表 2-22。

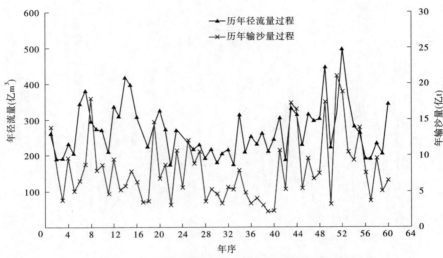

图 2-40　设计水沙代表系列四站历年径流量、输沙量过程

（1970 系列，黄河四站年均来沙量 8 亿 t）

表 2-22　不同水沙代表系列龙门站及四站水沙特征值统计（黄河四站来沙 8 亿 t 方案）

系列	时段	龙门站						龙华河湫四站					
		水量（亿 m³）			沙量（亿 t）			水量（亿 m³）			沙量（亿 t）		
		汛期	非汛期	全年	汛期	非汛期	全年	汛期	非汛期	全年	汛期	非汛期	全年
1962－8 系列	1～30	118.4	112.6	231.0	4.64	0.72	5.36	158.5	137.6	296.1	7.79	1.02	8.81
	31～60	87.2	105.1	192.3	3.64	0.71	4.35	117.2	123.8	241.0	6.42	0.82	7.24
	1～60	102.8	108.9	211.7	4.14	0.72	4.86	137.8	130.8	268.6	7.10	0.92	8.02
1956 系列	1～30	121.3	113.1	234.4	5.30	0.70	6.00	163.5	137.3	300.8	8.67	0.95	9.62
	31～60	84.3	104.7	189.0	2.99	0.72	3.71	112.1	124.3	236.4	5.54	0.89	6.43
	1～60	102.8	108.9	211.7	4.14	0.72	4.86	137.8	130.8	268.6	7.10	0.92	8.02
1970 系列	1～30	104.2	107.0	211.2	3.89	0.70	4.59	138.7	126.6	265.3	6.82	0.88	7.70
	31～60	98.4	111.6	210.0	4.50	0.67	5.17	135.6	136.2	271.8	7.39	0.88	8.27
	1～60	101.3	109.3	210.6	4.20	0.68	4.88	137.2	131.3	268.5	7.10	0.88	7.98
长系列	1～54	104.3	109.4	213.7	4.17	0.69	4.86	140.2	131.9	272.1	7.10	0.90	8.00

3. 古贤水库生效后水沙敏感系列

考虑黄河水沙变化的复杂性和不确定性，为进一步分析黄河沙量减少对古贤水库建设的影响，以选取的 1962－8 系列（1962～2009 年 + 1956～1961 年 + 1990～1995 年）为基础，考虑系列四站水量过程不变，沙量过程同步打折处理，使四站系列年平均沙量为 6亿 t，作为古贤水库设计水沙敏感系列（简称 1962－6 系列），进行有、无古贤水库情况下水库及河道冲淤演变计算，对古贤水库建设规模和效益进行敏感分析。

　　该系列龙门站年均水量为 211.7 亿 m³、沙量为 3.64 亿 t,平均含沙量为 17.2 kg/m³;四站年平均水沙量分别为 268.6 亿 m³、6.02 亿 t,平均含沙量为 22.4 kg/m³。该系列古贤水库拦沙期为 55 年(代表时段为 1962～2009 年 + 1956～1961 年 + 1990 年,包含了基本系列全部年份),拦沙期内龙门站年均水量为 213.5 亿 m³、沙量为 3.64 亿 t,平均含沙量为 17.0 kg/m³;四站年平均水沙量分别为 272.1 亿 m³、6.02 亿 t,平均含沙量为 22.1 kg/m³。

　　该系列龙门站、四站历年径流量、输沙量过程见图 2-41、图 2-42。

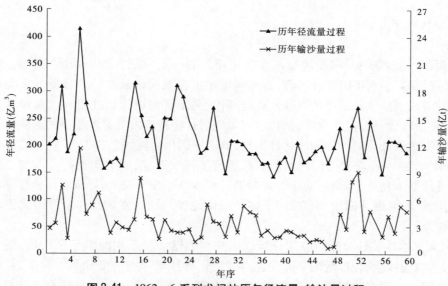

图 2-41　1962 -6 系列龙门站历年径流量、输沙量过程
(黄河四站年均来沙量 6 亿 t)

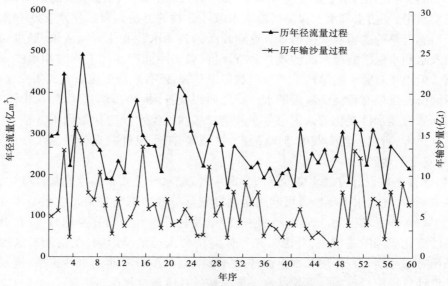

图 2-42　1962 -6 系列四站历年径流量、输沙量过程
(黄河四站年均来沙量 6 亿 t)

2.4.3.5 设计水沙系列推荐

根据黄河水沙变化研究成果,考虑黄河水沙问题的复杂性和不确定性,结合专家意见,古贤水利枢纽工程可研阶段,基本水沙代表系列采用 1962—8 系列,该系列水库拦沙期内多年平均水量和沙量与设计水平年多年平均水量和沙量接近,其他两个系列(1956 年系列、1970 年系列)考虑了前丰、前枯两种情况,可作为水库拦沙减淤效益分析系列。采用 1962—6 系列作为工程设计敏感系列,开展工程规模论证。

2.5 小 结

(1)设计水沙条件是根据河流水沙变化趋势和一定时期人类活动影响分析,预测的代表一定时期某一水平的水沙过程,是水利枢纽工程规模论证及效益分析的重要基础条件。多沙河流水沙设计成果的可靠性和合理性,关系着河道治理战略和流域规划治理布局,影响着工程建设规模和建设时机,对流域经济社会持续发展有着重要的影响。黄河三门峡水利枢纽设计时对泥沙问题估计不足,给水库运用后泥沙淤积带来了一系列问题,被迫于 1964 年和 1969 年对三门峡水利枢纽进行了两次改建,增大泄流能力。与三门峡入库沙量设计偏小相反,小浪底初步设计时设计水沙条件偏于安全,导致水库拦沙期较设计大大延长,下游河道冲刷增加。反映了多沙河流泥沙问题的复杂性和多沙河流泥沙设计的重要性。

(2)实测水沙特性分析一般需分析依据站实测输沙量系列的多年平均值、最大值和最小值,实测输沙量、含沙量的年际变化,输沙量、含沙量年内分配和集中程度,悬移质泥沙颗粒级配。由于多沙河流泥沙问题的复杂性,除以上分析内容外,还应重点分析近期水沙变化,包括水沙量、年内分配、流量级变化,以及不同流量级相应水沙量变化等。

(3)水沙变化原因分析需要分析自然条件和人类活动对河流水沙的影响,在多沙河流研究实践中,评估水利水土保持措施减水减沙效益的方法主要采用水文法和水保法以及基于遥感资料的遥感水文模型等。近期开展的各项水沙变化研究成果,通过对研究区域降雨及水利水保措施减水减沙效益分析评价,提出不同产沙区不同时期水沙变化的定量数据。但由于对黄土高原产洪产沙机制仍未掌握,已有水沙变化研究成果尚存在分歧。由于不同研究成果对黄河流域近期水沙变化原因及各因素的影响程度的认识尚有分歧,对黄河未来可能水沙变化的认识也存在差别。多沙河流水沙变化原因很复杂,各因素减沙量争议很大,所以工程实践中考虑多种方法成果,工程设计应充分考虑水沙的丰、枯变化,留有安全余地。

(4)水沙条件设计方法。多沙河流实践中,流域水沙关系未发生趋势性变化,减水与减沙基本同步,现状水平年沙量可利用实测月流量与输沙率相关关系或水平年月水量乘以实测平均含沙量求得的。人类活动使输沙量及其过程发生明显变化时,应在分析黄河近期水沙变化成因的基础上,考虑未来气候降雨和人类活动影响,预估未来水沙变化趋势。采用考虑近期工程作用和水土保持措施影响的实测资料建立水沙关系,按现状下垫面条件设计月径流量过程计算现状水平依据站的月沙量过程。

设计水平月径流量、输沙量是在现状水平基础上根据水平年水量、沙量预测值分别进行缩放求得的。流域水沙关系未发生趋势性变化的,可采用实测月流量输沙率关系,依据设计月径流量计算月输沙量。设计水平年历年日流量过程,根据设计水平年历年各月水量与实测历年各月水量的比值,对历年各月实测日流量进行同比例缩放求得。设计水平年历年日输沙率过程,根据设计水平年历年各月输沙率与实测历年各月输沙率的比值,对历年各月实测日输沙率进行同比例缩放求得。

第 3 章

下游输沙与水库拦沙能力设计

3.1　多沙河流分级标准

　　我国北方水土流失严重地区的河流,具有输沙量大、含沙量高的特点,在这些河流上兴建水利水电工程或者其他涉水工程后,会改变天然河道的泥沙输移特性,泥沙将在水库内淤积,工程下游河道也将发生冲淤变化。这些变化会给工程的建设和运营带来一系列问题,严重时甚至会导致工程被迫改建或失败。因此,按照入库含沙量情况拟定多沙河流的分级标准,进而采取不同的防护措施进行处理,对指导多沙河流工程设计非常必要也非常重要。目前,由水利部水利水电规划设计总院组织编制的《泥沙设计手册》中根据我国河流的泥沙情况和多年来研究解决工程泥沙问题的实践经验,以年平均含沙量为指标,将河流分为少沙河流和多沙河流。少沙河流是指年平均含沙量小于 1 kg/m³ 的河流,多沙河流是指年平均含沙量大于 10 kg/m³ 的河流。

　　目前,这种河流划分方法在指导水利工程的建设和运营中起到了重要作用,然而我国北方诸多河流的年均含沙量变化幅度很大,譬如黄河流域的很多河流年平均含沙量达到每立方米数十千克甚至数百千克,当水流含沙量大到一定程度且细沙达到一定比例时,水流流变特性、输沙特性和造床特性都将发生很大的变化。因此,需要对含沙量在 10 kg/m³ 以上的多沙河流再进行细分。

3.1.1　多沙河流水沙特性

　　我国多沙河流主要集中在北方水土流失严重、暴雨频发的区域。黄河中游的河口镇至龙门区间,是黄河流域水土流失最为严重的地区。其右岸分布有皇甫川、孤山川、窟野河、秃尾河、佳芦河、无定河、清涧河、延河等 8 条入黄一级支流,左岸分布有浑河、偏关河、县川河、朱家川、岚漪河、蔚汾河、湫水河、三川河、屈产河、昕水河等 10 条入黄一级支流。这 18 条支流流域黄土层深厚,土质疏松,地形破碎,沟壑纵横,植被稀少,而且暴雨集中,强度很大,是黄河洪水及泥沙的集中来源区。

　　黄河中游重要支流主要控制站的水沙特征值见表 3-1。这些重要支流水沙量及时空分布具有如下特点:

表 3-1　黄河中游重要支流主要控制站的水沙特征值

河流	水文站	时段	水量(亿 m³)			沙量(万 t)			含沙量(kg/m³)		
			汛期	非汛期	全年	汛期	非汛期	全年	汛期	非汛期	全年
皇甫川	皇甫	1954~2015 年	1.02	0.23	1.25	3 597	277	3 874	353.7	116.7	308.8
孤山川	高石崖	1954~2015 年	0.50	0.16	0.66	1 511	82	1 593	303.1	50.4	241.1
窟野河	温家川	1954~2015 年	3.15	2.08	5.23	7 417	365	7 782	235.8	17.5	148.9
秃尾河	高家川	1956~2015 年	1.29	1.90	3.19	1 388	133	1 521	107.8	7.0	47.6
佳芦河	申家湾	1956~2015 年	0.33	0.25	0.58	1 099	78	1 177	330.5	31.3	202.9
无定河	白家川	1956~2015 年	4.85	6.16	11.01	8 896	1 125	10 021	183.6	18.3	91.0

续表 3-1

河流	水文站	时段	水量(亿 m³)			沙量(万 t)			含沙量(kg/m³)		
			汛期	非汛期	全年	汛期	非汛期	全年	汛期	非汛期	全年
清涧河	延河	1954~2015 年	0.88	0.47	1.35	2 806	289	3 095	317.5	62.6	230.0
延河	甘谷驿	1954~2015 年	1.29	0.73	2.02	3 566	343	3 908	277.4	46.6	193.5
汾川河	新市河	1966~2015 年	0.19	0.14	0.33	220	22	242	113.8	16.0	73.3
仕望川	大村	1959~2015 年	0.39	0.31	0.70	157	14	171	39.9	4.6	24.3
偏关河	偏关	1958~2015 年	0.20	0.09	0.29	773	63	836	378.5	76.5	292.4
朱家川	桥头	1954~2015 年	0.23	0.02	0.25	941	27	968	401.9	193.5	390.1
蔚汾河	兴县	1954~2015 年	0.32	0.09	0.41	573	31	604	181.8	31.0	146.2
清凉寺沟	杨家坡	1957~2015 年	0.08	0.03	0.11	210	15	225	264.3	51.3	206.6
湫水河	林家坪	1954~2015 年	0.51	0.16	0.67	1 358	102	1 460	268.7	60.3	216.4
三川河	后大成	1954~2015 年	1.20	0.93	2.13	1 394	96	1 490	116.7	10.2	69.8
屈产河	裴沟	1963~2015 年	0.22	0.08	0.30	659	59	718	297.7	71.3	236.1
昕水河	大宁	1955~2015 年	0.83	0.40	1.23	1 201	98	1 299	144.3	25.1	106.0
州川河	吉县	1959~2015 年	0.08	0.05	0.13	202	39	241	238.9	89.2	187.7
汾河	河津	1954~2015 年	5.90	3.60	9.50	1 704	172	1 876	28.9	4.8	19.8
北洛河	湫头	1954~2015 年	3.97	2.50	6.47	6 009	428	6 437	151.4	17.1	99.5
泾河	张家山	1954~2015 年	9.48	6.39	15.87	19 104	1 970	21 074	201.6	30.8	132.8
渭河	咸阳	1954~2015 年	23.44	15.89	39.33	8 634	1 447	10 081	36.8	9.1	25.6

(1)水少沙多,水沙年际变化剧烈。

黄河中游支流水少沙多,中游河龙区间在人类活动影响较小的 1950~1969 年年均径流量为 73.25 亿 m³,占三门峡以上对应的多年平均径流量 438 亿 m³ 的 16.7%;多年平均输沙量 9.94 亿 t,占三门峡以上对应的多年平均输沙量的 69.0%。图 3-1~图 3-4 为中游典型支流朱家川、无定河、窟野河、黄甫川实测径流输沙过程,从图中可以看出,中游支流水沙年际不均,变化剧烈。中游支流最大年水量为年均水量的 1.69~9.41 倍;最大年沙量为年均沙量的 3.44~12.54 倍;最枯的年份几乎无水无沙。

(2)中游支流入黄泥沙集中于汛期,特别是集中于汛期历时一两天的场次洪水。

从表 3-1 中可以看出,中游多沙支流水沙主要集中于汛期,汛期水量占全年水量几乎在 55% 以上,比例最大的朱家川达到 92%;沙量更为集中,汛期沙量占全年沙量比例均在 83% 以上,最大的朱家川达到 97%。多数支流入黄泥沙集中于汛前历时短的场次洪水,例如 1966 年 7 月 28 日窟野河的场次洪水,含沙量高达 836 kg/m³,单日输沙量达到 0.92 亿 t,占全年来沙量的 31%。

(3)中游支流含沙量高,泥沙粒径小于 0.01 mm 的沙量比例较高,极易形成高含沙水

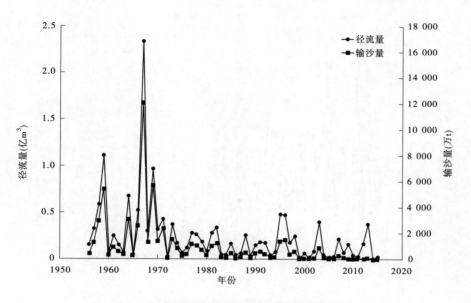

图 3-1　朱家川实测径流输沙过程

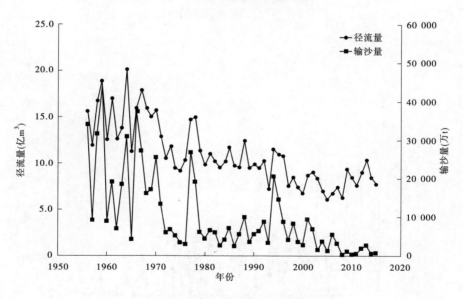

图 3-2　无定河实测径流输沙过程

流,河槽塑造主要发生在高含沙洪水期间。

从表 3-1 可以看出,中游多沙支流含沙量极高,大多数支流年均含沙量均在 100 kg/m³ 以上,皇甫川和朱家川年均含沙量更是达到 300 kg/m³ 以上,同时泥沙粒径小于 0.01 mm 的沙量比例较高。从表 3-2 可以看出,中游主要支流泥沙粒径小于 0.01 mm 的沙量比例大多在 25% 以上,最高达到 37.40%,加上支流超高的含沙量,极易形成高含沙洪水。

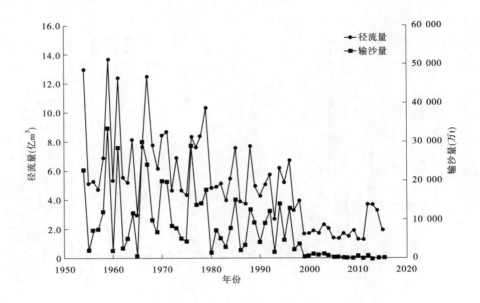

图 3-3　窟野河实测径流输沙过程

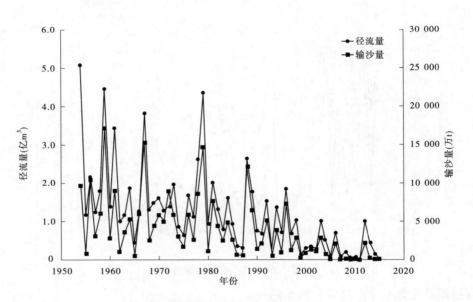

图 3-4　皇甫川实测径流输沙过程

表 3-2 黄河中游重要支流泥沙粒径特征值

河流	水文站	小于某粒径（mm）的沙重百分数										中数粒径（mm）
		0.005	0.01	0.025	0.05	0.1	0.25	0.5	1	2	5	（%）
皇甫川	皇甫	16.69	22.86	35.85	50.65	64.50	79.40	90.99	99.35	99.85	100.00	0.049
孤山川	高石崖	19.24	25.62	41.64	62.53	86.35	96.59	99.25	99.98	100.00	100.00	0.035
窟野河	温家川	16.28	22.20	34.53	49.81	66.74	82.85	94.51	98.93	99.72	100.00	0.051
秃尾河	高家川	12.25	15.80	26.82	46.06	71.63	85.66	95.50	99.78	99.96	100.00	0.058
无定河	白家川	14.31	20.40	38.67	67.97	92.17	97.98	99.58	99.97	100.00	100.00	0.035
清涧河	延川	17.26	23.81	44.74	75.93	96.02	99.51	99.82	99.93	99.95	100.00	0.029
延河	甘谷驿	16.47	23.52	43.91	73.03	92.55	97.74	99.49	99.98	100.00	100.00	0.030
三川河	后大成	20.36	29.69	53.76	81.26	96.45	99.50	99.83	100.00	100.00	100.00	0.023
昕水河	大宁	24.15	34.79	60.33	84.70	97.05	99.53	99.87	100.00	100.00	100.00	0.019
汾河	河津	25.15	37.40	62.02	85.33	98.23	99.90	99.99	100.00	100.00	100.00	0.018
北洛河	洑头	16.16	25.02	48.49	82.12	98.18	99.78	99.94	99.99	100.00	100.00	0.026
泾河	张家山	20.84	33.00	56.49	83.49	95.84	99.10	99.85	100.00	100.00	100.00	0.021
渭河	华县	23.91	36.34	63.12	87.68	97.68	99.32	99.89	100.00	100.00	100.00	0.018

2017 年 7 月 25 ~ 26 日,无定河发生高含沙洪水,白家川水文站洪峰流量 4 480 m³/s,最大含沙量为 873 kg/m³,对比无定河丁家沟和白家川水文站洪水前后断面见图 3-5 ~ 图 3-7,断面主槽最大冲刷深度达 1.5 m,平均冲深 0.5 ~ 0.6 m,高含沙洪水塑槽作用明显。

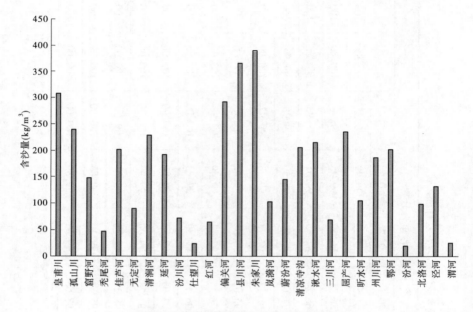

图 3-5 黄河中游重要支流年均含沙量

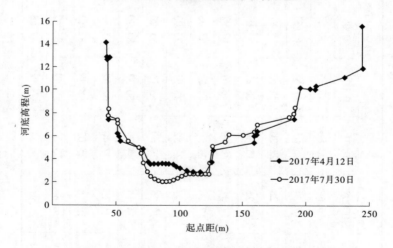

图 3-6 丁家沟水文站断面洪水前后对比

3.1.2 高含沙洪水期间水流特性

3.1.2.1 多沙河流高含沙水流现象

我国北方多沙河流汛期常出现特有的高含沙水流现象,在高含沙洪水过程中,有时出现一河浑水突然"冻住"的现象,成为"浆河",有时还出现"冻住"—流动—"冻住"的过

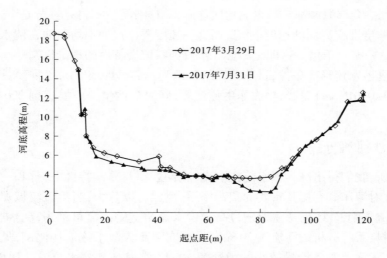

图 3-7　白家川水文站断面洪水前后对比

程,黄河小北干流汛期发生高含沙洪水时,还会发生成米厚的大块淤积物被掀出水面,河床剧烈冲刷,有的一二十小时内冲深近 10 米,被称为"揭河底"现象。由此可见,高含沙洪水常伴随着剧烈的冲淤,有极强的塑槽作用。

　　高含沙水流随着流体中细颗粒含量的增大,流体性质发生变化,当含沙量达到一定程度,成为宾汉流体,流体特性与挟沙能力均发生质的变化,泥沙的输移反而变得更加容易,能够长距离输送大量泥沙。

3.1.2.2　高含沙水流机制及形成条件

　　高含沙水流流变特性独特,国内外专家和学者开展了大量的研究,研究发现,对于一般含沙水流,剪切力 τ 与变形速度 $\dfrac{\mathrm{d}u}{\mathrm{d}y}$ 之间呈线性关系:

$$\tau = \mu \frac{\mathrm{d}u}{\mathrm{d}y}$$

式中:τ 为水流切应力;$\dfrac{\mathrm{d}u}{\mathrm{d}y}$ 为水流的变形速度;μ 为动力黏滞系数。

　　一般含沙水流在静水沉降试验中有明显的粗细颗粒分选现象。颗粒沉速随含沙量增大而减小,沉速减小的原因在于含沙水流黏性的增大周围颗粒下沉所造成的涧流的顶托作用以及颗粒在高含沙水流中所受到的浮力增大。

　　当含有细颗粒时,随着含沙量的增大,高含沙水流不再是牛顿体,而是可以用宾汉体近似描述。

　　高含沙水流为宾汉流体:

$$\tau = \tau_{\mathrm{B}} + \eta \frac{\mathrm{d}u}{\mathrm{d}y}$$

式中:τ_{B} 为宾汉初始切应力;η 为刚度系数。

　　细颗粒含量越高,τ_{B} 越大,对同一种泥沙,τ_{B} 与含沙量的高次方成正比。

　　研究发现,与一般含沙水流相比,高含沙水流含有大量细颗粒泥沙,当含沙量达到某一临界含沙量,全部泥沙都参与组成均质浑水,粗、细泥沙不再存在分选。这时粗、细颗粒都以同一速度即交界面的速度下沉,而这一速度要比这种不均匀沙在清水中的平均沉速小数百倍,乃至上千倍。这即是高含沙水流独特流变特性的理论机制。

关于高含沙水流形成条件,目前大家的共识为:高含沙水流中,必需要具有一定数量的细颗粒($d \leqslant 0.01$ mm)泥沙,构成非牛顿流体,同时含沙量一般要达到 $200 \sim 300$ kg/m^3 以上。

3.1.3 多沙河流分级

通过分析,我们得出高含沙水流在水流性质、运动及输沙特性上,都和一般水流有本质差异,而且对河床具有极其重要的塑造作用,因此可以认为:当河流流域泥沙主要是通过高含沙水流集中输沙,河槽主要通过高含沙水流塑造的河流可称为高含沙河流。本次采用实测资料,系统分析黄河流域 30 余条重要支流高含沙水流输沙比例,见图 3-8,从图中可以看到,黄河上游含沙量较小的大通河、湟水、洮河高含沙水流输沙比例较小,不足 5%,中游含沙量大的多沙支流高含沙水流输沙比例一般都在 70% 以上,最高比例能达到 95% 以上,即流域的泥沙几乎全部由高含沙水流输送。

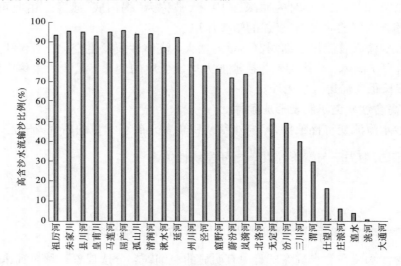

图 3-8 黄河重要支流高含沙水流输沙比例

参考《泥沙设计手册》中以年均含沙量来进行河流分类的方法,系统分析黄河流域 30 余条重要支流高含沙水流输沙比例和年均含沙量关系,见图 3-9。从图 3-9 中可以看到,当年均含沙量在 $10 \sim 100$ kg/m^3 时,高含沙水流输沙比例小于 50%,高含沙水流开始起到不同程度的造床作用;当年均含沙量为 $100 \sim 200$ kg/m^3 时,高含沙水流输沙比例在 70% 左右,含沙水流主要起到造床作用;当年均含沙量在 200 kg/m^3 以上时,高含沙水输沙比例大多接近 90%,多沙河流流域的泥沙几乎全部由高含沙水流输沙,高含沙水流起到决定性的塑槽作用。

通过分析黄河流域 30 余条重要支流年均含沙量与宽谷河段河道形态,高含沙水流输沙比例和年均含沙量关系,提出了高、超高、特高含沙量河流分级标准。即年均含沙量为

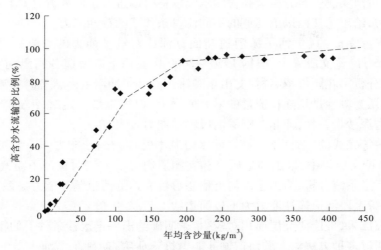

图 3-9　黄河重要支流高含沙水流输沙比例与年均含沙量关系

$10 \sim 100 \ kg/m^3$ 的河流为高含沙河流;年均含沙量为 $100 \sim 200 \ kg/m^3$ 的河流为超高含沙河流,年均含沙量在 $200 \ kg/m^3$ 以上的河流为特高含沙河流。

3.2　下游输沙能力分析

多沙河流河道输沙能力是河道治理研究的关键基础。黄河水少沙多,水沙关系不协调,下游河道输沙能力受到水沙条件、河床边界条件、河道工程条件等因素影响,十分复杂。以往有关单位和学者在这方面进行了不少研究,取得丰富的研究成果。

"十一五"期间,在黄河水利水电科学研究院牵头完成的《黄河下游排洪输沙基本功能的关键技术研究》(2007 年,科学出版社)成果中,研究了排沙输沙功能的基本判别指标、水沙过程与河床形态调整的响应关系、维持下游排洪输沙基本功能的水沙调控指标体系和水库调控关键技术等,给出了河道排沙比、淤积比和断面形态等河道输沙功能的表征指标和有利于河道输沙的水沙调控指标。

在韩其为院士完成的《黄河下游河道巨大的输沙能力与平衡的趋向性——"黄河调水调沙的根据、效益和巨大潜力"之二》(《人民黄河》,2008 年 12 月)中,认为尽管黄河下游河道以堆积性著称,河底、水面不断抬高,但在长期水沙作用下,特别是河流的自动调整和迅速反馈,其平衡的趋向性也很明显,给出了河南、山东河段的冲淤临界流量。

在周文浩等完成的《黄河下游河道输沙能力的分析》(《泥沙研究》,1994 年 9 月)论文成果中,通过对黄河下游河道大量实测资料的整理分析,研究了黄河下游不同粒径泥沙的冲淤调整、输送入海的能力及挟沙能力的规律,给出了分组泥沙输移的微观规律,认为黄河下游河道输沙入海的能力与下游来水量密切相关,但各级粒径泥沙的输沙入海规律有差异,细颗粒泥沙的输沙入海能力受水流漫滩滩地淤积影响,粗颗粒泥沙只有一部分比较单纯地受制于来水条件。

在齐璞等完成的《黄河艾山以下河道输沙能力问题》(《人民黄河》,1995 年 5 月)论文成果中,对黄河实测资料分析及高含沙水流输移机制进行了研究,认为窄深河槽具有极强的输沙能力,给出了艾山以下河道的不同流量条件下的输沙能力。

在申红彬等完成的《黄河下游河道断面宽深比对输沙能力的影响》(《武汉大学学报》,2009 年 6 月)论文成果中,根据 1950 ~ 2000 年黄河下游河道各站汛期实测径流量、输沙量资料,分析了花园口至高村、艾山至利津河段处于冲淤平衡状态时径流量与输沙量之间的关系,认为输沙量均随径流量的增大而增大,但径流量一定时,河道断面宽深比较小的河段输送泥沙量较大,即相对窄深河段输沙能力较大。

在费祥俊等完成的《黄河下游高含沙水流基本特性与输沙能力》(《水利水电技术》,2015 年 6 月)论文成果中,采用理论研究和实测资料分析方法对黄河下游高含沙水流的基本特性进行了系统分析,给出了以河道形态参数表达的河道输沙能力关系,研究发现相同流量下,下游上段河道输沙能力为下段河道的 1.3 ~ 1.4 倍。

上述研究成果,理论研究层面相对较少,未明确给出一定水沙条件下的年尺度的临界输沙能力。通过多种方法对下游河道输沙能力进行研究,明确了黄河下游河道一定水沙条件下的年尺度的临界输沙能力,可为中游水库拦沙库容设置等泥沙处置措施规模提供技术支撑,对黄河泥沙治理具有重要意义。结合不同方法分析不同水沙量条件下下游河道利津断面的输沙量(利津断面的输沙量可以代表黄河下游输沙入海能力),即下游河道输沙能力。

3.2.1　下游输沙能力变化

黄河下游河道具有"多来多排多淤"、"少来少排少淤"的特点。

20 世纪 50 年代,下游来水来沙较丰,河槽形态较好,河道输沙能力较大。1950 ~ 1960 年进入下游河道的年均水、沙量分别为 481.8 亿 m³、18.09 亿 t,河道年均淤积 3.61 亿 t,年均输走的泥沙量为 13.15 亿 t。

1960 年 9 月三门峡水库投入运用,水库运用经历了蓄水拦沙、滞洪排沙和蓄清排浑三个阶段,不同阶段水库运用方式差异较大,对水沙条件的改变也不同,相应地对下游河道冲淤及输沙能力也不同。

1960 年 11 月至 1964 年 10 月为三门峡水库蓄水拦沙期,进入下游的水量丰沛,年均水量为 572.6 亿 m³,由于水库拦沙,年均沙量减少为 5.93 亿 t,水库调节使汛期日均流量大于 4 000 m³/s 年均天数较 20 世纪 50 年代增加 20 d 左右,水沙条件较为有利。该时期水流挟沙力富裕,不仅输走了全部来沙,而且冲刷了前期河道淤积的泥沙,累计冲刷 23.12 亿 t,年均冲刷 5.78 亿 t,年均输走的泥沙量为 11.22 亿 t。

1964 年 11 月至 1973 年 10 月三门峡水库滞洪排沙运用,且 1968 年刘家峡水库投入运用,进入下游河道的年均水、沙量分别为 425.4 亿 m³、16.31 亿 t,年均来水量较 20 世纪 50 年代减少 56.4 亿 m³,而年来沙量仅减少 1.78 亿 t,汛期日均流量大于 2 000 m³/s 的天数比 20 世纪 50 年代减少 15 d,水沙关系不协调,河道输沙能力下降,河道尤其是主槽淤积严重,年均淤积 4.39 亿 t,其中河槽年均淤积达 2.94 亿 t(为 50 年代的 3.6 倍),占全断面淤积量的 67%,造成中水河槽大幅度萎缩。该时期下游河道年均输走的泥沙量为 10.74 亿 t。

1973 年 11 月至 1986 年 10 月,三门峡水库为蓄清排浑运用,非汛期下泄清水,汛期排泄全年泥沙,该时期来水来沙条件较为有利,进入下游河道的年均水、沙量分别为 426.4 亿 m³、10.79 亿 t,出现了 1975~1976 年、1981~1985 年丰水时段,三门峡水库两次改建后泄流规模明显增加,1976 年和 1982 年花园口站最大洪峰流量分别为 9 210 m³/s、15 300 m³/s,洪水期间下游河道发生淤滩刷槽,平滩流量明显增大,至 1986 年平滩流量达到 6 000 m³/s。该时期下游河道年均淤积 0.72 亿 t,年均输走的泥沙量为 7.96 亿 t。

1986 年龙羊峡水库投入运用后至小浪底水库下闸蓄水前,受气候降雨和水库调节等人类活动影响,进入黄河下游的年水量和汛期水量均大幅度减少,且由于来自上游的低含沙洪水被削减,黄河下游中常洪水出现的机遇和持续时间大幅度减少,汛期日均流量大于 2 000 m³/s 年均出现的天数比 20 世纪 50 年代减少约 50 d,大于 4 000 m³/s 的天数减少 13.7 d,黄河下游河道输沙能力大幅下降,中水河槽淤积严重,1986 年 11 月至 1999 年 10 月进入下游河道的年均水、沙量分别为 277.8 亿 m³、7.99 亿 t,下游河道年均淤积 2.28 亿 t,其中河槽年均淤积量为 1.62 亿 t。该时期下游河道年均淤积 2.28 亿 t,年均输走的泥沙量为 4.15 亿 t。

1999 年 10 月小浪底水库投入运用后,由于水库拦沙,进入下游河道沙量仅 0.62 亿 t,在小浪底水库拦沙和调水调沙作用下,下游主槽过流能力得到逐步恢复,河槽平滩流量逐步由 2002 年汛前的 1 800 m³/s 增加到 4 200 m³/s。该时期下游河道年均输走的泥沙量为 1.20 亿 t。

黄河下游各时期水沙特征和输沙能力情况见表 3-3。

表 3-3　黄河下游各时期水沙特征和输沙能力情况

时段 (年-月)	进入下游年均水沙 (小黑武)		汛期各流量(m³/s) 年均出现天数(d)			下游河道 年均冲淤量(亿 t)			时段末 平滩流量 (m³/s)	利津站 沙量 (亿 t)
	年水量 (亿 m³)	年沙量 (亿 t)	<2 000	2 000~ 4 000	>4 000	主槽	滩地	全断面		
1950-07~1960-06	481.8	18.09	53.6	53.6	15.9	0.82	2.79	3.61	6 000	13.15
1960-11~1964-10	572.6	5.93	31.0	56.0	36.0	-5.78	0	-5.78	8 500	11.22
1964-11~1973-10	425.4	16.31	68.3	40.7	14.0	2.94	1.45	4.39	3 400	10.74
1973-11~1986-10	426.4	10.79	60.6	41.7	20.8	-0.36	1.08	0.72	6 000	7.96
1986-11~1999-10	277.8	7.99	103.4	17.5	2.2	1.62	0.67	2.28	3 000	4.15
1999-11~2016-10	253.9	0.62	110.4	12.5	0.1	-1.62	0	-1.62	4 200	1.20

3.2.2　基于动力学理论分析的河道输沙能力

一维恒定流输沙方程可以写成:

$$\frac{\mathrm{d}Q_\mathrm{s}}{\mathrm{d}x} = -\frac{\alpha\omega}{q}(Q_\mathrm{s} - Q_{\mathrm{s}*}) \tag{3-1}$$

或

$$\frac{\mathrm{d}(Q_\mathrm{s} - Q_{\mathrm{s}*})}{\mathrm{d}x} = -\frac{\alpha\omega}{q}(Q_\mathrm{s} - Q_{\mathrm{s}*}) - \frac{\mathrm{d}Q_{\mathrm{s}*}}{\mathrm{d}x} \tag{3-2}$$

式中:Q_s 为输沙率;$Q_{\mathrm{s}*}$ 为河段冲淤平衡时的输沙率;α 为恢复饱和系数;ω 为泥沙沉降速度;q 为单宽流量。

其一般解为

$$Q_s - Q_{s*} = \left[\int -\frac{\mathrm{d}Q_{s*}}{\mathrm{d}x}\exp\left(\int \frac{\alpha\omega}{q}\mathrm{d}x\right)\mathrm{d}x + C \right]\exp\left(-\int \frac{\alpha\omega}{q}\mathrm{d}x\right) \tag{3-3}$$

Q_{s*} 的沿程变化可以用挟沙力的变化来代表。冲积性河流水流挟沙力的资料比较难以取得,不过可以对含沙量的沿程变化情况做一初步分析。图 3-10 为 1960～1999 年按三门峡水库三个运用阶段统计分析的历次洪峰含沙量的沿程变化情况。随着三门峡水库运用方式的变化,含沙量的沿程变化也略有不同。分析表明,含沙量与距离的函数关系一般可以用三种形式表达:一是直线关系,二是指数函数关系,三是多项式关系。其中,直线关系的相关系数最低(在 0.79 左右),二次多项式函数关系的相关系数最高(在 0.97以上)。仿照含沙量的沿程变化关系,将 Q_{s*} 的沿程变化关系都用二次三项式来表达,即

$$Q_{s*} = ax^2 + bx + c \tag{3-4}$$

则

$$\frac{\mathrm{d}Q_{s*}}{\mathrm{d}x} = 2ax + b \tag{3-5}$$

按照积分中值定理,取区间上的某一中值

$$M = \frac{1}{X}\int_0^x \frac{\alpha\omega}{q}\mathrm{d}x \tag{3-6}$$

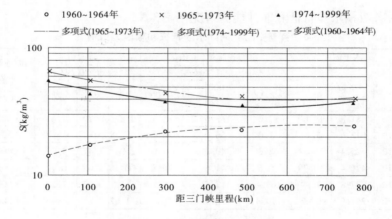

图 3-10　含沙量 S 沿程变化

可以得到

$$\int -\frac{\mathrm{d}Q_{s*}}{\mathrm{d}x}\exp(Mx)\mathrm{d}x = \left(-2a\frac{Mx-1}{M^2} - b\frac{1}{M}\right)\exp(Mx) \tag{3-7}$$

$$Q_s - Q_{s*} = \left[\left(-2a\frac{Mx-1}{M^2} - b\frac{1}{M}\right)\exp(Mx) + C\right]\exp(-Mx) \tag{3-8}$$

利用河段进口边界条件

$$(Q_s - Q_{S*})\big|_{x=0} = Q_{s_0} - Q_{s_0*} \tag{3-9}$$

可以求得常数

$$C = Q_{s_0} - Q_{s_0*} + \left(b \frac{1}{M} - 2a \frac{1}{M^2} \right) \tag{3-10}$$

代入式(3-8)可得一般解为

$$Q_s = Q_{s*} + (Q_{s_0} - Q_{s_0*})\exp(-Mx) + \frac{bM - 2a}{M^2}\exp(-Mx) - \left(2a \frac{Mx - 1}{M^2} + \frac{b}{M} \right) \tag{3-11}$$

其一般解为

$$Q_s = Q_{s*} + (Q_{s_0} - Q_{s_0*})\exp(-Mx) - \frac{Q_{s*} - Q_{s_0*}}{Mx}[3 - \exp(-Mx)] +$$
$$\frac{2(Q_{s*} - Q_{s_0*})}{M^2 x^2}[1 - \exp(-Mx)] \tag{3-12}$$

与假定挟沙力沿程直线变化,相比式(3-8),式(3-12)右端两项有变化,增加了

$$-\frac{2(Q_{s*} - Q_{s_0*})}{Mx} + \frac{2(Q_{s*} - Q_{s_0*})}{M^2 x^2}[1 - \exp(-Mx)] \tag{3-13}$$

实际上,挟沙力沿程线性变化项已经占据了整个挟沙力的主要部分,非线性项只占整个挟沙力的较小部分或者是高阶项,可以忽略不计。

由此可得到排沙比(河段出口输沙率与进口输沙率之比)为

$$\lambda_s = \frac{Q_s}{Q_{s_0}} = \frac{W_s}{W_{s_0}} = f_1 \frac{W_{s*}}{W_{s_0}} + f_2 = 1 - \frac{\Delta W_s}{W_{s_0}} \tag{3-14}$$

其中

$$f_1 = 1 - \frac{Q_{s_0*}}{Q_{s*}}\exp(-Mx) \tag{3-15}$$

$$f_2 = \exp(-Mx) + \frac{bM - 2a}{Q_{s_0}M^2}\exp(-Mx) - \left(2a \frac{Mx - 1}{Q_{s_0}M^2} + \frac{b}{Q_{s_0}M} \right) \tag{3-16}$$

式中:ΔW_s 为淤积量;W_{s*} 为河道输沙能力;对特定河段 f_1 和 f_2 可近似看作常数。

黄河下游水沙量一般有如下关系:

$$W_{s*} = KW^m \tag{3-17}$$

代入式(3-14)可以写成:

$$f_1 KW^m + f_2 W_{s_0} = W_{s_0} - \Delta W_s \tag{3-18}$$

以利津断面年输沙量代表下游河道输沙能力。根据沙量平衡原理,利津输出的沙量为进入下游的沙量减去河道冲淤量和引沙量等其他方式输出的沙量。

$$W_{s利津} = W_{s_0} - \Delta W_s - W_{s引沙及其他} \tag{3-19}$$

则可以得到:

$$W_{s利津} = f_1 KW^m + f_2 W_{s_0} - W_{s引沙及其他} \tag{3-20}$$

基于上述理论推导,利用黄河下游的 1960 年以来的水沙量资料,率定关系式如下:

$$W_{s利津} = 0.017\ 3W_{三黑小} + 0.442\ 0W_{s三黑小} - 3.627\ 0$$

式中:$W_{三黑小}$ 为黄河下游进口三黑小年水量;$W_{s三黑小}$ 为黄河下游进口三黑小年沙量;$W_{s利津}$ 为利津站年沙量。

　　对建立的公式进行了计算验证,验证结果表明,不同水沙条件下利津断面计算值与实测值差别不大,计算值与实测值的散点关系均匀分布在45°线两边(见图3-11)。因此,可以用该式分析估算不同来水来沙条件下下游河道的输沙能力。根据该公式,计算出不同来水来沙条件下下游河道输沙能力,见表3-4。可以看到,进入下游的水沙量越大,河道年输沙量就越大,年输沙量与年来水量和年来沙量均为正相关关系,符合下游河道"多来多排"的特点。

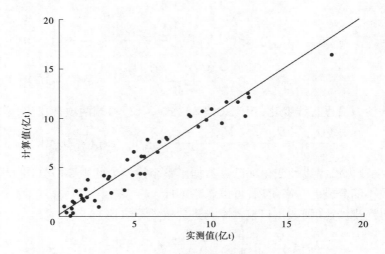

图3-11　公式计算值与实测值对比

表3-4　动力学理论分析的下游河道输沙能力

进入下游的水、沙量		下游河道输沙能力（亿 t）
水量（亿 m³）	沙量（亿 t）	
250	3	2.02
260	3	2.20
270	3	2.37
280	3	2.54
250	4	2.47
260	4	2.64
270	4	2.81
280	4	2.99
250	5	2.91
260	5	3.08
270	5	3.25
280	5	3.43
250	6	3.35
260	6	3.52
270	6	3.70
280	6	3.87
250	7	3.79
260	7	3.97
270	7	4.14
280	7	4.31
250	8	4.23
260	8	4.41
270	8	4.58
280	8	4.75

3.2.3　基于边界最小耗能的河道输沙能力

利用边界最小耗能理论推导封闭水流连续方程、运动方程、泥沙输运方程,构建基于边界最小耗能的河道输沙数字模型,利用该模型计算河床稳定时的断面和输沙最优指标。模型框架见图 3-12。

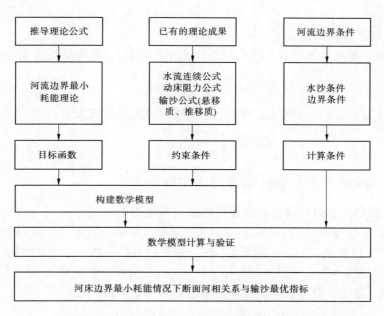

图 3-12　基于边界最小耗能的河道输沙数学模型

3.2.3.1　水流连续方程

天然河道概化为矩形断面,其水流连续公式可表达为

$$Q = BhU$$

式中:B 为水面宽度;h 为平均水深;U 为断面平均流速。

3.2.3.2　动床阻力公式

对于恒定、均匀的明渠流,利用水流的能坡、断面平均流速、水力半径(宽浅河流一般用水深近似代替)以及反映边壁粗糙状况的阻力系数这四个变量就可以得到其断面平均流速公式,也可称为阻力方程。常用公式有以下几种。

1. Chezy 公式

$$U = C\sqrt{RJ}$$

式中:U 为断面平均流速,m/s;C 为 Chezy 系数,$\mathrm{m}^{1/2}/\mathrm{s}$;$R$、$J$ 分别为水力半径和水力坡降(无量纲)。

2. Manning 公式

$$U = \frac{1}{n}R^{2/3}J^{1/2}$$

式中:U 为断面平均流速,m/s;n 为糙率;R、J 分别为水力半径和水力坡降(无量纲)。

利用 $U = C\sqrt{RJ}$，$C = \dfrac{1}{n}\sqrt[6]{R}$，可得 $J = \dfrac{n^2 U^3}{h^{4/3}}$。

3.2.3.3 悬移质挟沙力公式

在平原河流中，输沙量主要以悬移质为主，推移质一般可以忽略不计，采用张瑞瑾公式来近似计算水流的挟沙力：

$$S_* = K\left(\frac{U^3}{\omega gh}\right)^m$$

3.2.3.4 悬移质浑水沉速公式

由于黄河下游悬移质颗粒泥沙粒径普遍偏小，可以直接采用斯托克斯公式计算沉速：

$$\omega = \frac{1}{18}\frac{\gamma_s - \gamma}{\gamma}g\frac{d^2}{\nu}$$

根据上述公式，按照矩形河床断面推导出输沙能力表达式如下：

$$Q_s = K\left(\frac{J^{21/16}}{g\omega n^{21/8}}\right)^m Q^{(3/8m+1)}$$

3.2.4 基于冲淤平衡状态的临界河道输沙能力

3.2.4.1 根据来沙系数与河道冲淤量的响应关系估算

点绘下游河段冲淤量（利津以上冲淤量）与来沙系数（小黑小三站）的响应关系，见图 3-13。由图 3-13 可知，维持下游河道不淤积的来沙系数一般小于 0.01（kg·s）/m⁶。未来进入黄河下游的年均来水量为 250 亿 ~280 亿 m³，按照下游河段冲淤量与来沙系数的响应关系估算，维持下游河段冲淤平衡的来沙量为 2 亿 ~2.5 亿 t。

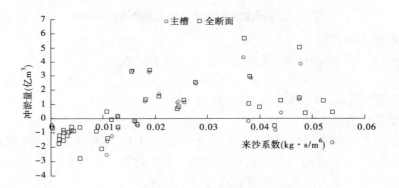

图 3-13 下游河段冲淤量与来沙系数的响应关系

3.2.4.2 根据河道冲淤量与来沙量的响应关系估算

点绘黄河下游花园口站来沙量与下游河段冲淤量的响应关系，见图 3-14。由图 3-14 可知，花园口站来沙量小于 2.1 亿 t，下游河段一般为冲刷（当来水量较大而来沙量相对较小时，河道也会冲刷，如 1982 年、1983 年花园口站来沙量为 6.14 亿 t、9.08 亿 t，而来水量分别达到 440 亿 m³、661 亿 m³，下游河道为冲刷）。因此，按照下游河段冲淤量与花园口站来沙量的响应关系判断，黄河未来径流条件下，维持下游河段冲淤平衡的来沙量宜不大于 2.1 亿 t。

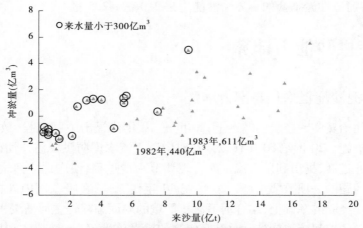

图 3-14　下游河段花园口站冲淤量与来沙量的响应关系

3.2.4.3　利用输沙平衡纵比降理论计算

河床输沙平衡纵比降与来水来沙条件和河床边界条件有关,按照维持现状河道条件推算入口来沙量。根据以下方程:

水流连续方程

$$Q = Bhv$$

水流阻力方程

$$v = \frac{1}{n}h^{2/3}i^{1/2}$$

水流挟沙力方程

$$S_* = k'\left(\frac{v^3}{gh\omega}\right)$$

泥沙沉速方程

$$\omega = f(d_{50})$$

联解得

$$Q_{s汛期} = \left(\frac{B^{0.5}h^{1.33}i}{kn^2d_{50}}\right)^2$$

式中:k 为经验系数,根据实测资料分析,k 与汛期平均来沙系数 $\left(\frac{\rho}{Q}\right)_入$ 成反比;$Q_{s汛期}$ 为汛期河段输沙率,t/s;d_{50} 为汛期河段悬移质泥沙中数粒径,mm;i、n 分别为河段比降、糙率;B、h 分别为相应于汛期平均流量 Q 的水面宽(m)与水深(m)。

参考黄河下游利津河段来水条件和河道条件,汛期平均流量 1 000 m³/s 左右、糙率 0.014、悬移质泥沙中数粒径 0.018 mm(按粒径级法折算为 0.031 mm)、平衡比降 0.000 1(考虑山东河段输沙平衡要求),计算输沙平衡条件下,进口的汛期平均输沙率为 18.9 t/s,相应来沙量为 2.0 亿 t。

综上分析,进入黄河下游的年均来水量为 250 亿~280 亿 m³(其中汛期来水占 40%)时,维持下游河段冲淤基本平衡的来沙量为 2.0 亿~2.5 亿 t。也就是说,在该来水量条件下,维持下游河道冲淤平衡的临界输沙能力是 2.0 亿 ~ 2.5 亿 t。

3.3　水库拦沙能力计算

3.3.1　黄河泥沙配置途径与潜力

在总结以往治黄实践经验的基础上,20 世纪 70 年代提出了"拦、排、放"处理黄河泥沙的三个基本措施。20 世纪 80 年代以来在对中游干流水库防洪减淤作用的规划研究中取得一些重要的进展,提出利用干流水库合理调节水沙过程,使之适应河道的输沙特性,也是解决泥沙问题的一项重要措施。20 世纪 90 年代以来,在吸取国内外挖河疏浚和黄河下游机淤固堤经验的基础上,结合河道淤积严重的局面和减轻主河槽淤积的需要,提出了解决泥沙问题的挖河疏浚措施。总结多年来的治黄实践经验,处理和利用泥沙的基本途径是采取"拦、调、排、放、挖"多种措施,综合治理。

3.3.1.1　水土保持和干支流控制性工程拦减泥沙

"拦"主要靠中游地区水土保持和干支流控制性工程拦减泥沙。

水土保持是减少入黄泥沙、治理黄河的根本措施。中华人民共和国成立以来,在党和国家的高度重视下,黄土高原地区开展了大规模的水土流失治理,截至 2013 年,潼关以上建成梯田面积 288.6 万 hm^2、林地面积 642.6 万 hm^2、种草面积 123.0 万 hm^2、封禁面积 115.6 万 hm^2,建成淤地坝 58 099 座(其中骨干坝 5 655 座),坝地面积 10.1 万 hm^2,各项措施面积合计 1 179.9 万 hm^2,见表3-5。经过半个多世纪坚持不懈的努力,水土保持措施减沙取得了明显的成效。

表 3-5　潼关以上水土保持措施核实面积　　　　　　（单位:万 hm^2）

年份	梯田	造林	种草	封禁	坝地	合计
1960	11.2	24.1	4.6	1.8	0.6	42.3
1970	41.1	68.1	8.3	6.2	2.5	126.2
1980	84.9	153.8	20.9	16.0	5.1	280.7
1990	133.4	298.2	55.0	31.7	6.7	525.0
2000	213.8	427.7	78.3	45.9	8.7	774.4
2010	264.2	621.6	119.8	102.5	10.0	1 118.1
2013	288.6	642.6	123.0	115.6	10.1	1 179.9

水库拦沙是减少河道淤积最直接也是最有效的措施之一。目前,黄河干流已建梯级水库 20 余座,其中具有较大拦沙作用的水库有刘家峡、三门峡、小浪底等。已建水库拦沙量约 96.83 亿 m^3,合 125.88 亿 t,其中骨干水库三门峡、小浪底、刘家峡、龙羊峡累计拦沙 85.40 亿 m^3,约 111.02 亿 t,占总量的 88.2%。水库运用在拦减泥沙、减少河道淤积中发挥了重要作用,在水库拦沙比例较大的 1960 ~ 1986 年、2000 ~ 2015 年两个时期,干流河道淤积量明显减少甚至发生冲刷。

根据《黄河流域综合规划(2012 ~ 2030 年)》,干支流骨干水库包括干流的龙羊峡、刘家峡、黑山峡、碛口、古贤、三门峡、小浪底等 7 座水库以及支流的东庄等水库。黄河中下游已建工程条件下,具备较大泥沙处置能力的主要是小浪底水库,可以处置来自三门峡以上干支流来沙。截至 2017 年 4 月小浪底水库已淤积泥沙 32.1 亿 m³,剩余拦沙库容可处理的泥沙量约为 40.4 亿 m³(不含 3 亿 m³ 的无效库容)。中游规划的古贤、碛口、东庄等水库拦沙库容合计 248.8 亿 m³(见表 3-6)。

表 3-6　黄河干流泥沙分布特征值

工程名称		拦沙库容(亿 m³)	剩余拦沙库容(亿 m³)	备注
七大骨干工程	龙羊峡水库	53.5	48.9	以死库容为拦沙库容
	刘家峡水库	15.5	0	以死库容为拦沙库容
	*大柳树水库	60.2	60.2	
	*碛口水库	110.8	110.8	
	*古贤水库	118.2	118.2	
	三门峡水库	36	0	按潼关以下考虑
	小浪底水库	72.5	40.4	淤积至 2017 年 4 月
支流	*东庄水库	19.8	19.8	
合计		486.5	398.3	
已建水库		177.5	89.3	
拟建水库		309	309	
已建中游水库		108.5	40.4	
拟建中游水库		248.8	248.8	

《黄河流域综合规划(2012～2030 年)》提出,在小浪底水库拦沙后期 2020 年前后建成古贤水利枢纽工程,通过水库拦沙并与小浪底水库联合调水调沙,可以充分延长小浪底水库拦沙运用年限,减轻黄河下游河道淤积、长期维持下游中水河槽,保障下游防洪安全,并降低潼关高程、减轻渭河下游洪水威胁。在《古贤水利枢纽工程可行性研究》成果中,考虑近期黄河水沙变化情势,进一步论证了古贤水库建设时机,提出古贤水库越早建设越有利,研究确定古贤水库 2030 年建成生效;考虑移民淹没等影响,调整了水库特征水位,减少了拦沙库容,为 93.42 亿 m³。

在古贤水库拦沙后期,适时建设碛口水利枢纽,形成完善的中游洪水泥沙调控体系,联合拦沙和调控水沙可进一步延长下游河道的不淤积年限,《黄河水沙调控体系规划》提出碛口水库 2050 年建成运用。

东庄水库目前工程可行性研究报告已获批复,进入开工建设阶段,计划 2025 年建成运用。

3.3.1.2　调水调沙

"调"是利用干流骨干工程调节水沙过程,使之适应河道的输沙特性,以利排沙入海,减少河道淤积。

小浪底水库投入运用后,通过水库拦沙和调水调沙运用,使黄河下游河道各个河段发生了冲刷,至 2016 年 4 月白鹤至利津河段冲刷 27.34 亿 t。河槽冲刷下切,平滩流量不断增大(见表 3-7),最小平滩流量由 2002 年的 1 800 m³/s 增加到 4 250 m³/s。

表 3-7 2002 年以后下游河道平滩流量变化情况 (单位:m³/s)

项目	花园口	夹河滩	高村	孙口	艾山	泺口	利津
2002 年汛前	3 600	2 900	1 800	2 070	2 530	2 900	3 000
2016 年汛前	7 200	6 800	6 100	4 350	4 250	4 600	4 650
累积增加	3 600	3 900	4 300	2 280	1 720	1 700	1 650

2002～2016 年,黄河共开展了 19 次调水调沙。19 次调水调沙期间,小浪底水库入库累积沙量 10.72 亿 t,出库沙量 6.60 亿 t,排沙比 62%。下游河道共冲刷泥沙 4.30 亿 t(占下游河道冲刷总量的 16%),其中平滩流量较小的高村—艾山和艾山—利津河段冲刷 1.62 亿 t 和 1.11 亿 t,分别占水库运用以来相应河段总冲刷量的 41% 和 30%,调水调沙期间上述两河段的冲刷效率(河道冲刷量和所需水量的比值)是其他时期的 3.1 倍和 1.9 倍。

可见,"拦""排""调"措施结合,合理运用,可使"调"的作用得到充分发挥。

3.3.1.3 河道排沙

"排"是通过协调进入河道的水沙条件、河道治理、河口治理等各种措施,提高河道的输沙能力,将进入河道的泥沙在堤防、河道整治等工程的约束下,尽可能多地输送入海,以减少河道淤积。天然状态下,1956～1960 年利津断面水量为 463.6 亿 m³,相应输沙量为 13.15 亿 t,该时期进入黄河下游的沙量为 18.09 亿 t,排沙比达到 72.7%(见表 3-8);1960～1986 年利津断面水量为 397.9 亿 m³,相应输沙量为 9.42 亿 t,该时期进入黄河下游的沙量为 11.95 亿 t,排沙比为 78.8%,略大于天然状态下排沙比;1986～1999 年利津断面水量为 150.5 亿 m³,相应输沙量为 4.16 亿 t,该时期进入黄河下游的沙量为 7.99 亿 t,由于输沙水量减少,下游排沙比下降至 52.1%。小浪底水库运用以后,由于水库拦沙和调水调沙作用,利津断面来沙量大幅减少,仅为 1.20 亿 t,由于河道冲刷,下游排沙比为 193.5%。

表 3-8 下游河道排沙能力变化分析

项目	1950～1960 年	1960～1986 年				1986～1999 年	1999～2015 年
		1960～1964 年	1964～1973 年	1973～1986 年	平均		
利津水量(亿 m³)	463.6	621.5	397.1	329.8	397.9	150.5	154.9
利津沙量(亿 t)	13.15	11.22	10.74	7.96	9.42	4.16	1.20
三站沙量(亿 t)	18.09	5.93	16.31	10.79	11.95	7.99	0.62
下游排沙比(%)	72.7	189.2	65.8	73.8	78.8	52.1	193.5

3.3.1.4　放淤

"放"主要是利用河道两岸有利地形引洪放淤处理和利用一部分泥沙,尤其是要处理一部分粗颗粒泥沙,以减少泥沙在河道中的淤积。主要包括引洪淤滩、引洪淤地、放淤固堤、引黄供水沉沙等,淤筑"相对地下河",使除害和兴利紧密结合。

2004 年以来小北干流滩区建成了连伯滩放淤试验工程,先后在 2004 ~ 2007 年、2010 年和 2012 年进行了共计 15 轮放淤试验,累计放淤历时 622 h,已经处置泥沙量 444 万 m³(576.9 万 t),剩余可能的泥沙处置量为 951 万 m³,可以处置来自干流龙门以上的来沙。根据来水来沙、地形和河道条件分析,未来黄河中下游地区可能开展放淤的滩区主要有小北干流滩区、温孟滩区,可能处置泥沙的规模分别为 146.9 亿 t(无坝 10.9 亿 t、有坝 136 亿 t)、12.6 亿 t。下游滩区还可以结合"二级悬河"治理开展放淤,可能放淤处置泥沙的规模在 28 亿 t 左右。《黄河流域综合规划(2012 ~ 2030 年)》提出,在古贤水库拦沙初期完成后,及时实施小北干流有坝放淤。

放淤固堤是黄河下游主动利用处理泥沙的另一种方式,也在一定程度上处理了进入黄河下游的泥沙。1960 ~ 1986 年、1986 ~ 1999 年、1999 ~ 2015 年黄河下游放淤固堤量分别完成 6.75 亿 t、2.25 亿 t、5.28 亿 t。黄河干流引水结合引黄供水进行,主要集中在黄河下游和宁蒙河段,也从河道内带走了一定量的泥沙。黄河下游引沙量较大,据统计,1950 ~ 1960 年、1960 ~ 1986 年、1987 ~ 1999 年、1999 ~ 2015 年干流河道年均引沙量分别为 0.89 亿 t、1.19 亿 t、1.32 亿 t、0.32 亿 t,1999 年小浪底水库运用后下游引水含沙量降低,引沙量较小。

3.3.1.5　挖河

"挖"包括挖河疏浚、挖河淤背、挖河淤滩,利用从河槽挖出来的泥沙加固黄河干堤和治理"二级悬河"。

1997 ~ 1998 年、2001 ~ 2002 年和 2004 年三次在黄河河口河段实施了挖河固堤工程,实践和研究表明,工程的实施可以减少河道的淤积,加固两岸大堤,改善河道泄流状况,如 1997 ~ 1998 年黄河河口朱家屋子断面以下开挖河道长度 11 km,通过旱挖、组合泥浆泵开挖两种形式开挖土方量 548 万 m³,用于加固堤防,淤背(宽度 100 m)长度达到 10.5 km;之后进行的两次挖河固堤工程土方量分别为 324 万 m³、131 万 m³,两次合计开挖土方量为 455 万 m³,用于加固堤防淤背(宽度 50 ~ 100 m)长度为 14.8 km。同时还可以挖沙制砖,采沙用于建筑。近年来的实践表明,"挖"与"用"结合,不仅处理了黄河泥沙,还将缓和"二级悬河"日趋严重的不利局面,同时节约了其他相关资源,有利于地方经济的发展,具有较好的发展前景。

上述分析表明,不同泥沙处置措施空间位置不同,在时间配置要求上也不同。从科学合理处置黄河泥沙角度讲,各种泥沙处置措施有其内在的联系。通过骨干工程"拦"沙和"调"节水沙来减少河道的淤积,都需要修建水库来获得一定的库容。与河道工程、河口治理结合,塑造有利的河床边界和河口条件,通过水库"调"节出来的水沙,在有利的河床边界条件下可多"排"沙入海。黄河中游古贤水库"调"节水沙可为小北干流"放"淤创造有利的水沙条件,小浪底水库调节出库的水沙可为温孟滩放淤创造有利的水沙条件。可见,建设控制性的骨干水库可实现干流骨干工程拦沙、调水调沙,为放淤创造条件。有针对性地"挖"沙疏浚可有效提高河槽排洪、排沙、排凌能力,是"拦、调、放、排"的重要补充。

3.3.2 黄河泥沙配置模型构建

结合水沙运动学、多目标综合评价等理论,构建黄河泥沙总配置模型,模型构架包括水库与河道冲淤计算模块、泥沙优化配置两部分。

3.3.2.1 水库与河道冲淤计算

水库冲淤计算主要涉及三门峡、小浪底、古贤等水库,河道冲淤计算主要涉及龙潼河段和黄河下游河段。下面分别介绍其计算方法。

1. 水库冲淤计算

水库排沙分为壅水排沙和敞泄排沙两种类型,壅水明流排沙和壅水异重流排沙都包括在壅水排沙类型内,统一计算。敞泄排沙包括溯源冲刷和沿程冲刷及沿程淤积,统一计算。

水库壅水排沙比计算曲线 $\eta—f\left(\dfrac{V}{Q_{出}} \cdot \dfrac{Q_{入}}{Q_{出}}\right)$ 见图 3-15。

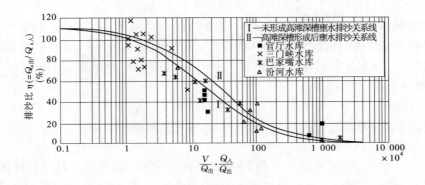

图 3-15　水库壅水排沙关系

水库敞泄排沙关系式

$$Q_{s出} = K\left(\frac{S_入}{Q_入}\right)^{0.7} (Q_{出} i)^2 \tag{3-21}$$

式中:$Q_{s出}$ 为出库输沙率,t/s;$\dfrac{S_入}{Q_入}$ 为入库来沙系数;$S_入$ 为入库含沙量,kg/m³;$Q_入$ 为流量,m³/s;$Q_{出}$ 为出库流量,m³/s;i 为水库水面比降;K 为系数。

水库泄流方程

$$\left(\frac{V_2}{\Delta_t} + \frac{q_2}{2}\right) = (\overline{Q} - q_1) + \left(\frac{V_1}{\Delta_t} + \frac{q_1}{2}\right) - \frac{\Delta V_{sc}}{\Delta_t} \tag{3-22}$$

式中:$\overline{Q}$ 为时段平均入库流量,m³/s;q_1、q_2 分别为时段始、末流量,m³/s;V_1、V_2 分别为时段始、时段末水库总充蓄容积(包括浑水体积和泥沙淤积体积),m³;ΔV_{sc} 为时刻 t_i、t_{i+1} 分布在水库水位水平面以上部位泥沙淤积体积的差值,即

$$\Delta V_{sc} = C_{i+1} \sum_{t_0}^{t_{i+1}} \Delta V_9 - C_i \sum_{t_0}^{t_i} \Delta V_s \tag{3-23}$$

水库冲淤分布方程

$$\Delta V_{sx} = \left(\frac{H_x - X_{\min}}{H_{\max} + \Delta Z - Z_{\min}} \right)^m \sum \Delta V_s \tag{3-24}$$

其中：

$$m = 0.485 n^{1.16} \tag{3-25}$$

式中：n 为库容形态指数，由库容形态方程确定：

$$\frac{\Delta V_x}{\Delta V_{\max}} = \left(\frac{H_x - H_{\min}}{H_{\max} - H_{\min}} \right)^n$$

式中：ΔV_x 为库水位 ΔH_x 以下的库容，m^3；$\Delta V_{\max}$ 为最高库水位 $H_{\max}$ 的库容，m^3；$H_{\min}$ 为零库容的高程，m。

在水库冲淤计算中，要不断修改库容曲线，计算冲淤分布。

2. 龙潼河道冲淤计算

（1）龙门站和河津站输送至潼关的输沙率按下式计算：

$$Q_{s龙+河\to潼} = K Q_{龙+河}^m S_{龙+河}^n b \tag{3-26}$$

式中：$Q_{s龙+河\to潼}$ 为龙门站加河津站输送至潼关站的输沙率，t/s；$Q_{龙+河}$ 为龙门站加河津站流量，m^3/s；$S_{龙+河}$ 为龙门站加河津站输沙率除以龙门站加河津站流量所得的含沙量；K 为系数，由实测资料求得，$K = 7.87 \times 10^{-4}$；m、n 为指数，由实测资料求得 $m = 1.072$、$n = 0.89$；b 为常数，水流不漫滩时 b 为 1.0，水流漫滩后 b 为 0.8。

（2）华县站和洑头站输送至潼关的输沙率按下式计算：

$$Q_{s华+洑\to潼} = K Q_{华+洑}^m S_{华+洑}^n b \tag{3-27}$$

式中：$Q_{s华+洑\to潼}$ 为华县站加洑头站输送至潼关站的输沙率，t/s；$Q_{华+洑}$ 为华县站加洑头站流量，m^3/s；$S_{华+洑}$ 为华县站加洑头站输沙率除以华县站加洑头站流量所得的含沙量，kg/m^3；K 为系数，由实测资料求得 $K = 6.7 \times 10^{-3}$；m、n 为指数，由实测资料求得 $m = 0.81$、$n = 0.92$；b 为常数，水流不漫滩时 b 为 1.0，水流漫滩后 b 为 0.8。

（3）潼关站的输沙率为两者之和，即

$$Q_{s潼} = Q_{s(龙+河)} + Q_{s(华+洑)} \tag{3-28}$$

在计算得到潼关站输沙率基础上，利用计算潼关站输沙量与龙门站加河津站和华县站加洑头站输沙量，按照沙量平衡计算出龙潼河道冲淤量。

$$\Delta W_{s龙潼} = Q_{s潼} - (Q_{s(龙+河)} + Q_{s(华+洑)}) T$$

式中：$\Delta W_{s龙潼}$ 为龙潼河段冲淤量；T 为时间。

3. 下游河道冲淤计算

冲积性河道河床变形方程为

$$\gamma' \frac{\partial A}{\partial t} = \sum_{k=1}^{M} \alpha \omega_k B (S_k - S_{*k})$$

如果不考虑上扬泥沙颗粒和沉降泥沙颗粒的相互碰撞，并近似将两个过程视为独立过程，则可确定为

$$\Delta W_s = f(S) - f(S_*)$$
$$f(S_*) = \varphi(Q)$$
$$f(S) = \eta W_s$$

式中：$f(S_*)$ 采用小浪底水库运用以来清水下泄期间下游控制断面含沙量恢复情况进行率定；$f(S)$ 主要反映进入下游河道泥沙颗粒的沉降情况，需要在 $f(S_*)$ 率定的基础上，根据河道实测冲淤量率定，黄河下游河道沉积比例 η 为 0.35 ~ 0.38（不含冲刷恢复的量）。

3.3.2.2 综合目标函数

该模型由综合目标函数和约束条件构成。综合目标函数以目标约束为前提，同时考虑其他约束条件，反映各项泥沙处置措施的处置泥沙量和经济投入量，以综合目标函数值最小为优。

$$F(x) = \sum_{n=1}^{N} (Y_{拦n}W_{s拦n} + Y_{放n}W_{s放n} + Y_{挖n}W_{s挖n})$$

式中：$Y_{拦n}$、$Y_{放n}$、$Y_{挖n}$ 分别为拦、放、挖等措施在第 n 年单方泥沙处置费用；$W_{s拦n}$、$W_{s放n}$、$W_{s挖n}$ 分别为拦、放、挖等措施在第 n 年处理的泥沙量。

约束条件如下：

（1）水沙量平衡约束。进入某区间的总沙量等于某区间"拦""排""放""挖"四种措施处置的泥沙量、河道冲淤量和引沙量之和，进入某区间的总水量等于区间耗水量和某区间出口水量之和。

$$W_{s0} = \sum_{i=1}^{5} W_{szi} + \Delta W_{si} + W_{s引i}$$

式中：W_{s0} 为进入某区间的总沙量；W_{szi} 为某区间某项配置措施处理的泥沙量；ΔW_{si} 为某区间水库和河道冲淤量；$W_{s引i}$ 为某区间引沙量。

$$W_0 = W_{引i} + W_i$$

式中：W_0 为进入某区间的总水量；W_{szi} 为某区间出口水量。

（2）水库拦沙能力约束。合理的水库排沙比对水库拦沙库容的使用寿命以及对水库下游河道十分重要。根据来水来沙条件和合理的排沙比确定水库拦沙量，不应超过水库设计拦沙量。

$$W_{s拦i} = (1 - N_k)W_{s(i-1)} \leq W_{smax拦}$$

式中：$W_{s拦i}$ 为某区间水库拦沙量；N_k 为水库排沙比；$W_{s(i-1)}$ 为上一个区间的来沙量；$W_{smax放}$ 为某区间水库设计拦沙量。

（3）人工放淤能力约束。人工放淤要考虑地形条件和经济社会发展条件等方面的约束，放淤处置泥沙量不应大于滩区放淤能力。中游中小北干流滩区、下游温孟滩区的最大放淤量分别为 146.9 亿 t、12.6 亿 t。下游滩区结合"二级悬河"治理还可放淤处置泥沙量约 28 亿 t。

$$W_{s放i} = K_i W_{s(i-1)} \leq W_{smax放}$$

式中：$W_{s放i}$ 为某区间放淤量；K_i 为某区间滩区人工放淤量占来沙量的比例；$W_{s(i-1)}$ 为入库沙量；$W_{smax放}$ 为某区间滩区可能的最大放淤量。

（4）挖沙要求。黄河下游河道，考虑河床不淤积抬高的目标要求，河道淤积的泥沙量要通过挖沙措施处理掉,其他河段不考虑挖沙。

$$W_{s挖} = \Delta W_{s下游}$$

式中:$\Delta W_{s下游}$ 为下游河段淤积量。

(5)引水引沙约束。引水会挟带一部分泥沙,引沙量与引水量和引水含沙量密切相关。

$$W_{s引i} = W_{引i}S_{引i}/1\,000$$

式中:$W_{s引i}$ 为某区间引沙量;$W_{引i}$ 为某区间引水量;$S_{引i}$ 为某区间引水含沙量。

3.3.3 黄河水沙情景与拦沙能力计算

3.3.3.1 黄河来沙情景方案拟定

近期黄河中游地区水沙量尤其是沙量大幅度减少,引起了关注。目前,大家对黄河水沙变化成因和未来水沙量大小的认识没有形成统一意见,认识还存在分歧,围绕该问题正在开展相关研究工作。结合古贤水利枢纽可行性研究等已有研究成果,按照黄河来沙 8 亿 t 情景进行泥沙总配置模型研究。

黄河中游来沙 8 亿 t 情景方案,1956～2009 年干流、支流主要控制站设计水沙量情况见表3-9。该情景方案龙门站年平均水、沙量分别为213.7 亿 m³、4.86 亿 t,其中汛期水量为 104.3 亿 m³,占全年总水量的48.8%;汛期沙量为 4.17 亿 t,占全年总沙量的85.8%。汛期、全年含沙量分别为 39.9 kg/m³ 和 22.7 kg/m³。

表 3-9 黄河中游干支流主要控制站设计水沙特征值(1956～2009 年系列,黄河来沙 8 亿 t)

水文站	径流量(亿 m³)			输沙量(亿 t)			含沙量(kg/m³)		
	汛期	非汛期	全年	汛期	非汛期	全年	汛期	非汛期	全年
龙门	104.3	109.4	213.7	4.17	0.69	4.86	39.9	6.3	22.7
华县	28.5	17.1	45.6	2.41	0.18	2.59	84.6	10.3	56.7
河津	4.6	3.3	7.9	0.10	0.01	0.11	22.3	2.0	13.7
洑头	2.9	1.9	4.8	0.43	0.02	0.45	146.4	12.6	93.5
四站	140.2	131.9	272.1	7.10	0.90	8.00	50.7	6.8	29.4
黑石关	13.2	6.7	19.9	0.06	0	0.06	4.9	0.6	3.4
武陟	3.9	2.3	6.2	0.02	0	0.02	5.1	0.8	3.5

中游龙华河洑四站系列平均水量为272.1 亿 m³,其中汛期水量为140.2 亿 m³,占全年总水量的 51.5%;年平均沙量为 8.00 亿 t,汛期沙量为 7.10 亿 t,占全年总沙量的88.8%。汛期及全年平均含沙量分别为 50.7 kg/m³ 和 29.4 kg/m³。

3.3.3.2 配置目标、方式及范围

1.泥沙配置目标

考虑维持黄河健康生命,以黄河下游河床不淤积抬高为泥沙总配置的基本目标需求,兼顾经济社会发展和生态环境改善需求。

2.泥沙配置方式

泥沙配置措施结合以往工作经验,主要考虑水库拦沙、人工放淤、河道排沙和挖河疏浚等四种措施。通过水库群调水调沙的方式提高河道输沙效率处置的泥沙量与水库拦

沙、河道排沙较难区分,本次暂不单独研究其泥沙配置能力,放入水库拦沙一并考虑。

3. 泥沙配置范围

黄河泥沙集中在中游,上游泥沙量较小。因此,主要考虑黄河中下游地区的泥沙处置措施进行泥沙配置(见图 3-16)。根据黄河中下游泥沙来源和有关工程情况,中游河龙区间主要考虑规划古贤等骨干水库拦沙措施,龙潼区间主要考虑小北干流滩区放淤措施和支流东庄水库拦沙措施,潼三区间和三小区间主要考虑现状水库拦沙措施,黄河下游主要考虑河道排沙、滩区放淤以及挖河疏浚措施。

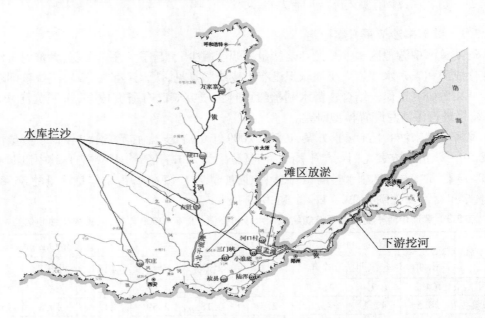

图 3-16　黄河中下游地区泥沙配置途径及其分布

3.3.3.3　配置方案

1. 配置方案拟定原则

(1)考虑维持黄河健康生命,以黄河下游 100 年尺度内河床不淤积抬高为泥沙配置的基本目标需求,开展各项措施配置。

(2)考虑各项配置措施所处区域位置、可能的处置泥沙量和影响因素等,按照因地制宜、因时制宜原则,合理运用各项泥沙配置措施。

2. 方案分析拟定

根据前述黄河泥沙配置途径及潜力分析,以黄河年均来沙 8 亿 t(100 年的黄河来沙量为 800 亿 t)为泥沙配置基础,考虑东庄水库、古贤水库、碛口水库和小北干流放淤等不同泥沙配置措施规模,分析提出 100 年尺度内的泥沙配置方案。

1)方案 1:现状工程方案(包含东庄水库)

考虑到东庄水库目前已批准立项,进入开工阶段,计划 2025 年建成生效。因此,东庄水库列入现状工程方案一并考虑。

　　现状工程条件下,具有较大拦沙能力的主要是小浪底水库,目前剩余拦沙库容 40.4亿 m³,东庄水库设计拦沙库容 19.8 亿 m³。黄河年均来沙 8 亿 t 情景下,小浪底水库拦沙淤满年限到 2040 年前后,减少进入黄河下游的泥沙约 52 亿 t,减少黄河下游泥沙淤积 34亿 t 左右,在黄河下游的拦沙减淤比约为 1.5;东庄水库拦沙期淤满年限到 2055 年左右,减淤主要在渭河下游,对黄河下游的减淤量相对较小,可减少进入黄河干流的泥沙 26 亿 t左右,减少黄河下游泥沙淤积 10 亿 t 左右,在黄河下游的拦沙减淤比为 2.6。小浪底水库拦沙期内,由于水库拦沙和调水调沙作用,下游河道整体略有冲刷;2030 年拦沙库容淤满后,下游河道恢复淤积,年均淤积量 2.1 亿 t 左右。

　　因此,现状工程方案条件下,100 年尺度内黄河下游河道无法保持冲淤平衡,将在小浪底水库拦沙库容淤满后逐步淤积,2040~2117 年累计淤积量将达到 161.7 亿 t,必须采取其他泥沙配置措施减少下游河道淤积。

　　2)方案 2:古贤水库 2030 年方案

　　在现状工程方案的基础上,增加古贤水库拦沙和调控水沙。

　　根据古贤可研成果,古贤水库设计拦沙库容 93.4 亿 m³。黄河年均来沙 8 亿 t 情景下,古贤水库与小浪底水库联合运用,水库拦沙期淤满年限约 40 年,拦沙约 131 亿 t,减少黄河下游泥沙淤积约 72 亿 t,在黄河下游的拦沙减淤比为 1.8。古贤水库拦沙期内,能够显著减少下游河道淤积,年均淤积量 0.8 亿 t 左右;2080 年拦沙库容淤满后,黄河下游河道淤积量增大,但是在古贤水库、小浪底水库等联合调水调沙作用下,下游河道淤积将比现状方案有所减轻,年均淤积量 1.7 亿 t 左右。

　　因此,在 2030 年建成古贤水库的条件下,仍然无法维持黄河下游 100 年尺度内的冲淤平衡,下游河道还会淤积泥沙约 95 亿 t,还必须采取其他泥沙配置措施。

　　3)方案 3:古贤水库 2030 年 + 碛口水库 2050 年方案

　　在现状工程方案的基础上,先增加古贤水库,后增加碛口水库,形成完善的中游洪水泥沙调控体系。该方案与方案 2 相比,进一步加强了中游水库的拦沙和调控水沙的能力。

　　碛口水库设计拦沙库容 110.8 亿 m³,拦沙期较长,可拦沙 144 亿 t(2117 年的拦沙量约 110 亿 t),通过拦沙并与古贤水库、小浪底水库等骨干工程联合调水调沙,可减少黄河下游河道泥沙淤积约 75 亿 t,在黄河下游的拦沙减淤比约为 1.9。该方案条件下,下游河道淤积大大减轻,但是由于黄河中游还有渭河、北洛河、泾河等多沙支流来沙,还不能使下游河道在 100 年尺度内保持冲淤平衡,下游河道仍有一定的淤积量,年均淤积 0.6 亿 t 左右。

　　因此,受黄河来水来沙时空分布和骨干水库地理位置、拦沙库容等方面限制,黄河来沙 8 亿 t 情景下,即使建成古贤水库、碛口水库,也还不能保证黄河下游 100 年尺度内的冲淤平衡,还需要进一步采取措施。

　　4)方案 4:古贤水库 2030 年 + 碛口水库 2050 年 + 滩区放淤 2050 年方案

　　考虑黄河来沙的时空分布特点以及骨干水库地理位置和拦沙库容条件等方面限制,黄河来沙 8 亿 t 情景下,在古贤水库、碛口水库建成运用后,还要适时利用小北干流滩区和温孟滩区进行放淤,结合黄河滩区放淤进一步处置黄河泥沙。小北干流滩区可放淤量136 亿 t,温孟滩区可放淤量 12.6 亿 t。在该方案情况下,通过"拦""调""放"三项措施的

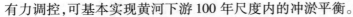

有力调控,可基本实现黄河下游 100 年尺度内的冲淤平衡。

3.各配置方案处理泥沙的经济性比较

以黄河下游 100 年尺度内河床不淤积抬高为目标,按照最优等效原则,对淤积在下游河道的泥沙进行挖沙疏浚处置。结合各项配置措施处置泥沙的单方沙费用,估算各配置方案处理泥沙的经济性。

结合以往泥沙处置实践经验和有关规划成果,分析确定各项配置措施的单方泥沙处置费用。在《黄河泥沙处理和利用规划》(黄河勘测规划设计有限公司,2009 年)中,以 2007 年为水平年分析了不同泥沙处置措施的单方沙投资费用:小北干流有坝放淤单方沙投资为 3 元,温孟滩放淤单方沙投资为 9.8 元,下游"挖"河疏浚单方沙投资为 26 元左右,利用干流骨干水库拦沙和调水调沙处理单方沙的投资为 1~2 元(详见表 3-10)。

表 3-10　骨干水库拦沙经济投入分析

工程名称	每拦 1 m³ 沙需投资人民币(元)
碛口	1.80
古贤	1.90
小浪底	1.39
东庄	1.46

参考上述不同配置措施处置单方沙的投资单价(暂不考虑价格变化),计算各配置方案处理泥沙的经济投入,详见表 3-11。由表 3-11 可知,黄河来沙 8 亿 t 情景下,以黄河下游 100 年尺度内不淤积抬高为配置目标,方案 1 现状工程条件下的泥沙处置费为 3 088 亿元,方案 2 为 2 040 亿元,方案 3 为 1 272.7 亿元,方案 4 为 672.2 亿元。

表 3-11　100 年尺度内不同泥沙配置方案处置泥沙的经济投入分析

项目	方案	水库拦沙				滩区放淤		下游河道淤积量(挖河)	合计
		小浪底	东庄	古贤	碛口	小北干流	温孟滩		
泥沙处置量(亿 t)	方案 1	52	26					161.7	239.7
	方案 2	52	26	131				95	304.0
	方案 3	52	26	131	100			46.2	355.2
	方案 4	52	26	131	100	70.4	12.6	0	392.0
单方沙处置费(元/m³)	方案 1	1.39	1.46	1.9	1.8	3	9.8	26	45.35
	方案 2	1.39	1.46	1.9	1.8	3	9.8	26	45.35
	方案 3	1.39	1.46	1.9	1.8	3	9.8	26	45.35
	方案 4	1.39	1.46	1.9	1.8	3	9.8	26	45.35
泥沙处置费(亿元)	方案 1	56	29	0	0	0	0	3 003	3 088
	方案 2	56	29	191	0	0	0	1 764	2 040
	方案 3	56	29	191	138	0	0	858	1 272.7
	方案 4	56	29	191	138	162	95	0	672.2

以上分析表明:各种泥沙配置措施,以水库拦沙处置单方泥沙费用最为低廉,从长期维持黄河健康生命、下游河道不淤积抬高的目标要求出发,充分发挥河道输沙能力,尽量增大黄河中游骨干水库的拦沙库容;受黄河水沙的时空分布和不同泥沙配置措施地理区位限制,长期维持黄河下游冲淤平衡,需要采取综合措施,必须通过建设古贤、碛口等骨干水利枢纽,同时适机进行滩区放淤和必要的挖河,方可达到黄河下游长期不淤积抬升,且处置泥沙费用最低。

3.4　小　结

(1)通过分析黄河流域 30 余条重要支流年均含沙量与宽谷河段河道形态,高含沙水流输沙比例和年均含沙量关系,提出了高、超高、特高含沙量河流分级标准。即年均含沙量 $10 \sim 100$ kg/m³的河流为高含沙河流;年均含沙量在 $100 \sim 200$ kg/m³的河流为超高含沙河流,年均含沙量在 200 kg/m³以上为特高含沙河流。

(2)黄河下游输沙能力影响因素多,以往研究未能明确给出一定水沙量条件下维持河道冲淤平衡的年尺度的临界输沙能力。在对黄河下游河道输沙能力变化研究的基础上,基于动力学理论和最小能耗原理研究了黄河下游不同水沙条件的输沙能力,结合实测资料分析和理论公式计算分析得到了下游河道维持冲淤平衡的年尺度的临界输沙能力,对黄河泥沙配置具有重要支撑作用。

(3)变化环境下黄河泥沙配置面临形势,在对黄河泥沙配置途径和潜力深入分析的基础上,以维持黄河健康生命、黄河下游河床不淤积抬高为目标,通过构建泥沙配置模型,研究了变化环境下黄河泥沙配置方案,给出了未来水沙情景下的最优配置模式,提出入黄泥沙以排为主、拦调结合、适时放淤的配置模式,宜尽量增大黄河中游骨干水库的拦沙库容,同时采取综合治理措施处置泥沙。

第 4 章

泥沙模拟技术

4.1　研究现状及意义

4.1.1　研究现状

多沙河流水利枢纽工程的规划和设计中,常常会遇到与水流运动、泥沙输移、河床变形相关的问题。此类问题对人类生产活动影响甚大,有必要做出预报作为规划和设计的依据。河流模拟正是研究此类问题的重要手段,它包括物理模型试验和数学模型计算两部分。物理模型试验是根据模型和原型之间的相似准则,对原型流动进行缩小(或扩大),建立实体模型,研究水沙运动规律的方法。数学模型计算是根据水流及其输移物质运动的基本规律,构建数学模型,通过求解模型中未知变量,复演并预测水流及其输移物质运动过程的一种研究方法。

严格地说,自然界中的流动都是三维流动,但是在研究长河段、长时间的水沙运动及河床变形情况时,有时候仅需要了解断面平均的水沙要素变化情况,这时可将三维流动的控制方程进行简化,形成一维水沙数学模型。目前,已经出现了很多比较成熟的一维泥沙数学模型,可用于模拟长河段、长时间的河床变形过程,如:美国陆军工程兵团开发的 HEC-6 模型,可用于计算河道及水库的冲淤情况;杨国录开发的 SUSBED-2 模型,该模型为一维恒定平衡与不平衡输沙模式嵌套计算的非均匀全沙模型,是一套可用于计算和预测水库以及河网中汇流河段水沙和河床变形的通用模型,在我国的中南、西南和西北的各大中小水利水电工程中普遍应用,解决了不少工程问题,获得了较大的经济效益;李义天开发的河网一维非恒定流模型在实际工程中也得到了广泛的应用。现有一维水沙模型已经比较成熟,但对于来沙较多的河道及多沙河流水库,泥沙运动特性及冲淤分布规律需要进一步研究。

对于水库坝前水沙输移,立面二维水沙数学模型能够反映垂向含沙量分布、垂向流速分布和河床变形情况,可为水库泄流孔洞布置及水库调度提供科学依据。1997 年,方春明、韩其为建立了立面二维数学模型对异重流进行了研究。张耀新、吴卫民采用剖面二维水沙数学模型对水沙输移进行了模拟。雒文生采用 $k—\varepsilon$ 双方程紊流模型对剖面二维水流运动进行了计算研究。夏军强采用零方程紊流模型计算流速,结合剖面二维悬移质扩散方程对水沙运用进行了研究。

20 世纪 70 年代以来,国内外众多学者开发了大量的三维水流运动数学模型,美国普林斯顿大学的 POM 和 ECOM 模式、荷兰 Delft 水力学研究所开发的 TRISULA 模式、美国陆军工程兵团的 CH3D 模型等。国内也有许多学者进行了三维模型的研究,丁平兴构建了波流共同作用下的三维悬沙模型,朱建荣采用改进后的 ECOM 模式耦合泥沙输运方程对河口浑浊带进行了研究。李肖男、钟德钰基于 SELFE 水动力学模型,建立了两相浑水模型的三维数学模型,对悬移质泥沙输移进行了模拟。多沙河流水库边界复杂,构建全库区三维模型计算量较大,因此对坝区局部进行三维建模,模拟不同孔洞调度情况下坝前水沙输移、河床冲淤,对水库泄流孔洞布置、水库调度方案制定具有重要意义。

4.1.2　研究意义

河流泥沙数学模型是预测河道水沙运动与河床演变的重要工具,与物理模型相辅相成,是解决实际工程问题所必须的手段。物理模型耗资、周期、比尺等问题可以通过数学模型来解决。20 世纪 90 年代以后,河流水沙数学模型以其研究周期短、成本低、无比尺影响等优点,引起了广泛的重视,并得到了长足的发展。

河流泥沙数学模型中的一维模型是最简单、发展较早,也是目前最完善的模型,能够进行长河段、长时间序列的水沙计算,是水利工程规划设计过程中研究泥沙问题的重要手段,如水库工程规划设计过程中库区淤积以及下游河道的冲淤演变预测常常优先选用一维模型。

对于窄深型的河道或水库坝前段,水流泥沙运动具有三维性,伴随着河道工程措施或水库调度泄水,孔口前易形成冲刷漏斗,该条件下的水沙运动只能通过立面二维数学模型或三维数学模型进行模拟。立面二维数学模型可以直观地反映垂向水沙运动和河床变形、冲刷漏斗形态变化,且计算量小。

目前,坝区三维水沙模型通常需物理模型提供边界条件,进行短历时的动床计算。坝区三维模型可对近坝区河床冲淤、冲刷漏斗的发展和变化进行模拟,对不同水库运用方式下的排沙效果和漏斗区形态进行模拟,为水库调度提供科学依据。Wu(2000)提出了三维全沙数学模型,其中水流采用完整的 Reynolds 平均的 Navier-Stokes 方程及紊流模式。

4.2　水沙两相流理论

泥沙在水体中的运动在本质上是一种两相流运动,自然界的物质从宏观上可分为固相、液相和气相,单相物质的流动称为单相流,如空气、水等,两相流指同时存在两种不同相的物质的流动。两相流动的一个重要特点是流动的各相之间存在受流动影响的界面,各相之间分界面随流体特性、边界条件等因素而变化。20 世纪 60 年代,Marble(1963)、Murray(1965)和 Panton(1968)等学者开始研究两相流运动规律的基本方程。

挟沙水流属于复杂的液固两相流动,含沙水流中存在着紊动水流、泥沙颗粒及河床边界之间的复杂相互作用。对于水沙两相流的研究有的学者将水流相和泥沙相的混合物视为连续介质;有的学者将水流相和泥沙相分别视为不同的连续介质;也有学者将水流相视为连续介质,而将泥沙相视为离散介质。根据这些区别,可以建立不同的水沙两相流模型,如:将水沙两相混合物视为连续介质可建立起水沙两相的单流体模型;将水流相和泥沙相分别视为不同的连续介质可建立起挟沙水流的双流体模型;将水流相视为连续介质,而将泥沙相视为离散介质可建立挟沙水流的欧拉-拉格朗日模型。

4.2.1　水沙两相间的相互作用力

在建立水沙两相流基本方程之前,首先将挟沙水流中的泥沙颗粒按照粒径分为 M 组,以 d_k 表示第 k 相泥沙的等容直径;以 ρ_w 和 ρ_{pk} 分别表示水流相和第 k 相泥沙的材料密度;以 u_{wi} 和 u_{ki} 分别表示水流相和第 k 相泥沙在 i 方向的运动速度;以 φ_w、φ_k 分别表示水

流相与第 k 相泥沙的体积浓度,根据体积浓度的定义有 $\varphi_w + \sum_k \varphi_k = 1$ 。

4.2.1.1 水流与泥沙之间的相互作用

文献[24]认为在含沙水流中,泥沙颗粒所受的力主要为阻力、附加质量力、压力梯度力。

1. 阻力

单颗第 k 相泥沙颗粒在水流中所受的阻力 F'_{Dki} 为

$$F'_{Dki} = \frac{1}{2}\rho_w \frac{\pi}{4}d_k^2 C_{Dk}|u_{ki} - u_{wi}|(u_{ki} - u_{wi}) \tag{4-1}$$

式中:阻力系数 C_{Dk} 可根据已有的经验公式取值。

如单位体积内有 n_k 颗泥沙,则泥沙颗粒所受总阻力为

$$F_{Dki} = n_k \frac{1}{2}\rho_w \frac{\pi}{4}d_k^2 C_{Dk}|u_{ki} - u_{wi}|(u_{ki} - u_{wi}) \tag{4-2}$$

式中:第 k 相泥沙的粒子数 n_k 与体积浓度 φ_k 之间的关系为

$$\varphi_k = n_k \frac{\pi}{6}d_k^3 \tag{4-3}$$

2. 附加质量力

单颗第 k 相泥沙颗粒在水流中所受的附加质量力 F'_{Mki} 为

$$F'_{Mki} = k_{me}\frac{\pi}{6}d_k^3\rho_w\left(\frac{\mathrm{d}u_{ki}}{\mathrm{d}t} - \frac{\mathrm{d}u_{wi}}{\mathrm{d}t}\right)$$

根据式(4-3),可得单位体积内所受附加质量力为

$$F_{Mki} = k_{me}\rho_w\varphi_k\left(\frac{\mathrm{d}u_{ki}}{\mathrm{d}t} - \frac{\mathrm{d}u_{wi}}{\mathrm{d}t}\right) \tag{4-4}$$

式中,附加质量力系数 k_m 可采用半经验公式 $k_{me} = k_m(1 + 4.2\varphi_k)$,式中 $k_m = 0.5$。

3. 压力梯度力

单颗第 k 相泥沙颗粒在水流中在压强梯度为 $-\dfrac{\partial p}{\partial x_i}$ 的流场中所受的压力梯度力为

$$F'_{pki} = -\frac{\pi}{6}d_k^3 \frac{\partial p}{\partial x_i} \tag{4-5}$$

根据式(4-3),可得单位体积内的压力梯度力为

$$F_{pki} = -\varphi_k \frac{\partial p}{\partial x_i} \tag{4-6}$$

4.2.1.2 泥沙颗粒之间的相互作用

当水体中泥沙浓度足够高时,需考虑泥沙颗粒之间的相互作用,此时一方面要考虑泥沙之间因碰撞而引起的动量变化,另一方面还要考虑因紊动而引起的动量变化。本章采用文献[24]、[25]中的形式来描述因泥沙与泥沙之间的相互作用而引起的单位体积内第 k 相泥沙的作用力

$$F_{Ck,i} = \rho_{pk}\varphi_k\nu_{Tk}\left(\frac{\partial u_{ki}}{\partial x_j} + \frac{\partial u_{kj}}{\partial x_i}\right) \tag{4-7}$$

4.2.2 水沙两相单流体模型

如果将水沙两相混合物视为连续介质，令 ρ_m、p_m 和 u_{mi} 分别表示混合物密度、压强以及 i 方向上的流速，则

$$\rho_m = \rho_w \varphi_w + \sum_k \rho_k = \rho_w + \sum_k \varphi_k (\rho_{pk} - \rho_w) \tag{4-8a}$$

$$p_m = p_w + \sum_k \varphi_k (p_k - p_w) \tag{4-8b}$$

$$u_{mi} = \frac{\rho_w \varphi_w u_{wi} + \sum_k \rho_{pk} \varphi_k u_{ki}}{\rho_m} = \frac{\rho_w \varphi_w u_{wi} + \sum_k \rho_{pk} \varphi_k u_{ki}}{\rho_m} \tag{4-8c}$$

根据混合物的质量守恒定律和牛顿第二定律可建立水沙两相单流体模型的基本方程如下：

$$\frac{\partial \rho_m}{\partial t} + \frac{\partial (\rho_m u_{mi})}{\partial x_i} = 0 \tag{4-9}$$

$$\frac{\partial (\rho_m u_{mi})}{\partial t} + \frac{\partial (\rho_m u_{mi} u_{mj})}{\partial x_j} = \rho_m g_i - \frac{\partial p_m}{\partial x_i} + \frac{\partial \tau_{m,ij}}{\partial x_j} \tag{4-10}$$

式中：$\tau_{m,ij}$ 为混合体的 i 方向上的切应力，根据牛顿内摩擦定律有：

$$\tau_{m,ij} = \mu_w \left(\frac{\partial u_{wi}}{\partial x_j} + \frac{\partial u_{wj}}{\partial x_i} \right) + \sum_k \mu_k \left(\frac{\partial u_{ki}}{\partial x_j} + \frac{\partial u_{kj}}{\partial x_i} \right) \tag{4-11}$$

4.2.3 水沙两相双流体模型

如果将水流相和泥沙相分别视为不同的连续介质，则根据水流相及泥沙相的质量守恒定律和动量守恒定律可建立水沙两相双流体模型的基本方程如下：

水流相

$$\frac{\partial (\rho_w \varphi_w)}{\partial t} + \frac{\partial (\rho_w \varphi_w u_{wi})}{\partial x_i} = - \sum_k S_k \tag{4-12}$$

$$\frac{\partial (\rho_w \varphi_w u_i)}{\partial t} + \frac{\partial (\rho_w \varphi_w u_{wi} u_{wj})}{\partial x_j} = \rho_w g_i - \frac{\partial}{\partial x_i} (\varphi_w p_w) +$$

$$\frac{\partial}{\partial x_j} \left[\mu_w \left(\frac{\partial u_{wi}}{\partial x_j} + \frac{\partial u_{wj}}{\partial x_i} \right) \right] - \sum_k F_{fk,i} - \sum_k F_{Ck,i} \tag{4-13}$$

第 k 相泥沙

$$\frac{\partial (\rho_{pk} \varphi_k)}{\partial t} + \frac{\partial (\rho_{pk} \varphi_k u_{ki})}{\partial x_i} = S_k \tag{4-14}$$

$$\frac{\partial (\rho_{pk} \varphi_k u_{ki})}{\partial t} + \frac{\partial (\rho_{pk} \varphi_k u_{ki} u_{kj})}{\partial x_j} = (\rho_{pk} - \rho_w) \varphi_k g_i - \frac{\partial}{\partial x_i} (\varphi_k p_k) +$$

$$\frac{\partial}{\partial x_j} \left[\mu_k \left(\frac{\partial u_{ki}}{\partial x_j} + \frac{\partial u_{kj}}{\partial x_i} \right) \right] + F_{fk,i} + F_{Ck,i} \tag{4-15}$$

式中：S_k 为由相变等产生的质量源项；$F_{fk,i} = F_{Dki} + F_{Mki}$ 表示水流相与第 k 相泥沙之间的相互作用力；$F_{Ck,i}$ 为其他泥沙相与第 k 相泥沙之间的相互作用力。

4.3　坝区三维水沙数学模型

4.3.1　控制方程及定解条件

4.3.1.1　水流运动方程

　　从水沙两相流的一般控制方程可以看出,水沙两相流的相间相互作用非常复杂,现有理论还不能满意地处理泥沙粒子之间以及水流和泥沙之间的相互作用。因此,现有水沙数学模型构建过程中会对水沙两相流的一般控制方程进行简化。

　　假定挟沙水流中泥沙颗粒的浓度($\varphi_w \approx 1$)较低,忽略水沙两相之间以及泥沙颗粒之间的相互影响。此外,考虑到水沙两相无相变产生,则水流相的控制方程可写为

$$\frac{\partial u}{\partial x} + \frac{\partial v}{\partial y} + \frac{\partial w}{\partial z} = 0 \tag{4-16}$$

$$\frac{\partial u}{\partial t} + \frac{\partial uu}{\partial x} + \frac{\partial vu}{\partial y} + \frac{\partial wu}{\partial z} = -\frac{1}{\rho}\frac{\partial p}{\partial x} + \nu_T \left(\frac{\partial^2 u}{\partial x^2} + \frac{\partial^2 u}{\partial y^2} + \frac{\partial^2 u}{\partial z^2} \right) \tag{4-17}$$

$$\frac{\partial v}{\partial t} + \frac{\partial uv}{\partial x} + \frac{\partial vv}{\partial y} + \frac{\partial wv}{\partial z} = -\frac{1}{\rho}\frac{\partial p}{\partial y} + \nu_T \left(\frac{\partial^2 v}{\partial x^2} + \frac{\partial^2 v}{\partial y^2} + \frac{\partial^2 v}{\partial z^2} \right) \tag{4-18}$$

$$\frac{\partial w}{\partial t} + \frac{\partial uw}{\partial x} + \frac{\partial vw}{\partial y} + \frac{\partial ww}{\partial z} = -\frac{1}{\rho}\frac{\partial p}{\partial z} - g + \nu_T \left(\frac{\partial^2 w}{\partial x^2} + \frac{\partial^2 w}{\partial y^2} + \frac{\partial^2 w}{\partial z^2} \right) \tag{4-19}$$

　　天然河道中的挟沙水流一般是复杂的非稳态三维紊流,引入雷诺数时均假设进行时均化处理,采用 $k - \varepsilon$ 模式的紊流模型进行方程封闭。

　　紊动能 k 方程为

$$\frac{\partial k}{\partial t} + \frac{\partial uk}{\partial x} + \frac{\partial vk}{\partial y} + \frac{\partial wk}{\partial z} = \alpha_k \nu_T \left(\frac{\partial^2 k}{\partial x^2} + \frac{\partial^2 k}{\partial y^2} + \frac{\partial^2 k}{\partial z^2} \right) + G_k - \varepsilon \tag{4-20}$$

　　紊动能耗散率 ε 方程为

$$\frac{\partial \varepsilon}{\partial t} + \frac{\partial u\varepsilon}{\partial x} + \frac{\partial v\varepsilon}{\partial y} + \frac{\partial w\varepsilon}{\partial z} = \alpha_\varepsilon \nu_T \left(\frac{\partial^2 \varepsilon}{\partial x^2} + \frac{\partial^2 \varepsilon}{\partial y^2} + \frac{\partial^2 \varepsilon}{\partial z^2} \right) + \frac{C_{1\varepsilon}^* \varepsilon}{k} G_k - C_{2\varepsilon}^* \frac{\varepsilon^2}{k} \tag{4-21}$$

式中: p 为压强; $\nu_T = C_\mu \dfrac{k^2}{\varepsilon}$, $C_\mu = 0.0845$; $\alpha_k = \alpha_\varepsilon = 1.39$; $C_{1\varepsilon}^* = C_{1\varepsilon} - \dfrac{\eta\left(1 - \dfrac{\eta}{\eta_0}\right)}{1 + \beta\eta^3}$,

$C_{1\varepsilon} = 1.42$, $C_{2\varepsilon} = 1.68$, $\eta = (2E_{ij} \cdot E_{ij})^{\frac{1}{2}} \dfrac{k}{\varepsilon}$, $E_{ij} = \dfrac{1}{2}\left(\dfrac{\partial u_i}{\partial x_j} + \dfrac{\partial u_j}{\partial x_i}\right)$, $\eta_0 = 4.377$, $\beta = 0.$

012 ; G_k 为紊动能产生项。

4.3.1.2　泥沙输移及河床变形方程

　　河道中运动的泥沙按其运动状态可以分为推移质和悬移质。推移质是在床面附近以滚动、滑动或跳跃方式前进的泥沙,如假定床面以上推移质输沙层的厚度为 δ_b ,推移质输沙层以上厚度为 $H - \delta_b$ 的区域为悬移质输沙区,见图 4-1。在泥沙输移过程中,推移质泥沙直接与床面进行泥沙交换,悬移质泥沙直接与推移质泥沙进行交换。

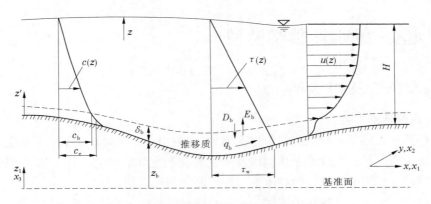

图 4-1 河道泥沙输移的概化模式

1. 悬移质泥沙输运方程

假定挟沙水流中的泥沙颗粒对水流脉动具有良好的跟随性，除沉降速度外，水沙两相之间没有相对运动。将所有的泥沙颗粒归为一组，并用 S 表示挟沙水流中的质量含沙量，则悬移质泥沙输运方程可表示为

$$\frac{\partial S}{\partial t} + \frac{\partial uS}{\partial x} + \frac{\partial vS}{\partial y} + \frac{\partial wS}{\partial z} = \frac{\nu_\mathrm{T}}{S_\mathrm{CT}}\left(\frac{\partial^2 S}{\partial x^2} + \frac{\partial^2 S}{\partial y^2} + \frac{\partial^2 S}{\partial z^2}\right) + \omega \frac{\partial S}{\partial z} \tag{4-22}$$

式中：s 为悬移质泥沙的含沙量；ω 为悬移质泥沙颗粒的沉速；S_CT 为反映泥沙紊动扩散系数和水流紊动扩散系数差异的一个常数。

2. 推移质输沙率方程

对于推移质输沙层，泥沙守恒方程为

$$(1-e)\frac{\partial z_\mathrm{b}}{\partial t} + \frac{\partial(\delta_\mathrm{b}\overline{S}_\mathrm{b})}{\partial t} + D_\mathrm{b} - E_\mathrm{b} + \frac{\partial q_\mathrm{bx}}{\partial x} + \frac{\partial q_\mathrm{by}}{\partial y} = 0 \tag{4-23}$$

式中：$\overline{S}_\mathrm{b}$ 表示推移质输沙层的平均泥沙浓度；q_bx 和 q_by 分别表示 x 和 y 方向上的推移质输沙率，$q_\mathrm{bx} = \alpha_\mathrm{bx}q_\mathrm{b}$，$q_\mathrm{by} = \alpha_\mathrm{by}q_\mathrm{b}$，$q_\mathrm{b}$ 为总的推移质输沙率，α_bx 和 α_by 分别表示推移质输沙的方向，一般取

$$\alpha_\mathrm{bx} = \frac{u_\mathrm{b}}{\sqrt{u_\mathrm{b}^2 + v_\mathrm{b}^2}}, \alpha_\mathrm{by} = \frac{v_\mathrm{b}}{\sqrt{u_\mathrm{b}^2 + v_\mathrm{b}^2}}$$

在推移质的输移过程中，需要一定的恢复距离才能达到输沙平衡状态。根据 Phillips、Wellington 的研究成果，可以假定

$$(1-e)\frac{\partial z_\mathrm{b}}{\partial t} = \frac{1}{L_\mathrm{s}}(q_\mathrm{b} - q_{\mathrm{b}*}) \tag{4-24}$$

式中：L_s 为粗糙床面推移质平均跃移距离，一般根据经验取值；$q_{\mathrm{b}*}$ 为饱和推移质输沙率。

将式(4-24)代入式(4-23)，忽略式(4-23)的第二项即可得非平衡推移质输沙方程

$$\frac{1}{L_\mathrm{s}}(q_\mathrm{b} - q_{\mathrm{b}*}) + D_\mathrm{b} - E_\mathrm{b} + \frac{\partial q_\mathrm{bx}}{\partial x} + \frac{\partial q_\mathrm{by}}{\partial y} = 0 \tag{4-25}$$

一般来说，河床变形方程可由式(4-24)直接求出，但是为了保证在计算过程中泥沙严格守恒，建议采用如下方法计算河床变形：

$$(1 - e) \frac{\partial z_b}{\partial t} + \frac{\partial HS}{\partial t} + \frac{\partial q_{sx}}{\partial x} + \frac{\partial q_{sy}}{\partial y} + \frac{\partial q_{bx}}{\partial x} + \frac{\partial q_{by}}{\partial y} = 0 \qquad (4\text{-}26)$$

式中：$\frac{\partial HS}{\partial t}$ 为挟沙水流中含沙量随时间变化，在一般计算中可以略去该项；$q_{sx} = \int_{\delta_b}^{h} \left(uS - \frac{\nu_T}{S_{CT}} \frac{\partial S}{\partial x} \right) dz$ 为 x 方向悬移质输沙率；$q_{sy} = \int_{\delta_b}^{h} \left(vS - \frac{\nu_T}{S_{CT}} \frac{\partial S}{\partial y} \right) dz$ 为 y 方向悬移质输沙率。

4.3.1.3　定解条件

定解条件包括边界条件与初始条件。边界条件可分为如下五类。

1. 进口边界

在进口断面上给定流速、湍动能 k、湍动能耗散率 ε、含沙量和推移质的分布。在本章计算中，进口湍动能及湍动能耗散率按照下式计算：

$$k = \alpha_k \overline{U}^2 \qquad (4\text{-}27)$$

$$\varepsilon = 0.16 \frac{k^{\frac{3}{2}}}{l} \qquad (4\text{-}28)$$

式中：α_k 为经验系数，文献[30]和文献[31]中取值 $0.25\% \sim 0.75\%$；$l = 0.07L$，湍流特征长度 l 按照水力直径计算；$\overline{U}$ 为进口断面上的平均流速。

当进口由流量控制时，先给出垂向平均流沿河宽分布，进一步按照指数流速分布给出流速沿水深分布：

$$u_{in,j,k} = U_{in,j} \left(1 + \frac{1}{m} \right) \left(\frac{h_{in,j,k}}{H_{in,j}} \right)^{\frac{1}{m}} \qquad (4\text{-}29)$$

式中：$u_{in,j,k}$ 为进口第 j 个节点第 k 层的流速；$h_{in,j,k}$ 为进口第 j 个节点第 k 层控制体中心距河底的距离。

悬移质由进口平均含沙量资料给定含沙量垂线分布。

进口推移质一般给定：

$$q_b = q_{b*} \qquad (4\text{-}30)$$

2. 出口边界

出口边界给定水位，按照静压假定计算压力沿出口断面分布，并认为流动已充分发展，因而其他变量在出口方向沿流向梯度为 0。

$$\frac{\partial u}{\partial n} = \frac{\partial v}{\partial n} = \frac{\partial w}{\partial n} = \frac{\partial k}{\partial n} = \frac{\partial \varepsilon}{\partial n} = \frac{\partial s}{\partial n} = \frac{\partial q_b}{\partial n} = 0 \qquad (4\text{-}31)$$

3. 床面边界处理

对水流动量方程，可直接给床面边界处的控制体附加 x、y 一壁面切应力 $\hat{\tau}_{bx}$、$\hat{\tau}_{by}$

$$\left. \begin{array}{l} \hat{\tau}_{bx} = \rho C_f u_b \sqrt{u_b^2 + v_b^2} \\ \hat{\tau}_{by} = \rho C_f v_b \sqrt{u_b^2 + v_b^2} \end{array} \right\} \qquad (4\text{-}32)$$

其中，床面摩阻系数 C_f 有两种确定方法。

（1）由糙率系数确定 C_f，可以取

$$C_f = g \frac{n^2}{H^{1/3}} \tag{4-33}$$

式中：n 为河道糙率。

（2）由壁函数确定 C_f

$$\frac{u}{u_*} = \frac{1}{\kappa} \ln \frac{E u_* z_b}{\nu} \tag{4-34}$$

式中：u_* 为摩阻流速，$u_* = \sqrt{\frac{\tau_b}{\rho}}$；$z_b$ 为计算点距壁面的距离；κ 为 Karman 常数；E 为床面粗糙参数，很多人对该参数进行了研究，Cebeci 和 Braclshan（1997）建议取

$$E = \exp[\,k(B - \Delta B)\,]$$

$$\Delta B = \begin{cases} 0 & k_s^+ < 2.25 \\ \left(B - 8.5 + \frac{1}{\kappa}\ln k_s^+\right)\sin[\,0.428 + \ln k_s^+ - 0.811\,] & 2.25 \leqslant k_s^+ < 90 \\ B - 8.5 + \frac{1}{\kappa}\ln k_s^+ & 90 \leqslant k_s^+ \end{cases} \tag{4-35}$$

式中：$B = 5.2$；$k_s^+ = \dfrac{u_* k_s}{\nu}$，$k_s$ 和床面有关，没有沙波的床面 k_s 可取 d_{50}，有沙波的床面 k_s 和沙波高度有关，取值较为复杂，采用 Van Rijn 的取值方法取

$$k_s = 3 d_{90} + 1.1 \Delta (1 - e^{-25\Psi}) \tag{4-36}$$

式中：Δ 为沙波高度；Ψ 为床面粗糙程度，$\Psi = \Delta / L_w$，L_w 为沙波长度，Van Rijn 建议：

$$L_w = 7.3H \tag{4-37}$$

$$\Psi = \frac{\Delta}{L_w} = 0.015 \left(\frac{d_{50}}{h}\right)^{0.3} (1 - e^{-0.5T})(25 - T) \tag{4-38}$$

由此可得

$$C_f = \frac{1}{\left(\dfrac{1}{\kappa}\ln \dfrac{E u_* z_b}{\nu}\right)^2} \tag{4-39}$$

本章采用式（4-39）计算床面摩阻系数 C_f。

近壁处的湍动能 k 为和湍动能耗散率 ε 可分别表示为

$$k = \frac{(u_*)^2}{\sqrt{C_\mu}} \tag{4-40}$$

$$\varepsilon = \frac{(u_*)^3}{(\kappa z_2')} \tag{4-41}$$

在悬移质输沙区域的底部（床面以上 δ_b），垂线方向上的泥沙净通量为

$$\frac{\nu_T}{S_{CT}} \frac{\partial S}{\partial z} + \omega S = D_b - E_b = \omega(S_b - S_{b*}) \tag{4-42}$$

式中：S_b 为交界面处的体积含沙量；S_{b*} 为输沙平衡时推移质输沙层上界面处的体积含沙量（悬移质泥沙近底平衡含沙量）。

将式(4-32)沿水深进行积分即可得

$$S = S_b - S_{b*} + ce^{\frac{\omega S_{CT}}{\nu_T}z} \tag{4-43}$$

由已知条件 $z = \delta_b, S = S_b$ 可得

$$S = S_b - S_{b*}\left[1 - S_{b*}e^{\frac{\omega S_{CT}}{\nu_T}(z-\delta_b)}\right] \tag{4-44}$$

根据式(4-44)即可根据内部点的含沙量推求近底处的含沙量

$$S_b = S + S_{b*}\left[1 - S_{b*}e^{\frac{\omega S_{CT}}{\nu_T}(z-\delta_b)}\right] \tag{4-45}$$

4. 岸边界

对于岸边界,采用计算变量法向梯度为 0。

$$\frac{\partial u}{\partial n} = \frac{\partial v}{\partial n} = \frac{\partial w}{\partial n} = \frac{\partial p}{\partial n} = \frac{\partial k}{\partial n} = \frac{\partial \varepsilon}{\partial n} = \frac{\partial S}{\partial n} = \frac{\partial q_b}{\partial n} = 0 \tag{4-46}$$

5. 自由表面

自由表面处,压强取大气压强,垂向流速取 0,水位、流速及湍动能的边界条件可表示为

$$\frac{\partial u}{\partial n} = \frac{\partial v}{\partial n} = \frac{\partial k}{\partial n} = 0 \tag{4-47}$$

$$\frac{\mathrm{d}z}{\mathrm{d}t} = \frac{\partial z}{\partial t} + u\frac{\partial z}{\partial x} + v\frac{\partial z}{\partial y} \tag{4-48}$$

自由表面处,悬移质泥沙垂线方向上的泥沙通量为 0,则泥沙输运方程的边界条件为

$$\frac{\nu_T}{S_{CT}}\frac{\partial S}{\partial z} + \omega S = 0 \tag{4-49}$$

自由表面处,湍动能耗散率根据 Rodi 的建议取 $\varepsilon = k^{3/2}/(0.43H)$。

初始条件:在计算时,一般由二维计算结果赋初值,然后进行三维计算。

4.3.1.4　关键问题

1. 悬移质泥沙近底平衡体积含沙量 S_{b*}

(1)目前,Van Rijn 提出的 S_{b*} 计算公式在三维泥沙数学模型中较为常用。

$$S_{b*} = 0.015\frac{d_{50}\tau_+^{1.5}}{\alpha_{S_b}D_*^{0.3}} \tag{4-50}$$

$$\tau_+ = \frac{\tau_* - \tau_{*cr}}{\tau_{*cr}} \tag{4-51}$$

式中:$\alpha_{S_b} = \max(0.01h, \Delta)$;颗粒参数 $D_* = d_{50}\left[\frac{(\rho_s - \rho)g}{\rho\upsilon^2}\right]^{\frac{1}{3}}$;$\tau_* = \alpha_b\tau_b$,$\alpha_b = \left(\frac{C}{C'}\right)^2$ 为河床形态因子,综合 Chezy 系数 $C = 18\lg\left(\frac{12H}{k_s}\right)$,泥沙颗粒 Chezy 系数 $C' = 18\lg\left(\frac{12H}{3D_{90}}\right)$,近底处的水流剪切应力 $\tau_b = \frac{\rho g(u_b^2 + v_b^2)}{C^2}$;$\tau_{*cr}$ 为泥沙运动的临界摩阻流速,可以表示为

$$\tau_{*cr} = (\rho_s - \rho)g\theta_{cr}D_{50} \tag{4-52}$$

式中：θ_{cr} 为临界运动参数，可根据 Shields 曲线进行计算：

$$\theta_{cr} = \begin{cases} 0.24\,(D_*)^{-1} & D_* \leqslant 4 \\ 0.14\,(D_*)^{-0.64} & 4 < D_* \leqslant 10 \\ 0.04\,(D_*)^{-0.10} & 10 < D_* \leqslant 20 \\ 0.013\,(D_*)^{0.29} & 20 < D_* \leqslant 150 \\ 0.055 & 150 < D_* \end{cases} \tag{4-53}$$

（2）采用垂线平均挟沙力和含沙量垂线分布公式来反求 S_{b*}。输沙平衡时，含沙量沿垂线分布采用 Rouse 公式表示，有

$$S_z = S_{b*}\left(\frac{\delta_b}{H-\delta_b}\right)^{Z_s}\left(\frac{H-z}{z}\right)^{Z_s} \tag{4-54}$$

式中：S_{b*} 为近底平衡含沙量；Z_s 为悬浮指标，$Z_s = \dfrac{\omega}{\kappa u_*}$；$z$ 为距河底的距离；S_z 为 z 处的含沙量。

将 S_z 沿垂线积分得到垂线平均挟沙力为

$$S_* = \frac{S_{b*}}{H-\delta_b}\int_{\delta_b}^{h}\left(\frac{\delta_b}{H-\delta_b}\right)^{Z_s}\left(\frac{H-z}{z}\right)^{Z_s}\mathrm{d}z \tag{4-55}$$

则悬移质泥沙近底平衡含沙量 S_{b*} 为

$$S_{b*} = \frac{H-\delta_b}{\displaystyle\int_{\delta_b}^{h}\left(\frac{\delta_b}{H-\delta_b}\right)^{Z_s}\left(\frac{H-z}{z}\right)^{Z_s}\mathrm{d}z}S_* \tag{4-56}$$

代入现有的挟沙力计算公式，并转化为体积含沙量，即可求得 S_{b*}。如以张瑞瑾公式为例

$$S_{b*} = \frac{H-\delta_b}{\rho_s'\displaystyle\int_{\delta_b}^{h}\left(\frac{\delta_b}{H-\delta_b}\right)^{Z_s}\left(\frac{H-z}{z}\right)^{Z_s}\mathrm{d}z}\left\{k\left[\frac{(U^2+V^2)^{\frac{3}{2}}}{gH\omega}\right]^m\right\} \tag{4-57}$$

式中：U、V 分别为 x、y 向的水深平均流速。

采用式（4-54）计算悬移质泥沙近底平衡体积含沙量 S_{b*}。

2. 推移质输沙层的厚度

对于推移质输沙层的厚度，前人已经做了大量的研究：Einstein（1950）认为推移质层厚度为床沙中值粒径的 2 倍，即 $\delta_b = 2d_{50}$；Einstein、Wilson（1966 和 1988）通过试验进一步发现，$\delta_b = 10\theta d_{50}$，$\theta = \dfrac{U_*^2}{\left(\dfrac{\rho_s}{\rho}-1\right)gd}$；Van Rijn（1984）、Garcia 和 Parker 则取 $\delta_b = 0.01 \sim$

$0.05H$（H 为水深）；Bagnold 分析了泥沙跳跃运动轨迹资料，认为推移质泥沙运动的平均高度 $\delta_b = md_{50}$，其中 $m = K\left(\dfrac{U_*}{U_{*C}}\right)^{0.6}$，$K$ 为常数，水槽试验（G. P. Williains，1970）成果表明，$K=1.4$，从天然河流资料分析来看（R. A. Baganold，1977），K 值可能增大到 2.8，对卵石河流甚至达到 7.3 以上；Rodi 和 Thomas 认为对平整床面取 $\delta_b = 2d_{50}$，对粗糙床面取

$\delta_{\mathrm{b}} = \dfrac{2}{3}\Delta$，$\Delta$ 为床面当量粗糙度，如果床面存在沙波，也可取 Δ 为沙波高度，张瑞瑾 20 世纪 60 年代曾研究了沙波高度，给出了 $\Delta = 0.086\,\dfrac{UH^{\frac{3}{4}}}{g^{\frac{1}{2}}d_{50}^{\frac{4}{5}}}$，本章采用该方法计算推移质输沙层厚度。

3.推移质输沙率

推移质输沙率是推移质颗粒速度、推移质输沙层厚度 δ_{b} 以及推移质输沙层内平均体积浓度 $\overline{S}_{\mathrm{b}}$ 的函数，推移质输沙率的原始计算公式为

$$q_{\mathrm{b}*} = \overline{U}_{\mathrm{b}}\delta_{\mathrm{b}}\overline{S}_{\mathrm{b}}$$

目前，Van Rijn 的推移质输沙率公式在三维数模中应用较多。

采用 Van Rijn 的公式计算单宽推移质输沙率，该式适用的泥沙粒径范围为 0.2 ~ 10 mm，公式形式如下

$$q_{\mathrm{b}*} = \begin{cases} 0.053\left(g\,\dfrac{\rho_{\mathrm{s}} - \rho}{\rho}\right)^{0.5} D_{50}^{1.5}\,\dfrac{\tau_{+}^{2.1}}{D_{*}^{0.3}} & T < 3 \\[3mm] 0.100\left(g\,\dfrac{\rho_{\mathrm{s}} - \rho}{\rho}\right)^{0.5} D_{50}^{1.5}\,\dfrac{\tau_{+}^{2.1}}{D_{*}^{0.3}} & T \geqslant 3 \end{cases} \tag{4-58}$$

4.粗糙床面推移质平均跃移距离

对于推移质平均跃移距离，不同的研究者有不同的取值方法。Phillip 等取 $L_{\mathrm{s}} \leqslant 100d_{50}$；而 Rahuel 和 Holly 的研究表明，天然河道 L_{s} 取值应该远远大于 $100d_{50}$，Holly 在他的一维模型中取 $L_{\mathrm{s}} = 7.3H$；Van Rijn 也曾经对 L_{s} 的取值进行了研究，并取 $L_{\mathrm{s}} = 3d_{50}D_{*}^{0.6}\tau_{+}^{0.9}$。实际上，推移质泥沙的恢复饱和距离和泥沙颗粒的粒径以及床面状态有很大的关系，天然河道中泥沙颗粒的运动尺度要远远大于模型试验中的运动尺度，吴伟明认为对在天然河道和模型试验中 L_{s} 有不同的取值。本章计算中取 $L_{\mathrm{s}} = 3d_{50}D_{*}^{0.6}\tau_{+}^{0.9}$。

5.自由表面处理

三维水沙数学模型中自由表面处理是一个重要问题，早期方法采用静水压力假定和刚盖假定。随着计算方法的不断发展，目前处理自由表面问题的方法主要有标记点法、空度函数法、标高函数法，在大容量水体非恒定流自由面模拟中一般采用标高函数法。标高函数法用水位高度函数描述自由面位置，其高度函数是单值的，其中压力 Poisson 方程法和水深积分法是最常用的方法。

1）压力 Poisson 方程法

从水深平均二维模型的动量方程出发，Wu.W.M，W.Rodi 和 Thomas Wenka 曾推导出明渠流动关于自由面位置 Z 的压力 Poisson 方程

$$\frac{\partial Z^2}{\partial x^2} + \frac{\partial Z^2}{\partial y^2} = \frac{Q}{g} \tag{4-59}$$

其中

$$Q = -\frac{\partial}{\partial t}\left(\frac{\partial U}{\partial x} + \frac{\partial V}{\partial y}\right) - \left(\frac{\partial U}{\partial x}\right)^2 - 2\,\frac{\partial U}{\partial y}\frac{\partial V}{\partial x} - \left(\frac{\partial V}{\partial y}\right)^2 - U\left(\frac{\partial^2 U}{\partial x^2} + \frac{\partial^2 V}{\partial x\partial y}\right) -$$

$$V\left(\frac{\partial^2 U}{\partial x \partial y} + \frac{\partial^2 V}{\partial y^2}\right) + \frac{1}{\rho}\left(\frac{\partial^2 \tau_{xx}}{\partial x^2} + 2\frac{\partial^2 \tau_{xy}}{\partial x \partial y} + \frac{\partial^2 \tau_{yy}}{\partial y^2}\right) - \frac{1}{\rho}\frac{\partial}{\partial x}\left(\frac{\tau_{bx}}{h}\right) - \frac{1}{\rho}\frac{\partial}{\partial y}\left(\frac{\tau_{by}}{h}\right)$$

式中：τ_{xx}、τ_{xy}、τ_{yy}分别为水深平均紊动切应力；τ_{bx}、τ_{by}为底部切应力。

由上述方程离散可直接求出水位Z。

2）水深积分法

水位Z可由水深平均连续方程求解，将式（4-59）沿水深积分后得

$$\frac{\partial Z}{\partial t} + \frac{\partial HU}{\partial x} + \frac{\partial HV}{\partial y} = 0 \tag{4-60}$$

一般来说，压力Poisson方程法和水深积分法适用于水面变化比较平缓的流动，这里采用水深积分法处理自由表面。

4.3.2　数值计算方法

4.3.2.1　计算网格布置

1. 平面网格布置

三维模型平面网格也采用混合网格，这样三维模型可以继承二维模型在网格处理方面的优势。

2. 垂向网格布置

已有的三维水沙数学模型垂向上多采用直角网格或σ坐标网格。垂向采用σ坐标网格存在如下问题：进行坐标变换将使控制方程更为复杂且增加计算量；σ坐标会导致假流动和假扩散现象；进行σ坐标变换后在离散方程求解时容易出现不稳定情况。用直角网格作为垂向网格，见图4-2。

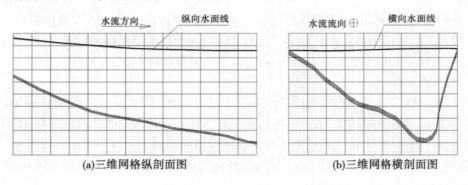

(a)三维网格纵剖面图　　　　　(b)三维网格横剖面图

图4-2　垂向网格布置

4.3.2.2　控制方程离散

顶层控制体的离散方法类似平面二维模型的离散方法，对顶层以下的控制体，选择如图4-3所示的多边形棱柱体为控制体，待求变量存储于控制体中心。采用有限体积法对控制方程进行离散，用基于同位网格的SIMPLE算法处理水流运动方程中压力和速度的耦合关系。

1. 水流运动方程的离散

采用有限体积法对三维模型的控制方程进行离散，对流项和扩散项的处理参考了二

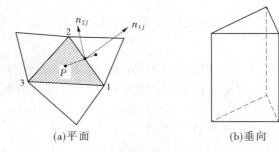

(a)平面　　　　　　　　　(b)垂向

图 4-3　控制体示意图

维模型的方法,其中 x、y 方向上对流项离散采用延迟修正的二阶格式,扩散项的离散采用中心格式并记入较差扩散项的影响;z 方向对流项的离散采用一阶迎风格式,扩散项采用中心格式。动量方程最终的离散形式如下:

$$A_P \varphi_P = \sum_{j=1}^{N_{ED}} A_{Ej} \varphi_{Ej} + A_B \varphi_B + A_T \varphi_T + b_0 \tag{4-61}$$

其中

$$A_{Ej} = -\min(F_{ej},0) + \nu_T \frac{d_j n_{1j}}{|d_j|^2} \Delta H$$

$$A_B = \max(F_b,0) + \nu_T \left(\frac{A_{CV}}{\Delta H}\right)_b$$

$$A_T = -\min(F_t,0) + \nu_T \left(\frac{A_{CV}}{\Delta H}\right)_t$$

$$A_P = \sum_{j=1}^{N_{ED}} A_{Ej} + A_B + A_T + \frac{\Delta H A_{CV}}{\Delta t}$$

对 x、y 方向上的动量方程

$$\varphi = [u,v]$$

$$b_0 = -\sum_{j=1}^{N_{ED}} \left[\frac{1}{\rho} P_{ej} n_{1j} \Delta H - F_{ej}(\varphi^{CDS} - \varphi^{UDS})^0 + \nu_T \left(\Delta H_{ej} \frac{\varphi_{C2} - \varphi_{C1}}{|l_{1,2}|} \frac{n_{2j} n_{1j}}{|n_{2j}|} \right) \right] + \frac{\Delta H A_{CV}}{\Delta t} \varphi_P^0$$

在 z 方向上的动量方程

$$\varphi = w$$

$$b_0 = \frac{\Delta H A_{CV}}{\Delta t} \varphi_P^0 - g_i \Delta H A_{CV} - (P_t - P_e) A_{CV}$$

式中:ΔH 为控制体的厚度;N_{ED} 为多边形单元的边界数;d_j 为向量 $\overrightarrow{PE}$;n_{2j} 为向量 $\overrightarrow{PE}$ 的法线;$l_{1,2}$ 为边界 12 的长度;n_{1j} 为界面的法方向;F_{ej} 为界面处的质量流量;A_{CV} 为控制体的面积;ΔH_{ej} 为控制体界面上的厚度;P_{ej} 为控制体界面上的压强。

x、y 方向的源项 b_0 中等号右边第二项为对流项的延迟修正项,第三项为交叉扩散项,上标 0 表示括号内的项采用上一层次的计算结果。

在求解过程中为了增强计算格式的稳定性,采用了欠松弛技术。将速度欠松弛因子 α_{31} 直接代入式(4-61)即可得到离散后的动量方程为

$$\frac{A_P}{\alpha_{31}}\varphi_P = \sum_{j=1}^{N_{ED}} A_{Ej}\varphi_{Ej} + A_B\varphi_B + A_T\varphi_T + b_0 + (1-\alpha_{31})\frac{A_P}{\alpha_{31}}\varphi_P^0 \tag{4-62}$$

2. 压力修正方程

在三角形非结构网格中,由于网格形状的特殊性和网格编号的复杂性,采用交错网格处理流速和压力的耦合关系将会使程序编制变得非常复杂。因此,本章采用基于非结构同位网格的 SIMPLE 算法来处理流速和压力的耦合关系,引入界面流速计算式和流速修正式如下:x、y 方向的流速 $[u、v]$ 及修正流速 $[u'、v']$

$$u_{ej} = \frac{1}{2}(u_P + u_E) - \frac{1}{2}\frac{1}{\rho}\Big[\Big(\frac{\Delta HA_{CV}}{A_P}\Big)_P + \Big(\frac{\Delta HA_{CV}}{A_P}\Big)_E\Big]\cdot$$

$$\Big[\frac{P_E - P_P}{|d_j|} - \frac{1}{2}(\nabla P_P + \nabla P_E)\cdot\frac{d_j}{|d_j|}\Big]\frac{n_{1j}}{|n_{1j}|} \tag{4-63}$$

$$u'_{ej} = \frac{1}{2}\frac{1}{\rho}\Big[\Big(\frac{\Delta HA_{CV}}{A_P}\Big)_P + \Big(\frac{\Delta HA_{CV}}{A_P}\Big)_E\Big]\Big[\frac{P'_P - P'_E}{|d_j|}\Big]\frac{n_{1j}}{|n_{1j}|} \tag{4-64}$$

式中:u_P、u_E 分别为控制体和其相邻控制体上的流速;P_P、P_E 分别为控制体和其相邻控制体上的压力;A_P 为动量方程的主对角元系数。

控制体底面 z 方向的界面流速 w_b 及 w'_b:

$$w_b = \frac{1}{2}(u_P + u_B) - \frac{1}{2}\frac{1}{\rho}\Big[\Big(\frac{\Delta HA_{CV}}{A_P}\Big)_P + \Big(\frac{\Delta HA_{CV}}{A_P}\Big)_B\Big]\Big[\frac{P_P - P_B}{(\Delta H)_b} - \frac{1}{2}(\nabla P_P + \nabla P_B)\Big]$$

$$\tag{4-65}$$

$$w'_b = \frac{1}{2}\frac{1}{\rho}\Big[\Big(\frac{\Delta HA_{CV}}{A_P}\Big)_P + \Big(\frac{\Delta HA_{CV}}{A_P}\Big)_B\Big]\Big[\frac{P'_B - P'_P}{(\Delta H)_b}\Big] \tag{4-66}$$

式中:u_B、P_B 分别表示控制体底部相邻控单元的流速及压强。

控制体顶部 z 方向的流速 w'_t 及 w'_t:

$$w_t = \frac{1}{2}(u_P + u_T) - \frac{1}{2}\frac{1}{\rho}\Big[\Big(\frac{\Delta HA_{CV}}{A_P}\Big)_P + \Big(\frac{\Delta HA_{CV}}{A_P}\Big)_T\Big]\Big[\frac{P_T - P_P}{(\Delta H)_t} - \frac{1}{2}(\nabla P_P + \nabla P_T)\Big]$$

$$\tag{4-67}$$

$$w'_t = \frac{1}{2}\frac{1}{\rho}\Big[\Big(\frac{\Delta HA_{CV}}{A_P}\Big)_P + \Big(\frac{\Delta HA_{CV}}{A_P}\Big)_T\Big]\Big[\frac{P'_P - P'_T}{(\Delta H)_t}\Big] \tag{4-68}$$

式中:u_T、P_T 分别为控制体顶部相邻控制单元的流速及压强。

将求解动量方程得到的流速初始值和上一层次的压力初始值代入式(4-63)~式(4-68)中即可得到界面流速 u_{ej}^*、w_b^* 和 w_t^*。将 $u_{ej}^* + u'_e$、$u_b^* + u'_b$ 和 $u_t^* + u'_t$ 代入式(4-16)中,沿控制体积分可得压力修正方程为

$$A_P^P Z'_P = \sum_{j=1}^{N_{ED}} A_{Ej}^P Z'_{Ej} + A_B^P Z'_B + A_T^P Z'_T + b_0^P \tag{4-69}$$

式中:上标 P 表示压力修正方程中的系数,且有

$$A_{Ej}^P = \frac{1}{2}\frac{1}{\rho}\Big[\Big(\frac{\Delta HA_{CV}}{A_P}\Big)_P + \Big(\frac{\Delta HA_{CV}}{A_P}\Big)_E\Big]\frac{|n_{1j}|}{|d_j|}\Delta H$$

$$A_B^P = \frac{1}{\rho}\Big(\frac{\Delta HA_{CV}}{A_P}\Big)_b\Big(\frac{A_{CV}}{\Delta H}\Big)_b = \frac{1}{\rho}\Big(\frac{A_{CV}^2}{A_P}\Big)_b$$

$$A_T^P = \frac{1}{\rho} \left(\frac{\Delta H A_{CV}}{A_P} \right)_t \left(\frac{A_{CV}}{\Delta H} \right)_t = \frac{1}{\rho} \left(\frac{A_{CV}^2}{A_P} \right)_t$$

$$A_P^P = \sum_{j=1}^{N_{ED}} A_{Ej}^P + A_B^P + A_T^P$$

$$b_0^P = - \left[\sum_{j=1}^{N_{ED}} (u_{ej}^* H_{ej}) \cdot n_{1j} - (w A_{CV})_b + (w A_{CV})_t \right]$$

式中：b_0^P 为流进单元 P 的净质量流量。

在获得压力修正值 P_P' 以后，分别按如下方式修正压力和速度

$$P_P = P_P^* + \alpha_{32} P_P' \tag{4-70}$$

$$u_P = u_P^* - \frac{1}{\rho} \frac{\Delta H A_{CV}}{A_P} \nabla P_P' = u_P^* - \frac{1}{\rho} \sum_{j=1}^{N_{ED}} \frac{\Delta H P_{ej}' n_{1j}}{A_P} \tag{4-71}$$

$$w_P = u_P^* - \frac{1}{\rho} \frac{A_{CV}}{A_P} (P_t' - P_b') \tag{4-72}$$

式中：α_{32} 为压力的欠松弛因子。

3. 湍动能 k 方程

湍动能 k 方程的最终离散形式如下：

$$A_P^k k_P = \sum_{j=1}^{N_{ED}} A_{Ej}^k k_{Ej} + A_B^k k_B + A_T^k k_T + b_0^k \tag{4-73}$$

其中

$$A_{Ej}^k = - \min(F_{ej}, 0) + \alpha_k \nu_T \frac{d_j n_{1j}}{|d_j|^2} \Delta H$$

$$A_B^k = \max(F_b, 0) + \alpha_k \nu_T \left(\frac{A_{CV}}{\Delta H} \right)_b$$

$$A_T^k = - \min(F_t, 0) + \alpha_k \nu_T \left(\frac{A_{CV}}{\Delta H} \right)_t$$

$$A_P^k = \sum_{j=1}^{N_{ED}} A_{Ej} + A_B + A_T + \frac{\Delta H A_{CV}}{\Delta t}$$

$$b_0^k = \frac{\Delta H A_{CV}}{\Delta t} k_P^0 + G_k - \varepsilon$$

4. 湍动能耗散率 ε 方程

湍动能耗散率 ε 方程的最终离散形式如下：

$$A_P^\varepsilon \varepsilon_P = \sum_{j=1}^{N_{ED}} A_{Ej}^\varepsilon \varepsilon_{Ej} + A_B^\varepsilon \varepsilon_B + A_T^\varepsilon \varepsilon_T + b_0^\varepsilon \tag{4-74}$$

其中

$$A_{Ej}^\varepsilon = - \min(F_{ej}, 0) + \alpha_\varepsilon \nu_T \frac{d_j n_{1j}}{|d_j|^2} \Delta H$$

$$A_B^\varepsilon = \max(F_b, 0) + \alpha_\varepsilon \nu_T \left(\frac{A_{CV}}{\Delta H} \right)_b$$

$$A_T^{\varepsilon} = -\min(F_t,0) + \alpha_{\varepsilon}\nu_T \left(\frac{A_{CV}}{\Delta H}\right)_t$$

$$A_P^{\varepsilon} = \sum_{j=1}^{N_{ED}} A_{Ej} + A_B + A_T + \frac{\Delta H A_{CV}}{\Delta t}$$

$$b_0^{\varepsilon} = \frac{\Delta H A_{CV}}{\Delta t}\varepsilon_P^0 + \frac{C_{1\varepsilon}^*\varepsilon}{k}G_k - C_{2\varepsilon}^*\frac{\varepsilon^2}{k}$$

5. 悬移质泥沙输移方程

悬移质泥沙输移方程的最终离散形式如下：

$$A_P^s s_P = \sum_{j=1}^{N_{ED}} A_{Ej}^s s_{Ej} + A_B^s s_B + A_T^s s_T + b_0^s \tag{4-75}$$

其中

$$A_{Ej}^s = -\min(F_{ej},0) + \frac{\nu_T}{S_{CT}}\frac{d_j n_{1j}}{|d_j|^2}\Delta H$$

$$A_B^s = \max(F_b,0) + \frac{\nu_T}{S_{CT}}\left(\frac{A_{CV}}{\Delta H}\right)_b$$

$$A_T^s = -\min(F_t,0) + \frac{\nu_T}{S_{CT}}\left(\frac{A_{CV}}{\Delta H}\right)_t$$

$$A_P^s = \sum_{j=1}^{N_{ED}} A_{Ej} + A_B + A_T + \frac{\Delta H A_{CV}}{\Delta t}$$

$$b_0^s = \frac{\Delta H A_{CV}}{\Delta t}s_P^0 + \omega(s_t - s_b)A_{CV}$$

4.3.3 模型验证

4.3.3.1 冲刷验证

1. 试验概况

选择 Van Rijn 的清水冲刷试验资料进行验证。该试验主要研究在清水来流条件下，床面泥沙冲刷上扬，直至形成稳定含沙浓度分布的过程。试验水槽长 30 m、宽 0.5 m、高 0.7 m，试验水深 $h = 0.25$ m，平均流速 $U = 0.67$ m/s，床面泥沙组成 $d_{50} = 0.23$ mm，$d_{90} = 0.32$ mm。图 4-4 为清水冲刷试验示意图。

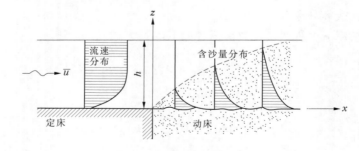

图 4-4　清水冲刷试验示意图

2. 计算网格及参数取值

平面网格采用四边形网格对计算区域进行剖分,在平面上共布置 400×20 个网格单元,垂向网格共布置 15 层。计算参数的选取参考已有的研究成果,取 $S_{CT} = 0.8$,床面粗糙高度 $k_s = 0.01$ m。

3. 验证成果

计算时首先进行水流计算,然后进行泥沙计算。图 4-5 给出了清水冲刷条件下床面泥沙上扬直到形成平衡状态时含沙量沿水深的分布情况。由图 4-5 可见,底部水体含沙量很快达到稳定状态,表层水体含沙量需经过一段距离冲刷上扬,才能逐步增加到平衡状态,计算成果同试验成果相比吻合较好。

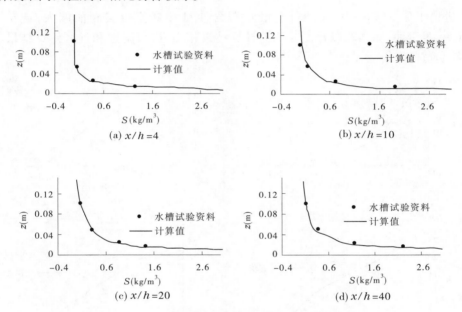

图 4-5　含沙量沿垂线分布计算值与实测值比较

4.3.3.2　淤积验证

1. 试验概况

选择 Wang 和 Ribberink(1986)的水槽试验资料来验证纯淤积条件下数学模型计算结果,试验条件为水深 $h = 0.215$ m,平均流速 $U = 0.56$ m/s,泥沙特征粒径 $d_{10} = 0.075$ mm、$d_{50} = 0.95$ mm、$d_{90} = 0.105$ mm,图 4-6 为单纯淤积试验示意图。试验时在水槽上游进口断面加沙,多孔床面捕捉沉降泥沙,近底泥沙沉降通量 $D_b = \omega_b s_b$,上扬通量 E_b 几乎为 0。

2. 计算网格及参数取值

平面网格采用四边形网格对计算区域进行剖分,在平面上共布置 400×20 个网格单元,垂向网格共布置 15 层。

在数模计算中 van Rijn、Falcoroer 建议按均匀沙考虑,取泥沙颗粒的沉速 $\omega = 0.006\,5$,床面粗糙高度 $k_s = 0.002\,5$ m,进口含沙量由试验资料给出。

3. 验证成果

图 4-7 给出了含沙量沿垂线分布计算值和实测值比较。由图 4-7 可见,单纯淤积条

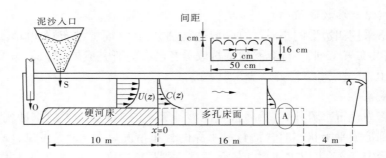

图 4-6　单纯淤积试验示意图

件下,进口下游 $x = 6 \sim 12$ m 断面,沿水深含沙量计算值较实测值偏大,这与 Lin 和 Falcoroer、吴卫明、崔占峰以及夏云峰的计算结果相当,进口附近和远区计算结果与水槽资料基本吻合。

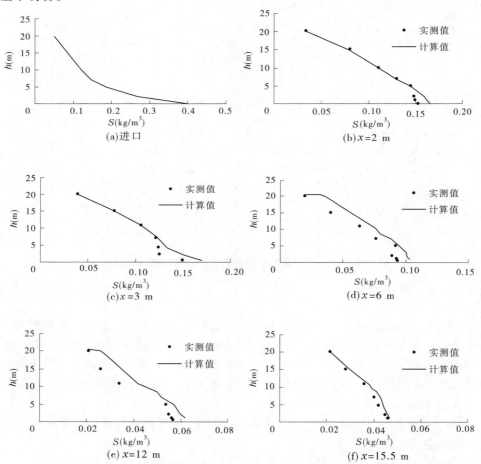

图 4-7　含沙量沿垂线分布计算值与实测值比较

4.3.4　工程应用实例

4.3.4.1　东庄水库

1. 边界条件

东庄水库坝区高滩深槽淤积纵剖面形态,作为坝区三维水沙数学模型计算的河床边界条件,高滩深槽状态相应的水库库区淤积量为 20.53 亿 m^3。利用三维地形生成技术,构建坝区三维地形如图 4-8 所示。

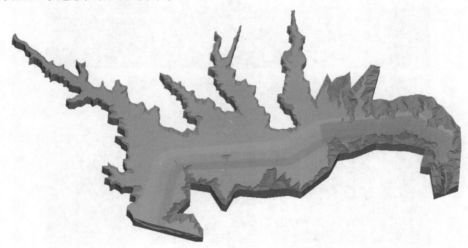

图 4-8　东庄水库坝区三维模型计算边界

模型计算范围为坝址以上 3 km 长的坝区,采用前述提及的网格生成技术,进行针对性的网格布置。考虑到坝址附近漏斗区地形变化以及底(深)孔出流情况,对坝前进行局部加密,整个计算区域共生成网格 7 061 280 个。

模型计算时进口给定流量过程,出口给出坝前水位作为水位边界。

2. 计算结果

1)水流

图 4-9 为模型计算结果给出的坝区流场图,可以清晰地看到泄水建筑物的出流情况。

2)泥沙冲淤和河床变形

本次为测试库区地形与水沙之间的响应关系,水库打开所有泄洪洞进行敞泄运用。图 4-10 给出了计算时间 $t = 100$ s 时,坝前 600 m 范围内的地形变化。可以看到由于水库全敞运用,坝区产生强烈的溯源冲刷,刷槽作用非常明显,随着时间的推移,溯源冲刷不断向上游发展。

4.3.4.2　古贤水库

1. 边界条件

古贤水库泄洪排沙建筑由 8 个排沙底孔、4 个泄洪中孔和 3 个溢流表孔组成,采用库区原始地形作为计算边界,利用三维地形生成技术,构建的坝区三维地形见图 4-11。

模型计算范围为坝址以上 1 km 长的坝区,以及坝下 1 km 长的河道,采用前述提及的

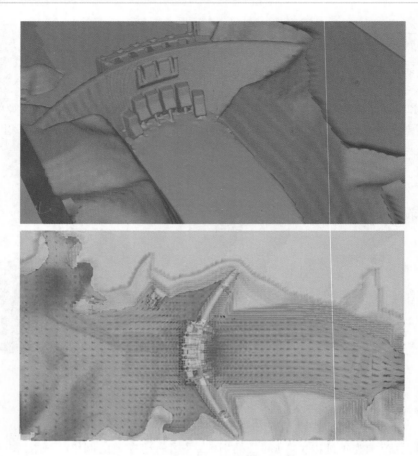

图 4-9　东庄水库坝区三维模型计算流场图

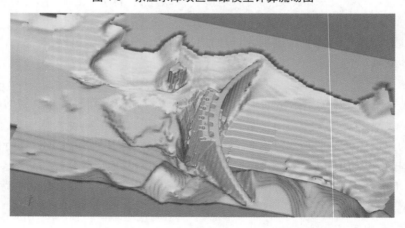

图 4-10　东庄水库坝区三维模型计算坝区形成的冲坑

网格生成技术,进行针对性的网格布置。考虑到坝址附近泄水建筑物出流情况,对坝前进行局部加密,整个计算区域共生成网格 8 480 208 个。

模型计算时进口给定流量过程,出口为自由出流。

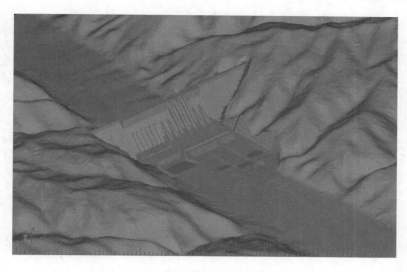

图 4-11 古贤水库坝区三维模型计算边界

2. 计算结果

图 4-12 为模型计算结果给出的坝区流场图,可以清晰地看到泄水建筑物的出流情况。

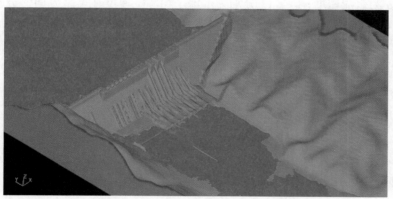

图 4-12 古贤水库坝区三维模型计算流场云图

4.4 二维水沙数学模型

4.4.1 平面二维水沙模型

在河道水流中,水平尺度一般远大于垂向尺度,流速等水力参数沿垂直方向的变化较之沿水平方向的变化要小得多,此时可将三维水沙数学模型的基本方程沿水深积分,得到水深平均二维模型的基本方程。

在浅水中,其垂向流速甚小,认为压强近似符合静水压强分布。另外,引入长波假定,并进行垂向平均化处理。

4.4.1.1 控制方程与定解条件

1. 水流控制方程

为便于表述,用 U、V 分别表示 x、y 方向的水深平均流速,并将张量形式的控制方程展开:

$$\frac{\partial Z}{\partial t} + \frac{\partial HU}{\partial x} + \frac{\partial HV}{\partial y} = q_2 \tag{4-76}$$

$$\frac{\partial HU}{\partial t} + \frac{\partial HU^2}{\partial x} + \frac{\partial HUV}{\partial y} = -gH\frac{\partial Z}{\partial x} - g\frac{n^2\sqrt{U^2+V^2}}{H^{\frac{1}{3}}}U + \frac{\partial}{\partial x}\left(\nu_T\frac{\partial HU}{\partial x}\right) +$$

$$\frac{\partial}{\partial y}\left(\nu_T\frac{\partial HU}{\partial y}\right) + \frac{\tau_{sx}}{\rho} + f_0HV + q_2U_0 \tag{4-77}$$

$$\frac{\partial HV}{\partial t} + \frac{\partial HUV}{\partial x} + \frac{\partial HV^2}{\partial y} = -gH\frac{\partial Z}{\partial y} - g\frac{n^2\sqrt{U^2+V^2}}{H^{\frac{1}{3}}}V + \frac{\partial}{\partial x}\left(\nu_T\frac{\partial HV}{\partial x}\right) +$$

$$\frac{\partial}{\partial y}\left(\nu_T\frac{\partial HV}{\partial y}\right) + \frac{\tau_{sy}}{\rho} - f_0HU + q_2V_0 \tag{4-78}$$

式中:Z 为水位;q_2 为单位面积的源汇强度;H 为水深;n 为糙率;g 为重力加速度;ν_T 为水流紊动扩散系数;f_0 为科氏力系数,$f_0 = 2\omega_0\sin\psi$;ω_0 为地球自转角速度,ψ 为计算区域的地理纬度;ρ 为水流密度;U_0、V_0 分别为水深平均源汇速度在 x、y 方向的分量;τ_{sx} 和 τ_{sy} 分别表示 x、y 方向的水面风应力

$$\tau_{sx} = \rho_a C_w U_w \sqrt{U_w^2 + V_w^2}$$

$$\tau_{sy} = \rho_a C_w V_w \sqrt{U_w^2 + V_w^2}$$

式中:ρ_a 为空气密度;C_w 为水面拖曳力系数,$C_w = 0.001(1 + 0.07\sqrt{U_w^2 + V_w^2})$;$U_w$、$V_w$ 分别为水面以上 10 m 处 x、y 方向的流速。

2. 泥沙方程

将悬移质泥沙分为 M 组,以 S_i 表示第 i 组悬移质泥沙的含沙量,可将张量形式的挟沙水流运动方程展开为

$$\frac{\partial HS_i}{\partial t} + \frac{\partial UHS_i}{\partial x} + \frac{\partial VHS_i}{\partial y} = \frac{\partial}{\partial x}\left(\nu_{TS}\frac{\partial HS_i}{\partial x}\right) + \frac{\partial}{\partial y}\left(\nu_{TS}\frac{\partial HS_i}{\partial y}\right) - \alpha\omega_i(S_i - S_{*i}) \tag{4-79}$$

式中:S_{*i} 为第 i 组悬移质泥沙的水流挟沙力;ν_{TS} 为泥沙紊动扩散系数;ω_i 为第 i 组悬移质泥沙颗粒的沉速。

将以推移质运动的泥沙归为一组,采用平衡输沙法计算推移质输沙率

$$q_b = q_b^* \tag{4-80}$$

式中:q_b 为单宽输沙率,如果用 q_{bx} 和 q_{by} 分别表示 x 和 y 方向上的推移质输沙率,则可取

$$q_{bx} = \frac{U}{\sqrt{U^2+V^2}}q_b, \quad q_{by} = \frac{V}{\sqrt{U^2+V^2}}q_b。$$

3. 河床变形方程

$$\gamma'\frac{\partial Z_0}{\partial t} = \sum_{i=1}^{M}\alpha\omega_i(S_i - S_{*i}) + \frac{\partial q_{bx}}{\partial x} + \frac{\partial q_{by}}{\partial y} \tag{4-81}$$

式中：γ' 为泥沙干容重；α 为悬移质恢复饱和系数（淤积：$\alpha = 0.25$；冲刷：$\alpha = 1.0$）。

4. 定解条件

定解条件包括边界条件与初始条件。边界条件可分为如下三类：

（1）上游进口边界（开边界）Γ_1

$$U = U(x,y,t) \qquad (x,y) \in \Gamma_1$$
$$V = V(x,y,t) \qquad (x,y) \in \Gamma_1$$
$$S = S_i(x,y,t) \qquad (x,y) \in \Gamma_1$$

（2）下游出口边界（开边界）Γ_2

$$Z = Z_s(x,y,t) \qquad (x,y) \in \Gamma_2$$

（3）岸壁边界（闭边界）Γ_3

$$U = 0 ; V = 0 ; \frac{\partial S_i}{\partial n_{\Gamma_3}} = 0$$

初始条件：在计算时，一般由计算开始时刻下边界的水位确定模型计算的初始条件，河段初始流速取为 0，随着计算的进行，初始条件的偏差将逐渐得到修正，其对最终计算成果的精度不会产生影响。

4.4.1.2　关键问题

1. 分组挟沙力计算

采用文献所建议的方法来计算分组挟沙力，其计算步骤如下：

（1）采用张瑞瑾公式计算水流总挟沙力 S_*。

$$S_* = K \left[\frac{(U^2 + V^2)^{3/2}}{gh\bar{\omega}} \right]^m \tag{4-82}$$

式中：K、m 分别为挟沙力系数和指数；$\bar{\omega}$ 为非均匀沙的平均沉速，$\bar{\omega} = \sum\limits_{i=1}^{M} P_i \omega_i$，$P_i = \dfrac{S'_{*i} + S_i}{\sum\limits_{i=1}^{M} (S'_{*i} + S_i)}$，$S'_{*i} = P_{ui} S_*$，$P_{ui}$ 为第 i 组床沙级配。

（2）分组挟沙力。

$$S_{*i} = P_i S_* \tag{4-83}$$

2. 泥沙沉速计算

（1）根据 1994 年水利部发布的行业标准《河流泥沙颗粒分析规程》中推荐的泥沙颗粒沉速计算公式。

当粒径 $d_i < 0.062$ mm 时，泥沙沉速按照斯托克斯公式计算

$$\omega_i = \frac{g}{18} \left(\frac{\rho_s - \rho}{\rho} \right) \frac{d_i^2}{\nu} \tag{4-84}$$

当粒径 0.062 mm $\leqslant d_i \leqslant 2.0$ mm 时，泥沙沉速采用沙玉清过渡公式计算

$$(\lg S_a + 3.665)^2 + (\lg \varphi - 5.77)^2 = 39.00 \tag{4-85a}$$

$$S_a = \frac{\omega_i}{g^{\frac{1}{3}} \left(\frac{\rho_s - \rho}{\rho} \right)^{\frac{1}{3}} \nu^{\frac{1}{3}}} \tag{4-85b}$$

$$\varphi = \frac{g^{\frac{1}{3}}\left(\frac{\rho_s - \rho}{\rho}\right)^{\frac{1}{3}} d_i}{10\nu^{\frac{2}{3}}} \qquad (4\text{-}85c)$$

式中：ν 为水的运动黏滞系数；d_i 为泥沙颗粒的粒径；ρ_s 为泥沙密度。

当泥沙粒径大于 2 mm 时，采用冈恰诺夫公式计算沉速：

$$\omega_i = 1.068\left(\frac{\rho_s - \rho}{\rho} g d_i\right)^{0.5} \qquad (4\text{-}86)$$

（2）采用张瑞瑾公式计算泥沙沉速。

$$\omega_s = \sqrt{\left(13.95\frac{\nu}{d_i}\right)^2 + 1.09\frac{\rho_s - \rho}{\rho} g d_i} - 13.95\frac{\nu}{d_i} \qquad (4\text{-}87)$$

一些实测资料的验证成果表明，张瑞瑾公式可同时满足滞留区、紊流区和过渡区的沉速计算，本章采用式(4-87)计算泥沙沉速。

3. 推移质输沙率的计算

采用 Meyer – Peter – Muller 公式计算单宽推移质输沙率，公式形式如下

$$q_{b*} = \frac{\left[\left(\frac{n'}{n}\right)^{3/2} \rho g H J - 0.047(\rho_s - \rho) g d_i\right]^{\frac{3}{2}}}{0.125\rho^{\frac{1}{2}}\left(\frac{\rho_s - \rho}{\rho}\right) g} \qquad (4\text{-}88)$$

式中：n' 为河床平整情况下的沙粒糙率系数，取 $n' = d_{90}^{1/6}$。

Meyer – Peter – Muller 公式的适用范围为：中数粒径为 0.4 ~ 30 mm、坡度为 0.000 4 ~ 0.02、水深为 0.1 ~ 1.2 m。

4. 泥沙起动流速

各粒径泥沙颗粒的起动流速采用张瑞瑾公式计算

$$U_{c,i} = \left(\frac{h}{d_i}\right)^{0.17}\left[17.6\frac{\rho_s - \rho}{\rho}d_i + 6.05\times10^{-7}\left(\frac{10+h}{d_i^{0.72}}\right)\right]^{0.5} \qquad (4\text{-}89)$$

5. 进口流速分布公式

假定进口边界各点水流为均匀流且水力坡降相等，则应用 Manning 公式可得

$$Q_{in} = \sum_{i=1}^{NB}\frac{B_{in,i}H_{in,i}^{\frac{11}{6}}}{n_{in,i}}\sqrt{J} \qquad (4\text{-}90a)$$

$$\sqrt{J} = Q_{in}\left(\sum_{i=1}^{NB}\frac{B_{in,i}H_{in,i}^{\frac{5}{3}}}{n_{in,i}}\right)^{-1} \qquad (4\text{-}90b)$$

$$U_{in,j} = \frac{1}{n_{in,j}}H_{in,j}^{\frac{2}{3}}\sqrt{J} = Q_{in}H_{in,j}^{\frac{2}{3}}\left(n_{in,j}\sum_{i=1}^{NB}\frac{B_{in,i}H_{in,i}^{\frac{5}{3}}}{n_{in,i}}\right)^{-1} \qquad (4\text{-}90c)$$

式中：$U_{in,j}$ 为进口第 j 个节点的流速；$H_{in,j}$ 为进口第 j 个节点的水深。

4.4.1.3　数值计算方法

选择如图 4-13 所示的多边形单元为控制体，待求变量存储于控制体中心。采用有限体积法对控制方程进行离散，用基于同位网格的 SIMPLE 算法处理水流运动方程中水位和速度的耦合关系。

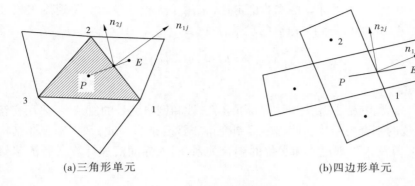

(a)三角形单元　　　　　　　　　(b)四边形单元

图 4-13　控制体示意图

1. 水流运动方程的离散

对流项和扩散项的离散是求解水流运动方程的难点。对流项的离散格式直接决定了算法的稳定性和计算精度。对流项的离散采用延迟修正的二阶格式,也即将截面上的对流通量表示成一阶迎风格式的对流通量与一个源项之和的形式,对流项对系数矩阵的贡献由一阶迎风格式提供,从而使离散方程的系数矩阵对角占优。在求解过程中随着解的不断收敛,一阶迎风格式的贡献会不断被抵消,收敛解将达到二阶精度。沿控制体界面上扩散项的总通量可以分为沿 PE 连线的法向扩散项 D_{ej}^n 和垂直于 PE 连线的交叉扩散项 D_{ej}^c。对于准正交的非结构网格,通过控制体界面上的交叉扩散项一般很小,可以忽略,随着网格奇异度的增加,交叉扩散项也逐渐增加,但目前尚无办法准确计算这一项,一方面尽可能减少网格的奇异度,另一方面采用柏威等的处理方法来计算交叉扩散项。动量方程最终的离散形式如下

$$A_P \varphi_P = \sum_{j=1}^{3} A_{Ej} \varphi_{Ej} + b_0 \tag{4-91}$$

其中

$$A_{Ej} = -\min(F_{ej}, 0) + \nu_T H_{ej} \frac{d_j n_{1j}}{|d_j|^2}$$

$$A_P = \sum_{j=1}^{3} A_{Ej} + g \frac{n^2 \sqrt{u^2 + v^2}}{H^{1/3}} A_{CV} + \frac{H}{\Delta t} A_{CV}$$

$$b_0 = -\sum_{j=1}^{3} \left[gHZ_{ej} n_{1j} - F_{ej} (\varphi^{\mathrm{CDS}} - \varphi^{\mathrm{UDS}})^0 + \nu_T \left(H_{ej} \frac{\varphi_{C2} - \varphi_{C1}}{|l_{1,2}|} \frac{n_{1j} n_{2j}}{|n_{2j}|} \right) \right] +$$
$$\frac{H}{\Delta t} A_{CV} \varphi_P^0 + b_0^{uw}$$

式中:d_j 为向量 $\overrightarrow{PE}$;n_{2j} 为向量 $\overrightarrow{PE}$ 的法线;$l_{1,2}$ 为边界 12 的长度;n_{1j} 为界面的法方向;F_{ej} 为界面处的质量流量;A_{CV} 为控制体的面积;H_{ej} 为控制体界面上的水深;Z_{ej} 为控制体界面上的水位;b_0^{uw} 为由风应力、科氏力等形成的源项。

源项 b_0 中等号右边第二项为对流项的延迟修正项,第三项为交叉扩散项,上标 CDS、UDS 分别表示变量按照中心格式和迎风格式确定,上标 0 表示括号内的项采用上一层次的计算结果。

· 125 ·

在求解过程中为了增强计算格式的稳定性,采用了欠松弛技术。将速度欠松弛因子 α_1 直接代入式(4-91)即可得到离散后的动量方程为

$$\frac{A_P}{\alpha_1}\varphi_P = \sum_{j=1}^{3} A_{Ej}\varphi_{Ej} + b_0 + (1 - \alpha_1)\frac{A_P}{\alpha_1}\varphi_P^0 \tag{4-92}$$

2. 水位修正方程

在三角形非结构网格中,由于网格形状的特殊性和网格编号的复杂性,采用交错网格处理流速和水位的耦合关系将会使程序编制变得非常复杂。因此,采用基于非结构同位网格的 SIMPLE 算法来处理流速和水位的耦合关系,引入界面流速计算式和流速修正式如下:

$$u_{ej} = \frac{1}{2}(u_P + u_E) - \frac{1}{2}g\left[\left(\frac{HA_{CV}}{A_P}\right)_P + \left(\frac{HA_{CV}}{A_P}\right)_E\right]\left[\frac{Z_E - Z_P}{|d_j|} - \frac{1}{2}(\nabla Z_P + \nabla Z_E) \cdot \frac{d_j}{|d_j|}\right]\frac{n_{1j}}{|n_{1j}|}$$
$$\tag{4-93}$$

$$u'_{ej} = \frac{1}{2}g\left[\left(\frac{HA_{CV}}{A_P}\right)_P + \left(\frac{HA_{CV}}{A_P}\right)_E\right]\left[\frac{Z'_P - Z'_E}{|d_j|}\right]\frac{n_{1j}}{|n_{1j}|} \tag{4-94}$$

式中:u_P、u_E 分别为控制体和其相邻控制体上的流速;Z_P、Z_E 分别为控制体和其相邻控制体上的水位;A_P 为动量方程的主对角元系数。

将求解动量方程得到的流速初始值和上一层次的水位初始值代入式(4-93)即可得到界面流速 u_{ej}^*。将 $u_{ej}^* + u'_{ej}$ 代入式(4-76)中,沿控制体积分可得水位修正方程为

$$A_P^P Z'_P = \sum_{j=1}^{3} A_{Ej}^P Z'_{Ej} + b_0^P \tag{4-95}$$

式中:上标 P 为水位修正方程中的系数,且有

$$A_{Ej}^P = \frac{1}{2}g\left[\left(\frac{HA_{CV}}{A_P}\right)_P + \left(\frac{HA_{CV}}{A_P}\right)_E\right]\frac{|n_{1j}|}{|d_j|}H_{ej}$$

$$A_P^P = \sum_{j=1}^{3} A_{Ej}^P + \frac{A_{CV}}{\Delta t}$$

$$b_0^P = -\sum_{j=1}^{3}(u_{ej}^* H_{ej}) \cdot n_{1j}$$

式中:b_0^P 为流进单元 P 的净质量流量。

在获得水位修正值 Z'_P 以后,分别按如下方式修正水位和速度

$$Z_P = Z_P^* + \alpha_2 Z'_P \tag{4-96}$$

$$u_P = u_P^* - gH_P\frac{A_{CV}}{A_P}\nabla Z'_P = u_P^* - \sum_{j=1}^{3} gH_{ej}\frac{Z'_{ej}n_{1j}}{A_P} \tag{4-97}$$

式中:α_2 为水位的欠松弛因子。

3. 悬移质泥沙不平衡输沙方程的离散

参照水流运动方程的离散形式,可以得出类似式(4-91)的第 i 组悬移质不平衡输沙方程的离散形式为

$$A_P^S S_{iP} = \sum_{j=1}^{3} A_{Ej}^S S_{iEj} + b_{0i}^S \tag{4-98}$$

其中

$$A_{Ej}^{S} = -\min(F_{ej},0) + \nu_{TS}H_{ej}\frac{d_{j}\,n_{1j}}{|d_{j}|^{2}}$$

$$A_{P}^{S} = \sum_{j=1}^{3}A_{Ej}^{S} + \alpha\omega_{i}A_{CV} + \frac{H}{\Delta t}A_{CV}$$

$$b_{0i}^{S} = \alpha\omega_{i}S_{iP}^{*}A_{CV} + \frac{H}{\Delta t}A_{CV}S_{iP}^{0}$$

离散方程的具体求解步骤如下：

(1)给全场赋以初始的猜测水位。

(2)计算动量方程系数，求解动量方程。

(3)计算水位修正方程的系数，求解水位修正值，更新水位和流速。

(4)根据单元残余质量流量和全场残余质量流量判断是否收敛。在工程计算中，一般当单元残余质量流量达到进口流量的0.01%，全场残余质量流量达到进口流量的0.5%时即可认为迭代收敛。

(5)求解各组悬移质泥沙的不平衡输沙方程，得出全场网格节点的含沙量。

(6)求解各控制体的推移质输沙率。

(7)求解河床变形方程，更新数据。

4.4.1.4　模型验证

采用黄河下游2011年汛前调水调沙期间的实测流量资料进行模型验证。图4-14、图4-15为黄河下游花园口、夹河滩测站洪峰流量过程计算值和实测值对比，各测站洪峰流量的计算值和实测值之间的相对误差均在-1.66%~7.03%。

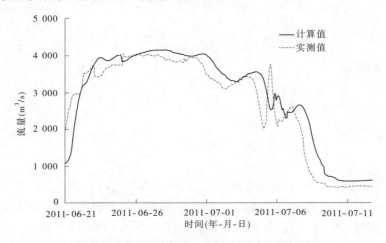

图4-14　花园口站流量过程计算值和实测值对比

4.4.1.5　工程应用

该模型应用于黄河下游典型防洪保护区洪涝实时分析计算，为防汛预案、防汛会商等工作提供技术依据。

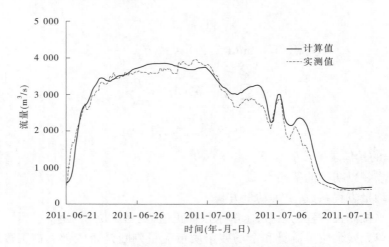

图 4-15 夹河滩站流量过程计算值和实测值对比

4.4.2 立面二维水沙模型

4.4.2.1 控制方程与定解条件
水流连续方程

$$\frac{\partial u}{\partial x} + \frac{\partial v}{\partial y} = 0 \tag{4-99}$$

水流运动方程

$$\frac{\partial u}{\partial t} + u\frac{\partial u}{\partial x} + v\frac{\partial v}{\partial y} = -\frac{1}{\rho}\frac{\partial p}{\partial x} + \nu_t\left(\frac{\partial^2 u}{\partial x^2} + \frac{\partial^2 u}{\partial y^2}\right) \tag{4-100}$$

$$\frac{\partial v}{\partial t} + u\frac{\partial v}{\partial x} + v\frac{\partial v}{\partial y} = -g - \frac{1}{\rho}\frac{\partial p}{\partial y} + \nu_t\left(\frac{\partial^2 v}{\partial x^2} + \frac{\partial^2 v}{\partial y^2}\right) \tag{4-101}$$

悬移质运动方程

$$\frac{\partial hS}{\partial t} + \frac{\partial huS}{\partial x} + \frac{\partial h(v-\omega)S}{\partial y} = \varepsilon\left(\frac{\partial^2 hS}{\partial x^2} + \frac{\partial^2 hS}{\partial y^2}\right) \tag{4-102}$$

河床变形方程

$$\frac{\partial Z_b}{\partial t} = \frac{P_r\omega(S_a - S_a^*)}{\gamma'} \tag{4-103}$$

式中：u 为沿水流方向流速；v 为垂直方向流速,向上为正方向；p 为压强；ρ 为清水密度；ν_t 为紊流黏滞系数；h 为水深；ε 为泥沙紊动扩散系数；Z_b 为河床高程；ω 为泥沙沉速；P_r 为孔隙率；S 为含沙量；S_a、S_a^* 为床面含沙量及挟沙力；γ' 为泥沙干容重。

为了将表示自由水面的水位函数 $\xi(x,t)$ 和动量方程紧密联系起来,将压力分解为动水压力和静水压力之和,即 $p = p_d + p_s$,p_d 为动水压力,是水体流动时由于流线弯曲和流速不均匀所产生的附加压力；p_s 为静水压力,$p_s = \rho g[\xi(x,t) - y]$,将压力分解后,压力梯度可分别改为

$$-\frac{\partial p}{\partial x} = -\frac{\partial p_d}{\partial x} - \rho g\frac{\xi(x,t)}{\partial x} \tag{4-104}$$

$$- \rho g - \frac{\partial p}{\partial y} = \frac{\partial \rho_d}{\partial y} \tag{4-105}$$

4.4.2.2 关键问题

1. 边界条件

对自由表面，$\frac{\partial \xi}{\partial t} + \frac{\partial (Uh)}{\partial x} = 0$，$U$ 为 x 方向沿水深平均流速。

泥沙边界包括水面和河底,其中水面条件

$$\varepsilon_{sy} \frac{\partial S}{\partial y} - \omega S = 0$$

河底条件
$$\varepsilon_{sy} \frac{\partial S}{\partial y} - \omega S_{b*} = 0$$

2. 河底挟沙力公式

立面二维水沙数学模型计算中与河床冲淤变形相关的因素是河床底部含沙量与挟沙力,通常选一接近河底的点作为参考点 $\xi_a = (0.01 \sim 0.05)h$,河底挟沙力公式为

$$S_b = \frac{S_*}{\left(1 + \frac{\sqrt{g}}{Ck}\right)j_1 - \frac{\sqrt{g}}{C\kappa}j_2}\left(\frac{1}{\xi} - 1\right)^{z_1} \tag{4-106}$$

其中,S_* 为挟沙力;C 为谢才系数,$C = \frac{1}{n}h^{1/6}$;$j_1 = \int_{\xi_a}^{1}\left[\frac{1-\xi}{\xi}\right]^{z}d\xi$;$j_2 = \int_{\xi_a}^{1}\left(\frac{1-\xi}{\xi}\right)^{z}\ln\xi d\xi$;$\xi$ 为水深;κ 为卡门常数。

3. 自由水面捕捉

选用自由水面作为水面边界条件,则不能固定水面边界网格,此时在最初的网格划分时应在水面附近预留网格,视水面是否填充该网格及时修改其状态信息,一般界定水面超过网格 0.6 倍时即改变该网格信息,视为过水网格。

4. 边界概化模式处理

开展坝区立面二维水沙数学模型计算,需要将库区一维水沙数学模型提供的流量和含沙量转化为立面二维水沙数学模型进口断面的流速及含沙量分布。需要考虑壅水明流和异重流输沙两种情况。

1)壅水明流输沙

(1)明流流速垂线分布。

采用对数流速公式

$$u = U\left[1 + \frac{\sqrt{g}}{Ck}\left(1 + \ln\frac{y}{h}\right)\right]$$

(2)含沙量垂线分布。

采用 Rouse 公式

$$S(x,y,0) = S_a\left(\frac{\xi_a}{h - \xi_a}\right)^{z}\left(\frac{h - y}{y}\right)^{z}$$

式中:U 为最大流速;$z = \frac{\omega}{\kappa u_*}$ 为悬浮指标;S_a 为河底含沙量;h 为总水深;y 为绝对水深,

$\xi_a = (0.01 \sim 0.05)h$。

2）异重流输沙

根据多沙河流水库库区异重流输沙期间的实测资料，分析了异重流输沙期间近坝区域的流速及含沙量沿垂向分布特性，提出了进口断面的异重流流速及含沙量沿垂向分布公式。

异重流最大流速以下未受到交界面阻力影响，流速分布与明流相同，即 $u = U\left[1 + \dfrac{\sqrt{g}}{C\kappa}\left(1 + \ln\dfrac{y}{h}\right)\right]$。

异重流最大流速以上至清浑水交界面，流速分布符合高斯正态分布：$u = Ue^{-(y/h)^2}$。

异重流含沙量垂线分布为 $S(x,y,0) = S_a e^{-1gy/h}$。

4.4.2.3　数值计算方法

水流方程采用 SIMPLE 算法计算，基于交错网格离散，标量变量和各种常数储存在网格节点上，如图 4-16 所示，矢量变量及速度变量储存在控制边界上，控制方程可离散为

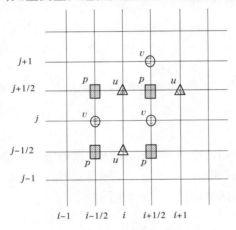

图 4-16　交错网格布置

$$u_{i+1,j+1/2}^{n+1} = u_{i+1,j+1/2}^{n} - \left(u\frac{\partial u}{\partial x} + v\frac{\partial u}{\partial y}\right)\Delta t + \left[-\frac{1}{\rho}\frac{\partial p}{\partial x} + v_t\left(\frac{\partial^2 u}{\partial x^2} + \frac{\partial^2 u}{\partial y^2}\right)\right]\Delta t \quad (4\text{-}107)$$

$$v_{i+1/2,j+1}^{n+1} = v_{i+1/2,j+1}^{n} - \left(u\frac{\partial v}{\partial x} + v\frac{\partial v}{\partial y}\right)\Delta t + \left[-\frac{1}{\rho}\frac{\partial p}{\partial y} + v_t\left(\frac{\partial^2 v}{\partial x^2} + \frac{\partial^2 v}{\partial y^2}\right)\right]\Delta t \quad (4\text{-}108)$$

方程中对流项 $u\dfrac{\partial u}{\partial x} + v\dfrac{\partial v}{\partial y}$、$u\dfrac{\partial v}{\partial x} + v\dfrac{\partial v}{\partial y}$ 使用自动迎风格式差分，扩散项 $v_t\left(\dfrac{\partial^2 u}{\partial x^2} + \dfrac{\partial^2 u}{\partial y^2}\right)$、$v_t\left(\dfrac{\partial^2 v}{\partial x^2} + \dfrac{\partial^2 v}{\partial y^2}\right)$ 使用中心差分格式。$\dfrac{\partial p}{\partial x}$、$\dfrac{\partial p}{\partial y}$ 使用向前差分格式。在方程（4-107）、式（4-108）中，若不计 $\dfrac{\partial p}{\partial x}$、$\dfrac{\partial p}{\partial y}$，设流速估计值为 $\tilde{u}_{i+1,j+1/2}^{n+1}$、$\tilde{v}_{i+1/2,j+1}^{n+1}$，代入连续方程，经整理由压力场得出估计值 $\hat{p}$ 的关系式：

$$a_1\hat{p}_{i+1/2,j+1/2} = a_2\hat{p}_{i+3/2,j+1/2} + a_3\hat{p}_{i-1/2,j+1/2} + a_4\hat{p}_{i+1/2,j+3/2} + a_5\hat{p}_{i+1/2,j-1/2} - e \quad (4\text{-}109)$$

式中，$a_1 = \dfrac{2\Delta t}{\rho \Delta x^2} + \dfrac{2\Delta t}{\rho \Delta y^2}$，$a_2 = \dfrac{\Delta t}{\rho \Delta x^2}$，$a_3 = \dfrac{\Delta t}{\rho \Delta x^2} + \dfrac{2\Delta t}{\rho \Delta y^2}$，$a_4 = a_5 = \dfrac{\Delta t}{\rho \Delta y^2}$。

用 TDMA 方法求解方程(4-109)，得到压力场的预估值 $\hat{p}$，代入式(4-107)、式(4-108)可得改进后的流速 $u_{i+1,j+1/2}^{*n+1}$、$v_{i+1/2,j+1}^{*n+1}$，用同样的方法计算修正压强 p'。

悬移质运动方程采用交错矩形网格和有限体积法离散：

$$\frac{(hS_k)_{i+1/2,j+1/2}^{n+1} - (hS_k)_{i+1/2,j+1/2}^{n}}{\Delta t} + \frac{(hu)_{i+1,j+1/2}^{n+1} S_{ki+1,j+1/2}^{n} - (hu)_{i+1/2,j+1/2}^{n} S_{ki,j+1/2}^{n}}{\Delta x} +$$

$$\frac{(hv - h\omega)_{i+1,j+1/2}^{n+1} S_{ki+1/2,j+1/2}^{n} - (hu - h\omega)_{i+1/2,j+1/2}^{n} S_{ki,j+1/2}^{n}}{\Delta y} = \frac{CFF_x - CFB_x}{\Delta x} + \frac{CFF_y - CFB_y}{\Delta y}$$

$$\tag{4-110}$$

$$CFF_x = \varepsilon \frac{h_{i+3/2,j+1/2}^{n+1} + h_{i+1/2,j+1/2}^{n+1}}{2} \cdot \frac{S_{i+3/2,j+1/2}^{n+1} - S_{i+1/2,j+1/2}^{n+1}}{\Delta x}$$

$$CFB_x = \varepsilon \frac{S_{i+3/2,j+1/2}^{n+1} + S_{i+1/2,j+1/2}^{n+1}}{2} \cdot \frac{h_{i+3/2,j+1/2}^{n+1} - h_{i+1/2,j+1/2}^{n+1}}{\Delta x}$$

$$CFF_x = \varepsilon \frac{h_{i+1/2,j+3/2}^{n+1} + h_{i+1/2,j+1/2}^{n+1}}{2} \cdot \frac{S_{i+1/2,j+3/2}^{n+1} - S_{i+1/2,j+1/2}^{n+1}}{\Delta y}$$

$$CFF_x = \varepsilon \frac{S_{i+3/2,j+1/2}^{n+1} + S_{i+1/2,j+1/2}^{n+1}}{2} \cdot \frac{h_{i+3/2,j+1/2}^{n+1} - h_{i+1/2,j+1/2}^{n+1}}{\Delta x}$$

河床变形方程离散

$$\Delta Z_b = \frac{m}{\gamma} \Delta t = \frac{P_r \omega (S_a - S_a^*)}{\gamma'} \Delta t \tag{4-111}$$

4.4.2.4　模型验证

模型验证计算时段为 2013 年 5 月 1 日至 8 月 31 日，共 123 d。验证内容包括坝区地形变化、出库含沙量。

初始河床边界条件为坝区 4.5 km 范围内实测地形，该时段内水库入库三门峡站沙量为 3.44 亿 t，进入坝区的沙量为 1.62 亿 t，出库沙量为 1.42 亿 t。模型验证计算所用的出口水位条件采用实测水位数据。泄水孔洞调度运用采用该时期水库泄水孔洞调度实际运用情况。模型计算的坝区流速分布如图 4-17、图 4-18 所示。

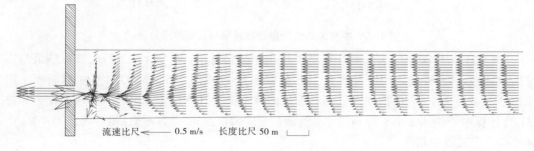

图 4-17　发电洞过流时流速分布示意图

图 4-19 为桐树岭站实测流速与模型计算流速对比，流速计算值与实测值变化规律基本一致。

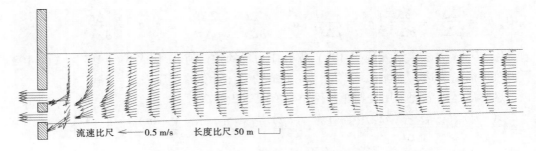

图 4-18　发电洞与排沙洞同时过流时流速分布示意图

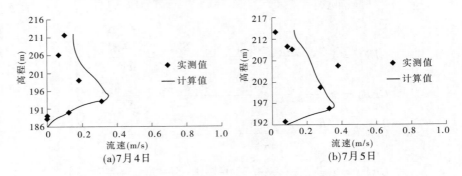

图 4-19　桐树岭站实测流速与模型计算流速对比

图 4-20 为桐树岭站含沙量计算结果与实测结果对比。由图 4-20 可知,计算值与实测值基本一致。

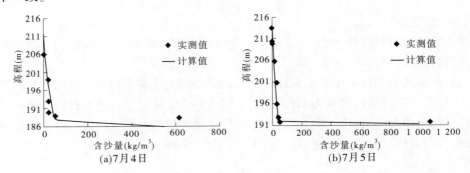

图 4-20　桐树岭站含沙量计算结果与实测结果对比

图 4-21 为坝区河床纵剖面计算结果与实测结果对比。由图 4-21 可知,计算结果与实测结果整体吻合较好。2013 年 5 月 1 日至 8 月 31 日坝区 4.5 km 范围内,实测断面法淤积量为 1 550 万 m³。根据坝区立面二维水沙数学模型计算结果,2013 年 5 月 1 日至 8 月 31 日计算淤积量为 1 488 万 m³,与实测淤积量 1 550 万 m³ 相差不大,相对误差为 4%。

4.4.2.5　工程应用

该模型应用于《小浪底进水塔群前防淤堵研究》《东庄水利枢纽非常排沙底孔运用方式及进口防淤堵研究》,模拟了坝前河床变形、冲刷漏斗发展情况。

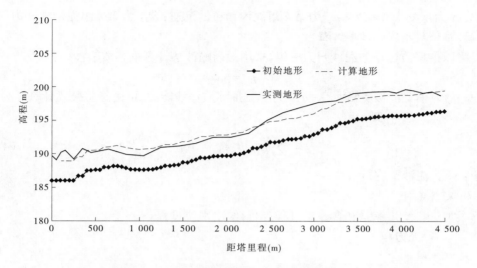

图 4-21　坝区河床纵剖面计算结果与实测结果对比

4.5　一维水沙数学模型

4.5.1　控制方程及定解条件

4.5.1.1　基本方程

对于长河段水沙运动及河床冲淤变形计算,水流及泥沙的横向运动与纵向运动相比可以近似忽略,为了简化计算可以假定水流和泥沙运动要素(流速、含沙量等)在全断面上均匀分布,建立一维水沙数学模型的控制方程。

1. 水流运动控制方程

一维非恒定流模型控制方程如下:

水流连续方程

$$B \frac{\partial z}{\partial t} + \frac{\partial Q}{\partial x} = q_l \tag{4-112}$$

水流运动方程

$$\frac{\partial Q}{\partial t} + 2 \frac{Q}{A} \frac{\partial Q}{\partial x} - \frac{BQ^2}{A^2} \frac{\partial z}{\partial x} - \frac{Q^2}{A^2} \frac{\partial A}{\partial x}\big|_z = -gA \frac{\partial z}{\partial x} - \frac{gn^2 |Q| Q}{A \left(\frac{A}{B}\right)^{\frac{4}{3}}} \tag{4-113}$$

式中:x 为沿流向的坐标;t 为时间;Q 为流量;z 为水位;A 为断面过水面积;B 为河宽;q_l 为单位时间单位河长汇入(流出)的流量;n 为糙率;g 为重力加速度。

2. 悬移质不平衡输沙方程

将悬移质泥沙分为 M 组,以 S_k 表示第 k 组泥沙的含沙量,可得悬移质泥沙的不平衡输沙方程为

$$\frac{\partial (AS_k)}{\partial t} + \frac{\partial (QS_k)}{\partial x} = -\alpha \omega_k B(S_k - S_{*k}) \tag{4-114}$$

式中：α 为恢复饱和系数；ω_k 为第 k 组泥沙颗粒的沉速；S_{*k} 为第 k 组泥沙挟沙力。

3. 推移质单宽输沙率方程

将以推移质运动的泥沙归为一组，采用平衡输沙法计算推移质输沙率：

$$q_b = q_{b*} \tag{4-115}$$

式中：q_b 为单宽推移质输沙率；q_{b*} 为单宽推移质输沙能力，可由经验公式计算。

4. 河床变形方程

$$\gamma' \frac{\partial A}{\partial t} = \sum_{k=1}^{M} \alpha \omega_k B (S_k - S_{*k}) - \frac{\partial B q_b}{\partial x} \tag{4-116}$$

式中：γ' 为泥沙干容重。

5. 定解条件

模型进口给出流量和含沙量过程，出口给出水位过程。

4.5.1.2 补充方程

1. 水流挟沙力

水流挟沙力计算采用张红武公式

$$S_* = 2.5 \left[\frac{(0.002\,2 + S_V) u^3}{\kappa \frac{\rho_s - \rho_m}{\rho_m} g h \omega_m} \ln\left(\frac{h}{6D_{50}}\right) \right]^{0.62} \tag{4-117}$$

其中

$$\omega_m = \left(\sum_{k=1}^{M} \beta_{*k} \omega_k^m \right)^{\frac{1}{m}} \tag{4-118}$$

式中：ρ_s、ρ_m 分别为泥沙和浑水密度；κ 为 Karman 常数，与含沙量有关；S_V 为体积比含沙量；ω_m 为混合沙挟沙力的代表沉速；D_{50} 为床沙的中数粒径。

2. 非均匀沙水流挟沙力

分组水流挟沙力为

$$S_{*k} = \beta_{*k} S_* \tag{4-119}$$

式中：β_{*k} 为水流挟沙力级配，按下式计算

$$\beta_{*k} = \frac{\dfrac{P_k}{\alpha_k \omega_k}}{\displaystyle\sum_{k=1}^{M} \dfrac{P_k}{\alpha_k \omega_k}} \tag{4-120}$$

式中：P_k 为床沙级配；α_k 为恢复饱和系数。

3. 泥沙沉速

泥沙沉速的计算采用张瑞瑾泥沙沉速公式进行计算，即

在滞性区（$d < 0.1$ mm）

$$\omega = 0.039 \frac{\gamma_s - \gamma}{\gamma} g \frac{d^2}{\nu} \tag{4-121}$$

在紊流区（$d > 4$ mm）

$$\omega = 1.044 \sqrt{\frac{\gamma_s - \gamma}{\gamma} g d} \tag{4-122}$$

在过渡区（$0.1 \text{ mm} < d < 4 \text{ mm}$）

$$\omega = \sqrt{\left(13.95\,\frac{\nu}{d}\right)^2 + 1.09\,\frac{\gamma_s - \gamma}{\gamma}gd} - 13.95\,\frac{\nu}{d} \qquad (4\text{-}123)$$

式中：黏滞系数 ν 的计算公式为

$$\nu = \frac{0.017\,9}{(1 + 0.033\,7t + 0.000\,221t^2) \times 10\,000} \qquad (4\text{-}124)$$

式中：t 为水温。

4. 床沙起动条件

$$u_{Ck} = \left(\frac{h}{d_k}\right)^{0.14}\left[17.6\,\frac{\rho_s - \rho}{\rho}d_k + 6.05 \times 10^{-7}\left(\frac{10 + h}{d_k^{0.72}}\right)\right]^{0.5} \qquad (4\text{-}125)$$

5. 推移质输沙率计算

推移质输沙率采用 Meyer – Peter – Muller 公式计算：

$$q_{b*} = \frac{\left[\left(\frac{n'}{n}\right)^{3/2}\rho gHJ_f - 0.047(\rho_s - \rho)gd_i\right]^{\frac{3}{2}}}{0.125\rho^{\frac{1}{2}}\left(\frac{\rho_s - \rho}{\rho}\right)g} \qquad (4\text{-}126)$$

式中：q_{b*} 为单宽推移质输沙率；n' 为河床平整情况下的沙粒糙率系数，取 $n' = \frac{1}{24}d_{90}^{1/6}$。

6. 恢复饱和系数

泥沙恢复饱和系数 α 为粒径 d 的函数，平衡状态下各粒径组恢复饱和系数 $\alpha_k^* = \alpha^*/d_k^{0.8}$，冲淤变化过程中 α_k 计算公式如下

$$\alpha_k = \begin{cases} 0.5\alpha_k^* & S_k \geqslant 1.5S_k^* \\[2mm] \left(1 - \dfrac{S_k - S_k^*}{S_k^*}\right)\alpha_k^* & 1.5S_k^* > S_k \geqslant S_k^* \\[2mm] \left(1 - 2\,\dfrac{S_k - S_k^*}{S_k^*}\right)\alpha_k^* & S_k^* > S_k \geqslant 0.5S_k^* \\[2mm] 2\alpha_k^* & S_k < 0.5S_k^* \end{cases} \qquad (4\text{-}127)$$

式中：S_k、S_k^* 分别为分组沙挟沙力和含沙量，参数 $\alpha^* = 0.001\,2 \sim 0.007$。

7. 糙率

计算过程中糙率系数不变，或者采取线性插值法、时间线性插值法。

线性插值法

$$n_b = n_k + (n_0 - n_k)\left(\frac{A_k - A_s(t)}{A_k}\right) \qquad (4\text{-}128)$$

式中：n_k 为平衡糙率；n_0 为初始糙率；n_b 为过渡糙率；A_k 为水库淤积平衡面积；$A_s(t)$ 为时刻 t 断面淤积总面积。

时间线性插值法

$$n_b = n_k + (n_0 - n_k)\frac{T - t}{T} \qquad \text{或} \qquad n_b = n_0 - (n_0 - n_k)\frac{t}{T} \qquad (4\text{-}129)$$

式中：T 为水库平衡年限；t 为累积计算时段。

4.5.2 数值计算方法

选择如图 4-22 所示的计算河段为控制体，采用有限体积法对数学模型的控制方程进行离散，用 SIMPLE 算法处理流量与水位的耦合关系。

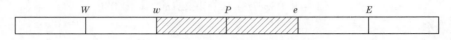

图 4-22 一维模型控制体示意图

4.5.2.1 水流运动方程离散

将水流运动方程沿控制体积分，其中对流项采用延迟修正的二阶格式，水流运动方程的离散形式如下：

$$A_P \varphi_P = A_W \varphi_W + A_E \varphi_E + b_0 \tag{4-130}$$

其中

$$A_W = \max(F_w, 0)$$
$$A_E = \max(-F_e, 0)$$

$$A_P = A_W + A_E + \frac{\Delta x}{\Delta t} + g \frac{n^2 |Q|}{A (A/B)^{3/4}} \Delta x$$

$$b_0 = \left(\frac{BQ^2}{A^2} - gA\right)^0 (z_e - z_w) + \frac{Q^0}{\Delta t} \Delta x + \left(\frac{Q^2}{A^2}\right)^0 (A_e - A_w) + (F_e - F_w) Q^0$$

式中：φ_P 为通用控制变量；F_w、F_e 为界面质量流量；Δx 为控制体长度；Δt 为计算时间步长；上标 0 表示变量采用上一时间层次的计算结果。

在求解过程中，为增强计算格式的稳定性，采用了欠松弛技术，将速度欠松弛因子 α_0 代入式(4-130)即可得到运动方程的最终离散形式：

$$\frac{A_P}{\alpha_0} \varphi_P = A_W \varphi_W + A_E \varphi_E + b_0 + (1 - \alpha_0) \frac{A_P}{\alpha_0} \varphi^0 \tag{4-131}$$

4.5.2.2 水位修正方程

根据动量插值的思想，引入界面流量计算式和流量修正计算式如下：

$$Q_w = \frac{1}{2}(Q_P + Q_W) - \frac{1}{2} g \left[\left(\frac{A}{A_P}\right)_P + \left(\frac{A}{A_P}\right)_W\right](z_P - z_W) \tag{4-132}$$

$$Q'_w = -\frac{1}{2} g \left[\left(\frac{A}{A_P}\right)_P + \left(\frac{A}{A_P}\right)_W\right](z'_P - z'_W) \tag{4-133}$$

$$Q_e = \frac{1}{2}(Q_P + Q_E) - \frac{1}{2} g \left[\left(\frac{A}{A_P}\right)_P + \left(\frac{A}{A_P}\right)_E\right](z_E - z_P) \tag{4-134}$$

$$Q'_e = -\frac{1}{2} g \left[\left(\frac{A}{A_P}\right)_P + \left(\frac{A}{A_P}\right)_E\right](z'_E - z'_P) \tag{4-135}$$

式中：A_P 为运动方程离散形式主对角元系数。

将求解运动方程所得的流速初始值和上一层次的水位初始值代入式(4-132)~式(4-135)即可求得界面流速 Q_w^*、Q_e^*，将 $Q_w^* + Q'_w$、$Q_e^* + Q'_e$ 代入连续方程即可得到水位修正方程如下：

$$A_P^P z_P' = A_W^P z_w' + A_E^P z_E' + b_0^P \tag{4-136}$$

式中：上标 P 表示水位修正方程的系数，且

$$A_W^P = \frac{1}{2} g \left[\left(\frac{A}{A_P} \right)_P + \left(\frac{A}{A_P} \right)_W \right]$$

$$A_E^P = \frac{1}{2} g \left[\left(\frac{A}{A_P} \right)_P + \left(\frac{A}{A_P} \right)_E \right]$$

$$A_P^P = A_W^P + A_E^P + B \frac{\Delta x}{\Delta t}$$

$$b_0^P = q_l \Delta x + Q_w^* - Q_e^*$$

在求得水位修正值之后，分别按照下式修正水位和速度：

$$\left. \begin{array}{l} z_P = z_P^* + \alpha_1 z_P' \\ u_P' = -g \dfrac{A}{A_P} (z_e' - z_w') \end{array} \right\} \tag{4-137}$$

4.5.2.3　悬移质不平衡输沙方程

将悬移质不平衡输沙方程沿控制体积分，可得离散方程如下

$$A_P^S S_{kP} = A_W^S S_{kW} + A_E^S S_{kE} + b_0^S \tag{4-138}$$

其中

$$A_W^S = \max(F_w, 0)$$

$$A_E^S = \max(-F_e, 0)$$

$$A_P^S = A_W^S + A_E^S + \frac{A \Delta x}{\Delta t} + \alpha \omega_k B \Delta x$$

$$b_0^S = \frac{A \Delta x}{\Delta t} S_{kP}^0 + \alpha \omega_k B \Delta x S_{*k}$$

4.5.2.4　离散方程求解

离散方程组由水流运动方程和水位修正方程两个方程构成，用高斯迭代法求解线性方程组。采用 Gauss 迭代法求解离散后的方程组，采用欠松弛技术以增强迭代过程的稳定性并加速收敛。在水沙运动与河床冲淤变形计算中，具体的求解步骤如下：

（1）给全河道赋以初始的猜测水位。

（2）计算动量方程系数，求解动量方程。

（3）计算水位修正方程的系数，求解水位修正值，更新水位和流量。

（4）根据单元残余质量流量和全场残余质量流量判断是否收敛。在计算中，当单元残余质量流量达到进口流量的 0.01%，全场残余质量流量达到进口流量的 0.5% 时即可认为迭代收敛。

（5）求解各组悬移质泥沙的不平衡输沙方程，得出各断面的含沙量。

（6）求解各控制体的推移质输沙率。

（7）求解河床变形方程，进行床沙级配调整，更新数据。

4.5.3 模型验证

4.5.3.1 渭河汇流河段验证

采用渭河下游(咸阳—渭河口)、小北干流(黄淤 68—潼关)、三门峡库区(潼关—黄淤 1)以及北洛河(洛淤 21—洛淤 1)的实测资料对一维水沙模型进行验证。渭河下游冲淤验证成果见图 4-23。

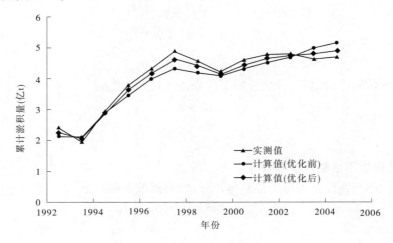

图 4-23 渭河下游冲淤验证成果

采用渭河下游、小北干流、三门峡库区以及 1991 年汛后实测大断面资料,以及 1991 年 9 月 1 日至 2005 年 12 月 31 日龙门、河津、咸阳、张家山和洑头等站的逐日水沙资料作为验证计算的水文资料。

表 4-1 给出了 1991～2005 年期间计算河段累计冲淤量验证成果,考虑支流来水来沙情况,对模型求解方法进行了优化,图 4-24、图 4-25 给出了冲淤量过程计算值与实测值的对比,可知,数学模型计算所得的各河段冲淤量和实测成果基本一致,除三门峡库区由于冲淤幅度较小相对误差较大,其余两个河段累计冲淤量计算误差均小于 20%。相对于优化前、优化后小北干流河道的计算误差由 15.30% 提高到 7.93%,渭河下游计算误差由 3.18% 提高到 1.77%。

表 4-1 1991～2005 年期间计算河段累计冲淤量验证成果

河段	实测值（亿 t）	计算值（亿 t）		相对误差（%）	
		①	②	①	②
小北干流	3.52	4.06	3.78	15.30	7.93
三门峡库区	−0.33	−0.68	−0.49	—	—
渭河下游	4.46	4.60	4.52	3.18	1.77

注:表中①表示优化前;②表示优化后。

4.5.3.2 刘家峡水库验证

刘家峡水库主要由黄河干流、右岸支流洮河与大夏河库区三部分组成,洮河是一条多

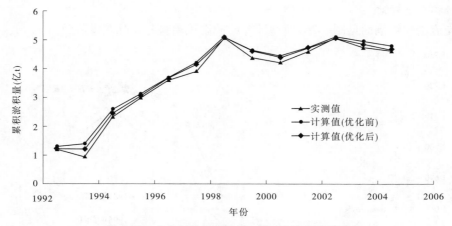

图 4-24　小北干流(黄淤 68—潼关)冲淤验证成果

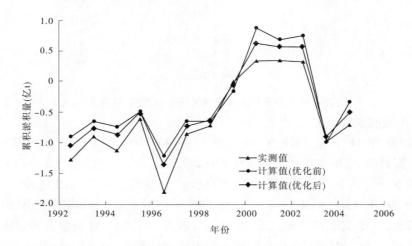

图 4-25　三门峡库区(潼关—黄淤 1)冲淤验证成果

沙河流,在距刘家峡大坝仅 1.5 km 处汇入黄河。

进口边界包括黄河循化站、大夏河折桥站、洮河红旗站的流量、含沙量和悬沙级配,出口边界条件为坝前实测水位。

1. 水库冲淤量对比

1982～1996 年,断面法实测刘家峡水库淤积量为 5.42 亿 m³。由于支流洮河来沙量较大,需考虑其影响。库区淤积量计算值为 5.01 亿 m³,相对误差为 7.56%,库区黄河各段淤积分配计算结果与断面法基本一致,见表 4-2。

表 4-2　刘家峡水库 1982～1996 年淤积量计算值与实测值对比　　(单位:亿 m³)

河段	黄淤 26—黄淤 21	黄淤 21—黄淤 16	黄淤 16—黄淤 9	黄淤 9—黄淤 0	黄淤 26—黄淤 0	大夏河	洮河	全库
实测值	0.20	2.91	1.81	0.18	5.10	0.15	0.18	5.42
计算值	0.13	2.64	1.78	0.11	4.66	0.23	0.12	5.01

2. 淤积形态对比

干支流淤积纵剖面见图4-26,模型计算的冲淤积趋势与实际基本一致。

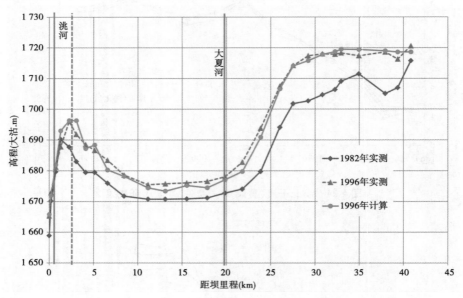

图4-26 刘家峡水库干流淤积纵剖面图(深泓点)

4.5.3.3 小浪底水库验证

采用1999年11月至2016年10月实测资料对小浪底水库进行了模型验证(见图4-27)。实测期间,小浪底水库入库水量为217.1亿 m^3、入库沙量为2.9亿t,水库淤积泥沙32.09亿 m^3,其中干流库区淤积25.90亿 m^3、支流库区淤积6.19亿 m^3。

根据数学模型计算结果,1999年11月至2016年10月小浪底水库累计淤积29.87亿 m^3,误差为9.2%,其中支流累计淤积5.45亿 m^3,误差为12%。对模型求解方法进行优化后,1999年11月至2016年10月小浪底水库干流累计淤积30.77 m^3,误差为6.47%;支流累计淤积5.74亿 m^3,误差为7.2%。

库区淤积形态对比纵剖面见图4-28,2004年5月库尾淤积严重,汛前调水调沙三门峡大流量冲刷后,库尾泥沙冲刷,优化后数学模型计算结果准确反映了该过程,计算期末水库淤积纵剖面计算值和实测值吻合也较好。

4.5.3.4 巴家嘴水库验证

巴家嘴水库入库水沙主要由干流蒲河和支流黑河组成,根据巴家嘴水库运用及库区冲淤情况,采用1982~1992年的实测水沙资料进行了验证计算。入库流量和输沙率采用姚新庄和兰西坡站实测资料,出库流量采用巴家嘴站实测资料,初始地形采用1982年5月实测库区大断面。

1982年5月至1992年10月,实测巴家嘴水库累计淤积量为6 060万 m^3。考虑支流水沙情况对模型求解方法进行了优化,根据数学模型计算结果,优化前累计淤积量为6 280万 m^3,误差为3.63%;优化后累计淤积量为6 252万 m^3,误差为3.17%。

干支流蒲河和黑河淤积库区淤积形态对比分别见图4-29和图4-30。

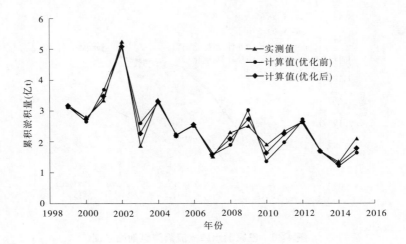

图 4-27 小浪底库区段年际冲淤验证成果

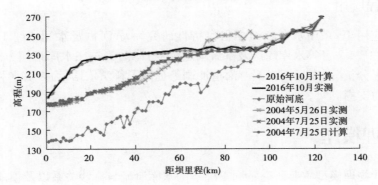

图 4-28 小浪底库区纵剖面验证

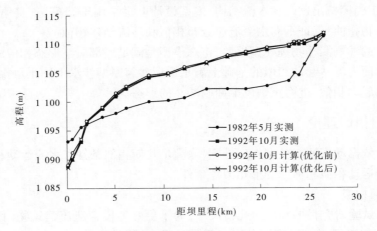

图 4-29 巴家嘴水库干流蒲河纵剖面验证

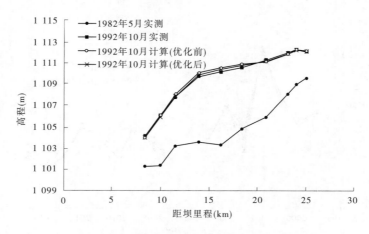

图 4-30 巴家嘴水库支流黑河纵剖面验证

4.5.4 工程应用

该模型应用于《东庄水利枢纽项目可行性研究》《黄河古贤水利枢纽工程可行性研究》,进行了东庄、古贤等水库库区及下游河道冲淤计算,为东庄水库运用方式制定、渭河下游减淤效果分析、水库运用对下游河道冲刷等提供了科学依据,为古贤水利枢纽工程规模提供了有力支撑。

4.6 物理模型

坝区泥沙物理模型主要研究不同工况下的水库泄流与排沙关系以及坝前冲刷形态等问题,模型设计时应考虑冲刷坑附近水流平轴环流和竖轴环流对冲刷坑大小及形态的影响。因此,为正确模拟出这两种水流结构,模型设计上宜采用正态模型,避免几何变态模型造成的建筑物扭曲,保证垂向水流流速分布相似和环流结构相似。

对于水库的冲刷漏斗物理模型试验,正态模型是满足底部漏斗形态相似的必要条件。在满足水平床面上泥沙起动相似的基础上满足模型沙与原型沙水下休止角相同才能实现倾斜床面上的起动相似,进而正确模拟冲刷漏斗的形态。

4.6.1 模型相似理论

模型设计依据动床河工模型相似准则,除满足几何相似条件和水流运动相似条件外,还需考虑泥沙运动相似和河床变形相似等条件。

4.6.1.1 几何相似

综合考虑试验研究目的和枢纽孔口尺寸,为了更好地模拟泄流建筑物附近的流场流态,模型设计为正态模型,平面比尺 λ_L 和垂直比尺 λ_H 设计为 $\lambda_L = \lambda_H$。

4.6.1.2 水流运动相似

研究水库的冲刷问题,水流应同时满足重力相似和阻力相似条件,保证水流运动的流速和流态相似。

1.重力相似

从重力相似条件出发,得到流速比尺

$$\lambda_V = \lambda_H^{1/2} \tag{4-139}$$

代入水流运动连续条件,得到流量比尺

$$\lambda_Q = \lambda_L \lambda_H^{3/2} \tag{4-140}$$

水流时间比尺为

$$\lambda_{t1} = \frac{\lambda_L}{\lambda_V} \tag{4-141}$$

2.阻力相似

为使流态及流速分布相似,应尽可能满足阻力与重力相似要求,由紊动强度公式及曼宁公式得到糙率比尺

$$\lambda_n = \lambda_H^{1/6}\left(\frac{\lambda_H}{\lambda_L}\right)^{1/2} = 2.15 \tag{4-142}$$

在一般情况下,发电洞、排沙孔的设计洞身糙率系数 $n_{ps} = 0.014$,相应的模型管道要求的糙率系数为

$$n_{mS} = \frac{n_{ps}}{\lambda_n} = 0.007 \tag{4-143}$$

模型枢纽制作一般采用有机玻璃作为材料,其糙率系数约为 0.008,与发电洞、排沙孔要求的糙率系数基本一致,基本能满足管道的阻力相似,能保证两者的流速流态基本相似。相对于仅研究水流形态的水工模型管道试验,坝区泥沙物理模型不是单纯研究泄洪排沙洞建筑物本身的过流问题,而是主要研究坝前泥沙运动与冲刷问题。只要保证排沙孔内的水流流态相似,试验过程中正确控制排沙孔的下泄流量,其糙率的少量偏离并不会影响到坝前的泥沙运动相似。

4.6.1.3　泥沙运动相似

模型为坝区动床模型,模型沙选配主要考虑泥沙沉降相似、泥沙起动相似以及河床变形相似。

1.悬沙运动相似

(1)悬浮与沉降相似。由泥沙悬浮与沉降相似条件,得到沉降相似比尺的表达式为

$$\lambda_\omega = \lambda_V\left(\frac{\lambda_H}{\lambda_L}\right)^\varphi \tag{4-144}$$

沉降比尺中 φ 的取值范围为 0.5~1,当 $\varphi = 1$ 时,能够正确模拟水流纵向流速与泥沙沉速之间的相互关系,保证时均流速悬移与重力沉降比的相似;当 $\varphi = 0.5$ 时,能够正确模拟含沙量沿垂线分布的特点,保证紊动扩散与重力沉降比的相似。由于模型采用的是正态模型,水流结构与含沙量分布不受变率影响,φ 的取值不影响沉降比尺。

悬移质的粒径比尺为

$$\lambda_d = \left(\frac{\lambda_\omega \lambda_V}{\lambda_{\gamma_s - \gamma}}\right)^{1/2} \tag{4-145}$$

（2）水流挟沙力相似。根据重力理论，水流挟沙能力为

$$S_* = \frac{kU^3}{gh\omega} \qquad (4\text{-}146)$$

由此可得：

$$\lambda_{S*} = \lambda_S = \frac{\lambda_{r_s}}{\lambda_{r_s-r}} \qquad (4\text{-}147)$$

式中：λ_{S*} 为挟沙力比尺；λ_S 为含沙量比尺；λ_{r_s} 为泥沙比重比尺。

上述比尺关系只反映了模型沙比重这一因素对挟沙力比尺的影响。当原型含沙量较低时，尚可应用于模型设计，作为挟沙力比尺的参考。当原型的含沙量较高，而模型采用轻质沙时，所得的比尺都小于1。经验表明，这时的淤积结果明显偏多；随着含沙量的加大，颗粒之间的接触逐渐增多，水流的黏性增大，颗粒的沉降速度及水流特性受到影响。当体积含沙量达 0.15~0.2 时，试验中的流态已难以保证为充分紊动；当含沙量继续增加时，水流的流态相似也不能达到。如果模型沙的比重较小，例如塑料沙，比重为 1.04 t/m³，由于挟沙力比尺过小，模型含沙量达到无法模拟的地步。表 4-3 为国内一些多泥沙模型采用的挟沙力比尺，可以看出，各个模型的水平比尺及垂直比尺不同，采用的模型沙也有差异，但挟沙力比尺的范围大致在 2~6。

表 4-3　国内一些多泥沙模型采用的挟沙力比尺

序号	模型名称	作者	λ_L	h	λ_S	模型沙	验证与否
1	孙口黄河大桥河道模型	屈孟浩、陈书奎、钟绍森	800	70	5	郑州火电厂煤灰	验证
2	黄河古城河段模型	张红武、赵新建、刘建生	350	34	1.6	周口电厂煤灰	验证
3	黄河包头画匠营子河段取水工程动床模型	刘有录、张淑英、何文社	150	50	2.0	兰州煤灰	验证
4	黄河壶口通航工程船闸泄流悬沙模型	周汝盛、周耀庭	30	30	5	电木粉	验证
5	黄河下游渠村闸分洪模型	屈孟浩、王华丰等	1 000	80	5.0	郑州火电厂煤灰	一般率定
6	黄河兰州雁滩南河道引水输沙模型	许念增、拾兵、杨泉	80	80	≈2	精煤屑	验证
7	黄河夹河滩至高村河段模型	顾相贤、乐培九、陈书奎等	1 200	90	6	郑州火电厂煤灰	初步验证
8	黄河夹河滩至高村河段模型验证试验	钟绍森、陈书奎、刘宝龙	1 200	90	2.5~10.5	郑州火电厂煤灰	同原渠村分洪模型类比

续表 4-3

序号	模型名称	作者	λ_L	h	λ_s	模型沙	验证与否
9	衡阜线鱼山黄河大桥动床河工模型	铁道部科学院水工水文室	400	60	2.6	门头沟煤粉	验证
10	黄河下游花园口至黑岗口河段河道整治模型	彭瑞善、陈建国等	1 200	50	4	黄河花园口天然沙	验证
11	黄河小浪底枢纽工程温孟滩移民安置区河段河道整治模型	赵业安、姚文艺、刘海凌、张红武等	800	60	1.8	郑州热电厂粉煤灰	验证
12	黄河小浪底枢纽泥沙模型试验	屈孟浩等	100	100	4	郑州电厂煤灰	验证
13	黄河小浪底枢纽泥沙问题研究	窦国仁、王国兵	80	80	2.0 ~ 3.95	电木粉	验证
14	黄河小浪底枢纽布置悬沙模型试验	曾庆华、周文浩、陈建国	100	100	4	北京热电厂粉煤灰	验证
15	黄渭洛河汇流区动床模型试验研究	曾庆华、周文浩、陈建国	600	60	4	北京高井电厂煤灰	验证
16	官厅水库妫水河口疏浚整治方案泥沙物理模型	胡春宏、王延贵、吉祖稳	250	50	1.5	北京高井电厂煤灰	验证
17	泾河东庄水利枢纽工程下游河道动床物理模型试验	胡春宏、陈建国	500	60	2.8	河北唐山电厂粉煤灰	验证

（3）河床变形相似。由河床变形方程式得到悬移质的冲淤时间比尺为

$$\lambda_{t_2} = \frac{\lambda_L \lambda_{\gamma_0}}{\lambda_V \lambda_s} \tag{4-148}$$

2. 床沙起动相似

一般认为,在相应的水深条件下当原型沙与模型沙起动流速比尺与流速比尺一致时,则可保证模型沙起动相似。由起动相似条件 $\lambda_{V_c} = \lambda_V$,得到床沙粒径比尺为

$$\lambda_d = \frac{\lambda_V^{\frac{\beta}{1+\beta}} \lambda_\omega^{\frac{2-\beta}{1+\beta}}}{\lambda_{\gamma_s - \gamma}^{\frac{1}{1+\beta}}} \tag{4-149}$$

式中:β 为与粒径有关的系数,随沉降雷诺数变化而变化,取值为 0 ~ 1。

对于 $d < 0.1$ mm 的细颗粒天然沙,$\beta = 1$;对于 $d < 0.2$ mm 的粗颗粒泥沙,$\beta = 0$。

由床沙运动引起的河床变形相似比尺为

$$\lambda_{t_3} = \frac{\lambda_L \lambda_H \lambda_{\gamma'_0}}{\lambda_{\mathrm{qsb}}} \tag{4-150}$$

4.6.2 小浪底水库坝区模型

根据河工模型相似理论及原型资料和工程设计状况,开展了模型设计。获得的主要比尺见表4-4。

表4-4 小浪底水库坝前正态模型比尺汇总

比尺名称	符号	树脂离子模型沙	依据
水平比尺	λ_L	100	试验要求及场地条件
垂直比尺	λ_H	100	满足表面张力及变率限制条件
几何变率	D_t	1	$D_t = \lambda_L/\lambda_H$
糙率比尺	λ_n	2.15	水流阻力相似条件
流速比尺	λ_V	10	水流重力相似条件
流量比尺	λ_Q	100 000	$\lambda_Q = \lambda_L\lambda_H\lambda_V$
水流运动时间比尺	λ_{t_1}	10	$\lambda_{t1} = \lambda_L/\lambda_V$
粒径比尺	λ_d	1.07	
含沙量比尺	λ_S	2	挟沙相似条件
河床变形时间比尺	λ_{t_2}	13.7	河床冲淤变形相似条件

4.6.3 东庄水库坝区模型

鉴于水库坝区模型本身无法验证,因此模型选用与泾河东庄水利枢纽工程下游河道动床物理模型试验一致的模型沙和含沙量比尺,含沙量比尺为2.8。

统计张家山站1964~2015年实测泥沙级配资料,入库平均悬移质泥沙级配曲线见图4-31,中数粒径为0.021 mm,模型悬沙选用河北唐山电厂的精选一级粉煤灰,并通过加工分选使其级配满足试验要求。表4-5为东庄水库坝区泥沙模型主要相似比尺。

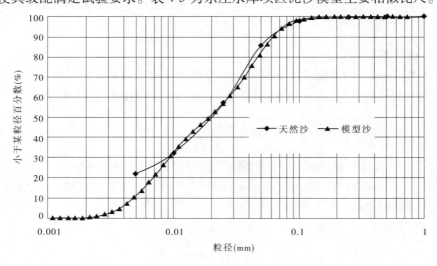

图4-31 天然悬沙和模型选沙级配

表 4-5 东庄水库坝区泥沙模型相似比尺汇总

项目		符号	比尺值
几何相似	水平比尺	λ_L	1 : 100
	垂直比尺	λ_H	1 : 100
水流运动相似	流速比尺	λ_V	1 : 10
	流量比尺	λ_Q	1 : 100\ 000
	糙率比尺	λ_n	1 : 2.15
	水流时间比尺	λ_{t_1}	1 : 10
模型沙特性	重率比尺	λ_{γ_s}	1 : 1.25
	水下重率比尺	$\lambda_{\gamma_s - \gamma}$	1 : 1.47
	悬沙干容重比尺	λ_{γ_0}	1 : 1.86
	床沙干容重比尺	λ_{γ_0}	1 : 1.86
悬沙运动相似	悬沙沉速比尺	λ_ω	1 : 10
	悬沙粒径比尺	λ_d	1 : 2.61
	含沙量比尺	λ_s	1 : 2.8
	悬沙冲淤时间比尺	λ_{t_2}	1 : 6.6
床沙运动相似	床沙粒径比尺	λ_d	1 : 3.35
	床沙沉速比尺	λ_ω	1 : 10
	单宽输沙率比尺	λ_{qsb}	1 : 1\ 091

4.7 小 结

（1）多沙河流水库近坝区具有低流速、高含沙、强冲刷、三维特性明显等特征，水流动力转换快，含沙量变幅大，河床冲淤剧烈，基于两相流基本理论，从泥沙颗粒与水流之间、泥沙颗粒之间的相互作用力入手，对水沙两相流理论方程进行了优化，构建了坝区三维水沙数学模型，进行了冲刷和淤积模型验证，模型应用于东庄水库和古贤水库。建立了平面二维水沙数学模型、立面二维水沙数学模型及一维水沙数学模型，均进行了模型验证和工程应用。

（2）多沙河流水库库坝区输沙流态和冲淤模式十分复杂，现有模型考虑不全面，难以适应高、超高、特高不同含沙量水库冲淤模拟。为此，我们调查了四十余座水库，深入研究了库坝区泥沙冲淤规律，经过对三门峡、小浪底、刘家峡、巴家嘴等水库的参数率定，计算精度提高了 10% 以上。

（3）针对坝区冲淤特性，从物理模型相似理论入手，对几何相似、水流运动的重力和阻力相似、悬沙运动相似、水流挟沙力相似、河床变形相似、床沙起动相似等提出了相似比尺公式，并列出了小浪底水库和东庄水库坝区物理模型试验采用的比尺。

淤积形态设计

5.1　水库淤积形态分类

水库淤积形态设计一般包括纵向和横向两个方面。

5.1.1　纵向淤积形态分类

在天然河流上修建水库后,抬高了河道的侵蚀基准面,破坏了河道与来水来沙相对平衡状态,由于河流自身的平衡趋向性,库区河道则发生剧烈的冲淤,河道演变的结果,将是在新的侵蚀基准面下达到新的平衡。

水库纵向淤积形态主要有三种基本类型,即三角洲、带状、锥体。实际水库的纵向淤积形态既有单一形式,又有复合形式,并在一定条件下淤积形态发生转型。

5.1.1.1　三角洲淤积

这种淤积形态比较广泛地出现在相对库容较大、来沙组成较粗、水库蓄水位变幅较小,库区地形开阔(如湖泊型水库)的水库中。修建在永定河上的官厅水库便是一个典型,见图 5-1。根据纵剖面外形及床沙粒配的沿程变化特点,可将淤积区分为五段:三角洲尾部段、三角洲顶坡段、三角洲前坡段、异重流淤积段和坝前淤积段。

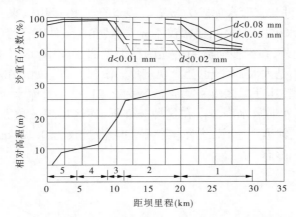

1—尾部段;2—顶坡段;3—前坡段;4—异重流淤积段;5—坝前淤积段

图 5-1　官厅水库淤积纵剖面及淤积物粒径沿程分布

三角洲尾部段是天然河流进入壅水区的第一段,此处挟沙水流处于超饱和状态,明显地呈现出水流对泥沙的分选作用,淤积物主要是推移质和悬移质中的较粗部分。实测资料表明,淤积物中 $d<0.08$ mm 的泥沙在本段起点处仅占 10%,在终点处则占 90% 左右,说明具有明显的床沙沿程细化现象。

三角洲顶坡段的挟沙水流已趋近于饱和状态,顶坡坡面一般与水面线接近平行,水流接近均匀流。与水流条件相适应,顶坡上的床沙组成沿程变化不大,无明显的床沙沿程细化现象,见图 5-1 中的沙重百分数沿程变化线。顶坡段的平均比降可作为水库的淤积平衡比降。平衡比降一般要比原始河床的比降更为平缓。根据美国 31 座水库及我国 14 座水库的实测资料,平衡后的坡降约相当于原河床比降的 1/2。

三角洲前坡段的主要特点是水深陡增,流速剧减,水流挟沙力也大大减小,挟沙水流又一次处于超饱和状态,泥沙在此再一次发生淤积和分选,其结果使三角洲不断向坝前推移,河床沿程细化。官厅水库 1956~1958 年资料表明,三角州向坝前推进的速度是每年 3 km 左右。图 5-1 中,$d < 0.01$ mm 的沙重百分数沿程明显加大。

异重流淤积段的主要特点是:异重流潜入后,因进库流量减小或其他原因,部分异重流未能运行到坝前便发生滞留现象,造成淤积。淤积的泥沙组成较细,官厅水库的资料表明,80%以上的泥沙粒径小于 0.02 mm,粒径沿程几乎无变化,基本上不存在分选作用。淤积分布比较均匀,其淤积纵剖面大致与库底平行。

坝前淤积段的主要特点是:这里的泥沙淤积是由于不能排往水库下游的异重流在坝前形成浑水水库,泥沙几乎以静水沉降的方式慢慢沉淀,淤积的泥沙全为细颗粒,淤积物表面往往接近水平。

根据官厅水库的实测资料分析,淤积的泥沙大量分布在三角洲上,其淤积沙量占进库总沙量的60%左右,而异重流淤积段只占10%左右,其余30%淤在坝前或排往下游。

必须指出,三角洲淤积形态并非只在多沙河流的湖泊型水库中出现,在多沙河流的河道型水库中也有出现。例如,辽宁省红山水库为典型的河道型水库,位于西辽的主要支流之一老哈河中游,多年平均含沙量为 44 kg/m³,悬移质中数粒径为 0.02 mm,含沙量高而泥沙组成细,水沙条件与官厅水库较为接近。1965 年水库运用以来,库水位年内变幅较小,为 6~8 m,汛期水位相对稳定,变幅仅 4 m 左右,在此条件下,库区形成了三角州淤积形态(见图 5-2)。此外,在少沙河流的上述两种类型的水库中,尽管进库含沙量不大,只要库水位年内变幅不是太大,库区也会出现三角洲淤积形态。如山东省冶源水库,水流出谷后到坝前为湖泊型,其进库多年平均含沙量为 2.21 kg/m³,库水位年内变幅为 5~10 m,汛期蓄水,枯季需水时放水灌溉。在这种条件下,库区出现三角洲淤积形态。江西省上犹江水库是典型的河道型水库,进库多年平均含沙量仅为 0.12 kg/m³,但其支流营前水也出现三角洲淤积形态。

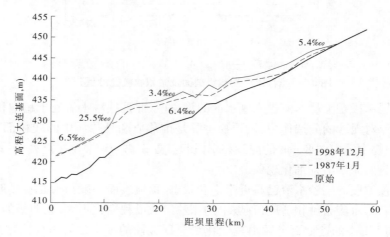

图 5-2 红山水库纵剖面(深泓点)

5.1.1.2 带状淤积

这种淤积形态多出现在河道型水库中,以丰满水库为例说明这种淤积形态的现象和特点。

丰满水库为修建在少沙河流上的一个典型的河道型多年调节水库,位于第二松花江干流上,该水库进库沙量少,多年平均含沙量仅为 0.24 kg/m³,进库泥沙较细,粒径小于 0.01 mm 的泥沙平均占 50%,汛期进库泥沙中数粒径 d_{50} 为 0.01 ~ 0.02 mm,库水位变幅较大,正常运用时变幅为 10 ~ 20 m,与此相应,回水变动范围也较长。上述水库形态、水沙特点和运用条件所造成的水库淤积特点是,淤积自坝前一直分布到正常高水位的回水末端,呈带状均匀淤积(见图 5-3)。根据水库运用情况和水流泥沙运行特点,可以将淤积地区分为三段,即变动回水区、常年回水区行水段、常年回水区静水段。

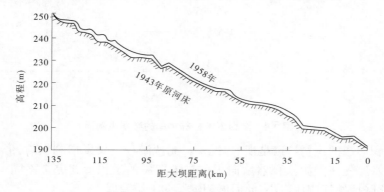

图 5-3 丰满水库带状淤积形态

变动回水区是指最高和最低库水位的两个回水末端范围内的库段。在此范围内淤积的泥沙较粗,绝大部分是推移质和悬移质中的较粗部分,淤积分布也较均匀。在此段,由于水库的多年调节作用,水位变化具有周期性,水流条件也发生相应变化。当库水位较高时,回水末端位居上游,较粗泥沙便开始在此淤积;当库水位下降后,回水末端向下游移动,原来高水位淤积的泥沙被冲到下游,并在下游回水末端处淤积,这样便形成比较均匀的带状淤积。因为淤积的沙量甚少,而泥沙组成又很细,高水位时淤积的泥沙在低水位时能被水流冲到下游,故未能形成三角洲淤积。此外,由于水流条件的周期性变化,不同运用时期不同水流条件对泥沙的分选作用,还在横断面上形成粗细泥沙沿垂线方向分层交错的现象。库水位下降时,回水末端以上的河段恢复成天然河道,河床发生冲刷,形成一定宽度的主槽。

常年回水区行水段是指最低库水位回水末端以下具有一定流速的库段。此段除首端略有少量推移质淤积外,主要是悬移质淤积。因为含沙量小,泥沙细,而水流沿程变化又较小,故淤积范围长,分布也较均匀,仅为一很薄的淤积层,不足以形成三角洲淤积。

常年回水区静水段是指坝前水流几乎为静水的库段。此段全为悬移质中的极细泥沙,以静水沉降方式沉淀到库底形成的淤积,其淤积分布极为均匀,基本上是沿湿周均匀薄淤一层。

5.1.1.3 锥体淤积

在多沙河流上修建的小型水库,比较普遍地出现锥体淤积形态。图 5-4 为陕西省黑松林水库的淤积纵剖面,属于典型的锥体淤积。

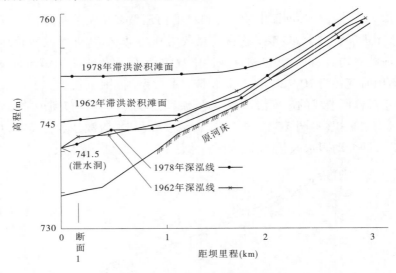

图 5-4　陕西省黑松林水库的淤积纵剖面

锥体淤积形态的主要特点是坝前淤积多,泥沙淤积很快发展到坝前,形成淤积锥体,与上述大型水库先在上游淤积然后向坝前推进发展的淤积形式完全不同。当水库淤满后,河床纵比降比原河床比降小,此后淤积继续向上游发展。

上述淤积的特点,主要是由水库壅水段短、底坡大、坝高小、进库沙量高等因素综合造成的。首先,因为底坡大、坝高小,故水流流速较大,能将大量泥沙带到坝前淤积;又因进库水流含沙量高,故造成坝前淤积发展很快。其次,异重流淤积也是重要原因之一,因为水库壅水段短、底坡大,异重流常常能运行到坝前;此外,由于水库小,异重流到坝前之后即逐渐排挤清水,并和清水相混合,使水库的清水完全变浑,异重流随之消失,挟带的泥沙便在坝前大量淤积。

多沙河流上的大型水库,在一定条件下也会出现锥体淤积形态。如黄河干流上的三门峡水库,在滞洪运用时期,因库水位较低,库区流速较大,大量泥沙被带到坝前淤积,因而出现锥体淤积形态(见图 5-5)。

有些少沙河流上的水库(如山东省七一水库),尽管含沙量不大,但由于坡陡流急、回水短,也会出现锥体淤积形态。

另外,库支流倒灌淤积干流,在干流形成拦门沙坎的倒锥体淤积形态,如刘家峡水库支流洮河倒灌淤积干流的形态。图 5-6 为黄河上游刘家峡水库干流库区纵向淤积形态,为典型的三角洲淤积形态。干流淤积三角洲逐渐向前推进,2001 年三角洲顶点距坝址约 28 km。通过三角洲输送下来的泥沙,一部分在三角洲前坡段淤积,使三角洲前坡段基本上平行推移;另一部分在前坡段下游淤积。由于受到洮河倒灌淤积干流形成的倒锥体沙坎所阻,干流泥沙来不到坝前排出水库。

水库三种类型的纵向淤积形态都具有过渡的性质,对于能够达到淤积平衡的水库,最

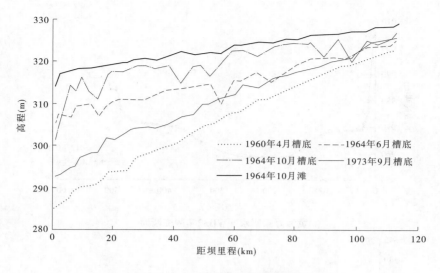

图 5-5　三门峡水库淤积纵剖面

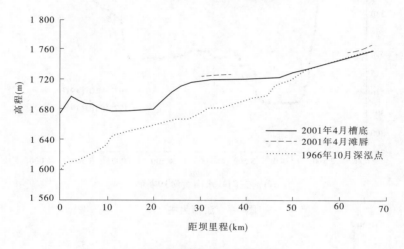

图 5-6　刘家峡水库纵剖面

终过渡到形成锥体淤积平衡形态。在水库初期淤积过程中,因不同的条件,会出现不同类型的过渡淤积形态。在多沙河流水库,向淤积平衡过渡时间较短;在少沙河流水库,向淤积平衡过渡时间较长。三种类型纵向淤积形态以三角洲淤积形态最为复杂,包括尾部段、顶坡段、前坡段、异重流淤积段,当异重流排沙受阻时又形成近坝段浑水水库,呈现近坝段水平淤积并向上游延伸。

5.1.2　横向淤积形态分类

水库横向淤积形态一般有四种类型,即淤槽为主(见图 5-7)、淤滩为主(见图 5-8)、沿湿周淤积(见图 5-9)、淤积面水平抬高(见图 5-10)。

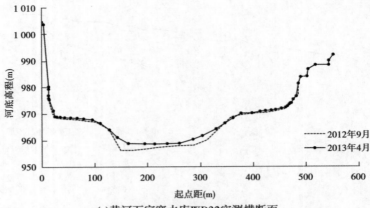

(a)黄河万家寨水库WD32实测横断面

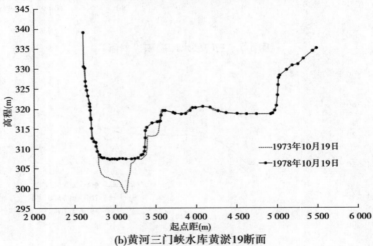

(b)黄河三门峡水库黄淤19断面

图 5-7 淤槽为主

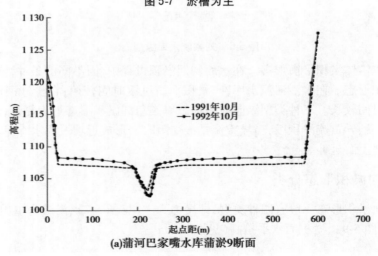

(a)蒲河巴家嘴水库蒲淤9断面

图 5-8 淤滩为主

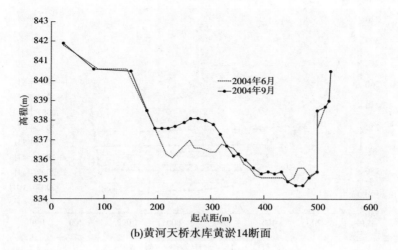

(b)黄河天桥水库黄淤14断面

续图 5-8

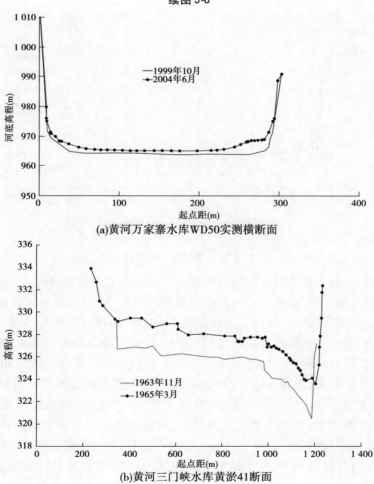

(a)黄河万家寨水库WD50实测横断面

(b)黄河三门峡水库黄淤41断面

图 5-9　沿湿周淤积

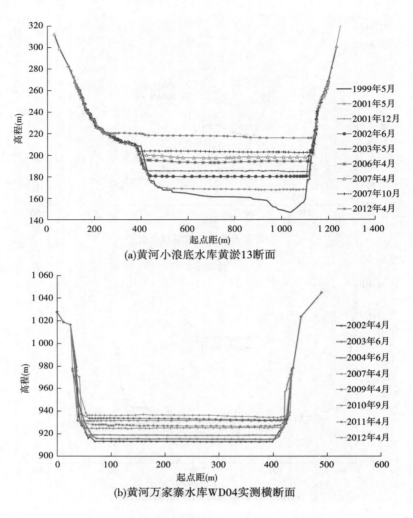

(a)黄河小浪底水库黄淤13断面

(b)黄河万家寨水库WD04实测横断面

图5-10　淤积面水平抬高

上述是单纯淤积条件下的水库横剖面形态。实际上水库在一定时间间隔中不仅会发生淤积,也可能发生冲刷,从而使淤积形态复杂化。另外,由于水位升降在同一个断面内不同高程点的淹没时间是不一样的,高程低的点,淤积时间长;高程高的点,淤积时间短,这也从另一方面造成了横断面淤积形态的复杂性。因此,除这四种横向淤积形态外,也有不少横断面淤积是介于两种类型之间或兼有一种以上。例如,由于冲刷时冲槽不冲滩,可能使淤积时的淤槽为主,变为累计后的沿湿周等厚淤积甚至淤滩为主。图5-11绘出了丹江口水库的一个横剖面。从图5-11看出,1974年12月测量时,典型地表现为淤槽为主,但到1976年12月测量时,由于经过了冲刷,主槽淤积物大量被冲走,相对于1966年12月而言,则表现为沿湿周等厚淤积。当水位变幅很大时,由于主槽淤积时间长,淤得厚,两岸淤积时间短,淤得薄,可能使淤积时的沿湿周等厚淤积变为累计后的淤槽为主,见图5-12。

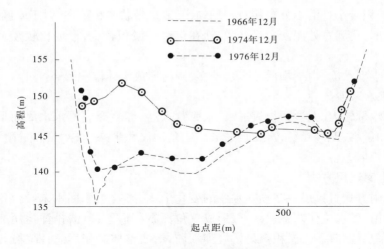

图 5-11　丹江口横剖面冲淤后形态

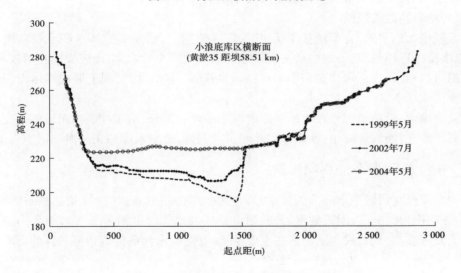

图 5-12　小浪底水库横剖面冲淤后形态

5.2　水库淤积形态主要影响因素

5.2.1　纵向淤积形态的影响因素

　　影响水库纵向淤积形态的因素主要有库区地形条件、来水来沙条件、水库运用方式、水库的泄流规模等。

5.2.1.1　库区地形条件

　　库区地形一般可分为湖泊型、河道型及界于两者之间的形状。库区地形对淤积量和淤积分布影响甚大。湖泊型水库由于水流入库后的突然扩散,水流挟沙力锐减,大量泥沙淤积在库首,往往形成三角洲淤积形态;河道型水库因其库形狭长,水流挟沙力处于缓变过程,泥沙淤积量小且沿程分布相对较均匀,一般呈带状淤积形态;对于库区地形复杂、宽窄相间的水库,在展宽处泥沙大量淤积,而在束窄处淤积较少,形成比较复杂的不均匀淤积状态。

对于中小型水库,由于坝低、库短、沙多,则易形成锥体淤积形态。

5.2.1.2 来水来沙条件

来水来沙量较大、泥沙颗粒较细时,水库蓄水后,容易形成浑水水库而呈锥体淤积形态;来水来沙量小、泥沙颗粒较粗时,易形成三角洲淤积形态;来水量、来沙量小的水库多形成带状淤积形态。

5.2.1.3 水库运用方式

水库运用方式直接反映在坝前水位的变化上,它影响水库回水末端位置的变化。蓄水的水库运用,库水位变幅不大,一般形成三角洲淤积形态;蓄清排浑运用或调水调沙运用的水库,库水位变幅大,淤积容易发展到坝前,形成锥体淤积形态;滞洪运用的水库,当泄流规模较大时,一般易形成锥体淤积形态或带状淤积形态。

5.2.1.4 水库的泄流规模

泄流规模大的水库,在蓄清排浑运用时,库区流速大,易形成锥体淤积或带状淤积形态;在滞洪排沙运用时,易形成带状淤积形态。泄流规模小的水库,库区流速相对较小,在蓄洪运用时,一般形成三角州淤积形态;在“滞洪排沙”运用时,又利于形成锥体淤积形态或三角洲淤积形态。

泄流规模大,淤积的泥沙在水库泄水时可能冲走一部分,由于冲刷作用可能改变水库原有的淤积形态;泄流规模小,冲刷作用甚弱,往往难以改变水库原来的淤积形态。

5.2.2 横向淤积形态的影响因素

影响水库横断面淤积形态的因素很多,包括水库运用方式、含沙量及悬移质级配、流速、水深等在横向的分布,附近的河势,断面形态以及水库纵剖面形态等。结合小浪底水库横断面淤积形态分析,横向淤积形态主要受运用方式、水沙条件等边界条件的影响而调整。

5.2.2.1 水库运用方式对横向淤积形态的影响

我国多沙河流上的水库运用方式可以概括为四种类型:蓄洪运用、蓄清排浑运用,自由滞洪或控制缓洪运用以及多库联合运用。

蓄洪运用,即水库的蓄水、放水等调度是完全根据各用水兴利部门的要求确定的,不受河道来沙情况的制约,从调节径流处理泥沙程度方式的不同,蓄洪运用方式又可分为蓄洪拦沙与蓄洪排沙两类。蓄清排浑运用,就是水库在主要来沙期降低运用水位,采取空库迎洪滞洪排沙,或控制低水位运用利用异重流浑水水库排沙。自由滞洪运用,水库泄流设施不设闸门控制,泄流规模较大,水库对洪水起削峰滞沙作用,一般水流“穿堂”而过,控制缓洪运用是有控制地蓄一部分洪水。多库联合运用,是上下游水库进行调节与反调节,充分利用、合理开发水利资源。

无论水库采用哪种运用方式,水库淤积平衡趋向性是一致的,水库淤积建立起与来水来沙及河床组成相适应的平衡河床以后,淤积就达到极限状态。对于蓄洪运用的水库,横向淤积形态比较平坦,淤积面平行抬高,在回水末端附近才出现滩槽。对蓄清排浑运用的水库,横向淤积形态有明显的滩槽,对具有空库运行阶段的水库,其滩槽淤积变化规律为"滩面只淤不冲,逐渐抬高,主槽冲淤交替,相对稳定"。对自由滞洪运用水库,横向淤积形态有明显的滩槽,滩槽淤积变化规律同蓄清排浑运用。

小浪底水库运用分初期"拦沙、调水调沙"运用和后期"蓄清排浑、调水调沙"运用两个时期。初期运用采取逐步抬高主汛期(7~9 月)水位拦粗排细和调水调沙。调节期(10月至翌年 6 月)高水位蓄水拦沙和调节径流运用。

小浪底水库运用初期,随着蓄水时间的增长和运用水位的抬高,三角洲逐渐向坝前推进,在水库运用初期,淤积形态主要表现为三角洲的推进及洲面的抬高。

图 5-13 为小浪底水库黄淤 49 断面的冲淤形态。2002 年 6 月水库平均运用水位为233.67 m,2003 年 5 月水库平均运用水位为 228.01 m,水位降低了 5.66 m,主槽发生冲刷,最大冲刷深度 0.9 m。2003 年 10 月水库平均运用水位为 262.07m,最高水位达 265.4m(2003 年 10 月 15 日),导致 2003 年 10 月库区淤积三角洲顶点上移至距坝 72.06 km,泥沙主要淤积在距坝 50~110 km 范围内,这是水库 2003 年淤积部位靠上的主要原因之一,也导致了 2003 年 10 月横断面淤积抬升较高,最大淤积厚度达 25.5 m。2004 年 5 月水库平均运用水位降低了 5.63 m,横断面出现淤滩刷槽现象,并形成明显的滩槽。2004 年 10月水库平均运用水位又大幅下降,较汛前水位降低了 15.86 m,导致横断面全断面冲刷,河槽基本恢复到原始河床;随着运用水位的逐渐抬升,2005 年及 2006 年汛前河槽又逐渐淤积抬高。反映了水库运用水位对横断面形态的影响,水位升高时,基本沿全断面淤积;当水位降低幅度较小时,主要冲刷主槽,当水位降低幅度较大时,全断面冲刷。

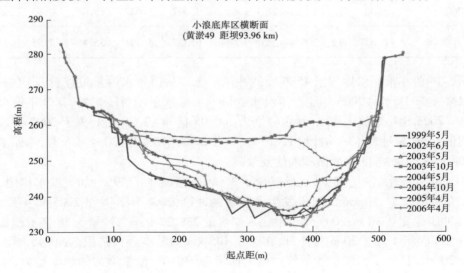

图 5-13　黄河小浪底水库黄淤 49 断面横向淤积形态

5.2.2.2　入库水沙条件对横向淤积形态的影响

2000 年 7 月至 2010 年 6 月,小浪底水库年平均入库水量为 198.55 亿 m^3,其中汛期水量 86.43 亿 m^3,占年水量的 43.5%;年平均入库沙量 3.391 亿 t,其中汛期沙量 3.064

亿 t,占年沙量的 90.4%;年平均含沙量 17.08 kg/m³,汛期平均含沙量 35.45 kg/m³。小浪底水库入库水沙特征值见表 5-1。

表 5-1 小浪底水库入库水沙特征值统计

水文年	水量(亿 m³)			沙量(亿 t)			含沙量(kg/m³)		
	汛期	非汛期	全年	汛期	非汛期	全年	汛期	非汛期	全年
2000	67.18	80.94	148.12	3.168	0	3.168	47.15	0	21.39
2001	53.84	108.08	161.92	2.941	0.981	3.922	54.63	9.08	24.22
2002	50.43	69.87	120.30	3.494	0.005	3.499	69.29	0.07	29.09
2003	146.86	113.19	260.05	7.755	0	7.755	52.81	0	29.82
2004	66.66	103.10	169.76	2.724	0.456	3.180	40.86	4.42	18.73
2005	104.73	133.49	238.22	3.611	0.249	3.860	34.48	1.87	16.20
2006	87.51	105.71	193.22	2.076	0.609	2.685	23.72	5.76	13.90
2007	122.06	138.10	260.16	2.513	0.593	3.106	20.59	4.29	11.94
2008	80.02	135.44	215.46	0.744	0.364	1.108	9.30	2.69	5.14
2009	85.02	133.26	218.28	1.615	0.007	1.622	19.00	0.05	7.43
10 年平均	86.43	112.12	198.55	3.064	0.327	3.391	35.45	2.91	17.08

图 5-14 为小浪底水库黄淤 45 断面的冲淤形态。从历年水沙量过程看,小浪底水库运用以来除 2003 年和 2005 年受秋汛洪水的影响入库水量相对较丰外,其余年份水沙量均较枯。2003 年小浪底入库水、沙量分别为 260.05 亿 m³、7.76 亿 t,大于 2000 年以来多年平均值,沙量超过多年平均沙量 128.7%,导致 2003 年 5 月至 2004 年 5 月,水库淤积严重,2004 年 5 月黄淤 45 断面淤积面达到最高。

2004 年入库水、沙量减少,水量减少了 35%,沙量减少了 59%,加上洪水作用,小浪底水库在距坝 55～110 km 的河段发生了明显的冲刷,2004 年 5 月至 2005 年 4 月,黄淤 45 断面冲刷深度达 30 m;2005 年小浪底入库水量 238.22 亿 m³,沙量 3.86 亿 t,沙量增加了 21%,2005 年 4 月至 2006 年 4 月,在距坝 105 km 内基本全程淤积,黄淤 45 断面平行抬升了 20 m。反映了入库水沙条件对横断面形态的影响,沙量增加的幅度越大,淤积面抬升越多。

5.3 水库淤积形态判别条件

纵向淤积形态是淤积形态设计关注的焦点。关于水库纵向淤积形态的判别,国内不

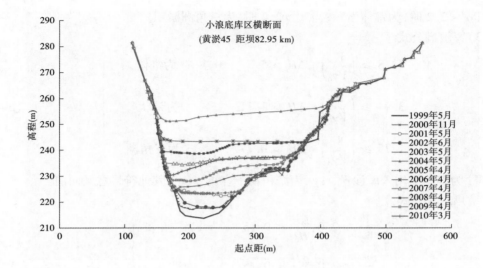

图 5-14　黄河小浪底水库黄淤 45 断面横向淤积形态

少单位曾在分析水库实测资料的基础上提出不少判别公式,可供水库规划设计时结合实际情况参考应用。

(1)陈文彪、谢葆玲公式。分析 8 座少沙河流水库实测资料,以 $\dfrac{h}{\Delta h}$ 表征对纵向淤积形态起主要作用的水库运用方式的影响,以 $\dfrac{W_s}{W}$ 表征入库水沙条件的影响,建立淤积形态判别式为

$$\varphi = \frac{h}{\Delta h}\left(\frac{W_s}{W}\right)^{0.5} \tag{5-1}$$

式中:Δh 为水库历年平均坝前水位变幅,m;h 为水库历年平均坝前水深,m;W_s 为多年平均年入库悬移质输沙量,亿 m^3;W 为多年平均年入库水量,亿 m^3。

当 $\varphi \geqslant 0.04$ 时,为三角洲淤积;当 $\varphi < 0.04$ 时为带状淤积。

(2)清华大学水利系及西北水利科学研究所公式。

$$a = \frac{V}{W} \tag{5-2}$$

式中:V 为库容,m^3,对一场洪水而言,就是相应于这场洪水中的最大库容,对较长时期而言,则用汛期平均库水位以下的库容;W 为入库水量,m^3,对一场洪水而言,就是这场洪水的洪量,对较长时期而言,则用汛期平均来水量。

当 $a \geqslant 0.3$ 时,为三角洲淤积;当 $a < 0.3$ 时,为锥体淤积。

另一判别指标:

$$a' = \frac{V}{W_s i_0} \tag{5-3}$$

式中:V 为时段平均库容,m^3,对长期的淤积而言,用总库容;W_s 为入库沙量,m^3,对长期淤积而言,用多年平均入库沙量;i_0 为原河道比降(‰)。

当 $a' < 2.2$ 时,为锥体淤积;当 $a' > 2.2$ 时,为三角洲淤积。

(3)罗敏逊公式。

$$
\left.
\begin{aligned}
43.8 &\geq \left(\frac{W_s}{V\gamma_0}\right)^{1/3} \Delta H > 5.3 \qquad\qquad 为锥体\\[2mm]
3.94 &\geq \left(\frac{W_s}{V\gamma_0}\right)^{1/3} \Delta H > 1.11 \qquad\qquad 为带状\\[2mm]
1.75 &\geq \left(\frac{W_s}{V\gamma_0}\right)^{1/3} \Delta H > 0.777 \qquad\quad 为三角洲
\end{aligned}
\right\}
\tag{5-4}
$$

式中: W_s 为多年平均入库沙量,t; γ_0 为淤积物干容重,t/m³;其他符号意义同前。

(4)焦恩泽公式。

$$
\left.
\begin{aligned}
\frac{V}{W_s} &\geq 2.0, \frac{\Delta H}{H_0} \leq 0.15 \qquad\qquad 为三角洲\\[2mm]
\frac{V}{W_s} &< 2.0, \frac{\Delta H}{H_0} > 0.15 \qquad\qquad 为锥体
\end{aligned}
\right\}
\tag{5-5}
$$

式中: V 为相应于汛期平均库水位的库容,m³; W_s 为汛期平均进库总沙量,t; H_0 为汛期坝前泄流底坎高程以上平均水深,m; ΔH 为汛期坝前水位变幅,m。

(5)原水电部第十一工程局勘测设计院分析了7座水库实测资料(其中5座为多沙河流水库),提出了如下经验判别式:

$$
\left.
\begin{aligned}
\frac{SV}{Q} &> 1, \frac{\Delta H}{H_0} < 0.1 \qquad\qquad 为三角洲淤积\\[2mm]
\frac{SV}{Q} &< 0.25, \frac{\Delta H}{H_0} > 1 \qquad\qquad 为锥体淤积\\[2mm]
1 > \frac{SV}{Q} &> 0.25, 1 > \frac{\Delta H}{H_0} > 0.1 \qquad 为带状淤积
\end{aligned}
\right\}
\tag{5-6}
$$

式中: Q 为入库汛期平均流量,m³/s; S 为入库汛期平均含沙量,kg/m³; V 为水库汛期平均水位下库容,亿 m³; ΔH 为水库汛期坝前水位变幅,m; H_0 为水库汛期泄流底孔进口底坎以上平均水深,m。

(6)韩其为的研究。韩其为提出水库淤积的三角洲趋向性。资料表明,当坝前水位和来水来沙不发生变化时,水库淤积在沿程是不均匀的,即中间某段淤积最厚,其余的地方淤积较薄。确定水库淤积纵向形态的指标是泥沙淤积百分数,可以按是否能淤下三角洲淤积百分数来表示,不能淤下的就会形成锥体,能淤下的则只能形成带状和三角洲。因为水库长度、壅水程度、水库形状、来沙颗粒粗细以及单宽流量的大小,都会影响水库的淤积百分数,因而采用这个条件就可以间接反映这些因素对水库纵向淤积形态的影响。可以根据泥沙级配,做出淤积时的分选曲线,由该曲线查出平均沉速开始接近于常数的淤积百分数作为从进库断面至三角洲前坡脚的淤积百分数,即作为三角洲淤积百分数。锥体淤积形成的基本条件是淤积百分数小,而要满足这个条件,则要求壅水很低,或者壅水虽略高,但坝前水位起伏大,有时不蓄水。为了定量计算,求出锥体淤积的临界百分数 λ_k,当水库淤积百分数 $\lambda = \dfrac{S_0 - S}{S_0} \leq \lambda_k$ 时,则出现锥体淤积。对于三角洲淤积,必须壅水较

高,使水库淤积百分数 λ 大于或等于三角洲淤积百分数 λ(一般为 0.6~0.85),并且坝前水位变幅必须小于某个数值。对于带状淤积,除淤积百分数要较大外,变动回水区的长度一般要达水库长度的 50%~60% 以上。

需要指出的是,这些经验判别式都受所用实测资料的限制,所得判别仅具有参考意义。有些水库的淤积形态十分复杂,由其复杂的水库地形条件或其他特定条件决定,便不能用经验判别式简单地识别了,而应结合不同水库的具体条件加以分析。

5.4　水库淤积形态设计

5.4.1　淤积形态计算方法

水库淤积形态设计关系到水库库容规模论证、水库兴利计算等环节,是水库工程泥沙设计的关键环节,宜考虑实际情况,采用多种方法分析计算,相互校验。水库泥沙淤积的研究是在实践过程中不断得到发展的。20 世纪 50 年代初仅估算死库容淤满年限,后来认识到水库呈三角洲、锥体、带状等淤积形态,用三角洲法和平衡比降法进行水库冲淤计算。80 年代,先后建立了饱和、非饱和输沙计算法,在分析实测资料的基础上,建立了水库泥沙冲淤过程的物理图形和计算方法。进入 21 世纪,随着人们认识水平的提高和计算机的发展,水沙数学模型成为研究库区水流泥沙运动及库区冲淤演变的有力工具,并得到广泛应用。以下介绍常用的经验公式计算分析方法、水沙数学模型模拟分析方法以及基于能耗原理的计算分析方法。

5.4.1.1　经验公式计算分析方法

根据已建水库资料,研究一般性规律,建立了水库纵向、横向计算的经验公式,是多沙河流水库淤积形态设计的一种常用方法。

1.淤积纵剖面形态设计

1)三角洲淤积河床的纵剖面比降计算

水库广义的三角洲淤积形态,见图 5-15,它包括尾部段、顶坡段、前坡段、沿程淤积段和坝前淤积段等五段纵向比降,淤积物粒径沿程水力分选,由粗到细。

(1)水库尾部段比降。

水库尾部段一般为砾卵石推移质淤积,少数为粗沙推移质淤积。一方面为准平衡输沙,另一方面随着三角洲向下游推进,尾部段河床淤高并上延淤积。但尾部段比降仍按平衡比降计算。

①王士强公式。

根据黄河干、支流资料,得

$$i = 2.25 \times 10^{-4} D_{50}^{0.55} q^{-0.83} \tag{5-7}$$

式中:D_{50} 为床沙中数粒径,mm;q 为多年汛期平均单宽流量,$m^3/(s \cdot m)$。

式(5-7)不宜用于 $D_{50} < 1.0$ mm 的河床。

②焦恩泽公式。根据 15 座水库资料,得

$$i_尾 = 0.68i_0 \tag{5-8}$$

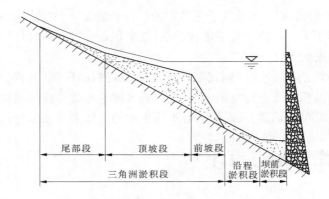

图 5-15　三角洲淤积形态

式中：i_0 为原河道比降。

③涂启华、李群娃公式。

统计水库尾部段比降与上游天然河道比降的相关关系，以及冲积性河道的下河段比降和上河段比降关系的资料，建立水库尾部段比降计算关系式

$$i_尾 = 0.054 i_上^{0.67} \tag{5-9}$$

式中：$i_尾$ 为水库尾部段比降；$i_上$ 为水库尾部段上游天然河段比降。

（2）三角洲（或锥体）顶坡段比降。

淤积三角洲（或锥体）顶坡段为准平衡输沙，随着三角洲向下游推进，顶坡段淤积面升高，但顶坡段比降仍按平衡比降计算。

①陈文彪、谢葆玲公式。

$$i = \frac{n^2 g^{5/6} \omega_0^{5/6} S^{5/6m} B^{0.5}}{K^{5/6m} Q^{0.5}} \tag{5-10}$$

式中：ω_0 为泥沙在清水中的单颗粒沉速，m/s。

②韩其为和梁栖容公式。

$$i = 47.3 \frac{n^2 \zeta^{0.4} S^{0.678} \omega^{0.73}}{Q^{0.2}} \tag{5-11}$$

式中：ζ 为河相系数（$\zeta = \dfrac{\sqrt{B}}{h}$）。

对于变动流量则需要采用反映变动流量影响的代表性流量，提出

$$i_k = \frac{6.11 \times 10^5 n_{k1}^2 W_S^{0.678} \zeta_{k1}^{0.4} \omega^{0.73}}{Q_{k1}^{0.878} T^{0.678}} \tag{5-12}$$

式中：Q_{k1} 为代表塑造河床纵剖面的造床流量；n_{k1}、ζ_{k1} 分别为在流量 Q_{k1} 下的糙率和河相系数 $\dfrac{\sqrt{B}}{h}$ 值；T 为排沙期天数；W_S 为排沙期的总输沙量，亿 t。

③姜乃森公式。

$$i = A_* \frac{S^{5/6} d_{50}^{5/3} D_{50}^{1/3} B^{1/2}}{Q^{1/2}} \tag{5-13}$$

根据黄河、渭河、永定河等的水库和河道的汛期平均资料,求得系数 $A_* = 1.21 \times 10^4 \sim 1.68 \times 10^4$,取平均值 $A_* = 1.45 \times 10^4$。

④涂启华、朱粹侠公式。

$$i = K \frac{Q_{S出}^{0.5} d_{50} n^2}{B^{0.5} h^{1.33}} \tag{5-14}$$

式中:系数 K 值与汛期(主汛期)平均来沙系数 $\left(\dfrac{S}{Q}\right)_入$ 成反比关系,见表 5-2;B、h 分别为按汛期(主汛期)平均流量计算的水面宽,m 和平均水深,m;$Q_{S出}$ 为汛期(主汛期)平均出库输沙率,t/s;d_{50} 为汛期(主汛期)平均出库悬移质泥沙中数粒径,mm;n 为汛期(主汛期)平均糙率。

表 5-2　平衡比降公式(5-14)的系数 K 值

$\left(\dfrac{S}{Q}\right)_入$	<0.0007	0.0007 ~ 0.001	0.001 ~ 0.003	0.003 ~ 0.007	0.007 ~ 0.01	0.01 ~ 0.05	0.05 ~ 0.10	0.10 ~ 0.20	0.20 ~ 0.4	0.4 ~ 0.6	0.6 ~ 1.4	1.4 ~ 2.8	2.8 ~ 6.2	6.2 ~ 10	10 ~ 20	20 ~ 40	>40
K	1200	1000	840	510	350	200	140	112	84	62	45	34	22	17	13	9	7.5

注:1. 可按表中的分级汛期(主汛期)来沙系数 $\left(\dfrac{S}{Q}\right)_入$ 取相对应的 K 值。

2. 亦可按 $K = \dfrac{46.8}{\left(\dfrac{S}{Q}\right)_{汛入}^{0.454}}$ 关系式计算相应的 K 值。

3. 按实测资料验证选取 K 值。

式(5-14)亦可用造床流量的水沙条件计算。

沙质河床河槽水面宽和平均水深可按下式计算:

$$B = 38.6Q^{0.31} \tag{5-15}$$
$$h = 0.081Q^{0.44} \tag{5-16}$$

相应过水断面面积 $A = 3.127Q^{0.75}$,断面平均流速 $V = 0.32Q^{0.25}$。

如果受到河谷的影响,水面宽受到一定的约束,则在保持过水断面面积 $A = 3.127Q^{0.75}$ 和过水断面平均流速 $U = 0.32Q^{0.25}$ 关系不变的条件下,调整水面宽和水深,使河槽变窄深。当河谷宽小于 600 m 时,$B = 34.9Q^{0.31}$,$h = 0.089Q^{0.44}$;当河谷宽小于 500 m 时,$B = 29.8Q^{0.31}$,$h = 0.105Q^{0.44}$;当河谷宽小于 400 m 时,$B = 25.2Q^{0.31}$,$h = 0.125Q^{0.44}$;当河谷宽小于 300 m 时,$B = 18Q^{0.31}$,$h = 0.173Q^{0.44}$;当水面宽完全受河谷限制时,则水面宽等于河谷宽,按同流量同过水断面面积而增大水深。对于水库尾部段为粗砂、砾石和卵石推移质淤积的河槽,则按 $A = 15.2Q^{0.55}$,$V = 0.066Q^{0.45}$,$B = 73.5Q^{0.22}$,$h = 0.207Q^{0.33}$ 计算;若受河谷影响,当河谷宽小于 300 m 时,则按 $B = 24.8Q^{0.28}$,$h = 0.304Q^{0.33}$ 计算;若完全受河谷影响,则水面宽等于河谷宽,按同流量同过水断面面积而增大水深。

⑤武汉水利电力学院河流动力学及河道整治教研组公式。

$$i = \frac{\zeta^{0.4} g^{0.73} S^{0.73/m} \omega^{0.73} n^2}{K^{0.73/m} Q^{0.2}} \tag{5-17}$$

根据河道和水库实际资料确定式(5-17)中的各项数据。

式中单位采用 m、kg、s 制。

水库在淤积发展过程中的比降,可以根据发展过程中的条件,对比降公式中的各项参数进行分析确定,计算水库淤积发展阶段的淤积比降。

推移质淤积比降,可以参照实测资料或水槽及模型试验资料建立计算关系式。如谭伟民、白荣隆等研究的推移质淤积比降 i_0 与 $\dfrac{D_{50}}{\sqrt{\dfrac{q^2}{g}}}$ 的关系,如图 5-16 所示,可供参考应用,

式中:D_{50} 为淤积物中数粒径,m;q 为单宽流量,m³/(s·m);g 为重力加速度。

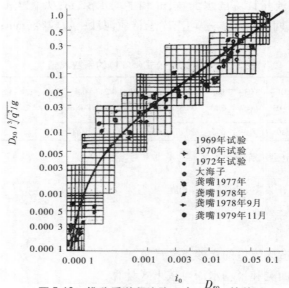

图 5-16 推移质淤积比降 i_0 与 $\dfrac{D_{50}}{\sqrt{\dfrac{q^2}{g}}}$ 的关系

(3)三角洲(或锥体)前坡段比降。

①王士强公式。

$$\frac{i_{前}}{i_{顶}} = 11.4 - 23.9\,\frac{i_{顶}}{i_0}$$

式中:i_0 为前坡段下游原河道比降。

②韩其为公式。由计算前坡段长度 l 可求得前坡段比降。

$$l_{前} = \left(\frac{h_k}{h_b}\right)^2 \frac{Q}{B_k \omega} \tag{5-18}$$

式中:$l_{前}$ 为前坡段长度,m;h_k 为平衡水深,m;B_k 为平衡河宽,m;h_b 为三角洲顶点水深,m,$h_b = (1.2 \sim 1.3)h_k$;ω 为前坡段泥沙清水沉速,m/s;Q 为造床流量,m³/s。

当实际水面宽度接近平衡河宽 B_k 时,则略去式中的 $\left(\dfrac{h_k}{h_b}\right)^2$ 项。

③涂启华、李世滢、孟白兰公式。

根据三门峡、青铜峡、刘家峡、官厅等一些水库的资料,建立前坡段比降与坡脚处水深关系如图 5-17 的关系:

$$i_{前} = f H_{坡脚}$$

先试取一前坡段坡脚点,与三角洲顶点连线,得前坡段比降,再按此坡脚处水深,由图 5-17 中曲线查得前坡段比降,若与试取的前坡段比降符合,则采用试取的前坡段坡脚点;否则另行试算,直至二者相符合。

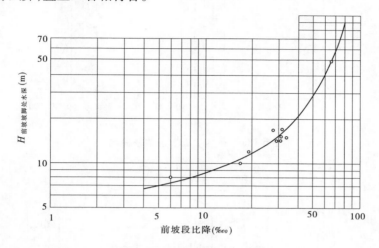

图 5-17 三角洲前坡段比降关系

④经验估算法。根据一些水库资料,统计得到前坡段比降为顶坡段比降的 4~7 倍,或为原河道比降的 1.6~1.9 倍。

(4)三角洲前坡段以下沿程淤积比降。

实测资料表明,经过三角洲前坡段淤积以后的泥沙颗粒很细,所以在前坡段以下的沿程淤积直至坝前可以视为等厚均匀淤积,因而淤积比降与原河底比降接近。若排沙底孔未打开,则泥沙水平淤积在坝前段并平行淤高向上游延伸;若排沙底孔部分开启,则坝前段淤积比降较原河底比降变缓,按具体情况而变化,或近似计算按原河底比降的 20% 考虑。

2)考虑水库侵蚀基准面抬高作用的淤积纵剖面比降计算

从水库淤积平衡理论出发,水库淤积塑造新的平衡输沙河道。以水库死水位为水库塑造新河道冲淤平衡河床纵剖面的侵蚀基准面水位,水库死水位下形成造床流量河槽,比天然河道造床流量河槽水位的升高值也就是水库新平衡河道侵蚀基准面抬高值。水库新河床淤积物组成比原河床淤积物组成变细,糙率变小,形成新平衡河道的输沙能力和流速变大,河槽变窄深,河床纵比降比原河道河床纵比降会有很大减小。

(1)淤积比降和侵蚀基准面抬高的关系。

①王士强公式。根据一些水库资料,得到图 5-18 关系曲线。

$$\frac{i}{i_0} = f(Hi_0^{0.2}) \tag{5-19}$$

式中:i_0、i 为建库前、后的比降;H 为侵蚀基准面抬高值,m。

②涂启华、李世滢、孟白兰公式。统计分析黄河、永定河、辽河等已建水库资料,得到图 5-19 关系曲线。

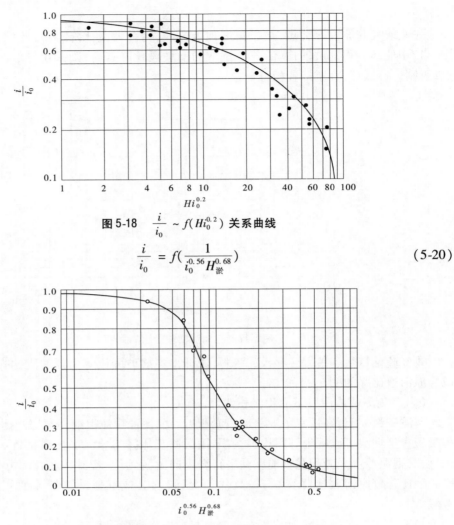

图 5-18 $\dfrac{i}{i_0} \sim f(Hi_0^{0.2})$ 关系曲线

$$\frac{i}{i_0} = f\left(\frac{1}{i_0^{0.56} H_{淤}^{0.68}}\right) \tag{5-20}$$

图 5-19 $\dfrac{i}{i_0} \sim f(i_0^{0.56} H_{淤}^{0.68})$ 关系

③焦恩泽公式。

$$i = 3.8 \frac{S^{0.19} i_0^{0.21}}{Q^{0.16} Z^{0.33}} \qquad (\text{以 ‰ 计}) \tag{5-21}$$

式中:Z 为坝前淤积厚度,m;Q 为汛期平均流量,m³/s;S 为汛期平均含沙量,kg/m³。

④谭颖公式。

统计了黄河、永定河、渭河、辽河等 14 个水库实测资料,得到以悬移质淤积为主的水库淤积比降的经验关系

$$\frac{i}{i_0} = 19.5 \left(\frac{d_{50}}{D_{50}}\right)^{0.1} \left(\frac{1}{HV}\right)^{0.15} \tag{5-22}$$

式中:d_{50} 为入库悬移质泥沙中数粒径,mm;D_{50} 为库区天然河床的床沙中数粒径,mm;H 为水库侵蚀基准面抬高值,m;V 为相应于侵蚀基准面高程下的库容,m³。

统计分析岷江、大渡河、以礼河、汉江、上犹江、乌溪江等 15 个水库实测资料,得到以推移质淤积为主的水库的经验关系

$$\frac{i}{i_0} = 0.79(HQJ_0)^{-0.17} \tag{5-23}$$

式中:Q 为多年平均入库流量,$\mathrm{m^3/s}$;其他符号意义同前。

需要指出的是,水库侵蚀基准面抬高,库区新河道河床纵剖面不是一级比降而是多级比降,上述经验关系为计算库区平均比降。

(2)淤积比降和淤积物粒径的关系。

①水库淤积物中数粒径的沿程变化计算。涂启华、李世滢、孟白兰统计分析黄河三门峡、青铜峡、盐锅峡水库和永定河官厅水库的资料,得到如下关系式:

粗砂夹砾卵石淤积河床的库段

$$D_i = D_o \mathrm{e}^{-0.042\,2L_i} \tag{5-24}$$

悬移质淤积为主,夹有粗沙推移质淤积的沙质库段

$$D_n = D_s \mathrm{e}^{-0.010\,9L_n} \tag{5-25}$$

式中:D_i、D_n 分别为计算断面的河床淤积物中数粒径,mm;D_o、D_s 分别为水库推移质淤积段进口上游床沙中数粒径和沙质淤积段进口断面床沙中数粒径,mm;L_i 为距水库推移质淤积段进口断面的里程,km;L_n 为距沙质淤积段进口断面的里程,km。

②淤积比降和泥沙淤积物中数粒径的关系。

涂启华、李世滢、孟白兰公式

$$i = 0.001D_{50}^{0.7} \tag{5-26}$$

式中:D_{50} 以 mm 计。

钱宁、周文浩公式

$$i = 37D_{50}^{1.3} \tag{5-27}$$

式中:D_{50} 以 mm 计;i 以‰计。

③水库滩地淤积纵剖面比降。

统计一些水库滞洪淤积滩地的资料,得到

$$i_{\text{滩}} = 50 \times 10^{-4} \overline{Q}_{\text{洪}}^{0.44} \tag{5-28}$$

式中:$\overline{Q}_{\text{洪}}$ 为洪水上滩淤积时期的洪水平均流量,或为水库拦沙淤积造滩时期的最大月平均流量,$\mathrm{m^3/s}$。

从统计分析实测资料可知,水库滩面比降和河槽比降有一定的比例关系,在水库上段:$\dfrac{i_{\text{滩}}}{i_{\text{槽}}} = 0.3 \sim 0.5$;水库下段:$\dfrac{i_{\text{滩}}}{i_{\text{槽}}} = 0.6 \sim 0.8$。水库严重滞洪淤积时滩槽淤积比降都很小,此时滩槽比降的比例关系可达 0.9 左右。洪水过后,库水位下降,河槽冲刷下切,滩地不变,河槽比降变大,滩槽比降的比例关系变为 0.5 ~ 0.6。

(3)水库浑水或异重流倒灌淤积"清水区"形成倒锥体淤积形态和拦门沙坎计算。

涂启华、孟白兰、李世滢等分析三门峡水库南涧河、官厅水库妫水河、刘家峡水库洮河及长江某"盲肠"河段的干流倒灌淤积支流"清水区"和支流倒灌淤积干流"清水区"的拦门沙坎倒锥体淤积形态和拦门沙坎的资料,得出粗泥沙沉积在倒灌口门,使倒灌口门淤

高,细泥沙水平淤积在倒灌内淤积区。因而,倒灌口门与倒灌内淤积区形成倒锥体淤积的高差,倒坡坡降与口门的淤积物粒径有关。其倒锥体淤积形态分别提出如下计算式:

①倒锥体淤积坡降。

$$i_{倒} = 1.42D_{50}^{1.64} \qquad (5-29)$$

当 $D_{50} < 0.008$ mm 时, $i_{倒} = 6‰$。

②倒锥体淤积高差。

$$\Delta H_{倒} = aH_{口门淤}^{0.28} \qquad (5-30)$$

若水库为逐步抬高水位低壅水拦沙淤积, $a = 1.25$;若水库为一次抬高水位高壅水拦沙淤积, $a = 2.51$。

③拦门沙坎冲刷计算方法。

当拦门沙坎上游河道来水流量较大时,水库降低水位,形成冲刷条件,可以冲刷拦门沙坎,按下式计算拦门沙坎冲刷下切强度

$$\Delta Z = 0.375 \times 10^{-4} \left(\frac{Q_i}{D_{50}} \right)^{0.52} \qquad (5-31)$$

式中: D_{50} 为淤积物中数粒径,以 mm 计; $H_{口门淤}$ 为拦门沙坎淤积厚度,m; $\Delta H_{倒}$ 为倒锥体坡脚处淤积面与拦门沙坎淤积面的高差,m; ΔZ 为拦门沙坎冲刷下切强度,m/d; Q_i 为流量,m³/s; i 为水面比降。

若水库水位再次升高,又发生倒灌淤积,又将形成拦门沙坎。因此,拦门沙坎将发生周期性的冲刷下切和淤积抬高的变化。

2. 淤积横断面形态设计

水库横断面形态包括死水位水面线以下的造床流量河槽和死水位水面线以上至汛期限制水位水面线(滩面线)以下的调蓄河槽两部分,称为槽库容汛期限制水位控制水库滩面高程。滩面以上库容为水库自然河谷形态,除水库遇特大洪水防洪运用而洪水泥沙上滩淤积外,控制不受泥沙淤积影响,非汛期蓄水运用时泥沙只在滩面以下槽库容内淤积,在汛期降低水位时冲刷槽库容内淤积物恢复槽库容。

1)造床流量河槽形态

(1)C.T 阿尔杜宁稳定河宽关系。

$$B = A \frac{Q^{0.5}}{i^{0.2}} \qquad (5-32)$$

式中: Q 为造床流量,m³/s; i 为平衡比降; A 为系数。

涂启华等统计我国部分水库资料,得系数 A 值与河型和河岸土质的关系。从河岸土质讲,河岸为砂性土,平均 $A = 2.2$;河岸为砂壤土,平均 $A = 1.7$;河岸为壤性土,平均 $A = 1.1$。从河型讲,游荡型河段 $A = 2.23 \sim 5.41$,过渡型河段 $A = 1.3 \sim 1.7$,蜿蜒型河段 $A = 0.64 \sim 1.15$。

(2)河相关系。

造床流量河槽河相关系为

$$\frac{B^m}{h} = \zeta \qquad (5-33)$$

式中:ζ 为河相系数;m 为指数。

在平原冲积性河流,$m=0.5$;在山区河流,$m=0.8$。水库淤积造床,为冲积性河流特性。这里讲的河相关系是按河段讲的,并不是断面河相关系。

按一般情况,水库下段(蜿蜒型)河相系数 $\zeta=4\sim6$,水库中段过渡型河相系数 $\zeta=8\sim10$,水库上段(游荡型)河相系数 $\zeta=12\sim15$。要依实际资料确定。

(3)河槽水力几何形态。

①武汉水利电力学院河流动力学及河道整治教研组

$$\left.\begin{aligned}\text{稳定河宽}\qquad B_k &= \frac{K^{1/5m}\zeta^{0.8}Q^{0.6}}{S^{1/5m}\omega^{0.2}g^{0.2}}\\[2mm]\text{稳定槽深}\qquad h_k &= \frac{K^{1/10m}Q^{0.3}}{\zeta^{0.6}S^{1/10m}\omega^{0.1}g^{0.1}}\end{aligned}\right\}\tag{5-34}$$

式中:K、m 分别为水流挟沙力公式 $S^* = K\left(\dfrac{V^3}{gR\omega}\right)^m$ 中的 K、m 值;ζ 为河相系数;ω 为泥沙清水沉速,m/s,均由实际资料确定。

②姜乃森根据一些水库的资料,得到

$$\left.\begin{aligned}h_k &= 0.652\frac{Q^{0.3}}{\xi^{0.6}S_{\text{床}}^{0.0953}\omega_{\text{床}}^{0.1}}\\[2mm]B_k &= \xi^2 h_k^2\end{aligned}\right\}\tag{5-35}$$

式中:Q 为造床流量,m³/s;$S_{\text{床}}$ 为床沙质含沙量,kg/m³;$\omega_{\text{床}}$ 为床沙质泥沙中径清水沉速,m/s。

③焦恩泽统计实际资料,得到

$$\left.\begin{aligned}\frac{A}{D_{50}^2} &= 1.21\left(\frac{Q}{D_{50}^2\sqrt{gD_{50}i}}\right)^{0.75}\left(\frac{S}{\gamma' i}\right)^{-0.09}\\[2mm]\frac{B}{D_{50}^2} &= 8.68\left(\frac{Q}{D_{50}^2\sqrt{gD_{50}i}}\right)^{0.36}\left(\frac{S}{\gamma' i}\right)^{0.15}\\[2mm]\frac{h}{D_{50}^2} &= 0.14\left(\frac{Q}{D_{50}^2\sqrt{gD_{50}i}}\right)^{0.39}\left(\frac{S}{\gamma' i}\right)^{-0.24}\end{aligned}\right\}\tag{5-36}$$

式中:A 为过水断面面积,m²;D_{50} 为床沙泥沙中数粒径,m;γ' 为浑水容重,t/m³;Q 为流量,m³/s;S 为含沙量,kg/m³;i 为水面比降。

④韩其为:平衡河槽水深和水面宽分别为

$$h = \left(\frac{nQ}{\zeta^2 i^{1/2}}\right)^{\frac{3}{11}}\tag{5-37}$$

$$B = \zeta^2 i^{1/2}\tag{5-38}$$

式中:h、B、n 分别为相应于造床流量 Q 河槽的平均水深、水面宽、糙率系数;ζ 为造床流量河槽河相系数;i 为平衡河床纵剖面比降。

5.4.1.2　水沙数学模型模拟分析方法

利用河流动力学相关理论构建数学模型对水库淤积形态进行设计,也日渐得到大量应用。数学模型模拟应结合具体的水库来水来沙、地形、运用方式以及计算精度等多方面情况分析,选择适合的模型。下面结合小浪底水库库区一维恒定流泥沙冲淤数学模型简单介绍数学模型模拟方法。

1. 模型基本方程

1)基本方程

小浪底水库库区冲淤计算采用水库水动力学模型进行。模型为一维恒定流悬移质泥沙数学模型,基本方程包括水流连续方程、水流运动方程、泥沙连续方程(或称悬移质扩散方程)及河床变形方程。

水流连续方程

$$\frac{\mathrm{d}Q}{\mathrm{d}x} = 0 \tag{5-39}$$

水流运动方程

$$\frac{\mathrm{d}}{\mathrm{d}x}\left(\frac{Q^2}{A}\right) + gA\left(\frac{\mathrm{d}Z}{\mathrm{d}x} + J\right) = 0 \tag{5-40}$$

泥沙连续方程(分粒径组)

$$\frac{\partial}{\partial x}(QS_k) + \gamma\frac{\partial A_{dk}}{\partial t} = 0 \tag{5-41}$$

河床变形方程

$$\gamma\frac{\partial Z_b}{\partial t} = \alpha\omega(S - S^*) \tag{5-42}$$

式中:Q 为流量;x 为流程;g 为重力加速度;A 为过水面积;Z 为水位;J 为能坡;k 为粒径组;S 为含沙量;A_d 为冲淤面积;t 为时间;γ 为淤积物干容重;Z_b 为冲淤厚度;α 为恢复饱和系数;ω 为泥沙沉速;S^* 为水流挟沙力。

2)基本方程离散

一维数学模型的计算方法可分为两大类:一类是将水流和泥沙方程式直接联立求解;另一类是先解水流方程式求出有关水力要素后,再解泥沙方程式,推求河床冲淤变化,如此交替进行。前者称为耦合解,适用于河床变形比较急剧的情况;后者称为非耦合解,适用于河床变形比较和缓的情况。另外,根据边界上的水流、泥沙条件,上述两大类还可分为非恒定流解和恒定流解两类。非耦合解一般均直接使用有限差分法,而耦合解则既可直接使用有限差分法,也可先采用特征线法,将偏微分方程组化成特征线方程和特征方程,进一步求解,其中特征方程仍用有限差分法求解。

一般水流数学模型,为简化计算,多采用非耦合的恒定流解,并直接使用有限差分法。在进行水流计算时采用隐式差分格式,而在计算河床冲淤时则采用显式差分格式。

模型采用如下差分格式进行离散

$$\left.\begin{aligned}f(x,t) &= \frac{f_{i+1}^i + f_i^i}{2}\\[2mm]\frac{\partial f}{\partial x} &= \frac{f_{i+1}^n - f_i^n}{\Delta x}\\[2mm]\frac{\partial f}{\partial t} &= \frac{(f_{i+1}^{n+1} - f_{i+1}^n) + (f_i^{n+1} - f_i^n)}{2\Delta t}\end{aligned}\right\} \tag{5-43}$$

由方程(5-39),考虑流量沿程变化得

$$Q_i = Q_{\text{out}} + \frac{Q_{\text{in}} - Q_{\text{out}}}{Dis} Dis_i \tag{5-44}$$

式中: Dis_i 为距坝里程。

由方程(5-40)得

$$Z_i = Z_{i-1} + \Delta X_i \overline{J_i} + \frac{\left(\frac{Q^2}{A}\right)_{i-1} - \left(\frac{Q^2}{A}\right)_i}{g \overline{A_i}} \tag{5-45}$$

式中: $\overline{J_i} = \dfrac{J_i + J_{i-1}}{2}$, $\overline{A_i} = \dfrac{A_i + A_{i-1}}{2}$;断面编号自上而下依次减小,其余符号含义同前。

由方程(5-41)得

$$S_{k,i} = \frac{Q_{i+1} S_{k,i+1} - \dfrac{\gamma(\Delta A_{\text{dk},i+1} + \Delta A_{\text{dk},i})}{2\Delta t} \Delta X_i}{Q_i} \tag{5-46}$$

将方程(5-42),也即河床变形方程直接应用于各粒径组和各子断面,得

$$\Delta Z_{\text{bk},i,j} = \frac{\alpha \omega_k (S_{k,i,j} - S_{*k,i,j}) \Delta t}{\gamma} \tag{5-47}$$

2. 模型计算参数及关键问题处理

1)糙率

水库冲淤变化过程中,糙率的变化是非常复杂的,做以下处理

$$n_{t,i,j} = n_{t-1,i,j} - \alpha \frac{\Delta A_{i,j}}{A_0} \tag{5-48}$$

式中: $\Delta A_{i,j}$ 为某时刻各子断面的冲淤面积; t 为时间;常数 α 、 A_0 和初始糙率根据实测库区水面线、断面形态、河床组成等综合确定。

2)水流挟沙力

水流挟沙力是表征一定来水来沙条件下河床处于冲淤平衡状态时的水流挟带泥沙能力的综合性指标,也是研究数学模型不可缺少的一个概念。关于水流挟沙力的研究,长期以来,国内外工程界和学术界的许多专家和学者或从理论出发,或根据不同的河渠测验资料和实验室资料,提出了不少半理论的、半经验的或者经验性的水流挟沙力公式。目前,国内外绝大部分挟沙力公式只适用于低含沙水流,其中张瑞瑾的通用公式具有广泛的使用价值。对于高含沙水流,泥沙含量高和细颗粒的存在,改变了水流的流变、流动和输沙特性,使得其挟沙问题较一般挟沙水流更加复杂。在众多挟沙力公式中,张红武公式的处理过程尚有一定的经验性,但其计算范围的包容性相对较好,计算高含沙水流更为符合实际。为此,模型采用张红武水流挟沙力公式

$$S^* = 2.5 \left[\frac{0.002\,2 + S_V}{\kappa} \ln\left(\frac{h}{6D_{50}}\right) \right]^{0.62} \left(\frac{\gamma_m}{\gamma_s - \gamma_m} \frac{v^3}{gh\omega} \right)^{0.62} \tag{5-49}$$

式中: D_{50} 为床沙中数粒径,mm; γ_s 为沙粒容重,取 2 650 kg/m³; γ_m 为浑水容重; h 为水深,m; v 为流速,m/s; κ 为卡门常数, $\kappa = 0.4 - 1.68\sqrt{S_V}(0.365 - S_V)$; S_V 为体积比计算的进口断面平均含沙量。

3）分组挟沙力

采用下式计算分组沙挟沙力。

$$S_k^* = \left\{ \dfrac{P_k \dfrac{S}{S + S^*} + P_{uk}(1 - \dfrac{S}{S + S^*})}{\sum\limits_{k=1}^{nfs}\left[P_k \dfrac{S}{S + S^*} + P_{uk}\left(1 - \dfrac{S}{S + S^*}\right)\right]} \right\} S^* \tag{5-50}$$

式中：S 为上游断面平均含沙量；P_k 为上游断面来沙级配；P_{uk} 为表层床沙级配。

4）沉速

单颗粒泥沙的自由沉降速度公式为

$$\omega_{0k} = \begin{cases} \dfrac{\gamma_s - \gamma_0}{18\mu_0}d_k^2 & (d_k < 0.1\ \text{mm}) \\ (\lg S_a + 3.79)^2 + (\lg\varphi - 5.777)^2 = 39 & (0.1\ \text{mm} \leqslant d_k < 1.5\ \text{mm}) \end{cases} \tag{5-51}$$

其中，粒径判数 $\varphi = \dfrac{g^{\frac{1}{3}}\left(\dfrac{\gamma_s - \gamma_0}{\gamma_0}\right)^{\frac{1}{3}}d_k}{\nu_0^{\frac{2}{3}}}$；沉速判数 $S_a = \dfrac{\omega_{0k}}{g^{\frac{1}{3}}\left(\dfrac{\gamma_s - \gamma_0}{\gamma_0}\right)^{\frac{1}{3}}\nu_0^{\frac{1}{3}}}$。

含沙量对沉速有一定的影响，需对单颗粒泥沙的自由沉降速度做修正。张红武挟沙力公式的沉速计算方法如下：

$$\omega_{sk} = \omega_{0k}\left[\left(1 - \dfrac{S_V}{2.25\sqrt{d_{50}}}\right)^{3.5}(1 - 1.25S_V)\right] \tag{5-52}$$

式中：d_{50} 为悬沙中数粒径，mm。

混合沙的平均沉速 ω_s 则由下式求得

$$\omega_s = \sum_{k=1}^{nfs} p_k\omega_{sk} \tag{5-53}$$

式中：nfs 为总粒径组数。

5）恢复饱和系数

不同的粒径组采用不同的 α 值，在求解 S 时，取

$$\alpha_k = 0.001/\omega_k^{0.5} \tag{5-54}$$

试算后判断是冲刷还是淤积，然后用下式重新计算恢复饱和系数

$$\alpha_k = \begin{cases} \alpha_*/\omega_k^{0.3} & S > S^* \\ \alpha_*/\omega_k^{0.7} & S < S^* \end{cases} \tag{5-55}$$

式中：ω_k 的单位为 m/s，α_* 为根据实测资料率定的参数，一般进口断面小些，越往坝前越大。

6）子断面含沙量与断面平均含沙量的关系

根据泥沙连续方程，建立子断面含沙量与断面平均含沙量的经验关系式

$$\frac{S_{k,i,j}}{S_{k,i}} = \frac{Q_i S_{k,i}^{*\beta}}{\sum\limits_{j} Q_{i,j} S_{k,i,j}^{*\beta}} \left(\frac{S_{k,i,j}^{*}}{S_{k,i}^{*}}\right)^{\beta} \tag{5-56}$$

式中：i、j、k 分别代表断面、子断面和粒径组。

综合参数 β 的大小与河槽断面形态、流速分布等因素有关。β 值增大，主槽含沙量增大；β 值减小，主槽含沙量减小。在水库运用的不同时期、库区的不同河段，β 值应有所不同，根据小浪底水库有关测验资料，一般情况下取 0.6。

7) 床沙级配的计算方法

本书采用韦直林的计算方法。关于河床组成，分子断面来进行计算。对于每一个子断面，淤积物概化为表、中、底三层，各层的厚度和平均级配分别记为 h_u、h_m、h_b 和 P_{uk}、P_{mk}、P_{bk}。表层为泥沙的交换层，中间层为过渡层，底层为泥沙冲刷极限层。

假定在每一计算时段内，各层间的界面都固定不变，泥沙交换限制在表层进行，中层和底层暂时不受影响。在时段末，根据床面的冲刷或淤积，往下或往上移动表层和中层，保持这两层的厚度不变，而令底层厚度随冲淤厚度的大小而变化。

具体的计算方法如下：

设在某一时段的初始时刻，表层级配为 $P_{uk}^{(0)}$，该时段内的冲淤厚度和第 k 组泥沙的冲淤厚度分量分别为 ΔZ_b 和 ΔZ_{bk}，则时段末表层级配为

$$P'_{uk} = \frac{h_u P_{uk}^{(0)} + \Delta Z_{bk}}{h_u + \Delta Z_b} \tag{5-57}$$

然后重新定义各层的位置和组成。各层的级配组成根据淤积或冲刷两种情况按如下方法计算：

(1) 淤积情况。

表层

$$P_{uk} = P'_{uk} \tag{5-58}$$

中层：若 $\Delta Z_b > h_m$，则新的中层位于原表层底面以上，显然有

$$P_{mk} = P'_{uk} \tag{5-59}$$

否则，有

$$P_{mk} = \frac{\Delta Z_b P'_{uk} + (h_m - \Delta Z_b) P_{mk}^{(0)}}{h_m} \tag{5-60}$$

底层：新底层的厚度为

$$h_b = h_b^{(0)} + \Delta Z_b \tag{5-61}$$

如果 $\Delta Z_b > h_m$，则

$$P_{bk} = \frac{(\Delta Z_b - h_m) P'_{uk} + h_m P_{mk}^{(0)} + h_b^{(0)} P_{bk}^{(0)}}{h_b} \tag{5-62}$$

否则

$$P_{bk} = \frac{\Delta Z_b P_{mk}^{(0)} + h_b^{(0)} P_{bk}^{(0)}}{h_b} \tag{5-63}$$

(2) 冲刷情况。

表层

$$P_{\mathrm{u}k} = \frac{(h_{\mathrm{u}} + \Delta Z_{\mathrm{b}}) P'_{\mathrm{u}k} - \Delta Z_{\mathrm{b}} P_{\mathrm{m}k}^{(0)}}{h_{\mathrm{u}}} \qquad (5\text{-}64)$$

中层

$$P_{\mathrm{m}k} = \frac{(h_{\mathrm{m}} + \Delta Z_{\mathrm{b}}) P_{\mathrm{m}k}^{(0)} - \Delta Z_{\mathrm{b}} P_{\mathrm{b}k}^{(0)}}{h_{\mathrm{m}}} \qquad (5\text{-}65)$$

底层

$$h_{\mathrm{b}} = h_{\mathrm{b}}^{(0)} + \Delta Z_{\mathrm{b}} \qquad (5\text{-}66)$$

$$P_{\mathrm{b}k} = P_{\mathrm{b}k}^{(0)} \qquad (5\text{-}67)$$

以上各式中,右上角标(0)表示该变量修改前的值;为了书写方便,断面及子断面编号均被省略。

8)支流库容的处理

对于库区支流较多的水库,由于模型中考虑的支流不全,数学模型中水库的总库容与实际总库容偏小。

为了让数学模型计算库容与实际库容闭合,采用塑造一条支流来填补缺失库容的方法,塑造这条支流的原则为:塑造支流的库容曲线与缺少库容的库容曲线基本相当,塑造支流所在位置为支流沟口断面河底高程与干流断面河底高程基本相等的位置。

9)异重流计算

异重流计算采用如下方法。

(1)潜入条件。利用三门峡水库的资料,分析验证了异重流一般潜入条件为

$$h = \max(h_0, h_n) \qquad (5\text{-}68)$$

其中,$h_0 = \left(\dfrac{Q^2}{0.6\eta_g g B^2}\right)^{\frac{1}{3}}$;$h_n = \left(\dfrac{fQ^2}{8J_0 \eta_g g B^2}\right)^{\frac{1}{3}}$。

式中:Q、B、J_0、η_g、f 分别为异重流流量、宽度、河底比降、重力修正系数和阻力系数。

异重流阻力系数一般在 0.025 ~ 0.03 变化,模型中 $f = 0.025$。

(2)异重流的计算。一般采用均匀流方程计算异重流,存在的问题是,当河道宽窄相间、变化较大时,计算的水面线跌荡起伏;而且当河底出现负坡时,就不能继续计算,故需采用非均匀流运动方程来计算异重流厚度,具体计算方法如下:

潜入后第一个断面水深

$$h'_1 = \frac{1}{2}\left(\sqrt{1 + 8Fr_0^2} - 1\right)h_0 \qquad (5\text{-}69)$$

其中,下标 0 代表潜入点。

潜入后其余断面均按非均匀异重流运动方程计算,该方程形式与一般明流相同,只是以 η_g 对重力加速度进行了修正。

异重流淤积计算与明流计算相同,分组挟沙力计算暂不考虑河床补给影响。

异重流运行到坝前,将产生一定的爬高,若坝前淤积面加爬高尚不超过最低出口高程,则出库水流含沙量为0。

10)断面修正方法

按照全断面的冲淤面积进行修正断面,淤积时水平淤积抬高,冲刷时只冲主槽。

11）能坡计算

关于能坡 J 的计算，根据曼宁公式 $U = R^{1/6}J^{1/2}/n$，式中 U、R、n 分别为断面平均流速、水力半径和糙率。对于宽浅河道通常用平均水深 H 来替代 R，则曼宁公式可变形为

$$J = \left(\frac{n}{AR^{\frac{2}{3}}}Q\right)^2 \approx \left(\frac{n}{AH^{\frac{2}{3}}}Q\right)^2 = \frac{Q^2}{K^2} \tag{5-70}$$

式中：K 为流量模数。

考虑到断面形态不规则，将式（5-70）应用于各个子断面，有 $J_j = Q_j^2/K_j^2$，其中 $K_j = A_j H_j^{\frac{2}{3}}/n_j$。进一步假定各子断面能坡近似等于断面平均能坡，则 $Q = \sum_j Q_j = \sum K_j \cdot J_j^{\frac{1}{2}} = J^{\frac{1}{2}} \cdot \sum_j K_j$，因而有

$$K = \sum_j K_j \tag{5-71}$$

$$Q_j = \frac{K_j}{K}Q \tag{5-72}$$

以上各式中下角标 j 为子断面编号。

5.4.1.3　基于最小能耗原理的淤积形态设计方法

1．最小能耗原理与最小能耗率

1）河流最小能耗率理论

河流是一个具有能量紊动黏性热耗散结构的开放系统，河流挟沙水流的运动过程是水沙浑水体的动能和势能，通过水流紊动黏性转换为热能耗散的过程，因此河流又属于热能耗散结构系统，遵循耗散结构基本理论。关于能耗理论的代表性研究成果是将最小能耗率原理分别表达为最小单位能耗率、最小单位河段能耗率、最小河流功、最小比降和最小输沙率。前人的大量研究表明，在数学上完整表达河床演变基本原理具有重大的理论意义和广泛的应用价值，不仅可以封闭河床演变方程组，而且是河流河型成因和转化及河床演变分析的基础。

最小能耗率的概念最早是由德国物理学家赫姆霍尔兹（Helmholt）于 1868 年提出的，只适用于固壁、清水、无旋、均匀流，其基本观点：在质量力场中，若忽略不可压缩黏性流体运动方程中的惯性项，那么流体运动所消耗的能量比在同体积和同流速分布情况下其他所有的运动形式所消耗的能量要小。维利坎诺夫在 20 世纪 50 年代将赫姆霍尔兹（Helmholt）提出的最小能耗率原理应用到河流动力学领域，但还不确切。直到 70 年代初，美籍华裔学者杨志达（C. T. Yang）和张海燕（H. H. Chang）等又对最小能耗率进一步深入研究。

最小能耗率原理基本概念：当一个系统处于平衡状态时，其能耗率应为最小值，但是该最小值取决于施加给该系统的约束。如果系统比较大，其局部最小能耗率可为最小值，从整个系统来看，应该是极小值。

下面对杨志达关于最小能耗率的原理推导过程，杨志达从 Navier – Stokes 水流运动方程出发，推导过程如下：

根据不可压缩流体的 Navier – Stokes 运动方程导出的雷诺（Reynolds）平均运动方程

为

$$\rho\left(\frac{\partial \overline{u}_i}{\partial t} + u_j \frac{\partial \overline{u}_i}{\partial x_j}\right) = -\frac{\partial \gamma \overline{h}}{\partial x_i} + \frac{\partial \sigma_{ij}}{\partial x_j} \quad (i = 1,2,3) \tag{5-73}$$

式中:$\overline{u}_i$ 为时均流速;$\gamma \overline{h}$ 为时均重力势能;γ 为水的容重;ρ 为水的密度;σ_{ij} 为雷诺总应力张量,用下式表示

$$\sigma_{ij} = -\overline{p}\delta_{ij} + \overline{\tau}_{ij} - \rho \overline{u'_i u'_j}$$

式中:$\sigma_{ij} = -\overline{p}\delta_{ij} + \overline{\tau}_{ij} - \rho \overline{u'_i u'_j}$ 为时均压强;$\sigma_{ij} = -\overline{p}\delta_{ij} + \overline{\tau}_{ij} - \rho \overline{u'_i u'_j}$ 为二阶单位张量,定义如下:

$$\sigma_{ij} = \begin{cases} 1 & i = j \\ 0 & i \neq j \end{cases}$$

$\overline{\tau}_{ij}$ 为黏滞应力张量,定义如下

$$\overline{\tau}_{ij} = \rho \upsilon \left(\frac{\partial \overline{u}_i}{\partial x_j} + \frac{\partial \overline{u}_j}{\partial x_i}\right)$$

$-\rho \overline{u'_i u'_j}$ 为雷诺紊流应力张量,定义如下

$$-\rho \overline{u'_i u'_j} = \rho \varepsilon \left(\frac{\partial \overline{u}_i}{\partial x_j} + \frac{\partial \overline{u}_j}{\partial x_i}\right)$$

式中:γ 为水流运动黏滞系数;ε 为紊流动量传递系数。因而

$$\sigma_{ij} = -\overline{p}\delta_{ij} + \rho(\upsilon + \varepsilon)\left(\frac{\partial \overline{u}_i}{\partial x_j} + \frac{\partial \overline{u}_j}{\partial x_i}\right) \tag{5-74}$$

对于弗劳德数(Froude)较小的明渠恒定渐变流,左边的惯性项可以忽略,将式(5-74)代入式(5-73)化简为

$$\frac{\partial}{\partial x_i}(\gamma \overline{h} + \overline{p}) = \rho \frac{\partial}{\partial x_j}\left[(\upsilon + \varepsilon)\left(\frac{\partial \overline{u}_i}{\partial x_j} + \frac{\partial \overline{u}_j}{\partial x_i}\right)\right] \tag{5-75}$$

不可压缩流体的连续方程为

$$\frac{\partial \overline{u}_i}{\partial x_i} = 0$$

与层流情况类似,定义紊流单位体积的能耗率为

$$\Phi = \frac{1}{2}\rho(\upsilon + \varepsilon)\left(\frac{\partial \overline{u}_i}{\partial x_j} + \frac{\partial \overline{u}_j}{\partial x_i}\right)^2$$

代入式(5-74)中表达的雷诺应力张量,得

$$\Phi = \frac{1}{2}(\sigma_{ij} + \overline{p}\delta_{ij})\left(\frac{\partial \overline{u}_i}{\partial x_j} + \frac{\partial \overline{u}_j}{\partial x_i}\right)$$

通过对所研究的水流区域能耗率积分,得到总能耗率如下

$$E = \iiint\limits_{\forall} \Phi \mathrm{d}\forall = \frac{1}{2}\iiint\limits_{\forall}(\sigma_{ij} + \overline{p}\delta_{ij})\left(\frac{\partial \overline{u}_i}{\partial x_j} + \frac{\partial \overline{u}_j}{\partial x_i}\right)\mathrm{d}\forall$$

$$= \iiint\limits_{\forall}(\sigma_{ij} + \overline{p}\delta_{ij})\frac{\partial \overline{u}_i}{\partial x_j}\mathrm{d}\forall$$

$$= \iiint\limits_{\forall} \frac{\partial}{\partial x_j}[\,(\sigma_{ij} + \overline{p}\delta_{ij})\,\overline{u}_i\,]\mathrm{d}\forall \; - \iint\limits_{\forall} \overline{u}_i\frac{\partial}{\partial x_j}(\sigma_{ij} + \overline{p}\delta_{ij})\mathrm{d}\forall$$

$$= \iiint\limits_{\forall}(\sigma_{ij} + \overline{p}\delta_{ij})\,\overline{u}_in_j\mathrm{d}s_b - \iint\limits_{\forall}\overline{u}_i\frac{\partial}{\partial x_j}(\sigma_{ij} + \overline{p}\delta_{ij})\mathrm{d}\forall \qquad (5\text{-}76)$$

在式(5-76)推导过程中,由体积分变换到面积分应用了数学中的高斯公式,其中 n_j 为面积元 $\mathrm{d}s_b$ 的外法线单位矢量 $\overrightarrow{n}$ 的分量。根据边界条件知, $\overline{u}_in_j = 0$,式(5-76)中第一项曲面积分为 0。将式(5-74)和式(5-75)代入式(5-76)第二项积分中有

$$E = -\iiint\limits_{\forall}\overline{u}_i\frac{\partial}{\partial x_j}(\sigma_{ij} + \overline{p}\delta_{ij})\mathrm{d}\forall \; = -\iiint\limits_{\forall}\overline{u}_i\frac{\partial}{\partial x_j}(\gamma\overline{h} + \overline{p})\mathrm{d}\forall \qquad (5\text{-}77)$$

其中, $\dfrac{\partial}{\partial x_j}(\gamma\overline{h} + \overline{p}) = \gamma J_i$ 。

对于一维水流,则有

$$E = \iiint\limits_{\forall}\overline{u}\gamma J\mathrm{d}\forall \qquad (5\text{-}78)$$

如果河流断面水力要素沿全断面均匀分布,比降主要沿纵向变化,则式(5-78)可写成

$$E = \gamma\int_L A\overline{u}J\mathrm{d}x \; = \gamma\int_L QJ\mathrm{d}x \qquad (5\text{-}79)$$

在河长为 L 的河段,恒定均匀流情况,式(5-79)可以简化为

$$E = \gamma QJ \qquad (5\text{-}80)$$

2)流体能量方程基本理论

能量方程源于热力学第一定律。热力学第一定律表述为:对某一流体系统所做的功和加给系统的热量,将等于系统能量增加值。需要指出的,热力学第一定律是在系统处于平衡态时成立的,而一般来说,流体系统在不断地运动着。实际上,由于流体松弛时间即调整到平衡态时间很短(大约为 10^{-10} s),可以假设,流体是处于一种局部平衡态,即离平衡态只有极小偏差的状态,流体将很快趋于平衡态。

假设对系统,单位时间所做的功用 $\mathrm{d}W/\mathrm{d}t$ 表示,单位时间加给系统的热量用 Q 表示,则系统能量 E 的变化率为

$$\frac{\mathrm{d}E}{\mathrm{d}t} = \frac{\mathrm{d}W}{\mathrm{d}t} + Q \qquad (5\text{-}81)$$

将热力学第一定律应用于流体运动,把式(5-81)各项用有关的流体物理量表示出来,即能量方程。

$$\frac{\mathrm{d}E_S}{\mathrm{d}t} = \left(\frac{\mathrm{d}E_{水体}}{\mathrm{d}t} + \frac{\mathrm{d}E_{悬浮}}{\mathrm{d}t} + \frac{\mathrm{d}E_{碰撞}}{\mathrm{d}t} + \frac{\mathrm{d}W_{边界}}{\mathrm{d}t}\right) + Q$$

式中: E_S 为单位河段单位质量水沙浑水储存的能量; $E_{水体}$ 为单位河段单位质量水体紊动耗能; $E_{悬浮}$ 为单位河段单位质量水体中有效悬浮功泥沙耗能; $E_{碰撞}$ 为单位河段单位质量水体中沙体碰撞耗能; $W_{边界}$ 为单位河段单位质量水体克服边界做的功。

3)泥沙有效悬浮功

1959 年王尚毅提出的泥沙有效悬浮功原理不仅适用于明渠紊流,同时也能用于明渠层流,并在这一基础上阐述了挟沙中不同于悬移质和推移质的"流移质"输沙概念(1959

年天津水运学会年会上的报告稿),利用泥沙"势能速度"概念阐明有效悬浮功原理,并应用该原理研究了挟沙明流中对数流速分布公式中的卡门常数 κ 值变化性质和区分造床质与非造床质的标准以及黄河"揭底冲刷"和美国 Rio Puerco 河流泥沙等问题。

在阐述泥沙有效悬浮功原理方面,对泥沙悬浮功的能量来源问题的认识尚有不同观点,而王尚毅认为:泥沙有效悬浮功并直接取自于水流的有效势能,是属于挟沙水流在克服摩阻做功各种所必须耗能的一部分。

图 5-20 所示为挟沙水流中泥沙有效悬浮功说明。A 上单位体积内的泥沙淹没质量为 $(\gamma_s - \gamma_w)C_\circ$。其中,$C$ 为该点上含沙量(相对体积比),γ_s、γ_w 分别为泥沙及清水的容重。从统计特性上分析,这些泥沙随水流下行,1 s 后与周围水流共同到达相应点 $A'(Z = h')$ 上。

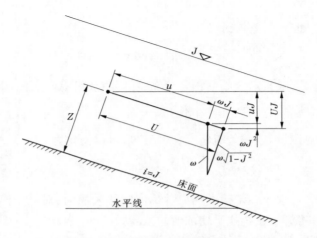

图 5-20 挟沙水流中泥沙有效悬浮功说明

由于重力作用,泥沙相对于周围水体具有一个向下的"势能速度 ω"(通常是为泥沙在各种因素作用下的静水沉速)。为解析上的方便,可将这一速度分解为 2 个分量:沿流向分量 ωJ 和垂直流向分量 $\omega \sqrt{1 - J^2}$,其中 J 为水力比降。

为维持 A 点上泥沙做平衡运动,需要周围水体对其做功。对于单位体积内的泥沙而言,其值应为

$$W_1 = (\gamma_s - \gamma_w)C\omega(1 - J^2) \tag{5-82}$$

与此同时,在这些泥沙随水流下行的过程中,也对其周围水体提供一部分有效势能。根据前面的分析,A 点上泥沙沿流向的速度(包括动能速度 u 与势能速度 ωJ 两部分)应为

$$U = u + \omega J \tag{5-83}$$

单位体积内泥沙每秒钟所提供的有效势能应为

$$W_2 = (\gamma_s - \gamma_w)CUJ \tag{5-84}$$

对于 A 点,单位淹没质量 $(\gamma_s - \gamma_w)C = 1$ 的泥沙而言,其周围水体所作用于泥沙的净功(率)应为

$$W_e = W_1 - W_2 = \omega \sqrt{1 - J^2} - UJ \tag{5-85}$$

或
$$W_e = \omega \sqrt{1 - J^2} - (u + \omega J)J \tag{5-86}$$

式中：W_e 为泥沙的有效悬浮功，表示任意点 A 上单位淹没质量泥沙做平衡运动时，所需水流做的净功(率)。不难看出，当 $W_e = 0$ 时，泥沙有效悬浮运动不仅不需要其周围水流做功，当 $W_e < 0$ 时，还提供给水流一部分有效势能。这种情况下，泥沙在水流中运动呈自身悬浮状态。

4) 河流边界最小耗能原理

天然河流在行进过程中会受到不同形式的阻力(见图 5-21)，包括床面阻力、水面空气阻力、河流平面形态阻力以及成形堆积体的阻力等，这些阻力统称为河流动床阻力。其中，河床阻力由河底阻力和河岸阻力叠加而成，有如下关系

$$\tau_0 \chi = \tau_b \chi_b + \tau_w \chi_w \tag{5-87}$$

式中：τ_0、τ_b、τ_w 分别为河床剪切力平均剪切力、河底剪切力以及河岸剪切力；χ、χ_b、χ_w 分别为河床、河底以及河岸湿周。

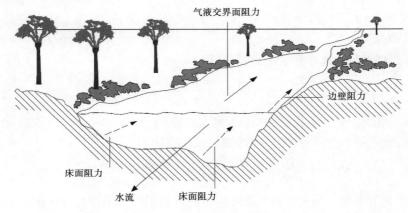

图 5-21　天然河流动床阻力形式

天然明渠挟沙水流在向下游行进过程中必然消耗部分能量用于克服河床阻力，其表现形式为

$$dW_{边界} = \vec{F}ds = (\tau_0 \chi ds)ds \tag{5-88}$$

式中：τ_0 为床面挟沙水流全床面剪切力，根据水力学得知 $\tau_0 = \gamma RJ$，γ 为浑水容重。

则单位时间单位长度边界能耗为

$$\frac{dW_{边界}}{ds dt} = \tau_0 \chi \frac{ds}{dt} = \tau_0 \chi U \tag{5-89}$$

(1) 对于恒定均匀流(河床断面形态不发生变化，断面面积 A 稳定)

$$\tau_0 = \gamma RJ$$

则单位时间单位长度内河床边界耗能为

$$\frac{dW_{边界}}{ds dt} = (\gamma RJ)\chi U = \gamma AUJ = \gamma QJ \tag{5-90}$$

则单位时间河床边界耗能为

$$\frac{\mathrm{d}W_{边界}}{\mathrm{d}t} = \gamma QJL \tag{5-91}$$

（2）对于非恒定水流

$$\tau_0 = J_{\mathrm{w}}\gamma R - \frac{1}{g}\frac{\mathrm{d}u}{\mathrm{d}t}\gamma R = \left(J_{\mathrm{w}} - \frac{1}{g}\frac{\mathrm{d}u}{\mathrm{d}t}\right)\gamma R \tag{5-92}$$

式中：J_{w} 为水面比降；$\frac{1}{g}\frac{\mathrm{d}u}{\mathrm{d}t}\gamma R$ 为不平衡、不稳定项；$\frac{\mathrm{d}u}{\mathrm{d}t}$ 为加速度项，涨水时为正，落水时为负。

又

$$\frac{\mathrm{d}u}{\mathrm{d}t} = \frac{\partial u}{\partial t} + u\frac{\partial u}{\partial x} = \frac{\partial u}{\partial t} + \frac{\partial u^2}{2\partial x}$$

所以

$$\frac{\mathrm{d}W_{边界}}{\mathrm{d}s\mathrm{d}t} = \tau_0\chi U = \left(J_{\mathrm{w}} - \frac{1}{g}\frac{\mathrm{d}u}{\mathrm{d}t}\right)\gamma R\chi U = \left[J_{\mathrm{w}} - \frac{1}{g}\left(\frac{\partial u}{\partial t} + \frac{\partial u^2}{2\partial x}\right)\right]\gamma Q \tag{5-93}$$

因此，最终的单位时间单位长度边界做功为

$$\frac{\mathrm{d}W_{边界}}{\mathrm{d}s\mathrm{d}t} = \gamma Q\left[J_{\mathrm{w}} - \frac{1}{g}\left(\frac{\partial U}{\partial t} + \frac{\partial U^2}{2\partial x}\right)\right] \tag{5-94}$$

式中：Q 为造床流量；γ 为浑水容重；J_{w} 为水面坡降；g 为重力加速度；U 为流速。

对上式沿程进行积分，得到单位时间内河流功率为

$$\Phi = \int\frac{\mathrm{d}W}{\mathrm{d}x\mathrm{d}t}\mathrm{d}x = \int\gamma Q\left[J_{\mathrm{w}} - \frac{1}{g}\left(\frac{\partial U}{\partial t} + \frac{\partial U^2}{2\partial x}\right)\right]\mathrm{d}x \tag{5-95}$$

其物理意义为单位时间内含沙水流在向下游流动过程中沿程对河床边界做功所损耗的能量。对于天然河流，其来水来沙过程是一个非恒定过程，当来水来沙条件改变后，河流在新的水沙条件下河床形态重新调整，如果水沙条件不断地变化，河床演变很难达到一个均衡稳定形态，难以形成稳定断面形态，也就不存在边界最小耗能之说。

所以，河床边界最小耗能应该是在恒定流情况下存在的，来水来沙恒定情况下含沙水流通过不断调整沿程流速和能坡，使河床达到一种动平衡状态，实现河床边界耗能最小，而水流挟沙力最大。

综上所述，河床边界最小耗能理论公式形式为

单位时间内河流功率

$$\Phi = \int\gamma QJ_{\mathrm{w}}\mathrm{d}x = \gamma QJ_{\mathrm{w}}L = 最小值 \tag{5-96}$$

单位时间单位长度内河流功率

$$\Phi = \gamma QJ \tag{5-97}$$

式中：Q 为造床流量；γ 为浑水比重；J 为水流能坡。

2. 基于最小能耗率原理的河相关系

河相关系所表达的是河道处于均衡状态时，所研究的河段上水动力因子（包括泥沙

因子)和河道断面形态之间的定量因果关系。

基于最小能耗率原理,在河床动平衡状态下边界耗能最小。以水流连续公式、动床阻力公式、泥沙挟沙力公式作为约束条件,通过对目标函数 $\Phi = \gamma QJU$ 求极值,分别推导出以悬移质造床为主的河相关系。

(1)水流连续公式

$$Q = BhU$$

(2)动床阻力公式。

利用 $U = C\sqrt{RJ}$,$C = \dfrac{1}{n}\sqrt[6]{R}$,可得 $J = \dfrac{n^2 U^3}{h^{4/3}}$(宽浅河流 $R \approx h$)

$$J = \frac{n^2 Q^2}{B^2 h^{10/3}} \tag{5-98}$$

代入 $\Phi = \gamma QJ_w U$ 中,得

$$\Phi = \gamma\, \frac{n^2 Q^4}{B^3 h^{13/3}} \tag{5-99}$$

利用式(5-99)对时间进行求导,其中 Q、n 为恒定值,不随时间变化,故得到

$$\frac{\mathrm{d}\Phi}{\mathrm{d}t} = -\frac{3\gamma n^2 Q^4}{B^4 h^{13/3}}\frac{\mathrm{d}B}{\mathrm{d}t} - \frac{13\gamma n^2 Q^4}{3B^3 h^{16/3}}\frac{\mathrm{d}h}{\mathrm{d}t} \tag{5-100}$$

可以看出,河流功率随时间分为两部分:一是河流功率在河宽变化的调整;二是河流功率在水深变化的调整,另

$$P_1 = \left(-\frac{3\gamma n^2 Q^4}{B^4 h^{13/3}}\frac{\mathrm{d}B}{\mathrm{d}t}\right)\Big/ \frac{\mathrm{d}\Phi}{\mathrm{d}t} \tag{5-101}$$

$$P_2 = \left(-\frac{13\gamma n^2 Q^4}{3B^3 h^{16/3}}\frac{\mathrm{d}h}{\mathrm{d}t}\right)\Big/ \frac{\mathrm{d}\Phi}{\mathrm{d}t} \tag{5-102}$$

式中:P_1、P_2 分别为河流功率在河宽和水深变化调整的概率,有 $P_1 + P_2 = 1$。

当河流调整到动平衡状态时,有

$$P_1 = P_2$$

则

$$\frac{3\gamma n^2 Q^4}{B^4 h^{13/3}}\frac{\mathrm{d}B}{\mathrm{d}t} = \frac{13\gamma n^2 Q^4}{3B^2 h^{16/3}}\frac{\mathrm{d}h}{\mathrm{d}t} \tag{5-103}$$

$$\frac{9}{13}\frac{\mathrm{d}B}{B} = \frac{\mathrm{d}h}{h} \tag{5-104}$$

对式(5-104)两端同时求积分整理可得

$$\frac{B^{9/13}}{h} = \eta \tag{5-105}$$

式(5-105)与阿尔图宁整理中亚西亚河流提出的公式 $B^j/h = \eta$ 结构相同。其中,指数 j 由定值改为 $0.5 \sim 1.0$,平原河段取较小值,山区河段取较大值。河相系数 η 的变幅也相应增大,河岸不冲和难冲的河流为 $3 \sim 4$,平面稳定的冲积河流为 $8 \sim 12$,河岸易冲的河流为

$16 \sim 20$。

在此基础上,联解水流连续方程、水流运动方程、河相关系和挟沙力公式,进一步推导得到河床比降公式。

水流连续方程:

$$Q = BhU$$

水流运动方程:

$$J = \frac{n^2 Q^2}{B^2 h^{10/3}}$$

河相关系:

$$\frac{B^j}{h} = \eta \quad \left(j = \frac{9}{13} \right)$$

悬移质挟沙力公式(武汉水院):

$$S_* = k \left(\frac{U^3}{\omega g h} \right)^m$$

上述四式联解求得河床比降公式为

$$J_c = n^2 \left(\frac{g\omega Q_s}{k\lambda} \right)^{56/75} \left(\frac{\eta^{13/9}}{Q} \right)^{6/25}$$

最后得到以悬移质为主的河相关系:

$$B_c = \left(\eta^{4/3} Q \right)^{13/25} \left(\frac{k\lambda}{g\omega Q_s} \right)^{13/75}$$

$$h_c = \left(\frac{Q}{\eta^{13/9}} \right)^{9/25} \left(\frac{k\lambda}{g\omega Q_s} \right)^{3/25}$$

5.4.2 淤积形态设计应用

多沙河流水库运用,利用水库死水位至汛期限制水位之间槽库容对库区泥沙进行调节。设置调水调沙库容的水库,进入正常运用期后,在运用过程中,河槽内泥沙淤积,可能呈现出高滩深槽、高滩中槽、高滩高槽等不同状态。

高滩深槽状态:水库正常运用期,调水调沙库容无泥沙淤积的状态。

高滩中槽状态:水库正常运用期,调水调沙库容部分淤积的状态。

高滩高槽状态:水库正常运用期,调水调沙库容基本淤满的状态。

在水库设计过程中,若河槽泥沙淤积可能的状态考虑不到位,将影响水库防洪、水库淹没等的正确计算,导致计算防洪库容偏小、移民淹没范围偏小。来沙量大的单个水库,在调水调沙过程中可能出现高滩高槽状态;多库联合运用的水库,通过联合调度,河槽泥沙很难出现大量的淤积,一般可以保持高滩深槽状态。在进行水库具体设计时,应结合来水来沙条件和水库运用条件等综合判断后,明确哪种是不利状态,开展相应设计。

5.4.2.1 东庄水库淤积形态

东庄水库设计正常蓄水位 789 m,汛限水位 780 m,死水位 756 m。东庄水库进入正常运用期后,主汛期一般情况下在汛限水位 780 m 和死水位 756 m 之间调水调沙运用,来洪水时防洪运用。因此,水库正常运用期的冲淤平衡形态将会出现两种极端状态,一种为在水库降低水位至死水位排沙时达到平衡后形成的对应于坝前死水位 756 m 的深槽状态,另一种为在水库调水调沙运用和防洪运用过程中平衡河槽逐渐淤高形成的对应于汛限水位 780 m 的高槽状态。

1. 纵剖面形态设计

考虑东庄水库库区地形特点,将东庄水库分为三个河段,其中第一段和第二段为悬移质淤积段,第一段长 32 km,第二段长 44 km;第三段为推移质堆积段,长约 13 km。对影响库区淤积形态的各项参数指标进行了深入分析论证,确定东庄水库三个库段淤积平衡比降分别为 2.5‰、3.1‰和 6.6‰。滩地比降前两段分别为 1.5‰、1.6‰,尾部段为 2.0‰。高槽状态的河槽,比降比深槽状态略小,参考滩面比降确定。

2. 横断面形态设计

深槽状态的平衡河槽,从横断面上看,具有高滩深槽的特征,它由死水位以下的造床流量河槽和调蓄河槽两部分组成。东庄水库设计造床流量为 835 m^3/s;造床流量河槽水面宽 210 m,梯形断面水深 2.5 m,边坡为 1:15,河底宽 135 m。在造床流量河槽以上为调蓄河槽,岸坡采用 1:5。在峡谷库段,实际的河谷宽度小于设计河槽宽度,则按实际河谷断面计算。

冲淤平衡后深槽状态的坝前断面滩面高程 789 m,河底高程 753.5 m,河底宽 135 m;756 m 高程河槽宽 210 m,780 m 高程河槽宽 450 m,789 m 高程河槽宽 540 m;死水位 756 m 以下槽深 2.5 m,水下边坡 1:15,死水位 756 m 以上槽深 33 m,水上边坡 1:5,直至滩面。

冲淤平衡后高槽状态的坝前断面滩面高程 789 m,河底高程 777.5 m,河底宽 135 m;780 m 高程河槽宽 210 m,789 m 高程河槽宽 540 m;780 m 以下槽深 2.5 m,水下边坡 1:15,780 m 以上槽深 9 m,水上边坡 1:5,直至滩面。

东庄水库冲淤平衡形态见图 5-22,东庄水库冲淤平衡纵剖面成果见表 5-3。

表 5-3 东庄水库冲淤平衡纵剖面成果

项目		坝前段		第二段		尾部段	
距坝里程(km)		0	32	32	76	76	89.3
糙率		0.018		0.020		0.030	
比降 (‰)	深槽	2.5		3.1		6.6	
	高槽	1.5		1.6		2.0	
河底高程 (m)	深槽	753.50	761.50	761.50	775.14	775.14	783.92
	高槽	777.50	782.30	782.30	789.34	789.34	792.00

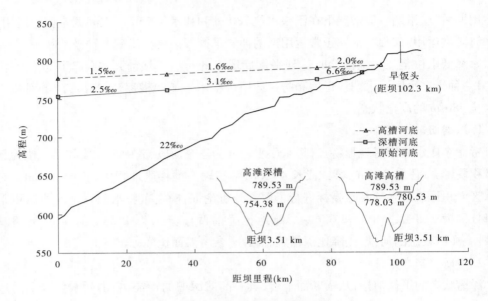

图 5-22　东庄水库冲淤平衡形态

采用东庄水库水沙数学模型进行了库区泥沙冲淤计算,平水平沙的 1968 系列、前期水沙偏丰的 1961 系列、前期水沙偏枯的 1991 系列、实测 2000 系列和平水平沙的原 1968 系列计算得到的东庄水库淤积形态见图 5-23 ~ 图 5-27。由图 5-23 ~ 图 5-27 可知,不同水沙系列,东庄水库淤积形态变化过程基本相同。水库运行初期为三角洲淤积形态,随着水库的运用,三角洲顶点逐渐向坝前推进,直至顶点到达坝前后,水库为锥体淤积形态,而后淤积面继续抬升;正常运用期,水库淤积面在汛限水位至死水位之间变化。水库淤积平衡

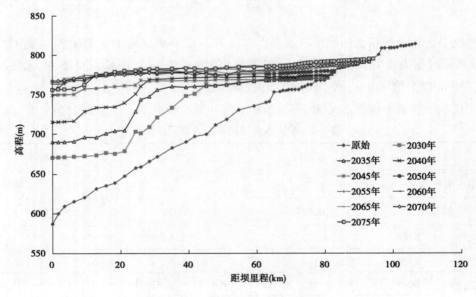

图 5-23　东庄水库淤积形态(1968 系列)

后,河槽比降在 1.5‰~3.5‰变化。数学模型计算的冲淤平衡形态与设计冲淤平衡形态比较接近。

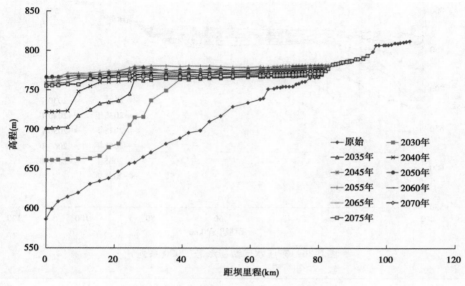

图 5-24　东庄水库淤积形态(1961 系列)

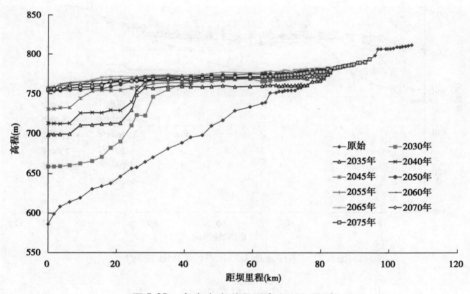

图 5-25　东庄水库淤积形态(1991 系列)

5.4.2.2　古贤水库淤积形态

古贤水库进入正常运用期后,主汛期利用 20 亿 m³ 调水调沙库容与三门峡、小浪底等水库联合调水调沙运用,遇大洪水时防洪运用。水库调水调沙多年调节泥沙,若遇到长时段不利水沙条件,调水调沙库容将会淤积,根据水库数学模型计算成果,在不利水沙条件

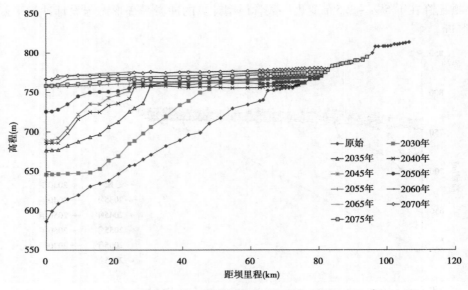

图 5-26　东庄水库淤积形态(2000 系列)

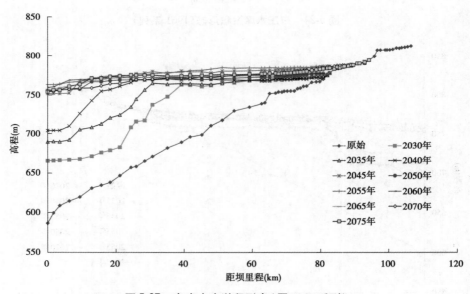

图 5-27　东庄水库淤积形态(原 1968 系列)

下,古贤水库正常运用期水库最大淤积泥沙量约 12 亿 m³。由此,水库正常运用期的河槽冲淤形态考虑两种状态,一种为水库降至死水位冲刷过程中形成的对应于死水位 588 m 的河槽形态,称为"深槽"状态;另一种为在水库调水调沙运用过程中河槽严重淤积时(考虑淤积 12 亿 m³)的形态,称为"高槽"状态。

1. 纵剖面形态设计

"深槽"状态时库区干流河槽淤积比降采用上述计算的平衡比降,即 1.7‰、2.1‰、

3.0‰,整个库段"深槽"的平均比降为 2.34‰。"高槽"状态河槽比降是由主汛期中小洪水逐步淤积形成的,其比降应介于"深槽"比降与滩地淤积比降之间,参照已建三门峡、青铜峡等水库槽库容淤积严重时观测资料,古贤水库"高槽"状态河槽淤积比降按"深槽"比降的 60%～70% 取值,取为 1.2‰、1.4‰、1.8‰,整个库段"高槽"的平均比降为 1.5‰。

考虑到黄河北干流的洪水特性以及古贤水库的防洪运用方式,对于大洪水古贤水库很容易滞洪淤积,造成滩库容损失,影响水库防洪效益。为了长期满足水库的防洪库容及兴利库容,参考多泥沙河流水库淤积形态设计经验,库区滩面高程按 50 年一遇洪水不上滩设计,根据水库调洪计算成果,50 年一遇洪水防洪库容约为 12 亿 m^3,因而设计坝前滩面高程 625.5 m。

根据古贤水库正常运用期干流河槽冲淤比降成果,设计的古贤水库两种状态(深槽状态、高槽状态)纵剖面形态见表 5-4、表 5-5、图 5-28。

表 5-4　正常运用期干流淤积形态成果("深槽"形态)

死水位 (m)	坝前滩面高程(m)	项目		坝前段		第二段		第三段		距碛口坝址(km)
588	625.5	断面		上	下	上	下	上	下	37.4
		距坝里程(km)		0	60	60	120	120	201	
		比降 (‰)	河底	1.7		2.1		3.0		
			滩面	1.0		1.2		无滩地		
		高程 (m)	河底	584.5	594.7	594.7	607.3	607.3	631.6	
			滩面	625.5	631.5	631.5	638.7	无滩	无滩	

表 5-5　正常运用期干流淤积形态成果("高槽"形态)

死水位 (m)	坝前滩面高程(m)	项目		坝前段		第二段		第三段		距碛口坝址(km)
588	625.5	断面		上	下	上	下	上	下	37.4
		距坝里程(km)		0	60	60	120	120	201	
		比降 (‰)	河底	1.2		1.4		1.8		
			滩面	1.0		1.2		无滩地		
		高程 (m)	河底	600.5	607.7	607.7	616.1	616.1	631.6	
			滩面	625.5	631.5	631.5	638.7	无滩	无滩	

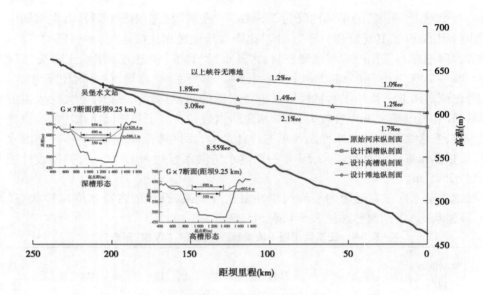

图 5-28　高坝方案正常运用期干流淤积形态

水库正常运用期"深槽"形态,死水位 588 m,坝前滩面高程 625.5 m,库区坝前段、第二段、第三段各河段长度分别为 60 km、60 km、81 km,河槽淤积比降分别为 1.7‰、2.1‰、3.0‰,形成滩地的前两段比降为 1.0‰、1.2‰,水库淤积末端距碛口坝址 37.4 km,距吴堡县城下端猴桥断面 1.6 km。汛期水库淤积末端不影响吴堡县城。

水库正常运用期"高槽"形态,是调水调沙库容淤积严重情况下的形态,为水库淤积最不利形态。该形态位于深槽淤积形态之上,淤积末端距坝 201 km,距吴堡城区下端猴桥断面 1.6 km。

2. 横断面形态设计

深槽状态的平衡河槽,从横断面上看,具有高滩深槽的特征,它由死水位以下的造床流量河槽和调蓄河槽两部分组成。古贤水库设计造床流量为 3 600 m³/s。造床流量河槽水面宽 490 m,梯形断面水深 3.5 m,边坡为 1:20,河底宽 350 m。在造床流量河槽以上为调蓄河槽,岸坡采用 1:5。

在峡谷库段,实际的河谷宽度小于设计河槽宽度,则按实际河谷断面计算。

水库形成平衡横断面形态("深槽"形态)时,坝前断面滩面高程 625.5 m,河底高程 584.5 m,河底宽 350 m;588 m 高程河槽宽 490 m,625.5 m 高程河槽宽 865 m;死水位 588 m 以下槽深 3.5 m,水下边坡 1:20,死水位 588 m 以上槽深 37.5 m,水上边坡 1:5,直至滩面。

水库形成平衡横断面形态("高槽"形态)时,坝前断面滩面高程 625.5 m,河底高程 600.5 m,河底宽 350 m,604 m 高程河槽宽 490 m、滩面宽 650 m,边坡 1:5,625.5 m 高程河槽宽 860 m。

5.4.2.3　马莲河水库淤积形态

1. 纵剖面形态设计

根据马莲河贾嘴水库运用方式,水库正常运用期河槽冲淤形态考虑两种状态,一种为水库降至死水位冲刷过程中形成的对应于死水位的河槽形态,称为"平衡形态";另一种为水库运用过程中调沙河槽淤积(考虑汛期调沙库容淤积 0.4 亿 m³)的形态时,称为"中槽"形态。由于马莲河为泥沙淤积影响严重的水库,从安全角度出发,水库调洪计算、回水计算采用"中槽"形态库容和断面。

调沙河槽淤积主要是由汛期小流量高含沙洪水以及非汛期洪水造成的,其淤积比降应该介于汛期冲刷平衡比降与滩地淤积比降之间,参照已建三门峡、青铜峡及巴家嘴各水库槽库容淤积时的观测资料,贾嘴水库调沙库区淤积比降按河槽平衡比降的 75% 考虑,取值分别为 2.0‰、2.4‰。

根据以上分析,设计的贾嘴水库正常运用期水库淤积形态见表 5-6、表 5-7、图 5-29。

表 5-6　贾嘴水库正常运用期干流淤积形态成果("平衡形态",死水位 982 m)

项目		坝前段		第二段		尾部段	
距坝里程(km)		0	14	14	29	29	37
糙率		0.02		0.022		0.03	
比降 (‰)	河槽	2.6		3.2		6.8	
	滩地	1.6		1.8			
高程(m)	河槽	980.2	983.84	983.84	988.64	988.64	994.76
	滩地	999	1 001.24	1 001.24	1 003.94		

表 5-7　贾嘴水库正常运用期干流调沙库容淤积形态成果("淤积形态",死水位 982 m)

项目		坝前段		第二段		尾部段	
距坝里程(km)		0	14	14	29	29	37
糙率		0.02		0.022		0.03	
比降 (‰)	河槽	2.0		2.4		2.4	
	滩地	1.6		1.8			
高程 (m)	河槽	987.4	990.2	990.2	993.8	993.8	995.72
	滩地	999	1 001.24	1 001.24	1 003.94		

2. 横断面形态设计

贾嘴水库设计造床流量为 413 m³/s。造床流量河槽水面宽为 170 m,梯形断面水深 1.8 m,边坡为 1∶15,河底宽 116 m。在造床流量河槽以上为调蓄河槽,岸坡采用 1∶5。在峡谷库段,实际的河谷宽度小于设计河槽宽度,则按实际河谷断面计算。

采用马莲河水库水沙数学模型进行了库区泥沙冲淤计算,计算结果表明水库悬移质淤积比降为 2.5‰左右,与设计冲淤平衡形态比较接近,见图 5-30。

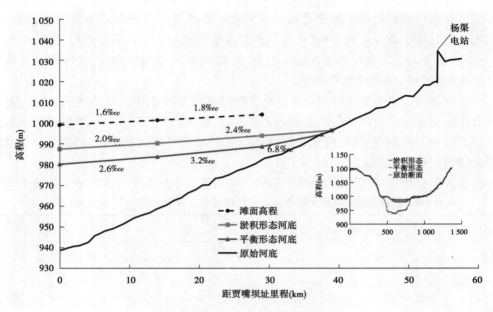

图 5-29　贾嘴水库正常运用期干流淤积形态

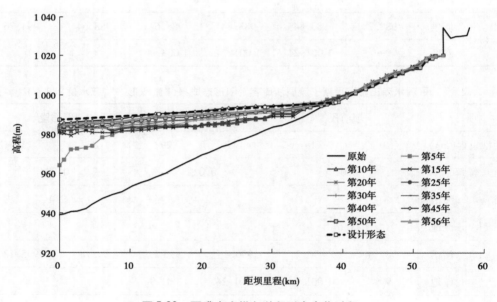

图 5-30　贾嘴水库纵向淤积形态变化过程

5.5　小　结

（1）水库淤积形态包含纵向淤积形态与横向淤积形态。纵向淤积形态一般有三角洲、带状和锥体三种，既有单一形式，又有复合形式，并在一定条件下发生转型。横向淤积形态一般有四种类型,即淤槽为主、淤滩为主、沿湿周淤积、淤积面水平抬高,随着水库的运用,横向淤积形态会发生变化。

(2)水库淤积形态的影响因素较为复杂。研究表明,影响水库纵向淤积形态的主要因素有库区地形条件、来水来沙条件、水库运用方式及水库泄流规模等;影响水库横向淤积形态的因素包括水库运用方式、含沙量及悬移质级配、流速、水深等在横向的分布,附近的河势,断面形态以及水库纵剖面形态等。

(3)在对水库淤积形态分析总结的基础上,研究了水库淤积形态的设计方法,提出多种方法判断水库淤积形态类型,利用经验公式计算分析、数学模型模拟以及基于最小能耗原理理论推导等多种方式进行水库淤积形态设计,并结合多沙河流水库河槽泥沙调节情况,界定了高滩高槽、高滩中槽、高滩深槽等不同状态,开展了设计应用。

第6章

库容分布和特征水位设计

6.1　多沙河流水库库容和水位设计的特殊性

库容设计和特征水位设计是规划设计阶段确定主要水利枢纽工程水工建筑物尺寸（如坝高、溢洪道宽度、电站装机容量等）及估算工程效益的基本依据。与少沙河流水库相比，多沙河流水库由于来沙量大，库区泥沙淤积严重，水库的库容和水位设计应全面分析泥沙淤积对库容的影响，综合考虑水库的综合利用要求、水库泥沙淤积和有效库容的长期保持。

6.1.1　综合利用要求

天然状态，不论是一般的冲积河流还是多沙河流，在长期演变过程中均会达到与其自身来水来沙条件相适应的相对均衡稳定状态。但是随着人类社会的不断进步，在人类活动影响下，河流的调整适应过程往往与人类的生存发展需求产生矛盾，从而产生了河流治理开发的问题。多沙河流治理面临的问题尤为突出。

6.1.1.1　水沙关系不协调

水少、沙多、水沙关系不协调是多沙河流普遍存在的问题，也是造成河道淤积抬升、主槽过流能力下降等一系列问题的根本原因。以黄河为例，黄河的多年平均径流量 580 亿 m^3，仅为长江的 1/16，而输沙量、含沙量均为世界之最。黄河水沙年内与年际分配极不平衡，其汛期水量占全年水量的 60%，但汛期来沙量约占全年的 85% 以上，且常常集中于几场暴雨洪水中。从年际变化看，实测最大沙量为 1933 年的 39.10 亿 t，而该年水量仅为 561.0 亿 m^3；实测最小沙量为 2015 年的 0.47 亿 t，该年水量为 152.8 亿 m^3。另外，黄河水流含沙量高且空间差异显著。黄河干流三门峡站 1977 年 8 月曾出现了含沙量高达 911.0 kg/m^3 的洪水。头道拐至潼关河段，实测的含沙量沿程呈快速上升的趋势，汛期平均含沙量从头道拐站的 7.4 kg/m^3 增加到龙门站的 44.4 kg/m^3、潼关站的 49.5 kg/m^3。

6.1.1.2　河道淤积

水沙关系不协调，造成多沙河流河道淤积萎缩。不协调的水沙关系导致黄河下游河道严重淤积，使河道日益高悬。根据实测资料分析，1950～1999 年，黄河下游河道共淤积泥沙约 93 亿 t，与 20 世纪 50 年代相比，河床普遍抬高 2～4 m。目前，河床高出背河地面 4～6 m，局部河段在 10 m 以上，"96·8"洪水花园口站洪峰流量 7 860 m^3/s 的洪水位，比 1958 年 22 300 m^3/s 流量的水位还高 0.91 m，堤防相同设计洪水位的河道过流量大幅度降低。

自然情况下，黄河下游河道淤积严重，但滩槽几乎同步升高。由于水沙关系的逐步恶化，加上生产堤限制了洪水的漫滩沉沙范围，下游河道在严重淤积的同时，中水河槽淤积量加大，河床形态恶化。黄河下游各时期水沙特性和年均冲淤量见表 6-1，主要断面不同时期中水河槽过水面积见表 6-2。

表 6-1　黄河下游各时期水沙特性和年均冲淤量

时段 (年-月)	年水沙特征 (小黑武)		汛期流量 >2 000 m³/s 年均天数 (d)	汛期流量 >4 000 m³/s 年均天数 (d)	河道冲淤量 (亿 t)		主槽淤 积比例 (%)	时段末 平滩流量 (m³/s)
	年水量 (亿 m³)	年沙量 (亿 t)			全断面	主槽		
1950-07 ~ 1960-06	480	17.95	77.2	19.7	3.61	0.82	23	6 000
1960-11 ~ 1964-10	573	6.03	80.8	28.8	−5.78	−5.78		8 500
1964-11 ~ 1973-10	426	16.3	54.7	14	4.39	2.94	67	3 400
1973-11 ~ 1980-10	395	12.4	53.4	14.7	1.81	0.02	1	5 000
1980-11 ~ 1985-10	482	9.7	83.8	33.6	−0.97	−1.26		6 000
1985-11 ~ 1999-10	278	7.64	19.6	2	2.23	1.61	72	3 000
1999-11 ~ 2013-10	261	0.73	13.0	0.14	−1.69	−1.75		4 200

表 6-2　黄河下游主要断面不同时期中水河槽过水面积　　　　　　(单位:m²)

断面	时间(年-月)						
	1960-09	1964-10	1973-10	1980-10	1985-10	1999-10	2013-10
花园口	4 010	5 080	3 170	2 290	3 200	1 493	3 796
夹河滩	6 291	9 298	5 399	5 291	5 883	1 397	3 415
高村	4 732	7 471	4 061	3 381	4 002	1 167	2 773
孙口	4 587	5 887	3 888	3 345	3 780	1 343	2 474
艾山	2 936	3 649	2 291	2 377	2 777	1 599	2 322
利津	2 211	2 477	1 465	1 522	2 339	1 150	1 604

　　从黄河下游各时期水沙特征和年均冲淤量来看,1986 年以前除 1964 年 11 月至 1973 年 10 月三门峡滞洪排沙特殊运用时期外,下游河道滩和槽的淤积比例分别约占 70% 和 30%,或主槽发生冲刷,滩槽面积基本相应,滩槽几乎同步淤积升高,基本保持中水河槽具有 5 000 m³/s 以上的过流能力。1986 年至小浪底下闸蓄水前,进入黄河下游的年水量和汛期水量均大幅度减少,且由于来自上游的低含沙洪水被削减,黄河下游中常洪水出现的机遇和持续时间大幅度减少,汛期 2 000 ~ 4 000 m³/s 流量级年均出现的天数比 1950 ~ 1960 年少 40 d,大于 4 000 m³/s 的天数少 17.7 d,且 1 000 m³/s 以上流量级的水流含沙量大幅度增加,黄河下游河道中水河槽淤积严重,1985 年 11 月至 1999 年 10 月年均淤积

2.23 亿 t,其中河槽年均淤积量为 1.61 亿 t,与天然情况(1950 年以前)相比,淤积量占来沙量的比例由 23% 增加到 29%,且河槽淤积比例由 23% 增加至 72%。随着黄河下游主槽过流断面持续萎缩,平滩流量明显减小,1999 年汛前孙口以上河道最小平滩流量已降至 2 500 ~ 3 000 m^3/s。2002 年汛前,高村河段最小平滩流量一度减小到 1 800 m^3/s。

在河床累积性淤积抬高的多沙河流上,防洪是突出的问题,河道防洪和减淤问题联系在一起。黄河长期治理实践表明,通过修建骨干水库拦沙和调水调沙,协调进入下游的水沙关系,提高下游河道输沙能力,是减缓下游河道淤积抬升,维持适宜中水河槽、优化配置水资源的最直接、最有效的措施。

多沙河流水库的开发任务主要有防洪减淤、兴利综合利用等方面。

(1)防洪减淤。在河床淤积抬高持续进行的河流上,防洪是突出的问题,河流防洪和减淤问题联系在一起。水库防洪库容是有限的,只有不使下游河道河床淤积抬高发展,才能发挥水库为下游河道防洪运用的作用,否则要不断地加高下游河道堤防。以防洪减淤为主要开发任务,同时兼顾兴利综合利用。水库发挥防洪减淤作用,主要是通过拦沙和调水调沙,协调进入水库下游的水沙关系,提高下游河道输沙能力,减缓下游河道淤积抬升,维持适宜中水河槽。

(2)兴利综合利用。通过调节径流,为沿岸工农业生产和城乡生活提供水源保障。利用枢纽筑坝建库形成的水头,承担电网的调峰发电、调频、事故备用等任务。通过调节径流,保证下游断面的生态基流,改善下游水生态环境。相对于少沙河流水库,多沙河流水库在承担兴利综合利用任务时,对于发电、供水、灌溉设施有更多的泥沙处理要求。

多沙河流水库库容和水位的设计需要综合考虑工程开发任务,设置一定库容拦沙和调水调沙是实现防洪减淤目标最为直接和有效的首选措施。多沙河流水库入库水流含沙量高,要充分利用汛期有限的水资源,合理确定兴利库容,处理好水库蓄水和排沙的关系,最大限度地发挥水库综合效益。要分析泥沙冲淤对库容的影响,合理确定防洪库容和调洪库容。要统筹考虑库区泥沙淤积规律,合理配置库容,分析论证特征水位。

6.1.2　水库泥沙淤积

6.1.2.1　多沙河流水库淤积情况

河流上修建水库后,天然河流的水沙输移特性与河床形态的相对平衡状态将被破坏,河床形态发生变化。大量的资料表明,世界范围内和国内的北方或南方河流上修建的大、中、小型水库,水库蓄水后,随着库区水位壅高,水深增大,过水断面逐渐扩大,流速和挟沙能力沿程递减,泥沙将由粗到细地淤积到库底。水库修建后泥沙大量淤积是必然的。

在世界范围内,大型水库超过了 4 万座。然而,由于泥沙淤积,每年损失的库容占总库容的 0.5% ~ 1.0%。据资料介绍,美国在 20 世纪 20 年代以后开始修建的综合利用水库总库容为 5 000 亿 m^3,每年淤积损失达 12 亿 m^3,1935 年以前修建在水土流失地区的水库,截至 1953 年,已有 10% 的水库完全淤废;有 14% 的水库已损失原库容的 50% ~ 75%;有 23% 的水库已损失原库容的 25% ~ 50%。日本曾对本国 256 座库容大于 100 万 m^3 的水库淤积情况进行调查,结果表明,全部淤满的有 5 座,占水库总数的 2%;淤积导致库容损失已达库容 80% 以上的有 26 座,占 10%;库容损失 50% 以上的有 22 座,占 22%;在剩余的 169 座中,除去 5 座淤积甚微外,其余水库淤积都在 10% 以上,这 256 座水库的平均寿命仅有 53 年。至于气候干旱、暴雨强度大、水土流失较严重的国家和地区,水库泥沙淤积问题就更加严重了。

我国南方特别是西南地区,河流中推移质泥沙含量高;而北方水土流失严重地区的河流,悬移质泥沙年均含沙量高、输沙量大,像黄河这样的多沙河流,汛期水流的含沙量往往大于 300 kg/m³,部分支流的最大含沙量可高达 1 600 kg/m³ 以上,为举世罕见。由于泥沙问题,我国的水库淤积现象十分普遍和突出。特别是 20 世纪 50 年代和 60 年代初期运用的水库,由于缺乏控制泥沙淤积的经验,水库淤积颇为严重。据全国 236 座有实测资料水库的统计,截至 1981 年底,总淤积量达 115 亿 m³,占这些水库总库容 804 亿 m³ 的 14%,平均每年约淤损 8 亿 m³。华北、西北和东北西部的河流多为流经黄土高原的多泥沙河流,这些河流上的水库泥沙淤积问题更为严重。黄河干流上的盐锅峡水电站,运用 9 年损失库容 76%。黄河上游青铜峡水库,原始总库容 6.06 亿 m³,水库运用初期,汛末蓄水运用,为追求发电效益而抬升汛期运行水位,仅 5 年时间,库容由 6.06 亿 m³ 减至 0.79 亿 m³,损失 87%。内蒙古自治区曾调查 19 座 100 万 m³ 以上的水库,淤积量占总库容的 31%。据 1983 年陕西省调查资料统计,全省建成的 314 座水库,总库容 40.48 亿 m³,泥沙淤积量达 7.67 亿 m³,其中 1970 年以前建成的 120 座水库已损失库容 53%,有 43 座水库淤满报废;榆林、延安两地区水库泥沙的淤积量分别占总库容的 75% 和 88%。山西省对 1958 年以后兴建的大中型水库进行调查,到 1974 年底泥沙淤积约 7 亿 m³,占总库容的 32%;截至 2000 年,山西省 62 座大中型水库总库容 31 亿 m³,已淤积 10 亿 m³,占总库容的 33%;全省最大的汾河水库,库容 7.26 亿 m³,已淤积 3.30 亿 m³,水库泥沙淤积十分严重。三门峡水库自 1960 年 9 月"蓄水拦沙"运用阶段(1960 年 9 月至 1962 年 3 月),坝前运用水位高,库区泥沙淤积严重,93% 的入库泥沙淤积在库区内。

多沙河流水库运用,水库淤积产生多方面的影响,主要概括为库容损失、淤积上延、坝前泥沙问题、对航运产生影响、引起下游河床冲刷、水库污染问题等方面。

1. 库容损失

水库建成蓄水后,回水范围内过流面积增大,流速大幅减小,必然出现泥沙淤积。泥沙淤积将侵占调节库容,降低水库的调节能力,减少工程的效益。此外,泥沙淤积后还将侵占部分防洪库容,影响水库对下游的防洪作用和大坝自身的防洪安全。这些问题如原设计考虑不周,在工程运用一定时间后,往往被迫进行改建,增加坝高或增建泄洪设备等。此外,水库淤积使兴利库容和防洪库容不断损失,不利于水库库容的长期保持,使得防洪、发电和灌溉等效益的发挥大受限制,甚至导致某些水库效益丧失殆尽。例如,山西镇子梁水库到 1972 年汛期,已损失库容 60%,灌溉面积减少 50%,水库防洪标准从 100 年一遇降低到 20 年一遇。青铜峡水库初期运用 5 年损失库容 87% 后,水库调蓄能力大为降低,灌溉用水和发电备用水量严重不足。

2. 淤积上延

水库蓄水后,由于泥沙淤积引起库区水位抬高,造成周边土地的淹没和浸没,又因泥沙淤积与回水的相互影响,使淤积末端向上游发展,进一步扩大水库淹没、浸没的范围,造成淤积上延的"翘尾巴"现象。例如黄河三门峡水库建成蓄水后,淤积严重,河床迅速抬高,扩大了土地的淹没、浸没范围,若不控制任其发展将影响西安市的安全,为此被迫对工程进行了两次改建,并改变水库运用方式。又如山西省镇子梁水库因建库后淤积不断上延,实际回水范围超过原设计值,不得不多次增加移民和土地淹没赔偿费。内蒙古三盛公水利枢纽,由于泥沙淤积,水库回水范围由 1962 年的 30 km 发展到 1971 年的 43 km 以上。

3. 坝前泥沙问题

坝前的建筑物包括船闸和引航道、水轮机进口、渠道引水口等都有一个泥沙问题。泥沙(特别是粗沙)进入水轮机会引起磨损,水草进入拦污栅则会造成堵塞,从而增加停机抢修和降低出力。例如,盐锅峡水库在刘家峡水库投入运用以前,由于拦污栅堵塞形成停机和降低出力而造成损失。粗、中沙进入渠道,则会发生淤积,影响输水能力;但是粉沙和土粒如能通过渠道被带至农田灌淤,则会增加土壤的肥力。

4. 泥沙淤积对航运的影响

多泥沙河流产生的淤积会束窄河床,缩窄航槽,引起流态的变化,对航运产生不利影响。引航道口门附近回流区的浑水在一定水流条件下以异重流的形式进入引航道造成异重流淤积,加重河道淤积程度,降低河道通航能力。若船闸位置布置不当,弯道环流会造成大量推移质堆积,堵塞引航道。变动回水易使宽浅河段主流摆动或移位,影响航运。在坝前水位下降时,水位下降快、河床冲刷慢时,会出现航深不够的现象,特别是一些大型水库因水库水位变幅大,使回水变动区的河势处于一种不稳定状态,对航行不利。回水末端的淤积可使航运发生困难,码头淤坏,航道淤浅或不稳定,发生航道淤堵,甚至造成翻船事故。如闸得海水库回水末端的淤积使水面变浅,局部地方长出水草,使淤积进一步加大,出现水流不畅,也影响机动船只的通行。

5. 下游河床冲刷问题

水库运用使下泄水流变清,引起下游河床冲刷变形,水位下降使下游取水困难,影响建筑物安全等。

6. 水库污染问题

水库淤积既可加强水的自净能力,也同时加重水库污染。由于悬移质泥沙表面常吸附大量污染物质,水库蓄水后由于泥沙淤积,污染物质在库区沉淀积累,虽然使下泄水流水质可能有所改善,但却污染库区水质并影响水生生物的生长甚至可能影响人类身体健康。

6.1.2.2 多沙河流水库不同运用阶段库区泥沙冲淤规律

根据已建水库运用实测资料,多沙河流水库建坝后,运用水位较天然河道大幅度提高,含沙水流进入库区回水段后,泥沙将在库区大量淤积,达到新的冲淤平衡状态。水库运用一般分为拦沙期和正常运用期两个时期。其中,拦沙期根据坝前淤积面高程和排沙底孔进口高程的关系,又可分为拦沙初期和拦沙后期。

1. 拦沙初期

当坝前淤积面高程低于排沙底孔进口高程时为拦沙初期。蓄水运用初期,含沙水流进入库区回水区后,由于水流流速降低,挟沙能力锐减,泥沙将在库尾大量落淤,从而形成三角洲淤积形态,随着时间的推移,三角洲淤积体逐渐向坝前推进;与此同时,由于含沙水流密度大于库区清水的密度,当满足一定水力条件后,含沙水流将会潜入清水以下,以异重流的形式沿着河底向坝前移动,同时泥沙沿程淤积,形成异重流淤积段,随着时间的推移,坝前淤积面逐渐抬升。当坝前泥沙淤积面高程低于排沙底孔进口高程时,即便异重流运行到坝前后也不能爬高到排沙底孔进口高程,此时水库不具备排沙出库的条件。拦沙初期水库淤积形态如图 6-1 所示。

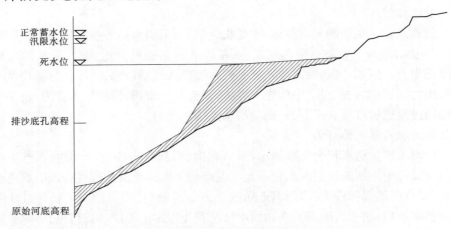

图 6-1　拦沙初期水库淤积形态示意图

2. 拦沙后期

当坝前泥沙淤积面高程高于排沙底孔进口高程后至拦沙库容淤满前为拦沙后期。随着时间的推移,当拦沙初期完成后,水库坝前淤积面接近排沙底坎高程时,入库泥沙运行到坝前后,若打开排沙底孔,含沙水流将会顺利排沙出库,水库具备了排沙条件(见图 6-2)。该时期初始时三角洲淤积体仍未到达坝前,水库具有较大的蓄水体,库区水泥运动仍以异重流运动为主,随着库区泥沙淤积体的不断发展,三角洲顶点逐渐向坝前推移,直至三角洲顶点到达坝前,拦沙库容淤满。

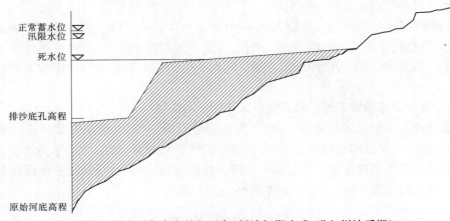

图 6-2　拦沙后期水库淤积形态(拦沙初期完成,进入拦沙后期)

3. 正常运用期

拦沙库容淤满后进入正常运用期。当三角洲顶点到达坝前,拦沙库容淤满后,在长期保持防洪库容的前提下,主汛期利用槽库容进行调水调沙和供水运用,水库多年内保持冲淤平衡。此时期水库蓄水体较拦沙期蓄水体明显减小,若高水位蓄水运行,则将会出现异重流输沙和壅水明流输沙两种情况,逐渐淤积水库槽库容;若泄空水库排沙运行,则将会出现均匀明流输沙流态,以沿程冲刷和溯源冲刷的方式将淤积在槽库容的泥沙排出库外。正常运用期水库淤积形态如图 6-3 所示。

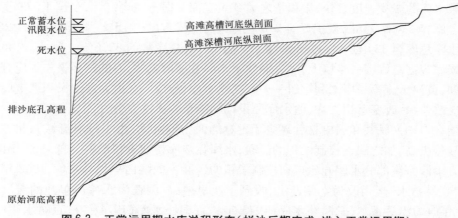

图 6-3　正常运用期水库淤积形态(拦沙后期完成,进入正常运用期)

6.1.2.3　库区泥沙冲淤规律对水库库容的影响

多沙河流水库运用初期,水库蓄水体较大,泥沙进入库区后,由于水深增加,流速减小,泥沙先在库尾段沿程落淤,而后以三角洲形式逐渐向坝前推进。直至顶点到达坝前,水库为锥体淤积形态,拦沙库容淤满,拦沙期结束。拦沙期运用过程中,水库汛期逐步抬高汛限水位满足调水调沙要求,非汛期蓄水拦沙兴利运用。多沙河流水库拦沙期,泥沙在拦沙库容内淤积,不会对调水调沙库容、兴利库容、防洪库容、调洪库容等造成影响。

多沙河流水库进入正常运用期后,主汛期一般情况下在汛限水位和死水位之间调水调沙运用,来洪水时防洪运用。正常运用期水库的淤积形态与水库运用方式、库区地形特点、入库水沙条件等因素有关,水库正常运用过程中的冲淤平衡形态将会出现两种极端状态,一种为在水库降低水位至死水位排沙时达到平衡后形成的对应于坝前死水位的深槽状态;另一种为在水库调水调沙运用和防洪运用过程中平衡河槽逐渐淤高形成的对应于汛限水位的高槽状态,见图 6-3。

为满足下游河道减淤和水库有效库容长期维持的要求,多沙河流水库的调水调沙库容一般在死水位以上,汛限水位以下设置。当遇到不利的来水来沙条件时,可利用调水调沙库容拦蓄部分泥沙,塑造协调的水沙关系,当遇到合适的来水流量时,可充分利用水流挟沙能力冲刷恢复调水调沙库容。调水调沙库容属于动态库容,是允许泥沙淤积的。但调水调沙库容恢复需要合适的大流量过程,因此调水调沙库容设计时,应充分分析入库水沙特性,避免调水调沙库容设置过小而导致泥沙淤积侵占兴利库容的现象。按一般概念,水库兴利库容为正常运用期死水位与正常蓄水位之间的有效库容。为满足汛期蓄水期和非汛期的兴利调节不受汛期泥沙淤积对兴利库容的影响,多沙河流水库兴利库容设计时应充分考虑泥沙淤积和汛期调水调沙的特殊性。

6.1.3　有效库容长期保持

在河流上修建水库后,由于水位抬高,流速减小,必然造成泥沙在水库中的淤积,我国已建水库库容每年以 1% 左右的速度在不断减小。据统计,我国七大江河的年输沙量高达 23 亿 t,尤其以黄河输沙量最大,居世界大江大河之首,天然年均输沙量高达 16 亿 t。黄河流域水库的淤积速度之快、淤积量之大令人震惊。据不完全统计,全国 1 373 座大中型水库总库容 1 750 亿 m³,淤损库容 218 亿 m³,占总库容的 12.5%。黄河流域片 260 座大中型水库总库容 384 亿 m³,淤损库容 125 亿 m³,占总库容的 32.6%。现今,绝大部分水库淤损库容占总库容一半以上,大大制约了水库效能的发挥,有的甚至失去了应有的作用。例如,黄河干流第一座水利枢纽——三门峡水库,建成不久就因泥沙淤积严重而被迫进行多次改建,并改变运用方式,使水库原设计功能至今无法充分发挥。

我国在中华人民共和国成立后兴建了大量的大中型水库,由于黄河流域和北方一些河流含沙量极高,加之缺乏控制淤积的经验,水库在建库初期淤积严重。自 1962 年以来,我国北方多沙河流部分水库开始摸索控制淤积的经验。如陕西黑松林水库,1962 年起将原来的“拦洪蓄水”运用改为空库迎洪,收到了明显效果;闹德海水库由单纯的滞洪运用于 1973 年改为汛后蓄水,三门峡水库(1973 年)、青铜峡水库(1974 年)、直峪水库(1975年)、恒山水库(1975 年)等均改变运用方式蓄清排浑运用,基本控制了泥沙淤积,做到或接近达到水库长期使用,特别是三门峡水库加大泄洪设施而改建成功的经验,从实践方面初步证实了综合利用水库是可以长期保持有效库容的。

但多沙河流上的水库,要长期保持有效库容,必须具有一定的泄流排沙规模,并制定合理的运用方式,使得水库因蓄水、滞洪造成的淤积能顺利排出水库,达到一定时期内冲刷在数量和部位的相对平衡。这种平衡在一个年度内实现的称为泥沙年调节,在多年内实现的称为泥沙多年调节。由于多沙河流水沙年际和年内变化很大,部分水库在大部分年份内能实现泥沙年调节,部分水库需要多年内才能实现冲淤平衡。要实现泥沙调节,长期保持水库有效库容,必须有调沙库容,以堆放水库因蓄水、滞洪造成的淤积在库区的泥沙。下游河道有防洪减淤需求的,水库还需有调水库容。在泄流排沙规模和水库运用方式一定的情况下,水库对泥沙的调节程度越高,要求的调沙库容越大。

6.2　水库库容设计

多沙河流水库库容涉及拦沙库容、调水调沙库容、兴利库容、防洪库容、调洪库容、生态专属库容等。与少沙河流水库相比,拦沙库容和调水调沙库容是多沙河流水库工程设计需要特殊考虑的。

6.2.1　拦沙库容

水库拦沙库容为水库正常运用后泥沙淤积平衡线以下的库容,是达到设计淤积形态平衡后的斜体淤积库容,水库拦沙库容主要由死水位决定,死水位越高,按相同的设计淤积形态水库的拦沙库容也就越大。

造成多沙河流河床抬升、防洪问题突出的根本原因是泥沙淤积问题,减淤的目的就是要减少河道泥沙淤积,保持河道有较高的行洪能力。以黄河为例,多年的治黄实践表明,黄河泥沙处理的主要措施为"拦、调、排、放、挖"。建设干流骨干水库拦沙并进行调水调沙,充分利用黄河下游河道输沙能力多排沙入海,是实现"拦"、"调"、"排"相结合解决黄河泥沙问题的最优措施。因此,多沙河流以防洪减淤为主要开发任务的水库,设置一定库容拦沙和调水调沙是实现防洪减淤目标最为直接和有效的首选措施。从多沙河流防洪减淤的客观需求出发,多沙河流水库应在考虑库区淤积形态及尾部高程、回水淹没影响及投资变化同时尽可能减少淹没影响及移民投资的基础上,取得尽量大的拦沙库容,一则可以在更长的时期内发挥作用,二则可以为流域内水土保持建设赢得更多的时间。

黄河古贤水利枢纽,工程开发任务为以防洪减淤为主,兼顾供水灌溉和发电等综合利用。古贤水利枢纽作为水沙调控体系的骨干工程,控制了黄河全部泥沙的 60%,粗泥沙的 80%,其主要开发任务之一就是拦沙减淤,通过水库拦沙和调水调沙尽可能减少进入下游的泥沙,减轻河道淤积。黄河中游于 1960 年建成的三门峡水库拦沙约 65 亿 t,于 20 世纪 60 年代完成了拦沙任务。1999 年建成的小浪底水库,总库容 126.5 亿 m³,其中拦沙库容约 75.5 亿 m³,水库建成以后拦沙和调水调沙对减少下游河道淤积、恢复和维持中水河槽行洪排沙能力发挥了巨大作用。截至 2018 年 4 月,小浪底水库已拦沙 33.3 亿 m³,按照设计的水沙条件,预估 2030 年左右小浪底水库拦沙库容将淤满,届时考虑水利水保措施的减沙作用,依靠小浪底水库调水调沙,虽然每年减少下游河道淤积可达 0.3 亿~0.4 亿 t,但下游河道仍将以近 3 亿 t 的速度淤积升高。由于水土保持减沙速度和小浪底水库调水调沙不能满足控制黄河下游不淤积抬升和中水河槽长期维持的需要,必须建设中游骨干水库集中拦减入黄泥沙,并与小浪底水库联合调水调沙,减少下游河道的泥沙量,长期维持中水河槽行洪输沙能力,保障黄河下游防洪安全。因此,古贤水库建设应根据建设条件尽可能取得大的拦沙库容,并拟定合理的水沙调控指标和减淤运用方式,发挥最大的减淤效益。考虑库区淤积形态及尾部高程、回水淹没影响及投资变化,为尽可能减少淹没影响及移民投资,以水库回水不影响吴堡县城为控制原则,古贤水库可取得最大拦沙库容 93.42 亿 m³。

泾河东庄水利枢纽,工程开发任务是以防洪减淤为主,兼顾供水、发电和改善生态等综合利用。东庄水利枢纽工程是控制渭河下游洪水泥沙的唯一工程,除大洪水问题外,渭河下游防洪中存在的河道淤积、中水河槽过流能力减小、小水大灾及中常洪水洪灾等一系列问题,无一不由泥沙问题特别是泾河泥沙而引起,建设东庄水利枢纽工程,设置一定库容拦沙和调水调沙是在较长时期内解决这一系列问题最为直接和有效的首选措施,特别是就解决中常洪水的防洪问题而言,其作用是难以替代的。由于水少沙多,水沙关系不协调是渭河来沙的基本特性,即使流域内的水土保持规划全部实施,这种局面也不会根本改变,渭河仍将是一条多泥沙的堆积性河流,进入渭河下游河道的泥沙是无限的。因此,从渭河下游防洪减淤的客观需求出发,东庄水库应取得尽量大的拦沙库容,一则可以在更长的时期内发挥作用,二则可以为流域内水土保持建设赢得更长的时间。以水库建设不影响彬县县城下游的早饭头村为前提,东庄水库可取得最大拦沙库容 20.53 亿 m³。

多沙河流以兴利综合利用为主的水库,由于水流含沙量高,从河流上引走相对的清水后,将减少进入下游河道的水量,导致河道输沙能力下降,加重下游河道的泥沙淤积,增加下游河道的防洪压力。因此,从协调兴利与除害、上游与下游关系出发,在建设水库引水的同时,也需要处理相应的泥沙量。马莲河贾嘴水利枢纽工程开发任务以供水、灌溉和拦沙为主,并为改善区域生态环境创造条件。马莲河流域水资源匮乏,泥沙含量高,给流域水资源开发利用造成很大困难。马莲河是黄河中游地区含沙量极高的河流,年均含沙量高达 280 kg/m³,汛期含沙量更高达 406 kg/m³,从河流上引走相对的清水后,将减少进入下游河道的水量,导致河道输沙能力下降,加重下游东庄水库及渭河下游河道的泥沙淤积,增加下游河道的防洪压力。因此,从协调兴利与除害、上游与下游关系出发,在建设水库引水的同时,也需要处理相应的泥沙量。考虑贾嘴水库运用 30 年需要处理的泥沙量,设置水库拦沙库容为 2.23 亿 m³。

6.2.2 调水调沙库容

调水调沙,即通过水库联合调度,把不同来源区、不同量级、不同泥沙颗粒级配的不平衡的水沙关系塑造成协调的水沙过程,有利于水库和下游河道减淤甚至全线冲刷。多沙河流水库拦沙期,绝大部分时间内水库汛限水位(或正常蓄水位)以下库容较大,能够满足水库汛期调控水量的要求。随着水库的淤积,滩槽也逐步淤高,汛限水位以下的库容也越来越小,在水库拦沙后期的末期和拦沙结束后的正常运用期,需要设置有一定的调水调沙库容,实现调水调沙的目的。

多沙河流以防洪减淤为主要开发任务的水库,水库为下游河道减淤运用需要水库合理拦沙和调水调沙,形成下游河道长距离输沙不淤积与微冲微淤的水沙特性和平衡输沙河床纵断面及河槽水力几何形态,优化组合维持下游河道稳定的流量、含沙量、泥沙组成的水沙和谐关系长期运用。调水调沙库容设计不仅要满足下游河道减淤和中水河槽长期维持的要求,还要维持水库有效库容的长期保持。联合调度运用的水库群,上游水库调水调沙库容的设计还应满足下游水库槽库容淤积严重时下泄大流量过程冲刷恢复下游水库库容的要求。

应合理设置调水调沙库容,若调水调沙库容设置偏大,主汛期水库蓄水至汛限水位的概率明显减少,增加的调水调沙库容利用率降低;同时开展一次调水调沙需用水量相应增加,水库运用过程中满足调水调沙水量条件的机会减小,导致主汛期开展调水调沙大流量泄放的频次及天数相应减少,加之调水调沙库容的增加减小了水库设计拦沙库容,导致了水库拦沙和调水调沙减淤效果大大降低。若调水调沙库容设置偏小,则不能满足下游河道减淤和中水河槽长期维持的要求,同时多年调节的水库没有可以堆放因蓄水、滞洪造成的泥沙淤积的库容,水库有效库容的长期保持无法得到维持。

多沙河流以兴利综合利用为主的水库,在径流调节过程中,应预留一部分库容作为调节泥沙使用,并在水库的调节周期内,库区泥沙基本上达到冲淤平衡。水库拦沙期结束进入正常运用期后,通过设置一定的调沙库容多年调节泥沙,槽库容有冲有淤,以保证兴利库容不被泥沙淤积。

以黄河古贤水库、泾河东庄水库、马莲河贾嘴水库为例,说明调水调沙库容设计的原则和方法。

古贤水库、小浪底水库联合调水调沙运用,不仅要满足黄河下游河道减淤和中水河槽长期维持的要求,还要满足在小浪底水库槽库容淤积严重时,古贤水库下泄大流量过程冲刷恢复小浪底水库库容的要求。古贤水库拦沙期,绝大部分时间内水库汛限水位以下库容较大,能够满足古贤水库汛期调控水量的要求。随着水库的淤积,滩槽也逐步淤高,汛限水位以下的库容也越来越小,在水库拦沙后期的末期和拦沙结束后的正常运用期,为使水库仍能发挥调控水沙的作用,需要设置有一定的调水调沙库容。从黄河下游河道减淤、中水河槽维持和冲刷恢复小浪底调水调沙库容的要求出发,古贤水库、小浪底水库联合调水调沙时,古贤水库需要蓄水库容为 14 亿~15 亿 m^3。从冲刷降低潼关高程的需求看,该蓄水库容也满足冲刷降低潼关高程的洪量要求。古贤水库正常运用期,考虑水库调沙库容 5 亿~6 亿 m^3,汛限水位以下 20 亿 m^3 的调水调沙库容基本满足水库调控流量指标及历时要求。根据黄河下游洪水冲淤特性分析,黄河下游调控流量 4 000 m^3/s,最小历时 4~5 d 时,全下游和高村以下河段能够取得较好的冲刷效果。因此,推荐调水调沙库容为 20 亿 m^3。

泾河东庄水库设置的调水调沙库容应同时满足汛期调水调沙和供水要求。根据渭河下游河道冲淤特性,当咸阳站、张家山站流量为 1 000 m^3/s 左右、历时 5 d 的洪水在渭河下游冲刷效果较好;当华县站洪水平均流量大于 1 000 m^3/s,潼关高程也多表现为降低。东庄水库调水调沙过程中调控流量为 1 000 m^3/s,调控历时为 5 d,所需水量为 4.32 亿 m^3。结合水库来水特性,主汛期 7 月 1 日至 9 月 10 日 5 d 滑动渭河咸阳站与泾河张家山站多年平均来水量为 1.4 亿 m^3,需要东庄水库调水调沙库容 3 亿 m^3,可基本满足调控流量和历时的要求。东庄水库主汛期 7 月 1 日至 9 月 10 日多年平均入库水量 5.53 亿 m^3,若调水调沙造峰用水 3 亿 m^3,则剩余水量 2.53 亿 m^3,满足同期工农业需水量和生态流量的要求。因此,东庄水库调水调沙库容应大于或等于 3 亿 m^3。东庄水库设置 3.27 亿 m^3 调水调沙库容,利用库区泥沙冲淤计算数学模型,开展东庄水库库区泥沙冲淤计算,结果表明正常运用期主汛期利用 3 亿 m^3 调水调沙库容进行调水调沙运用,库区多年基本保持冲淤平衡状态,水库能够长期保持有效库容。

马莲河干流贾嘴水库正常运用期,水库多年调节泥沙,槽库容有冲有淤,为保证兴利库容不被泥沙淤积,水库应设置一定的调沙库容。水库正常运用期 105 年内,槽库容最大淤积量为 0.93 亿 m^3,槽库容淤积 0.80 亿 m^3 及以上出现的年数为 5 年,出现频率为 4.8%;水库槽库容淤积 0.60 亿 m^3 及以上出现的年数为 17 年,出现频率为 16.2%;水库槽库容淤积 0.40 亿 m^3 及以上出现的年数为 50 年,出现频率为 47.6%;水库槽库容淤积 0.20 亿 m^3 及以上出现的年数为 82 年,出现频率为 78.1%。因此,贾嘴水库正常运用期 95% 以上的年份槽库容在 0.8 亿 m^3 以下,最大淤积量为 0.93 亿 m^3,考虑库区泥沙淤积基本为斜体淤积,水库设置为 0.8 亿 m^3 调沙库容,基本可以满足贾嘴水库多年调节泥沙的要求,不会对水库供水及防洪安全产生影响。

6.2.3　兴利库容(调节库容)

兴利库容,是水库通过调节径流,在正常运行的情况下,为满足某一设计标准兴利要求时在供水期开始应蓄足的水量,一般指死水位至正常蓄水位之间的库容。

水库兴利调节有年调节和多年调节两种,年调节是将一年内的天然径流量加以重新分配,水库蓄余补缺,调节周期为一年,水库的兴利库容一般每年蓄满和放空一次。年调节水库又分为完全年调节和不完全年调节两种。当水库的兴利库容能够把设计保证率的年径流量,全部调节利用而没有废弃水量时,这种调节能力叫作完全年调节。不完全年调节则尚有弃水,其原因是用水量较设计年径流量小,或者兴利库容较小。多年调节水库则不仅对年内径流重新分配,而且对丰、枯水年之间的径流也重新分配,将丰水年丰水期的水量调蓄起来,以补充枯水年枯水期的水量。多年调节水库所具备的兴利库容比年调节水库大得多。一般在年用水量不超过设计保证率的年径流量时,用年调节设计;在年用水量大于设计保证率的年径流量时,用多年调节设计。

相对于少沙河流水库,多沙河流水库在承担兴利综合利用任务时,要考虑泥沙淤积的影响,处理好水库蓄水和排沙的关系,以利用汛期有限的水资源,最大限度地发挥水库综合效益。多沙河流水库为满足供水保证率,大多在供水区内设置调蓄工程与水库联合供水,兴利运用在汛期和非汛期进行。在水库汛期,水库拦沙和调水调沙相结合,在实现下游河道减淤运用的同时,相应进行兴利运用;非汛期,水库蓄水调节径流兴利运用。

对少沙河流水库而言,调节库容即指兴利库容。对多沙河流水库,要考虑泥沙淤积的影响,调节库容一般由调水调沙库容和兴利库容组成。

6.2.4　防洪库容

水库防洪库容是水库下游有防洪要求时,为下游防护对象的设计标准洪水要求从防洪限制水位经水库调节后所能达到的最大蓄水量,即防洪限制水位至防洪高水位之间的库容。当水库下游有防洪要求时,水库才有防洪库容。多沙河流水库计算防洪库容,需要考虑正常运用期库区泥沙淤积体对库容的影响,不是防洪限制水位至防洪高水位之间的原始库容。

6.2.5　调洪库容

水库调洪库容是为水库保坝安全的校核洪水而设置的库容,是指校核洪水位至防洪限制水位之间的水库容积。多沙河流水库计算调洪库容,需要考虑正常运用期库区泥沙淤积体对库容的影响。

6.2.6　生态专属库容

河流上修建水利枢纽工程后,改变了河道的径流量和原有的季节分配,与径流相关的若干河流的生态环境因子也将随之改变,将直接或间接影响河流重要生物资源的栖息水域,从而改变生物群落的结构、组成、分布特征和生产力。若生境条件突然改变且超过生物的自我调节恢复能力,物种将面临新的自然选择,大部分物种面临衰退、濒危和绝迹的威胁,从而影响到生物的多样性。

从水库功能上讲,水库生态调度就是水库调度在考虑担任防洪、发电、供水、灌溉、航运、养殖等要求时,还要整体考虑水库调度对整个河流水生态系统的影响。河流最小允许生态径流是满足河流生态系统稳定和健康条件所允许的最小流量过程,适宜生态径流过程是对于生态系统的稳定和种群的生存和繁衍最为适合的径流过程(具有一个合适的变化范围)。适宜(或最小)生态径流是一个完整的过程,不允许时段(生物耐受期)下泄的径流量小于最小允许生态径流量。水库生态库容就是为了保持水库下游河道适宜(或最小)生态径流过程所需的库容。如果河流适宜(或最小)生态径流过程遭到破坏,则需要运用生态库容来维持这个过程,即根据河流生态需水特点,利用水利工程的调蓄条件,适时进行生态补水。生态库容可以与兴利库容、防洪库容结合在一起而存在。一般地,西北干旱地区所需的生态库容大于南方湿润地区。此外,生态库容的大小与当地经济发展程度、生产技术和人们的生活水准的提高密切相关。

例如,泾河东庄水利枢纽工程设计阶段,为确保泾河下游河道不断流,改善河道水生态环境,东庄水库建成后,生态敏感期(4 月 15 日至 6 月 15 日)下泄生态流量 10.66 m^3/s,6 月 16 日至 8 月 31 日下泄生态流量 16 m^3/s,其他时段下泄生态流量 5.33 m^3/s,相应的需水库设置生态库容 0.23 亿 m^3。

6.2.7　水库长期有效库容

水库长期有效库容一般是指水库淤积平衡形态形成以后的有效库容。多沙河流水库进入正常运用期后,在淤积平衡形态形成后的长期运用中仍有泥沙冲淤变化,因而有效库容也有一定的变化,有最大、最小有效库容和平均有效库容。

水库长期有效库容可分为干流有效库容和支流有效库容,也可分为滩库容(淤积形成与防洪限制水位相平的滩地以上的库容)和槽库容(滩地以下的库容)。多沙河流水库要分析研究长期保持有效库容的条件。

对于水库运用不形成淤积平衡的水库,在水库调水调沙运用周期内,蓄水淤积、降低水位冲刷交替进行,保持一定的冲淤形态变化,以保持一定的有效库容供长期运用。

6.2.8　总库容

水库总库容是指水库最高水位以下的静库容。

6.3　多沙河流水库库容分布设计

多沙河流水库根据库区泥沙淤积发展情况,水库运用一般分为拦沙期和正常运用期两个时期。拦沙期,库区蓄水体大,壅水程度高,水库通过合理调节水沙,减缓水库和下游河道淤积,同时满足供水需求,充分发挥水库综合利用效益。正常运用期,水库拦沙库容淤满,在长期保持防洪库容的前提下,主汛期利用槽库容进行调水调沙和供水运用,使水库多年内冲淤平衡。相对于少沙河流水库,多沙河流水库入库沙量大、槽库容易淤损、临界状态摸不清,如果库容分布设计不合理,水库建成后,泥沙淤积将侵占有效库容,导致水库调节能力不足,无法满足开发任务要求。

当前多沙河流水库水利枢纽工程规划设计,结合自身入库水沙条件和水库运用方式,分别探讨了基于正常运用期高滩深槽形态设置调水调沙库容,基于高滩高槽、高滩中槽形态设置防洪库容等的库容配置模式,但目前并未形成一套系统的技术方法。本研究基于

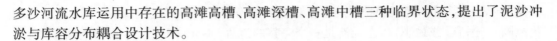

多沙河流水库运用中存在的高滩高槽、高滩深槽、高滩中槽三种临界状态,提出了泥沙冲淤与库容分布耦合设计技术。

6.3.1 多沙河流水库库容配置技术

6.3.1.1 多沙河流水库库容配置模式

根据多沙河流水库开发任务及综合利用要求,应合理配置拦沙库容、调水调沙库容、兴利库容、防洪库容、调洪库容、生态专属库容,确定水库总库容,并通过水库合理的调度方式保持水库长期有效库容。多沙河流水库拦沙期和正常运用期,水库泥沙淤积的程度不同,根据各库容利用特性,泥沙淤积对库容配置的时空变化产生影响。

水库拦沙库容为水库正常运用后泥沙淤积平衡线以下的库容,是达到设计淤积形态平衡后的斜体淤积库容,水库拦沙库容主要由死水位决定,死水位越高,按相同的设计淤积形态水库的拦沙库容也就越大。为充分发挥多沙河流水库拦沙减淤作用,在技术经济合理的前提下应尽可能取得较大的拦沙库容,发挥更大的拦沙减淤效益。设计拦沙库容包括死库容及死水位以上的斜体淤积库容,被泥沙淤积占用。水库运用拦沙期,拦沙库容逐渐被泥沙淤积,至拦沙期结束时,拦沙库容淤满,水库运用进入正常运用期,水库拦沙减淤任务完成。

调水调沙库容设计不仅要满足下游河道减淤和中水河槽长期维持的要求,还要维持水库有效库容的长期保持,保证兴利库容不被泥沙淤积。水库运用拦沙期,调水调沙库容在拦沙库容尚未淤满的泥沙淤积体以上,水库当年的汛限水位随着泥沙淤积逐年抬高。正常运用期,调水调沙库容设置在死水位以上(拦沙库容以上),汛限水位以下,即在高滩深槽形态上设置。水库进入正常运用期库区泥沙冲淤平衡后,利用调水调沙库容,对来水来沙过程进行多年调节,当遇到不利的来水来沙条件时,可利用调水调沙库容拦蓄部分泥沙,塑造协调水沙关系,当遇到合适的来水流量时,可充分利用水流挟沙能力冲刷恢复调水调沙库容,因此正常运用期的调水调沙库容属于动态库容,是允许泥沙淤积的。根据小浪底水库设计资料,其 10 亿 m^3 调水调沙库容淤沙量一般达到 3 亿~5 亿 m^3,最大可达到 8 亿 m^3。古贤水库设计 20 亿 m^3 调水调沙库容最大淤沙量可达到 12 亿 m^3。东庄水库设计 3 亿 m^3 调水调沙库容在正常运用期可淤满。

按一般概念,水库兴利库容为正常运用期死水位与正常蓄水位之间的有效库容。多沙河流水库为满足供水保证率,大多在供水区内设置调蓄工程与水库联合供水。水库兴利库容分析时,不仅要考虑与供水区内调蓄工程进行联合调节,还要考虑汛期兴利调节与调水调沙调度。水库汛期遇合适的水流条件进行排沙调度时,由调蓄水库供水,其余时段和非汛期由水库和调蓄水库按照满足用水需求联合调度运行,水库要向调蓄水库充水。为满足汛期蓄水期和非汛期的兴利调节不受汛期泥沙淤积对兴利库容的影响,考虑多沙河流泥沙和水库调水调沙的特殊性,水库的兴利库容应包含调水调沙库容。

防洪库容是水库下游有防洪要求时,为下游防护对象的设计标准洪水要求从防洪限制水位至防洪高水位之间的库容。根据多沙河流水库对下游河道的防洪要求,水库需在库区泥沙淤积体达到平衡后汛限水位以上设置防洪库容。由于正常运用期可能出现调蓄河槽内淤满泥沙的高滩高槽形态,为确保防洪安全,防洪库容在高滩高槽泥沙淤积体以上设置。少沙河流水库防洪库容与兴利库容不结合或部分结合,多沙河流水库防洪库容与兴利库容部分结合,非汛期兴利库容可以重复利用汛期预留给调洪和防洪运用的库容。

调洪库容是校核洪水位至防洪限制水位之间的库容。校核洪水位是按水库正常运用时期的有效库容曲线和泄流曲线经校核洪水调洪计算求得的,不是按水库初始运用未淤积时用校核洪水调洪计算推算的校核洪水位。调洪库容在汛期限制水位和校核洪水位之间,在调水调沙库容以上,包含了防洪库容。与防洪库容相同,调洪库容同样在高滩高槽淤积形态以上设置。

水库库容设置中不专设生态专属库容,生态专属库容可以与兴利库容、防洪库容、调洪库容结合在一起,包含在兴利库容、防洪库容、调洪库容中。如泾河东庄水库在调节库容 5.78 亿 m³ 中设置生态专属库容 0.23 亿 m³。

水库原始总库容即校核洪水位以下的原始库容。根据库区泥沙淤积形态设计,某些水库库尾部段泥沙淤积体在校核洪水位以上,该部分库容不包括在总库容内。

一般河流水库库容配置,防洪库容和兴利库容不结合或部分结合,见图 6-4、图 6-5。多沙河流水库库容配置,见图 6-6。

图 6-4　一般河流水库库容配置(防洪库容与兴利库容部分结合)

6.3.1.2　工程案例

以黄河古贤水库、泾河东庄水库为例,说明多沙河流水库库容配置模式。

1. 黄河古贤水库

黄河古贤水库开发任务为以防洪减淤为主,兼顾供水、灌溉和发电等综合利用。根据古贤水利枢纽开发任务及综合利用要求,古贤水库的库容设置如下。

1) 死库容及最大拦沙库容

古贤水库的首要开发任务为防洪减淤,在技术经济合理的前提下应尽可能取得较大的拦沙库容,发挥更大的拦沙减淤效益。根据水库死水位选择及淤积形态设计,古贤水库的死水位为 588 m,设计最大拦沙库容为 93.42 亿 m³,其中死水位以下为 60.50 亿 m³,死

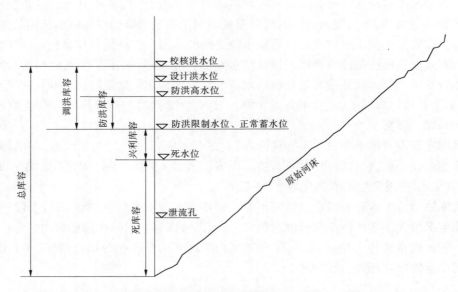

图 6-5　一般河流水库库容配置（防洪库容与兴利库容不结合）

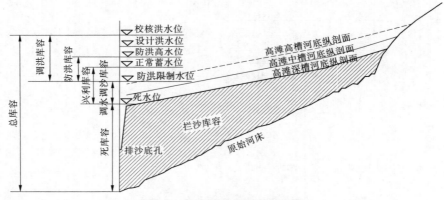

图 6-6　多沙河流水库库容配置

水位以上为 32.92 亿 m³。

2）调水调沙库容

根据黄河下游河道洪水冲淤特性和古贤水库在黄河中游水沙调控子体系中所承担的任务,古贤水库、小浪底水库联合运用不仅要满足黄河下游减淤和长期维持中水河槽行洪输沙功能,而且在小浪底水库槽库容淤积严重时,古贤水库需下泄大流量过程冲刷恢复小浪底水库的库容。古贤水库汛限水位以下设置 20 亿 m³ 的库容作为调水调沙库容,可以满足古贤水库、小浪底水库联合调水调沙要求,并能取得较好的减淤效益。

3）防洪库容

古贤水库的防洪保护对象为三门峡水库滩库容,根据分析论证,防洪标准为 50 年一遇,需要防洪库容 12 亿 m³。

4）兴利库容

按照古贤水库防洪减淤要求，水库淤积平衡后，死水位以上汛期限制水位以下设置有 20 亿 m³ 调水调沙库容，对来水来沙过程进行多年调节，当遇到不利的来水来沙条件时，可利用调水调沙库容拦蓄部分泥沙，塑造协调水沙关系，当遇到合适的来水流量时，可充分利用水流挟沙能力冲刷恢复调水调沙库容，因此 20 亿 m³ 调水调沙库容属于动态库容，是允许泥沙淤积的。为满足非汛期的兴利调节不受汛期泥沙淤积对兴利库容的影响，考虑黄河泥沙和水库调水调沙的特殊性，将古贤水库的兴利库容设置在调水调沙库容以上。古贤水库正常蓄水位为 627 m，相应兴利库容为 15 亿 m³。

5）调洪库容

水库淤积平衡后，校核洪水位至汛限水位之间的库容为调洪库容。古贤水库推荐坝型采用混凝土重力坝，设计洪水标准为 1 000 年一遇，校核洪水标准为 5 000 年一遇，根据水库调洪计算成果，校核洪水位为 628.75 m，与汛限水位之间的调洪库容约为 17.77 亿 m³。

6）总库容

总库容为校核洪水位以下的原始库容。古贤水库校核洪水位为 628.75 m，总库容为 129.42 亿 m³。

需要说明的是，设计拦沙库容包括死库容及死水位以上的斜体淤积库容，被泥沙淤积占用。根据库区泥沙淤积形态设计，库尾部段泥沙淤积体在校核洪水位以上，该部分库容不包括在总库容内。

古贤水库各库容分布如图 6-7 所示。

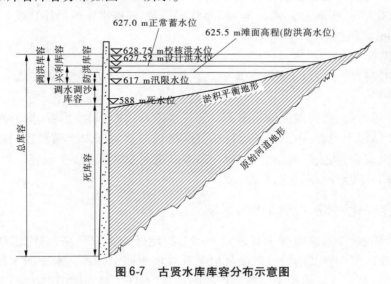

图 6-7　古贤水库库容分布示意图

2. 泾河东庄水库

泾河东庄水库的开发任务为以防洪减淤为主，兼顾供水、发电和改善生态等综合利用。根据东庄水利枢纽开发任务及综合利用要求，东庄水库的库容设置如下。

1)死库容及最大拦沙库容

东庄水库的首要开发任务为防洪减淤,在技术经济合理的前提下应尽可能取得较大的拦沙库容,发挥更大的拦沙减淤效益。根据水库死水位选择及淤积形态设计,东庄水库的死水位为756 m,设计最大拦沙库容为20.53亿 m^3,其中死水位以下原始库容为14.30亿 m^3。

2)调水调沙库容

根据渭河下游河道洪水冲淤特性,东庄水库设置的调水调沙库容应同时满足汛期调水调沙和供水要求。东庄水库拦沙库容淤满后,汛限水位780 m至死水位756 m之间设置调水调沙库容3.27亿 m^3。

3)防洪库容

东庄水库以保护泾河下游及渭河下游大堤为防洪保护范围,同时考虑有条件的降低三门峡移民返迁区的淹没概率,调洪计算的防洪特征水位及相应库容为:20年一遇防洪高水位为791.76 m,相应防洪库容为2.34亿 m^3;100年一遇防洪高水位为796.22 m,相应防洪库容为4.30亿 m^3。

4)兴利库容

东庄水库兴利调节库容分析,考虑两个因素,一是东庄水库与供水区内调蓄工程进行联合调节,二是汛期兴利调节与调水调沙调度耦合。东庄水库设置调节库容为5.78亿 m^3,可满足汛期调水调沙运用和全年兴利要求。

5)调洪库容

水库淤积平衡后,校核洪水位至汛限水位之间的库容为调洪库容。东庄水库设计洪水标准为1 000年一遇,校核洪水标准为5 000年一遇,根据水库调洪计算成果,校核洪水位为803.15 m,调洪库容为7.78亿 m^3。

6)总库容

总库容为校核洪水位以下的原始库容。东庄水库校核洪水位为803.15 m,总库容为32.76亿 m^3。

根据水库运行特点,高滩深槽状态下设置拦沙库容;调水调沙库容、调节库容在高滩深槽泥沙淤积体以上设置;由于正常运行期可能出现调蓄河槽内淤满泥沙的高滩高槽状态,为确保防洪安全,防洪库容、调洪库容在高滩高槽泥沙淤积体以上设置。

东庄水库各库容分布示意图见图6-8。

6.3.2 库容变化对设计水面线的影响

河流上修建水库后,水库回水会造成大坝上游地区的水位升高,对库区产生淹没影响,需要根据库区可能涉及的淹没对象及标准开展水库回水计算。水库回水计算即水库蓄水后在各种标准下库区沿程水位壅高情况的计算,其任务是为确定库区淹没范围、淹没损失与浸没影响,拟定防护、迁移方案,进行库区航道及引水渠道规划,研究水库消落区土地利用和上游城市的排水问题等提供依据。

影响水库回水计算成果和精度的主要因素是入库流量、起调水位、河道初始地形条件、沿程糙率等。为进行某一洪水标准下的水库回水计算,通常可采用入库洪水过程线为

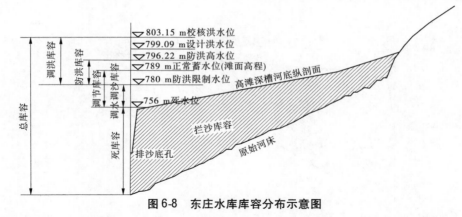

图 6-8　东庄水库库容分布示意图

其上边界条件,根据拟定的防洪运用方式进行调洪计算,对最高坝前水位相应入库流量和最大入库流量相应坝前水位两种条件下分别进行不同频率回水计算。水库淤积将使库区沿程过水断面面积减小,引起回水上延。

受泥沙淤积影响严重的水库,通常先求出不同淤积水平(年限)的库区淤积量与分布位置,据以求得淤积后的河道断面,然后按上述方法推求淤积后的水库回水线。水库淤积后的糙率,由于河床质细化应略小于建库以前,可通过试验或其他已建水库的观测资料综合分析选定。根据《水利水电工程可行性研究报告编制规程》,应提出不同淤积年限的库区淤积沿程分布,分析对回水的影响。《水利水电工程建设征地移民安置规划设计规范》规定回水计算需要考虑 10 ~ 30 年的泥沙淤积影响。但目前相关规范针对多沙河流水库回水计算的基底边界均不明确,可能导致移民回水超出设计范围,诱发社会问题。

多沙河流水库进入正常运用期后,主汛期一般情况下在汛限水位和死水位之间调水调沙运用,来洪水时防洪运用。当水库年来沙量与调水调沙库容相差不大时,水库正常运用过程中的冲淤平衡形态将会出现两种极端状态,一种为在水库降低水位至死水位排沙时达到平衡后形成的对应于坝前死水位的高滩深槽状态;另一种为在水库调水调沙运用和防洪运用过程中平衡河槽逐渐淤高形成的 高滩高槽状态,见图 6-9。库区回水计算时,应充分考虑泥沙淤积的影响,采用高滩高槽状态的河道边界条件开展回水计算。

高滩高槽状态与水库年来沙量、库容相关。当水库年来沙量与调水调沙库容相差不大时,水库正常运用过程中,平衡河槽逐渐淤高将会形成对应于汛限水位的"高滩高槽"状态;当水库年来沙量小于调水调沙库容且相差较大时,水库正常运用过程中,平衡河槽逐渐淤高可能形成不了对应于汛限水位的"高滩高槽"状态,而是对应于介于死水位和汛限水位之间的"高滩高槽"状态。库区回水计算时,要充分考虑泥沙淤积的影响,精准捕捉水库淤积形态,避免移民回水超出设计范围或移民回水线过高浪费投资。

古贤水利枢纽工程是黄河水沙调控体系的七大控制性骨干工程之一,控制了黄河60% 的泥沙和 80% 的粗泥沙,年均入库含沙量 28 kg/m³,坝高 215 m,总库容 129.4亿 m³。本研究成果应用于古贤工程,实现了拦沙库容、调水调沙库容、兴利库容、防洪库容分布与高滩深槽、高滩中槽、高滩高槽三种淤积形态的耦合设计,精确识别出移民淹没水位,避免了吴堡县城搬迁难题,减少移民投资 33.4 亿元。

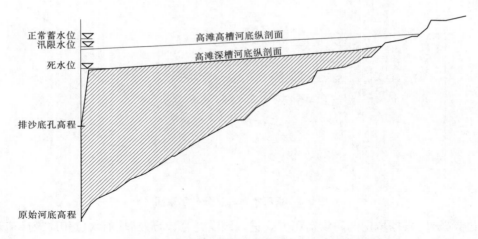

正常蓄水位

汛限水位

死水位

高滩高槽河底纵剖面

高滩深槽河底纵剖面

排沙底孔高程

原始河底高程

图 6-9   多沙河流水库正常运用期水库淤积形态

6.4   特征水位论证

水库的特征水位是指反映水库工作状态的水位,是规划设计阶段确定主要水工建筑物尺寸(如坝高、溢洪道宽度、电站装机容量等)及估算工程效益的基本依据。多沙河流水库特征水位包括起始运行水位、死水位、正常蓄水位、防洪限制水位、防洪高水位、设计洪水位和校核洪水位。与少沙河流水库相比,起始运行水位是多沙河流水库特有的水位。

6.4.1   起始运行水位

起始运行水位是多沙河流水库特有的水位,是水库拦沙期汛期运用的最低水位。拦沙初期汛期(7~9月)水库水位在起始运行水位和汛限水位之间调水调沙运用,水库以异重流排沙为主。当水库拦沙量达到起始运行水位以下原始库容时,水库进入拦沙后期,汛期继续调水调沙运用,主汛期水库逐步抬高水位拦沙和联合调水调沙运用,库区河床逐步平行淤高,库水位控制水位不超过汛限水位。起始运行水位越低,水库拦沙运用年限越长。多沙河流水库起始运行水位可以一次抬高至死水位。

起始运行水位的确定,应根据库区地形、库容分布特点,考虑库区干支流淤积量、淤积部位、淤积形态及起始运行水位下蓄水拦沙库容占总库容的比例、水库下游河道减淤和冲刷影响以及综合利用效益等因素,考虑水工建筑物优化布置,保证发电水轮机组的良性运行和减少泄水建筑物的投资来综合比选。

黄河古贤水库规划设计论证了起始运行水位。古贤水库正常运用期正常蓄水位 627 m,死水位为 588 m,最大发电水头为 162.3 m,最小发电水头 91.5 m。选定装机方案的装机容量 2 100 MW,额定水头 135.0 m。根据水轮发电机组运行特性要求,其发电运用水位应不低于 560 m。根据入库水沙条件及综合运用要求,起始运行水位拟定了 560 m、575 m、588 m 三个方案进行比选,三个方案起始运行水位以下的原始库容分别为 31.81 亿 m³、45.77 亿 m³、60.50 亿 m³。经论证,不同水沙条件下各方案古贤水库的减淤作用基本得到了充分发挥,起始运行水位选取 560 m 方案,不仅能够比 588 m 方案取得更大的减淤作用,延长水库的拦沙运用年限,还能够尽早利用水库淤积的泥沙为小北干流放淤创造水沙条件,进一步延长水库拦沙库容的使用寿命,而且运用初期能够有一定时期的相对清水下泄,冲刷降低潼关高程,恢复小浪底部分调水调沙库容,使下游主槽进一步得到冲刷,恢复过流能力,为水库联合调水调沙创造良好的前期边界条件。560 m 方案在较长期保持黄河下游过流能力 4 000 m³/s 流量的中水河槽方面也具有优势,可以更好地发挥古贤水利枢纽在水沙调控体系中的作用,对保障黄河下游长治久安意义重大,是其他作用或效益无法比拟的。推荐古贤水利枢纽工程起始运行水位 560 m 方案。

6.4.2　死水位

死水位是水库在正常运用情况下,允许消落的最低水位。当年调节水库在设计枯水年时,水库水位降落到死水位,水库放空。在规划设计水库时,首先要确定死水位,然后才能进行兴利调节的计算,求得兴利库容和正常蓄水位。因此,死水位的确定至关重要。

死水位的确定要考虑以下几项因素:

(1)要保证灌溉控制高程。当取水口直接从水库引水时,水库死水位应保证通过输水洞放出渠道所需的设计流量。死水位抬高,有利于灌溉引水,但其相应的正常高水位和坝高均要增加,因此死水位的确定要经多方案比较论证。

(2)要考虑泥沙淤积。水库死水位相应的库容应有足够容纳一定年限内泥沙淤积的能力。这对于多沙河流尤为重要,它决定水库正常运用的寿命。水库如无排沙设备或排沙能力很小,来沙几乎全部淤积在库区。

(3)要考虑养殖及其他要求。对于有养殖任务的水库,死水位应考虑渔业的发展,水深太浅则鱼群拥挤,食料空气将不足;冬季冰层下也应有相当水深,不致连底冻干,使鱼群死亡。其他关于发电最低水头等方面的要求,也应尽量考虑。

多沙河流水库来沙量大,死水位设计更要充分考虑泥沙淤积的影响:

(1)以防洪减淤为主要开发任务的水库。多沙河流以防洪减淤为主要开发任务的水库,死水位设计时应满足以下要求:①充分发挥水库的拦沙减淤作用,在不影响上游重要对象的前提下,尽可能选择较高的死水位;②满足水库排沙的要求,长期保持水库的有效库容;③满足水库防洪、调水调沙和兴利等综合利用要求;④通过水库防洪、减淤、供水效益、灌溉、发电等利用效益综合比选,技术经济指标最优。

以黄河古贤水库为例,黄河古贤水库的主要任务是拦沙减淤,因此为充分发挥水库的拦沙减淤作用,尽可能选择较高的死水位,同时要考虑到水库回水位对吴堡县城的影响也主要受水库死水位及泥沙淤积的控制。鉴于吴堡县城的迅猛发展大大加大了古贤水库淹没征迁及安置处理的难度,城区建设发展已经成为制约古贤水库规模的主要因素,水库建设必须尽可能避开对吴堡县城的淹没影响(水库回水不影响猴桥断面)。以水库正常运用期"高槽"形态 30 年一遇回水末端不影响吴堡县城下端猴桥断面为控制原则,拟定了 586 m、588 m、590 m 三个死水位方案。各死水位方案调水调沙库容均按 20 亿 m³ 考虑;各死水位方案均按相同兴利库容考虑,以保证方案之间的可比性。对各方案进行经济比较,各死水位方案的防洪效益、供水效益、灌溉效益相同,水库减淤和发电效益不同。经比选,死水位 588 m 方案回水不影响上游吴堡县城,对当地经济社会发展影响小,移民搬迁实施难度相对较小,而且工程的技术经济指标最优。因此,推荐死水位 588 m。

(2)以供水或发电兴利综合利用为主要开发任务的水库。死水位的确定要考虑引水需要处理的泥沙量,以及供水保证情况、发电最小水头等因素。

以马莲河贾嘴水库为例。供水是马莲河贾嘴水库的首要开发任务,马莲河是黄河中游地区含沙量极高的河流,年均含沙量高达 280 kg/m³,汛期含沙量更高,达 406 kg/m³,从河流上引走相对的清水后,将减少进入下游河道的水量,导致河道输沙能力下降,加重下游东庄水库及渭河下游河道的泥沙淤积,增加下游河道的防洪压力。从协调兴利与除害、上游与下游关系出发,在建设水库引水的同时,需要处理相应的泥沙量。统筹考虑地方财力有限和对水资源的迫切需要,以不影响上游板桥镇为控制因素,水库运用 30 年引水需要处理的最小泥沙量 2.02 亿 m³ 为低限,确定死水位。水位 982 m 相应的水库拦沙量为2.23亿 m³,满足引水需要处理的最小泥沙量要求,水位 982 m 以下水库拦沙量不能满足引水需要处理的最小泥沙量要求。因此,死水位选取 982 m。

6.4.3 正常蓄水位

正常蓄水位是指在正常运行情况下,为满足设计的兴利要求,在开始供水时应蓄到的高水位,是水库调节期满足兴利要求的最高水位,即水库调节库容对应的最高水位。因此,正常蓄水位又称正常高水位、兴利水位或设计蓄水位。如果水库为自由泄洪的无闸门溢洪道,溢洪道的堰顶高程就是正常蓄水位。

多沙河流正常蓄水位的确定,应在充分发挥水库拦沙减淤效益的前提下,综合考虑水库非汛期的兴利要求、工程建设条件、淹没损失、淹没影响程度等因素,通过多方案经济比较综合选定。

以黄河古贤水库为例,水库调节库容的规模由综合利用要求决定。根据古贤水库"以防洪减淤为主,兼顾供水、灌溉和发电等综合利用"的开发任务,综合考虑防洪减淤、发电、供水和灌溉等对调节库容的要求,在推荐死水位 588 m、汛期限制水位 617 m 基础上,拟定正常蓄水位 626 m、627 m 和 628 m 三个方案进行技术经济比较。各正常蓄水位方案装机容量按年利用小时数相同考虑。通过技术经济指标比选,正常蓄水位 627 m 方案经济指标最优。在满足水库综合利用开发任务的前提下,为尽可能减少淹没移民投资和工程建设投资,推荐正常蓄水位为 627 m。

再如泾河东庄水库,以死水位 756 m 为基础,满足水库调水调沙和供水任务要求所需的兴利调节库容为 5.78 亿 m³,对应的正常蓄水位为 789 m。为了论证合理的正常蓄水位,在正常蓄水位 789 m 上下分别拟定正常蓄水位 787 m 和 791 m 方案进行技术经济比较。不同正常蓄水位方案防洪、减淤效益相同,供水和发电效益不同。正常蓄水位从 787 m 抬高到 789 m,差额投资经济内部收益率为 11.50%,说明 789 m 方案比 787 m 方案优。正常蓄水位 789 m 与 791 m 方案间的差额投资经济内部收益率为 4.25%,说明正常蓄水位从 789 m 抬高到 791 m 并不经济。因此,推荐东庄水库的正常蓄水位为 789 m。

6.4.4　防洪特征水位

6.4.4.1　防洪限制水位

防洪限制水位是指汛期洪水未到之前允许蓄水的上限水位,又称汛限水位。该水位可根据洪水特性与防洪要求,在汛期不同时段分期拟定。只有发生洪水时,为了滞洪,水库水位才允许超过防洪限制水位,当洪水消退时,若汛期未过,水库应尽快泄洪,使水库水位回降到防洪限制水位。

多沙河流水库防洪限制水位的确定,一方面要满足水库在汛期调水调沙库容的要求,即调水调沙库容相应的最高水位;另一方面要满足水库防洪要求,并尽可能降低大坝高度,此外还要确保不对上游重要对象造成淹没影响。

6.4.4.2　防洪高水位

防洪高水位是指当水库下游有防洪要求时,洪水自防洪限制水位起调,经水库调节后所达到的最高库水位,称为防洪高水位,即水库防洪库容对应的最高水位。只有当水库承担下游防洪任务时,才需确定这一水位。防洪高水位可采用相应下游防洪标准的各种典型洪水,按拟定的防洪调度方式,自防洪限制水位开始进行水库调洪计算求得。

6.4.4.3　设计洪水位

当发生大坝自身设计标准洪水时,自防洪限制水位起调,经水库调节后所能达到的坝前最高水位,为设计洪水位。设计洪水位采用相应设计标准的各种典型洪水,按拟定的防洪调度方式,自防洪限制水位开始进行水库调洪计算求得。

6.4.4.4　校核洪水位

当水库遇到比设计洪水更大的校核洪水时,由于水库滞洪建筑物尺寸的限制,水库水位超过了设计洪水位,这时所达到的最高水位称为校核洪水位,即调洪库容相应的最高水位,也是原始总库容相应的水位。它是水库在非常运用情况下,允许临时达到的最高洪水位,是确定坝顶高程及进行大坝安全校核的主要依据。此水位可采用相应大坝校核标准的各种典型洪水,按拟定的调洪方式,自防洪限制水位开始进行调洪计算求得。

校核洪水位是按水库正常运用时期的有效库容曲线和泄流曲线经校核洪水调洪计算求得的,不是按水库初始运用未淤积时用校核洪水调洪计算推算的校核洪水位。

6.4.4.5　工程应用

1.黄河古贤水库防洪特征水位的确定

根据《水利水电工程等级划分及洪水标准》(SL 252—2017),古贤水库工程等别为Ⅰ等,工程规模为大(1)型,洪水标准(混凝土重力坝)按 1 000 年一遇($P = 0.1\%$)设计,5 000年一遇($P = 0.02\%$)校核。坝址(龙门站)设计洪水成果见表6-3。

1)汛期限制水位

古贤水库的汛期限制水位一方面要满足水库在正常运用期汛期调水调沙库容的要求;另一方面要满足水库防洪要求,并尽可能降低大坝高度。水库淤积平衡后,死水位至汛期限制水位之间的调节库容要满足调水调沙库容20亿 m^3 的要求。古贤水库死水位588 m,汛期限制水位确定为617 m,两者之间的调节库容约20亿 m^3,满足调水调沙库容要求。根据水库回水计算分析,以汛期限制水位617 m起调,30 年一遇洪水的回水末端在吴堡县城下端猴桥断面,回水不影响吴堡县城。

表 6-3　黄河古贤水库坝址设计洪水成果

站名	项目	不同频率 P(%)设计值						
		0.02	0.1	0.5	1.0	2.0	5	20
龙门	洪峰流量 （亿 m³）	46 200	38 500	30 800	27 400	24 100	19 600	12 600
	5 d 洪量 （亿 m³）	51.6	44.9	37.9	34.8	31.7	27.3	20.2
	12 d 洪量 （亿 m³）	102	89.3	75.7	69.6	63.5	55.0	40.9
	45 d 洪量 （亿 m³）	272	239.3	205.7	190.7	175.2	153.8	117.9
龙三间	5 d 洪量 （亿 m³）	48	40.7	33.3	30.0	26.7	22.2	15.0
	12 d 洪量 （亿 m³）	75.1	64.1	52.8	47.8	42.8	35.9	24.6
	45 d 洪量 （亿 m³）	167	143.0	118.0	107.0	95.3	79.9	54.9

2)防洪高水位

古贤水库的防洪任务是通过调蓄洪水,有效削减洪峰流量,降低三门峡水库滞洪水位,减少三门峡水库滩库容淤积损失。通过分析论证,古贤水库对防洪对象的防洪标准为50 年一遇,防洪库容为 12 亿 m³,按汛期限水位 617 m 起调,则防洪高水位为 625.5 m。

3)设计、校核水位

(1)库容曲线及泄流规模。库容曲线采用水库冲淤平衡后的有效库容曲线,泄流建筑物包括排沙底孔、中孔和溢流表孔,各级水位相应的泄流能力见表 6-4。

表 6-4　古贤水库泄流能力

水位(m)	560	565	570	580	588	590	600	610	617	620	630	632
排沙底孔(m³/s)	6 891	7 144	7 388	7 853	8 206	8 292	8 709	9 107	9 375	9 488	9 854	9 926
中孔(m³/s)	1 640	2 217	2 530	3 063	3 430	3 515	3 916	4 280	4 517	4 614	4 927	4 987
溢流表孔(m³/s)	0	0	0	0	0	0	0	0	834	1 746	6 666	7 853
总泄量(m³/s)	8 531	9 361	9 918	10 916	11 636	11 807	12 625	13 387	14 726	15 848	21 447	22 766

(2)洪水调节计算成果。选择峰高量大、对防洪较为不利的 1967 年典型作为入库典型洪水,放大不同频率入库洪水过程,根据古贤水库设计入库洪水过程线、有效库容曲线、

泄流曲线及调洪运用方式,进行不同频率洪水调洪计算,调洪成果见表 6-5,相应设计洪水位为 627.52 m,校核洪水位为 628.75 m,分别比正常蓄水位升高 0.52 m、1.75 m。

表 6-5　古贤水库调洪计算成果

项目	洪水频率(%)	
	0.02	0.1
最大入库流量(m³/s)	46 200	38 500
最大泄量(m³/s)	20 600	19 800
最高水位(m)	628.75	627.52
调洪库容(亿 m³)	17.7	15.41

2. 泾河东庄水库防洪特征水位确定

1)汛期限制水位

东庄水库的汛期限制水位一方面要满足水库在汛期调水调沙库容的要求;另一方面要满足水库防洪要求,并尽可能降低大坝高度。水库淤积平衡后,死水位至汛期限制水位之间的调节库容要满足调水调沙库容 3 亿 m³ 的要求。东庄水库死水位 756 m,汛期限制水位确定为 780 m。水库拦沙库容淤满后,汛限水位 780 m 至死水位 756 m 之间槽库容 3.27 亿 m³,满足调水调沙库容要求。根据水库回水计算分析,以汛期限制水位 780 m 起调,30 年一遇洪水的回水尖灭点在库尾段枣渠电站的拦河坝,回水不影响早饭头村。

2)防洪特征水位经济比较

东庄水库防洪任务涉及的防洪保护对象包含泾河下游(坝址至泾河入渭口)两岸地区、渭河下游干流(泾河口以下至方山河口)两岸地区以及三门峡移民返迁区等。防洪特征水位计算,以泾河下游(坝址至泾河入渭口)两岸地区和渭河干流下游(泾河口以下至方山河口)两岸地区为防洪保护范围,考虑降低三门峡移民返迁区淹没概率,确定防洪限制水位 780 m,防洪高水位 796.22 m,设计洪水位 799.09 m,校核洪水位 803.15 m。

3)调洪计算结果

将泾河下游及渭河下游干流大堤保护区作为防洪保护范围,考虑降低三门峡返迁区淹没概率,采用同频率洪水组成法进行设计洪水地区组成计算,按照淤积平衡后的有效库容曲线、设计的泄流曲线及相应的防洪调洪运用方式,以汛期限制水位 780 m 作为调洪计算的起调水位,进行不同频率洪水调洪计算,得到东庄水库 20 年一遇防洪高水位为 791.76 m,相应防洪库容为 2.34 亿 m³;100 年一遇防洪高水位为 796.22 m,相应防洪库容为 4.30 亿 m³;1 000 年一遇设计洪水位 799.09 m,相应拦洪库容为 5.69 亿 m³;5 000 年一遇校核洪水位 803.15 m,相应调洪库容为 7.75 亿 m³。

6.5　小　结

(1)库容设计和特征水位是规划设计阶段确定主要水利枢纽工程水工建筑物尺寸(如坝高、溢洪道宽度、电站装机容量等)及估算工程效益的基本依据。与少沙河流水库

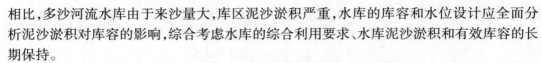

相比,多沙河流水库由于来沙量大,库区泥沙淤积严重,水库的库容和水位设计应全面分析泥沙淤积对库容的影响,综合考虑水库的综合利用要求、水库泥沙淤积和有效库容的长期保持。

(2)多沙河流水库库容涉及拦沙库容、调水调沙库容、兴利库容、防洪库容、调洪库容、生态专属库容等。与少沙河流水库相比,拦沙库容和调水调沙库容是多沙河流水库工程设计需要特殊考虑的。

(3)水库具有死滩活槽的特点,槽库容有冲有淤,传统设计未充分考虑河槽冲淤临界状态。研究揭示了库区存在高滩深槽、高滩中槽、高滩高槽三种状态,提出"深槽调沙、中槽兴利、高槽调洪"的库容分布设计原则,构建了完整的淤积形态设计技术,实现了拦沙库容、调水调沙库容、兴利库容、防洪库容的分布与淤积形态耦合设计,突破了传统的设计方法。

(4)针对目前多沙河流水库回水计算基底边界不明确,可能导致移民回水超出设计范围,诱发社会问题,提出了基于高滩高槽推算移民水位的新方法,确立了水库淹没水位设计新规则。

(5)水库的特征水位是指反映水库工作状态的水位,是规划设计阶段确定主要水工建筑物尺寸(如坝高、溢洪道宽度、电站装机容量等)及估算工程效益的基本依据。多沙河流水库特征水位包括起始运行水位、死水位、正常蓄水位、防洪限制水位、防洪高水位、设计洪水位和校核洪水位。与少沙河流水库相比,起始运行水位是多沙河流水库特有的水位。根据多沙河流库容配置特点,分析了各库容相应的特征水位。

第 7 章

超高含沙河流水库拦沙库容
再生利用技术

7.1　研究背景

在河流上修建水库后,水位抬高,流速减小,必然造成泥沙在水库中淤积,我国已建水库库容每年以 1% 左右的速度在不断减小。据统计,我国七大江河的年输沙量高达 23 亿 t,尤其以黄河输沙量最大,居世界大江大河之首,天然年均输沙量高达 16 亿 t。黄河流域水库的淤积速度之快、淤积量之大令人震惊。据不完全统计,全国 1 373 座大中型水库总库容 1 750 亿 m^3,淤损库容 218 亿 m^3,占总库容的 12.5%。黄河流域片 260 座大中型水库总库容 384 亿 m^3,淤损库容 125 亿 m^3,占总库容的 32.6%。现今,绝大部分水库淤损库容占总库容的一半以上,大大制约了水库效能的发挥,有的甚至失去了应有的作用。例如黄河干流第一座水利枢纽三门峡水库,建成不久就因泥沙淤积严重而被迫进行多次改建,并改变运用方式,使水库原设计功能至今无法充分发挥。

中华人民共和国成立后兴建了大量的大中型水库,由于黄河流域和北方一些河流含沙量极高,加之缺乏控制淤积的经验,水库在建库初期淤积严重。自 1962 年以来,我国北方多沙河流部分水库开始摸索控制淤积的经验。如陕西黑松林水库,1962 年起将原来的"拦洪蓄水"运用改为空库迎洪,收到了明显效果;闹德海水库由单纯的滞洪运用于 1973 年改为汛后蓄水,三门峡水库(1973 年)、青铜峡水库(1974 年)、直峪水库(1975 年)、恒山水库(1975 年)等均改变运用方式蓄清排浑运用,基本控制了泥沙淤积,达到或接近达到水库长期使用,特别是三门峡水库加大泄洪设施而改建成功的经验,从实践方面初步证实了综合利用水库是可以长期实现的。理论方面,许多学者在水库长期有效库容保持方面也开展了大量的研究,韩其为从理论层面给出了水库库容长期使用的原理和依据,并给出了保留库容的确定方法;涂启华提出水库淤积控制和有效库容长期保持的条件是"水库要修建在自然河道坡降大、具有侵蚀性的山区峡谷型河段上,在死水位、汛限水位的运用下要有足够大的泄流排沙能力"。韩其为在《水库淤积》一书中指出:我国水利工作者经过长期探索,研究水库的长期使用,无论在理论上和解决实际问题上都已颇为成熟……世界上没有任何一个国家像中国一样在水库设计中有那么多的经验,以致使调节库容和防洪库容能够长期保持。

在河床累积性淤积抬高的多沙河流上,防洪是突出的问题,河道防洪和减淤问题联系在一起。黄河长期治理实践表明,通过修建骨干水库拦沙和调水调沙,协调进入下游的水沙关系,提高下游河道输沙能力,是减缓下游河道淤积抬升,维持适宜中水河槽的最直接、最有效的措施。多沙河流上适宜修建拦沙和调水调沙水库的坝址资源非常有限,且水库修建后,随着库区泥沙的淤积,在一定年限内死库容将逐渐淤满。但是河道来沙量是无限的,如果能够在有效库容保持的基础上实现死库容的重复利用,对于充分发挥水库的防洪减淤作用具有重要的意义。但是目前国内外对死库容重复利用的研究和探索甚少。

7.2 水库泥沙输移规律

7.2.1 库区输沙流态

库区的水流形态大致可以分为两种,一是由于挡水建筑物起到壅高水位的作用,库区水面形成壅水曲线,水深沿流程逐渐增大,流速则逐渐降低,这种水流流态称为壅水流态;二是由于挡水建筑物不起壅水作用,库区水面线接近天然情况,水流形态类似均匀流,一般在实际应用中都按均匀流处理,称为均匀流流态。由于水流流态不同,其输沙特征也是不一样的。

7.2.1.1 壅水输沙流态

在壅水输沙流态下,水库蓄水体、水深的大小及入库水沙条件不同表现为不同的输沙特征,据此又分为壅水明流输沙流态、异重流输沙流态和浑水水库输沙流态。

1.壅水明流输沙流态

这种流态的特征是,当浑水水流进入库区壅水段后,泥沙扩散到水流的全断面,过水断面的各处都有一定的流速,也有一定的含沙量;又因为是壅水流态,流速是沿程递减的,所以水流挟带的沙量是沿程递减的,泥沙出现沿程分选,淤积物沿程上粗下细。

2.异重流输沙流态

异重流输沙流态的特点是,入库水流含沙较浓,且细颗粒泥沙含量比较大,当浑水进入壅水段后,浑水不与壅水段的清水掺混扩散,而是潜入到清水的下面,沿库底向下游继续运动。潜入清水的异重流浑水层,其流速沿水深由上而下先增大后减小,在浑水层中下的位置流速相对比较大,而含沙量则是越靠近底部越大。由于水库的边界条件、壅水距离以及入库水沙条件不同,有的异重流运行比较远,可以到达坝前排出库外,有的中途就停止。

3.浑水水库输沙流态

浑水水库输沙流态比较特殊,多数情况下为异重流到达坝前不能及时排出库外而引起滞蓄形成。由于异重流所含的泥沙颗粒比较细,若含沙量较高,则浑水水库中泥沙沉降方式与明流输沙中分散颗粒沉降过程明显不同,沉降特性比较独特,一般表现为沉降速度极为缓慢。

7.2.1.2 均匀流输沙流态

均匀流输沙流态下,库区水流基本为天然情况,水流可以挟带一定数量的泥沙,当来沙的数量与水流可以挟带泥沙数量不一致时,水库就会发生冲刷或者淤积。即当来水泥沙含量大于水流可挟带的泥沙含量时,水库会发生淤积,挟带的泥沙颗粒沿程分选;反之,当入库水流含沙量小于水流可挟带的泥沙数量时,水库则发生冲刷。

综上所述,以上的各种输沙流态可以归纳总结如下:

$$\text{水库输沙流态}\begin{cases}\text{壅水输沙流态}\begin{cases}\text{壅水明流输沙流态}\\\text{异重流输沙流态}\\\text{浑水水库输沙流态}\end{cases}\\\text{均匀流输沙流态}\end{cases}$$

7.2.2　库区水流挟沙能力

当水流中的含沙量超过水流挟沙力时,水流处于超饱和状态,河床将发生淤积;反之,水流处于次饱和状态,水流将向床面层寻求补给,河床将发生冲刷。通过不断的冲淤调整,达到不冲不淤的新的平衡状态。

以往研究水流挟沙能力时,不少研究者赞成将悬移质泥沙按颗粒的粗细分为两部分,一部分是本河段床沙中基本上没有的,称为冲泻质;另一部分是组成本河段床沙的主体,称为床沙质。但是,这种划分不是没有异议的。一般认为将粗细悬沙统一运动的现象硬性分割开来的观点是难以接受的。从泥沙研究和解决某些生产问题出发,国内主张不划分床沙质和冲泻质的人逐渐增多,韩其为从理论上对该问题进行了探讨,认为利用非均匀沙挟沙能力概念可以统一床沙质和冲泻质挟沙能力规律,在含沙量不是很大的情况下,可以不需要划分床沙质和冲泻质。

在诸多挟沙力公式当中,张瑞瑾公式的结构形式具有广泛的应用价值,而后研究的挟沙力公式,大多与张瑞瑾公式具有相同或相近的结构形式。不论水库与河道,一般而论,其含沙量应由不平衡输沙公式而定,因此对于工程泥沙来说,挟沙能力也能够给出简单、明确、机制清楚的结果。一般条件下,水流挟沙能力由下式表达

$$S^* = k\left(\frac{U^3}{gR\omega}\right)^m$$

式中:U 为流速,m/s;g 为重力加速度,m/s^2;R 为水力半径,m;ω 为平均沉速,m/s;k、m 为参数。

根据挟沙能力公式,水流挟沙力与流速的高次方成正比。挟沙水流进入水库后,水库蓄水体较大,过水断面面积较天然状态下增大很多,水库在壅水条件下流速是很小的,因此挟沙力较天然状态下将会大大减小,库区发生淤积。而当水库泄空蓄水降低坝前水位时,由于比降增加,过水断面面积减小,致使库区水流流速大幅度增大,从而增大了水流挟沙力,使得库区发生冲刷。

韩其为曾就挟沙水流进入库区后的挟沙能力进行了估算,若水深 h 与底宽 b 之比为 $\frac{1}{100}$,边坡系数为 5,则当水深加大 1 倍时,挟沙能力只有原来的 $\frac{1}{17.7}$;当水深加大 2 倍时,挟沙能力只有原来的 $\frac{1}{98.6}$,因此水库在壅水条件下将发生沿程淤积。此外,随着水库的沿程淤积,悬移质泥沙级配沿程分选,粗颗粒泥沙沉积速度较快,先行落淤。

7.2.3　水库冲刷类型

根据引发水库冲刷的原因和冲刷发展的方向,可将水库冲刷分为溯源冲刷和沿程冲

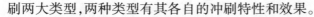

刷两大类型,两种类型有其各自的冲刷特性和效果。

7.2.3.1 溯源冲刷特性及效果

溯源冲刷是指坝前水位下降时,以至坝前水深或三角洲顶点水深小于正常水深,或坝前水位低于淤积面(或低于三角洲顶点高程),使水面比降变陡,流速加大而产生的自下而上的冲刷。溯源冲刷一般从坝前或淤积三角洲顶点下游附近开始,向上发展到与沿程冲刷或淤积相衔接为止,坝前冲刷幅度最大,向上游逐渐递减。

溯源冲刷与流量、坝前水位及持续时间等有关,流量越大,坝前水位越低,冲刷强度就越大,相应向上发展的速度就越快,冲刷末端发展的也就越远。持续时间越长,冲刷总量也越大,但冲刷强度逐渐降低。溯源冲刷还受前期淤积量和淤积形态等的影响。在一般条件下,如果三角洲离大坝尚有相当距离,而坝前水位下降若受到限制,不能使坝前脱离回水影响,则三角洲上冲刷的泥沙又会在坝前段淤积,从而削弱了溯源冲刷的效果。另外,水库发生溯源冲刷时,冲刷的是前期河床的淤积物,其级配较来沙级配要粗。

韩其为给出了坝前水位突然下降 Z_0 后马上稳定下来的溯源冲刷规模的计算方法。

冲刷总量为

$$W_{\mathrm{m}} = BZ_0\sqrt{\frac{4}{3}\frac{qS_0}{\gamma_{\mathrm{s}}'J_2}t} = \frac{2}{3}B\frac{Z_0^2}{J_{\mathrm{c}} - J_2} \tag{7-1}$$

冲刷长度

$$L_{\mathrm{m}} = \sqrt{12}\sqrt{\frac{qS_0}{\gamma_{\mathrm{s}}'J_2}t_{\mathrm{m}}} = 2\frac{Z_0}{J_{\mathrm{c}} - J_2} \tag{7-2}$$

冲刷停止的时间

$$t_{\mathrm{m}} = \frac{\gamma_{\mathrm{s}}'J_2}{3qS_0} = \left(\frac{Z_0}{J_{\mathrm{c}} - J_2}\right)^2 \tag{7-3}$$

如令来沙体积

$$W_{0,\mathrm{m}} = \frac{QS_0t_{\mathrm{m}}}{\gamma_{\mathrm{s}}'} \tag{7-4}$$

则有下述关系

$$\frac{W_{\mathrm{m}}}{W_{0,\mathrm{m}}} = 2\frac{J_{\mathrm{c}} - J_2}{J_2} \tag{7-5}$$

此外,在冲刷过程中各参数有下述相对值

$$\frac{L}{L_{\mathrm{m}}} = \sqrt{\frac{t}{t_{\mathrm{m}}}} \tag{7-6}$$

$$\frac{W}{W_{\mathrm{m}}} = \sqrt{\frac{t}{t_{\mathrm{m}}}} \tag{7-7}$$

$$\frac{J_3 - J_2}{J_{\mathrm{c}} - J_2} = \sqrt{\frac{t_{\mathrm{m}}}{t}} \tag{7-8}$$

式中:Z_0 为坝前水位下降值,m;B 为冲刷宽度,m;q、S_0 分别为入库(或溯源冲刷前)单宽流量及含沙量,m²/s、kg/m³;J_2 为冲刷前的河床底坡比降;J_{c} 为冲刷停止时的河床比降

（平衡比降）；t 为冲刷时间，s；t_m 为冲刷停止时间，s；L_m 为冲刷停止时的冲刷长度，m；J_3 为冲刷过程中坝前河底底坡比降；W、L 分别为冲刷过程中时刻 t 的冲刷量及长度；W_m 为冲刷停止时冲刷量。

从上述各式可以看出，溯源冲刷的特点为：第一，溯源冲刷强度随着时间的增加是不断衰减的。为此，韩其为进行了简明的计算，当 $\dfrac{t}{t_m}=0.5$ 时，$\dfrac{W}{W_m}=0.707$，$\dfrac{L}{L_m}=0.707$，即已完成了 70.7% 的冲刷。因此，从冲刷的有效性看，宜控制冲刷时间不超过 $\dfrac{t}{t_m}=0.5\sim0.64$，此时能达到 70.7%～80% 的效果。第二，欲增加溯源冲刷总量，除增加 t 受限制外，希望 J_2 尽可能小，加大流量 Q 和 Z_0。由于 J_2 决定前期淤积情况，实际只有加大流量 Q 和水位下降值 Z_0。第三，J_2 与 J_c 的差别不会很大，一般 $\dfrac{J_2}{J_c}=0.6\sim0.8$，则当 $\dfrac{t}{t_m}=0.5$ 时，$\dfrac{W}{W_0}=1.89\sim0.707$，即此时冲刷的沙量占来沙量的 1.89～0.707 倍。

7.2.3.2　沿程冲刷特性及效果

在适宜的水流条件下，河床冲刷下降，含沙量沿程增加并与河床泥沙不断交换，含沙水流也随之趋于饱和，这种冲刷调整逐渐向下游发展的现象，即为沿程冲刷。

天然河流的河床是水沙条件长期作用的结果，一定的河床边界是与一定的来水来沙条件相适应的。一般而言，沿程冲刷是由来水来沙的条件变化引起的，发生在水库敞泄排沙的状态下，其剧烈程度比不上水库水位升降所引起的变化，因此一般情况下，沿程冲刷的冲刷厚度比溯源冲刷的小，河床纵向的调整也相对微弱。

根据韩其为的研究成果，敞泄排沙的含沙量的结构形式为

$$S=S_{0.1}+\left\{S_{0.1}(1-\beta_0)+\left[1-\dfrac{S_{0.1}}{S^*(\omega_1)}\right]S^*(\omega_1^*)(1-\beta)\right\} \tag{7-9}$$

出库含沙量包括两部分：进库站的含沙量经过衰减后到达坝前的部分 $S_{0,1}$，以及由挟沙能力沿程变化的部分（大括号中），后者又包括了进库含沙量衰减后转为挟沙能力以及由床面泥沙提供的挟沙能力。而 β_0、β 则反映了水库的水力泥沙因素。式（7-9）又可改写为

$$S-S^*(\omega^*)=S_{0.1}(1-\beta_0)-\beta\left[1-\dfrac{S_{0,1}}{S^*(\omega_1)}\right]S^*(\omega_1^*) \tag{7-10}$$

由此可见，当 $S<S^*(\omega^*)$ 时，水库将发生沿程冲刷。

韩其为将曼宁公式和流量连续方程代入挟沙力公式，并取 $m=0.92$，得如下敞泄排沙的挟沙力公式：

$$S^*(\omega)=k\dfrac{Q^{0.55}J^{1.1}}{\omega^{0.92}B^{0.55}} \tag{7-11}$$

由式（7-11）可知，流量 Q 和比降 J 越大，沿程冲刷时挟沙能力 $S^*(\omega)$ 越大，冲刷效果越好。另外，水流含沙量高，沉速 ω 越小，则挟沙能力 $S^*(\omega)$ 越大，因此高含沙洪水的沿程冲刷效果较一般含沙量洪水的效果好。

冲积性河流调整过程本身就是水流与河床相互作用、河床质与悬移质不断交换的过程。很多时候,水库中的沿程冲刷和溯源冲刷往往互相影响、相辅相成,并不是孤立发生的,库区的冲刷是溯源冲刷和沿程冲刷共同作用的结果。溯源冲刷主要发生在坝前一定范围内,沿程冲刷起主要作用的部位偏于上游。坝前水位降低是产生溯源冲刷的前提条件,入库流量的大小和前期河床淤积量及形态是溯源冲刷发展的重要因素。当坝前水位降低时,溯源冲刷逐渐向上游发展,若遇适当的水流条件,当入库流量较大时,其不饱和输沙水流含沙量沿程恢复,也会产生自上而下的沿程冲刷。两种冲刷形式同时发生,使库区河床普遍有所降低。为了获得更好的冲刷库区恢复库容的效果,应使得溯源冲刷与沿程冲刷相结合,即当入库流量较大时,可以结合洪水预报,提前泄空水库蓄水,降低坝前水位,利用大水冲刷库区,使其形成溯源冲刷与沿程冲刷同时发生,这样恢复库容效果更好。

7.3 水库库容保持理论与技术

水库经过长时期的拦沙和调水调沙运用,库区淤积量会逐渐增多,为了继续发挥水库的综合效益和延长水库的使用年限,需要采取措施恢复一部分淤积库容,使得水库有效库容得以长期保持。根据库区输沙流态特性,只有水库以均匀流输沙流态作用为主时,水库才有可能发生冲刷,因此水库进入拦沙后期,在有利的水沙条件下,水库通过合理调度,相机大水降低水位泄空蓄水运用,可恢复部分前期淤积的库容;在不利水沙条件下,水库蓄水淤积,库区保持冲淤交替,虽然总趋势是淤积的,但这样可以延长水库的拦沙年限,同时塑造和谐的水沙关系以减轻下游河道的淤积;而进入正常运用期,也是利用冲淤交替,长时段内保持一定的有效库容不变。长期保持库容,指的是在一定时期内库区有冲有淤,维持冲淤平衡。通过水库的合理调度,恢复并长期保持水库的库容,从理论到实践均证明是可行的。

7.3.1 水库库容保持理论

一般情况下,水库排沙是库区多种输沙流态共同作用的结果,即库区脱离回水的库段处于均匀明流输沙流态,坝前壅水段处于壅水输沙流态。当水库以壅水输沙流态作用为主时,库区一定是发生淤积的,而当水库以均匀明流输沙流态作用为主时,根据入库的水沙条件和河床前期边界不同可能发生淤积,也可能发生冲刷。

壅水明流输沙主要受库区的壅水程度以及流量大小的影响,根据对三门峡、青铜峡、天桥和小浪底等已建水库实测资料的研究成果,认为水库处于壅水明流输沙流态下,水库排沙比与水库蓄水量和洪水流量的比值存在一定的关系,具体见表 7-1。异重流排沙则主要与入库流量、含沙量大小、沿程河床糙率、库区地形以及排沙洞是否及时开启等因素相关。均匀明流输沙则主要受入库水沙条件情况、河床糙率以及沿程比降变化等因素影响;当水位下降至蓄水量与流量比值 V/Q 低于某一数值(蓄水拦沙期为 1.8×10^4,正常运用期为 2.5×10^4,V 的单位为 m^3,Q 的单位为 m^3/s)时,库区开始发生冲刷。

表 7-1　水库排沙比、蓄水量及流量关系 （单位：亿 m³）

水库拦沙初期

流量 (m³/s)	排沙比(%)								
	20	30	40	50	60	70	80	90	100
1 000	5.01	1.30	0.98	0.74	0.56	0.42	0.32	0.24	0.18
2 000	10.01	2.59	1.96	1.48	1.12	0.85	0.64	0.48	0.36
3 000	15.02	3.89	2.94	2.22	1.68	1.27	0.96	0.73	0.54
4 000	20.03	5.18	3.92	2.96	2.24	1.69	1.28	0.97	0.72
5 000	25.04	6.48	4.90	3.70	2.80	2.12	1.60	1.21	0.90
6 000	30.04	7.78	5.88	4.44	3.36	2.54	1.92	1.45	1.08
7 000	35.05	9.07	6.86	5.19	3.92	2.96	2.24	1.69	1.26
8 000	40.06	10.37	7.84	5.93	4.48	3.39	2.56	1.94	1.44
9 000	45.07	11.66	8.82	6.67	5.04	3.81	2.88	2.18	1.62
10 000	50.07	12.96	9.80	7.41	5.60	4.23	3.20	2.42	1.80

流量 (m³/s)	排沙比(%)								
	20	30	40	50	60	70	80	90	100

水库正常运用期

流量 (m³/s)	排沙比(%)								
1 000	18.92	1.77	1.34	1.01	0.76	0.58	0.44	0.33	0.25
2 000	37.83	3.53	2.67	2.02	1.53	1.16	0.87	0.66	0.50
3 000	56.75	5.30	4.01	3.03	2.29	1.73	1.31	0.99	0.75
4 000	75.66	7.06	5.34	4.04	3.06	2.31	1.75	1.32	1.00
5 000	94.58	8.83	6.68	5.05	3.82	2.89	2.18	1.65	1.25
6 000	113.49	10.59	8.01	6.06	4.58	3.47	2.62	1.98	1.50
7 000	132.41	12.36	9.35	7.07	5.35	4.04	3.06	2.31	1.75
8 000	151.32	14.12	10.68	8.08	6.11	4.62	3.50	2.64	2.00
9 000	170.24	15.89	12.02	9.09	6.87	5.20	3.93	2.97	2.25
10 000	189.15	17.65	13.35	10.10	7.64	5.78	4.37	3.30	2.50

不同的运用阶段,库区的主要输沙流态是不一样的。水库库容保持的需求主要在正常运用期,拦沙期水库调度以减缓库区泥沙淤积、延长水库拦沙年限为主要目的。不同运用阶段,水库应采取不同的措施来充分发挥综合利用效益。

(1)水库拦沙初期,库区蓄水体大,壅水程度高,以异重流和浑水水库输沙为主,当异重流产生并运行到坝前时,应及时打开排沙洞将浑水排出,从而达到减缓水库淤积的目的。

(2)水库拦沙后期,库区达到一定的淤积水平,蓄水体相对于拦沙初期逐渐减小,壅水程度也随之降低,具备降低水位冲刷的条件,水库的输沙流态也逐渐转为以壅水明流输沙和均匀明流输沙为主,异重流、浑水水库输沙为辅。所以,当入库水沙条件有利,流量较大时,应提前降低水位或泄空蓄水,利用均匀明流输沙流态冲刷恢复库容;当入库水沙条件较为不利时,水库适当蓄水,利用壅水明流进行排沙,若形成异重流和浑水水库也要及时打开排沙洞。利用这些措施,使得这一时期库区有冲有淤,冲淤交替,滩槽同步形成,达到减缓水库淤积的目的。

(3)正常运用期,水库拦沙库容已经淤满,基本形成高滩深槽,库区蓄水体小,利用槽库容进行调水调沙运用,主要以壅水明流输沙和均匀明流输沙为主,应尽量在来有利水沙时,泄空冲刷多排沙,以抵消来不利水沙时造成的库区淤积,从而达到保持库区的冲淤平衡,长期保持水库有效库容。

总之,拦沙期减缓水库淤积和正常运用期长期保持水库有效库容的主要手段就是尽量多排沙。拦沙初期要充分利用异重流和浑水水库排沙,拦沙后期则在异重流、浑水水库排沙的基础上增加大水时相机降低水位泄空蓄水冲刷排沙,正常运用期主要利用有利水沙条件下降低水位冲刷以抵消来不利水沙时所造成的库区淤积。当水库淤积到一定水平时,水库降低水位,逐渐泄空蓄水,库区水面比降增大,水流输沙能力增强,水流就有可能由饱和状态转变为次饱和状态,库区就会发生冲刷,从而恢复库容。根据水流挟沙能力公式,水流挟沙能力与流速的高次方成正比,在大洪水时期,水流的流速大,挟沙能力强,有利于库区冲刷;同时水流的挟沙能力与水力半径成反比例关系,而水力半径的大小在壅水情况下相当程度上取决于水库的蓄水量大小和水位的高低。由于水库的冲淤平衡状态是一种动态平衡,随着冲淤变化而不断调整,要想获得较好的冲刷效果需要选择较大的流量过程,尽量降低坝前水位,冲刷历时不宜过长。因此,水库可以利用洪水期大流量短时降低水位冲刷排沙,恢复并长期保持水库有效库容。

7.3.2 已建多沙河流水库库容保持的技术与措施

根据已建水库的运用经验和教训,水库发挥综合效益和保持库容是一对矛盾,水库发电、灌溉和大洪水时期拦蓄洪水都需要抬高运用水位,水库处于壅水状态,必然造成库区淤积、损失库容。所以,要保持库容,就不能一直高水位蓄水,也就是说,水库需要有短时期的降低水位敞泄冲刷排沙的机遇。已建的三门峡、天桥、青铜峡、恒山以及王瑶等水库经过多年的实际运用,既有成功的经验也有失败的教训。

7.3.2.1 三门峡水库库容保持的措施分析

三门峡水库自 1960 年 9 月运用以来,主要经历了蓄水拦沙、滞洪排沙和蓄清排浑三个运用阶段。

蓄水拦沙运用阶段(1960 年 9 月至 1962 年 3 月),坝前运用水位高,库区泥沙淤积严重,93%的入库泥沙淤积在库区内。潼关高程从 323.4 m 上升到 328.07 m,上升了 4.67 m,335 m 高程以下库容损失约 17 亿 m³。

滞洪排沙运用阶段(1962 年 3 月至 1973 年 10 月),汛期闸门全开敞泄,由于泄流规模不足,大洪水期间仍发生自然滞洪,虽然有效地减缓了库区淤积速度,但淤积量依然增加,不能达到保持库容的目的。1966~1968 年,三门峡进行了第一次改建,增建了 2 条泄洪洞,改建了 4 条发电引水钢管为泄流排沙管,水库淤积有所好转,但遇大洪水水库滞洪作用仍然很显著。1969~1971 年,三门峡水库进行了第二次改建,打开了 1#~8# 原施工导流孔,降低了发电引水钢管进口高程。水库的泄流能力进一步加大,潼关以下库区冲刷泥沙 4 亿 m³,并形成高滩深槽,潼关高程下降了近 2 m,潼关以上库区淤积也大为减轻,为三门峡水库控制运用创造了条件。

蓄清排浑运用阶段(1973 年 10 月以来),吸取蓄水运用和滞洪排沙运用的经验与教训,水库于 1973 年底开始采用"蓄清排浑"调水调沙控制运用,即非汛期进行蓄水兴利,汛期改为控制坝前水位 305 m 防洪排沙的运用,把非汛期淤积在库内的泥沙调节到汛期,特别是洪水期出库。实际调度运用过程中,随着入库水沙条件和库区冲淤情况变化不断进行一些调整。

(1)1974~1985 年期间来水相对较丰,水库基本按"蓄清排浑"运用,库区 328 m 高程库容 1974 年 6 月为 24.58 亿 m³,1986 年 6 月为 24.20 亿 m³,基本保持冲淤平衡。

(2)1986~1991 年受上游龙羊峡水库、刘家峡水库蓄水影响,来水偏枯,水库仍基本按"蓄清排浑"运用,但库区 328 m 高程库容却由 1986 年 6 月的 24.20 亿 m³ 减少至 1991 年汛后的 22.94 亿 m³,减少了 1.26 亿 m³。

(3)1992~1996 年,同样来水较枯,但对水库运用方式做了一些调整,即汛期在来大水时进行降低水位敞泄排沙(如 1994 年的 8 月 5~9 日,入库平均流量为 2 712 m³/s,坝前日均水位由 305.04 m 降至最低的 295.99 m,库区累计冲刷泥沙达 0.70 亿 t),1992~1996 年,库容约增加 1.25 亿 m³。

(4)1997~2002 年,虽然来较大洪水,也降低水位敞泄排沙,但由于来水太枯,汛期平均入库水量只有 71.90 亿 m³,洪水冲刷机遇少,而导致 328 m 高程库容由 1997 年 6 月的 23.67 亿 m³ 降至 2003 年 4 月的 21.97 亿 m³,减少了 1.70 亿 m³。

(5)2003~2006 年,来水量相对于 1997~2002 年略好一些,但依然偏枯,由于自 2004 年开始,小浪底水库历年调水调沙期间,万家寨水库和三门峡水库进行联合调度,万家寨水库提前下泄较大的流量过程,在三门峡水库坝前水位下降至某一高程时对接,冲刷三门峡库区,恢复库容。2004 年三门峡水库对接水位为 310.3 m,而至 2006 年对接水位下调至 300 m,充分利用上游万家寨水库配水形成的洪水过程冲刷库区,库区 328 m 高程库容由 2003 年 4 月的 21.97 亿 m³ 增加至 2006 年汛后的 23.75 亿 m³,增大了 1.78 亿 m³。

三门峡水库 2006 年 6 月 26~28 日实时洪水过程见表 7-2。潼关入库日均流量和含沙量都非常小,日均流量分别为 734 m³/s、500 m³/s 和 473 m³/s,日均含沙量分别为 3.60 kg/m³、2.58 kg/m³ 和 2.88 kg/m³。26 日 0~8 时,出库流量均在 4 000 m³/s 以上,坝前水位逐渐从 311.20 m 降至 300.71 m,蓄水量减少至 0.33 亿 m³,在这样的情况下出库含沙量均为 0;直至 9 时水位降至 298.70 m 时,蓄水量仅为 0.21 亿 m³,水库才开始冲刷排沙,出库含沙量仅为 8.14 kg/m³;11 时水位降至 289.41 m,虽然出库流量减小至 1 520 m³/s,但出库含沙量却迅速增大至 220 kg/m³;11~14 时,坝前水位均在 290 m 以下,流量逐渐减小至 1 160 m³/s,但含沙量都超过 200 kg/m³,最大为 318 kg/m³。

表 7-2 三门峡水库 2006 年 6 月 26~28 日实时洪水过程

月	日	时:分	三门峡		坝前水位 (m)	蓄水量 (亿 m³)
			流量(m³/s)	含沙量(kg/m³)		
6	26	0	4 080		311.20	2.07
6	26	2	4 450			1.53
6	26	4	4 320			1.11
6	26	07:06	4 690			
6	26	8	4 370	0	300.71	0.33
6	26	9	3 700	8.14	298.70	0.21
6	26	10	2 990	30.2	294.88	0.06
6	26	11	1 520	220	289.41	
6	26	12	1 400	318	289.90	
6	26	12:36	1 430	272		
6	26	13	1 360	284		
6	26	14	1 160	267	289.70	
6	26	15	1 190	191		
6	26	15:24	1 210	204		
6	26	16	1 150		288.82	
6	26	18	1 130	171		

续表 7-2

月	日	时:分	三门峡		坝前水位 (m)	蓄水量 (亿 m³)
			流量（m³/s）	含沙量（kg/m³）		
6	26	19	1 180			
6	26	20	1 190	176	288.78	
6	26	21	1 120			
6	26	22	1 120			
6	26	23	1 080			
6	27	0	991	196	288.40	
6	27	2	959			
6	27	4	883	188		
6	27	6	809			
6	27	8	760	150	287.00	
6	27	12	626		286.20	
6	27	14	616	113		
6	27	16	589			
6	27	18	557			
6	27	20	497	98.4	285.85	
6	28	0	525		285.75	
6	28	2	502	96.5		
6	28	8	478	94.6	285.46	
6	28	12	55.5	39.0	292.57	
6	28	13	14.0		293.67	
6	28	14	9.10	2.04		

以上资料表明，当水库处于低壅水状态时，在入库流量不够大的情况下，即使出库流量达到 4 000 m³/s，水库也不会冲刷排沙，只有当水库水位持续下降至泄空状态，才会发生冲刷。在进行梯级水库联合调水调沙时，上游水库下泄的大流量过程，应在下游水库蓄

水泄空时对接,冲刷效果最好。

综上所述,三门峡水库采用"蓄清排浑"的运用方式,汛期坝前水位按 305 m 控制运用,在来水较丰的年份(如 1974~1985 年),入库来大流量多,水库通过冲淤交替,基本能达到冲淤平衡;而来水较枯时(如 1986~1991 年),水库来大流量少,多数时候为低壅水排沙,水库发生淤积,无法达到冲淤平衡;当水库增加了洪水时期降低水位冲刷排沙这一措施后,在来水同样偏枯的情况下(如 1992~1996 年),水库不仅不淤积,还能恢复一部分库容;当然,采用这种措施是有前提条件的,就是要具备冲刷排沙的机遇,若来水特别枯(如 1997~2002 年),大流量洪水非常少,利用大流量冲刷的机遇过少,也不能够维持库区的冲淤平衡;而 2004~2006 年历年小浪底水库调水调沙期间,三门峡水库通过与上游万家寨水库联合调度,由万家寨水库泄水与三门峡水库坝前低水位进行对接,形成冲刷库区的有利条件,利用人工塑造入库洪水过程进行降低水位冲刷排沙,恢复库容。因此,三门峡水库保持库容的关键在于是否有降低水位敞泄排沙机遇,即便来水偏枯,也要通过与上游水库联合调度来创造降低水位泄空冲刷的机遇。万家寨水库蓄水量有限,若将来古贤水库上马,并采用与三门峡、小浪底等梯级水库联合调度的方式则能更好地发挥这一措施的作用。

7.3.2.2 天桥水库库容保持的措施分析

天桥水库是一座低水头径流式电站,正常蓄水位 834 m,原始库容 6 734 万 m^3,排沙底孔进口底坎高程很低(809.5 m),死水位 828 m,相应泄量 9 570 m^3/s,水库泄流规模大,回水长度短,汛期约 18.8 km,非汛期约 22 km。

1977 年 2 月电站投入运用,水库运用水位逐年抬高,库区持续淤积,至 1991 年 6 月,834 m 高程库容为 2 659 万 m^3,累计淤积泥沙 4 075 万 m^3。水库每年汛期采用停机冲刷的方式恢复库容,冲刷历时,少的不足 1 d,多的二十几天。如 1981 年 3 月 22 日 11 时 30 分至 25 日 1 时,历时 2 d 13.5 h,水库水位最低降至 818 m,完全泄空,平均流量 2 083 m^3/s,最大流量 4 170 m^3/s,累计冲刷泥沙 1.13 亿 t。

天桥水库恢复库容主要采取的措施是每年汛期的停机敞泄排沙,但由于水库为了增加综合效益逐渐抬高运用水位,每年敞泄冲刷排沙的次数偏少、平均历时偏短,冲刷恢复的库容不能抵消蓄水兴利时造成的淤积,从而导致了水库持续淤积。然而天桥水库拥有 3 个有利于排沙的条件:一是水库泄流能力大;二是排沙洞底坎高程低;三是水库为径流式电站,回水距离短,容易在来大流量洪水时及时泄空蓄水,降低水位进行冲刷排沙。若能增加每年的排沙次数和每次排沙的历时,水库恢复和保持库容是可以做到的。

7.3.2.3 青铜峡水库库容保持的措施分析

青铜峡水库于 1967 年建成运用,正常蓄水位 1 156 m,原始库容为 6.06 亿 m^3,是一个以灌溉、发电为主的综合性水利工程,经过多年运用,至 2006 年底 1 156 m 高程库容只有 3 543 万 m^3,水库淤积严重,期间还有 3 年的库容小于 3 000 万 m^3。根据水库运用方式的变化,可大致分为如下 4 个运用阶段。

第一阶段(1967 年 4 月至 1971 年 12 月)"蓄水拦沙"运用阶段,为追求发电效益而逐年抬高坝前水位,全年平均运行水位约 1 154.35 m,恰遇 1967 年、1968 年和 1970 年入库沙量较大,分别为 3.45 亿 t、2.30 亿 t 和 2.51 亿 t,库区淤积严重,至 1971 年 9 月,1 156 m 高程库容减少至 7 899 万 m³。

第二阶段(1972~1976 年),水库采用"蓄清排浑"的运用方式,即非汛期蓄水兴利,汛期控制水位 1 154 m 运行。期间入库水沙相对有利,特别是 1975 年和 1976 年流量大,水量丰,其他年份入库平均流量不大,但来沙相对较少,且充分发挥排沙底孔的作用,1976 年 1 156 m 高程库容为 7 745 万 m³,也仅能减缓水库的淤积速度,库区基本维持冲淤平衡。

第三阶段(1977~1990 年),水库汛期按正常高水位 1 156 m 运行,仅在发生较大的洪峰和沙峰时短时期降低水位进行排沙,冲刷恢复库容。由于抬高水位运行,库容大量损失,1 156 m 高程库容由 7 745 万 m³ 减少至 1988 年的 2 330 万 m³,但 1989 年通过汛期空库排沙,恢复至 4 204 万 m³。

第四阶段(1991~2006 年),由于 1994 年、1995 年的入库沙量大,而 1994 年未进行汛末冲库排沙,1995 年排沙历时仅为 22 h,从而导致 1996 年 1 156 m 高程库容只剩 2 522 万 m³。水库进一步采用汛期沙峰"穿堂过"结合汛末冲库排沙运用,汛期根据预报,提前降低水库水位,泥沙入库后,根据含沙量大小,选择机组全停或部分停机,开启排沙底孔排沙,将泥沙尽可能多地排出库外,汛末选择有利时机,进行一次机组全停、放空水库的排沙运用。通过多年的运行实践,证明这一方式是非常有效的,是保证发电及防洪、灌溉安全的有力措施。历年排沙效果统计见表 7-3。特别是 2004 年以来,在电网的大力支持下,黄河上中游水调办通过对刘家峡、盐锅峡、八盘峡、大峡的统一调度,为青铜峡塑造出 1 000 m³/s 以上的持续较大流量入库过程用于主槽冲刷,提高排沙效率,使得水库不仅排出当年入库沙量,还逐步恢复部分淤积的库容,至 2006 年 1 156 m 高程库容恢复至 3 543 万 m³。

总之,青铜峡水库于 1991 年开始采用汛期沙峰"穿堂过"结合汛末冲库排沙运用,缓和了水沙恶化带来的持续淤积,并通过与上游梯级水库联合调度,塑造持续的较大流量过程冲刷库区,不仅能排走当年入库的沙量,还逐步恢复部分淤积的库容。

7.3.2.4　恒山水库库容保持的措施分析

恒山水库为峡谷型水库,原始库容仅为 1 330 万 m³,天然河道比降为 29‰,1985 年实测主槽比降为 13‰~26‰。水库 1966~1973 年蓄水运用 8 年,只注重蓄水灌溉,忽视排沙,致水库淤积 320 万 m³,1974~1985 年采用"恒山式"运用方式,即运用空库冲刷、滞洪排沙、异重流排沙等多种排沙方式相结合,且每隔 3~4 年水库泄空一次排沙,这一阶段库区排沙比高达 127%,每年平均恢复库容约 12 万 m³。如 1974 年 8 月 4 日,进行敞泄排沙,最大出库流量 154 m³/s,仅 4 h 40 min 就冲刷 48 万 m³,相当于水库一年的淤积量。

"恒山式"运用方式的特点是:常年蓄水与集中排沙相结合;排沙除害与用沙兴利相结合;以水库调沙作为控制和利用水沙资源的一种方法,对水库泥沙进行多年调节。所以,恒山水库利用库区纵向比降大的优势,充分发挥滞洪排沙和异重流排沙作用,大幅度地减缓了水库的淤积,但恢复和保持库容的关键仍在于每 3~4 年一次的空库排沙。

表7-3　青铜峡水库历次汛末排沙情况统计

项目	1991年10月	1992年10月	1993年10月	1995年4月	1996年4月	1996年10月	1997年10月	1998年10月	1999年9月	2000年9月	2001年10月	2002年9月	2004年9月	2005年10月	2006年10月	2007年10月	2008年10月
历时(h)	58	68	61	22	36	48	26	34	27	30	18	17	44	47	57	18.67	35.15
平均入库流量(m³/s)	913	991	1 352	900	929	821	619	890	1 330	1 210	828	1 200	1 132	1 500	1 500		1 000
坝前最低水位(m)	1 143.07	1 143.70	1 143.89	1 142.40	1 139	1 140.3	1 145.4	1 144.18	1 145.21	1 144.51	1 147.1	1 147.61	1 143.82	1 146.22	1 144.74		1 144.42
排沙用水(亿m³)	1.69	2.34	2.77	0.859	0.796	1.042 8	0.373 2	1.113 6	1.05	1.219 1	0.56	0.621 2	1.94	2.84	2.819 2	0.125 3	1.339 2
排沙耗水率(m³/t)	16	20	34	34	8.4	7.21	9.33	9.2	6.83	8.29	6.06	6.4	12.93	31.28			
出库沙量(万t)	1 080	1 164	812	256	943	1 146	400	1 210	1 538	1 470	930	970	1 500	908	1 248	378	894.39
平均出库含沙量(kg/m³)	63.9	49.7	29.3	29.8	118.5	138.7	107.1	108.7	146.5	120.6	166	144	77.32	31.96			
最大出库含沙量(kg/m³)	156	232	112	60.7	189	274	217	216	279	200	219	274	150	157.9	249	34	100
水库库容(万m³)	3 174	4 138			2 522										3 543		

7.3.2.5　王瑶水库库容保持措施分析

王瑶水库位于延河支流杏子河上,天然河道比降 4.2‰,总库容 2.03 亿 m³,开发任务以防洪为主,兼顾供水、灌溉、发电、养鱼等综合利用。1997 年以来,水库成为了延安市主要供水水源,供水作用更加重要。水库 Ⅰ 号泄洪洞于 1980 年投入运行,进口底坎高程 1 145.7 m,最大泄量为 79 m³/s;Ⅱ 号泄洪洞于 2007 年 7 月投入运行,进口底坎高程 1 150.0 m,最大泄量 115 m³/s。

1972 年 9 月至 1979 年 12 月,水库处于蓄水拦沙阶段,没有泄洪排沙设施,累计淤积泥沙 5 961 万 m³,库容损失严重。

1980~1996 年,Ⅰ 号泄洪洞建成投入运用,水库采用汛期低水位滞洪排沙,蓄清排浑运用。1985 年 7~9 月进行空库排沙运用,受排沙洞进口围堰的影响,排沙比为 107%;1988~1990 年,水库空库运行,排沙比超过 200%,通过冲刷形成 1 460 万 m³ 的槽库容;1996 年汛期(7~9 月)采用泄空排沙运行方式排沙 1 200 万 m³。

1997 年建成延安市王瑶水库供水工程,向延安市城区供水,汛期主要采用异重流排沙减淤。期间,水库于 2004 年 7 月下旬至 2005 年 10 月中旬空库运用,冲刷排沙,恢复库容超 1 800 万 m³。

综上所述,王瑶水库恢复库容的主要措施在于空库冲刷,水库的历次空库冲刷历时相对较长,均取得很好的冲刷效果。根据王瑶水库管理处多年运用经验总结(参考论文《王瑶水库运用方式初探》,呼怀山,刘志全):低水位的壅水排沙运用,只能减缓淤积,不能清掉原淤积泥沙,应该合理泄空,多种方法结合,以期形成相对冲淤平衡的终极库容,而后转入蓄清排浑与空库敞泄排沙相结合的合理周期性运用轨道。

7.3.2.6　黑松林水库库容保持的措施分析

黑松林水库位于渭河二级支流冶峪河上游,是一座以灌溉为主结合防洪的中型水库。水库于 1959 年 5 月建成,1978 年在水电部召开的丹江会议上被确定为全国水库泥沙重点观测水库。水库总库容 1 430 万 m³。

(1)1959 年 5 月至 1962 年 6 月,采用"拦洪蓄水"运用方式,仅 3 年时间淤损库容 162 万 m³,年淤积 54 万 m³,按此淤积速率推算水库寿命仅 16 年。

(2)1962 年 7 月至 1979 年,采用"蓄清排浑、引洪淤灌"运用方式。为了延长水库使用寿命,对库区水沙特性、工程条件和运用条件进行观测分析,其特点为:年内来沙量高度集中,来水量又相对分散,上游河道狭窄,比降大,输水排沙洞高程低,入库泥沙颗粒细(中数粒径 0.025 mm),灌区渠道比降陡(1.25‰~2.5‰),群众有"引洪淤灌"的习惯。从 1962 年 7 月起,开始改"拦洪蓄水"为"蓄清排浑、引洪淤灌"运用方式。通过 20 多年的实践,证明了这一方式是可行的。1962 年 7 月至 1979 年,蓄清排浑运用方式主要采取了异重流排沙、滞洪排沙等措施,水库淤积 176 万 m³,年淤积速率减为 10 万 m³。

(3)1980 年之后,采用综合排沙减淤措施,即增加了高渠泄水拉淤措施之后,水库不仅未淤,且恢复了部分被淤库容。

综上所述,得到黑松林水库水沙调度运用方式为枯水年时,以蓄水为主,排沙为辅;汛期一般采用拦洪蓄水或异重流排沙,在水库泄空或低水位运用时,利用河道基流或小洪水,采用泄水拉淤方法排沙。丰水年以排沙为主;汛期一般采取泄空拉淤、基流冲淤、人工清淤及滞洪排沙等方法排沙。平水年,采取蓄水与排沙相结合的调度方式;低水位时以异重流方式排沙,水库自然泄空后则以滞洪方式排沙。1963 年采用这种运用方式,排沙效果明显提高,当年排出水库的泥沙量比当年汛期入库来沙 45.90 万 t 还多 5.10 万 t,部分前期淤积泥沙被冲出库外。

7.3.3 水库库容保持技术方法

7.3.3.1 降水冲刷是恢复和长期保持水库库容的关键

根据多沙河流已建水库长期保持有效库容经验,冲刷恢复并长期保持水库有效库容和减缓水库淤积是两个不同的概念。水库处于壅水状态下,利用异重流、浑水水库和低壅水的壅水明流输沙流态可以尽量多排沙,达到减缓水库淤积的目的,但无法冲刷恢复库容,水库仍然持续淤积;而冲刷恢复并长期保持水库库容,不仅要将入库的泥沙排出,还能把前期水库淤积的泥沙冲刷出库,使得可利用库容得以增大,而要达到增大库容的目的只有水库处于均匀明流输沙流态下才有可能实现。在不利的水沙条件下,采用"蓄清排浑"运用方式,也不能根本解决水库持续淤积问题,必须结合来大水时相机敞泄排沙运用,才能恢复并保持水库长期可利用库容,因此水库恢复并保持库容的关键在于是否有降低水位泄空冲刷的机遇。

降低水位冲刷恢复库容有两种基本运用方式。方式一的特点为库水位变幅小,滩槽同步上升,形成高滩高槽后再降低水位敞泄排沙冲刷,从而形成高滩深槽,即先淤后冲。方式二为遇到有一定持续时间的较大流量洪水时,及时降低水位冲刷,实现水库冲淤交替。从保持有效库容的效果来看,方式二较好,而方式一存在以下不利因素:一是,根据官厅、三门峡等已建水库淤积物特性分析,淤积物的干容重随泥沙淤积厚度的增加而变大,即淤积深度越深,其干容重越大,淤积体长时间受力固结,泥沙颗粒与颗粒之间已不是没有联系的松散状态,而是固结成整体,这样抗冲性能大,不容易被水流冲刷,所以从恢复库容来说,水库若长时间先淤后冲,不如水库运用到一定时间后,冲淤交替为好。二是,随着经济社会的发展,工农业用水的增长,许多多沙河流水库存在汛期入库水量减小的趋势,因此若水库淤积量较大再降低水位冲刷恢复库容的做法风险较大。

正常运用期,水库应利用来水较丰的年份泄空冲刷排沙,以抵消来水较枯年份蓄水造成的淤积,库区冲淤交替,从而达到一个较长时间内的冲淤平衡。同时,要求水库前期淤积达到一定的水平,有淤积物可冲,形成有利于冲刷的地形条件;入库为较大的流量洪水过程,水库拥有较大的泄流规模,并且水库冲刷排沙的历时和次数均要得以保证。

7.3.3.2 多沙河流水库降水冲刷技术

1.水库冲刷的临界条件

当水库蓄水体较大时,库区处于壅水状态,水库是淤积的,但随着坝前水位逐渐降低,库区也会逐渐由淤积转入冲刷。在水库前期有一定淤积量的情况下,随着坝前水位的逐渐降低,初始库区上段逐渐脱离回水,水流转入天然的明流输沙状态,水库上段开始发生沿程冲刷,而坝前段还有一定的蓄水,造成上段冲刷的泥沙在坝前段部分淤积;进而当坝前水位继续降低时,库区上段脱离回水区域增大,沿程冲刷增强,坝前段壅水排沙的能力也逐渐增加,虽仍表现为"上冲下淤",但全库区慢慢由淤积转入冲刷,此时水库处于一种临界状态。可见,水库处于冲刷临界状态时库区有一定蓄水量,而非完全泄空,此时水库输沙流态复杂,库区"上冲下淤","冲"和"淤"相当。

研究表明,水库由淤积转入冲刷主要与入库流量大小和水库蓄水程度相关。当入库流量较大时,水库由淤积转入冲刷时的蓄水体也较大;而当入库流量较小时,水库转入冲刷时的蓄水体相对也比较小。还有一个重要的条件是,水库水位是在逐渐下降的,所以临界状态下的出库流量往往比入库流量略大。通过对已建水库实测资料的整理分析,可以用水库蓄水量(V)与出库流量(Q)的比值作为冲淤临界的判别标准,在水库蓄水拦沙期,V/Q值小于$1.8×10^4$时水库由淤积转入冲刷,而水库进入正常运用期后,则冲淤临界的V/Q值则为$2.5×10^4$。当然,这个V/Q值是一个平均值,不同入库水沙条件、前期淤积量和淤积形态条件下,水库冲淤临界状态是不同的,V/Q值也是有差别的。如三门峡水库2004年7月5~9日入库过程(见表7-4),库水位逐渐由317.51 m降至286.60 m,其中7月7日水库由淤积转入冲刷,入库流量920 m^3/s,入库含沙量16.41 kg/m^3,坝前水位304.73 m,蓄水量0.56亿m^3,V/Q值为$1.94×10^4$。根据大量的实测资料证明采用V/Q值进行水库由淤积转入冲刷的临界判别是可行的。

表 7-4　2004 年三门峡水库调水调沙入库、出库水沙过程

日期 (年-月-日)	潼关			三门峡			水位 (m)	冲淤量 (亿 t)	蓄水量 (亿 m^3)	V/Q ($×10^4$)
	流量 (m^3/s)	输沙率 (t/s)	含沙量 (kg/m^3)	流量 (m^3/s)	输沙率 (t/s)	含沙量 (kg/m^3)				
2004-07-05	263	2	7.0	944	0	0	317.51	0	3.82	40.4
2004-07-06	493	10	20.7	1 870	0	0	315.00	0.01	2.47	13.2
2004-07-07	920	15	16.41	2 870	161	56.1	304.73	−0.13	0.56	1.94
2004-07-08	1 010	10	10.3	972	231	237.7	288.24	−0.19	0	0.001
2004-07-09	824	7	8.8	777	80	102.8	286.60	−0.06	0	0

注:1.表中蓄水量计算采用库容曲线为 2004 年 6 月 10 日测次;
　　2.冲淤量列项中负值代表冲刷,正值代表水库淤积。

2.降低水位冲刷的调控指标

水库不同运用时期,水库排沙或降低水位冲刷对于水库运用要求是不同的,应该区别对待。

水库拦沙初期,蓄水体较大,死库容尚未淤满,水库还不具备大量排沙的条件,暂时也没有恢复库容的迫切要求,水库主要以异重流和浑水水库排沙为主,以减缓水库的淤积速度,此时水库运用水位不宜过低,这样不仅可以做到拦粗排细,还有利于发挥水库的供水、灌溉、发电等综合效益。

水库进入拦沙后期或正常运用期,累计淤积量较大,坝前淤积面达到了一定的高度,水库死库容接近或已经淤满,此时已具备大量排沙和降低水位冲刷条件。一方面为了延长水库的拦沙库容使用年限,另一方面为了保持水库调水调沙的库容,也迫切需要恢复一定的库容,应该根据水文预报,伺机进行降低水位排沙和冲刷。随着流域经济的发展,黄

河水资源的供需矛盾越来越突出，水库降低水位冲刷恢复库容的机遇少，为了延长水库拦沙库容使用年限和保持调水调沙所需库容，则要求水库在来大水之时提前泄空蓄水，形成溯源加沿程的强烈冲刷，若后续大水能持续一定的历时，则冲刷发展可以达全库区，这样不仅可以保持调水调沙所需要的槽库容，也有利于高滩深槽形态的塑造。水库在实际运用过程中，应尽量在来有利水沙时，泄空冲刷多排沙，以抵消来不利水沙时造成的库区淤积，从而保持库区较长时段内的冲淤平衡。

以泾河东庄水库为例，东庄水库来沙量大，来水含沙量高，年均含沙量为 140 kg/m³，水库运用如何长期保持有效库容是工程设计的关键。根据渭河下游减淤对东庄水库调度运用的要求，东庄水库调水调沙的运用原则为拦减高含沙小洪水、泄放高含沙大洪水，结合渭河来水塑造一定历时的较大流量洪水，使进入下游河道水沙过程更加合理，更加有利于下游河道的减淤。要恢复和维持渭河下游河道 2 500 m³/s 的中水河槽规模，当张家山站发生流量小于 300 m³/s、含沙量大于 300 kg/m³ 的高含沙小洪水时，渭河下游主河槽淤积严重，泾河高含沙小洪水是渭河下游主槽淤积萎缩的主要原因，如 1994 年和 1995 年泾河发生高含沙小洪水，渭河下游主槽发生淤积，主槽过洪能力大幅下降，泾河下游的高含沙小洪水需要东庄水库拦蓄。当张家山站发生流量大于 600 m³/s、含沙量大于 300 kg/m³ 的非漫滩高含沙洪水时，渭河下游冲刷较为明显，主槽过洪能力增加，此类洪水适当泄空冲刷水库。当咸阳站、张家站流量大于 1 000 m³/s 的洪水输沙效率较高时，渭河下游主槽发生冲刷，平滩流量扩大，东庄水库应结合咸阳站来水情况，泄放咸阳站、张家站流量大于 1 000 m³/s 的水沙过程。漫滩高含沙洪水往往造成滩地大量淤积，主槽冲刷展宽，通过淤滩刷槽，主槽过洪能力显著增大，对塑造中水河槽非常有利，如 2003 年洪水，渭河下游平滩流量从汛前的 1 000 m³/s 左右增大到 2 500 m³/s 左右，对于渭河下游的漫滩高含沙洪水，东庄水库不予拦蓄。

因此，东庄水库拦沙期合理调节水沙，减缓水库和下游河道淤积，同时满足供水需求，充分发挥水库综合利用效益。正常运用期，汛期利用槽库容调水调沙和供水运用，采用"泄大拦小、适时排沙"的运用方式，当入库流量大于 300 m³/s 时敞泄排沙，冲刷槽库容中的泥沙，其他时段拦蓄清水和对渭河下游造成严重淤积的 300 m³/s 流量以下的高含沙小洪水，实现供水和减淤目的；特殊情况下，当槽库容淤满后，水库泄空，水库恢复库容。根据设计的运用方式，计算东庄水库库容变化情况见图 7-1。由图 7-1 可知，设计来沙量为 1.7 亿 t 的平水平沙 1968 系列、前期水沙偏丰 1961 系列、前期水沙偏枯 1991 系列，水库拦沙运用期内，随泥沙淤积的不断增多，水库库容逐渐减少，前期水沙偏丰 1961 系列水库库容淤损较快；正常运用期，库区多年基本保持冲淤平衡状态，水库能够长期保持有效库容，库容变化趋于稳定。东庄水库原始库容 32.68 亿 m³，至水库计算期末（50 年），三个水沙系列计算得到的水库总库容分别为 9.21 亿 m³、9.44 亿 m³、9.54 亿 m³，处于设计冲淤平衡的深槽和高槽两种状态的有效库容之间。

3. 降水冲刷时机、库水位下降速率和最低冲刷水位

水库投入运用的初期，库区淤积量还较少，相同水位下水库蓄水体积较大，较难达到水库冲刷的临界条件，即使在汛期水库泄空运用，在淤积体形态还未形成适合溯源冲刷的条件时，冲刷效率也比较低。因此，确定合适的降水冲刷时机是制定多沙河流水库降水冲

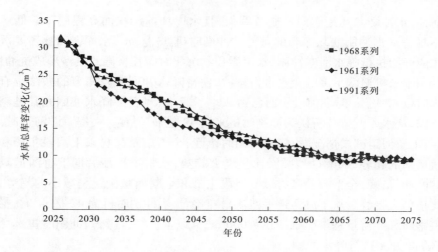

图 7-1 东庄水库库容变化过程

刷运用方式时需要考虑的重要问题。多沙河流水库降低水位冲刷时机是指水库可以泄空冲刷的起始时间,用水库淤积量达到一定数值来表示,也就是说,当水库淤积量达到这个数值以后,主汛期来连续大水即可降低水位泄空冲刷。为了延长水库拦沙使用年限、防止库区淤积物固结形成抗冲性和珍稀大洪水的冲刷机遇,水库开始冲刷的时机不宜过晚,需要结合每个具体水库的河床边界条件和设计水沙条件进行模拟计算分析。

水库淤积量达到一定数值后,根据水文预报,入库来连续大水时,提前泄空水库蓄水,利用大水冲刷,在干流形成河槽,同时支流沟口局部高程也随库水位的降低和干流河槽的形成而降低;入库水、沙条件不利时,水库再次蓄水,滩地可继续淤高,支流可继续倒灌淤积,抬高沟内淤积面高程,这样反复进行淤积冲刷过程,将使高滩深槽同步形成。其结果不仅保持水库有一定的库容,而且适时排沙,避免了连续清水下泄冲刷下游河道,避免河道大冲大淤,使下游河道的挟沙能力得到恢复和提高,减轻滩地坍塌和工程险情,有利于河势的稳定。

以小浪底水库为例,降水冲刷时机论证了两个调控流量(2 600 m³/s 和 3 700 m³/s)和 4 个冲刷时机(水库淤积量分别为 32 亿 m³、42 亿 m³、58 亿 m³ 和 78.6 亿 m³)。水库调节各项指标分析结果表明,调控流量 2 600 m³/s 和 3 700 m³/s 表现出基本相同的规律:

(1)冲刷时机 78.6 亿 m³ 与其他 3 个冲刷时机相比,整个拦沙期运用年限短 7~8 年;无论前 10 年或整个拦沙期,花园口站流量大于 2 600 m³/s 的水沙量和漫滩(花园口站流量大于 4 000 m³/s)洪水的水沙量都明显偏小;花园口站流量大于或等于 2 600 m³/s 和大于或等于 3 700 m³/s 连续 4 d、5 d 和 6 d 出现的天数和水量都明显偏少;水库的淤积速度偏大。冲刷时机 78.6 亿 m³,坝前淤积面高程达 247~248 m 才开始执行降水泄空冲刷,使得降水冲刷恢复库容的做法风险太大。虽然发电量略多,但总体来看冲刷时机 78.6 亿 m³ 不占优势。

(2)冲刷时机 32 亿 m³、42 亿 m³ 和 58 亿 m³ 相比,冲刷时机越早,水库的淤积速度越慢,大流量冲刷挟带的沙量越多,整个拦沙期运用年限延长约 1 年,定量分析差别不大。但冲刷时机 32 亿 m³ 时坝前淤积面低,仅 200 m,三角洲顶点还在距坝大约 10 km 处,尚未到达坝前,降水冲刷尤其是溯源冲刷效率低,且水库坝前淤积面高程低于最低运用水位 210 m,不具备降水冲刷恢复库容的条件。冲刷时机 58 亿 m³,水库淤积物需要沉积较长的时间才能开始执行降水泄空冲刷,水库淤积物沉积时间长将导致淤沙形成抗冲性,且没有充分利用本来机遇就不多的大水进行排沙,使得降水冲刷恢复库容的做法也有较大风险。冲刷时机 42 亿 m³ 时坝前淤积面已达 221~222 m,可提高降水冲刷尤其是溯源冲刷效率。所以,从水库调节分析认为冲刷时机采用 42 亿 m³ 为宜。根据下游河道减淤成果,从前 10 年下游河道减淤情况看,降水冲刷时机晚,全下游及高村以下河段主槽和全断面减淤量呈增加的趋势,水库拦沙减淤比呈增大趋势;从整个拦沙后期下游河道减淤情况看,降水冲刷时机晚,全下游及高村以下河段主槽和全断面减淤量呈减小的趋势,水库拦沙减淤比呈增大趋势。从下游河道平滩流量变化看,当冲刷时机为 42 亿 m³ 时,拦沙后期下游河道整体平滩流量基本能维持在 4 000 m³/s 以上。综合考虑,冲刷时机选择为水库淤积 42 亿 m³ 开始进行降水冲刷。

多沙河流水库在降水冲刷运用过程中往往存在限制条件,如库水位下降速率和最低冲刷水位。如小浪底水库,根据运用以来的安全运行资料,坝前水位不宜骤升骤降,水位变幅应有限制,当库水位为 275~250 m 时,连续 24 h 下降最大幅度不应大于 4 m;当库水位在 250 m 以下时,连续 24 h 下降最大幅度不应大于 3 m;当库水位连续下降时,7 d 内最大下降幅度不应大于 15 m。库水位在 260 m 以上连续 24 h 的上升幅度不应大于 5 m。小浪底水库起始运行水位为 210 m,运用期正常死水位为 230 m,非常死水位为 220 m。分析小浪底水库减淤要求的拦沙库容和调水调沙库容、防洪要求的防洪库容和综合利用要求的调节库容,以及枢纽的设计思想,综合考虑,小浪底水库拦沙期最低运用水位 210 m,正常运用期最低运用水位 230 m。

7.4　拦沙库容再生利用技术

死库容一般指死水位相应的原始库容,也就是拦沙库容。本节探讨多沙河流水库拦沙库容再生利用的理论与技术,"死"库容特指多沙河流水库进入正常运用期后,长期被泥沙侵占的库容(拦沙库容)。

7.4.1　拦沙库容再生利用设计理念

在河床累积性淤积抬高的多沙河流上,防洪是突出的问题,应将河道防洪和减淤问题联系在一起。黄河长期治理实践表明,通过修建骨干水库拦沙和调水调沙,协调进入下游的水沙关系,提高下游河道输沙能力,是减缓下游河道淤积抬升,维持适宜中水河槽的最直接、最有效的措施。多沙河流上适宜于修建拦沙和调水调沙水库的坝址资源非常有限,且水库修建后,随着库区泥沙淤积,在一定年限内拦沙库容将逐渐淤满。

从概念、实现条件和实现措施等方面来看:水库有效库容是指水库淤积平衡形态以上能够长期保持的库容,恢复和长期保持有效库容的条件主要是控制水库滩库容不损失,实现槽库容冲淤动态平衡,不需要破坏库区已经形成的淤积平衡形态,为实现有效库容重复利用,水库需要具备足够的泄流规模,在死水位以上按照适宜的流量排沙运用即可;拦沙库容是指水库淤积平衡形态以下的库容,恢复拦沙库容,需要破坏水库淤积平衡形态,通过设置非常排沙措施,充分利用有限的入库洪水过程,快速降低库水位,在库区形成低于死水位的泥沙侵蚀基准面,通过剧烈的溯源冲刷,破坏库区形成的淤积平衡形态,是实现拦沙库容重复利用的有效措施。水库有效库容保持和拦沙库容重复利用条件对比见表 7-5。

表 7-5　水库有效库容保持和拦沙库容重复利用条件对比

项目	有效库容	拦沙库容
概念	水库淤积平衡形态以上的库容	水库淤积平衡形态以下的库容
实现条件	控制滩库容不损失、实现槽库容冲刷,不需要破坏水库淤积平衡形态	破坏水库淤积平衡形态
实现措施	足够的泄流规模;适宜的排沙流量;死水位以上排沙	足够的泄流规模;适宜的排沙流量;低于死水位的泥沙侵蚀基准面

多沙河流水库,拦沙库容淤满进入正常运用期后,库区将形成高滩深槽和高滩高槽两种形态(见图 7-2),其中高滩深槽形态以水库死水位为侵蚀基准面,该形态以下的库容为水库的拦沙库容。高滩深槽和高滩高槽之间的槽库容为调水调沙库容。按照设定的运用方式,水库拦沙期满进入正常运用期后库区泥沙冲淤处于动态平衡状态,高滩深槽和高滩高槽之间的槽库容有冲有淤,水库有效库容能够得到长期维持。但是拦沙库容是不可恢复的。

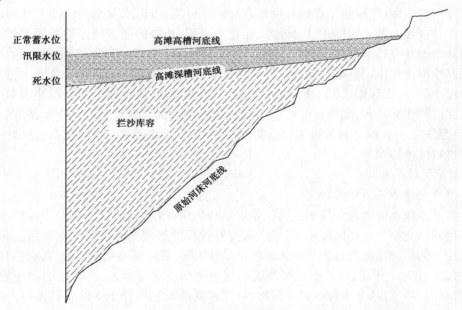

图 7-2　多沙河流水库淤积形态示意图

多沙河流水库来沙量是无限的,若能够在有效库容保持的基础上,实现部分拦沙库容

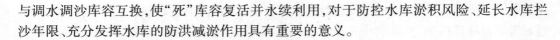

与调水调沙库容互换，使"死"库容复活并永续利用，对于防控水库淤积风险、延长水库拦沙年限、充分发挥水库的防洪减淤作用具有重要的意义。

7.4.2 拦沙库容再生利用技术方法

多沙河流水库"死"库容复活可通过在坝身设置进口高程更低的非常排沙设施，在坝前形成双泥沙侵蚀基准面，或通过水库群联合调度，相机降低水库运用水位，利用上库泄放的持续大流量过程冲刷下库库区淤沙来实现。

在坝身设置进口高程更低的非常排沙设施，充分利用有限的入库洪水过程，快速降低库水位，在库区形成低于死水位的非常泥沙侵蚀基准面，通过剧烈的溯源冲刷，有效降低库区泥沙淤积面高程。通过水库群联合调度，相机降低水库运用水位（低于死水位），利用上库泄放的持续大流量过程冲刷下库库区淤沙，恢复水库部分拦沙库容，增强了水库运用的灵活性和调控水沙的能力，同时还能达到改变库区不利的淤积形态的目的。

与水库群联合调度措施相比，在坝身设置进口高程更低的非常排沙设施，可以形成比死水位更低的非常泥沙侵蚀基准面，更能有效地实现部分拦沙库容与调水调沙库容互换，使"死"库容复活并永续利用。

本书首次提出在死水位以下创造坝前临时泥沙侵蚀基准面实现拦沙库容再生利用的设计理念，发明了低位非常排沙孔洞的设置与设计技术，提出了非常规排沙调度方式，实现拦沙库容恢复20%以上，使死库容复活并永续利用，为因泥沙淤积而失去部分功能的水库焕发青春提供了新技术。

7.4.2.1 设置非常排沙设施

多沙河流水库，在枢纽工程坝身设置非常排沙设施，可形成双泥沙侵蚀基准面，一个是正常泥沙侵蚀基准面，开启泄洪排沙深孔排沙运用，相应的泥沙侵蚀基准面为死水位；一个是非常泥沙侵蚀基准面，短期开启进口高程更低的非常排沙设施排沙运用，相应的泥沙侵蚀基准面比死水位更低。通过设置非常排沙设施，充分利用有限的入库洪水过程，快速降低库水位，在库区形成低于死水位的泥沙侵蚀基准面，通过剧烈的溯源冲刷，有效降低库区泥沙淤积面高程，实现部分拦沙库容与调水调沙库容互换，使"死"库容复活并永续利用（见图7-3）。非常排沙设施包括非常排沙底孔、双高程进口排沙底孔、在岸边设置双高程进口排沙隧洞等。

1. 非常排沙底孔

1）非常排沙底孔理论基础

非常排沙底孔的闸底板高程要低于死水位和泄洪排沙深孔，以便水库非常排沙运用时能够起到恢复拦沙库容的作用，同时需避免非常排沙底孔因泥沙淤积而淤堵。非常排沙底孔排沙的原理实际上是当水库入库流量足够大时，坝址断面处水位较高，利用高水位造成的强压（高压）作用，使从非常排沙底孔流出的水流速度很大，能够达到泥沙的起动流速，带动泥沙一起从非常排沙底孔排出，从而恢复并长期保持水库的有效库容，本质上是一种库底高压渗流输沙管涌浑流及库底刺穿的过程。可通过数学模型试验和物理模型试验确定非常排沙底孔的闸底板高程，一般来讲，非常排沙底孔的闸底板高程低于泄洪排沙深孔的底板高程10~20 m。非常排沙底孔的运用方式要针对不同水沙条件，协调底孔

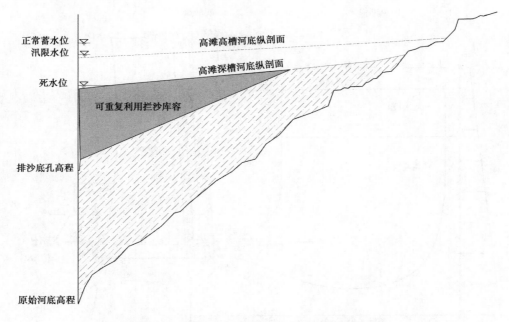

图 7-3　多沙河流水库"死"库容复活示意图

运用时机、排沙水量和水库排沙效果之间的关系,确定运用方式。

2)非常排沙底孔渗流输沙物理模型

(1)非常排沙底孔渗流模型。

如图 7-4 所示,非常排沙底孔一般处于经常关闭状态,泥沙淤积并处于密实和半密实状态,土体亦处于超饱和状态。打开非常排沙底孔的初期,在高水位水体作用下,形成高压渗流,土体渗透流速逐步加大,局部区域泥沙在渗流及渗透压的作用下,产生泥沙起动及渗流输沙,形成细小管涌,管涌扩展形成多条土管浑流,个别浑流达到口门形成库底连接非常排沙管的有效库底穿刺。穿刺区域在逐步形成高速水流,进而形成高速浑流沿非常排沙底孔喷涌而出。同时,在高速水流的带动下,库区泥沙发生溯源坍塌,在高压高含沙水流作用下,形成高效的库区非常排沙方式。图 7-5 为东庄水库非常排沙形成过程中的渗流输沙模型。

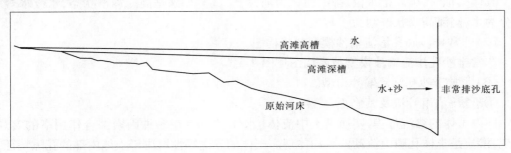

图 7-4　渗流输沙模型

图 7-5 中,底部 $P_{底}$ 为高压孔隙水压力;上游边界孔隙水压力 $P_{左侧}$ 与相应水位及上游

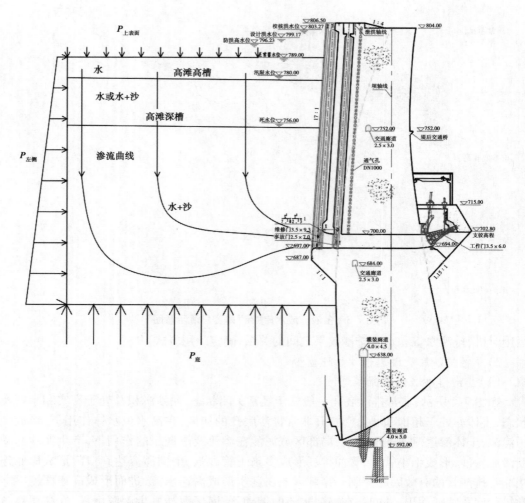

图 7-5　东庄水库非常排沙孔渗流输沙模型简化图

泥沙淤积有关;上边界水压 $P_{上表面}$ 与库水位有关。

具体模拟时,可以把水位提高,简化为加大 $P_{上表面}$。如果是高滩深槽状态,水或水+沙部分为水,高滩高槽状态则为水+沙。

(2)非常排沙底孔渗流输沙模型技术构图。

非常排沙孔渗流输沙模型技术构图见图7-6。

(3)非常排沙孔渗流输沙模型。

①哈根-泊肃叶流及其修正。

库内土体的渗流过程,实质是土中流体(水体、气体)在多种因素综合作用下的宏观体现,渗流是土体孔隙内流动的平均体现。土体的渗透特性取决于土体内部的孔隙特征,而土体孔隙可等效为许多个细管流的形式,如图7-7所示。

图7-7中,可以通过孔隙体积与细管体积相等来计算等效细管的管径,进而通过细管内的水流流动规律推导水力梯度与流速的关系,计算渗透系数。该方法就是被已经理论

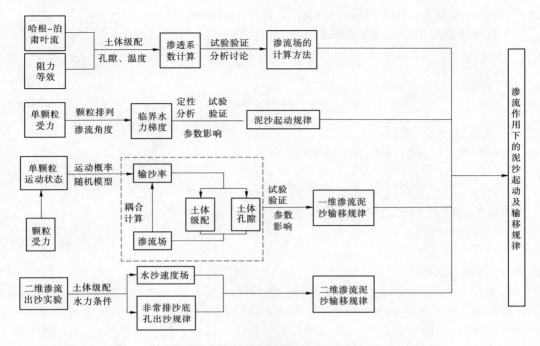

图 7-6　非常排沙底孔渗流输沙模型技术构图

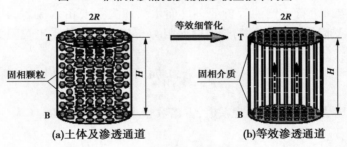

(a)土体及渗透通道　　　　　(b)等效渗透通道

图 7-7　土体孔隙等效为细管的示意图

应用的基于哈根-泊肃叶定律的土体渗透系数的计算方法。

　　长圆管哈根-泊肃叶流断面平均流速为

$$v' = \frac{gR^2}{8\nu}I \tag{7-12}$$

式中：v' 为毛细管中流速，cm/s；ν 为液体运动黏滞系数，cm^2/s；R 为毛细管半径，cm；I 为水流比降（渗流场中等于渗流梯度）。

　　毛细管流速与达西流速之间的关系为

$$v = nv' \tag{7-13}$$

式中：n 为孔隙率。

　　其沿程水头损失表达式如下：

$$h_{\mathrm{f}} = \lambda \frac{L}{D} \frac{v'^2}{2g} \tag{7-14}$$

式中：h_f 为水头损失，cm；λ 为阻力系数；D 为管径，cm；L 为管长，cm。

沿程水头损失主要表现为压强水头的变化，因此式(7-14)可写为

$$-\mathrm{d}\left(\frac{p}{\rho g}\right) = \lambda \frac{\mathrm{d}x}{D} \frac{v'^2}{2g} \tag{7-15}$$

$$-\frac{\mathrm{d}p}{\mathrm{d}x} = \lambda \frac{1}{D} \frac{\rho v'^2}{2} \tag{7-16}$$

式中：p 为压强，Pa。

对于圆管层流，阻力系数与雷诺数的关系为

$$\lambda = \frac{64}{Re} \tag{7-17}$$

管流的切应力，即管道壁面摩擦应力为

$$\tau_0 = \frac{R}{2} \frac{\partial p}{\partial x} \tag{7-18}$$

式中：τ_0 为壁面摩擦应力，Pa。

以上即为哈根-泊肃叶流的基本规律。渗流场的水头损失应主要由水流阻力引起，而实际渗流场中的水流阻力由接近于球形的土颗粒的阻力组成，其阻力规律与管道摩擦阻力有所区别（如图7-8所示）。圆球绕流不仅包括摩擦阻力还包括形状阻力，因此土体中的流速分布也不能简单地用哈根-泊肃叶流理论确定，这需要基于圆球绕流定律和哈根-泊肃叶管流定律进行一定的等价处理。而水头损失主要由水流阻力引起，因此这里假设土体颗粒所受阻力与等效后的管道壁面阻力相等。水流所受土粒阻力（假设土颗粒为球形）为

$$F_D = C_D A \frac{\rho v'^2}{2} \tag{7-19}$$

式中：F_D 为水流阻力，N；CD 为阻力系数，雷诺数较小时，$C_D = 24/Re$；A 为受力面积，m^2。

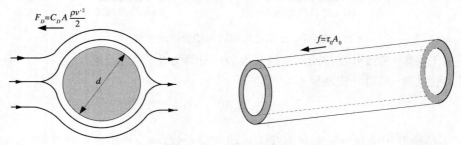

图7-8　圆球阻力与管壁阻力

管道壁面阻力为切应力与受力面积的乘积，即

$$f = \tau_0 A_0 \tag{7-20}$$

式中：f 为壁面阻力，N；A_0 为管壁面积，m^2，对于单个颗粒而言，管道面积等于颗粒的表面积，$A_0 = \pi d^2$。

令式(7-19)和式(7-20)相等，可得

$$\frac{24}{Re}\frac{\pi d^2}{4}\frac{\rho v'^2}{2} = \frac{R}{2}\frac{\partial p}{\partial x}\cdot \pi d^2 \tag{7-21}$$

将雷诺数 $Re=v'D/\nu$ 代入式(7-21),得

$$v' = \frac{gD^2}{12\nu}I \tag{7-22}$$

根据式(7-13)和式(7-22)可得渗透系数计算公式如下:

$$K = \alpha_1\frac{gD^2}{12\nu}n \tag{7-23}$$

而传统哈根-泊肃叶定律计算渗透系数的表达式如下:

$$K = \frac{gD^2}{32\nu}n \tag{7-24}$$

其中 α_1 为修正系数,该修正为多颗粒阻力等价修正, α_1 的取值主要是考虑土颗粒的群体效应,因为在水流泥沙模型中,如果水流含沙量较大,那么会增加泥沙颗粒对于水流阻力的附加应力,这样会导致颗粒的阻力增大,而土中的渗流,可以理解为水流中土颗粒浓度极大的情况,此时附加应力较大,会大幅增加水流阻力,因此结合试验数据,设置取 $\alpha_1=0.1$ 。

②渗流管径的确定。

式(7-23)和式(7-24)表述的渗透系数的计算公式中还包含一个变量,毛细管直径 D 。目前关于该变量较为简便的计算方法包括如下几种:

平均孔隙直径

$$D = \frac{1}{\alpha}\frac{2}{3}\frac{n}{1-n}d \tag{7-25}$$

式中: α 为颗粒形状修正系数,一般取 1.5~1.9; d 为土体平均粒径,cm。

Hazen:

$$D = Bd_{10}\quad (B = 0.21 ~ 0.25) \tag{7-26}$$

Kozeny:

$$D = 0.4\frac{n}{1-n}d_{\theta} \tag{7-27}$$

式中: d_{θ} 为等效粒径,cm。

Кондратъев

$$D = 0.214\eta d_{50} \tag{7-28}$$

$$\eta = \frac{D_n}{D_{100-n}} \tag{7-29}$$

式中: D_n 和 D_{100-n} 为颗粒粒径,cm,小于该粒径的土重分别占总土重的 $n\%$ 和 $(100-n)\%$ 。

中国水科院

$$D = 0.63nd_{20} \tag{7-30}$$

③高压渗流输沙物理模型。

如图 7-9 所示,圆柱体槽直径 1 m,高 1.5 m。底部缓冲区高 0.15 m,用鹅卵石填充,固

相泥沙 0.6 m,液相水流 0.6 m,气相空气 0.3 m,液相水位恒定,常规排沙底孔与非常规排沙底孔根据实际比例设定。

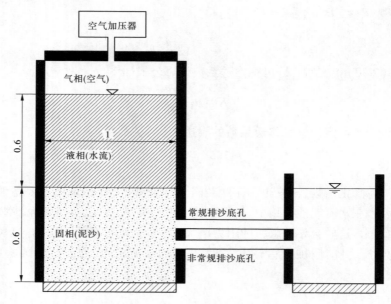

图 7-9 加压试验装置概化图 （单位:m）

图 7-10 为非加压试验装置实物。圆柱体内有固相、液相、气相三相,固相代表水库拦沙,液相代表水库水流,气相及以上空气加压器代表不同压强,以表示不同的水位,如死水位、正常蓄水位、设计洪水位等。通过该装置,可以模拟不同水位下排沙底孔及非常规排沙底孔泥沙起动时间、泥沙输移路径、泥沙侵蚀曲线方程、泥沙淤积形态等工况。

图 7-10 非加压试验装置实物图

3)非常规排沙底孔渗流输沙数学模型的建立

非常规排沙底孔的渗流输沙是典型的两相流问题。

同时,高速水流会渗气,在渗流过程中气核溢出,因此也有可能是三相流问题。

三相流动问题较为复杂,因此在解决三相流问题时,第一步就是根据实际研究对象,明确每一相各自的运动特点,并结合相之间的相互作用和耦合程度,最后选择恰当的两相流数学模型。本节着重介绍了所构建的欧拉-欧拉两相流模型,用瞬时连续方程与动量方程计算流体相和颗粒相的运动,基于 SIMPLE 算法采用有限体积法进行数值求解,使其能够较为准确地模拟两相流的流动过程,解决两相流问题。

(1)多相流基本理论数学表达式。

①水-沙-气连续性方程。

气相

$$\frac{\partial}{\partial t}(\varepsilon_g \rho_g) + \nabla(\varepsilon_g \rho_g \vec{u}_g) = 0$$

液相

$$\frac{\partial}{\partial t}(\varepsilon_l \rho_l) + \nabla(\varepsilon_l \rho_l \vec{u}_l) = 0$$

颗粒相

$$\frac{\partial}{\partial t}(\varepsilon_s \rho_s) + \nabla(\varepsilon_s \rho_s \vec{u}_s) = 0$$

$$\varepsilon_g + \varepsilon_l + \varepsilon_s = 1$$

以颗粒相为例,连续性方程的二维离散化方程推导如下

$$\frac{\partial}{\partial t}(\varepsilon_s \rho_s) + \frac{\partial}{\partial x}(\varepsilon_s \rho_s u_s) + \frac{\partial}{\partial y}(\varepsilon_s \rho_s v_s) = 0 \tag{7-31}$$

在图 7-11 所示的整个控制容积内对方程(7-31)进行积分:

$$\frac{\varepsilon_s \rho_s - \varepsilon_s^o \rho_s^o}{\Delta t} \Delta x \Delta y + [(\varepsilon_s \rho_s u_s)_e - (\varepsilon_s \rho_s u_s)_w] \cdot \Delta y + [(\varepsilon_s \rho_s v_s)_n - (\varepsilon_s \rho_s v_s)_s] \cdot \Delta x = 0 \tag{7-32}$$

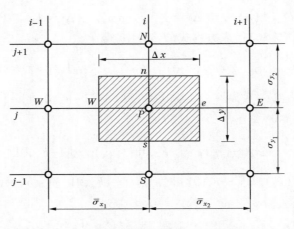

图 7-11　二维问题的(主网格)控制容积

固相体积分数方程的建立使用上风方案,即界面上的 ε 值等于界面上风侧网格点上

的 ε 值,东边界:

$$(\varepsilon_s)_e = (\varepsilon_s)_P \qquad 如果 F_e > 0$$
$$(\varepsilon_s)_e = (\varepsilon_s)_E \qquad 如果 F_e < 0$$

即

$$(\varepsilon_s\rho_s u_s)_e \cdot \Delta y = (\varepsilon_s)_e \cdot (\rho_s u_s)_e \cdot \Delta y = (\varepsilon_s)_e \cdot F_e$$
$$= (\varepsilon_s)_P \cdot [\mid F_e,0\mid] - (\varepsilon_s)_E \cdot [\mid -F_e,0\mid] \qquad (7\text{-}33)$$

西边界:

$$(\varepsilon_s)_w = (\varepsilon_s)_W \qquad 如果 F_w > 0$$
$$(\varepsilon_s)_w = (\varepsilon_s)_P \qquad 如果 F_w < 0$$

即

$$(\varepsilon_s\rho_s u_s)_w \cdot \Delta y = (\varepsilon_s)_w \cdot (\rho_s u_s)_w \cdot \Delta y = (\varepsilon_s)_w \cdot F_w$$
$$= (\varepsilon_s)_W \cdot [\mid F_w,0\mid] - (\varepsilon_s)_P \cdot [\mid -F_w,0\mid] \qquad (7\text{-}34)$$

北边界:

$$(\varepsilon_s)_n = (\varepsilon_s)_P \qquad 如果 F_n > 0$$
$$(\varepsilon_s)_n = (\varepsilon_s)_N \qquad 如果 F_n < 0$$

即

$$(\varepsilon_s\rho_s u_s)_n \cdot \Delta x = (\varepsilon_s)_n \cdot (\rho_s u_s)_n \cdot \Delta x = (\varepsilon_s)_n \cdot F_n$$
$$= (\varepsilon_s)_P \cdot [\mid F_n,0\mid] - (\varepsilon_s)_N \cdot [\mid -F_n,0\mid] \qquad (7\text{-}35)$$

南边界:

$$(\varepsilon_s)_s = (\varepsilon_s)_S \qquad 如果 F_s > 0$$
$$(\varepsilon_s)_s = (\varepsilon_s)_P \qquad 如果 F_s < 0$$

即

$$(\varepsilon_s\rho_s u_s)_s \cdot \Delta x = (\varepsilon_s)_s \cdot (\rho_s u_s)_s \cdot \Delta x = (\varepsilon_s)_s \cdot F_s$$
$$= (\varepsilon_s)_S \cdot [\mid F_s,0\mid] - (\varepsilon_s)_P \cdot [\mid -F_s,0\mid] \qquad (7\text{-}36)$$

其中

$$(\rho_s u_s)_e \cdot \Delta y = F_e \qquad (\rho_s u_s)_w \cdot \Delta y = F_w \qquad (\rho_s u_s)_n \cdot \Delta y = F_n \qquad (\rho_s u_s)_s \cdot \Delta y = F_s$$

将式(7-33)~式(7-36)代入方程式(7-32)中,得

$$\frac{\varepsilon_s\rho_s - \varepsilon_s^o\rho_s^o}{\Delta t} \cdot \Delta x \Delta y + \{(\varepsilon_s)_P \cdot [\mid F_e,0\mid] - (\varepsilon_s)_E \cdot [\mid -F_e,0\mid]\} - \{(\varepsilon_s)_W \cdot [\mid F_w,0\mid] -$$
$$(\varepsilon_s)_P \cdot [\mid -F_w,0\mid]\} + \{(\varepsilon_s)_P \cdot [\mid F_n,0\mid] - (\varepsilon_s)_N \cdot [\mid -F_n,0\mid]\} - \{(\varepsilon_s)_S \cdot [\mid F_s,0\mid] -$$
$$(\varepsilon_s)_P \cdot [\mid -F_s,0\mid]\} = 0$$

$$\frac{(\varepsilon_s\rho_s)_P - (\varepsilon_s^o\rho_s^o)_P}{\Delta t} \cdot \Delta x \Delta y + (\varepsilon_s)_P \cdot [\mid F_e,0\mid] + (\varepsilon_s)_P \cdot [\mid -F_w,0\mid] + (\varepsilon_s)_P \cdot [\mid F_n,0\mid] +$$
$$(\varepsilon_s)_P \cdot [\mid -F_s,0\mid] = (\varepsilon_s)_E \cdot [\mid -F_e,0\mid] + (\varepsilon_s)_W \cdot [\mid F_w,0\mid] + (\varepsilon_s)_N \cdot [\mid -F_n,0\mid] + (\varepsilon_s)_S \cdot$$
$$[\mid F_s,0\mid]$$

$$\frac{(\varepsilon_s\rho_s)_P - (\varepsilon_s^o\rho_s^o)_P}{\Delta t} \cdot \Delta x \Delta y + (\varepsilon_s)_P \cdot ([\mid F_e,0\mid] + [\mid -F_w,0\mid] + [\mid F_n,0\mid] + [\mid -F_s,0\mid])$$
$$= (\varepsilon_s)_E \cdot [\mid -F_e,0\mid] + (\varepsilon_s)_W \cdot [\mid F_w,0\mid] + (\varepsilon_s)_N \cdot [\mid -F_n,0\mid] + (\varepsilon_s)_S \cdot [\mid F_s,0\mid]$$

$$(\varepsilon_s)_P \cdot ([|F_e,0|] + [|-F_w,0|] + [|F_n,0|] + [|-F_s,0|] + \frac{(\rho_s)_P}{\Delta t} \cdot \Delta x \Delta y) = (\varepsilon_s)_E \cdot$$

$$[|-F_e,0|] + (\varepsilon_s)_W \cdot [|F_w,0|] + (\varepsilon_s)_N \cdot [|-F_n,0|] + (\varepsilon_s)_S \cdot [|F_s,0|] + \frac{(\varepsilon_s^o \rho_s^o)_P}{\Delta t} \cdot \Delta x \Delta y$$

即

$$a_P \cdot (\varepsilon_s)_P = a_E \cdot (\varepsilon_s)_E + a_W \cdot (\varepsilon_s)_W + a_N \cdot (\varepsilon_s)_N + a_S \cdot (\varepsilon_s)_S + b \qquad (7\text{-}37)$$

其中

$$a_E = [|-F_e,0|] \quad a_W = [|F_w,0|] \quad a_N = [|-F_n,0|] \quad a_S = [|F_s,0|]$$

$$a_P = [|F_e,0|] + [|-F_w,0|] + [|F_n,0|] + [|-F_s,0|] + \frac{\rho_s}{\Delta t} \cdot \Delta x \Delta y$$

$$= a_E + a_W + a_N + a_S + (F_e - F_w) + (F_n - F_s) + \frac{\rho_s}{\Delta t} \cdot \Delta x \Delta y$$

$$b = \frac{(\varepsilon_s^o \rho_s^o)_P}{\Delta t} \cdot \Delta x \Delta y$$

此外,式中固相体积分数与二维数组的对应关系为

$$(\varepsilon_s)_P = (\varepsilon_s)_{i,j} \quad (\varepsilon_s)_E = (\varepsilon_s)_{i+1,j} \quad (\varepsilon_s)_W = (\varepsilon_s)_{i-1,j} \quad (\varepsilon_s)_N = (\varepsilon_s)_{i,j+1} \quad (\varepsilon_s)_S = (\varepsilon_s)_{i,j-1}$$

同理可得气相、液相的二维离散化方程为

$$a_P \cdot (\varepsilon_g)_P = a_E \cdot (\varepsilon_g)_E + a_W \cdot (\varepsilon_g)_W + a_N \cdot (\varepsilon_g)_N + a_S \cdot (\varepsilon_g)_S + b \qquad (7\text{-}38)$$

$$a_P \cdot (\varepsilon_l)_P = a_E \cdot (\varepsilon_l)_E + a_W \cdot (\varepsilon_l)_W + a_N \cdot (\varepsilon_l)_N + a_S \cdot (\varepsilon_l)_S + b \qquad (7\text{-}39)$$

式中各个系数的含义与颗粒相相同,只需把下标改为气相、液相即可。

②水-沙-气三相流的动量方程。

气相

$$\frac{\partial}{\partial t}(\varepsilon_g \rho_g \vec{u}_g) + \nabla \cdot (\varepsilon_g \rho_g \vec{u}_g \vec{u}_g) = -\varepsilon_g \nabla p - \beta_{gs}(\vec{u}_g - \vec{u}_s) - \beta_{gl}(\vec{u}_g - \vec{u}_l) + \nabla \cdot (\varepsilon_g \cdot \tau_g) + \varepsilon_g \rho_g \vec{g}$$

液相

$$\frac{\partial}{\partial t}(\varepsilon_l \rho_l \vec{u}_l) + \nabla \cdot (\varepsilon_l \rho_l \vec{u}_l \vec{u}_l) = -\varepsilon_l \nabla p - \beta_{gl}(\vec{u}_l - \vec{u}_g) - \beta_{ls}(\vec{u}_l - \vec{u}_s) + \nabla \cdot (\varepsilon_l \cdot \tau_l) + \varepsilon_l \rho_l \vec{g}$$

颗粒相

$$\frac{\partial}{\partial t}(\varepsilon_s \rho_s \vec{u}_s) + \nabla \cdot (\varepsilon_s \rho_s \vec{u}_s \vec{u}_s) = -\varepsilon_s \nabla p - \beta_{gs}(\vec{u}_s - \vec{u}_g) - \beta_{ls}(\vec{u}_s - \vec{u}_l) + \nabla \cdot (\varepsilon_s \cdot \tau_s) + \varepsilon_s \rho_s \vec{g} + \nabla p_s$$

以气相为例,动量方程 U 的二维离散化方程推导如下:

$$\frac{\partial}{\partial t}(\varepsilon_g \rho_g \vec{u}_g) + \nabla \cdot (\varepsilon_g \rho_g \vec{u}_g \vec{u}_g) = -\varepsilon_g \nabla p - \beta_{gs}(\vec{u}_g - \vec{u}_s) - \beta_{gl}(\vec{u}_g - \vec{u}_l) + \nabla \cdot (\varepsilon_g \cdot \tau_g) + \varepsilon_g \rho_g \vec{g}$$

其中

$$\tau_g = \begin{bmatrix} \tau_{xx} & \tau_{xy} \\ \tau_{yx} & \tau_{yy} \end{bmatrix} = \begin{bmatrix} 2\dfrac{\partial u}{\partial x} & \dfrac{\partial u}{\partial y} + \dfrac{\partial v}{\partial x} \\ \dfrac{\partial u}{\partial y} + \dfrac{\partial v}{\partial x} & 2\dfrac{\partial v}{\partial y} \end{bmatrix}$$

U 的二维离散化方程推导

$$\frac{\partial}{\partial t}(\varepsilon_g \rho_g u_g) + \frac{\partial}{\partial x}(\varepsilon_g \rho_g u_g u_g) + \frac{\partial}{\partial y}(\varepsilon_g \rho_g v_g u_g) = -\varepsilon_g \frac{\partial p}{\partial x} - \beta_{gs}(u_g - u_s) -$$

$$\beta_{gl}(u_g - u_l) + \frac{\partial}{\partial x}\left(\varepsilon_g \mu \frac{\partial u}{\partial x}\right) + \frac{\partial}{\partial y}\left(\varepsilon_g \mu \frac{\partial u}{\partial y}\right) + \frac{\partial}{\partial x}\left(\varepsilon_g \mu \frac{\partial u}{\partial x}\right) + \frac{\partial}{\partial y}\left(\varepsilon_g \mu \frac{\partial v}{\partial x}\right)$$

整理得

$$\frac{\partial}{\partial t}(\varepsilon_g \rho_g u_g) + \frac{\partial}{\partial x}(\varepsilon_g \rho_g u_g u_g) - \frac{\partial}{\partial x}\left(\varepsilon_g \mu \frac{\partial u}{\partial x}\right) + \frac{\partial}{\partial y}(\varepsilon_g \rho_g v_g u_g) - \frac{\partial}{\partial y}\left(\varepsilon_g \mu \frac{\partial u}{\partial y}\right)$$

$$= -\varepsilon_g \frac{\partial p}{\partial x} - \beta_{gs}(u_g - u_s) - \beta_{gl}(u_g - u_l) + \frac{\partial}{\partial x}\left(\varepsilon_g \mu \frac{\partial u}{\partial x}\right) + \frac{\partial}{\partial y}\left(\varepsilon_g \mu \frac{\partial v}{\partial x}\right) \tag{7-40}$$

在图 7-12 所示的整个控制容积内对方程式(7-40)进行积分,并给出:

$$\frac{(\varepsilon_g \rho_g u_g)_e - (\varepsilon_g^o \rho_g^o u_g^o)_e}{\Delta t} \cdot \Delta x \Delta y + (J_E - J_P) + (J_{n'} - J_{s'}) = \varepsilon_g(p_P - p_E) \cdot \Delta y + b \tag{7-41}$$

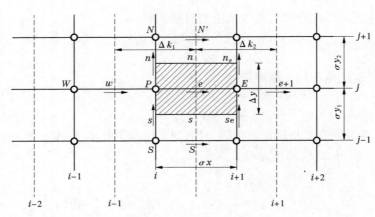

图 7-12　二维问题的 U(次网格)控制容积

其中

$$b = \left[-\beta_{gs}(u_g - u_s) - \beta_{gl}(u_g - u_l) + \frac{\partial}{\partial x}\left(\varepsilon_g \mu \frac{\partial u}{\partial x}\right) + \frac{\partial}{\partial y}\left(\varepsilon_g \mu \frac{\partial v}{\partial x}\right) \right] \cdot \Delta x \Delta y$$

$$J_E = \left[(\varepsilon_g \rho_g u_g u_g)_E - \left(\varepsilon_g \mu \frac{\partial u}{\partial x}\right)_E \right] \cdot \Delta y$$

$$= \left\{ \left[\frac{1}{2}(\varepsilon_g \rho_g u_g)_{e+1} + (\varepsilon_g \rho_g u_g)_e \right] \cdot (u_g)_E - \left[\varepsilon_g \mu \frac{(u_g)_{e+1} - (u_g)_e}{\Delta x_2} \right] \right\} \cdot \Delta y$$

$$= F_E \cdot (u_g)_E - D_E \left[(u_g)_{e+1} - (u_g)_e \right]$$

$$J_P = \left[(\varepsilon_g \rho_g u_g u_g)_P - \left(\varepsilon_g \mu \frac{\partial u}{\partial x}\right)_P \right] \cdot \Delta y$$

$$= \left\{ \frac{1}{2} \left[(\varepsilon_g \rho_g u_g)_e + (\varepsilon_g \rho_g u_g)_w \right] \cdot (u_g)_P - \left[\varepsilon_g \mu \frac{(u_g)_e - (u_g)_w}{\Delta x_1} \right] \right\} \cdot \Delta y$$

$$= F_P \cdot (u_g)_P - D_P[(u_g)_e - (u_g)_w]$$

$$J_{n'} = \left[(\varepsilon_g \rho_g v_g u_g)_{n'} - \left(\varepsilon_g \mu \frac{\partial u}{\partial y} \right)_{n'} \right] \cdot \Delta x$$

$$= \left\{ \frac{1}{2}[(\varepsilon_g \rho_g v_g)_n + (\varepsilon_g \rho_g v_g)_{ne}] \cdot (u_g)_{n'} - \frac{1}{2}\varepsilon_g(\mu_n + \mu_{ne})\frac{(u_g)_{N'} - (u_g)_e}{\Delta y_2} \right\} \cdot \Delta x$$

$$= F_{n'}(u_g)_{n'} - D_{n'}[(u_g)_{N'} - (u_g)_e]$$

$$J_{s'} = \left[(\varepsilon_g \rho_g u_g v_g)_{s'} - \left(\varepsilon_g \mu \frac{\partial u}{\partial y} \right)_{s'} \right] \cdot \Delta x$$

$$= \left\{ \frac{1}{2}[(\varepsilon_g \rho_g v_g)_s + (\varepsilon_g \rho_g v_g)_{se}] \cdot (u_g)_{s'} - \frac{1}{2}\varepsilon_g(\mu_s + \mu_{se})\frac{(u_g)_e - (u_g)_{S'}}{\Delta y_1} \right\} \cdot \Delta x$$

$$= F_{s'} \cdot (u_g)_{s'} - D_{s'}[(u_g)_e - (u_g)_{S'}]$$

通用化的公式

$$J_E = D_E[B_E(u_g)_e - A_E(u_g)_{e+1}]$$
$$= (D_E A(|P_E|) + [|F_E, 0|])(u_g)_e - (D_E A(|P_E|) + [|-F_E, 0|])(u_g)_{e+1} \tag{7-42}$$

$$J_P = D_P[B_P(u_g)_w - A_P(u_g)_e]$$
$$= (D_P A(|P_P|) + [|F_P, 0|])(u_g)_w - (D_P A(|P_P|) + [|-F_P, 0|])(u_g)_e \tag{7-43}$$

$$J_{n'} = D_{n'}[B_{n'}(u_g)_e - A_{n'}(u_g)_{N'}]$$
$$= (D_{n'} A(|P_{n'}|) + [|F_{n'}, 0|])(u_g)_e - (D_{n'} A(|P_{n'}|) + [|-F_{n'}, 0|])(u_g)_{N'} \tag{7-44}$$

$$J_{s'} = D_{s'}[B_{s'}(u_g)_{S'} - A_{s'}(u_g)_e]$$
$$= (D_{s'} A(|P_{s'}|) + [|F_{s'}, 0|])(u_g)_{S'} - (D_{s'} A(|P_{s'}|) + [|-F_{s'}, 0|])(u_g)_e \tag{7-45}$$

将式(7-41)~式(7-44)代入方程(7-40)中得

$$\frac{(\varepsilon_g \rho_g u_g)_e - (\varepsilon_g^o \rho_g^o u_g^o)_e}{\Delta t} \cdot \Delta x \Delta y + (D_E A(|P_E|) + [|F_E, 0|])(u_g)_e - (D_E A(|P_E|) +$$

$$[|-F_E, 0|])(u_g)_{e+1} - (D_P A(|P_P|) + [|F_P, 0|])(u_g)_w + (D_P A(|P_P|) +$$

$$[|-F_P, 0|])(u_g)_e + (D_{n'} A(|P_{n'}|) + [|F_{n'}, 0|])(u_g)_e - (D_{n'} A(|P_{n'}|) +$$

$$[|-F_{n'}, 0|])(u_g)_{N'} - (D_{s'} A(|P_{s'}|) + [|F_{s'}, 0|])(u_g)_{S'} + (D_{s'} A(|P_{s'}|) +$$

$$[|-F_{s'}, 0|])(u_g)_e = \varepsilon_g(p_P - p_E) \cdot \Delta y + b$$

$$(D_E A(|P_E|) + [|F_E, 0|]) + D_P A(|P_P|) + [|-F_P, 0|] + D_{n'} A(|P_{n'}|) + [|F_{n'}, 0|] +$$

$$(D_{s'} A(|P_{s'}|) + [|-F_{s'}, 0|] + \frac{(\varepsilon_g \rho_g)_e}{\Delta t} \cdot \Delta x \Delta y)(u_g)_e = (D_E A(|P_E|) + [|-F_E, 0|])(u_g)_{e+1} +$$

$$(D_P A(|P_P|) + [|F_P, 0|])(u_g)_w + (D_{n'} A(|P_{n'}|) + [|-F_{n'}, 0|])(u_g)_{N'} + (D_{s'} A(|P_{s'}|) + [|$$

$$F_{s'}, 0|] + (u_g)_{S'} + \varepsilon_g(P_P - P_E) \cdot \Delta y + b + \frac{(\varepsilon_g^o \rho_g^o u_g^o)_e}{\Delta t} \cdot \Delta x \Delta y$$

即

$$a_e(u_g)_e = a_{e+1}(u_g)_{e+1} + a_w(u_g)_w + a_{N'}(u_g)_{N'} + a_{S'}(u_g)_{S'} + S_u$$

其中

$$a_{e+1} = D_E A(|P_E|) + [|-F_E, 0|] \qquad a_w = D_P A(|P_P|) + [|F_P, 0|]$$
$$a_{N'} = D_{n'} A(|P_{n'}|) + [|-F_{n'}, 0|] \qquad a_{S'} = D_{s'} A(|P_{s'}|) + [|F_{s'}, 0|]$$

$$a_e = D_E A(|P_E|) + [|F_E, 0|] + D_P A(|P_P|) + [|-F_P, 0|] + D_{n'} A(|P_{n'}|) + [|F_{n'}, 0|] +$$

$$D_{s'} A(|P_{s'}|) + [|-F_{s'}, 0|] + \frac{(\varepsilon_g \rho_g)_e}{\Delta t} \cdot \Delta x \Delta y = a_{e+1} + a_w + a_{N'} + a_{S'} + (F_E - F_P) +$$

$$(F_{n'} - F_{s'}) + \frac{(\varepsilon_g \rho_g)_e}{\Delta t} \cdot \Delta x \Delta y$$

$$S_u = \varepsilon_g (p_P - p_E) \cdot \Delta y + b + \frac{(\varepsilon_g^o \rho_g^o u_g^o)_e}{\Delta t} \cdot \Delta x \Delta y$$

$$b = \left[-\beta_{gs}(u_g - u_s) - \beta_{gl}(u_g - u_l) + \frac{\partial}{\partial x}\left(\varepsilon_g \mu \frac{\partial u}{\partial x}\right) + \frac{\partial}{\partial y}\left(\varepsilon_g \mu \frac{\partial v}{\partial x}\right) \right] \cdot \Delta x \Delta y$$

式中, $(u_g)_e$ 对应于 $(u_g)_{i,j}$; $(u_g)_{e+1}$ 对应于 $(u_g)_{i+1,j}$; $(u_g)_w$ 对应于 $(u_g)_{i-1,j}$; $(u_g)_N$ 对应于 $(u_g)_{i,j+1}$; $(u_g)_{S'}$ 对应于 $(u_g)_{i,j-1}$。

V 的二维离散化方程推导:

$$\frac{\partial}{\partial t}(\varepsilon_g \rho_g v_g) + \frac{\partial}{\partial x}(\varepsilon_g \rho_g v_g v_g) + \frac{\partial}{\partial y}(\varepsilon_g \rho_g u_g v_g) = -\varepsilon_g \frac{\partial p}{\partial y} - \beta_{gs}(v_g - v_s) - \beta_{gl}(v_g - v_l) + \frac{\partial}{\partial x}\left(\varepsilon_g \mu \frac{\partial v}{\partial y}\right) +$$

$$\frac{\partial}{\partial y}\left(\varepsilon_g \mu \frac{\partial v}{\partial y}\right) + \frac{\partial}{\partial x}\left(\varepsilon_g \mu \frac{\partial u}{\partial y}\right) + \frac{\partial}{\partial y}\left(\varepsilon_g \mu \frac{\partial v}{\partial y}\right) + \varepsilon_g \rho_g g$$

整理得

$$\frac{\partial}{\partial t}(\varepsilon_g \rho_g v_g) + \frac{\partial}{\partial x}(\varepsilon_g \rho_g v_g v_g) - \frac{\partial}{\partial x}\left(\varepsilon_g \mu \frac{\partial v}{\partial y}\right) + \frac{\partial}{\partial y}(\varepsilon_g \rho_g u_g v_g) - \frac{\partial}{\partial y}\left(\varepsilon_g \mu \frac{\partial v}{\partial y}\right)$$

$$= -\varepsilon_g \frac{\partial p}{\partial y} - \beta_{gs}(v_g - v_s) - \beta_{gl}(v_g - v_l) + \frac{\partial}{\partial x}\left(\varepsilon_g \mu \frac{\partial u}{\partial y}\right) + \frac{\partial}{\partial y}\left(\varepsilon_g \mu \frac{\partial v}{\partial y}\right) + \varepsilon_g \rho_g g \qquad (7\text{-}46)$$

在图 7-13 所示的整个控制容积内对方程(7-46)进行积分,并给出:

$$\frac{(\varepsilon_g \rho_g v_g)_n - (\varepsilon_g^o \rho_g^o v_g^o)_n}{\Delta t} \cdot \Delta x \Delta y + (J_N - J_P) + (J_{e'} - J_{w'}) = \varepsilon_g (p_P - p_N) \cdot \Delta x + b \qquad (7\text{-}47)$$

其中

$$b = \left[-\beta_{gs}(v_g - v_s) - \beta_{gl}(v_g - v_l) + \frac{\partial}{\partial x}\left(\varepsilon_g \mu \frac{\partial u}{\partial y}\right) + \frac{\partial}{\partial y}\left(\varepsilon_g \mu \frac{\partial v}{\partial y}\right) + \varepsilon_g \rho_g g \right] \cdot \Delta x \Delta y$$

$$J_N = \left[(\varepsilon_g \rho_g v_g v_g)_N - \left(\varepsilon_g \mu \frac{\partial v}{\partial y_N}\right) \right] \cdot \Delta x$$

$$= \left\{ \frac{1}{2}\left[(\varepsilon_g \rho_g v_g)_{n+1} + (\varepsilon_g \rho_g v_g)_n \right] \cdot (v_g)_N - \left[\varepsilon_g \mu \frac{(v_g)_{n+1} - (v_g)_n}{\Delta y_2} \right] \right\} \cdot \Delta x$$

$$= F_N \cdot (v_g)_N - D_N [(v_g)_{n+1} - (v_g)_n]$$

$$J_P = \left[(\varepsilon_g \rho_g v_g v_g)_P - \left(\varepsilon_g \mu \frac{\partial v}{\partial y}\right)_P \right] \cdot \Delta x$$

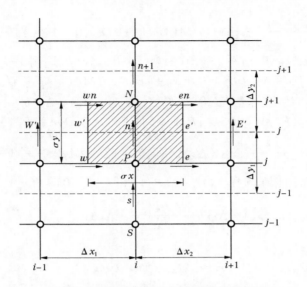

图 7-13　二维问题的 V(次网格)控制容积

$$= \left\{ \frac{1}{2} \left[(\varepsilon_g \rho_g v_g)_s + (\varepsilon_g \rho_g v_g)_n \right] \cdot (v_g)_P - \left[\varepsilon_g \mu \frac{(v_g)_n - (v_g)_n}{\Delta y_1} \right] \right\} \cdot \Delta x$$

$$= F_P \cdot (v_g)_P - D_P \left[(v_g)_n - (v_g)_s \right]$$

$$J_{e'} = \left[(\varepsilon_g \rho_g v_g u_g)_{e'} - \left(\varepsilon_g \mu \frac{\partial v}{\partial x} \right)_{e'} \right] \cdot \Delta y$$

$$= \left[\frac{1}{2} \left[(\varepsilon_g \rho_g u_g)_{en} + (\varepsilon_g \rho_g v_g)_e \right] \cdot (v_g)_{e'} - \frac{1}{2} \varepsilon_g (\mu_{en} + \mu_e) \frac{(v_g)_{E'} - (v_g)_n}{\Delta x_2} \right] \cdot \Delta y$$

$$= F_{e'} \cdot (v_g)_{e'} - D_{e'} \left[(v_g)_{E'} - (v_g)_n \right]$$

$$J_{w'} = \left[(\varepsilon_g \rho_g u_g v_g)_{w'} - \left(\varepsilon_g \mu \frac{\partial v}{\partial x} \right)_{w'} \right] \cdot \Delta y$$

$$= \left[\frac{1}{2} \left[(\varepsilon_g \rho_g u_g)_{wn} + (\varepsilon_g \rho_g u_g)_w \right] \cdot (v_g)_{w'} - \frac{1}{2} \varepsilon_g (\mu_{wn} + \mu_w) \frac{(v_g)_n - (v_g)_{W'}}{\Delta x_1} \right] \cdot \Delta y$$

$$= F_{w'} (v_g)_{w'} \cdot - D_{w'} \left[(v_g)_n - (v_g)_{w'} \right]$$

通用化的公式

$$J_N = D_N \left[B_N (v_g)_n - A_N (v_g)_{n+1} \right]$$

$$= \left(D_N A(|P_N|) + [|F_N, 0|] \right) (v_g)_n - \left(D_N A(|P_N|) + [|-F_N, 0|] \right) (v_g)_{n+1} \qquad (7\text{-}48)$$

$$J_P = D_P \left[B_P (v_g)_s - A_P (v_g)_n \right]$$

$$= \left(D_P A(|P_P|) + [|F_P, 0|] \right) (v_g)_s - \left(D_P A(|P_P|) + [|-F_P, 0|] \right) (v_g)_n \qquad (7\text{-}49)$$

$$J_{e'} = D_{e'} \left[B_{e'} (v_g)_n - A_{n'} (v_g)_{E'} \right]$$

$$= \left(D_{e'} A(|P_{e'}|) + [|F_{e'}, 0|] \right) (v_g)_n - \left(D_{e'} A(|P_{e'}|) + [|-F_{e'}, 0|] \right) (v_g)_{E'} \qquad (7\text{-}50)$$

$$J_{w'} = D_{w'} \left[B_{w'} (v_g)_{w'} - A_{w'} (v_g)_n \right]$$

$$= \left(D_{w'} A(|P_{w'}|) + [|F_{w'}, 0|] \right) (v_g)_{w'} - \left(D_{w'} A(|P_{w'}|) + [|-F_{w'}, 0|] \right) (v_g)_n \qquad (7\text{-}51)$$

将式(7-48)~式(7-51)代入方程(7-47)中得

$$\frac{(\varepsilon_g \rho_g u_g)_n - (\varepsilon_g^o \rho_g^o u_g^o)_n}{\Delta t} \cdot \Delta x \Delta y + (D_N A(|P_N|) + [|F_N, 0|])(v_g)_n - (D_N A(|P_N|) + [|-F_N, 0|])(v_g)_{n+1} - (D_P A(|P_P|) + [|F_P, 0|])(v_g)_s + (D_P A(|P_P|) + [|-F_P, 0|])(v_g)_n + (D_{e'} A(|P_{e'}|) + [|F_{e'}, 0|])(v_g)_n - (D_{e'} A(|P_{e'}|) + [|-F_{e'}, 0|])(v_g)_{E'} - (D_{w'} A(|P_{w'}|) + [|F_{w'}, 0|])(v_g)_{w'} + (D_{w'} A(|P_{w'}|) + [|-F_{w'}, 0|])(v_g)_n = \varepsilon_g (p_P - p_N) \cdot \Delta x + b$$

$$(D_N A(|P_N|) + [|F_N, 0|] + D_P A(|P_P|) + [|-F_P, 0|] + D_{e'} A(|P_{e'}|) + [|F_{e'}, 0|] + D_{w'} A(|P_{w'}|) + [|-F_{w'}, 0|] + \frac{(\varepsilon_g \rho_g)_n}{\Delta t} \cdot (\Delta x \Delta y))(v_g)_n = (D_N A(|P_N|) + [|-F_N, 0|])(v_g)_{n+1} + (D_P A(|P_P|) + [|F_P, 0|])(v_g)_s + (D_{e'} A(|P_{e'}|) + [|-F_{e'}, 0|])(v_g)_{E'} + (D_{w'} A(|P_{w'}|) + [|F_{w'}, 0|])(v_g)_{W'} + \varepsilon_g (p_P - p_N) \cdot \Delta x + b + \frac{(\varepsilon_g^o \rho_g^o u_g^o)_n}{\Delta t} \cdot \Delta x \Delta y$$

即

$$a_n (v_g)_n = a_{n+1} (v_g)_{n+1} + a_s (v_g)_s + a_{E'} (v_g)_{E'} + a_{W'} (v_g)_{W'} + S_v$$

其中

$$a_{n+1} = D_N A(|P_N|) + [|-F_N, 0|] \quad a_s = D_P A(|P_P|) + [|F_P, 0|]$$

$$a_{W'} = D_{w'} A(|P_{w'}|) + [|F_{w'}, 0|] \quad a_{E'} = D_{e'} A(|P_{e'}|) + [|-F_{e'}, 0|]$$

$$a_n = D_N A(|P_N|) + [|F_N, 0|] + D_P A(|P_P|) + [|-F_P, 0|] + D_{e'} A(|P_{e'}|) + [|F_{e'}, 0|] +$$

$$D_{w'} A(|P_{w'}|) + [|-F_{w'}, 0|] + \frac{(\varepsilon_g \rho_g)_n}{\Delta t} \cdot \Delta x \Delta y = a_{n+1} + a_s + a_{E'} + a_{W'} + (F_N - F_P) + (F_{e'} - F_{w'}) +$$

$$\frac{(\varepsilon_g \rho_g)_n}{\Delta t} \cdot \Delta x \Delta y$$

$$S_v = \varepsilon_g (p_P - p_N) \cdot \Delta x + b + \frac{(\varepsilon_g^o \rho_g^o u_g^o)_n}{\Delta t} \cdot \Delta x \Delta y$$

$$b = \left[-\beta_{gs}(v_g - v_s) - \beta_{gl}(v_g - v_l) + \frac{\partial}{\partial x}\left(\varepsilon_g \mu \frac{\partial u}{\partial y}\right) + \frac{\partial}{\partial y}\left(\varepsilon_g \mu \frac{\partial v}{\partial y}\right) + \varepsilon_g \rho_g g \right] \cdot \Delta x \Delta y$$

式中,$(v_g)_n$ 对应于 $(v_g)_{i,j}$;$(v_g)_{n+1}$ 对应于 $(v_g)_{i,j+1}$;$(v_g)_s$ 对应于 $(v_g)_{i,j-1}$;$(v_g)_{E'}$ 对应于 $(v_g)_{i+1,j}$;$(v_g)_{W'}$ 对应于 $(v_g)_{i-1,j}$。

同理可得液相和颗粒相的离散化方程,同时注意颗粒相 b 项增加了一项 ∇p_s。

液相 U 的离散化方程为

$$a_e (u_l)_e = a_{e+1} (u_l)_{e+1} + a_w (u_l)_w + a_{N'} (u_l)_{N'} + a_{S'} (u_l)_{S'} + S_u$$

$$S_u = \varepsilon_l (p_P - p_E) \cdot \Delta y + b + \frac{(\varepsilon_l^o \rho_l^o u_l^o)_e}{\Delta t} \cdot \Delta x \Delta y$$

$$b = \left[-\beta_{ls}(u_l - u_s) - \beta_{gl}(u_l - u_g) + \frac{\partial}{\partial x}\left(\varepsilon_l \mu \frac{\partial u}{\partial x}\right) + \frac{\partial}{\partial y}\left(\varepsilon_l \mu \frac{\partial v}{\partial x}\right) \right] \cdot \Delta x \Delta y$$

液相 V 的离散化方程为

$$a_n (v_l)_n = a_{n+1} (v_l)_{n+1} + a_s (v_l)_s + a_{E'} (v_l)_{E'} + a_{W'} (v_l)_{W'} + S_v$$

$$S_v = \varepsilon_l (p_P - p_N) \cdot \Delta x + b + \frac{(\varepsilon_l^o \rho_l^o u_l^o)_n}{\Delta t} \cdot \Delta x \Delta y$$

$$b = \left[-\beta_{ls}(v_l - v_s) - \beta_{gl}(v_l - v_g) + \frac{\partial}{\partial x}\left(\varepsilon_l \mu \frac{\partial u}{\partial y}\right) + \frac{\partial}{\partial y}\left(\varepsilon_l \mu \frac{\partial v}{\partial y}\right) + \varepsilon_l \rho_l g \right] \cdot \Delta x \Delta y$$

颗粒相 U 的离散化方程为

$$a_e (u_s)_e = a_{e+1}(u_s)_{e+1} + a_w (u_s)_w + a_{N'}(u_s)_{N'} + a_{S'}(u_s)_{S'} + S_u$$

$$S_u = \varepsilon_s(p_P - p_E) \cdot \Delta y + b + \frac{(\varepsilon_s^o \rho_s^o u_s^o)_e}{\Delta t} \cdot \Delta x \Delta y$$

$$b = \left[-\beta_{ls}(u_s - u_l) - \beta_{gs}(u_s - u_g) + \frac{\partial}{\partial x}\left(\varepsilon_s \mu \frac{\partial u}{\partial x}\right) + \frac{\partial}{\partial y}\left(\varepsilon_s \mu \frac{\partial v}{\partial x}\right) + \frac{\partial p_s}{\partial x} \right] \cdot \Delta x \Delta y$$

颗粒相 V 的离散化方程为

$$a_n (v_s)_n = a_{n+1}(v_s)_{n+1} + a_s (v_s)_s + a_{E'}(v_s)_{E'} + a_{W'}(v_s)_{W'} + S_v$$

$$S_v = \varepsilon_s(p_P - p_N) \cdot \Delta x + b + \frac{(\varepsilon_s^o \rho_s^o u_s^o)_n}{\Delta t} \cdot \Delta x \Delta y$$

$$b = \left[-\beta_{ls}(v_s - v_l) - \beta_{gs}(v_s - v_g) + \frac{\partial}{\partial x}\left(\varepsilon_s \mu \frac{\partial u}{\partial y}\right) + \frac{\partial}{\partial y}\left(\varepsilon_s \mu \frac{\partial v}{\partial y}\right) + \varepsilon_s \rho_s g + \frac{\partial p_s}{\partial y} \right] \cdot \Delta x \Delta y$$

③水-沙-气三相流的压力修正方程。

由①可知,欧拉坐标系下流体相(或颗粒相)连续方程为

$$\frac{\partial}{\partial t}(\varepsilon_k \rho_k) + \nabla \cdot (\varepsilon_k \rho_k \vec{u}_k) = 0 \tag{7-52}$$

将连续方程(7-52)在图 7-12 所示的控制体积 A 内积分,可得

$$\frac{\Delta x \Delta y}{\Delta t}\left[(\varepsilon_k \rho_k)_P - (\varepsilon_k \rho_k)_P^o\right] + \left[(\varepsilon_k \rho_k u_k)_e - (\varepsilon_k \rho_k u_k)_w\right]\Delta y + \left[(\varepsilon_k \rho_k v_k)_n - (\varepsilon_k \rho_k v_k)_s\right]\Delta x = 0$$

$$\tag{7-53}$$

速度校正公式

$$(u_k)_e = (u_k^*)_e + d_e\left[(p')_P - (p')_E\right], (u_k)_w = (u_k^*)_w + d_w\left[(p')_W - (p')_P\right]$$

$$\tag{7-54}$$

$$(v_k)_n = (v_k^*)_n + d_n\left[(p')_P - (p')_N\right], (v_k)_s = (v_k^*)_s + d_s\left[(p')_S - (p')_P\right]$$

$$\tag{7-55}$$

式中

$$(d_k)_e = \frac{(A_k)_e}{(a_k)_e^u} = \frac{\Delta y}{(a_k)_e^u}, (d_k)_w = \frac{(A_k)_w}{(a_k)_w^u} = \frac{\Delta y}{(a_k)_w^u} \tag{7-56}$$

$$(d_k)_n = \frac{(A_k)_n}{(a_k)_n^v} = \frac{\Delta x}{(a_k)_n^v}, (d_k)_s = \frac{(A_k)_s}{(a_k)_s^v} = \frac{\Delta x}{(a_k)_s} \tag{7-57}$$

式中:u_k^* 和 v_k^* 为速度场的猜测值;p' 为压力校正值。

式(7-54)和式(7-55)表明,如果求出压力校正值 p',便可以对猜测的速度场做出相应的速度校正,得出正确的速度场。至此,求解动量方程的问题归结为如何求解压力校正值的问题。

将各速度分量的速度校正公式(7-55)和式(7-56)代入式(7-53)中,经过整理可得出

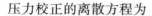

压力校正的离散方程为

$$(a_k)_P (p')_P = (a_k)_E (p')_E + (a_k)_W (p')_W + (a_k)_N (p')_N + (a_k)_S (p')_S + b_k$$

$$(7-58)$$

其中

$$(a_k)_E = (\varepsilon_k \rho_k d_k)_e \Delta y$$

$$(a_k)_W = (\varepsilon_k \rho_k d_k)_w \Delta y$$

$$(a_k)_N = (\varepsilon_k \rho_k d_k)_n \Delta x$$

$$(a_k)_S = (\varepsilon_k \rho_k d_k)_s \Delta x$$

$$(a_k)_P = (a_k)_E + (a_k)_W + (a_k)_N + (a_k)_S$$

$$b = \frac{\Delta x \Delta y}{\Delta t} [(\varepsilon_k \rho_k)_P^o - (\varepsilon_k \rho_k)_P] + [(\varepsilon_k \rho_k u_k^*)_w - (\varepsilon_k \rho_k u_k^*)_e] \Delta y +$$

$$[(\varepsilon_k \rho_k v_k^*)_s - (\varepsilon_k \rho_k v_k^*)_n] \Delta x$$

式中：下标 k 表示流体种类，$k = g$ 表示气相，$k = l$ 表示液相，$k = s$ 表示颗粒相。

(2)二维流渗流两相流模拟。

基于上述理论和计算格式，构建的欧拉-欧拉双流体力学两相流渗流输沙模型程序，包括气渗流和水渗流。同时，为了校验所构建的模型，对一气渗流输沙过程进行了模拟，求得流体(气相)速度场、固相体积分率随时间和空间的变化规律，数值模拟所得结果与文献试验结果比对相一致。

基于此室内试验模拟的基础，率定一些模型参数，为预测水库渗流输沙所形成的流场、泥沙淤积形态等问题做准备。

①实验模型。

本节以 Gidaspow 和 Ding 的试验和模拟结果作为参考对象，在一带有中心射流的 0.40 m×0.60 m 二维物料(砂)输送模型(见图 7-14)中，射流喷口处宽度为 0.012 7 m，初始物料床层高度(即物料高度)为 300 mm，模拟所用固体物料为 Ottawa 砂子，流体介质选择空气，数值模拟计算所需参数见表 7-6。

相应的边界条件：边壁两侧为无滑移边界条件，出口与大气连通，且仅允许气体通过，故边界条件为大气压强 101 325 Pa，对于固相出口边界条件仍为无滑移边界条件，初始条件：入口处固相体积分数为 0，射流气体流速分别为 4.5 m/s(固体物料 A)、6.14 m/s(固体物料 B)，初始床层空隙率分别为 0.45(固体物料 A)、0.402(固体物料 B)，床内气固两相速度均为 0。

②计算结果及分析。

图 7-15 是对固体物料(砂)A 模拟时气相速度场的矢量图，由于中心喷口初始气体射流速度较大，因此在床内会出现剪切层。当 $t = 0.1$ s 时，启动时间较短，流场内没有出现明显的漩涡，仅在射流区内气体速度方向发生了一定的偏转；随着时间的增长，当 $t = 0.3$ s 时，在中心射流区和靠近边壁处气相速度场出现了涡旋，说明此时床内剪切层不稳定性提高，气体对其周围的固体颗粒产生顶升和卷吸的作用；随着时间的进一步增长，射流崩塌。

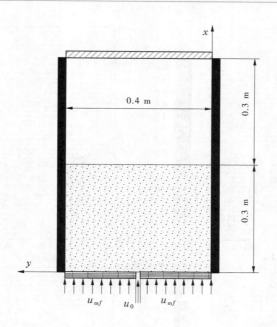

—无滑移边界;▦—流体速度入口,对于固相为无滑移边界;

▨—自由出流边界,对于固相为无滑移边界

图 7-14　两相流渗流输沙试验装置模型

表 7-6　数值模拟计算所需参数

项目	固体物料 A	固体物料 B
固体颗粒直径 d_s(mm)	0.63	0.503
固相颗粒密度 ρ_s(kg/m^3)	2 660	2 610
固体颗粒相剪切黏度 μ_s(Pa·s)	0.724	0.724
固相颗粒球形度 ϕ_s	1	1
最小流态化空隙率 ε_{mf}	0.44	0.402
最小流态化速度 u_{mf}(m/s)	0.416	0.282
气体相剪切黏度 μ_g(Pa·s)	2.0×10^{-5}	2.0×10^{-5}
稀相段初始压力(Pa)	101 325	101 325
时间步长(s)	2.0×10^{-4}	2.0×10^{-4}

图 7-16 给出了所参考试验的模拟结果,根据模拟的结果可以发现气相漩涡的出现与试验中固体颗粒的运动方向一致,同射流区与乳化相之间可能存在气相循环的结果相一致,说明本书所构建的模型模拟结果也与其试验结果相符合。

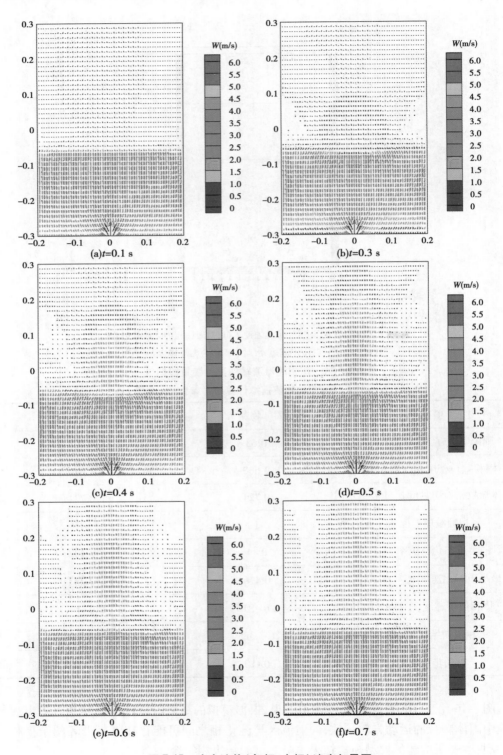

图 7-15　床内流体(气相、水相)速度矢量图

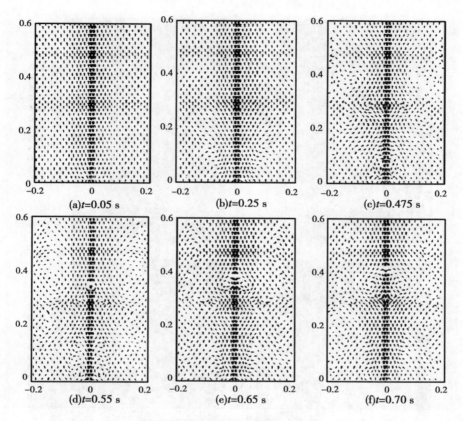

图 7-16　参照试验气相速度矢量图

图 7-17 给出了射流装置内固相颗粒循环方式,射流气体将固体颗粒带入射流区,在气体的夹带下固体颗粒运动方向发生变化,向两侧偏移完成循环。图 7-18 是模拟固体物料 B 时床内固相(砂)体积分数($\varepsilon_s<1$)等值线云图,随着时间的推移,床层表面破裂并逐渐被抬高,到一定程度后不再发生变化,且床内呈不均匀流动,当启动时间较短,($t=0.05s$)时,在远离射流区域的地方,床内基本保持其初始的空隙率。随着时间的推移,固体颗粒在中心和壁面附近有所下降,这是因为此处气泡上升要将固体颗粒顶开,同时又从下部带上部分粒子,而这些颗粒又会沉降下落,从而形成了颗粒在流化床中的浓度分布特征。与实验模拟结果相一致,表明实验室所构建的欧拉-欧拉双流体的计算模型和数值方法具有一定的可靠性。

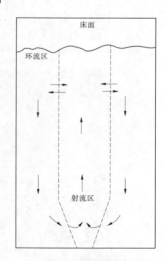

图 7-17　射流渗流输沙固相颗粒循环方式

4)非常排沙底孔工程应用

以泾河东庄水利枢纽工程泄水建筑物设计为例,介绍在坝身设置非常排沙底孔的设计技术和作用。

东庄水库来水含沙量高,来沙量大,实测年平均含沙量高达 140 kg/m³,7 月、8 月平均

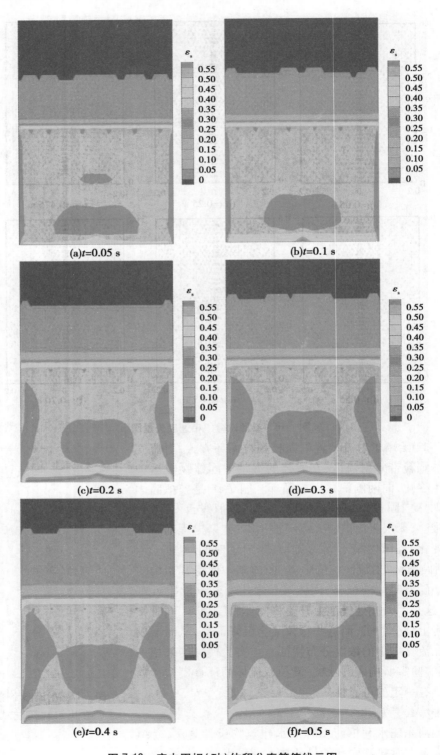

图 7-18　床内固相(砂)体积分率等值线云图

含沙量分别达到了 310 kg/m³ 和 298 kg/m³,水库泥沙问题异常复杂,库容保持任务十分艰巨,当属世界之最。考虑东庄水库泥沙问题的特殊性和复杂性,在水库坝身设置 4 个泄洪排沙深孔,进口底板高程 708 m,泄流规模为 3 300 m³/s(相当于 5 年一遇洪水洪峰流量);在泄洪排沙深孔下部两侧设置 2 个非常排沙底孔,进口高程 693 m,比泄洪排沙深孔进口高程低 15 m,泄流规模为 1 000 m³/s,在入库大流量条件下快速降低库水位至死水位756 m 以下,最低运用水位为 715 m。冲刷恢复并长期保持水库有效库容,实现水库拦沙库容的重复利用,确保工程安全和综合效益发挥。枢纽工程立面布置见图 7-19。

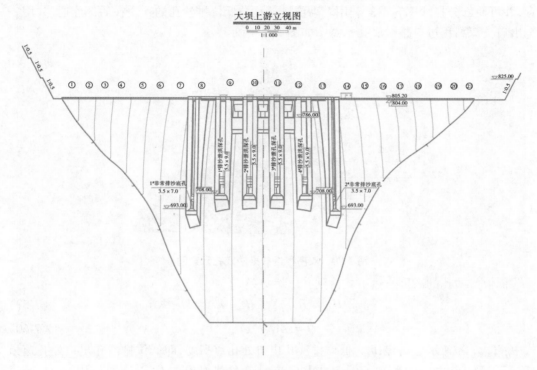

图 7-19 东庄水利枢纽工程立面布置

东庄水库泄洪排沙深孔进口高程为 708 m,比原始河床 587 m 高出 121 m。只有当坝前淤积面高程达到一定高度后,才具备排沙出库的条件。泄洪排沙深孔进口高程为 708 m,具备排沙出库条件为水库运用第 8 年;非常排沙底孔进口高程为 693 m,比泄洪排沙深孔低 15 m,水库运用第 5 年即可排沙,可提前排沙 3 年,延长水库拦沙库容使用年限 3 年。进入正常运用期后,库区泥沙淤积将处于"高滩深槽"和"高滩高槽"之间的动态平衡状态,槽库容经常被泥沙淤积,设置非常排沙底孔,在泄洪排沙底孔敞泄排沙的基础上,水库遇合适的大流量水流条件,提前 1 d 开启非常排沙底孔,进一步降低库水位至死水位以下泄流排沙,快速恢复了水库槽库容。正常运用期 50 年内,可累计恢复拦沙库容 4.45亿 m³,渭河下游河道多减淤 0.48 亿 t 泥沙,充分发挥了水库的防洪减淤效益。根据工程投资,增设非常排沙底孔投资仅增加 1.20 亿元,其恢复单方库容的投资仅 0.26 元,其投资在所有的工程措施中是最为低廉的。此外,设置非常排沙底孔,还存在以下有益之处:

(1)实现拦沙库容的恢复,增大正常运用期水库库容,提高水库的调节能力,尤其是水库汛期的调节能力；

（2）正常运用期水库库容的增大，降低了坝前水体和出库水流含沙量，提高了供水质量。

2.双高程进口排沙底孔

双高程进口排沙底孔包括高位排沙孔和低位排沙孔。汛前利用高位排沙孔降低坝前淤积面高程，汛期利用低位排沙孔有效冲刷库区，快速降低坝前淤积高程，增大水库有效库容；若遇丰水年份，打开低位排沙孔，可增加水库低水位的排沙能力，恢复淤积的槽库容，并可使部分拦沙库容重复利用。高位排沙孔与低位排沙孔的孔道在后部连通，共用一个出口。双高程进口排沙底孔示意图如图7-20所示。

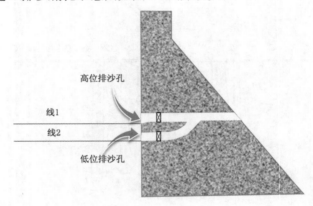

图7-20 双高程进口排沙底孔示意图

低位排沙孔的高程通过下式得到

$$H_{低} = H_{死水位} - H_z - h/2 \tag{7-59}$$

$$Q = \mu A_k \sqrt{2gH_z} \tag{7-60}$$

式中：$H_{死水位}$为死水位高程；h为低位排沙孔出口处孔道高度，即低位排沙孔出口处孔道最高点到最低点之间的距离；H_z为自由出流时低位排沙孔口中心处的作用水头，通过式（7-60）得到；μ为流量系数，取0.82~0.88；g为重力加速度，取9.8 N/kg；Q为泄流能力，对于普通河流来说，泄流能力为普通河流2~3年一遇的洪峰流量，对于多沙河流来说，泄流能力为多沙河流3~5年一遇的洪峰流量；A_k为低位排沙孔出口处孔道横截面的面积，低位排沙孔出口处孔道横截面为圆形、长方形或正方形，当低位排沙孔出口处横截面为圆形时，圆形的半径宜选取2.5~3 m，当低位排沙孔出口处孔道横截面为正方形时，正方形的边长宜选取4~6 m，当低位排沙孔出口处孔道横截面为长方形时，长方形的高度宜选取4~6 m，宽度宜选取4~6 m。

高位排沙孔的高程通过式（7-61）得到

$$H_{高} = H_{低} + H_{允许} + H_{冲刷} \tag{7-61}$$

式中：$H_{低}$为低位排沙孔的高程；$H_{允许}$为孔前允许淤沙高度；$H_{冲刷}$为孔前冲刷深度。

高位排沙孔和低位排沙孔布置在坝身同一个坝段，位于坝体中部，能够最大效率地排出库区泥沙。低位排沙孔和高位排沙孔的孔道平行，低位排沙孔位于高位排沙孔的正下方,可充分发挥高位排沙孔对低位排沙孔的保护作用。两排沙孔的孔道在后部连通,共用一个出口。孔道汇合位置为所述低位排沙孔所处坝体宽度的 1/3~1/2 处。

以泾河东庄水利枢纽工程坝身设置双高程进口排沙底孔为例说明设计技术方法。

1)计算低位排沙孔高程

根据式(7-60)求得 H_z,其中 μ 为流量系数,取 0.78;A_k 为低位排沙出口处孔道横截面面积,取 143 m²(低位排沙孔出口处孔道横截面为矩形,所述矩形的宽度为 5.5 m、高度为 6.5 m,设置孔数为 4 孔);Q 为该多沙河流 5 年一遇的洪峰流量,为 3 300 m³/s;得到自由出流时低位排沙孔口中心处的作用水头 H_z 为 44.75 m。

根据式(7-59)求得低位排沙孔高程;其中 $H_{死水位}$ 为 756 m;h 为低位排沙孔出口处孔道高度,即低位排沙孔出口处矩形横截面的高度为 6.5 m,得到低位排沙孔高程为 708 m。

2)计算高位排沙孔高程

排沙孔前允许淤沙高度为 15 m,高位排沙孔前冲刷深度为 3 m,低位排沙孔高程为 708 m,由式(7-61)得到高位排沙孔高程为 726 m。

3)双高程进口排沙底孔布置

高位排沙孔和低位排沙孔处于同一个坝段,位于坝体中部;两排沙孔孔道平行,低位排沙孔位于高位排沙孔的正下方;两排沙孔横截面相同。高位排沙孔与低位排沙孔的孔道在低位排沙孔进口处后部 45 m 连通,共用一个出口,在出口处优选布置一套工作门。

在坝身上设置双排排沙孔,能够有效地降低淤沙淤堵的高度。如果只有一排高位排沙孔,坝前泥沙淤积形态如图 7-20 中的线 1 所示;增设一排低位排沙孔后,坝前泥沙淤积形态如图 7-20 中的线 2 所示,设置双高程进口排沙底孔,提高了水库排沙效果,有效降低了坝前泥沙淤积厚度;遇丰水年份,打开低位排沙孔,可增加水库低水位的排沙能力,恢复淤积的槽库容,并可使部分拦沙库容重复利用。

7.4.2.2　水库群联合调度

多沙河流水库运用过程中,为了塑造下游河道协调的水沙关系,对入库泥沙进行调控时,造成短期淤积部位靠上。在洪水到来前遇合适的水沙条件,通过水库群联合调度,相机降低水库运用水位(低于死水位),利用上库泄放的持续大流量过程冲刷下库库区淤沙,改变库区不利的淤积形态,增强水库排沙效果,恢复水库拦沙库容,做到"侵而不占",实现"死"库容复活,增强水库运用的灵活性和调控水沙的能力,对水库调度实行泥沙多年调节意义重大。

小浪底水库运用以来的实践表明,当小浪底水库库区淤积面达到一定的高程,可根据来水来沙条件,相机降低小浪底库水位,利用三门峡水库泄放的持续大流量过程冲刷小浪底水库库区尾部段,可实现恢复小浪底有效库容的目标。小浪底水库比降较大,距坝约 67 km 以上为峡谷河段,河谷宽度仅 200~400 m,以下除八里胡同峡谷外河谷均较为开阔,这种特殊的库形决定了板涧河口以上峡谷段,在水库拦沙期即便发生淤积也不可能形成滩地,为今后水库长期运用中利用调水调沙使淤积物发生冲刷、库容恢复创造了有利的库形条件。

2003 年小浪底蓄水位较高,同时由于受 2003 年秋汛洪水的影响,上游洪水挟带大量泥沙淤积在小浪底库区。2003 年 5 月至 2004 年 5 月,库区距坝 50~110 km 的库段内发生大量淤积,在距坝 71 km 处,淤积厚度达 42 m,淤积三角洲顶点较 2003 年 5 月上移 22 km,顶点高程 250 m 以上。2004 年汛前黄河进行了第三次调水调沙试验,通过联合调度万家寨、三门峡、小浪底水库蓄水,在万家寨、三门峡联调形成"人造洪峰"的作用下,小浪底水库库区淤积三角洲冲刷泥沙达 1.329 亿 m³,该库段河底高程平均下降 15 m 左右,库区淤积部位得到了合理调整。至 2005 年 4 月,小浪底库尾淤积三角洲发生了明显的变化,三角洲顶部平均下降 20 m,淤积三角洲顶点向下游移动了 30 km 多,见图 7-21。

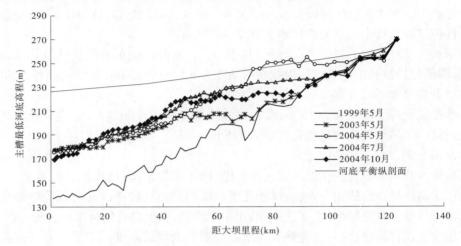

图 7-21　小浪底库区淤积纵剖面图

由此说明,在水库拦沙初期乃至拦沙后期的运用过程中,为了塑造下游河道协调的水沙关系,对入库泥沙进行调控时,造成短期淤积部位靠上,在洪水到来前可伺机降低小浪底水库运行水位,凭借该库段优越的库形条件,使水流冲刷前期淤积物,恢复有效库容,使一部分长期有效库容可以重复用于调水调沙,做到"侵而不占",增强了小浪底水库运用的灵活性和调控水沙的能力。

7.4.3　超高含沙河流水库非常排沙方式和拦沙库容再生利用效果

在死水位以下设置低位非常排沙孔洞,创造坝前临时泥沙侵蚀基准面实现拦沙库容再生利用,通过"相机泄空,实时回蓄"的非常规排沙调度方式,可实现拦沙库容恢复 20% 以上,使死库容复活并永续利用,破解了水库泄空冲刷与后期用水之间难以协调的矛盾,为因泥沙淤积而失去部分功能的水库焕发青春提供了新技术。以泾河东庄水利枢纽工程为例,研究了超高含沙河流水库非常排沙孔调度方式,论证了拦沙库容再生利用效果。

7.4.3.1　工程总布置

泾河东庄水利枢纽为大(1)型 I 等工程,采用双曲拱坝为代表坝型,推荐坝身排沙泄洪、左岸地下厂房布置为工程总布置方案。主要建筑物包括:1 座混凝土双曲拱坝;结合坝身布置的 3 个溢流表孔、4 个排沙泄洪深孔和 2 个非常排沙底孔及其配套设置的坝下消能防冲水垫塘和二道坝;1 座库区左岸坝前布置的供水取水口和 1 条发电引水洞、1 条排沙洞;1 座安装 2 大 2 小共 4 台机组、装机规模 110 MW 的地下厂房发电系统;1 套结合坝基和库区左右岸碳酸盐岩库段防渗的灌浆帷幕系统。

混凝土双曲拱坝最大坝高 230 m,坝顶高程 804 m,坝顶长度 456.41 m,坝顶宽度 12.0 m。3 个溢流表孔布置在河床坝身中部,堰顶高程 786 m,单孔净宽 11 m;4 条排沙泄洪深孔布置在表孔的中、边闸墩下部,进口高程 708 m,单孔孔身尺寸选用 5.5 m×9.0 m(宽×高);2 条非常排沙底孔布置在排沙泄洪深孔两侧下部,进口高程 693 m,孔身尺寸为 3.5 m×7.0 m(宽×高);坝下消能防冲水垫塘底板高程 580 m,底部宽度 40 m,长度 335 m,末端二道坝坝顶高程 618 m;左岸供水取水口布置在左岸坝前约 80 m 位置,取水口高程 745 m,设计引水流量 6.11 m³/s;左岸发电引水进水口下方设置排沙洞,洞径为 4 m,排沙流量为 200 m³/s;发电引水进水口与左岸供水取水口联合布置,分层取水口型式,进口高程分别为 745 m、757 m 和 769 m,发电引水洞按 1 洞 4 机布置,额定引水流量 68.32 m³/s。大坝上游立面图见图 7-19。

7.4.3.2　超高含沙河流水库非常排沙调度方式

1.拦沙期非常排沙底孔运用方式

东庄坝址原始河床高程为 587 m,排沙泄洪深孔进口高程为 708 m,非常排沙底孔进口高程为 693 m。当淤积面高程低于排沙底孔进口高程时,水库不具备排沙条件;当坝前泥沙淤积面达到非常排沙底孔进口底板高程后至坝前泥沙淤积面低于排沙泄洪深孔进口底板高程前,水库具备通过非常排沙底孔排沙的条件,可通过水库合理调节水沙,减缓水库和下游河道淤积,同时满足供水需求,充分发挥水库综合利用效益。

东庄水库处于拦沙期(拦沙量小于 20.53 亿 m³)时,当坝前淤积面高程介于 693 m(非常排沙底孔进口底板高程)～708 m(排沙泄洪深孔进口底板高程)时,坝前水位低于 780 m,若遇入库流量大于 300 m³/s,开启非常排沙底孔,按进出库平衡泄流排沙。

2.正常运用期非常排沙底孔运用方式

东庄水库来水含沙量高,来沙量大,洪水期泥沙含量更高。水库运用进入正常运用期(拦沙量大于 20.53 亿 m³)后,遇到合适的洪水条件时,开启非常排沙底孔增强水库排沙能力,可有效恢复水库库容,实现水库拦沙库容的重复利用,最大可能地发挥水库的综合利用效益。因此,东庄水库非常排沙底孔运用应充分利用入库洪水陡涨陡落、峰高量小的特点,相机泄空,实时回蓄。

在水库拦沙期结束后的边界条件基础上,研究正常运用期非常排沙底孔的运用条件。根据水库冲淤计算成果,水库拦沙期为 30 年,在拦沙期结束后的河床边界条件基础上,开展水库和渭河下游河道一维泥沙冲淤计算,分析正常运用期 50 年内,不同非常排沙底孔运用方案库区排沙效果、库区冲淤、库容恢复及渭河下游河道冲淤变化等,综合比较确定非常排沙底孔运用条件。

1)非常排沙底孔运用方案拟定

根据渭河下游河道洪水冲淤特性,当张家山站发生流量大于 600 m³/s、含沙量大于 300 kg/m³ 的非漫滩高含沙洪水时,渭河下游冲刷较为明显,主槽过洪能力增加;当咸阳站、张家山站流量大于 1 000 m³/s 的洪水输沙效率较高时,渭河下游主槽发生冲刷,平滩流量扩大。防洪减淤是东庄水利枢纽的主要开发任务,非常排沙底孔运用在增强水库排沙效果、恢复水库库容的同时,应避免对渭河下游河道减淤造成不利的影响,并可泄放对渭河下游河道减淤有利的水沙条件,因此非常排沙底孔运用方案的拟定应选取大流量有利条件,分别考虑入库流量大于 600 m³/s 或大于 1 000 m³/s 时的方案。

考虑水流由东庄坝址传播至渭河入黄口的时间约 30 h,因此东庄水库大流量入库洪水应持续 2 d 以上。东庄坝址上距泾河干流杨家坪水文站 190 km,上距泾河干流景村水文站 101.9 km,见图 7-22。水流由杨家坪水文站传播至景村水文站、由景村水文站传播至东庄坝址的时间均将近 1 d。杨家坪站至景村站之间有较大支流马莲河和黑河汇入,景村水文站至东庄坝址无较大支流汇入。因此,拟定的两个非常排沙底孔运用方案为:①当"泾河杨家坪站+马莲河雨落坪站+黑河亭口站"实测流量大于 600 m³/s 且景村站实测流量也大于 600 m³/s 时,开启非常排沙底孔,简称"实测流量大于 600 m³/s 方案",下同;②当"泾河杨家坪站+马莲河雨落坪站+黑河亭口站"实测流量大于 1 000 m³/s 且景村站实测流量也大于 1 000 m³/s 时,开启非常排沙底孔,简称"实测流量大于 1 000 m³/s 方案",下同。

根据工程设计条件,非常排沙底孔不参与泄洪运用。根据下游防洪要求,当东庄入库为 5 年一遇以下洪水时,即入库流量小于 3 220 m³/s,可以敞泄运用;对于 5 年一遇以上洪水,则需要根据华县断面流量情况,水库有可能要削峰滞洪。因此,以洪峰流量为判别指标,考虑大流量时水库排沙效果较好,在入库 2～5 年一遇洪水之间,又拟定了"景村站遇 2～5 年一遇洪水时开启非常排沙底孔"(简称"2～5 年一遇方案",下同)和"景村站遇 3～5 年一遇洪水时开启非常排沙底孔"(简称"3～5 年一遇方案",下同)两个运用方案。

非常排沙底孔泄流排沙时,水库水位可最低降低至 715 m,比正常死水位 756 m 低 41 m,当入库平均流量小于 300 m³/s 时关闭非常排沙底孔。

此外,水库正常运用期运用过程中,若水库淤积量超过 23.0 亿 m³,库区淤积接近高滩高槽形态,槽库容淤积泥沙 2.47 亿 m³,占设计调水调沙库容 3.27 亿 m³ 的 75%,此时要开启非常排沙底孔强迫排沙。

非常排沙底孔运用方案见表 7-7。

2)非常排沙底孔运用方案比选

正常运用期 50 年内非常排沙底孔运用期间不同方案计算比较结果见表 7-8。

比较实测流量大于 600 m³/s 方案和实测流量大于 1 000 m³/s 方案,前者总排沙年数为 11 年,总排沙次数为 14 次,总排沙天数为 48 d,期间库区总冲刷量为 10.76 亿 t,水库运用过程中累计淤积小于拦沙库容 20.53 亿 m³ 的年份为 30 年,50 年内可累计恢复拦沙库容 4.45 亿 m³,恢复单方库容耗水量为 6.11 亿 m³,渭河下游河道累计减淤量为 2.80 亿 t。后者总排沙年数为 6 年,总排沙次数为 6 次,总排沙天数为 23 d,期间库区总冲刷量为 5.81 亿 t,水库运用过程中累计淤积小于拦沙库容 20.53 亿 m³ 的年份为 17 年,50 年内可累计恢复拦沙库容 2.24 亿 m³,恢复单方库容耗水量为 5.79 亿 m³,渭河下游河道累计减淤量为 2.58 亿 t。前者非常排沙底孔运用年数、次数和天数均多,库区冲刷量大,对拦沙库容恢复量大,对渭河下游河道减淤效果较好,但恢复单方库容耗水量略大。综合考虑水库库区排沙效果、库容恢复及渭河下游河道减淤情况,两方案中推荐实测流量大于 600 m³/s 方案。

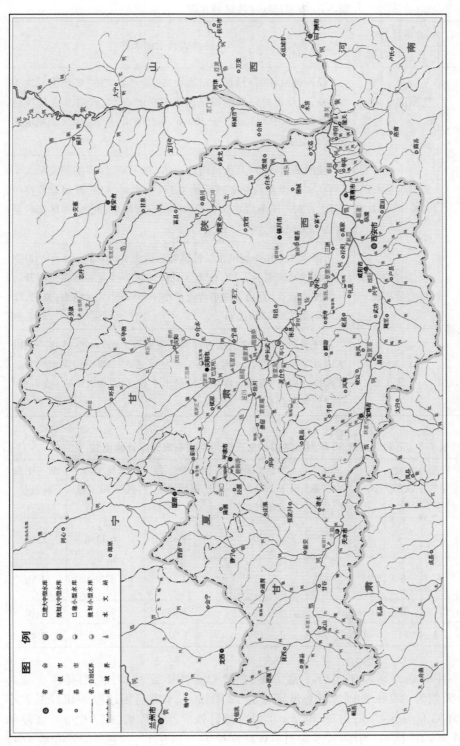

图 7-22 相关水系和水文站示意图

表 7-7　非常排沙底孔运用方案

序号	运用判别指标	非常排沙底孔运用方案	非常排沙底孔运用条件
1	日均流量	实测流量大于 600 m³/s 方案	"泾河杨家坪站+马莲河雨落坪站+黑河亭口站"实测流量大于 600 m³/s 且景村站实测流量大于 600 m³/s 时,开启非常排沙底孔,直到入库平均流量小于 300 m³/s 时结束;或者,库区淤积量达到 23.0 亿 m³
		实测流量大于 1 000 m³/s 方案	"泾河杨家坪站+马莲河雨落坪站+黑河亭口站"实测流量大于 1 000 m³/s 且景村站实测流量大于 1 000 m³/s 时,开启非常排沙底孔,直到入库平均流量小于 300 m³/s 时结束;或者,库区淤积量达到 23.0 亿 m³
2	洪峰流量	2~5 年一遇方案	东庄水库 2 年一遇洪水设计洪峰流量为 1 230 m³/s,5 年一遇洪水设计洪峰流量为 3 220 m³/s。景村站遇 2~5 年一遇洪水时开启非常排沙底孔,直到入库平均流量小于 300 m³/s 时结束;或者,库区淤积量达到 23.0 亿 m³
		3~5 年一遇方案	东庄水库 3 年一遇洪水设计洪峰流量为 1 960 m³/s,5 年一遇洪水设计洪峰流量为 3 220 m³/s。景村站遇 3~5 年一遇洪水时开启非常排沙底孔,直到入库平均流量小于 300 m³/s 时结束;或者,库区淤积量达到 23.0 亿 m³

表 7-8　正常运用期 50 年内非常排沙底孔运用期间不同方案计算比较

运用方案	发生年数 (年)	发生次数 (次)	发生天数 (d)	库区冲刷量 (亿 t)	库区淤积量小于 20.53 亿 m³ 年份(年)	拦沙库容累计恢复 (亿 m³)	恢复单方库容耗水量 (亿 m³)	渭河下游减淤量 (亿 t)
实测流量大于 600 m³/s	11	14	48	10.76	30	4.45	6.11	2.80
实测流量大于 1 000 m³/s	6	6	23	5.81	17	2.24	5.79	2.58
2~5 年一遇	27	39	109	12.81	29	3.23	9.03	2.70
3~5 年一遇	11	11	41	5.73	10	1.02	7.35	2.42

比较 2~5 年一遇方案和 3~5 年一遇方案,前者总排沙年数为 27 年,总排沙次数为 39 次,总排沙天数为 109 d,期间库区总冲刷量为 12.81 亿 t,水库运用过程中累计淤积小于拦沙库容 20.53 亿 m³ 的年份为 29 年,50 年内可累计恢复拦沙库容 3.23 亿 m³,恢复单方库容耗水量为 9.03 亿 m³,渭河下游河道累计减淤量为 2.70 亿 t。后者总排沙年数为 11 年,总排沙次数为 11 次,总排沙天数为 41 d,期间库区总冲刷量为 5.73 亿 t,水库运用过

程中累计淤积小于拦沙库容 20.53 亿 m³ 的年份为 10 年,50 年内可累计恢复拦沙库容 1.02 亿 m³,恢复单方库容耗水量为 7.35 亿 m³,渭河下游河道累计减淤量为 2.42 亿 t。前者非常排沙底孔运用年数、次数和天数均多,库区冲刷量大,对拦沙库容恢复量大,对渭河下游河道减淤效果较好,但恢复单方库容耗水量略大。综合考虑水库库区排沙效果、库容恢复及渭河下游河道减淤情况,两方案中推荐 2~5 年一遇方案。

比较实测流量大于 600 m³/s 方案和 2~5 年一遇方案,虽然 2~5 年一遇方案水库排沙次数多,非常排沙底孔运用期间水库库区总冲刷量大于实测流量大于 600 m³/s 方案,但年均排沙天数和每次排沙的平均天数均少于实测流量大于 600 m³/s 方案,因此每次排沙的冲刷强度和对拦沙库容的恢复效果均不如实测流量大于 600 m³/s 方案,恢复单方库容耗水量大,对渭河下游河道的减淤效果也比实测流量大于 600 m³/s 方案差。

3)非常排沙底孔运用对供水的影响分析

非常排沙底孔泄流排沙期间,坝前运用水位较低,水库回蓄至死水位 756 m 需要一定的时间,在此期间可由调蓄水库对外供水。根据径流调节计算结果,调蓄水库蓄满时水量为 2 200 万 m³,工业生活日需水量 45.4 万 m³,调蓄水库可满足工业生活供水 48 d。因此,非常排沙底孔降低水位泄流排沙不会对供水造成影响。

4)非常排沙底孔运用方案推荐

综上所述,非常排沙底孔运用推荐实测流量大于 600 m³/s 方案,即当坝前水位低于 780 m,若"泾河杨家坪站+马莲河雨落坪站+黑河亭口站"实测流量大于 600 m³/s 且景村站实测流量也大于 600 m³/s,开启非常排沙底孔降低库水位,泄空水库蓄水,在死水位以下创造临时泥沙侵蚀基准面,冲刷恢复拦沙库容,当入库流量小于 300 m³/s 时开始回蓄。

7.4.3.3　超高含沙河流水库拦沙库容再生利用效果

采用库区和渭河下游河道一维水沙数学模型计算分析了长系列水沙条件下非常排沙底孔运用对延长水库拦沙运用年限、恢复拦沙库容的作用。采用库区一维数学模型和坝区立面二维水沙数学模型、实体模型试验研究了典型年洪水过程拦沙库容恢复效果。当正常运用期水库淤积量超过 23.0 亿 m³ 时,库区淤积接近高滩高槽形态,开启非常排沙底孔强迫排沙,采用数学模型计算分析了强迫排沙时期非常排沙底孔运用对恢复水库库容的作用。

1.设置非常排沙底孔对延长水库拦沙运用年限的作用

东庄水库泄洪排沙深孔进口高程为 708 m,比原始河床 587 m 高出 121 m。只有当坝前淤积面高程达到一定高度后,才具备排沙出库的条件。非常排沙底孔进口高程为 693 m,比泄洪排沙深孔低 15 m,水库可更早排沙。

模型计算的水库累计淤积量变化过程见图 7-23。设置非常排沙底孔,水库运用第 5 年具备排沙条件,水库库区淤积速度慢,拦沙库容淤满年限为 30 年;不设置非常排沙底孔,水库运用第 8 年具备排沙条件,拦沙库容淤满年限为 27 年。设置非常排沙底孔,可提前排沙 3 年,延长水库拦沙库容使用年限 3 年。

2.设置非常排沙底孔对拦沙库容恢复效果

由图 7-23 水库累计淤积量变化过程可知,不设置非常排沙底孔,正常运用 50 年内库区最大淤积量为 23.51 亿 m³,槽库容淤积 2.98 亿 m³,占设计调水调沙库容 3.27 亿 m³ 的

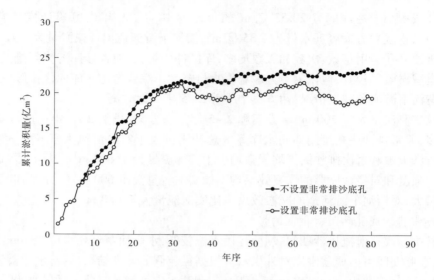

图 7-23　东庄水库累计淤积量变化过程

91.13%；库区最小淤积量为 20.97 亿 m³。有近 70% 的年份淤积量在 22.0 亿 m³ 以上，槽库容淤积量均在设计值 3.27 亿 m³ 的 50% 以上，近 20% 的年份淤积量在 23.0 亿 m³ 以上，槽库容淤积量均在设计值 3.27 亿 m³ 的 75% 以上。水库运用过程中多年保持库区冲淤平衡，但拦沙库容没有得到恢复。计算期末，库区累计淤积量为 23.26 亿 m³。

设置非常排沙底孔，正常运用 50 年内库区最大淤积量为 21.60 亿 m³，槽库容淤积 1.07 亿 m³，占设计调水调沙库容 3.27 亿 m³ 的 32.7%；库区最小淤积量为 18.36 亿 m³，水库运用过程中累计淤积小于拦沙库容 20.53 亿 m³ 的年份为 30 年，50 年内可累计恢复拦沙库容 4.45 亿 m³，占设计拦沙库容的 21.7%。计算期末，库区累计淤积量为 19.34 亿 m³。

由此可知，非常排沙底孔运用增强了水库的排沙能力，库区累计淤积量小于不设置非常排沙底孔方案，可快速恢复槽库容，实现拦沙库容的恢复和重复利用。

3.典型场次洪水水库库坝区冲刷效果

根据东庄水库入库张家山站实测水沙过程，选取 1992 年典型场次洪水，来水计算时间为 10 d，洪峰流量为 2 380 m³/s。进入坝区的水沙条件和坝前水位见图 7-24，进入坝区的水沙条件经库区一维水沙数学模型计算得到。第 3 天水库入库流量为 780 m³/s，提前 1 d 开启非常排沙底孔敞泄排沙，根据非常排沙底孔泄流能力，第 2 天坝前水位降低至 715 m。第 8 天随着入库流量的减小，非常排沙底孔关闭，水位逐渐回升。

1）数学模型计算结果

（1）高滩深槽边界。

非常排沙底孔开启后，第 2 天坝前水位降低，库坝区冲刷以溯源冲刷的形式向上游发展，第 3 天末时溯源冲刷范围至坝前 30.0 km，坝址处淤积面高程为 695.30 m，坝前 1.5 km 处冲刷降低 47.26 m，坝前 5.0 km 处冲刷降低 20.35 m，坝前 10 km 处冲刷降低 10.21 m，库坝区累计冲刷 2 709 万 t。随着水库持续敞泄排沙，溯源冲刷逐渐向上游发展，同时库区沿程发生冲刷。

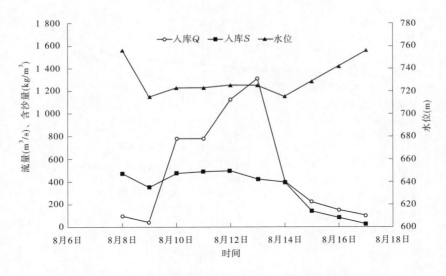

图 7-24　进入坝区的水沙条件和坝前水位（1992 年典型）

第 4 天末溯源冲刷范围至坝前 45.0 km，坝前淤积面高程为 694.15 m，坝前 1.5 km 处冲刷降低 57.40 m，坝前 5.0 km 处冲刷降低 41.68 m，坝前 10 km 处冲刷降低 24.15 m，坝前 40 km 处冲刷降低 2.39 m，库坝区累计冲刷泥沙 5 454 万 t。

第 7 天末溯源冲刷范围至坝前 60.0 km，坝址处淤积面高程为 693.35 m，坝前 1.5 km 处冲刷降低 59.36 m，坝前 5.0 km 处冲刷降低 47.73 m，坝前 10 km 处冲刷降低 37.15 m，坝前 40 km 处冲刷降低 5.61 m，库坝区累计冲刷泥沙 8 115 万 t。第 8 天随着入库流量的减小，非常排沙底孔关闭，水库水位逐渐回升。总体而言，溯源冲刷作用大于沿程冲刷，库区下段冲刷量大于上段。

库坝区沿程冲刷高程和冲刷厚度见表 7-9，河床纵剖面变化见图 7-25。由表 7-9、图 7-25 可知，非常排沙底孔运用实现了库坝区沿程冲刷和溯源冲刷，较大幅度地降低了坝前泥沙淤积面，有效地恢复了水库拦沙库容 6 242 万 m³。

表 7-9　库坝区沿程冲刷高程和冲刷厚度

时间	坝址		坝前 1.5 km		坝前 5 km		坝前 10 km		坝前 40 km		累计冲刷量（万 t）
	高程（m）	冲刷厚度（m）	高程（m）	冲刷厚度（m）	高程（m）	冲刷厚度（m）	高程（m）	冲刷厚度（m）	高程（m）	冲刷厚度（m）	
第 0 天	705.00		752.62		754.48		756.00		763.74		
第 3 天	695.30	9.70	705.36	47.26	734.13	20.35	745.79	10.21	763.74	0	2 709
第 4 天	694.15	10.85	695.22	57.40	712.80	41.68	731.85	24.15	761.35	2.39	5 454
第 7 天	693.35	11.65	693.26	59.36	706.75	47.73	718.85	37.15	758.13	5.61	8 115

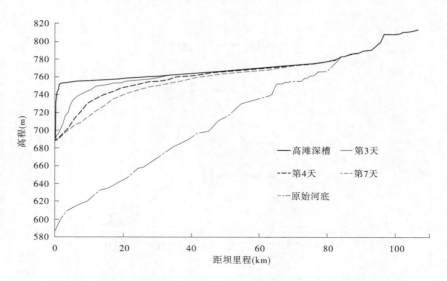

图 7-25   高滩深槽条件下 1992 年典型洪水河床纵剖面变化

（2）高滩高槽边界。

非常排沙底孔开启后，第 2 天坝前水位降低，库坝区冲刷以溯源冲刷的形式向上游发展，第 3 天末溯源冲刷范围至坝前 20.0 km，坝址处淤积面高程为 695.45 m，坝前 1.5 km 处冲刷降低 62.08 m，坝前 5.0 km 处冲刷降低 29.13 m，坝前 10 km 处冲刷降低 11.23 m，库坝区累计冲刷 3 764 万 t。随着水库持续敞泄排沙，溯源冲刷逐渐向上游发展，同时库区沿程发生冲刷。

第 4 天末，溯源冲刷范围至坝前 30.0 km，坝前淤积面高程为 694.35 m，坝前 1.5 km 处冲刷降低 70.70 m，坝前 5.0 km 处冲刷降低 48.02 m，坝前 10 km 处冲刷降低 28.18 m，坝前 40 km 处冲刷降低 1.48 m，库坝区累计冲刷泥沙 6 878 万 t。

第 7 天末溯源冲刷范围至坝前 55.0 km，坝址处淤积面高程为 693.39 m，坝前 1.5 km 处冲刷降低 74.76 m，坝前 5.0 km 处冲刷降低 63.74 m，坝前 10 km 处冲刷降低 40.60 m，坝前 40 km 冲刷降低 3.89 m，库坝区累计冲刷泥沙 10 588 万 t。第 8 天随着入库流量的减小，非常排沙底孔关闭，水库水位逐渐回升。总体而言，溯源冲刷作用大于沿程冲刷，库区下段冲刷量大于上段。

河床纵剖面变化见图 7-26，库坝区沿程冲刷高程和冲刷厚度见表 7-10。由图 7-26、表 7-9可知，非常排沙底孔运用实现了库坝区沿程冲刷和溯源冲刷，较大幅度地降低了坝前泥沙淤积面，有效地恢复了水库库容 8 144 万 m³。高滩高槽边界条件下的库容恢复效果大于高滩深槽边界。

2）实体模型试验结果

东庄水利枢纽工程初步设计阶段，开展了坝区泥沙实体模型试验，试验范围为坝址上游约 4.2 km，模型设计为正态模型，平面比尺和垂直比尺均为 100。实体模型试验研究了1992 年典型洪水非常排沙底孔排沙效果。试验初始地形条件为高滩高槽和高滩深槽边界，坝前泥沙淤积面高程为 725 m。试验结果表明，两种河床边界条件下，开启非常排沙底孔坝区冲刷效果显著,见图 7-27。从图 7-27 中可以看出,坝区 1.3 km 范围内库区河床下降了 30～50 m。

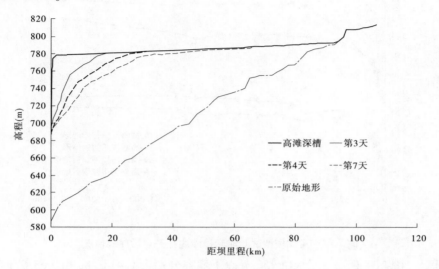

图 7-26　高滩高槽条件下 1992 年典型洪水河床纵剖面变化

表 7-10　库坝区沿程冲刷高程和冲刷厚度

时间	坝址		坝前 1.5 km		坝前 5.0 km		坝前 10 km		坝前 40 km		累计冲刷量（万 t）
	高程（m）	冲刷厚度（m）	高程（m）	冲刷厚度（m）	高程（m）	冲刷厚度（m）	高程（m）	冲刷厚度（m）	高程（m）	冲刷厚度（m）	
第 0 天	705.00		777.08		778.25		779.01		783.86		
第 3 天	695.45	9.55	715.00	62.08	749.12	29.13	767.78	11.23	783.51	0.35	3 764
第 4 天	694.35	10.65	706.38	70.70	730.24	48.02	750.83	28.18	782.38	1.48	6 878
第 7 天	693.39	11.61	702.32	74.76	714.51	63.74	738.41	40.60	779.97	3.89	10 588

4.特殊强迫排沙时期设置非常排沙底孔对恢复水库库容的作用

东庄水库来沙量大,拦沙库容淤满后进入正常运用期,槽库容被淤满的情况可能发生,从而使水库失去调节能力。若遇丰水年份,及时打开非常排沙底孔,可增加水库低水位的排沙能力,恢复淤积的槽库容,并可使部分拦沙库容重复利用,采用库区一维水沙数学模型计算分析了开启非常排沙底孔对恢复水库库容的作用。

采用槽库容淤满后的地形作为初始地形条件,采用丰水年份(1966 年)和一般来水年份(2010 年)实测水沙过程作为水沙条件,按照主汛期 7 月、8 月敞泄运用进行库区泥沙冲淤计算,论证设置非常排沙底孔的作用。

库区初始淤积量为 23.87 亿 m^3,正常蓄水位 789 m 以下库容为 2.08 亿 m^3,死水位 756 m 以下库容为 0.002 亿 m^3,经过汛期敞泄运用,计算结果详见表 7-11。丰水年份(1966 年),是否设置非常排沙底孔,水库 7 月、8 月冲刷量分别为 3.83 亿 m^3 和 2.23 亿 m^3,设置非常排沙底孔比不设置多 1.60 亿 m^3,敞泄排沙运用后正常蓄水位 789 m 以下库容分别

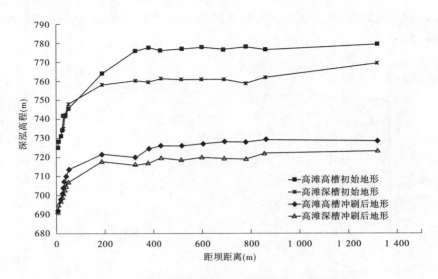

图 7-27   实体模型试验非常排沙底孔开启后冲刷情况

为 5.93 亿 m³ 和 4.31 亿 m³;死水位 756 m 以下库容分别为 1.40 亿 m³ 和 0.63 亿 m³。一般来水年份(2010 年),是否设置非常排沙底孔,7 月、8 月水库累计冲刷量分别为 2.81 亿 m³ 和 1.63 亿 m³,设置非常排沙底孔比不设置多 1.18 亿 m³,敞泄排沙运用后正常蓄水位 789 m 以下库容分别为 4.91 亿 m³ 和 3.71 亿 m³;死水位 756 m 以下库容分别为 1.04 亿 m³ 和 0.46 亿 m³。

表 7-11   是否设置非常排沙底孔水库敞泄排沙前后淤积量变化

方案		7 月、8 月来水量 (亿 m³)	水库淤积量 (亿 m³)		正常蓄水位以下库容 (亿 m³)		死水位以下库容 (亿 m³)		冲淤量 (亿 m³)
			敞泄 排沙前	敞泄 排沙后	敞泄 排沙前	敞泄 排沙后	敞泄 排沙前	敞泄 排沙后	
1966 年	设置	13.06	23.87	20.04	2.08	5.93	0.002	1.40	-3.83
	不设置	13.06	23.87	21.64	2.08	4.31	0.002	0.63	-2.23
2010 年	设置	7.20	23.87	21.06	2.08	4.91	0.002	1.04	-2.81
	不设置	7.20	23.87	22.24	2.08	3.71	0.002	0.46	-1.63

注:表中"设置"为设置非常排沙底孔方案;"不设置"为不设置非常排沙底孔方案。

7.5   小   结

(1)黄河长期治理实践表明,通过修建骨干水库拦沙和调水调沙,协调进入下游的水沙关系,提高下游河道输沙能力,是减缓下游河道淤积抬升,维持适宜中水河槽最直接、最有效的措施。多沙河流上适宜于修建拦沙和调水调沙水库的坝址资源非常有限,且水库修建后,随着库区泥沙的淤积,在一定年限内死库容将逐渐淤满。但是河道来沙量是无限的,如果能够在保持有效库容的基础上实现死库容的重复利用,对于充分发挥水库的防洪减淤作用具有重要的意义。

（2）库区的水流形态大致可以分为两种，一是由挡水建筑物壅高水位形成的壅水流态；二是挡水建筑物不起壅水作用，库区水面线接近天然情况的均匀流流态。壅水输沙流态又分为壅水明流输沙流态、异重流输沙流态和浑水水库输沙流态。均匀流输沙流态下，当来水泥沙含量大于水流可挟带的泥沙含量时，水库会发生淤积，挟带的泥沙颗粒沿程分选；反之，当入库水流含沙量小于水流可挟带的泥沙数量时，水库则发生冲刷。水库冲刷有溯源冲刷和沿程冲刷。溯源冲刷一般从坝前或淤积三角洲顶点下游附近开始，向上发展到与沿程冲刷或淤积相衔接为止，坝前冲刷幅度最大，向上游逐渐递减。溯源冲刷与冲刷流量、坝前水位及持续时间等有关，此外还受前期淤积量和淤积形态等的影响。沿程冲刷即在适宜的水流条件下，含沙量沿程增加并与河床泥沙不断交换，河床冲刷调整逐渐由上游向下游发展。一般而言，沿程冲刷是由来水来沙的条件变化引起的，发生在水库敞泄排沙的状态下。库区的冲刷是溯源冲刷和沿程冲刷共同作用的结果。

（3）长期保持库容指的是在一定时期内库区有冲有淤，维持冲淤平衡。通过水库的合理调度，恢复并长期保持水库的库容，从理论到实践均证明是可行的。拦沙期减缓水库淤积和正常运用期长期保持水库有效库容的主要手段就是尽量多排沙。拦沙初期要充分利用异重流和浑水水库排沙，拦沙后期则在异重流、浑水水库排沙的基础上增加大水时相机降低水位泄空蓄水冲刷排沙，正常运用期主要利用有利水沙条件下降低水位冲刷以抵消来不利水沙时所造成的库区淤积。当水库淤积到一定水平时，水库降低水位，逐渐泄空蓄水，库区水面比降增大，水流输沙能力增强，水流就有可能由饱和状态转变为次饱和状态，库区就会发生冲刷，从而恢复库容。降水冲刷是恢复和长期保持水库库容的关键，应研究降低水位冲刷的调控指标，降水冲刷时机、库水位下降速率和最低冲刷水位等指标。

（4）多沙河流水库拦沙库容再生利用可通过在坝身设置进口高程更低的非常排沙设施，在坝前形成双泥沙侵蚀基准面，或通过水库群联合调度，相机降低水库运用水位，利用上库泄放的持续大流量过程冲刷下库库区淤沙来实现。在坝身设置进口高程更低的非常排沙设施（包括非常排沙底孔、双高程进口排沙底孔、在岸边设置双高程进口排沙隧洞等），充分利用有限的入库洪水过程，快速降低库水位，在库区形成低于死水位的非常泥沙侵蚀基准面，通过剧烈的溯源冲刷，有效降低库区泥沙淤积面高程。与水库群联合调度措施相比，在坝身设置进口高程更低的非常排沙设施，可以形成比死水位更低的非常泥沙侵蚀基准面。

（5）多沙河流主要通过水库拦沙实现对下游河道的减淤，目前工程设计理念是拦沙库容淤满后即失去拦沙减淤功能。为持续发挥水库拦沙减淤效益，首次提出了在死水位以下创造坝前临时泥沙侵蚀基准面实现部分拦沙库容再生利用的设计理念。针对超高含沙量河流水库拦沙库容淤损后无法重复利用的世界级难题，提出在正常排沙孔以下增设低位非常排沙孔洞，发明了孔洞平面位置、进口高程、泄流规模等设计技术，为在死水位以下快速形成坝前临时泥沙侵蚀基准面、实现拦沙库容再生利用创造了工程条件。结合东庄水库水沙特性，提出低位非常排沙孔洞采用"相机泄空，实时回蓄"的调度方式，并确定了启用的水沙条件、泄水流量、回蓄时机，新技术应用使水库拦沙库容恢复 20% 以上，并永续利用，破解了水库泄空冲刷与后期用水之间难以协调的矛盾。

第 8 章

特高含沙河流水库水沙分置开发技术

8.1　特高含沙河流供水水库库容保持面临的问题

8.1.1　多沙河流水库通过合理运用可长期保持有效库容

在河流上修建水库后,由于水位抬高,流速减小,必然造成泥沙在水库中的淤积,我国已建水库库容每年以 1% 左右的速度在不断减小。据统计,我国七大江河的年输沙量高达 23 亿 t,尤其以黄河输沙量最大,居世界大江大河之首,天然年均输沙量高达 16 亿 t。黄河流域水库的淤积速度之快、淤积量之大令人震惊。据不完全统计,全国 1 373 座大中型水库总库容 1 750 亿 m³,淤损库容 218 亿 m³,占总库容的 12.5%。黄河流域片 260 座大中型水库总库容 384 亿 m³,淤损库容 125 亿 m³,占总库容的 32.6%。现今,绝大部分水库淤损库容占总库容的一半以上,大大制约了水库效能的发挥,有的甚至失去了应有的作用。例如,黄河干流第一座水利枢纽三门峡水库,建成不久就因泥沙淤积严重而被迫进行多次改建,并改变运用方式,使水库原设计功能至今无法充分发挥。

中华人民共和国成立后兴建了大量的大中型水库,由于黄河流域和北方一些河流含沙量极高,加之缺乏控制淤积的经验,水库在建库初期淤积严重。自 1962 年以来,我国北方多沙河流部分水库开始摸索控制淤积的经验。如陕西黑松林水库,1962 年起将原来的"拦洪蓄水"运用改为空库迎洪,收到了明显效果;闹德海水库由单纯的滞洪运用于 1973年改为汛后蓄水,三门峡水库(1973 年)、青铜峡水库(1974 年)、直峪水库(1975 年)、恒山水库(1975 年)等均改变运用方式蓄清排浑运用,基本控制了泥沙淤积,做到或接近达到水库长期使用,特别是三门峡水库加大泄洪设施而改建成功的经验,从实践方面初步证实了综合利用水库是可以长期保持有效库容的。

但多沙河流上的水库,要长期保持有效库容,必须具有一定的泄流排沙规模,并制定合理的运用方式,使得水库因蓄水、滞洪造成的淤积能顺利排出水库,达到一定时期内冲刷在数量和部位的相对平衡。这种平衡在一个年度内实现的称为泥沙年调节,在多年内实现平衡的称为泥沙多年调节。由于多沙河流水沙年际和年内变化很大,部分水库在大部分年份内能实现泥沙年调节,部分水库需要多年内才能实现冲淤平衡。

水库的输沙流态主要分为两种,即壅水输沙流态和均匀明流输沙流态。其中,壅水输沙流态又分为壅水明流输沙流态、异重流输沙流态和浑水水库输沙流态。一般情况下,水库排沙是库区多种输沙流态共同作用的结果,即库区脱离回水的库段处于均匀明流输沙流态,坝前壅水段处于壅水输沙流态。当水库以壅水输沙流态作用为主时,库区一定是发生淤积的,而当水库以均匀明流输沙流态作用为主时,根据入库的水沙条件和河床前期边界不同可能发生淤积,也可能发生冲刷。根据多沙河流已建水库长期保持有效库容经验,水库处于壅水状态下,利用异重流、浑水水库和低壅水的壅水明流输沙流态可以尽量多排沙,但无法冲刷恢复库容,水库仍然持续淤积;而冲刷恢复并长期保持水库库容,不仅要将入库的泥沙排出,还能把前期水库淤积的泥沙冲刷出库,使得可利用库容得以增大,而要达到增大库容的目的只有水库处于均匀明流输沙流态下才有可能实现。在不利的水沙条件下,采用蓄清排浑运用方式,也不能根本解决水库持续淤积问题,必须结合来大水时相机敏泄排沙运用,才能恢复并保持水库长期可利用库容。

8.1.2 特高含沙河流供水水库难以实现汛期供水和库容保持

对于多沙河流上汛期有供水任务的水库而言,实现水库供水量最大化且要保证水库有效库容长期保持是水库运行的目标,尤其是水流平均含沙量大于 100 kg/m³ 的特高含沙河流,库区泥沙淤积更为严重,需要更多的畅泄排沙的概率来长期保持水库有效库容。若水库汛期蓄水不排沙则导致库区淤积严重,水库有效库容难以得到长期有效保持,影响综合利用效益的发挥。水库排沙期泄流排沙时很难保证水资源量,无法满足供水任务的要求。因此,如何处理好水库蓄水和排沙的关系,如何利用汛期有限的水资源、最大限度地发挥水库综合效益,对多沙河流水库运用提出了新的要求。

8.2 特高含沙河流供水水库水沙分置开发模式

特高含沙河流修建水利枢纽工程有两种开发模式,一是在干流上修建一个水利枢纽工程;二是考虑单个水库排沙运用时供水安全得不到保障,在干流上修建一个水库,同时新建调蓄水库调节供水,形成干流大库调控泥沙、调蓄水库调节供水的并联水库模式。以甘肃省庆阳市马莲河水利枢纽工程为例对这两种开发模式进行说明和比选。

根据马莲河雨落坪站实测资料统计,雨落坪站实测多年平均径流量为 4.24 亿 m³,多年平均输沙量为 1.19 亿 t,年均含沙量为 280 kg/m³,汛期平均含沙量高达 406 kg/m³,属典型的特高含沙河流。马莲河水利枢纽开发任务以供水、灌溉和拦沙为主,并为改善区域生态环境创造条件。在如此特高含沙河流上修建水利枢纽工程,实现长期保持水库有效库容并充分发挥水库综合利用效益,不仅需要合理的运用方式,更需要妥善处理水沙问题。

8.2.1 总体布局方案拟定

据此,马莲河水利枢纽工程开发确定了两个总体布局方案,见图 8-1。

方案 1:马莲河干流单个水库方案。

该方案仅在马莲河干流上修建一个水库工程。为争取尽量大的拦沙库容,水库坝址在支流砚瓦川沟口下游 0.5 km 处的戴家嘴建设水库工程。水库建成后,水库拦沙,并以管道和泵站等方式向附近地区供水。

方案 2:马莲河干流新建水库+支流调蓄水库。

由于马莲河水流含沙量较高,考虑到单个水库排沙运用时供水安全得不到保障,为了更好地利用马莲河水资源,该方案考虑在马莲河干流新建一个水库,同时在支流新建调蓄水库,通过引水渠道(隧洞)和泵站将干流水库的水引至砚瓦川调蓄水库存蓄,由砚瓦川水库向供水区供水。该方案工程组成包括马莲河干流水库工程、调蓄水库工程以及两库间的引水隧洞和泵站工程三部分。

8.2.2 总体布局方案比选

马莲河水库工程建设以不影响店子坪水库坝址以上区域为原则。店子坪水利枢纽工

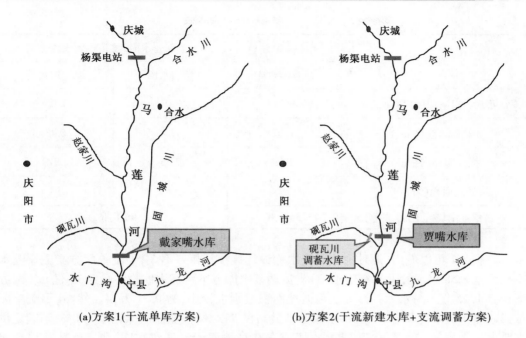

(a)方案1(干流单库方案)　　　　　　(b)方案2(干流新建水库+支流调蓄方案)

图 8-1　马莲河水利枢纽工程总体布局方案

程位于马莲河干流上段,下距庆城县城约 9 km,是一座以发电为主的中型工程。杨渠电站是店子坪水利枢纽工程的组成部分,于 1970 年 7 月以公办民助方式进行筹建,1975 年10 月 1 日正式投产运行,为坝后引水式电站。水库大坝包括主坝和副坝,主坝位于左侧,为重力式浆砌石溢流坝;副坝位于右侧,为均质壤土坝。店子坪水库坝址以上属庆城县境,区域城镇人口集中,林田广布,青兰高速公路在库区经过,防洪标准为 100 年一遇。以100 年一遇洪水回水不过店子坪水库坝址(杨渠电站)为原则进行比较论证。

对于拟定的两种总体布局方案,干流单库方案戴家嘴坝址,距杨渠电站 57.3 km;干流+支流两库联合方案干流贾嘴坝址,距杨渠电站 54.2 km,支流调蓄水库为砚瓦川水库。两方案论证比选结果见表 8-1。

表 8-1　马莲河流域工程总体布局方案工程规模指标比较

项目	干流单库方案	干流新建水库+支流调蓄水库方案	
	戴家嘴水库	贾嘴水库	砚瓦川水库
死水位(m)	1 004	1 005	994
正常蓄水位(m)	1 017	1 020	1 010
设计防洪水位(m)	1 017.23	1 021.27	1 010.44
校核防洪水位(m)	1 018.88	1 023.99	1 011.08
死水位以下原始库容(亿 m³)	5.41	4.28	0.279

项目	干流单库方案	干流新建水库+支流调蓄水库方案	
	戴家嘴水库	贾嘴水库	砚瓦川水库
正常蓄水位以下原始库容(亿 m³)	9.25	8.01	0.729
调节库容(亿 m³)	1.20	1.14	0.45
拦沙库容(亿 m³)	8.58	7.33	0.279
淤地面积(万亩)	2.53	2.32	—
供水保证率(%,工业/农业)	56.6、0	96.1、86.0	

由表 8-1 可以看出,两种方案干流水库设计拦沙量相差不大,干流单库方案戴家嘴水库拦沙量 8.58 亿 m³,干流新建水库+支流调蓄水库方案贾嘴水库拦沙量 7.33 亿 m³,两方案相差 1.25 亿 m³;水库拦沙完成后淤地面积差别也较小,为 0.21 万亩。然而,干流单库方案仅靠干流水库调蓄,工业供水保证率最高仅 56.6%,农业灌溉保证率为 0%,不满足供水要求。干流新建水库+支流调蓄水库方案在马莲河干流新建水库,在支流砚瓦川新建调蓄水库,干流水库排沙运用期间,由支流砚瓦川调蓄水库向供水区供水,干流水库蓄水运用期间,干流水库向砚瓦川调蓄水库充水,支流砚瓦川水库向供水区供水,该方案工业、农业供水保证率分别达到 96.1%、86%,满足水库的开发任务。

因此,马莲河流域开发思路确定为干流+支流两库联合方案。

8.3　并联水库径流—泥沙联合配置模型

针对多沙河流并联水库水沙分置开发,建立了并联水库径流—泥沙联合配置模型。并联水库径流—泥沙联合配置模型包括泥沙冲淤计算和供水调节计算,功能模块包括水库调度模块、水面线计算模块、库容计算模块、泥沙冲淤计算模块、异重流计算模块、床沙级配调整模块、河床变形模块、调蓄水库引沙量计算模块,可实现水库库区水面线计算、冲淤量变化、淤积形态变化、库容计算、出库水沙量计算等,能够在给定需水过程的情况下进行水库供水量和供水保证率计算,并实现调蓄水库引沙量计算。计算时段汛期和非汛期均按日计算。

8.3.1　基本原理

8.3.1.1　泥沙冲淤计算基本原理

水库泥沙冲淤计算为一维恒定流悬移质泥沙模型计算。计算基本方程包括水流连续方程、水流运动方程、泥沙连续方程(或称悬移质扩散方程)及河床变形方程。

(1)水流连续方程

$$\frac{\mathrm{d}Q}{\mathrm{d}x} = 0$$

（2）水流运动方程

$$\frac{\mathrm{d}}{\mathrm{d}x}\left(\frac{Q^2}{A}\right) + gA\left(\frac{\mathrm{d}Z}{\mathrm{d}x} + J\right) = 0$$

（3）沙量连续方程（分粒径组）

$$\frac{\partial}{\partial x}(QS_k) + \gamma\frac{\partial A_{\mathrm{d}k}}{\partial t} = 0$$

（4）河床变形方程

$$\gamma\frac{\partial Z_{\mathrm{b}}}{\partial t} = \alpha\omega(S - S^*)$$

式中：Q 为流量，m^3/s；x 为流程，m；g 为重力加速度，m/s^2；A 为过水面积，m^2；Z 为水位，m；J 为能坡；k 为粒径组；S 为含沙量，kg/m^3；A_{d} 为冲淤面积，m^2；t 为时间，s；γ 为淤积物干容重，kg/m^3；Z_{b} 为冲淤厚度，m；α 为恢复饱和系数；ω 为泥沙沉速，m/s；S^* 为水流挟沙力，kg/m^3，表征一定来水来沙条件下河床处于冲淤平衡状态时的水流挟带泥沙能力的综合性指标，采用计算范围包容性相对较好，符合高含沙水流实际的张红武水流挟沙力公式：

$$S^* = 2.5\left[\frac{0.002\,2 + S_V}{\kappa}\ln\left(\frac{h}{6D_{50}}\right)\right]^{0.62}\left(\frac{\gamma_{\mathrm{m}}}{\gamma_{\mathrm{s}} - \gamma_{\mathrm{m}}}\frac{v^3}{gh\omega}\right)^{0.62}$$

式中：D_{50} 为床沙中值粒径，mm；γ_{s} 为沙粒容重，取 $2\,650\ \mathrm{kg}/\mathrm{m}^3$；$\gamma_{\mathrm{m}}$ 为浑水容重，kg/m^3；h 为水深，m；v 为流速，m/s；κ 为卡门常数，$\kappa = 0.4 - 1.68\sqrt{S_V}(0.365 - S_V)$；$S_V$ 为采用体积比计算的进口断面平均含沙量。

8.3.1.2　供水调节计算基本原理

对于多泥沙河流水库，库容随水库的冲淤而变化，计算结果随水库泥沙调度方式不同而变化，汛期既要多泄水排沙又要为非汛期调蓄水量。

水库供水调节计算即依照水量平衡原理，考虑不同时段入、出库水量和水库蓄水量，根据需水要求，计算各时段可供水量或引水量。当入库水量超过出库水量和供水量时，水库蓄水量增加，库水位上升；反之，当入库水量小于出库水量和供水量时，水库蓄水量减少，库水位下降。各时段水量平衡公式为

$$V_t - V_{t-1} = (Q_{\text{入},t} - \sum Q_{\text{供},t} - Q_{\text{出},t})\Delta T$$

式中：V_t 为第 t 时段末水库蓄水量，m^3；V_{t-1} 为第 t 时段初水库蓄水量，m^3；$Q_{\text{入},t}$ 为第 t 时段内平均入库流量，m^3/s；$\sum Q_{\text{供},t}$ 为第 t 时段内供水总流量，m^3/s；$Q_{\text{出},t}$ 为第 t 时段内除供水外的出库流量，m^3/s；ΔT 为计算时间段长，s。

针对多沙河流汛期供水水库，为了保证供水，在上述计算原理的基础上，具体又在以下几个方面做了处理：

（1）供水调节计算时段与泥沙冲淤计算同步，汛期和非汛期均按日计算。

（2）供水调节计算时水库库容考虑了每一时段由库区冲淤引起的库容曲线的变化。

（3）模型设置调蓄水库工程计算，实现干流大库调控泥沙、调蓄水库调节供水。主汛期遇合适的水沙条件干流大库泄流排沙，该时期内大库不向调蓄水库充水；非排沙期干流

大库蓄水拦沙运用(下泄流量满足生态流量要求),同时向调蓄水库充水;由调蓄水库向供水区供水。

8.3.1.3 引沙量计算

调蓄水库从干流大库引沙量,根据引水流量过程、相应的干流大库引水口含沙量过程及引水历时求得。引水流量过程及引水历时根据干流大库、调蓄水库来水来沙、运用方式、水库蓄水量、用水需求等计算得到。

调蓄水库从干流水库引水口处的含沙量过程,根据坝前断面平均含沙量过程,考虑泥沙垂线分布求得。特高含沙河流汛期水流含沙量高,根据已建水库实测资料,认为坝前水流含沙量超过 300 kg/m³ 时,坝前含沙量比较均匀,基本等于断面平均含沙量;当坝前水流含沙量低于 300 kg/m³ 时,考虑含沙量的垂线分布,计算公式为

$$S_i = S_a e^{-\beta(\bar{y} - a_z)} \tag{8-1}$$

式中:β 为含沙量分布指数,$\beta = \dfrac{6}{K}\dfrac{\omega}{u_s}$,根据三门峡、盐锅峡水库实测资料,一般为 0.6~0.7;S_a 为河床底层含沙量,一般为断面平均含沙量的 1.19~1.47 倍,本次取断面平均含沙量的 1.33 倍;$\bar{y}$ 为相对水深,a_z 为 0.5/h,h 为坝前水深。

8.3.1.4 基本方程的离散

一维数学模型的计算方法可分为两大类:一类是将水流和泥沙方程式直接联立求解;另一类是先解水流方程式求出有关水力要素后,再解泥沙方程式,推求河床冲淤变化,如此交替进行。前者称为耦合解,适用于河床变形比较急剧的情况;后者称为非耦合解,适用于河床变形比较缓和的情况。另外,根据边界上的水流、泥沙条件,上述两大类还可分为非恒定流解和恒定流解两个亚类。非耦合解一般均直接使用有限差分法,而耦合解则既可直接使用有限差分法,也可先采用特征线法,将偏微分方程组化成特征线方程和特征方程,进一步求解,其中特征方程仍用有限差分法求解。

一般水流数学模型,为简化计算,多采用非耦合的恒定流解,并直接使用有限差分法。在进行水流计算时采用隐式差分格式,而在计算河床冲淤时则采用显式差分格式。

模型采用如下差分格式进行离散

$$\left. \begin{array}{l} f(x,t) = \dfrac{f_{i+1}^n + f_i^n}{2} \\[3mm] \dfrac{\partial f}{\partial x} = \dfrac{f_{i+1}^n - f_i^n}{\Delta x} \\[3mm] \dfrac{\partial f}{\partial t} = \dfrac{(f_{i+1}^{n+1} - f_{i+1}^n) + (f_i^{n+1} - f_i^n)}{2\Delta t} \end{array} \right\} \tag{8-2}$$

由水流连续方程,考虑流量沿程变化得

$$Q_i = Q_{out} + \frac{Q_{in} - Q_{out}}{Dis} Dis_i$$

式中:Dis 为距坝里程。

由水流运动方程,得

$$Z_i = Z_{i-1} + \Delta X_i \, \overline{J_i} + \frac{\left(\dfrac{Q^2}{A}\right)_{i-1} - \left(\dfrac{Q^2}{A}\right)_i}{g \overline{A_i}} \tag{8-3}$$

由沙量连续方程(分粒径组)得

$$S_{k,i} = \frac{Q_{i+1} S_{k,i+1} - \dfrac{\gamma(\Delta A_{dk,i+1} + \Delta A_{dk,i})}{2\Delta t} \Delta X_i}{Q_i} \tag{8-4}$$

将河床变形方程直接应用于各粒径组和各子断面,得

$$\Delta Z_{bk,i,j} = \frac{\alpha \omega_k (S_{k,i,j} - S_{*k,i,j}) \Delta t}{\gamma}$$

式中:$\overline{J_i} = \dfrac{J_i + J_{i-1}}{2}$,$\overline{A_i} = \dfrac{A_i + A_{i-1}}{2}$;断面编号自上而下依次减小,其余符号含义同前。

8.3.2　计算流程

并联水库径流-泥沙联合配置模型计算流程如下:

(1)基本资料的输入。主要包括入库流量、输沙率及级配,河床断面资料,需水过程线等。

(2)水力要素计算。由水流连续方程和水流运动方程联解,可以求得各断面及子断面的面积、河宽、水深、水力半径及流速等。

由水量平衡方程,求得各时段水库可供水量、供水过程,进而计算得到供水保证率等。

(3)泥沙计算。计算各子断面分组沙挟沙力 $S_{*k,i,j}$、各粒径组断面平均含沙量 $S_{k,j}$、子断面分组沙含沙量 $S_{k,i,j}$、引沙量等。

(4)河床变形计算。由式计算各断面及子断面的冲淤面积,根据断面分配模式,修正节点高程。

(5)调整床沙级配。

(6)输出计算结果,转至步骤(2)开始下一时刻计算。

泥沙冲淤和供水调节联合计算模型的计算流程见图 8-2。

8.4　特高含沙河流供水水库兴利库容联合配置设计技术

特高含沙河流汛期来沙量大,来水含沙量高,水库汛期需要利用大流量排沙来实现有效库容的长期保持。排沙期,干流大库不调蓄径流,由支流调蓄水库供水;非排沙期,干流大库调蓄径流,并由干流大库充蓄支流调蓄水库,同时经支流调蓄水库调蓄后向用水对象供水。两库联合运用,兴利库容联合配置原则应满足设计供水量和供水保证率要求,同时干流大库的兴利库容选择还需满足降低引水含沙量要求,尽量延长调蓄水库淤沙库容的使用年限。仍以甘肃省庆阳市马莲河水利枢纽工程为例,介绍特高含沙河流供水水库兴利库容联合配置设计技术。

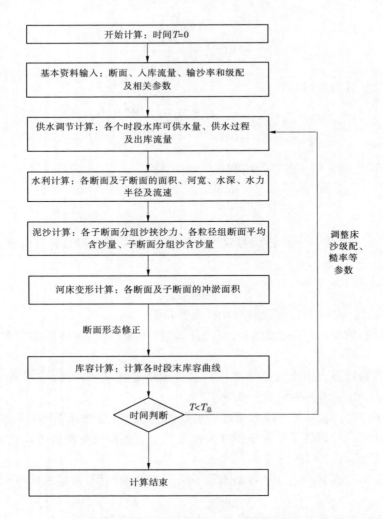

图 8-2 泥沙冲淤和供水调节联合计算模型的计算流程

马莲河多年平均含沙量 280 kg/m³，其中汛期 6~9 月多年平均含沙量 406 kg/m³。贾嘴坝址多年平均悬移质来沙量 1.1 亿 t，其中汛期 6~9 月来沙量占全年来沙量的 96.8%，而 7~8 月来沙量则占 83.0%。根据水库运用方式，主汛期 7 月 1 日至 8 月 31 日当坝址来水流量大于 20 m³/s 时为排沙期，其余时段和非汛期为非排沙期。排沙期，贾嘴水库不调蓄径流，由砚瓦川调蓄水库供水。非排沙期，贾嘴水库调蓄径流，并由贾嘴水库充蓄砚瓦川调蓄水库，同时经砚瓦川水库调蓄后向用水对象供水。

干流贾嘴水库在排沙期时要不低于死水位敞泄排沙运用，故贾嘴水库只能对非排沙期时段内的径流进行调节。而支流砚瓦川调蓄水库承担多年调节任务，蓄丰补枯，兴利库容大小对供水量和供水保证率影响较大。

根据两库运行特点，分别以贾嘴水库调蓄库容、砚瓦川水库调蓄库容为决策变量进行试算，通过两库联合调节，拟定两库不同调节库容组合方案。经计算分析，不同调节库容组合方案调节计算结果见表 8-2。从表 8-2 中可以看出：

表 8-2 马莲河水库调节库容组合分析成果

组合方案			方案 1	方案 2	方案 3	方案 4	方案 5
调节库容 （亿 m³）	砚瓦川		0	0.27	0.45	0.49	0.53
	贾嘴		0.30	0.30	0.30	0.26	0.22
	合计		0.30	0.57	0.75	0.75	0.75
供水保证率(%)	工业	月	56.6	94.4	96.1	96.4	96.4
		年	0	66.7	75.4	77.2	77.2
	农业	年	0	66.7	86.0	86.0	86.0
实际供水量 （万 m³）	工业		—	5 458	5 499	5 501	5 506
	农业		—	2 677	2 810	2 816	2 825
	合计		—	8 135	8 309	8 317	8 330
引入砚瓦川沙量(万 t)			—	55.83	59.99	66.79	71.15
砚瓦川年均引水含沙量(kg/m³)			—	6.15	6.49	7.24	7.72

（1）当砚瓦川水库调蓄库容低于 0.45 亿 m³ 时，无论贾嘴水库调蓄库容多大，均不能满足供水保证率要求。要满足设计供水量和供水保证率，所需砚瓦川水库最小兴利库容为 0.45 亿 m³。此时，对应的贾嘴水库兴利库容为 0.30 亿 m³，且贾嘴水库库容继续增加，供水量不变。表明在满足供水要求下，所需砚瓦川水库最小兴利库容为 0.45 亿 m³，贾嘴水库最大兴利库容为 0.30 亿 m³。

（2）贾嘴水库兴利库容增加，引沙量相应减少，从尽量减少引沙量考虑，在满足供水情况下，方案 3 比较合理。贾嘴水库保持 3 000 万 m³ 蓄水体可使入库含沙量 100 kg/m³ 的水流到坝前降低到 10 kg/m³ 以下，可显著降低引水含沙量。

（3）贾嘴水库设置 3 000 万 m³ 兴利库容，在非常情况下可单独发挥应急供水的作用。

综上所述，方案 3 中砚瓦川水库和贾嘴水库兴利库容相对适中，既能满足设计供水要求，又能兼顾实现最小的引水引沙量，对便于工程运行管理十分有利。另外，该方案下，贾嘴水库保持一定的调节库容对调蓄非汛期连续含沙量大于 100 kg/m³ 的径流也是必要的，同时也能满足贾嘴水库临时单独供水要求。因此，干流贾嘴水库调节库容为 0.30 亿 m³，支流砚瓦川调蓄水库调节库容为 0.45 亿 m³。

在初步选取两库调节库容的基础上，分别以贾嘴水库调蓄库容、砚瓦川水库调蓄库容为决策变量进一步试算，通过两库联合调节，分析组合方案合理性。

首先，砚瓦川调蓄水库库容一定的情况下，拟定不同的贾嘴水库兴利库容方案，分析计算贾嘴水库合理的兴利库容，见表 8-3。

从方案 1～方案 4 对比可以看出，贾嘴水库正常蓄水位由 996 m 升高至 999 m，兴利库容从 0 增加至 2 970 万 m³，工业供水保证率从 70.6% 达到 96.1%，农业灌溉供水保证率从 26.3% 达到 86.0%，供水保证率满足设计要求。从方案 4～方案 6 可以看出，正常蓄水位从 999 m 升高至 1 001 m,兴利库容从 2 970 万 m³ 增加至 5 589 万 m³,水库供水量及供水保证率均不再增加,可见方案 4 较优。

表 8-3 贾嘴水库兴利库容比选方案

方案			方案 1	方案 2	方案 3	方案 4	方案 5	方案 6
正常蓄水位(m)			996	997	998	999	1 000	1 001
死水位(m)			982	982	982	982	982	982
调沙库容(万 m³)			8 000	8 000	8 000	8 000	8 000	8 000
兴利库容(万 m³)			0	856	1 818	2 970	4 084	5 589
总调节库容(万 m³)			8 000	8 856	9 818	10 970	12 084	13 589
设计供水量(万 m³)			8 545	8 545	8 545	8 545	8 545	8 545
供水保证率 (%)	工业	月	70.6	95.0	96.0	96.1	96.1	96.1
		年	22.8	71.9	75.4	75.4	75.4	75.4
	农业	年	26.3	80.7	84.2	86.0	86.0	86.0
实际供水量 (万 m³)	工业		4 665	5 470	5 492	5 499	5 499	5 499
	农业		1 817	2 766	2 805	2 810	2 810	2 810
	合计		6 482	8 236	8 297	8 309	8 309	8 309
砚瓦川调节库容(万 m³)			4 499	4 499	4 499	4 499	4 499	4 499
生态水量(万 m³)			6 104	6 104	6 104	6 104	6 104	6 104

其次,在贾嘴水库调节库容和充蓄流量一定的情况下,拟定不同的砚瓦川水库兴利库容方案,分析计算砚瓦川调蓄水库合适的兴利库容,各方案计算结果见表 8-4。从方案 1 可以看出,贾嘴水库在无调蓄水库联调的情况下,工业供水保证率为 56.0%,农业灌溉保证率为 0,远低于设计供水保证率。因此,贾嘴水库单独不能满足供水要求,需要设置一定的调蓄库容,通过联合调蓄,增加供水量和提高供水保证率。从方案 1~方案 7 对比可以看出,砚瓦川调蓄水库正常蓄水位由 994 m 升高至 1 010 m,调节库容从 0 增加至 4 499 万 m³,工业供水、农业保证率从 56.6%、0 升高至 96.1%、86.0%,供水保证率满足设计要求。从方案 7~方案 9 可以看出,正常蓄水位从 1 010 m 升高至 1 012 m,调节库容从 4 499 增加至 5 327 万 m³,调节库容增加 828 万 m³,供水量仅增加 30 万 m³,可见随着砚瓦川调节库容的继续增加,供水量增幅缓慢,方案 7 较优。

通过上述分析可以看出,在砚瓦川水库调蓄库容不变情况下,增加贾嘴调蓄库容供水量和保证率均不增加,减小贾嘴水库库容供水量减少,且保证率达不到要求。同理,在贾嘴水库调蓄库容不变情况下,增加砚瓦川调蓄库容供水量和保证率均增加,但幅度较小,减小砚瓦川水库库容供水量减少,保证率达不到要求。因此,砚瓦川水库和贾嘴水库调蓄库容分别为 0.45 亿 m³ 和 0.30 亿 m³ 的组合能够达到供水最优,方案较合理。

表 8-4 砚瓦川水库调节库容比较

方案			方案 1	方案 2	方案 3	方案 4	方案 5	方案 6	方案 7	方案 8	方案 9
正常蓄水位(m)			994	998	1 002	1 006	1 008	1 009	1 010	1 011	1 012
死水位(m)			994	994	994	994	994	994	994	994	994
调节库容(万 m³)			0	833	1 842	3 048	3 740	4 120	4 499	4 913	5 327
设计供水量(万 m³)			8 545	8 545	8 545	8 545	8 545	8 545	8 545	8 545	8 545
供水保证率 (%)	工业	月	56.0	88.1	92.7	94.1	95.8	96.1	96.1	96.4	96.9
		年	—	49.1	61.4	64.9	75.4	75.4	75.4	77.2	79.0
	农业	年	0	42.1	57.9	71.9	80.7	82.5	86.0	86.0	86.0
实际供水量 (万 m³)	工业		—	5 317	5 419	5 459	5 482	5 497	5 499	5 506	5 511
	农业		—	2 353	2 555	2 735	2 776	2 780	2 810	2 819	2 828
	合计		—	7 670	7 974	8 194	8 258	8 277	8 309	8 325	8 339
贾嘴兴利库容(万 m³)			2 970	2 970	2 970	2 970	2 970	2 970	2 970	2 970	2 970
生态水量(万 m³)			6 104	6 104	6 104	6 104	6 104	6 104	6 104	6 104	6 104

8.5 特高含沙河流供水水库水沙分置效果

特高含沙河流供水水库通过建立干流大库调控泥沙、调蓄水库调节供水的并联水库开发模式,可破解特高含沙河流水库有效库容保持和供水调节之间难以协调的技术难题,实现水库有效库容的长期保持,满足供水、灌溉要求。针对已建特高含沙河流单库运用不能满足供水要求的现状,应用本项目创建的特高含沙河流水库水沙分置开发技术后,可保障水库防洪和供水安全。分别以甘肃马莲河水利枢纽工程设计和巴家嘴—五台山联合供水工程(巴家嘴为已建水库)为例,利用并联水库"径流调节库容—泥沙调控库容"联合配置模型开展模型计算,分析特高含沙河流水库水沙分置技术应用效果。

8.5.1 甘肃马莲河水利枢纽工程应用效果

甘肃省马莲河水利枢纽工程按传统的单库开发模式,工农业用水无法保障。采用干流贾嘴水库加支流砚瓦川调蓄水库的并联开发方案,工程年均供水量为 8 309 万 m³,其中工业供水量为 5 499 万 m³,供水保证率为 96.1%;灌溉供水量为 2 810 万 m³,供水保证率为 86.0%,满足供水任务要求。新技术使工业用水保证率由 56.6%提高到 96.1%,农业由无法供水提高到 86.0%。在满足供水任务的同时,水库进入正常运用期后库区有冲有淤,可长期保持有效库容,见图 8-3。

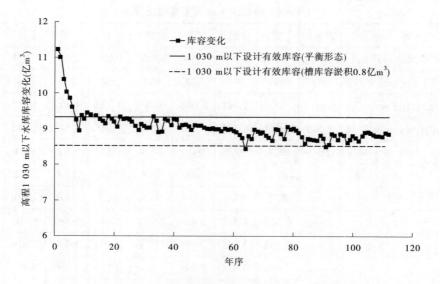

图 8-3　贾嘴水库高程 1 030 m 以下库容变化

8.5.2　蒲河巴家嘴—五台山联合供水工程应用效果

8.5.2.1　巴家嘴水库概况

巴家嘴水库位于甘肃省境内,泾河支流蒲河中游,控制流域面积 3 478 km²,占蒲河流域面积的 46.5%。水库于 1958 年 9 月开始兴建,1960 年 2 月截流,1962 年 7 月建成,为拦泥试验库。初建坝高 58 m,坝顶高程 1 108.7 m,相应库容 2.57 亿 m³,为黄土均质坝。1964 年、1974 年曾两次加高坝体,坝高 74.0 m,坝顶高程 1 124.7 m,校核洪水位为 1 124.4 m,原始总库容 5.11 亿 m³,为年调节水库,属大(2)型工程。第二次加高大坝的同时,又改建了泄洪洞与输水洞。泄洪洞进口底坎高程抬升到 1 085.5 m,输水洞进口底坎高程抬升到 1 087 m。泄洪洞最大泄流能力为 101.9 m³/s(1 124 m 高程)。1992 年 9 月增建泄洪洞工程正式开工,于 1998 年汛前投入运用。2004 年巴家嘴水库进行了除险加固设计,增建 3 孔溢洪道,并加固了坝体,但未增加坝高。巴家嘴水库是 1 座集防洪保坝、供水、灌溉及发电于一体的水利枢纽工程,由 1 座黄土均质大坝、1 条输水发电洞、2 条泄洪洞、2 孔开敞式溢洪道、两级发电站和电力提灌站组成。

巴家嘴水库入库水沙量主要来自干流蒲河和支流黑河,巴家嘴水库入库径流量与输沙量为 2 个入库站(姚新庄、太白良)加上区间入汇的总和。入库多年平均水量 13 059 万 m³,多年平均沙量 2 848 万 t,年平均含沙量 218 kg/m³,其中汛期 7 月、8 月平均含沙量分别为 381 kg/m³ 和 366 kg/m³,为全年最高,其次为 6 月的 241 kg/m³ 和 9 月的 154 kg/m³。

根据巴家嘴水库运用情况,可划分为如下五个阶段:

(1)1960 年 2 月至 1964 年 5 月,为蓄水运用时期,此阶段总淤积量为 0.528 亿 m³,年均淤积量为 0.132 亿 m³。由于坝前淤积厚度已超过 30 m,防洪库容锐减,为满足防洪需要,进行坝体加高。

(2)1964 年 5 月至 1969 年 9 月,水库自然滞洪运用,敞开全部闸门泄水,此阶段总淤积量为 0.626 亿 m³,年均淤积量为 0.104 亿 m³。因为水库泄流能力不足,又加上 1964 年为大水大沙年,因此这一阶段水库淤积仍较为严重。

(3)1969 年 9 月至 1974 年 1 月,水库又转为蓄水运用,此阶段总淤积量为 0.708 亿 m³,年均淤积量为 0.177 亿 m³。至 1974 年初库区总淤积量已达 1.862 亿 m³,为此进行第二次坝体加高。

(4)1974 年 1 月至 1977 年 8 月,水库自然滞洪运用,总淤积量为 0.089 亿 m³,年均淤积量为 0.022 亿 m³。这一时段进库水沙量偏枯,除 1977 年外,沙量也都小于多年平均沙量。因此,第二次自然滞洪运用时期库区淤积量比第一次自然滞洪运用时期减少较多。

(5)1977 年 8 月以后水库运用方式改为"蓄清排浑"运用,即非汛期蓄水,汛初降低水位,洪水进库后将闸门全部开启泄洪。但因泄流能力小,遇洪水水库仍然严重滞洪淤积;1977 年 8 月至 1992 年 10 月共淤积 0.712 亿 m³,年均淤积 0.047 亿 m³;1992 年 10 月至 1997 年 10 月为增建新泄洪洞施工期,共淤积 0.548 亿 m³,年均淤积 0.110 亿 m³。从 1960 年 2 月至 1997 年 10 月水库累计淤积已达 3.211 亿 m³,年均淤积 0.084 亿 m³。

巴家嘴水库采用全年蓄水运用和自然滞洪排沙运用时,库区均发生大量淤积;而 1977 年 8 月以后改用蓄清排浑运用,但因泄流能力小,遇洪水时水库仍然严重滞洪淤积,排沙比仅能达到 60%~80%。巴家嘴水库只有采用自然滞洪排沙的运用方式才能长期保持有效库容,如果蓄水运用,将会造成严重淤积。而近年来,为了保证庆阳市城区供水,在主汛期巴家嘴水库仍按蓄水运用,造成了泥沙严重淤积。按照多年平均来沙情况,现有调节库容将在十余年的时间里损失殆尽,而巴家嘴水库作为庆阳市城区目前的主供水源,失去兴利库容后果将非常严重。

为了解决用水和排沙矛盾的问题,庆阳市于 2008 年修建了南小河沟调蓄水库,调节库容为 50 万 m³,非汛期从巴家嘴水库自流引水,在主汛期,巴家嘴水库基流冲沙期间代替巴家嘴水库向城市供水。而随着城市的发展,用水量急剧增加,现状巴家嘴日供水量达到了 3.04 万 m³,主汛期 7 月、8 月需水量接近 200 万 m³。同时随着经济社会的发展,设计水平年用水量将进一步增加,在主汛期巴家嘴水库无法正常蓄水、南小河沟水库调节库容有限的情况下,已不能满足城市供水需求。

8.5.2.2　巴家嘴—五台山联合供水工程设计

按本研究提出的特高含沙河流供水水库水沙分置设计技术,为控制巴家嘴水库淤积,长期保持巴家嘴水库的兴利库容,保证正常的生产生活供水,需要修建调蓄水库。

五台山水库作为巴家嘴新增调蓄水库,位于巴家嘴水库下游约 2.4 km 处的蒲河右岸支流东嘴沟内,其开发任务是在汛期 7 月、8 月巴家嘴水库敞泄运用期内,与南小河沟调蓄水库联合运用,必要时辅以地下水作为抗旱应急补充水源,保障庆阳市城区主汛期 7 月、8 月生产生活用水。

五台山水库的供水范围是庆阳市城区,依据《室外给水设计规范》(GB 50013—2006)和水库开发任务,庆阳市城区生产生活的供水保证率采用 95%。巴家嘴灌区是一个以旱作物为主的干旱地区,根据《灌溉与排水工程设计规范》(GB 50288—2018),灌溉设计保证率取值为 50%~75%,考虑到该地区为严重缺水地区,故灌溉设计保证率取 50%。

根据庆阳市需水预测和可供水量分析,规划水平年 2020 年庆阳市城区需水量为

4 580 万 m³,扣除中水回用、雨水集蓄可利用水量 1 106 万 m³,需要巴家嘴水库提供水量为 3 474 万 m³,汛期 7 月、8 月城市需水量为 580 万 m³。南小河沟水库引用巴家嘴水库水量为 50 万 m³,则需要五台山水库汛期 7 月、8 月提供的水量为 530 万 m³。

8.5.2.3 巴家嘴—五台山联合供水工程效果

巴家嘴水库多年平均入库水量 12 985 万 m³,多年平均水库蒸发渗漏损失 733 万 m³,在保证坝下生态基流 1 217 万 m³ 的前提下,9 月至翌年 6 月巴家嘴水库可向庆阳市城区生活和工业供水 2 852 万 m³,非汛期供水的旬保证率为 95.25%。7 月、8 月由五台山水库和南小河沟水库供水,多年平均五台山水库及南小河沟水库可向生活和工业供水 494 万 m³,其中五台山水库供水 450 万 m³、南小河沟供水 44 万 m³,7 月、8 月供水保证率为 63.04%;在枯水年辅以地下水作为抗旱应急水源,多年平均地下水汛期补充供水 87 万 m³,可以保证庆阳市城区用水需求,年保证率达到 97.82%。巴家嘴水库全年可向农业灌溉供水 1 619 万 m³,年供水保证率近 50%。

目前,五台山水库已经基本建成。应用本项目创建的特高含沙河流水库水沙分置开发技术后,新建了五台山调蓄水库并联合巴家嘴水库供水的改造方案,主汛期巴家嘴空库排沙时由五台山调蓄水库供水,破解了汛期供水和泄洪排沙的矛盾,保障了水库和供水安全。巴家嘴—五台山联合供水工程于 2015 年 7 月开工建设,当前已建成运用。工程效益计算期内,水库新增供水量为 24.75 亿 m³。

8.6 小　结

（1）多沙河流水库要长期保持有效库容,必须具有一定的泄流排沙规模,并制定合理的运用方式,使得水库因蓄水、滞洪造成的淤积能顺利排出水库,达到一定时期内冲刷在数量和部位的相对平衡。在不利的水沙条件下,水库采用"蓄清排浑"运用方式,也不能根本解决水库持续淤积问题,必须结合来大水时相机敞泄排沙运用,才能恢复并保持水库长期可利用库容。对于多沙河流上汛期有供水任务的水库而言,水库排沙期泄流排沙很难保证水资源量,无法满足供水任务的要求。

（2）特高含沙河流修建水利枢纽工程有两种开发模式,一是在干流上修建一个水利枢纽工程,二是考虑单个水库排沙运用时供水安全得不到保障,在干流上修建一个水库,同时新建调蓄水库调节供水,形成干流大库调控泥沙、调蓄水库调节供水的并联水库模式。以甘肃省庆阳市马莲河水利枢纽工程为例对这两种开发模式进行了论证,干流单库方案无法满足供水要求;通过干流大库调控泥沙、调蓄水库调节供水的并联水库开发模式,可破解特高含沙河流水库有效库容保持和供水调节之间难以协调的技术难题,开辟了特高含沙量河流重大水工程开发新途径。

（3）针对多沙河流并联水库水沙分置开发,建立了并联水库径流—泥沙联合配置模型。并联水库径流—泥沙联合配置模型包括泥沙冲淤计算和供水调节计算,功能模块包括水库调度模块、水面线计算模块、库容计算模块、泥沙冲淤计算模块、异重流计算模块、床沙级配调整模块、河床变形模块、调蓄水库引沙量计算模块,可实现水库库区水面线计算、冲淤量变化、淤积形态变化、库容计算、出库水沙量计算等,能够在给定需水过程的情况下进行水库供水量和供水保证率计算,并实现调蓄水库引沙量计算。计算时段汛期和非汛期均按日计算。

(4)特高含沙河流汛期来沙量大,来水含沙量高,水库汛期需要利用大流量排沙来实现有效库容的长期保持。排沙期,干流大库不调蓄径流,由支流调蓄水库供水;非排沙期,干流大库调蓄径流,并由干流大库充蓄支流调蓄水库,同时经支流调蓄水库调蓄后向用水对象供水。两库联合运用,兴利库容联合配置原则应满足设计供水量和供水保证率要求,同时干流大库的兴利库容选择还需满足降低引水含沙量要求,尽量延长调蓄水库淤沙库容的使用年限。研究建立了并联水库兴利库容联合配置设计技术,科学确定了两库兴利库容规模。

(5)甘肃省马莲河年平均入库含沙量高达 280 kg/m³,为世界上含沙量最高的供水水库,采用传统的单库开发模式,工农业用水无法保障。采用新技术,提出干流贾嘴水库加支流砚瓦川调蓄水库的并联开发方案,使工业用水保证率由 56.6% 提高到 95.0%,农业由无法供水提高到 86.0%。

(6)应用特高含沙河流水库水沙分置开发技术,新建了五台山调蓄水库并联合巴家嘴水库供水的改造方案,主汛期巴家嘴空库排沙时由五台山调蓄水库供水,破解了汛期供水和泄洪排沙的矛盾,保障了水库和供水安全。巴家嘴—五台山联合供水工程于 2015 年7 月开工建设,当前已建成运用。工程效益计算期内,水库新增供水量为 24.75 亿 m³。

第 9 章

防淤堵技术

9.1 研究现状及意义

9.1.1 研究现状

多沙河流由于来沙量大、含沙量高,库区泥沙淤积严重。水库运行初期,库区淤积形态为三角洲淤积。随着水库的运用,库区泥沙淤积发展,三角洲顶点逐渐向坝前推进,直至顶点达坝前后,水库为锥体淤积形态。水库运用过程中,泥沙淤积面的不断抬高,导致枢纽泄水建筑物进水口泥沙淤堵的风险也越来越大,影响工程效益发挥甚至影响枢纽工程安全运行。

国内已建多沙河流水利枢纽工程在泄水建筑物淤堵方面有过大量的教训,并在防淤堵方面积累了大量的经验。黄河刘家峡水库支流洮河入汇口距刘家峡水库大坝 1.5 km,多年平均入库水、沙量占刘家峡水库总入库水、沙量的 18% 和 31%,而其库容仅占刘家峡水库总库容的 2%。洮河库段死库容于 1978 年淤满以后,其来沙除淤损有效库容外,还大量淤积在坝前,并在洮河口黄河干流形成沙坎,沙坎逐渐淤高阻水,坝前淤积面逐年抬高,洮河泥沙大量过机,过机泥沙粒径变粗,泄水孔洞淤堵。例如每年 5~8 月过机含沙量一般在 30~50 kg/m³,过机最大含沙量出现过 516 kg/m³。1988 年 5 月 6 日至 7 月 10 日,排沙洞闸门开启后 65 d 未过流,后靠右侧泄洪洞拉沙降低坝前淤积高程解决。黄河三门峡水利枢纽泄水孔洞曾发生过淤堵情况。1989 年 10 月 27 日(坝前水位 310.47 m),排沙钢管(内径 7.5 m)打开后不出流,排沙钢管进口底部高程为 287 m,孔口底部以上淤沙厚度约 16 m,水头为 23.47 m,顶部以上淤沙厚度约 8.5 m,水头为 15.97 m。由于前一年检修闸门未关闭,钢管内淤满泥沙引起淤堵(压力钢管平均长度 21 m),次年打开钢管出口闸门后,泥沙从进口处往下逐步液化,期间未采取人工清淤措施,不到 1 d 时间,大量泥沙自钢管突然喷出,管道疏通,开始过流。延河一级支流杏子河王瑶水库 1973 年 1 月至 1979 年 12 月蓄洪拦沙阶段,水库无泄流排沙设施,期间恰遇 1977 年特大洪水,全年来沙量为 1 937.5 万 m³,最大洪峰流量为 2 620 m³/s,水库淤积十分严重,该时段总淤积量达 5 961 万 m³。1980 年 1 月至 1987 年 12 月蓄洪排沙阶段,泄洪洞已建成,先后采取了低水位滞洪排沙、蓄清排浑的运用方式,但由于泄洪洞进口围堰未拆除,左岸泄洪洞附近山岩石嘴阻水,限制了泄洪洞排沙效果,该时期水库又淤积泥沙 3 026 万 m³,累计淤积量占总库容的 44.3%,坝前淤积滩面高程达到了 1 172.5 m,防洪库容锐减,淤积面已高出泄洪洞进口 26.8 m,在进口前形成喇叭形跌坑,多次堵塞洞口。1987 年 7 月 2 日坝前运用水位为 1 171.40 m,泄水时发生左右岸滑塌,进口洞底前淤沙高程为 1 176.90 m,闸门顶部淤沙厚度为 29.2 m,闸门底部淤沙厚度为 31.2 m,挤压压力洞(67.25 m)发生淤堵,导致长度为 625.8 m 的泄洪明流洞(尺寸为 3.2 m×3.75 m)淤堵,7 月 2~16 日期间采取给检修闸注水反压,反复疏通。黄河万家寨水库 2014 年排沙运行期间,为降低机组进水口处泥沙淤积高程,减小机组过机含沙量,8 月 15 日至 9 月 2 日,机组进水口下方的 5 个排沙孔交替开启,运行时间均在 5 d 以上,9 月 15~19 日,水库冲沙期间同时开启了 4 个排沙孔进行排沙运行,发现 2# 排沙孔闸门打开后不出流,出现淤堵;其中,9 月 16~18 日水库冲沙期间,水库最多同时开启 7 孔底孔排沙。黄河龙口水利枢纽排沙洞淤堵现象比较严重。2011年 9 月 17 日提 1#~6# 排沙洞出口工作闸门至全开过程中,1#、2# 排沙洞出口工作闸门无过流;2011 年底在 1#、2# 排沙洞进口门分别安装了一个充气管和一个冲水管,通过 DN15 球阀对洞内进行了长时间充气和冲水扰动,1# 排沙洞已自然疏通,2# 排沙洞在充气和冲水扰动下没有产生任何效果。

结合实测资料,对多沙河流水利枢纽工程泄水建筑物淤堵情况、原因及处理措施、防淤堵措施等进行了分析研究。泄水孔洞淤堵情况主要有坝前淤积面逐年抬高淤堵泄水孔洞,泄水孔洞闸门关闭时间较长导致闸门前淤积面高程持续抬升、闸门难以开启或开启后不能及时泄流,泄洪孔洞内淤积泥沙导致闸门正常提起后不能过流,泄水孔洞进口闸门受泥沙淤积顶托无法正常关闭,泄水孔洞闸门开启后门前泥沙坍塌淤堵泄水孔口,大量树根、高秆作物、杂草等冲到坝前堵塞泄洪、灌溉孔口和机组进水口。已建水利枢纽的防淤堵措施主要有制定合理的泄洪排沙调度运用方式,定期检查泄水孔洞前泥沙淤积高程,定期对闸门进行试门检验主要泄洪闸门设施运行是否正常,及时清理进水塔前的树根、高秆作物、杂草等杂物。多个水库结合泄水孔洞淤堵教训,总结出淤堵解决措施主要有靠水流自然疏通来解决泄水孔洞淤堵问题,泄水孔洞淤堵后进行长时间充气和冲水扰动,泄水孔洞淤堵后开启周围其他孔洞进行拉沙以降低被淤堵孔口前的泥沙淤积面高程,对淤堵的泄水孔洞进行人工清淤等措施。

多沙河流水利枢纽高程泄水孔洞防淤堵研究,对确保水库安全运行和充分发挥工程效益具有重要意义。当前多个水库仅是针对自身淤堵问题进行了研究和总结,并未系统梳理水利枢纽工程泄水建筑物淤堵机制和防淤堵措施。研究手段也多局限于实测资料分析。本书从实测资料分析、数学模型计算、实体模型试验的角度,提出了多沙河流水利枢纽工程泄水建筑物淤堵机制和防淤堵措施。数学模型是研究河流水沙运动及河道冲淤演变的重要工具,具有快捷灵活的特点,适用于大量的方案计算与比选,坝区泥沙三维数学模型计算可为泄水孔洞防淤堵研究提供科学依据。同时,实体模型是研究河流水沙运动及河道冲淤演变的重要工具,实体模型通过对自然现象的反演、模拟和试验,研究复杂的水流和泥沙运动的三维问题,揭示河流水沙运动的规律,与其他研究手段相结合,可为多沙河流水库泄水建筑物进口防淤堵研究提供技术支撑。

9.1.2 研究意义

已建水利枢纽和水电站运用实践证明,泄水建筑物实现防淤堵,要依靠泄洪排沙底孔的运用,在泄水建筑物前形成坝区冲刷漏斗区域,调节库坝区水流泥沙运动,或者形成异重流,或者形成浑水明流,都能不同程度地调节流速和含沙量及泥沙组成的横向分布和垂向分布形态,发挥泄洪排沙底孔排沙尤其是排粗泥沙的作用,降低底孔前泥沙淤积高程,形成孔口前横向侧坡互相连接的大漏斗河槽,控制孔口防淤堵和电站防沙的安全正常运行状态,还可以减小闸门淤积土压力和摩擦力,减小启门力;可以利用较大的坝区冲刷漏斗水域的库容,加上近坝库区低壅水库容,进行调峰发电运行和调水调沙运用相结合,提高发电效益和下游河道减淤效益。同时,利用维持较大的坝区冲刷漏斗的河床纵剖面和河槽横断面形态起到库区侵蚀基准面的作用,控制库区河床纵剖面和河槽横断面形态,使水库坝区和库区密切联系,形成一个统一的冲刷控制体。

多沙河流水库若不能实现泄水建筑物防淤堵,泄水孔洞前泥沙淤积面很高,迫近甚至高于电站机组进口底坎高程,则将使大量泥沙和粗沙过水轮机,加剧水轮机的磨损,缩短检修周期,电站不能安全正常运行。泄水孔洞淤堵后将导致开闸后不能及时过流或增大闸门的启闭力,产生使闸门启闭困难等问题。因此,实现多沙河流水利枢纽工程防淤堵,保证进水口前形成稳定的冲刷漏斗形态,对确保水库安全运行和充分发挥工程效益具有重要意义。

9.2　坝前泥沙淤堵机制

9.2.1　已建水利枢纽泄水孔洞淤堵情况

9.2.1.1　泄水孔洞淤堵情况

1.刘家峡水利枢纽

刘家峡水利枢纽位于甘肃省永靖县境内,兰州市以西 100 km 处。坝址距黄河源头 2 019 km,控制流域面积 18.2 万 km²,约占黄河流域面积的 1/4。设计正常蓄水位 1 735 m,相应库容 57 亿 m³;校核洪水位 1 738 m,校核洪水位以下总库容 64 亿 m³。刘家峡水库运用可分为两个阶段,第一阶段为 1969~1988 年单库运用阶段,第二阶段为 1989 年至今龙羊峡水库、刘家峡水库联合调度运用阶段。1986 年 10 月 15 日龙羊峡水库下闸蓄水后,控制了刘家峡水库以上 60%~70% 的来水量,拦截了黄河干流泥沙的 40%。在龙羊峡水库、刘家峡水库联合调度下,刘家峡水库运用明确了蓄清排浑、科学合理地调水调沙的调度原则。

刘家峡水利枢纽工程由挡水建筑物、泄水排沙建筑物、引水发电建筑物组成。挡水建筑物包括河床混凝土主坝,左、右岸混凝土副坝,溢流坝,混凝土联接副坝及黄土副坝等。引水发电建筑物包括引水系统厂房系统、变电开关系统和尾水系统,电站机组进水口高程 1 680 m,安装 5 台混流式水轮发电机组,1#、2# 机组位于地下厂房,3#~5# 机组位于坝后厂房。1#、2#、4# 机组单机容量为 225 MW,3# 机组为 250 MW,5# 机组为 300 MW,总装机容量为 1 225 MW,1994~2000 年对 5 台机组分别进行增容改造,目前总装机容量达到 1 350 MW。

泄水建筑物包括泄水道、泄洪洞、溢洪道及排沙洞,分别设置在左、右两岸,主要作用是泄洪、排沙、排水及放空水库。

(1)泄水道位于主坝Ⅷ坝段内,进口设检修门、工作门各一道,进水口为 2 孔 3 m×9.8 m 的矩形孔口,底部高程 1 665 m,出坝体后两洞合成一条宽 8 m、长 191.5 m、平面转弯半径 296 m 的滑雪道式陡槽,纵坡为 0.16,横向坡度 1∶0.5,出口设有挑流鼻坎。泄水道全长 240 m,主要作用是排沙、降低库水位、宣泄洪水、下游灌溉供水及放空水库等;正常蓄水位 1 735 m 时最大泄量为 1 488 m³/s;校核水位 1 738 m 时泄量为 1 524 m³/s。

(2)泄洪洞位于主坝右侧,从右岸混凝土副坝ⅩⅣ、ⅩⅤ坝段下部穿过,进口位于右副坝上游75 m处,底坎高程1 675 m,出口位于1#机组尾水洞出口下游、溢洪道出口上游。泄洪洞全长529.5 m,是最后启用的泄洪设施;正常蓄水位1 735 m时泄量为2 146 m³/s;校核洪水位1 738 m时泄量为2 200 m³/s。

(3)溢洪道位于河床右岸,利用原黄河古河道开挖而成,由首部溢流堰、渠身段、连接段和尾部出口段组成。溢流堰左侧与右岸混凝土土坝相连,右侧与混凝土联接坝相连。堰顶高程1 715 m,中心线与坝轴线正交,全长875 m。溢洪道的主要任务是宣泄洪水。正常蓄水位时泄量为3 789 m³/s;校核洪水位时泄量为4 260 m³/s。

(4)排沙洞位于右岸,进口设在1#、2#机组进水口前约50 m处,底坎高程1 665 m;排沙洞从右岸混凝土副坝Ⅹ、Ⅷ坝段下部穿过,全长675.5 m,由有压段、闸门井、无压段及出口段组成。有压段从进口斜门开始到闸门井前,洞径为3 m,长124 m。闸门井为塔筒形式,内设检修门、工作门各一扇,工作门以下为明流无压段,成直线型。出口位于泄洪洞出口下游150 m处,射流平台长16.5 m,消能型式为水流平射式。排沙洞的主要作用是减少上游水草、泥沙对1#、2#机组进水口拦污栅的堵塞及减轻泥沙对水轮机的磨损。正常蓄水位时泄量为105 m³/s。

刘家峡水库1968年10月至2013年汛前,水库总库容损失29.60%。1988~1998年库区淤积泥沙2.78亿m³,有效库容淤积1.15亿m³,这10年库容损失并不大,有效库容损失也很小。但支流洮河泥沙淤积问题十分严重。洮河入汇口距刘家峡水库大坝1.5 km,是一条多沙河流,多年平均入库水、沙量分别为51.7亿m³和0.286亿t,占刘家峡水库总入库水、沙量的18%和31%,而其库容仅占刘家峡水库总库容的2%。洮河库段死库容于1978年淤满以后,其来沙除淤损有效库容外,还大量淤积在坝前,并在洮河口黄河干流形成沙坎,沙坎逐渐淤高阻水,坝前淤积面逐年抬高,洮河泥沙大量过机,过机泥沙粒径变粗,泄水孔洞淤堵。例如每年5~8月过机含沙量一般在30~50 kg/m³,过机最大含沙量出现过516 kg/m³。1988年5月6日至7月10日,排沙洞闸门开启后65 d未过流,后靠右侧泄洪洞拉沙降低坝前淤积高程解决。

为了解决洮河泥沙问题,刘家峡水库从1974年开始进行异重流排沙,到2000年底共排沙2.4亿t,占洮河来沙量的1/3;水库于1981年、1984年、1985年、1988年进行的降低库水位拉沙共拉出泥沙0.33亿t,缓解洮河沙坎升高和坝前的淤积。为减轻洮河泥沙造成的危害,在经过大量的观测、试验、研究基础上,目前正在洮河口增建排沙洞,排沙洞修建完成后可在汛期将洮河泥沙直接排向水库下游,将有效地减轻水库泄水孔洞淤堵问题。

刘家峡水库防汛排沙调度中,当洮河红旗站含沙量达到30 kg/m³以上、流量在100 m³/s以下时,可开启排沙洞进行排沙;当洮河红旗站含沙量达到50 kg/m³以上、流量在100 m³/s以上时,根据当时水库水位情况可开启1孔泄水道或排沙洞进行排沙;当通过水轮机含沙量在15~30 kg/m³时可开启排沙洞进行排沙;当通过水轮机含沙量超过30 kg/m³时可开启1孔泄水道进行排沙;当泄水建筑物出口含沙量降到4 kg/m³左右时关闭闸门停止排沙。刘家峡水库防汛排沙调度有利于泄水孔洞防淤堵。

综上所述,刘家峡水利枢纽泄水孔洞曾经的淤堵情况主要为:①支流洮河来沙量大,泥沙大量淤积在坝前,坝前淤积面逐年抬高,泄水孔洞淤堵,1987 年坝前淤积面高程普遍升高至 1 682 m 以上,高出泄水建筑物底板高程 10.5~17.3 m,排沙洞 4 次被堵塞不过水;②排沙洞闸门开启后,因门前泥沙坍塌淤堵进水口,开门后 64 d 未过流。

泄水孔洞淤堵解决措施为:①靠右侧泄洪洞拉沙解决;②增建洮河口排沙洞,汛期将洮河泥沙直接排向水库下游。

2.青铜峡水利枢纽

青铜峡水利枢纽位于宁夏回族自治区黄河中游的青铜峡峡谷出口,是一座以灌溉、发电为主,结合防凌等综合利用的水利枢纽工程,距上游兰州 430 km,距下游银川 80 km。枢纽工程等级为二等,主要建筑物为二级。水库正常高水位 1 156.00 m,设计相应库容 6.06 亿 m³,2012 年 11 月实测正常高水位以下相应有效库容为 0.362 8 亿 m³,现无调节能力。工程于 1958 年 8 月开工,1960 年 5 月截流,1967 年 12 月第一台机组发电,1978 年 8 台机组(272 MW)全部投入运行,1995 年 7 月扩建的 9# 机组(30 MW)并网发电,2011 年进行了 1# 机组技术改造,2012 年进行了 8# 机组技术改造,2014 年进行了 7# 机组技术改造,现总装机容量 315 MW。自 1991 年开始,汛期按沙峰“穿堂过”结合汛末拉沙的泥沙调度方式,汛期根据预报入库泥沙多少,提前降低水库水位,选择部分或全部机组停机,开启排沙底孔排沙,将泥沙尽可能多的“穿堂过”排出库外,汛末选择有利时机,进行一次机组全停、放空水库进行拉沙。

青铜峡水电站拦河大坝主要由混凝土坝、河床电站、灌溉渠首电站及土坝组成。坝顶总长 687.30 m,坝顶高程 1 160.20 m,最大坝高 42.7 m。枢纽布置由西(左)向东(右)依次为:0#~5# 坝段为左岸混凝土重力坝段;6#~20# 坝段为 8 个闸墩电站坝段与 7 个溢流表孔(采用面流消能)坝段相间布置;21#~34# 为右岸混凝土重力坝段,其中 30#~34# 为 3 孔泄洪闸;右岸为土坝接头与东干渠进水闸。青铜峡水电站主要泄水建筑物为 3 孔泄洪闸、7 孔溢流坝表孔、15 孔泄水管和 1 孔灌溉孔。3 孔泄洪闸进水口底板高程 1 140.00 m,单孔尺寸为 10 m×5.5 m(宽×高,下同),设计最大下泄流量为 2 460 m³/s,底流消能;7 孔溢流坝表孔堰顶高层 1 149.40 m,单孔尺寸为 14 m×7 m,设计最大下泄流量为 5 200 m³/s;1#~14# 泄水管进水口位于水轮机进口下部,高程为 1 124.00 m,出水口底板高程 1 131.00 m,泄水管断面呈矩形,由进口尺寸 6.5 m×3.55 m 逐渐缩小至出口断面 6.5 m×1.5 m,设计最大下泄流量 2 422 m³/s,1#、2# 泄水管不直接参加泄洪;15# 泄水管进水口底板高程 1 125.50 m,出口尺寸为 4 m×2 m,最大泄流量 110 m³/s,可以参加泄洪;1 孔灌溉孔进口底板高程 1 133.00 m,最大下泄流量 100 m³/s,目前由于灌溉孔多年没有使用,工作门已全部被泥沙淤堵。青铜峡水利枢纽渠首灌溉工程有 3 处,河东高干渠位于水库右岸,引水能力为 70 m³/s;河东总干渠与 8#(25 MW)机组尾水渠相连,引水能力为 110 m³/s,左岸河西总干渠与 1#(38 MW)、9#(30 MW)机组尾水相连,引水能力为 450 m³/s,总设计灌溉能力为 630 m³/s。青铜峡水利枢纽上游立视图见图 9-1。

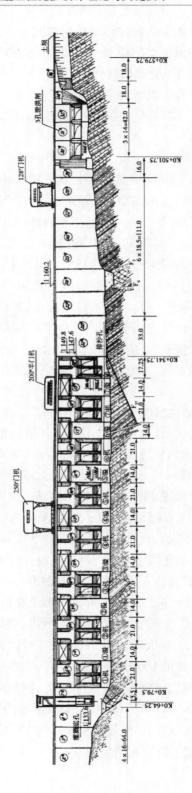

图 9-1 青铜峡水利枢纽上游立视图 （单位：m）

青铜峡水库自蓄水以来,由于泥沙淤积,水库库容急剧减少,原设计库容 6.06 亿 m³,至 1971 年由于缺乏运行经验,为追求发电效益而抬升汛期运行水位,仅 5 年时间库容减至 0.79 亿 m³,损失 87%;1993 年 4 月实测库容为 4 138 万 m³,2012 年 11 月实测库容为 3 628 万 m³。2000～2011 年水库主要依靠拉沙使得库区冲淤平衡,坝前左岸淤积体发展趋势缓慢。2012 年汛末未进行水库拉沙工作,右岸河东东干渠进口及泄洪闸上游淤积严重,形成一淤积体,淤积体不断向河中心延伸且高程已接近 1 156.0 m,已严重影响到汛期泄洪闸泄洪和东干渠灌溉取水。此外,在 1996 年春灌前也曾出现过 1#、2#泄水管检修门提不起来的情况,当水位被迫降至 1 143.3 m 时,检修门才勉强提起,工作门开启 7 h 后才出水。坝前右岸泄洪闸前的淤积高程达到 1 154.7 m,3 孔泄洪闸门已全部被淤埋,淤积现状给青铜峡水电站的安全运行带来很大的隐患。

青铜峡水库坝前河道主流靠近左岸。坝前“漏斗”为锥形淤积体。漏斗底部在坝前 240 m 处,最低点高程为 1 126.60 m,高出泄水管(排沙孔)进水口 2.60 m。目前,水库坝前右岸泄洪闸门前的淤积高程超过 1 155.8 m,严重影响泄洪闸正常启闭,对水库安全度汛造成威胁。坝前左岸淤积体逐渐向坝前推进,淤积体已与坝前导墙相连,将 1#机组所在坝段与河床段分隔开,该段内集中了 1#、9#发电机组,1#、2#泄水管,灌溉孔等多个用于河西总干渠灌溉的建筑物,水库淤积现状势必对青铜峡水电站造成安全隐患,对宁夏平原工农业安全饮水造成极大威胁。泥沙淤堵机组进口后,机组闸门无法正常启闭,只能靠机组拉沙,水轮机叶片磨蚀严重,叶片出现严重穿孔。

此外,库区有围滩造田现象。围滩造田主要集中在黄河东西岸的 14～17 断面,人们顺围堤直接进入河心滩,种植大量的向日葵、玉米等高秆植物,同时由于开垦土地和农作物生产的需要,居民对林木资源进行乱砍滥伐,把大量的树根堆积到水库岸边,遇有洪水时,大量的树根、高秆作物、杂草、死猪、死牛冲到坝前,堵塞泄洪、灌溉孔口和机组进水口,已经多次出现拦污栅被压垮,水电站被迫停机,严重威胁枢纽的安全运行。在水电站坝前 900 m 左右的滩池,旅游部门随意围筑堤坝、兴建码头,逐渐向库区延伸,近几年又向河心延伸横向土坝约 100 m,新修建多处码头,同时水库岸边保护范围内的水面波动区和滞洪区,也被旅游部门修筑长廊、房屋等永久性建筑。这些设施不但威胁到水库大坝的行洪蓄洪安全,而且直接威胁到水电站灌溉、泄流孔口的安全。

青铜峡水库建成后经历了蓄水期、蓄清排浑、库容趋向终极三个阶段,水库淤积严重,已无防洪库容,但泄流能力较大。自 1991 年开始,汛期按沙峰“穿堂过”结合汛末拉沙的泥沙调度方式,即汛前制定相应的排沙标准,汛期根据预报入库泥沙多少,提前降低水库水位,选择部分或全部机组停机,开启泄水管排沙,将泥沙尽可能多的“穿堂过”排出库外;汛末选择有利时机,进行一次机组全停、放空水库进行拉沙,通过溯源冲刷和沿程冲刷,有效增加库区各断面的槽蓄库容,在机组、灌溉取水口及泄水建筑物前形成冲刷漏斗。2008 年汛期拉沙范围延伸到坝前约 15 km 处。20 多年的运行实践证明,水库汛末拉沙运用方式是非常有效的,一是保证了凌汛期库区各断面有足够的过水面积,避免形成冰塞、冰坝;二是能够保证今冬明春机组检修期间闸门正常启闭,以及下一年汛期泄洪闸能够顺利开启泄洪、东干渠取水口不被泥沙淤积体堵死;三是力争控制水库淤积达到最小,确保电站灌溉、防洪、防凌及发电综合效益的最大发挥。但汛末水库拉沙时,上游来水量少满足不了拉沙要求又成为了制约减缓库区淤积和闸门淤堵的因素,如 2013 年,2014 年水库均进行了汛末拉沙,但由于淤积体积较大,冲刷效果不明显。

水库年年拉沙,但泄水管依旧有淤堵现象,经常出现开门后不出水的情况。泄水管进水口检修闸门常开,出水口工作门全闭,只有在水库排沙、拉沙及泄水管进行检查、修复时工作门才常开。青铜峡水利枢纽泄水管开启后不出水总历时见表 9-1。

表 9-1 青铜峡水利枢纽泄水管开启后不出水总历时

年份	日期	泄水管闸门孔号	开启时间（时:分）	出水时间（时:分）	总历时（min）
2004 年		4#			480
		5#			10
		15#			15
2006 年	10 月 15 日	2#	21:13	22:00	47
		4#	21:44	21:50	14
2008 年	10 月 10 日	1#	16:51	19:46	175
		3#	17:07	17:09	2
		4#	17:22	17:39	17
		5#	17:39	17:48	9
		7#	18:15	18:22	7
	10 月 11 日	14#	12:50	15:52	182
2009 年	10 月 15 日	1#	17:59	19:51	112
		2#	09:23	09:26	3
2010 年	10 月 12 日	1#	08:57	10:07	70
		2#	09:12	09:25	13

综上,青铜峡水利枢纽泄水孔洞淤堵情况为:①1#、2#泄水管检修门提不起来,当水位被迫降至 1 143.3 m 时,检修门才勉强提起,工作门开启 7 h 后才出水;②坝前右岸河东东干渠进口及泄洪闸上游淤积严重,淤积体不断向河中心延伸且高程已接近 1 156.0 m,3 孔泄洪闸门曾全部被淤埋,严重影响到汛期泄洪闸泄洪和东干渠灌溉取水;③泥沙淤堵机组进口,机组闸门无法正常启闭,靠机组拉沙,水轮机叶片磨蚀严重,叶片出现严重穿孔;④库区围滩造田等人类活动,使得大量树根、高秆作物、杂草、死猪、死牛等冲到坝前,堵塞泄洪、灌溉孔口和机组进水口。

泄水孔洞淤堵解决措施为:①泥沙淤堵机组进口后,靠机组拉沙;②汛期采取沙峰"穿堂过"结合汛末拉沙的泥沙调度方式,保证机组检修期间闸门正常启闭、汛期泄洪闸能够顺利开启泄洪、东干渠取水口不被泥沙淤积体堵死。

3.万家寨水利枢纽

黄河万家寨水利枢纽位于黄河北干流上段托克托到龙口峡谷河段内,坝址左岸为山西省偏关县,右岸为内蒙古自治区准格尔旗,是一座以供水、发电为主,兼顾防洪、防凌等综合利用的大型水利枢纽工程。控制流域面积 39.5 万 km²,多年平均入库径流量 248 亿 m³(河口镇 1952~1986 年实测年径流系列),设计多年平均径流量 192 亿 m³(1919~1979 年设计入库系列),多年平均入库沙量 1.49 亿 t,多年平均含沙量 6.6 kg/m³。1994 年 11 月主体工程开工,1998 年 10 月水库下闸蓄水。枢纽电站装机 6 台,单机额定功率 180 MW。水库总库容 8.96 亿 m³,调节库容 4.45 亿 m³。水库最高蓄水位 980.00 m,正常蓄水位 977.00 m,排沙期 8~9 月运用水位 952~957 m。水库采用"蓄清排浑"运用方式。万家寨水库坝址下游 25.7 km 处为运行中的配套工程龙口电站,其回水末端接近万家寨电站尾水。

　　枢纽由拦河坝、坝后式电站厂房、电站引水系统、泄水建筑物、引黄取水建筑物等组成,从左到右依次为左岸非溢流坝段、表孔坝段、底孔坝段、中孔坝段、隔墩坝段、电站坝段和右岸非溢流坝段。泄水建筑物由 1 个表孔、4 个中孔和 8 个底孔组成,底孔是枢纽主要的泄洪排沙设施,底孔进口高程 915 m,比原始河底高程 900 m 高 15 m。枢纽电站机组进水口高程 932 m。为避免泥沙淤积影响枢纽电站机组进水口,在电站进水口下方布设了 5 个排沙孔,底坎高程 912 m。万家寨水利枢纽上游立视图见图 9-2,排沙孔布置见图 9-3。

　　1999 年 7~8 月,水库坝前淤积面高程达到 912 m,2001 年坝前淤沙高程已基本与排沙孔进口底坎高程持平,2010 年底水库基本达到设计泥沙淤积平衡状态。2011 年起,万家寨水库汛期基本按照汛限水位 966 m 控制运行,8 月、9 月水库转入 952~957 m 低水位排沙运行。2014 年高程 957 m 以下库容萎缩,不能满足日发电调节,水轮机磨蚀严重、机组运行工况较差,于 9 月 16~18 日进行了蓄水以来首次冲沙运行,该时段水位降至 952 m 以下,机组全部停止发电。

　　2014 年万家寨水库排沙运行期间,为降低机组进水口处泥沙淤积高程,减少机组过机含沙量,8 月 15 日至 9 月 2 日,机组进水口下方的 5 个排沙孔交替开启,运行时间均在 5 d 以上。9 月 15~19 日,水库冲沙期间同时开启了 4 个排沙孔进行排沙运行(2# 排沙孔闸门打开后不出流,出现淤堵);其中,9 月 16~18 日水库冲沙期间,水库最多同时开启 7 个底孔排沙。

　　2014 年 8 月 23 日 19 时 45 分,2#、4# 排沙孔进口事故门全开,而在 19 时 57 分开启 2# 排沙孔工作门后,发现 2# 排沙孔不过流,除不过流外无其他异常现象,提门过程中无卡顿、阻滞,无异响;20 时 1 分提 4# 排沙孔工作门时发现闸门开启十分困难,在额定操作压力下,反复多次启动操作,于 20 时 25 分将 4# 排沙孔工作门提至全开,过流正常;至 8 月 26 日,2# 排沙孔仍无过流迹象,按电力生产办要求,关闭 2# 排沙孔工作门。除 2# 排沙孔外,其他 4 个排沙孔工作门在初次开启时,均存在不同程度的开启困难,需反复启动多次方能开启,反复启闭闸门的区间在 0.05~0.80 m 不等。根据统计,万家寨排沙孔工作门 2014 年汛期(凌汛未启闭运行)共启闭操作 20 次,期间 1#、3#、4#、5# 排沙孔均参与泄水排沙,2# 排沙孔因泥沙淤堵无法出水,始终未过流泄水。

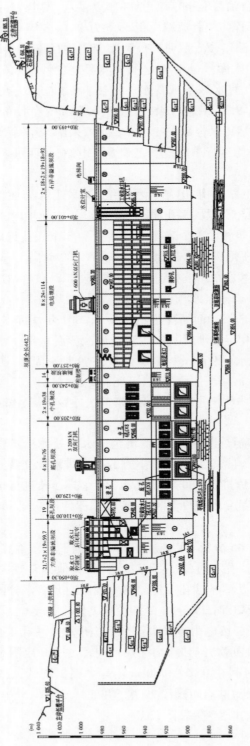

图 9-2 万家寨水利枢纽上游立视图

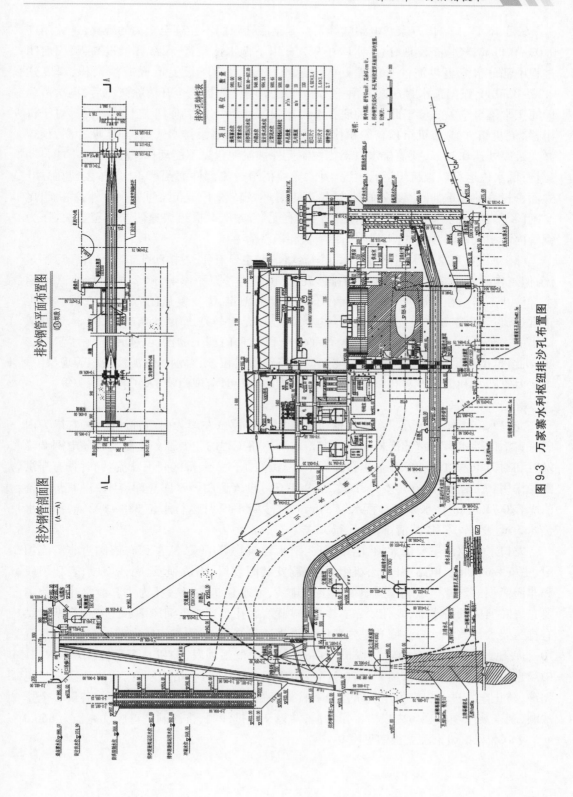

图 9-3　万家寨水利枢纽排沙孔布置图

9月16日、17日,万家寨电站陆续发生8个底孔弧门不能落至全关的现象,未关闭度0.03~0.11 m,经检查发现,由于水库在952 m以下低水位运行,泥沙含量过高,弧门启闭过程中部分水流裹带泥沙从门楣处向上返水,在顶水封座板上形成泥沙淤积,厚度达0.20~0.30 m,弧门顶水封被淤泥顶托无法全关,后将弧门提至全开清除淤泥后,再次落门即能正常落至全关。鉴于此,目前底孔已经增设了水管以备清理门楣上的淤泥。对于机组,除1#机组外,5台机组顶盖淤积比较严重,为保证顶盖泵排水畅通,须定期冲淤,顶盖淤泥最厚处达0.30 m,顶盖排水自动化控制元件被淤泥包裹不能动作,导致水泵不能自动运行;低水位运行以来机组运行工况不佳,导致机组过流部件磨蚀严重,具体表现在导叶立面密封汽蚀严重、叶片裂纹加剧、转轮下止漏环及转轮下环汽蚀明显。此外,2#机组尾水闸门不能落至全关位置,3#机组尾水门槽有泥沙淤积,4#机组快速门未落至全关,压力钢管内淤积大量泥沙,5#机组尾水门槽有大量石头存在。

综上所述,万家寨水利枢纽泄水孔洞淤堵情况主要有:①2#排沙孔工作门打开后不过流,但工作门可正常启闭,泥沙淤堵排沙孔;②由于泥沙淤积影响,除2#排沙孔外,其他4个排沙孔工作门在初次开启时,均存在不同程度的困难,需反复启闭方能开启,开启后可正常过流;③由于8个底孔弧门顶水封被淤泥顶托无法全关,厚度达0.20~0.30 m,底孔弧门不能落至全关,解决措施为底孔增设了水管以清理门楣上的淤泥;④由于泥沙淤积影响,机组也出现尾水闸门不能全关、尾水门槽有泥沙淤积、压力钢管有泥沙淤积等现象。

万家寨水利枢纽泄水孔洞淤堵后的解决措施有及时清理门槽、人工打捞石头等。

4.龙口水利枢纽

龙口水利枢纽位于万家寨水利枢纽下游25.6 km处,左岸为山西省河曲县,右岸为内蒙古自治区鄂尔多斯市的准格尔旗。龙口水利枢纽工程的主要任务是参与晋蒙电网调峰发电和对万家寨电站调峰流量进行反调节,使黄河龙口—天桥区间不断流,同时具有滞洪削峰作用。工程于2006年6月开工,2009年6月投入运用。水库总库容1.957亿 m³,调节库容0.71亿 m³。水库正常蓄水位898 m,排沙期8~9月运行水位888~892 m,排沙水位885 m。水库采用"蓄清排浑"运行方式。

龙口水利枢纽主要由大坝、电站厂房、泄水建筑物等组成,从左到右依次为非溢流坝段、主安装间坝段、电站坝段、小机组坝段、副安装间坝段、隔墩坝段、底孔坝段、表孔坝段和非溢流坝段。龙口水利枢纽汛期泄洪兼排沙,泄水建筑物以底孔为主。泄水建筑物主要布置在河床的右半部,表孔紧靠右岸边坡坝段,底孔布置接近河床中部。考虑汛期泄洪有排污要求,设2个表孔;底孔是主要的泄洪排沙建筑物,布置在河床中部偏右岸,共布置10个底孔,底孔进口底坎高程为863.00 m。左岸为电站坝段,装机总容量为420 MW,其中4台100 MW发电机组和1台20 MW发电机组。为保持电站坝段"门前清",减少过机泥沙,防止电站进水口在发电机组停机和检修期被泥沙淤堵,在4台机组下方各设2个排沙洞,副安装间坝段坝体内设1个排沙洞,共设9个排沙洞,排沙洞进口底坎高程为860.0 m。龙口水利枢纽上游立视图见图9-4。

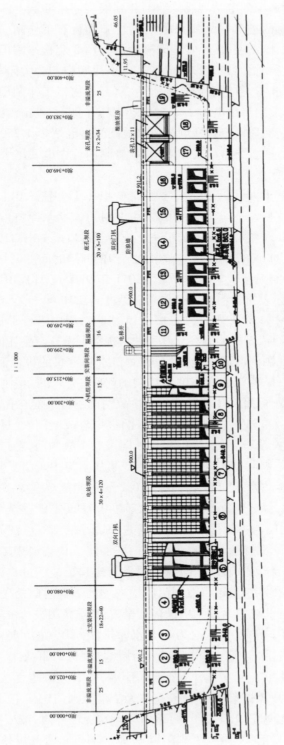

图 9-4 龙口水利枢纽上游立视图

龙口水利枢纽排沙系统即电站坝段排沙洞和副安装间排沙洞共 9 个排沙洞,其中电站坝段、副安装间排沙洞的进口均设有事故闸门,出口均设有工作闸门,在工作闸门的下游侧各设 1 道检修闸门,电站坝段、副安装间排沙洞共用 2 套检修闸门,闸门平时存放于门库中。排沙系统不运行时,出口工作闸门和进口事故闸门均为关闭状态,需要运行时,先将进口事故闸门提出孔口,排沙洞内充满水后,再开启出口工作闸门,放水冲沙。电站坝段 8 个排沙洞进口事故闸门由电站 2×1 250 kN 双向门机通过排沙洞进口事故闸门液压抓梁形式启闭,副安装间段 1 个排沙洞进口事故闸门由电站 2×1 250 kN 双向门机单钩通过拉杆形式启闭,9 个排沙洞出口工作闸门、检修闸门均由电站尾水 2×630 kN 双向门机单钩通过拉杆形式启闭。

目前,龙口水库坝前 1 km 以上基本达到设计淤积平衡状态。2014 年龙口水库汛期 8 月、9 月按水位 892 m 以下运行,实际运行中 8 月、9 月万家寨水库排沙期间,为减少水库淤积,库水位基本在 890 m 左右运行。为了防止排沙洞进口段至出口段钢管淤堵,排沙洞每次操作时,尽量缩短出口工作闸门与进口事故闸门的间隔时间。

龙口水利枢纽排沙洞淤堵现象比较严重。2011 年 9 月 17 日提 1#~6#排沙洞出口工作闸门至全开过程中,1#、2#排沙洞出口工作闸门无过流;2011 年底在 1#、2#排沙洞进口门分别安装了 1 个充气管和 1 个冲水管,通过 DN15 球阀对洞内进行了长时间充气和冲水扰动,1#排沙洞已自然疏通,2#排沙洞在充气和冲水扰动下没有产生任何效果。

根据 2014 年泄水孔洞闸门调度操作记录,龙口水利枢纽的排沙洞工作闸门在 2014 年凌汛和主汛期均有操作,凌汛期操作的排沙洞闸门有 1#、3#、5#、6#闸门,均能成功启闭并过流,其他闸门均未操作,此时 1#~8#排沙洞事故闸门一直锁锭在孔口。4 月 1 日落 2#和 5#排沙洞进口事故闸门,8 时开始操作 2#排沙洞进口事故闸门,经过反复起落试验,仍有约 2.5 m 不能落至全关;15 时开始操作 5#排沙洞进口事故闸门,经过反复起落试验,仍有 0.15 m 不能落至全关;4 月 2 日落 6#排沙洞进口事故闸门,9 时开始操作 6#排沙洞进口事故闸门,经过反复起落试验,至 14 时,仍有约 0.1 m 不能落至全关;5 月 10 日和 28 日,落 7#排沙洞进口事故门,经过反复起落试验,均有约 0.09 m 不能落至全关。鉴于 2#、5#、6#、7#排沙洞进口事故闸门均不能落至全关的问题,6 月 12~15 日,江苏瀚明潜水工程有限公司依次进行了 7#、6#、5#排沙洞进口事故闸门门底水下检查清理工作,2#排沙洞进口事故闸门门底水下摄像及检查清理工作;除 2#排沙洞进口事故门进口淤积至离孔口顶部大约 0.5 m 外,5#、6#、7#排沙洞进口事故闸门门槽内均无影响落门的杂物,落门后闸门底部与门槽底槛无间隙,确认进口事故闸门已落至全关;2#排沙洞进口事故闸门由于洞口淤堵,一直锁在孔口。9 月 2 日起,为配合万家寨水库排沙,调度龙口水利枢纽排沙洞进行排沙运行,2#排沙洞淤堵,除 1#、7#、9#外,其余排沙洞均因进口事故闸门门顶沉积泥沙或异物导致无法开启。9 月 10 日,1#排沙洞正常关闭后,15 日发现也无法开启,根据门机综合监测仪高度显示发现液压抓梁差 0.30 m 左右无法落至闸门定位上,10 月 17 日液压抓梁差达 2.9 m 左右;7#排沙洞 19 日关闭后,28 日发现也无法开启,液压抓梁差 1.5 m 左右无法落至闸门定位上。目前 2#排沙洞淤堵,除 9#排沙洞可正常开启外,其余均因进口事故闸门门顶泥沙淤积或异物而无法运行。汛后对 1#、3#、4#、5#、6#、7#、8#排沙洞进口事故闸门再次进行抓门试验,10 月 10 日完成了 7# 和 8# 排沙洞试验,其中 7# 排沙洞液压抓梁能够落到位并能正常穿脱销,8# 排沙洞液压抓梁未能落到位,距事故闸门门顶还有 0.12 m 的距离。目前,龙口水利枢纽排沙洞淤堵现象比较严重,正在进行人工清淤工作。计划 2015 年排沙期间,龙口水库在万家寨水库冲沙时,应相应降低至水位 885 m 运行,以保证龙口水库排沙效果。此外,应长期开启排沙洞试验运行,以实际运行验证排沙洞开启对机组运行的利弊影响,保证机组正常运行,待水位回升到一定高度,库水变清后,再关闭排沙洞。

综上所述,龙口水利枢纽泄水孔洞淤堵情况主要为:①泥沙淤堵 2# 排沙洞;②电站坝段排沙洞,除 2# 排沙洞已经淤堵外,5#、6#、7# 排沙洞进口事故闸门不能落至全关;③1#、3#、4#、5#、6#、7#、8# 排沙洞进口事故闸门门顶沉积泥沙或异物导致无法开启,根据门机综合监测仪高度显示发现各事故闸门液压抓梁均差一定的高度无法落至闸门定位上。

龙口水利枢纽泄水孔洞淤堵后的解决措施为:长时间充气和冲水扰动及人工下水清淤方式。

5.天桥水利枢纽

天桥水利枢纽位于山西省保德县义门镇,是黄河中游北干流上第一座低水头、大流量、河床式径流试验性水电站,上游距万家寨水利枢纽和龙口水利枢纽分别为 95 km 和 70 km,下游 8 km 处左、右两岸分别为山西省保德县和陕西省府谷县两县城。电站以发电为主,兼有排凌、排沙等综合效益,在山西电网中承担着调峰、调频作用。天桥水电站坝址以上控制流域面积 403 877 km^2,多年平均流量 879 m^3/s,多年平均径流量 331 亿 m^3。工程于 1970 年 4 月开工,1975 年 12 月截流,1978 年 7 月竣工投入运行。水库正常蓄水位 834 m,相应原始库容 0.67 亿 m^3,死水位 828.00 m,死库容 1 139 万 m^3。水库汛期 7~8 月按水位 830 m 运用,9~10 月按水位 832 m 运用,入库含沙量较高或万家寨水库、龙口水库排沙时,按死水位 828 m 运用,皇甫川出现大于 500 m^3/s 的洪峰流量时,按死水位 828 m 排沙运用;非汛期,流凌期流量大于 600 m^3/s 时,按水位 832 m 运用,开河期当库容小于设计上限有效库容时按水位 828 m 运用,其余时间按正常蓄水位 834 m 运用。

枢纽建筑物自左向右由混凝土重力坝、河床式厂房、泄洪闸、除险加固新建闸室段和土坝组成。左岸混凝土重力坝最大坝高 42 m、顶宽 7.6 m;河床式厂房为混凝土挡水结构,最大高度 50.44 m,进水口底坎高程 811.00 m。发电机组为 4 台,总装机容量为 128 MW,1# 和 2# 机组装机容量均为 28 MW,3# 和 4# 机组装机容量均为 36 MW。每台机组下方设 2 孔冲沙底孔,进口高程 809.50 m,孔口尺寸为 6.5 m×2 m(宽×高,下同),绕过机组左右侧通向下游,出口高程 806.40 m。安装间下设 3 孔泄洪冲沙洞,孔口尺寸为 7.5 m×5.5 m,进口高程 811.00 m,出口高程 803.00 m。泄洪闸 7 孔全长 113 m,底层底坎高程为 811 m,与原天然河床高程接近。2012 年 10 月完成除险加固后,新建 2 孔泄洪闸和 4 孔排沙底孔,新建闸室段从左岸开始依次为 2 孔开敞式弧形闸门,堰顶高程 822.00 m,单孔净宽 13.5 m,采用底流消能;4 孔有压式排沙底孔,进、出口高程均为 809.00 m,进口孔口尺寸为 4.5 m×5.5 m,出口孔口尺寸为 4.5 m×5.0 m。天桥水电站所有泄水建筑物的进口高程均接近原河床高程 811 m,以利于排沙泄洪。天桥水利枢纽总平面布置图见图 9-5。

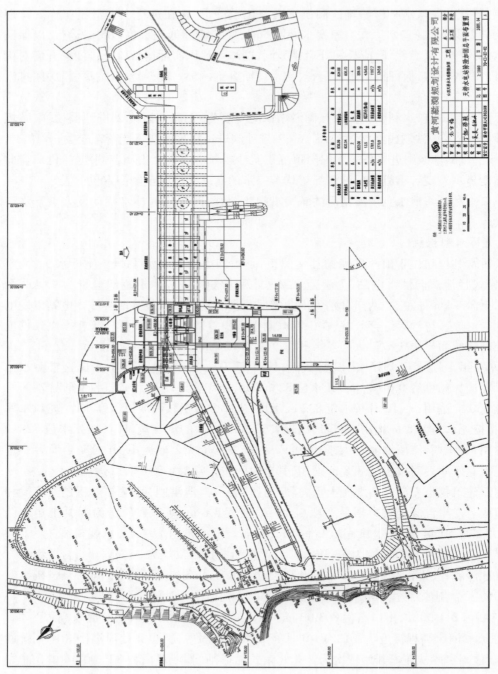

图 9-5 天桥水利枢纽总平面布置图

自 1975 年蓄水运用以来,泥沙不断淤积,水库库容损失很大。2012 年 10 月水库库容由原始的 0.85 亿 m^3 减少至 0.319 亿 m^3,损失 62.3%。水库底坡大,坝高小,水流速度大,大量泥沙很容易被带到坝前,由于进水口闸门关闭,进水口前泥沙大量淤积,对泄水孔洞防淤堵非常不利。

为控制库区泥沙淤积,当万家寨、龙口两库联合排沙流量较大时,天桥水利枢纽开启新建泄洪闸和排沙闸,形成排沙泄洪的通道。当万家寨水库、龙口水库排沙时,视排沙量的大小,运用水位可降低至 828.00 m 以下运用。当厂房前淤积高程达到 816.00 m、闸前达到 818.00 m,坝前冲沙漏斗与淤积三角洲洲面相交处高程达到 828.00 m 时,或淤积延伸至皇甫川口附近,以及高含沙洪水预报时,可将水位降至 828.00 m 排沙。为防止闸门淤堵,开河期前、汛初对原泄洪闸、新建泄洪闸和排沙洞进行试门,以防止闸门前泥沙淤堵,同时检验主要泄洪闸门设施运行正常。此外,汛期每周还经常性开启排沙底孔,每次开启约十几分钟,待浑水慢慢流出后再关闭闸门,以防止闸门前泥沙淤堵,同时检验主要泄洪闸门设施运行正常。

根据《山西天桥水电站大坝安全第二次定期检查运行总结报告》(2014 年 7 月,山西天桥水电有限公司),泄洪冲沙洞和冲沙底孔前沿泥沙淤积高程 2014 年 5 月测量数据见表 9-2。根据水电站定期检查结果,虽然冲沙洞和冲沙底孔前沿存在淤积问题,但不影响闸门启闭,且闸门开启后,闸门前有淤积的泥沙几分钟便被冲出。目前,通过与上游万家寨、龙口水利枢纽联合运用,并结合自身泄水孔洞调度运用方式,天桥水利枢纽泄水孔洞没有淤堵问题。

表 9-2　天桥水库冲沙洞和冲沙底孔前沿泥沙淤积高程(2014 年 5 月)测量数据　(单位:m)

名称	进口高程	淤积高程	差值
冲沙洞	811.00	811.50	0.50
冲沙底孔	809.50	811.50	2.00
下层堰泄洪闸	811.00	817.00	6.00
新建排沙底孔	809.00	815.00	6.00
新建泄洪闸	819.00	823.00	4.00

综上所述,目前天桥水利枢纽泄水孔洞不存在淤堵问题。虽然冲沙洞和原泄洪闸冲沙底孔前沿存在淤积,但不影响闸门启闭,且闸门开启后,闸门前有淤积的泥沙几分钟便被冲走。

防淤堵措施为:当万家寨、龙口两库联合排沙流量较大时,天桥水利枢纽开启新建泄洪闸和排沙底孔,形成排沙泄洪的通道;开河期前、汛初对原泄洪闸、新建泄洪闸和排沙底孔进行试门,以防止闸门前泥沙淤堵,同时检验主要泄洪闸门设施运行正常;汛期每周还经常性开启排沙底孔,每次开启约十几分钟,待浑水慢慢流出后再关闭闸门。

6.三门峡水利枢纽

三门峡水利枢纽是黄河干流上兴建的第一座兼顾防洪(防凌)、灌溉、发电和供水的综合性大型水利枢纽,位于黄河中游下段,其北面是山西省平陆县,南面是河南省三门峡市。控制流域面积 68.6 万 km^2,占黄河流域面积的 91.5%,水库防洪运用水位 335 m,相应原始库容 97.5 亿 m^3。水库工程于 1957 年 4 月动工兴建,1960 年 9 月水库开始蓄水运用,自运用以来经历了"蓄水拦沙"(1960 年 9 月至 1962 年 3 月)、"滞洪排沙"(1962 年 3 月至 1973 年 10 月)和"蓄清排浑"(1973 年 10 月以来)三个运用阶段。目前,三门峡水库采用"蓄清排浑"的运用方式,汛期控制水位防洪排沙,非汛期蓄水兴利。

三门峡水利枢纽主要由左岸非溢流坝段、溢流坝段、隔墩坝段、电站坝段、安装闸坝段和右岸非溢流坝段组成。目前,枢纽共有 27 个泄流孔洞,其中 12 个底孔、12 个深孔、2 条隧洞和 1 条钢管,其中 $1^\#$~$9^\#$ 深孔与 $4^\#$~$12^\#$ 底孔组成双层孔。7 台机组,总装机容量为 410 MW。其中,泄流排沙钢管、$6^\#$ 和 $7^\#$ 机组、$1^\#$~$12^\#$ 深孔进口底坎高程为 300 m,$1^\#$~$5^\#$ 机组进口高程为 287 m,$1^\#$~$2^\#$ 隧洞进口底坎高程为 290 m,$1^\#$~$12^\#$ 底孔进口底坎高程为 280 m。三门峡水利枢纽上游立视图见图 9-6。

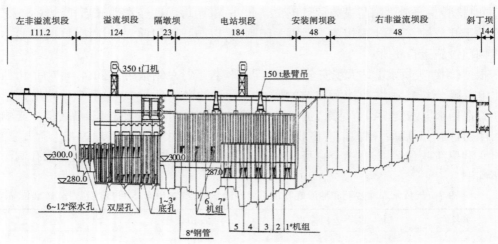

图 9-6 三门峡水利枢纽上游立视图 (单位:m)

三门峡水利枢纽泄水孔洞曾发生过淤堵情况。1989 年 10 月 27 日(坝前水位 310.47 m),排沙钢管(内径 7.5 m)打开后不出流,排沙钢管进口底部高程为 287 m,孔口底部以上淤沙厚度约 16 m,水头为 23.47 m,顶部以上淤沙厚度约 8.5 m,水头为 15.97 m。由于前一年检修闸门未关闭,钢管内淤满泥沙引起淤堵(压力钢管平均长度 21 m),次年打开钢管出口闸门后,泥沙从进口处往下逐步液化,期间未采取人工清淤措施,不到 1 d 时间,大量泥沙自钢管突然喷出,管道疏通,开始过流。

三门峡水利枢纽 $9^\#$~$12^\#$ 底孔 1961 年封堵后,至 2000 年底孔前淤积高程为 305 m,进水口闸门顶部淤沙厚度为 17 m,进水口底部淤沙厚度为 25 m,2000 年 6 月 27 日(水位 312.61 m)打开底孔后,闸门顶水头为 24.61 m,底部水头为 32.61 m,底孔开启后即泄流,未出现淤堵问题。这说明了由于泥沙在水下处于饱和状态,开启泄水孔洞后,孔洞前淤积的泥沙在一定的水压状态下逐步液化,不会淤堵泄水孔洞;即使短时间内会淤堵泄水孔洞,但靠水流自身力量一定时间后也会自然疏通。

目前,三门峡水库通过"蓄清排浑",非汛期蓄水运用,底孔关闭,汛期打开底孔泄洪排沙,汛期溢流坝段和底孔经常处于开启状态,没有出现泄水孔洞淤堵情况,库区有效库容也得到保持。根据三门峡水库近年来塔前淤积面高程监测资料,坝前每年淤积 1~2 m,

汛期打开底孔排沙后,底孔前淤积的泥沙冲刷,淤积高程下降。

7.小浪底水利枢纽

黄河小浪底水利枢纽地处黄河中游最后一个峡谷段的出口,上距三门峡水利枢纽 130 km,下距花园口水文站 128 km,控制流域面积 69.4 万 km²,占黄河流域总面积(不包括内陆区)的 92.3%,控制了约 90% 的黄河径流和几乎全部的泥沙,开发任务是以防洪(包括防凌)、减淤为主,兼顾供水、灌溉、发电,除害兴利,综合利用,是黄河干流的关键控制性骨干工程,在黄河治理开发中具有十分重要的战略地位。工程于 1997 年 10 月截流,1999 年 10 月下闸蓄水运用。水库设计正常蓄水位 275 m,1 000 年一遇设计洪水位 274 m,10 000 年一遇校核洪水位 275 m,总库容 126.5 亿 m³。水电站装机 6 台,总容量 1 800 MW。截至 2018 年 4 月,小浪底水库库区淤积泥沙 33.3 亿 m³,占水库设计拦沙库容的 44%,水库运用处于拦沙后期第一阶段。

小浪底水利枢纽主要包括挡水建筑物、泄洪排沙设施、发电引水系统和灌溉供水系统等主要建筑物,共同运用完成工程开发任务。为了满足工程开发任务需要,在小浪底水利枢纽共设置了 3 条孔板洞、3 条排沙洞、3 条明流洞、6 条发电洞和 1 条灌溉洞共 16 条洞,安排了 47 个不同高程的进水口控制进水。3 条孔板洞、3 条排沙洞进水口高程最低,24 个进水口底坎高程都是 175 m,3 条明流洞进水口高程依次逐渐抬高,分别为 195 m、209 m、225 m,6 条发电洞 18 个进水口高程分别为 190 m(5#、6#)和 195 m(1#~4#)。所有进水口集中布置在"一字形"排列的 10 座进水塔群内,根据各隧洞不同要求设有工作闸门、事故闸门、检修闸门,控制各条泄水洞的进水"咽喉",担负着完成枢纽任务和确保工程安全的重要使命。小浪底水利枢纽进水塔群正面立视图见图 9-7。

黄河来水含沙量高,来沙量大。至 2018 年 4 月,库区三角洲顶点高程达 222.36 m,距坝里程 16.39 km,坝前 1.32 km 处淤沙高程由 137.50 m 抬高至 184.04 m,淤积抬升了 46.54 m,高于最低进水口底板高程 9.04 m。水库运用以来还未出现泄水孔洞淤堵问题。

小浪底水利枢纽工程设计阶段,南京水利科学研究院、黄河水利科学研究院和中国水利水电科学研究院曾开展了小浪底水利枢纽进水口泥沙问题动床模型试验,当底孔前淤沙高程不高于 190 m(底孔闸门顶部淤沙厚度 8.7 m、闸门底部淤沙厚度 15 m)时,开启底孔后可立即泄流;当底孔前淤沙高程为 195 m(底孔闸门顶部淤沙厚度 13.7 m、闸门底部淤沙厚度 20 m)时,若淤堵时间少于 4 h,启门后仍能泄流;当底孔前淤沙高程接近 200 m 时,单靠水流自身力量已难以泄流。

综合考虑模型试验研究成果和工程安全运行条件,泄水孔洞闸门设计时,以孔洞前淤沙高程不大于 187 m 为限制条件进行了金属结构设计;同时,检修闸门的启吊、平移利用塔顶门机配合液压自动抓梁进行操作,若孔洞前淤沙高程超过 187 m,受泥沙淤积顶托,液压自动抓梁无法正常穿销,导致检修闸门不能正常启闭。因此,当孔洞前淤沙高程超过 187 m 时,闸门启闭将受影响。《小浪底水利枢纽拦沙后期(第一阶段)运用调度规程》中规定:当实测塔前泥沙淤积面高程达到 183.5 m 时,应小开度短历时开启排沙洞工作闸门,以检查其进口流道是否畅通,以后可按 0.5 m 一级逐步抬高塔前允许淤积面高程,最终许可值不得大于 187 m;当塔前淤积面高程超过 187 m 时,将影响闸门启闭。即允许闸门顶部淤沙厚度为 5.7 m,允许闸门底部淤沙厚度 12 m。

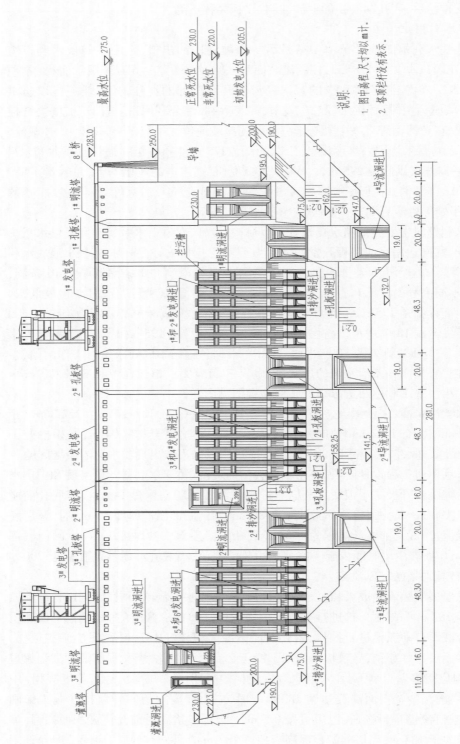

图 9-7　小浪底水利枢纽进水塔群正面立视图

8.王瑶水利枢纽

王瑶水库位于延河一级支流杏子河中游延安市安塞县招安镇陈则沟村,距延安市 65 km,是一座以防洪和供水为主,兼顾灌溉、发电等综合利用的大(2)型水库,控制流域面积 820 km²。工程始建于 1970 年,1972 年 9 月建成,坝高 55 m,为碾压式均质土坝。1974 年增建泄洪洞,1979 年完成,王瑶水库在建设过程中,边勘测、边设计、边施工,是典型的"三边工程",加之施工仓促,施工队伍经验不足,技术力量薄弱,给大坝安全带来长期的隐患。水库正常蓄水位 1 182.5 m,相应总库容为 2.03 亿 m³。水库自 1997 年底承担延安市供水任务后,没有按照"汛期敞泄排沙,3~5 年空库拉沙"的方式运行,目前王瑶水库为延安市唯一重要水源地,为保证供水任务,汛期依旧采取蓄水运用的方式。

王瑶水利枢纽工程由大坝、输水洞、Ⅰ号泄洪洞、Ⅱ号泄洪洞、渠首、电站 6 个部分组成。输水洞位于大坝左岸,由放水竖井和涵洞组成,全长 392.3 m,其中涵洞长 350 m。放水竖井高 37 m,顶部高程 1 190.7 m,每层设 4 个放水孔,层距 1.0 m,设计最低取水高程 1 161.7 m,为表面两层孔取水,流量 3.32 m³/s。Ⅰ号泄洪洞(旧洞)位于左坝肩,距左坝肩水平距离 90 m,工程由进口明渠段、压力洞、放水塔、明流洞及出口挑流段组成,于 1980 年投入运行;进口洞底高程 1 145.7 m,总长 739.8 m,其中压力洞长 67.25 m,断面为圆形,内径 2.6 m;明流洞长 628.55 m,为城门洞形断面,宽 3.2 m,高 3.75 m,比降 1.5%;校核洪水位 1 188.02 m,相应最大泄量 79 m³/s;放水塔位于压力洞和明流洞之间,塔高 72 m,塔顶高程 1 215.2 m,塔底闸室设 2.21 m×2.21 m 的检修平板闸门和 2 m×2 m 的弧形工作闸门各一道。Ⅱ号泄洪洞(新洞)位于左坝肩,与旧泄洪洞在空间内交叉,工程由进口明渠段、压力洞、放水塔、明流洞及出口挑流段组成,于 2007 年 7 月投入运行;进口洞底高程 1 150 m,总长 700.44 m,其中压力洞长 39.84 m,断面为圆形,内径 3 m;明流洞长 609.1 m,为城门洞形断面,宽 3.6m,高 4.4m,比降 1.0%;校核洪水位 1 188.02 m,相应最大泄量 115.6 m³/s;放水塔位于压力洞和明流洞之间,塔高 65.2 m,塔顶高程 1 215.2 m,塔底闸室设 2.5 m×2.5 m 的检修平板闸门和 2.5 m×2.2 m 的弧形工作闸门各一道。电站位于输水洞末端右侧,安装 400 kW 水轮发电机组 2 台,设计水头 35 m,单机引水流量 1.15 m³/s,设计年发电量228.81万 kW·h。王瑶水利枢纽平面布置见图 9-8。

王瑶水库从 1972 年大坝主体工程完工至今已经运行 40 多年,历经增建新旧泄洪洞、增建坝后电站、大坝加固、泄洪洞进口清障、输水洞加固、渠道段倒虹等阶段。为了解决泥沙淤积、供水问题,王瑶水库的运用方式也在不断地进行着科学调整。从最初的蓄水泄洪、低水位泄洪排沙,到后来的异重流排沙甚至泄空排沙,水库经历了三种运用方式、八个运用阶段,王瑶水库的调度目标也从以防洪为主转变为防洪和供水并重,而兼顾灌溉、发电、养殖等。

1973 年 1 月至 1979 年 12 月蓄洪拦沙阶段,水库无泄流排沙设施,期间恰遇 1977 年特大洪水,全年来沙量为 1 937.5 万 m³,最大洪峰流量为 2 620 m³/s,水库淤积十分严重,该时段总淤积量达 5 961 万 m³。1980 年 1 月至 1987 年 12 月蓄洪排沙阶段,泄洪洞已建成,先后采取了低水位滞洪排沙、蓄清排浑的运用方式,但由于泄洪洞进口围堰未拆除,左岸泄洪洞附近山岩石嘴阻水,限制了泄洪洞排沙效果,该时期水库又淤积泥沙 3 026 万 m³,累计淤积量占总库容的 44.3%,坝前淤积滩面高程达到了 1 172.5 m,防洪库容锐

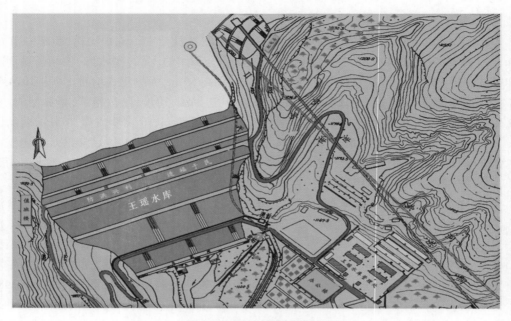

图 9-8 王瑶水利枢纽平面布置

减,淤积面已高出泄洪洞进口 26.8 m,在进口前形成喇叭形跌坑,多次堵塞洞口。1987 年 7 月 2 日坝前运用水位为 1 171.40 m,泄水时发生左右岸滑塌,进口洞底前淤沙高程为 1 176.90 m,闸门顶部淤沙厚度为 29.2 m,闸门底部淤沙厚度为 31.2 m,挤压压力洞(67.25 m)发生淤堵,导致长度为 625.8 m 的泄洪明流洞(尺寸为 3.2 m×3.75 m)淤堵,7 月 2~16 日采取给检修闸注水反压,反复疏通措施。1988 年 1 月至 1990 年 12 月空库运行阶段,共排出泥沙 2 502 万 m³,恢复约 1 400 万 m³ 槽库容,库区形成高滩深槽,坝前段河槽滩面落差大。1991 年 1 月至 1995 年 12 月蓄洪排沙运行阶段,由于水库没有溢洪道,唯一的泄洪设施是泄洪洞,期间水库一直未泄空,尤其是 1992 年丰沙年,入库沙量为 1 780 万 m³,槽库容淤满,滩面淤积抬高约 2 m,水库淤积呈上升发展,该时段淤积 3 145 万 m³。1996 年 1~12 月汛期空库运行阶段,根据周期性空库拉沙的审定意见,汛期(7~9 月)采用了泄空排沙运行方式,该时段汛期(7~9 月)空库运行,排沙效果较好,汛期冲出泥沙 1 200 万 m³。1997 年 1 月至 2004 年 2 月蓄洪排沙运用阶段,由于 1998 年王瑶水库供水工程正式建成供水运行,之后水库一直未泄空,该时段水库淤积 1 533.8 万 m³,累计淤积量达 11 438.8 万 m³,占总库容的 56.3%。2002 年 4 月陕西省水利厅组织专家对大坝进行安全鉴定,鉴定组认为王瑶水库为病险水库,鉴定结论为:王瑶水库自身泄流规模小,淤积严重,泄洪洞堵洞频繁,漏水严重,闸门及埋件、启闭设施老化失修,变形严重,王瑶水库大坝存在防洪安全问题和严重质量问题。2004 年 3 月至 2006 年 8 月空库运行阶段,利用水库除险加固工程施工无法蓄水的有利时机,泄空水库空库运行,共排出泥沙 1 018.75 万 m³。2006 年 9 月至 2014 年 12 月蓄洪排沙运用阶段,水库淤积 1 824.12 万 m³,不但淤满了空库时期形成的槽库容,同时 2014 年新增淤积 370.89 万 m³,致使水库累计淤积量达 13 730.12万 m³,占总库容的 67.6%。目前王瑶水库有效库容为 0.66 亿 m³。随着水库的运用,为满足供水任务蓄水运用,库区近几年以每年 300 万~400 万 m³ 的速度淤积,将仍旧保持不断淤积的趋势。

　　王瑶水库泄洪洞担负着泄洪和排沙的任务,其最大的安全隐患即进口淤堵。由于设计、施工等方面的原因,王瑶水库蓄水运行以来,先后出现坝体裂缝、输水洞渗漏、库内淤积严重、泄洪洞频繁堵洞问题,严重影响了工程安全运行及效益发挥。自 1980 年以来先后发生泄水洞淤堵现象十多次。水库自 1997 年底承担延安市供水任务后,没有按照“汛期敞泄排沙,3~5 年空库拉沙”的方式运行,水库淤积加剧。目前王瑶水库为延安市唯一重要的水源地,为保证供水任务,汛期依旧采取蓄水运用的方式,泄水洞淤堵问题无法得到改善。泄洪洞淤堵的同时,明流洞段也出现大量泥沙淤堵,极易倒灌闸门操作室,淹没闸门启闭设备。泄洪洞淤堵问题对水库安全运行构成了极大的威胁。泄洪洞淤堵后,先打开闸门看是否自然疏通,若超过 1 d 洞口未出水,则采取反压通洞措施,关闭工作闸门,在压力洞和明流洞之间的放水塔处,给检修闸门槽注水,利用槽内水面高于库水面的水压差疏通,反复进行,直至疏通。

　　王瑶水库坝前杏 1 断面(距坝 360 m)形态见图 9-9。Ⅰ号泄洪洞(旧洞)进口底坎高程为 1 145.7 m,Ⅱ号泄洪洞(新洞)进口底坎高程为 1 150 m。2012 年,杏 1 断面深泓已达 1 171.59 m,高于Ⅰ号泄洪洞 25.89 m,高于Ⅱ号泄洪洞 21.59 m;2014 年杏 1 断面深泓达 1 172.17 m,高于Ⅰ号泄洪洞 26.47 m,高于Ⅱ号泄洪洞 22.17 m。随着库区泥沙继续淤积,泄洪洞前淤堵问题将变得更加严重。

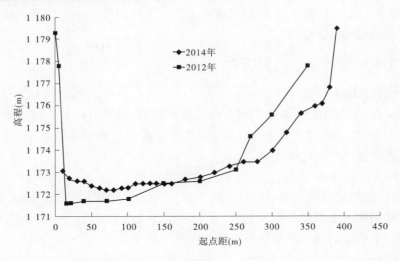

图 9-9　王瑶水库坝前杏 1 断面(距坝 360 m)

　　综上所述,王瑶水利枢纽泄水孔洞淤堵情况为:坝区泥沙淤积严重,淤积面高出泄洪洞 20 多 m,泄洪洞频繁淤堵。王瑶水利枢纽泄水孔洞淤堵解决措施为:先打开闸门看是否自然疏通,若超过 1 d 洞口未出水,则采取反压通洞措施,关闭工作闸门,在压力洞和明流洞之间的放水塔处,给检修闸门槽注水,利用槽内水面高于库水面的水压差疏通,反复进行,直至疏通。

9.2.1.2　淤堵经验总结

　　对已建水利枢纽泄水孔洞淤堵情况进行分析,结果主要有以下几种:①上游干流或支流来沙量大,坝前淤积面逐年抬高,淤堵泄水孔洞;②泄水孔洞闸门关闭时间较长,闸门前淤积面高程持续抬升,甚至将闸门完全淤没,闸门难以开启或开启后不能及时泄流;③泄流孔洞内淤积泥沙,闸门能正常提起,但提起后不能过流;④泄水孔洞进口闸门受泥沙淤积顶托无法正常关闭,进口闸门门顶沉积泥沙或异物无法开启;⑤泄水孔洞闸门开启后,门前泥沙坍塌淤堵泄水孔口;⑥机组进水口前泥沙淤积严重,淤堵机组进水口,机组闸门无法正常启闭;⑦由于泥沙淤积影响,机组尾水闸门不能全关、尾水门槽和压力钢管有泥沙淤积现象;⑧由于人类活动影响,大量树根、高秆作物、杂草等冲到坝前,堵塞泄洪、灌溉孔口和机组进水口,如青铜峡水利枢纽库区围滩造田等。

已建水利枢纽的防淤堵措施主要有:①合理确定泄水孔洞前允许淤沙高程,制定合理的泄洪排沙调度运用方式,防止闸门前泥沙累积性淤积;②每年定期对泄水孔洞闸门进行试门,检验主要泄洪闸门设施运行是否正常,防止闸门前泥沙淤堵;③及时清理进水塔前的树根、高秆作物、杂草等。

针对泄水孔洞淤堵情况,总结已建水利枢纽淤堵解决措施主要有:①泄水孔洞淤堵后,若闸门可正常启闭,则打开闸门后靠水流自然疏通来解决;②增设水管以备清理闸门上的淤泥,条件允许时,增建其他排沙设施;③泄水孔洞淤堵后,进行长时间充气和冲水扰动;④泄水孔洞淤堵后,开启周围其他孔洞进行拉沙,降低被淤堵孔口前的泥沙淤积面高程;⑤对淤堵的泄水孔洞进行人工清淤;⑥泥沙淤堵机组进水口,靠机组运行拉沙;⑦采取反压通洞措施,关闭工作闸门,在压力洞和泄水孔洞之间的检修闸门门槽注水,利用槽内水面高于库水面的水压差疏通。

9.2.2 坝区水流泥沙运动机制研究

9.2.2.1 三维数学模型计算

构建坝区局部三维模型,模拟不同孔洞调度情况下坝前水沙输移、河床冲淤,对制定水库泄流孔洞布置、水库调度方案具有重要意义。以东庄水库坝区三维数学模型为例,开展坝区水流泥沙运用机制的研究。

1.河床初始边界条件

东庄坝区三维数学模型,模型计算范围为坝址 3 km 范围内,河床初始边界为水库运用进入正常运用期形成的高滩深槽地形,相应的水库库区淤积量为 20.53 亿 m^3,利用三维地形生成技术构建的坝区地形和坝体模型如图 9-10 所示。

2.网格布置

模型采用根据地形变化和水流运动特点进行针对性的网格布置,坝址附近进行局部加密以捕捉水流和地形信息。整个计算区域共生成 7 061 280 个网格。

3.计算方案

东庄水库 4 个泄洪深孔的下面布置 2 个非常排沙底孔,进口高程为 693 m,进口尺寸为 3.5 m×7.0 m。为研究打开非常排沙底孔后坝区的水流泥沙运动机制,设置了两种不同的方案:

(1)方案 1:同时打开 2 个非常排沙底孔,进入坝区流量为 600 m^3/s、含沙量为 350 kg/m^3,坝前起始水位 756 m,终止水位 715 m。

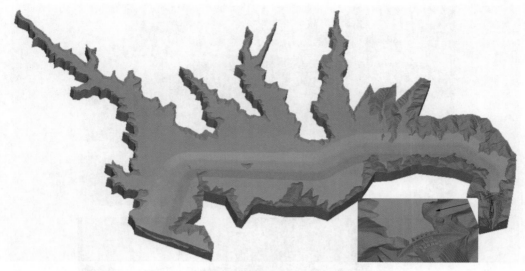

图9-10 东庄水库坝区三维模型计算范围

（2）方案2：同时打开2个非常排沙底孔，进入坝区流量为1 000 m³/s、含沙量为350 kg/m³，坝前起始水位756 m，终止水位715 m。

坝区水流泥沙运动机制研究方案见表9-3。

表9-3 坝区水流泥沙运动机制研究方案

序号	组次	试验方案	水沙条件	坝前运用水位
1	方案1	打开2个非常排沙底孔	流量 $Q=600$ m³/s 含沙量 $S=350$ kg/m³	起始水位：756 m 终止水位：715 m
2	方案2		流量 $Q=1\ 000$ m³/s 含沙量 $S=350$ kg/m³	

4.计算结果分析

水库坝区水沙运动具有很多的共性，本部分计算结果的分析，先从水流泥沙运动特性、库区对水沙条件响应的共性谈起，最后对比方案间由于水沙条件不同和孔洞调度方案的不同而呈现出的差异。

1）水流运动特性

水流进入坝区，在坝区内经过调整适应河床，并受坝前壅水的控制，最终从打开的非常排沙底孔下泄。当坝前壅水较高时，流速随沿程水深的增加而降低，模型计算初始状态，坝前水位756 m。坝区水流呈现为壅水输沙流态，坝区水流运动流场云图见图9-11。

2）坝区冲刷情况

水库库水位下降是产生溯源冲刷的必要条件，东庄水库在高滩深槽淤积状态下，水库降低水位运用，开始发生冲刷的位置（起冲点）在坝区冲刷漏斗顶点附近。溯源冲刷一旦开始，自起冲点不断向上游逐渐发展，冲刷强度逐渐减弱，冲刷同样的淤积体所需时间也越长。溯源冲刷上延时，一般先是在河槽中出现沿流向方向的几个拉槽，拉槽进而展宽变

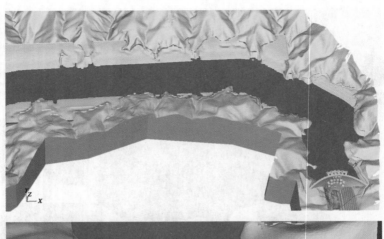

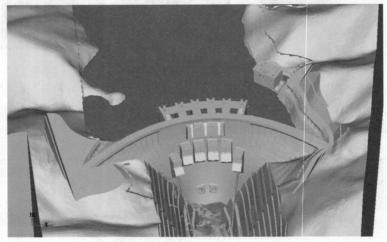

图 9-11　东庄水库坝区壅水输沙状态流场云图

长,贯穿整个横断面。东庄水库坝区冲刷情况见图 9-12、图 9-13。

3)计算方案对比分析

方案 1 和方案 2 均为打开 2 个非常排沙底孔的调度方案,差别在于方案 1 入库流量较方案 2 小,前者流量为 600 m³/s,后者流量为 1 000 m³/s。两者溯源冲刷的发展过程具有相似的特点,即起冲点均为坝区冲刷漏斗顶点附近。两者的差异主要在于方案 2 入库流量稍大,水流动力更强,溯源冲刷向上游发展的过程更快,溯源冲刷的强度更大,$t = 100$ s 时两者的冲刷情况见图 9-14,表现在形态上为冲刷后坝区比降更缓,两者最终的纵剖面形态见图 9-15。

9.2.2.2　坝区泥沙物理模型试验

实体模型是研究河流水沙运动及河道冲淤演变的重要工具,实体模型通过对自然现象的反演、模拟和试验,研究复杂的水流和泥沙运动的三维问题,通过坝区泥沙冲淤实体模型试验,揭示坝前泥沙淤堵机制,可为多沙河流水库泄水建筑物进口防淤堵研究提供技术支撑。

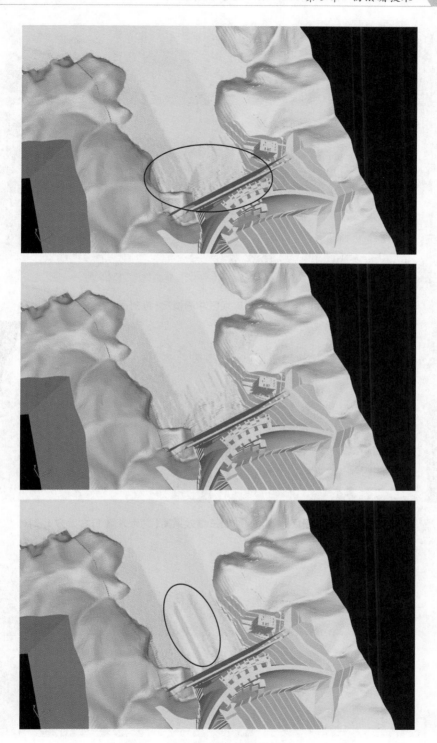

图 9-12　东庄水库坝区冲刷情况(三维)

图 9-13　东庄水库坝区冲刷情况(纵剖面)

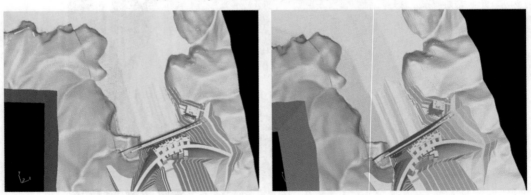

图 9-14　东庄水库坝区 $t=100$ s 冲刷三维效果图(左为方案 1,右为方案 2)

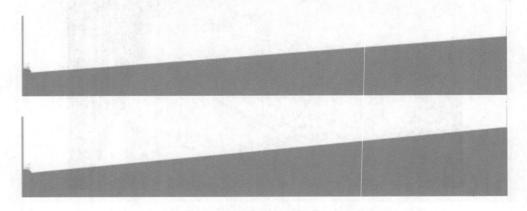

图 9-15　东庄水库坝区最终冲刷形态(上为方案 1,下为方案 2)

以泾河东庄水利枢纽泄水建筑物进口防淤堵实体模型试验为例。枢纽工程立面布置见图 9-16。模型试验范围自坝址上游约 4.2 km,模型设计为正态模型,平面比尺和垂直比尺均为 100。依据动床河工模型相似准则,模型设计满足几何相似条件、水流运动相似条件、泥沙运动相似条件和河床变形相似条件等,相似比尺见表 9-4。

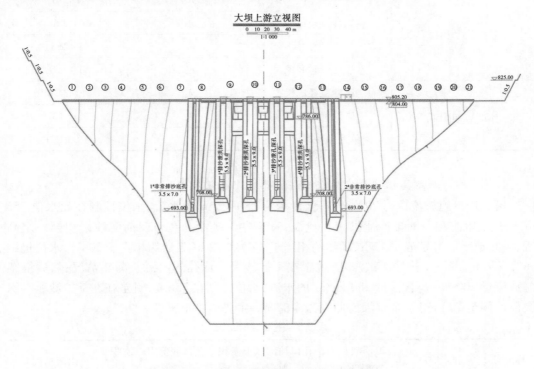

图 9-16　泾河东庄水利枢纽工程立面布置

表 9-4　泾河东庄水库坝区泥沙模型相似比尺汇总

项目		符号	比尺值
几何相似	水平比尺	λ_L	1 : 100
	垂直比尺	λ_H	1 : 100
水流运动相似	流速比尺	λ_V	1 : 10
	流量比尺	λ_Q	1 : 100 000
	糙率比尺	λ_n	1 : 2.15
	水流时间比尺	λ_{t_1}	1 : 10
模型沙特性	重率比尺	λ_{γ_s}	1 : 1.25
	水下重率比尺	$\lambda_{\gamma_s - \gamma}$	1 : 1.47
	悬沙干容重比尺	λ_{γ_0}	1 : 1.86
	床沙干容重比尺	$\lambda_{\gamma'_0}$	1 : 1.86

续表 9-4

项目		符号	比尺值
悬沙运动相似	悬沙沉速比尺	λ_ω	1:10
	悬沙粒径比尺	λ_d	1:2.61
	含沙量比尺	λ_s	1:2.8
	悬沙冲淤时间比尺	λ_{t_2}	1:6.6
床沙运动相似	床沙粒径比尺	λ_d	1:3.35
	床沙沉速比尺	λ_ω	1:10
	单宽输沙率比尺	λ_{qsb}	1:1 091

1.坝前不同淤沙高程时开启排沙泄洪底孔的冲刷效果

模型进口施放流量为 200 m³/s、含沙量为 280 kg/m³ 的水流,水位控制在死水位 756 m,通过发电洞和右 1 排沙泄洪深孔泄流,直至左 1 排沙深孔口门前泥沙淤积至一定高程,停止放水。分别静止 12 h(天然约相当于 3 d)和 72 h(天然约相当于 20 d),水位仍维持在 756 m,开左 1 排沙泄洪深孔,观察左 1 排沙泄洪深孔的出流及漏斗情况;然后继续施放流量 200 m³/s、含沙量 280 kg/m³ 的水流,水位控制在 756 m,直至在左 1 排沙泄洪深孔前冲刷至 708 m 后,观察坝前冲刷漏斗情况。主要试验工况见表 9-5。

表 9-5 主要试验工况

工况编号	静止时间	孔口前淤积面高程(m)	孔口顶部以上淤积厚度(m)	孔口底部以上淤积厚度(m)	出流情况
1	3 d (原型时间)	716	0	8	打开即刻出流
2		720	3	12	
3		725	8	17	
4		735	18	27	6 min 满孔出流(原型时间)

试验结果表明,在左 1 排沙泄洪深孔前端淤积到 716 m、720 m、725 m 和 735 m 时,静止 3 d(原型时间)后,左 1 排沙泄洪深孔均能泄流。在 725 m 及其以下高程时,打开左 1 排沙泄洪深孔后一瞬间就能满孔出流。而在 735 m 高程时,打开左 1 排沙泄洪深孔后,出流由小到大,大约 6 min(原型时间)后达到满孔出流。各方案深孔泄流后均可形成冲刷漏斗,不同淤积面高程时,漏斗大小有所区别。总体来说,淤积高程越高,漏斗越大,并且漏斗的长度略大于宽度,漏斗长 35~50 m,宽 30~45 m,见图 9-17。

测验坝前冲刷漏斗形态见图 9-18。试验结果表明,若上游无来流,打开泄水孔洞泄流,由于水流的溯源冲刷作用,坝前形成一定的冲刷漏斗。当上游有来流时,将扩大了漏斗范围。左 1 排沙泄洪深孔初始淤积面高程为 716 m 时,打开排沙泄洪深孔时漏斗宽度约为 30 m,而上游有来流时,漏斗宽度扩大为 35 m,且高程越高,坡度越缓。左 1 排沙泄

(a)716 m工况　　　　　　(b)735 m工况

图 9-17　左 1 排沙泄洪深孔打开后形成的漏斗照片

洪深孔初始淤积面高程为 720 m,打开排沙泄洪深孔时漏斗宽度约为 40 m,而上游有来流时,漏斗宽度扩大为 60 m。泄水孔洞前冲刷漏斗冲深比进水口底板低 1~2 m。

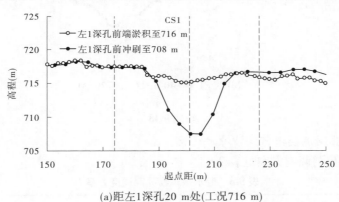

(a)距左1深孔20 m处(工况716 m)

(b)距左1深孔20 m处(工况720 m)

图 9-18　测验坝前冲刷漏斗形态

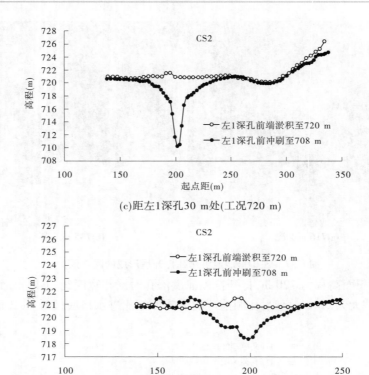

(c)距左1深孔30 m处(工况720 m)

(d)距左1深孔40 m处(工况720 m)

续图9-18

2.不同泄水孔洞调度坝前泥沙冲淤变化

泄水建筑物孔洞调度方案见表9-6。

表9-6　泄水建筑物孔洞调度方案

序号	组次	水沙条件	坝前运用水位	试验方案
1	调度方案一	流量为300 m³/s、含沙量为300 kg/m³	756 m	仅打开左岸第1个排沙泄洪深孔
2	调度方案二			仅打开左岸第4个(右岸第1个)排沙泄洪深孔
3	调度方案三	流量为600 m³/s、含沙量为350 kg/m³	756 m	仅打开左岸第1个排沙泄洪深孔,深孔过流600 m³/s
4	调度方案四			打开左岸第1个和第2个排沙泄洪深孔,两孔均过流300 m³/s
5	调度方案五			打开左岸第1个和第4个排沙泄洪深孔,两孔分别过流300 m³/s
6	调度方案六			打开非常排沙底孔,两孔均过流300 m³/s
7	调度方案七			打开左岸第1个和第3个排沙泄洪深孔,两孔均过流300 m³/s

在坝区形成高滩中槽地形的基础上,开展不同泄水孔洞调度方案试验,各方案距坝15 m 和距坝 30 m 处的断面形态见图 9-19、图 9-20。可以看出,河床冲刷深度从低到高依次为调度方案六(开启非常排沙底孔)、方案四(开启左 1、左 2 排沙泄洪深孔)、方案三(开启左 1 排沙泄洪深孔)、方案七(左 1、左 3 排沙泄洪深孔)、方案五(左 1、左 4 排沙泄洪深孔)。调度方案六开启非常排沙底孔时,坝前形成了 2 个相互独立的漏斗。从排沙防止坝前淤堵的角度来说,非常排沙底孔排沙效果要优于泄洪排沙深孔。对 4 个排沙泄洪深孔来说,左侧排沙孔的排沙效果优于右侧排沙深孔。

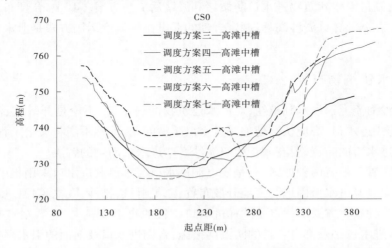

图 9-19　各调度方案距坝 15 m 断面套绘图

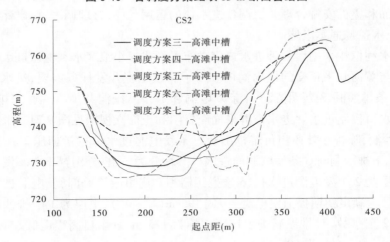

图 9-20　各调度方案距坝 30 m 断面套绘图

9.3 泄水建筑物防淤堵措施

已建水利枢纽的防淤堵措施主要有合理布置泄水建筑物,确定泄水孔洞前允许淤沙高程(合理的泥沙淤积厚度),制定合理的泄洪排沙调度运用方式,防止闸门前泥沙累积性淤积;每年定期对泄水孔洞闸门进行试门,检验主要泄洪闸门设施运行是否正常,防止闸门前泥沙淤堵;及时清理进水塔前的树根、高秆作物、杂草等杂物。综合考虑可能发生的淤堵情况,制订泄水建筑物进水口防淤堵和淤堵后应急方案。其中,合理布置泄水建筑物,确定泄水孔洞前允许淤沙高程,制定合理的泄洪排沙调度运用方式是泄水建筑物防淤堵的关键。

9.3.1 泄水建筑物布置

在多泥沙河流上建设水利枢纽,对泄水建筑物的进水口,不论是开敞式、浅孔式进水孔,还是深孔式进水口,都应认真处理好进水口防沙问题,处理不当将会给工程带来危害。泄水建筑物进水口的布置,要有利于枢纽泥沙淤堵进水口问题的解决。

进水口布置一般有两种方式:一是发电洞进水口与排沙洞进水口采用集中布置方式,而泄洪洞与灌溉洞进水口因地制宜地分散布置;二是泄洪、排沙、发电、灌溉进水口全部集中布置。前一种布置方式的优点是选择进水口位置的自由度较大,主要缺点是分散布置的泄洪、灌溉进水口必须都有各自的防淤堵措施,否则进水口及前面的引水渠容易被泥沙淤堵,很难维持水道通畅。后一种布置方式的优点很明确,它克服了前者的缺点,只要各进水口在平面和立面安排合理并协调各进水口的运用程序,合理调度,可以保证塔前经常不断流,进口水道畅通不淤堵。

小浪底水利枢纽采用后一种进水口集中布置形式。小浪底水利枢纽进水塔布置在大坝上游左岸与黄河几乎正交的风雨沟内。为了满足工程开发任务需要,进水塔共设置3条孔板洞、3条排沙洞、3条明流洞、6条发电洞和1条灌溉洞共16条洞,安排了47个不同高程的进水口控制进水。进水塔群平面布置图和正面立视图见图9-21和图9-22。

3条排沙洞,除排沙外还担负着排出从6条发电洞进水口拦污栅压下来的污物的任务,因此将3条排沙洞与6条发电洞的进水口平均分为3组,分别置于3座发电塔内。每座发电塔上层为2个发电洞进水口、6扇拦污栅和2扇事故检修门,发电洞进水口高程为190 m(5#、6#,为满足初期提前发电需要)或195 m(1#~4#);下层为1个排沙洞进水口、6扇检修门和2扇事故门,排沙洞进水口高程均为175 m,进水口高程最低。塔宽(垂直流向)为48.3 m,塔下部长为60 m。

3条孔板消能泄洪洞,进水口高程为175 m,分别设在3座孔板塔内,每座塔设置2扇事故门及2扇检修门。塔宽(垂直流向)为20 m,塔下部长为60 m。

3条明流泄洪洞,进口设置在3座进水塔内,进水口高程依次逐渐抬高,分别为195 m、209 m、225 m,满足泄流能力和排漂要求。1#明流洞进水塔内设1扇工作门、2扇事故门及2扇检修门,塔宽(垂直流向)为20 m,塔下部长70 m。2#和3#明流洞进水塔内各设

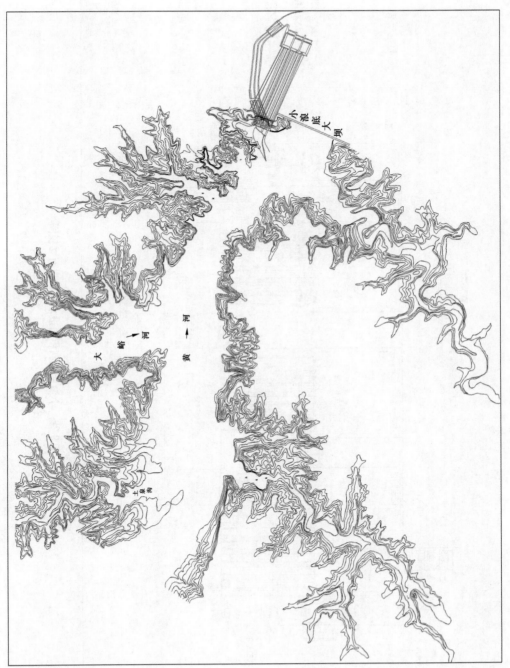

图 9-21　小浪底水利枢纽进水塔群平面布置图

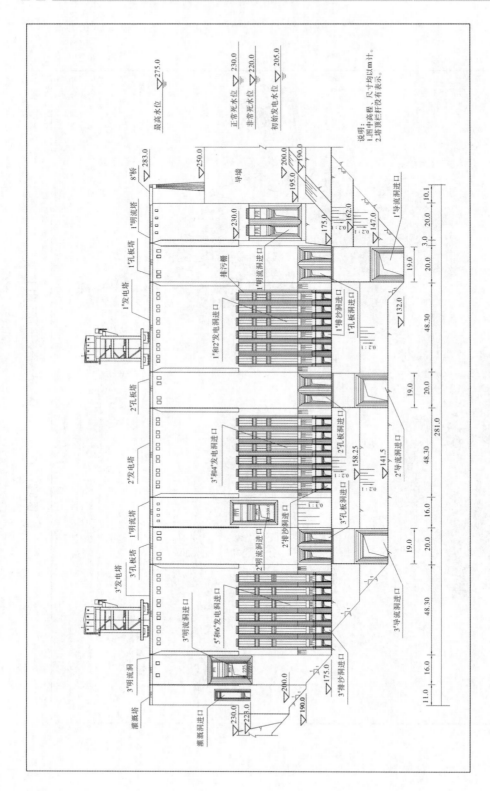

图 9-22　小浪底水利枢纽进水塔群正面立视图

1 扇工作门、1 扇事故门及 1 扇检修门,塔宽(垂直流向)为 16 m,塔下部长分别为 54 m 和 52.8 m。

灌溉洞进口设单独的进水塔,进水口高程为 223 m,满足引水流量要求。灌溉进水塔内设事故检修闸门和拦污栅。塔宽(垂直流向)为 15.5 m,塔下部长为 56.8 m。

10 座进水塔总宽度为 275.4 m,为"一字形"排列,较好地实现了进水口防沙要求。从进水塔群正面立视图来看,16 条泄水孔洞的进口大致分为 3 层,下层为排沙洞和孔板泄洪洞的进水口,上层为明流泄洪洞的进水口,中间为发电引水洞的进水口,即底层有排沙排污口,上层有排漂口,中层取水发电,各个进水口相互保护,为发电引水口防沙防污创造了较好的条件。下层 3 条排沙洞的进水口分布在塔群内 16 条进水洞的合适位置,而且每条排沙洞可调控下泄流量,为进水口"门前清"创造了良好的条件,当来沙量过大或塔前淤沙高程超过警戒线时,还可以开启另外泄量较大的孔板泄洪洞进行冲沙。当塔前冲刷漏斗边坡因地震或库水位降落过程中突然坍塌堵塞进水口时,可自上而下相继开启各层进水口逐步冲刷淤堵的泥沙,恢复正常运用。

小浪底水利枢纽进水塔群右端设置了导流墙,导流墙高程为 250 m。当库水位在 245 m 及其以下、塔群侧向进水泄流时,导流墙可引导水流,使得上游来水至坝前顺畅地进入风雨沟并形成单一的逆时针向回流,塔前进口处流态平稳,漂浮物也可行至塔前并排放到下游;当库水位超过 245 m 时,塔前变为正向进流。导流墙的设置使进水塔群前能形成并长期保持相对稳定的冲刷漏斗,实现进水口防沙。导流墙的设置是解决小浪底水利枢纽工程进水口泥沙问题和调节进口流态的关键性建筑物。

9.3.2　泄水孔洞前允许淤沙厚度

当水利枢纽工程泄水孔洞前泥沙淤积厚度在允许淤沙厚度以下时,打开泄水孔洞,洞前淤沙高程降低,不会对泄水孔洞产生淤堵;反之,当泄水孔洞前泥沙淤积厚度超过允许淤沙厚度时,打开泄水孔洞,泥沙将淤堵泄水孔洞,孔洞不出流或短时间内不出流。应借鉴已建水利枢纽泄水孔洞前允许淤沙厚度,开展实体模型试验或数学模型计算,合理确定泄水孔洞前允许淤沙厚度。

小浪底水利枢纽工程设计阶段,南京水利科学研究院、黄河水利科学研究院和中国水利水电科学研究院曾开展了小浪底水利枢纽进水口泥沙问题动床模型试验。排沙洞进口高程为 175 m,孔口尺寸为 3.5 m×6.3 m,单孔泄流能力为 675 m³/s(控泄 500 m³/s),设计死水位为 230 m,高出排沙洞顶部高程 48.7 m,高出排沙洞底部高程 55 m。若底孔前淤沙高程不高于 190 m(底孔闸门顶部淤沙厚度 8.7 m、闸门底部淤沙厚度 15 m),开启底孔后可立即泄流;当底孔前淤沙高程为 195 m(底孔闸门顶部淤沙厚度 13.7 m、闸门底部淤沙厚度 20 m)时,若淤堵时间少于 4 h,启门后仍能泄流;当底孔前淤沙高程接近 200 m 时,单靠水流自身力量已难以泄流。综合考虑模型试验研究成果和工程安全运行条件,排沙洞前允许淤积面高程最终许可值不得大于 187 m,允许闸门顶部淤沙厚度为 5.7 m,允许闸门底部淤沙厚度为 12 m。

调研国内刘家峡、王瑶、三门峡、小浪底等水利枢纽泄水建筑物进口典型淤堵事件或底孔开启后泄流情况,结果见表 9-7。刘家峡水利枢纽工程,1988 年 5 月 6 日至 7 月 10 日右岸排沙洞闸门开启后 65 d 未过流,排沙洞闸门顶部淤沙厚度达 19.7 m,底板前泥沙淤积厚度达 21.5 m,后靠右侧泄洪洞拉沙降低坝前淤积高程解决。王瑶水利枢纽工程,Ⅰ号泄水洞进口底部高程 1 145.7 m,孔口尺寸为 2.21 m×2.21 m,Ⅱ号泄洪洞进口底部高程 1 150.0 m,孔口尺寸为 2.5 m×2.5 m。水库正常蓄水位 1 182.5 m,分别高出 Ⅰ 号、Ⅱ号泄水洞进口底部高程 36.8 m、32.5 m,高出进口顶部高程 34.59 m、30.0 m。王瑶水库为延安市唯一重要的水源地,为保证供水任务,水库汛期采取蓄水运用的方式,导致泥沙淤积面高出泄洪洞进口经常超过 20 m,多次堵塞洞口。1987 年 7 月 2 日坝前运用水位为1 171.40 m,泄水时发生左右岸滑塌,进口洞底前淤沙高程为 1 176.90 m,闸门顶部淤沙厚度为 29.2 m,闸门底部淤沙厚度为 31.2 m,挤压压力洞(67.25 m)发生淤堵,导致长度为 625.8 m 的泄洪明流洞(尺寸为 3.2 m×3.75 m)淤堵,淤堵时间长达 15 d,采取给检修闸注水反压,反复疏通。三门峡水利枢纽工程,1989 年 10 月 27 日(坝前水位 310.47 m),排沙钢管(内径 7.5 m)打开后不出流,排沙钢管进口底部高程为 287 m,孔口底部以上淤沙厚度约 16 m,水头为 23.47 m,顶部以上淤沙厚度约 8.5 m,水头为 15.97 m。由于前一年检修闸门未关闭,导致钢管内淤满泥沙引起淤堵(压力钢管平均长度 21 m),次年打开钢管出口闸门后,泥沙从进口处往下逐步液化,期间未采取人工清淤措施,不到 1 d 时间,大量泥沙自钢管突然喷出,管道疏通,开始过流。三门峡水利枢纽 9# ~ 12# 底孔 1961 年封堵后,至 2000 年底孔前淤积高程为 305 m,进水口闸门顶部淤沙厚度为 17 m,进水口底部淤沙厚度为 25 m,2000 年 6 月 27 日(水位 312.61 m)打开底孔后,闸门顶部水头为 24.61 m,底部水头为 32.61 m,底孔开启后即泄流,未出现淤堵问题。说明了由于泥沙在水下处于饱和状态,开启泄水孔洞后,孔洞前淤积的泥沙在一定的水压状态下逐步液化,不会淤堵泄水孔洞;即使短时间内会淤堵泄水孔洞,但靠水流自身力量一定时间后也会自然疏通。综合已有实测资料来看,当泄水孔洞前淤沙高度达到 20 m 以上时,泄水孔洞可能会出现闸门启闭困难或者淤堵问题,通过自然疏通和其他措施来恢复泄流。当淤沙高度在 15 m 以上时,由于泥沙在水下处于饱和状态,开启泄水孔洞后,孔洞前淤积的泥沙在一定的水压状态下逐步液化,不会淤堵泄水孔洞;即使短时间内会淤堵泄水孔洞,但靠水流自身力量一定时间后也会自然疏通。

　　泾河东庄水利枢纽工程设计阶段泄水孔洞前允许淤沙厚度的确定,借鉴了已建水利枢纽实测资料,同时开展了泄水建筑物进口防淤堵模型试验。试验范围为坝址上游约 4.2 km,模型设计为正态模型,平面比尺和垂直比尺均为 100。模型进口施放流量为汛期平均流量及相应的含沙水流,水位控制在死水位 756 m。当排沙泄洪深孔进口底板前分别淤沙厚度为 8 m、12 m、17 m 和 27 m 时,静止 3 d(原型),发现淤沙厚度 8 m、12 m、17 m 方案,打开排沙泄洪深孔即刻出流;淤沙厚度 27 m 方案,打开排沙泄洪深孔不能马上出流。当排沙泄洪深孔进口底板前淤沙厚度为 17 m 时,静止 20 d(原型),打开排沙泄洪深孔即刻出流。综合考虑实体模型试验成果,借鉴已建水利枢纽实测资料分析结果,确定东庄水利枢纽泄水孔洞进口底部以上允许淤沙厚度为 17 m,孔口顶部以上允许淤积厚度为 8 m。

表 9-7 已建水利枢纽泄水建筑物进口淤堵情况汇总

水利枢纽	序号	典型事件	泄流排沙建筑物孔口情况			进水口泥沙淤积和水力要素						疏通措施
			闸底板高程 (m)	孔口尺寸 (m×m)	闸门顶部高程 (m)	淤堵时水位 (m)	闸门顶部淤沙厚度 (m)	底板前泥沙淤积厚度 (m)	淤堵闸门顶部水头 (m)	淤堵闸门底部水头 (m)	从开闸到出水的时间	
刘家峡	1	1988 年 5 月 6 日至 7 月 10 日右岸排沙洞闸门开启后 65 d 未过流	1 665	2×1.8	1 666.8		19.7	21.5			65 d	右侧泄洪洞拉沙
王瑶	2	1987 年 7 月 2 日泄水时,发生左岸滑坡,挤压压力洞(67.25 m)发生淤堵,导致长度为 625.8 m 的泄明流洞(尺寸为 3.2 m×3.75 m)淤堵	1 145.7	2.21×2.21	1 147.7	1 171.40	29.2	31.2			15 d	采用给检修闸门注水反压,反复疏通
三门峡	3	1989 年 10 月 27 日泄流排沙管淤堵,由于事前 1 年检修闸门未关闭,导致钢管内淤满泥沙引起淤堵(压力钢管平均长度 21 m),次年打开闸门后,泥沙从闸门下逐步液化,期间未采取其他措施,不到 24 h,大量泥沙自钢管突然喷出,管道疏通,开始过流	287	7.5 m	294.5	310.47	8.5	16	15.97	23.47	不到 24 h	自然疏通
三门峡	4	1961 年 9#~12# 底孔封堵,至 2000 年底孔前淤积高程为 305 m。2000 年 6 月 27 日水位 312.61 m 时打开底孔即泄流,未出现淤堵问题。(泥沙在水下是饱和状态,在一定的水压状态下迅速液化,不会淤堵泄水孔洞)	280	3×8	288	312.61	17	25	24.61	32.61	—	—
小浪底	5	实际未发生淤堵	175	3.5×6.3	181.3	—	13.7 [5.7]	20 [12]	死水位 230 m,相应水头为 48.7 m	死水位 230 m,相应水头为 55 m	—	13.7 m 和 20 m 为工程设计阶段实体模型试验值,5.7 m 和 12 m 为设计采用允许值

9.3.3 泄洪排沙调度运用方式

水利枢纽工程泄水孔洞前泥沙淤积高程的变化取决于泄水孔洞的运用。为防止闸门前泥沙出现累积性淤积,应结合已建水利枢纽泄水孔洞调度经验,有必要开展数学模型计算和实体模型试验,制定合理的泄洪排沙调度运用方式。以小浪底水利枢纽工程泄水孔洞调度为例说明。

黄河小浪底水利枢纽工程设计阶段,南京水利科学研究院、黄河水利科学研究院和中国水利水电科学研究院开展的小浪底水利枢纽进水口泥沙问题动床模型试验,研究范围为坝区 4 km 长的河段,上起大峪河口,下至小浪底坝址。各家模型试验研究得到,为防止进水塔群前淤堵,应采取合理的泄水孔洞运用方式:

(1)不同水沙条件下应轮流开启底孔排沙,使进水塔前形成低平淤积面或呈锯齿状起伏淤积面,防止长时间关闭底孔而使底孔前淤积面普遍升高,尤其是要杜绝淤积物固结严重的情况。

(2)在调度运用中,要利用埋设的监测仪器监测底孔前泥沙淤积,控制底孔前淤沙高程在临界淤积面高程以下,同时应合理调度各泄水建筑物。当泄流流量在 600 m^3/s 以下时,发电洞过流 400 m^3/s,排沙洞不开启或分流小于 200 m^3/s;当泄流流量为 600 ~ 2 200 m^3/s 时,发电洞过流 70%,排沙洞分流 30%;当泄流流量大于 2 200 m^3/s 时,发电洞过流 1 500 m^3/s,剩余由排沙洞泄流,流量更大则相继开启明流洞、孔板洞泄流。

(3)进水塔群为侧向进水的条件下,拟定各泄水孔洞按照"先左后右,先低后高"的顺序开启泄流,此与进水塔群前形成的逆时针向大回流的水流流态匹配,有利于泄水孔洞防淤堵和电站防沙。在进水塔群前为正向进水时,泄水孔洞开启泄流顺序可不变,但须加强监测,以防不利淤积形态发生。

黄河勘测规划设计研究院有限公司完成的《小浪底水利枢纽进水塔群前防淤堵研究报告》在小浪底水利枢纽工程设计阶段提出的泄水孔洞调度方案的基础上,进一步利用数学模型计算和实体模型试验的方法,提出在满足近期进水塔群防淤堵要求的前提下,当出库流量小于发电洞泄量时,可优先启用发电洞泄流;当出库流量大于发电洞泄量时,超出部分尽量通过排沙洞、明流洞、孔板洞泄流,减少库区淤积。

9.3.4 其他防淤堵措施

水利枢纽工程泄水建筑物防淤堵,除上述防淤堵措施外,还要求采取以下措施:

(1)设立泥沙自动监测报警装置。当淤积面达到设计规定的高度时,可及时开门冲沙。

(2)在闸门附近闸墩或胸墙内设高压水冲沙系统,如闸门前淤积超过临界值,及时启门排沙,必要时利用高压水冲动淤沙。

(3)泄水孔口的闸门采用前止水,防止在闭门期间泥沙进入门槽。

9.3.5 泄水建筑物进水口防淤堵和淤堵后应急方案

多沙河流来水来沙条件复杂多变,难以预测,不排除特殊年份出现极端不利的小水大沙的水沙事件,泄水孔洞前泥沙淤积面高程超出允许值淤堵进水口的风险较大。多沙河流水库进入正常运用期形成高滩深槽后,以及高滩深槽逐渐形成的过程中塔前滩面高程发展到一定高程时,水库降低水位运用也可能存在高滩滑塌淤堵进水口的风险。水库运用过程中,应制订泄水建筑物进水口防淤堵和淤堵后应急方案,科学指导泄水建筑物进水口防淤堵调度。

以小浪底水库近期泄水孔洞防淤堵调度为例,从水文泥沙信息获取与监测、闸门调度和淤堵后应急处理方面,介绍泄水孔洞防淤堵和淤堵后应急方案。

9.3.5.1 水文泥沙信息获取与监测

(1)及时向水库调度单位获取相关水文断面实测流量、含沙量及泥沙颗粒级配和洪水预报、测报信息。

(2)及时监测小浪底水库水位、枢纽建筑物、设备运行状况、坝区泥沙淤积形态及塔前泥沙淤积高程、库区泥沙淤积形态等相关信息。

(3)与水库调度单位建立良好的信息沟通机制,信息渠道通畅,做到信息共享。

(4)每年汛前、汛后对小浪底库区泥沙淤积断面进行测验。汛期如有必要,亦进行上述测验。

(5)定期测量坝前和塔前的泥沙淤积面高程,6~9月每天测量一次,非汛期每3 d测量一次,及时整理、绘制水下地形图及纵横剖面图。

9.3.5.2 闸门调度

(1)当出库流量小于发电洞泄量时,可优先启用发电洞泄流;当出库流量大于发电洞泄量时,超出部分应尽量通过排沙洞、明流洞、孔板洞泄流,减少库区淤积。

(2)当实测塔前泥沙淤积面高程达到183.5 m时,小开度短历时开启排沙洞工作闸门,以检查其进口流道是否畅通。以后可按0.5 m一级逐步提高塔前允许淤积面高程,但最终许可值不得大于187 m。

(3)若要求单个排沙洞运用,先开启3#排沙洞,然后轮流开启2#、1#排沙洞。多个排沙洞运用时,各排沙洞宜均匀泄水。

(4)泄洪排沙时,若某条尾水渠对应的2台机组均停止运行,则关闭该渠末端的防淤闸门,防止黄河泥沙回淤尾水洞(渠)。

(5)排沙洞、孔板洞停泄时,关闭工作闸门,由工作闸门挡水;同时关闭事故闸门,以防洞内淤积。

(6)及时清理进水塔前的树根、高秆作物、杂草等杂物。

9.3.5.3 应急处理

(1)若因特殊原因导致塔前淤积高程过高或流道被泥沙栓塞使得泄水底孔不能正常泄流,启用淤堵底孔周边的泄水孔洞泄流拉沙,降低被淤堵孔洞周围的泥沙淤积面高程。

(2)启用周边泄水孔洞泄流拉沙仍不能使得被淤堵孔洞正常泄流,启动高压冲淤系统冲沙,过流后立即关闭系统。

（3）若启动高压冲淤系统仍不能使淤堵的泄水建筑物正常泄流,可根据实际情况采用反压冲水、挖泥船等其他清淤措施。

9.4 坝前漏斗形态设计

已建水利枢纽和水电站运用实践证明,泄水建筑物实现防淤堵,要依靠泄洪排沙底孔的运用,在泄水建筑物前形成坝区冲刷漏斗区域,调节库坝区水流泥沙运动,降低底孔前泥沙淤积面高程,形成孔口前横向侧坡互相连接的大漏斗河槽,控制孔口防淤堵和电站防沙的安全正常运行状态,保证水库效益的发挥和工程的安全运行。

9.4.1 坝前漏斗形态设计方法

坝区要形成冲刷漏斗,并向上游扩展,形成近场和远域相连的坝区大冲刷漏斗水域。根据已建多沙河流水利枢纽工程坝前泥沙冲淤实测资料,可得到大型水库的坝前冲刷漏斗纵剖面形态一般分为五段,即自孔口向上游依次为:①孔口前冲深平底段;②冲刷漏斗陡坡段;③冲刷漏斗过渡段;④冲刷漏斗缓坡段;⑤水库淤积纵剖面近坝前坡段。坝区冲刷漏斗横断面形态,自孔口前沿的窄深形态向冲刷漏斗进口的宽浅形态逐渐变化。当孔口为侧向进水时,则在进水口前沿形成小冲刷漏斗,转而向上游形成坝区冲刷漏斗河床纵剖面形态。小型水库的坝区冲刷漏斗纵剖面一般为 2 段纵坡。

以下介绍坝前冲刷漏斗形态计算方法。

9.4.1.1 涂启华等方法

1. 坝前冲刷漏斗纵向形态

1）孔口前冲深平底段计算

平底段长度:

$$\lambda_0 = 0.32\left(\frac{Q}{\sqrt{\frac{\gamma_s - \gamma}{\gamma}gD_{50}}}\right)^{1/2} \tag{9-1}$$

式中:λ_0 为孔口前冲深平底段长度,m;Q 为底孔流量,m³/s;D_{50} 为孔洞前淤积泥沙中数粒径,mm;γ_s 为泥沙容重,$\gamma_s = 2.65$ t/m³;γ 为水容重,$\gamma = 1.0$ t/m³。若底孔为单孔或多孔运用,则以单孔或多孔泄流量进行计算。

孔口前冲刷深坑深度采用武汉水利电力学院公式

$$\frac{h_r}{h_g} = 0.068\,5\left(\frac{v_g}{\frac{\gamma_s - \gamma}{\gamma}gD_{50}\xi}\frac{h_g}{H}\frac{H - h_s}{H}\right)^{0.63} \tag{9-2}$$

其中

$$\xi = 1 + 0.000\,004\,96\left(\frac{d_1}{D_{50}}\right)^{0.72}\left(\frac{10 + H}{\frac{\gamma_s - \gamma}{\gamma}D_{50}}\right) \tag{9-3}$$

式中:h_r为孔口前冲刷深度,m;h_g为底孔高度,m;v_g为孔口平均流速,m/s;H为底孔前(底坎以上)水深,m;h_s为坝区冲刷漏斗进口断面淤积厚度(漏斗进口断面河底高程与底孔底坎高程的高差),m;d_1为参考粒径,取 $d_1 = 1$ mm;D_{50}为孔洞前淤积泥沙中数粒径,mm。

2)冲刷漏斗纵坡段分段坡降计算

统计分析已建水库资料,由孔口前冲刷深坑平底段上沿起坡的坝区冲刷漏斗纵坡段一般分为四段坡段,可以得出冲刷漏斗纵坡段的分段坡降、分段深度、分段长度和分段漏斗河槽宽度及边坡的经验关系,分述如下。

第 1 段坡降(底孔前冲深平底段上口起坡)

$$i_1 = 0.005\ 5H + 0.286D_{50} - 0.01 \tag{9-4}$$

第 2 段坡降

$$i_2 = 0.001\ 26H + 0.303D_{50} - 0.010\ 6 \tag{9-5}$$

第 3 段坡降

$$i_3 = 0.000\ 833H + 0.286D_{50} - 0.01 \tag{9-6}$$

第 4 段坡降:近坝库区淤积纵坡面前坡段:

$$i_4 = i_{前坡} \tag{9-7}$$

式中:H为底孔进口底坎以上水深,m;D_{50}为坝区河床淤积物中数粒径,mm。

3)冲刷漏斗纵坡段分段高度计算

冲刷漏斗纵坡段分段高度 h_i 的计算用分段坡度落差表示,它是以分段高度 h_i 与坝区冲刷大漏斗总高度 H 的比值(h_i/H)平均关系表示的,如表9-8所示。结合实际可以有一定的变化范围,依具体条件酌定。

4)冲刷漏斗纵坡段分段长度计算

由 $\lambda = h/i$ 即可求得分段长度 λ。

图 9-23 为计算的坝前冲刷漏斗纵向形态示意图。图 9-24 为三门峡水库实测的坝前冲刷漏斗纵剖面图。冲刷漏斗纵坡分段高度关系(平均情况)见表9-8。

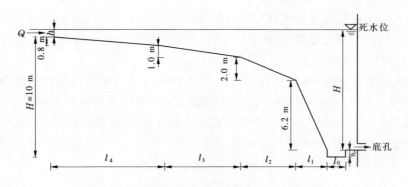

图9-23 计算的坝前冲刷漏斗纵向形态示意图

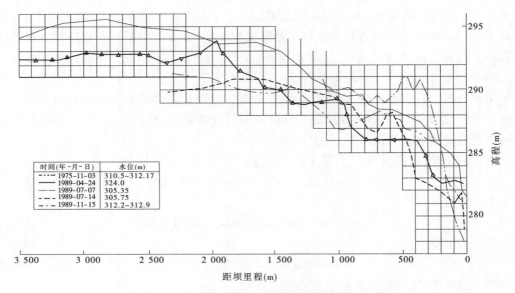

图 9-24　三门峡水库实测的坝前冲刷漏斗纵剖面图

表 9-8　冲刷漏斗纵坡分段高度关系（平均情况）

漏斗段别	h_i/H	大漏斗 H(m)				
		≤10	20	30	40	≥50
1	h_1/H	0.62	0.46	0.35	0.31	0.32
2	h_2/H	0.20	0.25	0.28	0.29	0.30
3	h_3/H	0.10	0.16	0.19	0.21	0.20
4	h_4/H	0.08	0.13	0.18	0.19	0.18

注：坝区冲刷大漏斗总高度 H 为大漏斗进口断面河底高程与底孔进口底坎高程之差（m）。

2. 坝前冲刷漏斗河槽形态计算

（1）底孔前河槽底宽为泄水孔口宽度的 2 ~ 3 倍（按 1 个底孔计）；河槽下半部边坡坡度为 0.4 ~ 0.5，上半部边坡坡度为 0.20 ~ 0.25，平均边坡为 0.30 ~ 0.40。在多底孔泄流时，按多孔口泄流计算漏斗河槽。

（2）自底孔前冲刷漏斗河槽溯向上游，坝区冲刷漏斗河槽是由窄深形态向宽浅形态变化的。在第 3 段进口断面河槽底宽为坝区漏斗进口断面河槽底宽的 60% ~ 70%，其河槽边坡为孔口前河槽边坡的 60% ~ 70%；在坝区漏斗进口河槽形态即为水库明渠行近流末端河槽形态。图 9-25 为黄河三门峡水库于 1989 年 7 月 14 日进行日调节模拟试验时开启 1 个排沙洞（底孔）时的坝区冲刷漏斗河槽形态沿程变化。

（3）统计部分水库实测资料，建立坝区冲刷漏斗段的平均纵坡和平均横坡与 $\dfrac{Qv}{H}$ 的关系，如图 9-26 所示。图 9-26 中，Q 为底孔泄流量（m³/s）；v 为孔口断面平均流速（m/s）；H 为底孔前水深（m）。

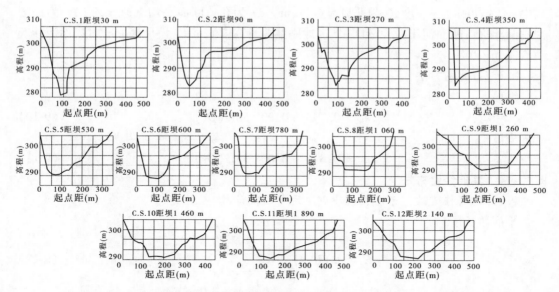

图 9-25　三门峡水库坝前漏斗河槽形态沿程变化（1989 年 7 月 14 日，开启 1 个底孔）

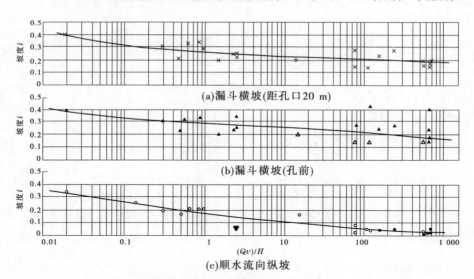

(a)漏斗横坡(距孔口20 m)

(b)漏斗横坡(孔前)

(c)顺水流向纵坡

图 9-26　冲刷漏斗坡降 $i \sim Qv/H$ 关系

9.4.1.2　严镜海、许国光方法

纵坡

$$m = 0.235 - 0.063\lg\left(\frac{Qv}{v_{01}^2 \Delta Z^2}\right) \tag{9-8}$$

横坡

$$m = 0.312 - 0.063\lg\left(\frac{Qv}{v_{01}^2 \Delta Z^2}\right) \tag{9-9}$$

式中：m 为冲刷漏斗坡度；Q 为孔口泄流量，m^3/s；v 为孔口断面平均流速，m/s；ΔZ 为坝区冲刷漏斗进口断面河床淤积厚度（坝区冲刷漏斗总高度），m；v_{01} 为水深 1 m 时床面泥沙起动流速，m/s。

9.4.1.3 万兆惠方法

纵坡

$$m = 0.293 - 0.001\,56\lg(Qv) \tag{9-10}$$

横坡

$$m = 0.378 - 0.001\,35\lg(Qv) \tag{9-11}$$

9.4.1.4 其他经验方法

1. 苏凤玉、任宏斌关于底孔前冲刷深坑平底段计算

平底段长度

$$L = 0.179\,4\left(\frac{Q}{\sqrt{\dfrac{\gamma_s - \gamma}{\gamma}gD_{50}}}\right)^{1/2} \tag{9-12}$$

式中：γ_s 为泥沙容重；γ 为浑水容重；D_{50} 为床沙中数粒径；Q 为流量。

孔口前冲刷深度

$$h_{冲} = 0.088\,9\left(\frac{Q}{\sqrt{\dfrac{\gamma_s - \gamma}{\gamma}gD_{50}}}\right)^{1/2} \tag{9-13}$$

2. 武汉水利电力学院

冲刷漏斗横向坡度

$$m = 0.3 - 0.05\lg\left(\frac{Qv}{v_{01}^2\Delta Z^2}\right) \tag{9-14}$$

9.4.2 已建水库坝前冲刷漏斗形态

表 9-9 为已建水库（部分）坝前冲刷漏斗形态特征统计资料示例，供分析水库坝区冲刷漏斗形态参考。

9.4.3 工程案例

泾河东庄水库坝区冲刷漏斗形态设计按涂启华方法，分别设计了与库区高滩高槽淤积形态和高滩深槽淤积形态相连接的坝区冲刷大漏斗形态。

9.4.3.1 坝前冲刷漏斗纵剖面形态

大型水库坝前冲刷漏斗纵剖面形态一般分为五段，即自泄水孔洞孔口向上游依次为：①孔口前冲深平底段；②冲刷漏斗陡坡段；③冲刷漏斗过渡段；④冲刷漏斗缓坡段；⑤水库淤积纵剖面近坝前坡段。

表 9-9　已建水库（部分）坝前冲刷漏斗形态特征统计资料

水库	三门峡		青铜峡	巴家嘴	官厅			汾河		张家庄	小华山	涔河	小河口
测量时间			1972 年		1962 年	1964 年	1966 年	1965 年 1 月	1966 年 1 月				
孔口流量（m^3/s）	567	790	133.3	3.0~3.5	63.2	59.4	55.5	12.5	10	3~4	0.25	7~8	5~6
洞前水深（m）	12.3	37.2	23	12	32.46	28.61	25.71	31.8	32.35	8.4	12	13.5	21.7
淤沙中数粒径（mm）	0.059	0.059	0.03	0.034	0.004 6	0.004 6	0.003 9	0.025	0.026	0.04	0.047	0.012	0.035
下段纵坡	0.028	0.034	0.059	0.23	0.5	0.4	0.5	0.38~0.40	0.32	0.25	0.35	0.33	0.33
上段纵坡	0.15	0.16		0.12	0.084	0.094	0.1	0.12	0.12	0.044	0.166	0.09	0.145
横坡			0.5	0.32				0.33	0.41	0.26	0.36	0.33~0.29	0.36

根据东庄水利枢纽工程泄水建筑物布置方案,泄洪排沙深孔进口底板高程为 708 m, 4 孔泄流规模为 3 300 m^3/s,单孔孔口尺寸为 5.5 m×9.0 m(宽×高)。当水库死水位为 756 m 时,底孔前水深为 48 m。参考已建多沙河流水库实测资料,孔洞前淤积泥沙中数粒径 D_{50} 可取为 0.005 mm。根据式(9-2)和式(9-3),计算得到孔口前冲刷深坑平底段冲刷长度为 24 m,冲刷深度为 3.0 m。

根据式(9-4)~式(9-7)计算坝前冲刷漏斗纵坡段分段坡降见表 9-10、表 9-11。高滩深槽和高滩高槽状态下坝前冲刷漏斗纵剖面形态见图 9-27。

表 9-10　东庄水库坝前冲刷漏斗纵坡形态设计(高滩深槽)

漏斗分段	第 1 段	第 2 段	第 3 段	第 4 段	全区
纵坡降	0.255	0.051	0.031 4	0.002 14	0.024 583
分段深度(水深,m)	21.6	10.56	3.216	0.24	
分段顶点高程(m)	734.4	745.44	752.784	755.76	
分段顶点高度(顶点高程至底孔进口底坎高程)	26.4	37.44	44.784	47.76	
分段长度(m)	103	215	234	1 391	1 977

表 9-11　东庄水库坝前冲刷漏斗纵坡形态设计(高滩高槽)

漏斗分段	第 1 段	第 2 段	第 3 段	第 4 段	全区
纵坡降	0.392	0.086	0.056 0	0.004 18	0.046 12
分段深度(水深,m)	32.4	15.12	4.824	0.36	
分段顶点高程(m)	747.6	764.88	775.176	779.64	
分段顶点高度(顶点高程至底孔进口底坎高程)	39.6	56.88	67.176	71.64	
分段长度(m)	101	200	184	1 069	1 578

9.4.3.2　坝前冲刷漏斗横断面形态

东庄水利枢纽泄洪排沙深孔泄流量为 3 300 m^3/s,孔口断面平均流速为 16.7 m/s,当水库死水位为 756 m 时,底孔前水深为 48 m。由图 9-26 得到底孔前漏斗横坡比降为 0.28。根据式(9-11),得到东庄水库坝前冲刷漏斗平均横坡为 0.37。参考已建水库坝区实测资料,综合考虑,东庄水库坝前冲刷漏斗横坡比降取 0.32。

泄水孔洞前小漏斗河槽底宽为泄水孔口宽度的 2~3 倍(按运行底孔计)。东庄水库泄洪排沙深孔孔口宽度为 5.5 m,小漏斗河槽底宽取为 16.5 m,按横坡比降 0.32,绘制开启泄洪排沙深孔后坝前冲刷漏斗横断面图见图 9-28。

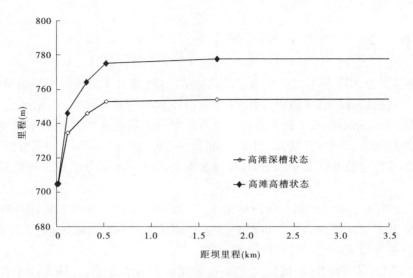

图 9-27 东庄水库坝区冲刷漏斗纵剖面形态

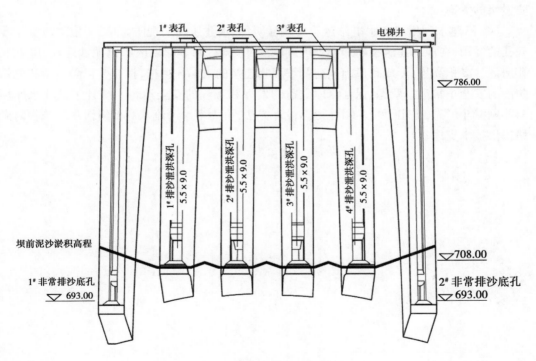

图 9-28 东庄水库坝前冲刷漏斗横断 （单位:m）

9.5　小　结

（1）多沙河流水库若不能实现泄水建筑物防淤堵，泄水孔洞前泥沙淤积面很高，迫近甚至高于电站机组进口底坎高程，则将使大量泥沙和粗沙过水轮机，加剧水轮机的磨损，缩短检修周期，电站不能安全正常运行。泄水孔洞淤堵后将导致开闸后不能及时过流或增加闸门的启闭力，产生闸门启闭困难等问题。实现多沙河流水利枢纽工程防淤堵，保证进水口前形成稳定的冲刷漏斗形态，对确保水库安全运行和充分发挥工程效益具有重要意义。

（2）从已建水利枢纽泄水孔洞淤堵情况、三维数学模型计算和坝区泥沙物理模型试验等方面研究了坝区复杂的水流和泥沙运动，揭示了坝前泥沙淤堵机制，可为多沙河流水库泄水建筑物进口防淤堵研究提供技术支撑。

（3）已建水利枢纽的防淤堵措施主要有合理布置泄水建筑物，确定泄水孔洞前允许淤沙高程（合理的泥沙淤积厚度），制定合理的泄洪排沙调度运用方式，防止闸门前泥沙累积性淤积；每年定期对泄水孔洞闸门进行试门，检验主要泄洪闸门设施运行是否正常，防止闸门前泥沙淤堵；及时清理进水塔前的树根、高秆作物、杂草等杂物。综合考虑可能发生的淤堵情况，制订泄水建筑物进水口防淤堵和淤堵后应急方案。其中，合理布置泄水建筑物，确定泄水孔洞前允许淤沙高程，制定合理的泄洪排沙调度运用方式是泄水建筑物防淤堵的关键。

（4）已建水利枢纽和水电站运用实践证明，泄水建筑物实现防淤堵，要依靠泄洪排沙底孔的运用，在泄水建筑物前形成坝区冲刷漏斗区域，调节库坝区水流泥沙运动，降低底孔前泥沙淤积高程，形成孔口前横向侧坡互相连接的大漏斗河槽，控制孔口防淤堵和电站防沙的安全正常运行状态，保证水库效益的发挥和工程的安全运行。统计了已建水库坝前冲刷漏斗形态，提出了坝前漏斗形态设计方法，可为多沙河流水利枢纽泄水建筑物防淤堵提供技术支撑。

第 10 章

坝面浑水压力设计

水库大坝主要承受的荷载为应包括自重、水压力（静水压力和动水压力）、温度荷载、扬压力或渗透压力、泥沙压力、浪压力、冰压力、地震荷载和其他可能出现的荷载。坝面浑水压力计算的核心是浑水容重计算。

10.1　浑水容重研究综述

10.1.1　浑水容重变化对大坝工程设计的影响

水压力是水库大坝主要受力之一，会随着水库运用阶段不同而有所差别，将直接影响到坝体的稳定及工程安全。拦沙初期库区泥沙淤积较少，坝前淤积面低，水库库容较大，在入库水沙条件和坝前运用水位相同的情况下，坝前浑水容重较正常运行期会有所降低；正常运用期，库区淤积泥沙较多，淤积部位高，水库库容减小，相同条件下，坝前浑水容重则相对较大。

在大坝工程设计中，水压力计算是工程设计的关键组成部分。根据水压力计算公式（$P=\gamma hA$，其中 γ 为水体容重，h 为水深，A 为受压面积）。一般情况下，γ 采用清水容重 γ_0（单位为 kN/m³ 或 t/m³）；但在多沙河流，由于洪水泥沙含量高，而泥沙容重 $\gamma_s=2.65\gamma_0$，此时坝前浑水容重为 γ'，$\gamma'>\gamma_0$。浑水容重随含沙量的增加而增大，相互关系见表 10-1 和图 10-1。

表 10-1　不同含沙量级清浑水容重对比

浑水含沙量（kg/m³）	清水容重 γ_0（t/m³）	浑水容重 γ'（t/m³）
0	1.0	1.000
50	1.0	1.031
100	1.0	1.062
200	1.0	1.125
300	1.0	1.187
400	1.0	1.249
500	1.0	1.311
600	1.0	1.374
700	1.0	1.436
800	1.0	1.498
900	1.0	1.560
1 000	1.0	1.623

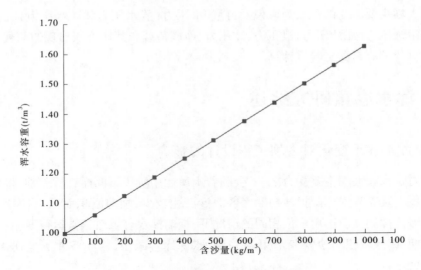

图 10-1　浑水容重与含沙量变化关系

由表 10-1 和图 10-1 可知,随着含沙量增加,浑水容重增幅明显。以黄河为例,黄河干流实测瞬时含沙量最高达到 911 kg/m³(三门峡站),黄河支流泾河、北洛河、无定河等多沙支流实测瞬时含沙量均在 1 000 kg/m³以上,相应浑水容重可为清水的 1.6 倍以上。水体容重是坝体水压力计算的重要参数,其数值变化对坝体受力计算影响巨大。

10.1.2　浑水容重设计技术现状及存在的问题

目前,大多数少沙河流,由于含沙量低,浑水容重小,在水库大坝工程设计中,一般近似采用清水容重进行大坝受力计算。对于多泥沙河流,根据《混凝土拱坝设计规范》(SL 282—2018),认为水的重度应根据水中含沙量的程度确定,垂直作用于坝体表面某点处的静水压力强度计算,推荐含泥沙水(浑水)压力计算公式:$p = \gamma_w H$,p 为计算点处浑水压力强度,γ_w 为含泥沙水(浑水)的重度,H 为计算点处的作用水头。即便如此,在多沙河流上修建水库大坝,国内外专家对浑水容重与大坝侧向水体压力关系的认识也存在分歧。部分专家认为在计算侧向水体压力时可以不考虑浑水容重的影响,其理由是清水是连续介质,因此某一点各个方向压强相同,只要受力面积一定,则各方向静水压力相同;浑水中泥沙颗粒是松散结构,为非连续介质,对大坝压力(特别是侧向压力)影响有限。有的专家认为随着含沙量的增加,当含沙量超过一定数值(如 200 ~ 300 kg/m³)且含有一定比例细颗粒泥沙时,泥沙颗粒间距缩小,甚至发生絮凝变化,水体由牛顿体转变为非牛顿体,松散颗粒形态逐渐转变为具有流动性的连续介质,浑水容重不仅对垂向压力有影响,对大坝侧向压力也可能产生较大的影响。

由于专家、学者关于浑水容重与大坝水体压力相互关系及影响认识存在分歧,浑水容重对大坝水体压力计算的影响关系尚未提出确切结论,针对坝前浑水容重计算与设计的研究较少,坝前浑水容重分析计算尚未形成较为系统和全面的设计技术,相关设计规范也未提及。因此,浑水容重设计的关键在于研究探明浑水容重与大坝水体压力相互关系,统一认识,是后续开展浑水容重设计的重要基础。而浑水容重设计的重点则集中在坝前浑水的含沙量大小和垂向分布计算;难点在于入库水沙条件极值选择与设计工况的确定。

10.1.3 研究多沙河流浑水容重设计技术的意义

多沙河流入库洪水含沙量较高,坝前浑水容重较清水明显增大,对大坝水压力计算影响巨大,是涉及大坝工程安全的核心问题。通过理论研究、资料分析和物理模型试验等多种手段,深入研究浑水容重与大坝水压力的关系,提出浑水容重设计理论与关键技术,完善多沙河流水库大坝工程设计技术,可为多沙河流大坝工程设计提供依据,且相关技术成果具有广阔的推广运用前景。

10.2 浑水容重设计理论基础

10.2.1 入出库排沙比关系

天然河流都具有自动调整功能,即基本上处于输沙平衡状态的河流,当外部条件改变使得河流输沙平衡受到破坏时,河床会通过冲淤变形,趋向输沙平衡的恢复。河床的自动调整是河流为了适应外部条件改变的必然结果。在来水来沙条件基本不变的前提下,水库蓄水,使得水深变大,流速减小,破坏库区河道纵向输沙平衡,受河床自动调整功能的影响,水库会通过不断的淤积变形来提高河道的输沙能力,趋向新的平衡,所以伴随着水库的淤积,库区河床的输沙能力是在逐渐恢复的。当水库淤积到一定程度时,水库降低水位,逐渐泄空蓄水,库区水面比降增大,水流输沙能力增强,水流就有可能由饱和状态转变为次饱和状态,库区就会发生冲刷,从而恢复库容。

根据水流挟沙能力公式 $\left[S^* = k\left(\dfrac{U^3}{gR\omega}\right)^m \right]$,水流挟沙能力与流速的高次方成正比,在大洪水时期,水流的流速大,挟沙能力强;同时水流的挟沙能力与水力半径成反比关系,而水力半径的大小在壅水情况下相当程度上取决于水库的蓄水量大小,即蓄水量大,运用水位高,水力半径大,相应的挟沙能力小。由于洪水流量越大,相应流速也越大,因此在工程设计或实际运用中常采用 v/Q 作为衡量水库壅水程度的指标。而水库输沙效果多采用水库排沙比表示,如 $\eta = \dfrac{Qs_{出}}{Qs_{入}}$(输沙率排沙比)或 $\eta = \dfrac{s_{出}}{s_{入}}$(含沙量排沙比)。通过对已建水库实测资料分析,可基于 v/Q 建立入出库排沙比关系 $\eta = f\left(\dfrac{v}{Q}\right)$ 或排沙比关系曲线。

当给定入库水沙条件时,可针对不同运用水位和相应蓄水量,采用排沙比公式或排沙比关系曲线计算出库含沙量。坝前含沙量可近似采用出库含沙量,考虑含沙量垂线分布后,即可计算出相应的坝前浑水容重。

10.2.2 浑水容重变化与水体压力关系

根据清水压力计算公式($P = \gamma hA$),随着水体含沙量的逐渐增大,清水容重 γ 变成浑水容重 γ',计算水压力时是否将 γ 替换成 γ',存在争论。由于清水水体是连续性的介质,某一点的各方向压强相同,受力面积一定时,各方向水压力大小相等;浑水中(牛顿体)泥沙颗粒是松散个体,为非连续性介质,对水体中某一点的各个方向可能存在不同的影响;考虑到静水条件下坝前水体中泥沙颗粒主要受重力与清水浮力影响,垂向上水压力可以用 $P = \gamma' hA$ 表示。当浑水含沙量逐渐增加,变成高含沙浑水时,水体变成了非牛顿体,流变特性发生变化,则水体在侧向压力也有一定影响,由于非牛顿体结构复杂,无法从理论上解释其影响大小,需要通过物理模型试验进行验证。

黄河勘测规划设计研究院有限公司分别开展了浑水压力模拟试验和浑水压力模型试验。

10.2.2.1 浑水压力模拟试验

在密闭的压力罐中灌入人工制拌的浑水,通过外部设备加压,模拟不同的压力水头,测试浑水的水平向压强。

1.试验条件及方法

仪器设备见图10-2、图10-3。采用手动加压泵分级加压,加压范围为 0~400 kPa,用土压力计测试浑水的水平压强。将水和土料按一定比例搅拌制作 7 组不同含泥量的浑水,浑水含沙量范围为 100~1 000 kg/m³,将浑水置于压力罐中,压力罐留少部分余量,密闭后用手动加压泵加压,模拟不同的压力水头(压力范围为 0~400 kPa),逐级压差为 50 kPa,将土压力计竖直置于压力罐中,测试水平向浑水压强。图10-4 为压力罐中注入浑水后的照片。

图10-2 压力罐及附属设备

图 10-3　压力罐内部图

图 10-4　灌入浑水后的压力罐

2. 试验结果

模拟试验中 7 组浑水的含沙量分别为 110. 7 kg/m³、284. 6 kg/m³、395. 3 kg/m³、474. 3 kg/m³、727. 3 kg/m³、996. 0 kg/m³、1 059. 3 kg/m³,直接测试浑水的水平压强,通过压力罐中密闭气体的压强和浑水自重计算得到了同一位置处浑水的竖向压强,各组试验结果见表 10-2 ~ 表 10-8。在密闭的压力罐中,模拟竖向压力水头为 50 ~ 400 kPa 条件下,含沙量范围为 110. 7 ~ 1 059. 3 kg/m³ 的浑水水平压强与竖向压强比值为 0. 97 ~ 1. 00,其中 88. 8% 的测试结果为 0. 99 ~ 1. 00,可见,处于黏稠、可流动状态的浑水,同一位置处其水平压强与竖向压强基本相等。

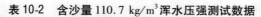
表 10-2　含沙量 110.7 kg/m³ 浑水压强测试数据

外部压强 （kPa）	读数仪测值 R_1 （Digit）	竖向压强 p_1 （kPa）	水平压强 p_2 （kPa）	p_2/p_1	备注
初始读数	8 792.5	—	—		
50	8 612.6	55.4	54.3	0.98	
100	8 446.9	105.4	104.3	0.99	
150	8 279.7	155.4	154.8	1.00	
200	8 117.8	205.4	203.6	0.99	
250	7 950.7	255.4	254.1	0.99	
300	7 782.1	305.4	304.9	1.00	
350	7 615.2	355.4	355.3	1.00	
400	7 451.2	405.4	404.8	1.00	

表 10-3　含沙量 284.6 kg/m³ 浑水压强测试数据

外部压强 （kPa）	读数仪测值 R_1 （Digit）	竖向压强 p_1 （kPa）	水平压强 p_2 （kPa）	p_2/p_1	备注
初始读数	8 791.5	—	—	—	
50	8 610.4	55.9	54.7	0.98	
100	8 448.2	105.9	103.6	0.98	
150	8 278.7	155.9	154.8	0.99	
200	8 116.5	205.9	203.7	0.99	
250	7 951.1	255.9	253.6	0.99	
300	7 785.4	305.9	303.6	0.99	
350	7 621.5	355.9	353.1	0.99	
400	7 453.5	405.9	403.8	0.99	

表 10-4　含沙量 395.3 kg/m³ 浑水压强测试数据

外部压强 （kPa）	读数仪测值 R_1 （Digit）	竖向压强 p_1 （kPa）	水平压强 p_2 （kPa）	p_2/p_1	备注
初始读数	8 792.6	—	—	—	
50	8 607.4	56.3	55.9	0.99	
100	8 444.1	106.3	105.2	0.99	
150	8 281.6	156.3	154.2	0.99	
200	8 118.6	206.3	203.4	0.99	
250	7 952.8	256.3	253.5	0.99	
300	7 787.2	306.3	303.4	0.99	
350	7 619.2	356.3	354.1	0.99	
400	7 453.9	406.3	404.0	0.99	

表 10-5　含沙量 474.3 kg/m³ 浑水压强测试数据

外部压强 （kPa）	读数仪测值 R_1 （Digit）	竖向压强 p_1 （kPa）	水平压强 p_2 （kPa）	p_2/p_1	备注
初始读数	8 791.7	—	—	—	
50	8 609.3	56.5	55.0	0.97	
100	8 442.6	106.5	105.4	0.99	
150	8 280.0	156.5	154.4	0.99	
200	8 113.8	206.5	204.6	0.99	
250	7 948.1	256.5	254.6	0.99	
300	7 785.2	306.5	303.8	0.99	
350	7 618.8	356.5	354.0	0.99	
400	7 452.5	406.5	404.2	0.99	

表 10-6　含沙量 727.3 kg/m³ 浑水压强测试数据

外部压强 （kPa）	读数仪测值 R_1 （Digit）	竖向压强 p_1 （kPa）	水平压强 p_2 （kPa）	p_2/p_1	备注
初始读数	8 792.1	—	—	—	
50	8 604.0	57.3	56.8	0.99	
100	8 441.8	107.3	105.7	0.99	
150	8 272.5	157.3	156.8	1.00	
200	8 108.1	207.3	206.4	1.00	
250	7 946.8	257.3	255.1	0.99	
300	7 776.1	307.3	306.6	1.00	
350	7 610.3	357.3	356.7	1.00	
400	7 447.8	407.3	405.7	1.00	

表 10-7　含沙量 996.0 kg/m³ 浑水压强测试数据

外部压强 （kPa）	读数仪测值 R_1 （Digit）	竖向压强 p_1 （kPa）	水平压强 p_2 （kPa）	p_2/p_1	备注
初始读数	8 792.6	—	—	—	
50	8 604.5	58.2	56.8	0.98	
100	8 443.4	108.2	105.4	0.97	
150	8 274.1	158.2	156.5	0.99	
200	8 108.0	208.2	206.6	0.99	
250	7 942.8	258.2	256.5	0.99	
300	7 777.5	308.2	306.4	0.99	
350	7 614.0	358.2	355.7	0.99	
400	7 448.6	408.2	405.6	0.99	

表 10-8   含沙量 1 059.3 kg/m³ 浑水压强测试数据

外部压强 （kPa）	读数仪测值 R_1 （Digit）	竖向压强 p_1 （kPa）	水平压强 p_2 （kPa）	p_2/p_1	备注
初始读数	8 800.7	—	—	—	
50	8 609.7	58.4	57.6	0.99	
100	8 445.5	108.4	107.2	0.99	
150	8 277.2	158.4	158.0	1.00	
200	8 115.1	208.4	206.9	0.99	
250	7 945.1	258.4	258.2	1.00	
300	7 779.6	308.4	308.2	1.00	

10.2.2.2   浑水压力模型试验

建立浑水压力试验模型，模拟高含沙量（含沙量范围为 100 ～ 1 000 kg/m³）浑水的基本状态，直接测试浑水压强，包括竖向压强和水平压强，分析水平压强和竖向压强之间的数值关系。

1.试验条件及方法

模型基本构件为钢筒，内径 28 cm，高度 10 m。两支土压力计均置于模型下部，模型底部如图 10-5 所示，竖向土压力计距底部 20 cm，水平土压力计距底部 35 cm，土压力计以上的高度约为 9.80 m，量程分别为 1 000 kPa、700 kPa，分别测定浑水的竖向压强和水平压强。另在模型底部安装一阀门，用作试验后泄出模型内浑水，模型实况图见图 10-6，竖直放置土压力计构造见图 10-7。

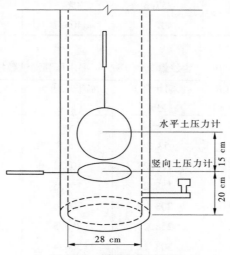

图 10-5   模型底部示意图

图 10-6　模型实况图

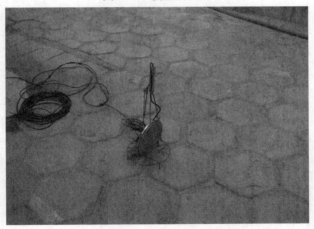

图 10-7　竖直放置土压力计构造

2. 试验结果

模型试验一共进行 6 组浑水压强测试,浑水的含沙量分别为 96.8 kg/m³、253.0 kg/m³、379.4 kg/m³、600.8 kg/m³、790.5 kg/m³、1 075.1 kg/m³,测试了浑水压强随时间的变化情况和浑水在不同水头时的压强。结果见表 10-9 ~ 表 10-14。

在试验过程中,浑水中的泥沙颗粒因为自重沉降,在钢筒下部堆积固结,形成一个较为密实的泥沙柱状体,柱状体与钢筒内壁产生摩擦,内壁对柱状体产生一个向上的作用力,所以测试的压强随着时间推移逐渐减小,待泥沙沉积基本完成后,摩擦力趋于稳定,压强处于一个较为稳定的数值。在试验过程中,土压力计所在的位置处浑水密度是不断增加的。

在模型试验中,随着时间的推移,浑水中的泥沙沉积较快,在底部形成淤积体,淤积体的含水率为 27.3% ~ 39.1%,均大于土样的液限,处于可流动状态。试验数据显示,含沙量为 96.8 ~ 1 075.1 kg/m³ 的浑水水平压强与竖向压强比值为 0.98 ~ 1.02,二者基本相等。

在 200 h 的沉积时间内,沉积后的泥沙含水量较高,处于可流动状态,其水平压强依然约等于竖向压强。

表 10-9　含沙量 96.8 kg/m³ 浑水测试数据

时间 （h）	竖向读数		水平读数		竖向压强 p_1 （kPa）	水平压强 p_2 （kPa）	p_2/p_1
	频率模数 （Digit）	温度 （℃）	频率模数 Digit	温度 （℃）			
初始读数	8 765.2	19.1	8 700.0	18.7	—	—	—
0	8 443.6	16.1	8 149.1	19.6	94.5	96.8	1.02
2.5	8 446.0	21.2	8 162.2	19.9	93.5	94.1	1.01
4.0	8 446.9	21.0	8 162.0	20.2	93.0	93.8	1.01
19.0	8 458.2	18.0	8 193.2	16.4	92.9	92.8	1.00
21.8	8 451.3	21.5	8 182.4	17.2	94.2	93.8	0.99
23.8	8 448.8	22.4	8 174.9	18.4	94.0	93.7	1.00
27.8	8 445.2	22.8	8 161.8	20.5	93.2	93.5	1.00
43.3	8 454.1	20.2	8 179.8	18.9	91.9	92.2	1.00
45.5	8 448.5	23.6	8 170.3	19.6	93.0	93.1	1.00
47.8	8 445.2	24.2	8 168.3	19.9	93.7	93.1	0.99
50.0	8 443.6	24.5	8 165.2	20.6	93.6	92.8	0.99
51.5	8 442.7	24.1	8 163.8	20.7	93.8	92.9	0.99

表 10-10　含沙量 253.0 kg/m³ 浑水测试数据

时间 （h）	竖向读数		水平读数		竖向压强 p_1 （kPa）	水平压强 p_2 （kPa）	p_2/p_1
	频率模数 （Digit）	温度 （℃）	频率模数 （Digit）	温度 （℃）			
初始读数	8 770.2	18.8	8 717.3	17.8	—	—	—
0	8 431.2	22.4	8 140.7	19.9	98.7	100.0	1.01
2.5	8 436.4	23.3	8 148.1	20.7	96.4	97.7	1.01
20.5	8 454.2	15.3	8 181.8	17.7	93.7	95.3	1.02
23.5	8 455.9	15.6	8 188.0	17.0	93.8	95.0	1.01
25.0	8 456.5	15.5	8 190.6	16.5	94.0	95.1	1.01
26.8	8 458.3	14.4	8 193.9	16.2	93.7	94.9	1.01
42.2	8 459.1	15.7	8 207.1	14.2	95.2	94.9	1.00
43.4	8 458.5	16.3	8 205.6	14.5	95.1	94.8	1.00
45.5	8 457.3	18.0	8 199.3	14.6	95.4	95.8	1.00
51.5	8 455.1	15.1	8 187.4	16.5	94.4	95.7	1.01
65.5	8 459.0	16.9	8 200.5	14.6	94.9	95.6	1.01
66.7	8 457.2	17.5	8 199.2	14.9	95.2	95.5	1.00
68.0	8 455.6	17.8	8 198.6	15.8	94.9	94.5	1.00
72.7	8 454.8	17.2	8 195.6	16.2	94.8	94.6	1.00
89.0	8 456.5	17.4	8 190.1	16.6	93.9	95.1	1.01

表 10-11　含沙量 379.4 kg/m³ 浑水测试数据

时间 （h）	竖向读数		水平读数		竖向压强 p_1 （kPa）	水平压强 p_2 （kPa）	p_2/p_1
	频率模数 （Digit）	温度 （℃）	频率模数 （Digit）	温度 （℃）			
初始读数	8 787.3	14.3	8 728.2	15.4	—	—	—
0	8 434.1	17.8	8 147.9	16.2	104.1	102.2	0.98
3.2	8 446.9	19.0	8 168.2	17.2	99.4	97.4	0.98
19.8	8 460.5	16.3	8 193.3	16.0	96.3	94.3	0.98
24.7	8 454.1	20.6	8 182.9	17.0	97.4	95.0	0.98
43.7	8 461.2	16.1	8 194.3	15.8	96.3	94.4	0.98
50.7	8 447.0	22.3	8 167.1	18.8	97.9	95.7	0.98
67.7	8 455.2	18.7	8 177.2	18.2	96.0	94.6	0.99

表 10-12　含沙量 600.8 kg/m³ 浑水测试数据

时间 （h）	竖向读数		水平读数		竖向压强 p_1 （kPa）	水平压强 p_2 （kPa）	p_2/p_1
	频率模数 （Digit）	温度 （℃）	频率模数 （Digit）	温度 （℃）			
初始读数	8 760.1	26.1	8 663.3	26.8	—	—	—
0	8 351.6	26.2	7 975.6	29.1	119.5	119.5	1.00
0.3	8 361.8	26.2	7 993.9	29.0	116.5	116.3	1.00
15.9	8 431.6	27.8	8 124.7	26.3	97.8	96.3	0.98
17.2	8 431.4	28.8	8 121.4	26.6	97.6	96.5	0.99
20.7	8 422.2	31.6	8 104.2	28.6	98.6	97.2	0.99
22.7	8 420.8	31.0	8 098.0	29.7	98.1	97.0	0.99
23.6	8 420.1	31.2	8 095.8	30.0	98.0	97.1	0.99
23.9	8 418.6	30.3	8 094.5	30.2	98.3	97.0	0.99
39.8	8 438.7	26.2	8 134.4	24.7	97.0	96.5	0.99
41.7	8 432.5	31.3	8 123.0	25.4	98.3	97.7	0.99
45.0	8 422.8	32.6	8 106.1	28.3	98.7	97.2	0.99
47.9	8 419.3	32.1	8 096.7	29.7	98.5	97.2	0.99
64.1	8 429.6	29.7	8 113.9	27.4	97.4	96.9	0.99
65.3	8 425.8	31.4	8 109.5	27.8	98.2	97.2	0.99
66.0	8 424.0	32.4	8 106.5	28.2	98.4	97.3	0.99
69.4	8 418.8	33.0	8 094.9	29.8	98.6	97.4	0.99
71.3	8 415.3	33.4	8 087.5	30.7	98.9	97.7	0.99
72.5	8 416.8	31.6	8 088.1	31.3	97.9	96.9	0.99
88.8	8 431.4	29.7	8 118.9	26.7	97.5	96.9	0.99
89.6	8 428.5	30.4	8 115.4	26.9	98.2	97.2	0.99
90.5	8 427.2	30.3	8 112.9	27.3	98.2	97.2	0.99
95.2	8 427.9	29.5	8 110.8	28.1	97.3	96.6	0.99

表 10-13　含沙量 790.5 kg/m³ 浑水测试数据

时间 （h）	竖向读数		水平读数		竖向压强 p_1 （kPa）	水平压强 p_2 （kPa）	p_2/p_1
	频率模数 （Digit）	温度 （℃）	频率模数 （Digit）	温度 （℃）			
初始读数	8 759.4	24.1	8 682.6	22.1	—	—	—
0	8 332.3	14.5	7 971.2	19.8	129.1	129.1	1.00
2.0	8 365.2	21.7	8 035.6	19.6	119.3	117.9	0.99
3.5	8 411.1	22.3	8 102.6	19.8	105.3	105.8	1.00
17.5	8 430.1	21.2	8 138.1	18.0	101.2	101.6	1.00
18.8	8 427.0	23.1	8 136.3	19.2	101.0	100.5	0.99
20.3	8 426.3	24.6	8 134.2	19.5	101.0	100.5	1.00
22.5	8 424.7	25.4	8 131.1	20.8	100.3	99.5	0.99
24.5	8 421.4	26.0	8 120.3	22.2	100.1	99.8	1.00
26.3	8 419.6	26.2	8 112.5	23.4	99.6	99.8	1.00
41.8	8 431.2	23.4	8 134.9	21.5	97.8	98.0	1.00
47.0	8 417.2	28.7	8 105.9	24.6	99.3	99.5	1.00
48.5	8 415.4	29.0	8 097.6	25.7	98.9	99.7	1.01
50.5	8 412.2	29.4	8 090.7	26.7	99.0	99.7	1.01
66.0	8 433.0	21.4	8 136.1	21.4	97.3	97.9	1.01
67.5	8 427.2	25.3	8 129.1	21.6	98.9	98.9	1.00
70.5	8 419.6	27.8	8 112.9	23.2	99.8	99.9	1.00
74.0	8 412.6	27.7	8 100.4	24.9	100.4	100.1	1.00

表 10-14　含沙量 1 075.1 kg/m³ 浑水测试数据

时间 （h）	竖向读数		水平读数		竖向压强 p_1 （kPa）	水平压强 p_2 （kPa）	p_2/p_1
	频率模数 （Digit）	温度 （℃）	频率模数 （Digit）	温度 （℃）			
初始读数	8 761.2	23.9	8 689.4	21.5	—	—	—
0	8 275.1	22.8	7 865.5	21.2	147.0	146.8	1.00
2.0	8 325.3	22.6	7 952.3	21.6	131.5	130.9	1.00
4.3	8 352.6	22.5	7 998.3	21.7	123.1	122.6	1.00
20.3	8 395.2	17.6	8 078.2	17.2	114.2	113.7	1.00
27.0	8 394.1	22.8	8 065.0	21.6	110.7	110.8	1.00
51.6	8 425.5	18.9	8 124.0	18.7	103.8	103.8	1.00
66.3	8 433.6	18.3	8 140.7	16.8	103.0	103.1	1.00
74.0	8 414.1	21.2	8 101.6	20.1	106.0	106.1	1.00
97.0	8 419.7	22.2	8 111.1	20.5	103.9	103.9	1.00
119.5	8 428.7	22.6	8 127.9	20.2	101.5	101.3	1.00
145.0	8 439.6	17.5	8 150.8	16.5	101.4	101.6	1.00
168.8	8 417.2	22.4	8 102.6	25.0	100.8	100.1	0.99
192.0	8 426.0	23.0	8 124.0	20.1	102.4	102.1	1.00

10.2.3　泥沙含量垂线分布

天然河流中泥沙可分为悬移质和冲泻质,而悬移质的数量占绝大多数,为后者的几十倍或数百倍。河流泥沙粒径组成总是大小相间,非均匀的,其中以悬移质的非均匀性最大,本次重点分析悬移质泥沙的垂线分布情况。

悬移质泥沙主要受重力和紊动扩散双重作用的影响,在各水流流层中以悬浮形式运动前进,泥沙颗粒时升时降、时走时停,具有随机性。悬移质颗粒中,一部分颗粒有机会在浮浮沉沉中到达上层水体,甚至水面,但这个机会随着粒径的增大而减小,即大部分泥沙颗粒位于中下层,这就形成了一定的含沙量梯度,一般情况下,越靠近河底,含沙量梯度越大,水流紊动扩散作用越强。而含沙量梯度的存在既是水流紊动扩散作用赖以产生的因素,也是紊动扩散作用与重力作用相互制约的结果。

当水流含沙量超过一定数量(如 $200 \sim 300 \ \text{kg/m}^3$),且含有一定细颗粒泥沙,就会在悬移质中产生凝聚现象,形成松紧不同、大小不同的网络结构时,会使得流体失去牛顿体的性质,转为宾汉体或伪塑性体,这时的挟沙水流被称为高含沙水流。它具有常见挟沙水流的不同特性。随着含沙量的增大,泥沙颗粒间距逐渐减小,水体黏性增大,往往形成絮凝网状结构,大大降低了泥沙的群体沉速,水流紊动扩散的作用逐渐减弱,甚至部分核心区域其作用为 0,这也导致高含沙量水流含沙量沿垂线分布趋于均匀。

综合来看,浑水中含沙量沿垂线分布随着含沙量增大会发生根本性变化,在工程设计中,应考虑含沙量变化而区别对待。

10.3　浑水容重设计方法

浑水容重设计的关键在于进水塔前水体最大含沙量的确定,其次是含沙量的垂线分布情况。为确定坝前水体最大含沙量,首先要明确入库流量、含沙量极值条件(或外包条件),根据水库运用方式,可采用实测资料分析、经验公式计算或数学模型模拟等手段,计算不同运用水位条件下坝前平均含沙量情况,最后根据含沙量垂线分布计算得出各高程最大可能含沙量,根据含沙量推算浑水容重。

10.3.1　洪水容重设计基础工况分析

10.3.1.1　入库洪水泥沙特性分析

入库洪水泥沙特性分析是开展入库流量、含沙量极值条件选择的基础。多沙河流含沙量较高的洪水多发生在汛期,水量、沙量往往集中于几场较大的洪水过程。通过入库洪水泥沙特性分析,掌握流域洪水泥沙基本特征,可为入库流量、含沙量极值条件选择提供依据。

入库洪水泥沙特性分析主要内容包括:①一般洪水泥沙关系分析;②典型大洪水分析;③超高含沙量洪水分析。

1. 一般洪水泥沙关系分析

本次研究的洪水泥沙关系,主要是指洪水期间流量与含沙量的关系。可采用流域相关代表站点的洪水要素或逐日流量含沙量等实测资料,点绘流量与含沙量关系图进行分析。根据多沙河流实测资料分析,流量与含沙量的关系复杂,多为非线性关系。其影响因素主要有两个:一是泥沙来源和流域水沙异源的影响,二是水流沿程冲淤调整的影响。

1)泥沙来源对水沙关系的影响

以泾河张家山站水沙关系分析为例。点绘张家山站历年瞬时流量与含沙量关系,见图 10-8。由图 10-8 可知,当流量小于 3 000 m³/s 时,同流量的含沙量变化范围较大;而当流量大于 3 000 m³/s 时,相同流量的含沙量变化范围趋于缩窄和稳定。由于泾河基本为山区性河流,张家山断面以上干流的河道比降基本都在 1‰以上,河道长期保持冲淤积平衡。因此,影响流量与含沙量关系的原因主要来自产沙来源。经分析认为主要的原因如下:

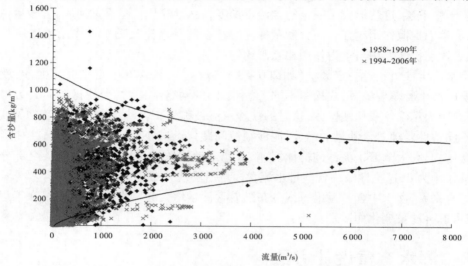

图 10-8　泾河张家山站实测流量与含沙量关系

(1)泾河流域地形地貌分布差异较大,具有水沙异源的特点;当流域发生较小的洪水时,相应的降雨笼罩区域一般也较小,若降雨落区主要位于清水来源区,则洪水的含沙量相对较小,当降雨落区主要分布在马莲河、蒲河、洪河等产沙区时,洪水相应的含沙量往往很高;当流域发生大洪水时,一般降雨笼罩区域相应较大,雨区既包含产沙区,也包含清水来源区,清浑水掺混,使得洪水平均含沙量趋于稳定。

(2)泾河张家山以上河道多为山区性河流,具有比降大、汇流快、洪水过程陡涨陡落的特点。随着降雨强度的增大,洪水流量也迅速增大,表层泥沙被迅速冲刷,而下层泥沙抗冲刷相对于表层逐渐增大,加上坡面汇流速度快,沙量来不及补给,洪水中泥沙增加量慢于强降雨导致的水量增加量,因此大流量洪水的含沙量并未持续增大。

2)水流沿程冲淤调整的影响

河道水流沿程冲淤调整与流量、含沙量、河道边界条件密切相关。根据河道水流挟沙能力公式 $\left[S^* = k \left(\dfrac{U^3}{gR\omega} \right)^m \right]$,即水流的挟沙能力与流速的高次方成正比。对于天然河道,在水流未漫滩的前提下,随着流量增大,断面平均流速也增大,相应的挟沙能力也越大,河道发生冲刷,则含沙量也越高;当洪水流量增大到一定程度,发生大量洪水漫滩时,受滩地糙率大、水深浅的影响,水流流速迅速降低,发生大量泥沙淤积,导致断面平均含沙量的降低。这种情况多发生在河道较为宽阔,河槽形态为复式断面的游荡性河段。

以黄河上游内蒙古河段的头道拐站为例,点绘该站实测流量与含沙量关系,见图 10-9 和图 10-10。1987 年之前,即河段上游龙羊峡水库、刘家峡水库尚未投入运用,头道拐站的平滩流量较大,多为 2 500 ~ 3 000 m³/s,部分年份超过 3 000 m³/s;当流量小于 2 500 ~ 3 000 m³/s 时,河道含沙量随着流量级的增大而增大;当流量大于 2 500 ~ 3 000 m³/s 时,河道含沙量并没有继续增大,而是趋于稳定,甚至略有减小。1987 年之后,内蒙古河段主槽逐渐淤积萎缩,平滩流量逐渐降至 1 500 m³/s 左右,当流量小于 2 000 m³/s 时,河道含沙量一般随着流量的增大而增大;当流量大于 2 000 m³/s 时,河道含沙量随着流量的增大而趋于稳定。

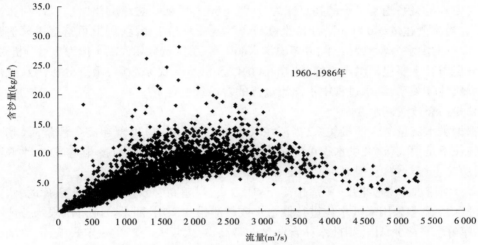

图 10-9　头道拐站 1960 ~ 1986 年汛期逐日流量与含沙量关系

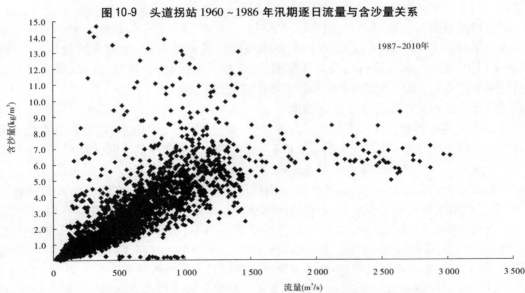

图 10-10　头道拐站 1987 ~ 2010 年汛期逐日流量与含沙量关系

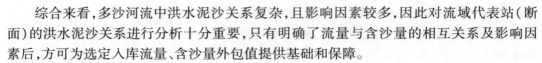

综合来看,多沙河流中洪水泥沙关系复杂,且影响因素较多,因此对流域代表站(断面)的洪水泥沙关系进行分析十分重要,只有明确了流量与含沙量的相互关系及影响因素后,方可为选定入库流量、含沙量外包值提供基础和保障。

2.典型大洪水分析

多沙河流发生的典型大洪水,其洪量和沙量通常较大,含沙量非常高,影响水利枢纽工程设计规模和特征水位指标的确定。分析大洪水的基本特性,特别是大洪水期间的流量、含沙量关系具有很强的代表性,可为计算水库校核洪水位条件、设计洪水位条件下坝前浑水容重计算提供充分基础。

典型大洪水选择需要考虑洪水的来源区、洪峰类型、洪峰、沙峰等多个方面。可根据流量与含沙量关系趋于平稳的拐点作为分界,即是大于某一量级的洪水。以泾河张家山站为例,当流量超过 3 000 m³/s 时,流量与含沙量关系趋于稳定,因此可选择洪峰流量超 3 000 m³/s 的洪水为典型大洪水,并考虑洪水的来源区,筛选数场大洪水作为重点分析对象。

分析内容主要包括洪水洪峰、沙峰、洪量以及洪水主要来源区,重点分析洪水涨落过程,洪峰、沙峰关系,洪水过程中不同流量级的含沙量变化情况。

3.超高含沙量洪水分析

根据洪水流量与含沙量关系,当流域代表站点(或断面)出现超高含沙量时,其相应流量往往不是很大,这类洪水很可能是流域内产沙区发生小范围强降雨造成的,洪峰流量不大,历时也相对较短,但对水库调度和大坝安全影响显著,不可忽视。

多沙河流水库一般采用"蓄清排浑"运用方式,当超高含沙量中小洪水入库时,水库一般不进行拦蓄,多采用降低水位进行低壅水或敞泄排沙运用,即水位降至汛限水位或死水位,水库蓄水非常少,导致坝前水体含沙量非常高,对大坝安全产生一定影响,需要加以重视。

黄河流域的一些多沙支流,如泾河、北洛河、无定河、窟野河等,汛期一些中小洪水实测含沙量高达 1 000 kg/m³ 以上,水库低壅水或敞泄排沙运用时,坝前含沙量也在 1 000 kg/m³ 以上。因此,深入分析超高含沙量洪水,掌握其发生时间、洪峰、沙峰、洪水过程等情况非常必要,是保障水库低水位运行时坝体安全的关键。

10.3.1.2 浑水容重设计基本工况确定

水库大坝重要的特征水位包括校核洪水位、设计洪水位、汛限水位、正常蓄水位和死水位。不同运用水位条件下,水库蓄水量不一样,坝前浑水含沙量差别也较大。

1.水库运用工况及水库淤积形态选择

在多沙河流上修建水库,随着水库运用年限增加而逐步淤积,水库有效库容不断减小,直至水库冲积达到平衡状态,形成高滩深槽的淤积形态,即是进入了正常运用期,此时水库有效库容长期保持稳定,以满足水库防洪、调水调沙、供水等需要。然而所谓的冲淤平衡是相对的,是指较长一段时间内的冲淤平衡,当遇到水沙有利年份,库区发生冲刷,遇水沙不利年份,水库发生淤积,通过冲淤交替实现时段内的冲淤平衡。

从工程设计安全角度考虑,计算坝前浑水含沙量一般采用水库淤积较多的危险工况,常假设正常运用期水库槽库容基本淤满,形成高滩高槽的淤积形态,此时有效库容最小,最利于库区排沙,坝前浑水含沙量也最高,对水库大坝安全影响也最大。因此,设计地形边界一般采用水库设计的高滩高槽的淤积形态,槽库容非常小。当然,有些水库因为调度要求,需要长期保持一定的槽库容,不允许槽库容淤满,其计算边界采用时可按预留槽库容的情况考虑。

2.入库水沙条件选择

1)校核洪水位条件下入库水沙条件分析

水库工程设计中,校核洪水位是采用校核标准的设计典型洪水过程,通过水库调洪计算求得。根据调洪过程,选择校核洪水位时相应的入库流量。由于洪水流量与含沙量往往为非线性关系,可根据 10.3.1 节分析的流域洪水流量与含沙量关系,以及大洪水基本特性,确定入库含沙量(一般取外包值)。

2)设计洪水位条件下入库水沙条件分析

水库工程设计中,设计洪水位是采用设计标准的典型洪水过程,通过水库调洪计算求得。根据调洪过程,选择设计洪水位时相应的入库流量。入库含沙量确定与校核洪水位条件下入库水沙条件分析基本一致。

3)汛限水位条件下入库水沙条件分析

汛限水位是汛期水库允许的最高运行水位(防洪运用除外),当水库处于该水位运行时,入库多为中小洪水或一般水流。可采用汛限水位相应的泄流规模作为流量上限值,分析该流量以下的中小洪水,或一般水流的含沙量情况。不同流量条件下,含沙量外包值存在变化,需要选择多个流量和相应含沙量外包值作为入库水沙条件进行对比计算,选择坝前含沙量大值进行浑水容重计算。

4)蓄水位条件下入库水沙条件分析

蓄水位是水库蓄水运用时可达到的最高水位。多沙河流水库蓄水运用期多为非汛期,也可能包含部分后汛期,需要根据水库采用的运用方式来确定。通过分析蓄水期内入库流量、含沙量变化情况综合确定。重点分析入库含沙量较高的一些中小洪水情况,选择流量大且含沙量高的洪水作为入库水沙条件。同时,对于流量与含沙量关系复杂的河流,可就流量大或含沙量高等组合方式选择多个水沙条件,以便于对比计算。

5)死水位条件下入库水沙条件分析

死水位是各项特征水位的最低值,水库其他运用水位一般在死水位以上。水库进入正常运用期后,死水位以下基本淤满,水库蓄水量很少,坝前水深小,浑水容重变化对坝体影响有限,有些水库可以不考虑死水位条件下浑水容重的影响。若要考虑,死水位条件下入库水沙分析可以参照汛限位条件下入库水沙分析,两者类似。

10.3.2　坝前浑水含沙量计算方法

在确定了入库水沙条件和计算地形边界后,可采用经验排沙公式(曲线)、水库水沙数学模型等方法计算坝前浑水含沙量。

10.3.2.1　经验排沙公式(曲线)计算

经验排沙公式(曲线)是通过对已建水库实测排沙资料总结归纳出来的,相同水沙条件下,不同河流水库、不同运用时期,其排沙效果是不一样的。涂启华等主编的《泥沙设计手册》收集整理了多种水库经验排沙公式(曲线),并进行了对比与评价。在计算坝前

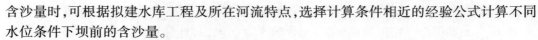

含沙量时,可根据拟建水库工程及所在河流特点,选择计算条件相近的经验公式计算不同水位条件下坝前的含沙量。

10.3.2.2 水库水沙数学模型计算

构建水库水沙数学模型,并采用本流域或相近流域已建水库实测资料进行验证。采用选定的入库水沙条件和地形边界,通过水库水沙数学模型计算各水位条件下坝前浑水含沙量。

10.3.3 坝前浑水含沙量垂线分布设计技术

当水流处于牛顿体时,受悬移质泥沙颗粒非均匀性和水流紊动作用的影响,泥沙分别呈现上稀下浓的形态,需要对含沙量进行垂线分布计算与分析。而高含沙水流由于流变特性发生了明显变化,已属于非牛顿体,根据实测资料分析,此类水流含沙量垂线分布相对较为均匀,可不再考虑含沙量垂线分布,直接按断面平均含沙量处理。

10.3.2 中计算的坝前浑水含沙量一般指断面平均含沙量,结合流域水沙特性,进行初步判断,确定计算坝前水体的流变特性,再进行垂线分布计算。

10.3.3.1 牛顿体含沙量垂线分布计算

1. Rouse 公式

牛顿体含沙量垂线分布计算公式较多,其中比较著名的是从扩散理论得出的 Rouse 公式:

$$\frac{s}{s_a} = \left(\frac{h-z}{2} \frac{a}{h-a} \right)^{\frac{\omega}{\kappa u_*}}$$

式中:S 为含沙量;S_a 为相对水深 $z = a$ 处的含沙量(已知);$\frac{\omega}{\kappa u_*}$ 为 Rouse 数,也称为悬浮指标。

该公式做了两个重要假设:①视沿垂线为定值;②视泥沙紊动扩散系数 ε_{sy} 等于相应的水流动量紊动扩散系数 ε_m,Rouse 公式在 $\mathrm{d}u/\mathrm{d}y$ 的处理上,采用了卡曼-普兰特尔对数分布。

Rouse 公式结构简单,在工程中运用较为广泛,但公式中水面处含沙量为 0 是公式的主要缺陷。

2. Van Rijn 公式

Van Rijn 对 Prandtl 提出的掺混长度表达式 $1 = \kappa y \sqrt{1 - y/h}$ 进行了一些修正,得出修正式:

$$l = \begin{cases} \kappa y \sqrt{1 - \dfrac{y}{h}} & 0 \leqslant \dfrac{y}{h} < \dfrac{1}{2} \\[3mm] \kappa y \sqrt{\dfrac{h}{4y}} & 2 \leqslant \dfrac{y}{h} \leqslant 1 \end{cases}$$

进而在 Rouse 公式的基础上,推导提出 Van Rijn 公式

$$\frac{S}{S_a} = \begin{cases} \left(\dfrac{a}{y} \dfrac{h-y}{h-a} \right)^{\frac{\omega}{\kappa u_*}} & 0 \leqslant \dfrac{y}{h} < \dfrac{1}{2} \\[4mm] \left[\dfrac{a}{h-a} \mathrm{e}^{4\left(\frac{1}{2}-\frac{y}{h}\right)} \right]^{\frac{\omega}{\kappa u_*}} & \dfrac{1}{2} \leqslant \dfrac{y}{h} \leqslant 1 \end{cases}$$

式中：S 为含沙量；S_a 为相对水深 $y = a$ 处的含沙量（已知）；$\dfrac{\omega}{\kappa u_*}$ 为悬浮指标；h 为水深。

Van Rijn 公式解决了 Rouse 公式水面含沙量为 0 的缺陷。

3. 张瑞瑾公式

张瑞瑾采用严格拟合尼古拉兹试验结果的王志德流速分布公式替换 Prandtl 流速梯度公式，提出张瑞瑾公式。

王志德流速分布公式

$$\frac{U_{max} - u}{U_*} = \frac{1}{\kappa}\left(\ln\frac{1 + \sqrt{\eta}}{1 - \sqrt{\eta}} - 2\arctan\sqrt{\eta} - \frac{1}{\sqrt{2\alpha}}\ln\frac{\eta + \sqrt{2\alpha\eta} + \alpha}{\eta - \sqrt{2\alpha\eta} + \alpha} + \sqrt{\frac{2}{\alpha}}\arctan\frac{\sqrt{2\alpha\eta}}{\alpha - \eta} \right)$$

张瑞瑾公式：

$$\frac{S}{S_a} = e^{\frac{\omega}{\kappa u_*}[f(\eta) - f(\eta_a)]}$$

式中：η 为相对水深；η_a 为水深 a 处的相对水深。

4. 涂启华等的计算方法

为方便计算，涂启华等根据黄河的实测资料，对 Rouse 公式进行修正，提出半经验半理论计算公式

$$S_i = S_a e^{-\beta\left(\frac{y}{\bar{y}} - a_z\right)} = S_a e^{-\beta\left(\frac{y}{H} - \frac{a}{H}\right)}$$

式中：S_i 为任一位置的含沙量，kg/m^3；S_a 为某一定值 a 处的含沙量，取 $a = 0.5\ m$；β 为坝前含沙量分布指数；y 为任一点水深，m；H 为水库底孔以上水深，m。

含沙量分布指数 $\beta = \dfrac{6}{\kappa}\dfrac{\omega}{U_*}$，其中 $\omega/\kappa U_a$ 叫作"悬浮指标"，实质上代表重力作用与紊动扩散作用的对比关系。根据整理的实测数据，三门峡水库 $\beta = 0.6$，盐锅峡水库 $\beta = 0.7$，小浪底水库设计阶段采用的坝前含沙量分布指数 $\beta = 0.3 \sim 0.68$，当坝前平均含沙量小于或等于 $400\ kg/m^3$ 时，$\beta = 0.68$；当坝前平均含沙量为 $400 \sim 600\ kg/m^3$ 时，$\beta = 0.50$；当坝前平均含沙量大于 $600\ kg/m^3$ 时，$\beta = 0.30$。

κ 为卡门常数，其值一般为 $0.15 \sim 0.4$，它随含沙量的增大而减小，清水情况下为 0.4。ω 为泥沙沉速，U_* 为摩阻流速，$U_* = \sqrt{ghJ}$。

S_a 一般取河床底层含沙量，而水库排沙计算一般采用的经验公式（曲线）或一维的水库水沙数学模型，计算的坝前含沙量基本为断面平均值，需要建立 S_a 与断面平均含沙量 $\bar{S}$ 的相互关系。

根据三门峡水库 1971 年 7 月、8 月 4 次实测深孔、隧洞、底孔的含沙量资料，$S_a/\bar{S} = 1.19 \sim 1.47$。其他多沙河流水库在计算 S_a 时可以参考。

10.3.3.2　非牛顿体含沙量垂线分布分析

由于非牛顿体含沙量垂线分布可近似的采用断面平均含沙量，也可以采用流域内或相似流域已建水库坝前高含沙量水流实测垂线分布情况作为参考，综合分析确定。例如巴家嘴水库实测高含沙水流含沙量垂线分布见图 10-11。

10.3.4　不同设计工况下浑水容重计算

不同设计工况下浑水容重计算的关键在于坝前含沙量的计算。分别按校核洪水位、

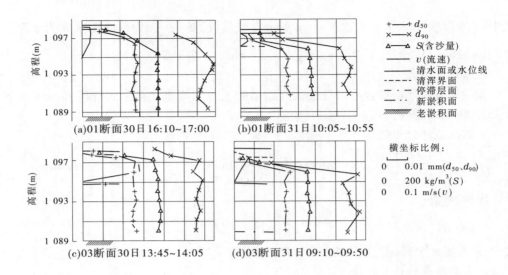

图 10-11　巴家嘴水库实测坝前含沙量垂线分布

设计洪水位、汛限水位、正常蓄水位、死水位计算出坝前断面平均含沙量。选择多个入库水沙条件的，通过计算，选择坝前断面平均含沙量的大值。若计算的坝前断面平均含沙量较大，达到高含沙水流范畴，则认为坝前浑水垂线含沙量趋于均匀；若计算的坝前断面平均含沙量较小，则需要考虑含沙量的垂线分布。这个含沙量分界标准一般为 300 kg/m³，不同河流水沙特性存在差异，可以根据本流域水沙特点进行调整，若流域悬移质中细沙颗粒比例较大，含沙量分界标准可以适当下调，反之则上调。

各特征水位条件下，相应坝前含沙量计算出来后，采用公式计算相应的浑水容重：

$$\gamma'_i = \gamma + \left(1 - \frac{\gamma}{\gamma_s}\right)S_i$$

在一般情况下，$\gamma = 1\,000$ kg/m³，$\gamma_s = 2\,650$ kg/m³，则可简化为

$$\gamma'_i = 1\,000 + 0.622S_i$$

式中：γ'_i 为某一高程浑水容重，kg/m³；S_i 为含沙量，kg/m³。

10.4　浑水容重设计技术应用案例

10.4.1　小浪底水库浑水容重设计

10.4.1.1　1977 年典型实测高含沙洪水进水塔前浑水容重计算

1. 计算条件

（1）采用小浪底水文站实测的 1977 年型高含沙洪水水沙条件。

（2）水库主汛期调水调沙运用最高水位 254 m，敞泄排沙，瞬时最大洪水流量 10 200 m³，相应含沙量 400 kg/m³（与最大日平均含沙量相近）。

（3）水库非常死水位 220 m 运用，瞬时洪水流量 7 000 m³/s、相应含沙量 400 kg/m³。

（4）水库主汛期调水调沙运用平均高水位 251 m，敞泄排沙，瞬时最大含沙量 941 kg/m³，相应流量 9 870 m³/s。

2.计算成果

小浪底水库 1977 年实测高含沙洪水进水塔群前浑水容重计算成果见表 10-15。

表 10-15 小浪底水库 1977 年实测高含沙洪水进水塔群前浑水容重计算成果

方案	坝前水位（m）	流量（m³/s）	含沙量 S（kg/m³）	高程（m）	相对水深（y/h）	浑水容重（t/m³）	平均容重（t/m³）
计算条件（1）	254	10 200	400	254	1.0	1.168	1.168
				245	0.886	1.182	1.175
				230	0.696	1.207	1.187
				215	0.506	1.236	1.20
				200	0.316	1.268	1.215
				185	0.127	1.305	1.23
				175	0	1.331	1.242
				142.5		1.331	1.268
				134		1.131	1.272
计算条件（2）	220	7 000	400	220	1.0	1.169	1.169
				215	0.889	1.182	1.176
				200	0.556	1.229	1.198
				185	0.222	1.287	1.224
				175	0	1.331	1.243
				142.5		1.331	1.280
				134		1.331	1.285
计算条件（3）	251	9 870	941	251	1.0	1.500	1.500
				245	6.411	1.512	1.506
				230	0.724	1.543	1.521
				215	0.526	1.577	1.536
				266	0.329	1.612	1.553
				185	0.132	1.649	1.571
				175	0	1.674	1.610
				142.5		1.674	1.610
				134		1.674	1.615

10.4.1.2 特大洪水进水塔群前浑水容重垂向分布计算

1. 计算条件

（1）按千年一遇设计洪水（1958年典型过程），三门峡水库与小浪底水库联合防洪运用计算。采用小浪底水库254 m高程以下10亿 m^3 槽库容基本淤满的工况，防洪起调水位254 m，设计洪水位274 m时，相应坝前平均含沙量为89 kg/m^3。

（2）按万年一遇校核洪水（1958年典型过程），三门峡水库与小浪底水库联合防洪运用计算。采用小浪底水库254 m高程以下10亿 m^3 槽库容基本淤满的工况，防洪起调水位254 m，校核洪水位275 m时，相应坝前平均含沙量为56 kg/m^3。

需要说明的是，1958年型千年一遇洪水和万年一遇洪水的坝前最高水位时的含沙量较小，但水位高，而1933年型千年一遇洪水和万年一遇洪水坝前最高水位时的含沙量较大，但水位低。为安全计，用1958年型洪水的坝前最高水位与1933年型洪水的坝前最高水位的坝前平均含沙量相匹配，分别组合为千年一遇设计洪水的坝前最高水位与坝前平均含沙量、万年一遇校核洪水的坝前最高水位与坝前平均含沙量，进行进水塔群前浑水容重的垂向分布计算。

2. 计算成果

小浪底水库设计、校核洪水（1958年典型）条件下进水塔群前浑水容重计算成果见表10-16。

10.4.2 东庄水库浑水容重设计

东庄水库坝址汛期来水含沙量高，坝前浑水容重是工程设计的重要参数，应充分考虑泾河洪水泥沙特点，分析不同条件下的坝前水流含沙量和相应浑水容重，为工程设计提供设计参数，确保工程安全。

10.4.2.1 泾河洪水含沙量特点分析

1. 洪水水沙关系

泾河流域存在水沙异源的特性，其中杨家坪以上的干流，以及杨家坪、雨落坪至张家山区间来水含沙量相对较低，而泥沙主要来自马莲河、蒲河以及洪河，因此洪水来源区的不同，含沙量过程也有所不同。泾河流域水系分布见图10-12。

点绘张家山水文站历年瞬时流量与含沙量关系，见图10-13。由图10-13可知，当流量小于3 000 m^3/s时，同流量的含沙量变化范围大；而当流量大于3 000 m^3/s时，相同流量的含沙量变化范围趋于缩窄和稳定。主要的原因如下：

（1）泾河流域发生较小的洪水时，相应的降雨笼罩区域一般也小，若降雨落区主要位于清水来源区，则洪水的含沙量相对较小，而当降雨落区主要分布在马莲河、蒲河等产沙区时，那么洪水相应的含沙量往往很高；而当流域发生大洪水时，则降雨笼罩区域相应也比较大，往往雨区既包含产沙区，也包含清水来源区，清浑水掺混，使得洪水平均含沙量相对趋于稳定。

（2）泾河张家山以上河道多为山区性河流，具有比降大、汇流快、洪水过程陡涨陡落

表 10-16　小浪底水库设计、校核洪水（1958 年典型）条件下进水塔群前浑水容重计算成果

频率	坝前水位 (m)	含沙量 (kg/m^3)	底孔含沙量 (kg/m^3)	平均容重 (t/m^3)	y/h	1.0	0.8	0.6	0.4	0.2	0.1	0		
设计洪水 $P=0.1\%$	274	89	107	1.057	S_i/S_a	0.75	0.77	0.80	0.83	0.90	0.95	1.0		
					高程 (m)	274	254.2	234.4	214.6	194.8	184.9	175	142.5	134
					浑水容重 (t/m^3)	1.05	1.051	1.053	1.055	1.060	1.063	1.067	1.067	1.067
					平均容重 (t/m^3)	1.05	1.050 5	1.051 3	1.052 2	1.053 5	1.055 1	1.056 7	1.058 2	1.059 3
校核洪水 $P=0.01\%$	275	56	67	1.036	高程 (m)	275	255	235	215	195	185	175	142.5	134
					浑水容重 (t/m^3)	1.031	1.032	1.033	1.035	1.038	1.040	1.042	1.042	1.042
					平均容重 (t/m^3)	1.031	1.031 5	1.032	1.032 7	1.033 6	1.034 7	1.035 7	1.036 6	1.037 3

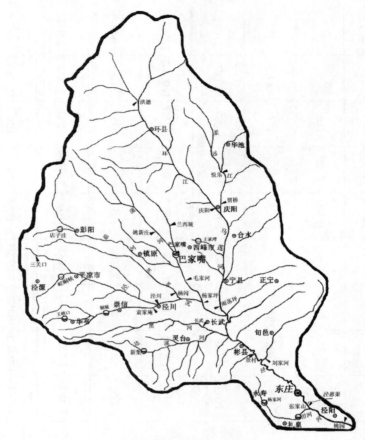

图 10-12　泾河流域水系分布

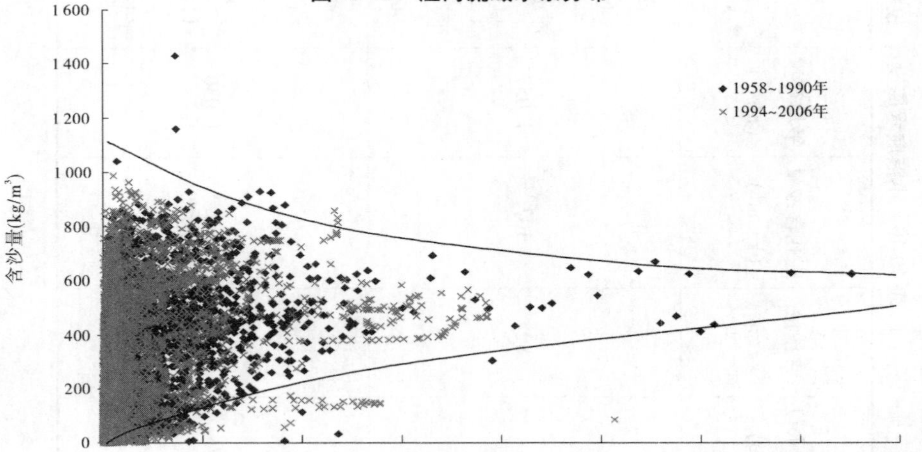

图 10-13　泾河张家山站实测流量与含沙量关系

的特点;随着降雨强度的增大,洪水流量也迅速增大,表层泥沙被迅速冲刷,而下层泥沙抗冲刷相对于表层逐渐增大,加上坡面汇流速度快,沙量来不及补给,洪水中泥沙增加量慢于强降雨导致的水量增加量,因此大流量洪水的含沙量并未持续增大;马莲河是泾河主要的泥沙来源区,雨落坪站流量与含沙量关系见图 10-14,随着流量的增大,含沙量也会趋于稳定。

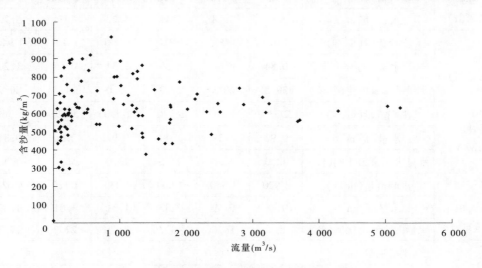

图 10-14　马莲河雨落坪站实测流量与含沙量关系

2. 典型大洪水含沙量分析

选择张家山水文站洪峰流量超过 3 000 m³/s 的 1958 年、1964 年、1966 年、1973 年、1977 年和 1996 年典型大洪水进行分析,见表 10-17。

1958 年,张家山站最大洪峰流量 5 120 m³/s,洪水主要来源于蒲河和马莲河。其中,蒲河毛家河站相应洪峰流量 4 070 m³/s,马莲河雨落坪站相应洪峰流量 2 330 m³/s,张家山站洪水过程不同流量级实测最大含沙量为 531 kg/m³,沙峰先于洪峰出现。

1964 年和 1977 年,张家山站最大洪峰流量分别为 4 970 m³/s 和 5 750 m³/s,洪水主要来自马莲河,雨落坪站相应洪峰流量分别为 3 710 m³/s 和 5 220 m³/s;张家山站洪水过程中,流量在 3 000 m³/s 以上,最大含沙量为 693 kg/m³,流量小于 3 000 m³/s 时最大含沙量为 766 kg/m³。

1966 年,张家山站最大洪峰流量为 7 520 m³/s,洪水主要来自杨家坪站以上的干流,以及支流马莲河,干流杨家坪站最大洪峰流量为 3 600 m³/s,马莲河雨落坪站最大洪峰流量为 3 290 m³/s;张家山站流量超过 3 000 m³/s 时最大含沙量为 629 kg/m³。

1973 年,张家山站最大洪峰流量 6 160 m³/s,洪水来源较为分散,杨家坪以上的干流,支流蒲河、马莲河均有来水,干流杨家坪站相应洪峰流量为 4 030 m³/s、蒲河毛家河站相应洪峰流量为 1 800 m³/s、马莲河雨落坪站相应洪峰流量为 1 790 m³/s;张家山站各流量级洪水最大含沙量为 503 kg/m³。

1996 年,张家山站最大洪峰流量为 3 860 m³/s,洪水主要来自杨家坪、雨落坪至张家山区间(清水来源区),以及蒲河和杨家坪以上的干流,蒲河毛家河站相应洪峰流量 1 940 m³/s,干流杨家坪站相应洪峰流量为 4 620 m³/s;张家山站各流量级洪水最大含沙量为 656 kg/m³。

表 10-17　泾河流域典型大洪水过程统计分析

测站/区间	项目	1958 年	1964 年	1966 年	1973 年	1977 年	1996 年
泾河 （张家山）	洪峰流量（m³/s）	5 120	4 970	7 520	6 160	5 750	3 860
	水量（亿 m³）	2.14	3.18	6.47	4.20	4.54	5.79
蒲河 （毛家河）	洪峰流量（m³/s）	4 070	1 000	1 310	1 800	1 330	1 940
	水量（亿 m³）	0.84	0.65	0.80	1.34	0.65	1.20
	水量占张家山比例（%）	39.2	20.3	12.3	32.0	14.4	20.6
马莲河 （雨落坪）	洪峰流量（m³/s）	2 330	3 710	3 290	1 790	5 220	1 360
	水量（亿 m³）	0.92	1.39	1.40	0.97	2.56	0.34
	水量占张家山比例（%）	43.0	43.6	21.6	23.0	56.4	5.9
泾河（杨家坪）	洪峰流量（m³/s）	3 920	1 550	3 600	4 030	1 580	4 620
杨家坪以上 （不含蒲河）	水量（亿 m³）	0.18	0.59	2.83	1.31	1.01	1.59
	水量占张家山比例（%）	8.3	18.6	43.7	31.1	22.2	27.5
杨家坪、雨落 坪—张区间	洪峰流量（m³/s）						
	水量（亿 m³）	0.20	0.56	1.45	0.58	0.32	2.66
	水量占张家山比例（%）	9.5	17.5	22.4	13.9	7.0	46.0
张家山站各流量级洪水最大含沙量（kg/m³）							
流量级 （m³/s）	小于 2 000	484	766	499	503	652	656
	2 000 ~ 3 000	487	—	574	488	663	603
	3 000 ~ 4 000	531	693	610	499	653	584
	4 000 ~ 5 000	504	545	623	500	648	—
	5 000 以上	—	—	629	469	670	
洪水来源区		蒲河+ 马莲河	马莲河	上游+ 马莲河	蒲河+ 上游+ 马莲河	马莲河	区间+ 蒲河+ 上游

注：表中"—"表示该量级无数据。

　　根据典型年大洪水的分析，当洪水主要来自马莲河流域时，张家山断面含沙量相对较大，大流量过程含沙量接近 700 kg/m³，小流量过程接近 800 kg/m³。洪水来源区分散的情况下，各流量级最大含沙量多为 500 ~ 600 kg/m³。

　　采用 1964 年和 1977 年，马莲河来水为主的两场大洪水资料，点绘张家山站实测流量与含沙量关系见图 10-15。当洪水流量小于 2 000 m³/s 时，含沙量随流量增大而增大的趋势较为明显；但当流量大于 2 000 m³/s 时，含沙量趋于稳定，为 600 ~ 700 kg/m³。

　　3. 超高含沙量中小洪水分析

　　张家山站洪峰流量小于 3 000 m³/s 的中小洪水受雨区分布的影响，不同洪水相应含

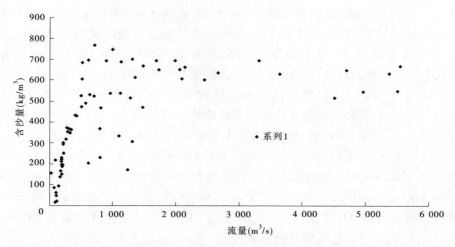

图 10-15　张家山站实测流量与含沙量关系(1964 年、1977 年大洪水资料)

沙量变化范围大,其中含沙量超过 900 kg/m³ 的洪水情况统计见表 10-18。从统计的数据看,含沙量超过 900 kg/m³ 时,相应的流量均不大,最大为 1 690 m³/s。

表 10-18　张家山站含沙量超过 900 kg/m³ 的洪水情况统计

年份	月份	日	时∶分	流量(m³/s)	含沙量(kg/m³)
1958	7	11	08∶00	734	1 428
1958	7	11	08∶24	739	1 160
1963	7	24	02∶00	142	1 040
1977	8	7	24∶00	1 690	925
1977	8	7	01∶00	1 580	929
1977	8	7	02∶00	1 460	910
1981	6	22	24∶00	868	928
1981	6	22	02∶00	757	900
1994	7	28	12∶30	290	914
1994	7	28	12∶54	290	920
1994	7	28	14∶00	262	935
1994	7	28	20∶00	163	927
1994	9	2	10∶00	367	908
1994	9	2	10∶54	328	924
1994	9	2	11∶00	328	926
1994	9	2	11∶12	328	928
1994	9	2	14∶00	260	963
1994	9	2	20∶00	175	901
1994	9	2	22∶42	135	910
1994	9	2	23∶00	135	911
1994	9	3	24∶00	126	936
1994	9	3	02∶00	108	987

1958 年 7 月 11 日的洪水,洪峰流量 739 m^3/s,最大含沙量 1 428 kg/m^3,发生时间为 8 时,至 8 时 42 分,含沙量降至 543 kg/m^3,这种超高含沙量的水流持续时间非常短。本次洪水主要来自马莲河,7 月 10 日雨落坪站洪峰流量为 890 m^3/s,最大含沙量为 600 kg/m^3,蒲河毛家河站洪峰流量仅 131 m^3/s,泾河杨家坪站流量仅 110 m^3/s。

1963 年 7 月 23 ~ 24 日,张家山站最大洪峰流量为 292 m^3/s,最大含沙量为 1 040 kg/m^3,洪水主要来自马莲河,雨落坪站相应洪峰流量为 500 m^3/s,含沙量为 934 kg/m^3。

1977 年 8 月 6 ~ 9 日,张家山站洪峰流量 1 830 m^3/s,最大含沙量为 929 kg/m^3,本次洪水同样来自马莲河,雨落坪站实测洪峰流量为 1 990 m^3/s,最大含沙量为 897 kg/m^3。

1981 年,6 月 21 ~ 23 日,张家山站洪峰流量为 894 m^3/s,最大含沙量为 928 kg/m^3,洪水来源仍为马莲河,雨落坪站实测洪峰流量为 1 160 m^3/s,最大含沙量为 893 kg/m^3。

1994 年 7 月 27 ~ 29 日,张家山站洪峰流量为 1 040 m^3/s,最大含沙量为 935 kg/m^3,洪水来源为马莲河,雨落坪站实测洪峰流量为 1 190 m^3/s,最大含沙量为 974 kg/m^3。

1994 年 9 月 1 ~ 3 日,张家山站洪峰流量为 816 m^3/s,最大含沙量为 963 kg/m^3,洪水来源为马莲河,雨落坪站实测洪峰流量为 888 m^3/s,最大含沙量为 1 020 kg/m^3。

综合来看,张家山站中小流量的超高含沙量洪水(大于 900 kg/m^3)基本都来自马莲河,持续历时一般不长。其中 1958 年 7 月 11 日的洪水含沙量最高,但超高含沙量水流持续不到 1 h;1994 年 7 月 28 日和 9 月 2 日两场超高含沙量洪水持续历时相对较长,分别为 7.5 h 和 16 h,含沙量为 900 ~ 1 000 kg/m^3。

10.4.2.2 坝前浑水容重计算

1.计算工况

坝前浑水容重是工程设计的重要参数。根据设计需要,分别计算如下条件的坝前浑水容重:

(1)校核洪水条件下($P = 0.02\%$)相应坝前浑水容重;

(2)设计洪水条件下($P = 0.1\%$)相应坝前浑水容重;

(3)汛限水位 780 m 相应坝前浑水容重;

(4)正常蓄水位 789 m 相应坝前浑水容重。

2.计算方法

计算上述各种条件下的坝前浑水容重,首先计算不同条件下可能的坝前含沙量,再换算成相应的浑水容重值。坝前含沙量采用《泥沙设计手册》推荐的高含沙量水库壅水排沙关系曲线计算,见图 10-16。该曲线采用的资料主要来自蒲河巴家嘴水库、黄河三门峡水库等;蒲河为泾河重要支流,巴家嘴水库入库含沙量高,河道特征与东庄水库类似,东庄水库壅水排沙计算可借鉴该经验曲线。为安全考虑,采用高滩深槽形成后的壅水排沙关系曲线。

10.4.2.3 坝前浑水容重计算成果

1.校核洪水条件下($P = 0.02\%$)相应坝前浑水容重

根据调洪计算结果,1966 年和 1973 年典型校核洪水条件下,坝前最高洪水位分别为 802.67 m 和 803.29 m,相应入库流量分别为 8 433 m^3/s 和 9 342 m^3/s,相应出库流量分别为 9 230 m^3/s 和 9 505 m^3/s。考虑张家山站大洪水含沙量变化特点,流量超过 3 000

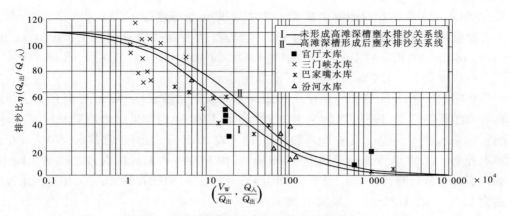

图 10-16　高含沙河流水库壅水排沙关系曲线

m³/s 时,相应含沙量一般不超过 700 kg/m³,入库含沙量采用 700 kg/m³。通过计算,校核洪水条件下,1966 年和 1973 年典型洪水坝前含沙量分别为 509.80 kg/m³ 和 538.03 kg/m³,相应坝前浑水容重分别为 1.32 ~ 1.33 t/m³,采用 1.33 t/m³,见表 10-19。

表 10-19　不同运用水位条件下坝前浑水容重计算成果

计算工况	典型洪水	入库流量（m³/s）	出库流量（m³/s）	水位（m）	库容（亿 m³）	入库含沙量（kg/m³）	排沙比（%）	坝前含沙量（kg/m³）	浑水容重计算值（t/m³）	采用值（t/m³）
校核洪水（P=0.02%）	1966 年	8 433	9 230	802.67	7.53	700	79.71	509.80	1.32	1.33
	1973 年	9 342	9 505	803.29	7.86	700	78.20	538.03	1.33	
设计洪水（P=0.1%）	1973 年	7 225	7 808	799.21	5.78	700	81.03	524.89	1.33	1.33
汛限水位		1 000	1 000	780/756	0.033	1 000	107.00	1 070.01	1.67	1.68
		2 000	2 000	780/756	0.033	1 000	108.92	1 089.18	1.68	
正常蓄水位		1 000	1 000	789	3.030	900	48.1	432.59	1.27	1.38
		2 000	2 000	789	3.030	900	67.5	607.20	1.38	

2. 设计洪水条件下(P=0.1%)相应坝前浑水容重

根据调洪计算结果,1973 年典型设计洪水条件下,最高坝前水位为 799.21 m,相应入库流量为 7 225 m³/s,相应出库流量为 7 808 m³/s,相应的入库含沙量采用 700 kg/m³,计算得坝前含沙量为 524.89 kg/m³,相应浑水容重为 1.33 t/m³。

3. 汛限水位 780 m 相应坝前浑水容重

水库在汛限水位 780 m 运用时,遇到高含沙量洪水一般都是敞泄排沙。根据实测资料统计,泾河超高含沙量洪水主要来自马莲河,最大含沙量一般不超过 1 000 kg/m³。为此,汛限水位 780 m 相应的浑水容重计算时,入库流量分别按 1 000 m^3/s、2 000 m^3/s,入库含沙量按 1 000 kg/m^3 考虑,通过分析计算,得坝前含沙量分别为 1 070.01 kg/m^3 和 1 089.18 kg/m^3,相应的浑水容重分别为 1.67 t/m^3 和 1.68 t/m^3,采用 1.68 t/m^3。

4. 正常蓄水位 789 m 相应坝前浑水容重

东庄水库 9 月 11 日至翌年 6 月 30 日可蓄水至正常蓄水位 789 m,统计历史上该时期实测水沙资料可知,1963 年、1964 年、1981 年和 1986 年均发生过含沙量超过 800 kg/m^3 的实际来水过程,一般发生在 6 月和 9 月,详见表 10-20。为此,正常蓄水位 789 m 相应的浑水容重计算时,入库流量分别按 1 000 m^3/s 和 2 000 m^3/s,入库含沙量按 900 kg/m^3 考虑。通过分析计算,得坝前含沙量分别为 432.59 kg/m^3 和 607.20 kg/m^3,相应浑水容重分别为 1.27 t/m^3、1.38 t/m^3,采用 1.38 t/m^3。

表 10-20 张家山站调节期超高含沙量(大于 800 kg/m^3)洪水统计

年份	月	日	时:分	流量 (m^3/s)	含沙量 (kg/m^3)
1963	9	11	17:00	1 070	824
1963	9	11	17:30	1 070	805
1964	6	25	13:00	262	838
1981	6	21	23:00	894	802
1981	6	22	00:00	868	928
1981	6	22	02:00	757	900
1981	6	22	04:00	663	884
1981	6	22	06:00	589	837
1981	6	22	08:00	513	821
1986	6	27	16:00	1 740	814

10.4.3 古贤水库浑水容重设计

龙门水文站是古贤水库坝址代表站,龙门站洪水泥沙特性基本可代表古贤坝址断面的洪水泥沙特性。

10.4.3.1 洪水水沙关系

龙门站洪水陡涨陡落,历时短,洪峰尖瘦,呈现出含沙量猛涨猛落、来沙集中的特点,洪水期挟带含沙量高。根据龙门站 1956~2016 年洪水要素资料,点绘瞬时流量与含沙量关系,见图 10-17。从图 10-17 可以看出,当流量小于 10 000 m^3/s 时,同流量的含沙量变化范围较大;当流量大于 10 000 m^3/s 时,相同流量的含沙量变化范围趋于缩窄,含沙量为

$100 \sim 600$ kg/m³。不同流量级洪水含沙量见表 10-21。当流量小于或等于 5 000 m³/s 时最大含沙量为 1 040 kg/m³,流量为 5 000 $\sim$ 10 000 m³/s 时最大含沙量为 933 kg/m³,流量为 10 000 $\sim$ 15 000 m³/s 时最大含沙量为 690 kg/m³,流量大于 1 5000 m³/s 时最大含沙量为 320 kg/m³。

表 10-21　龙门站实测洪水含沙量

流量级(m³/s)	≤5 000	5 000 ~ 10 000	10 000 ~ 15 000	15 000 ~ 20 000	>20 000
洪水期平均含沙量(kg/m³)	11.4	115.8	180.2	63.0	74.1
最大含沙量(kg/m³)	1 040	933	690	320	184

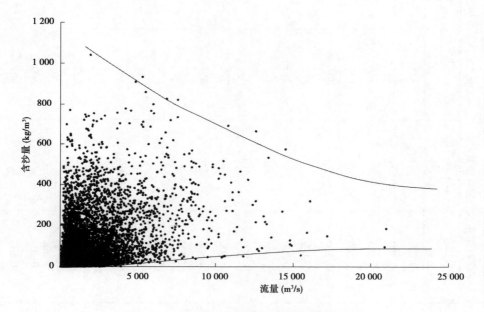

图 10-17　龙门站实测流量与含沙量关系

10.4.3.2　典型大洪水含沙量分析

统计洪峰流量超过 10 000 m³/s 的 21 场洪水,其洪水泥沙特性见表 10-22。1967 年连续出现了五次洪峰大于 10 000 m³/s 的大洪水,最大洪峰流量 21 000 m³/s,最大含沙量 464 kg/m³。1977 年连续出现了四次洪峰大于 10 000 m³/s 的大洪水,最大洪峰流量 14 500 m³/s,最大含沙量 821 kg/m³。

瞬时最大流量为 1967 年 8 月 11 日 7 时的 21 000 m³/s,相应含沙量为 184 kg/m³。1977 年洪峰流量为 14 500 m³/s(7 月 6 日 17 时),相应含沙量为 575 kg/m³。1967 年、1977 年实测水沙过程见图 10-18、图 10-19,可以看出,沙峰一般滞后于洪峰。

10.4.3.3　高含沙洪水分析

龙门站实测瞬时最大含沙量为 2002 年 7 月 5 日 1 时的 1 040 kg/m³,相应流量为 1 940 m³/s,实测水沙过程见图 10-20,可以看出,高含沙洪水流量并不大。

表 10-22 龙门站洪峰流量大于 10 000 m³/s 场次洪水泥沙特性

年份	起始时间 (月-日 T 时)	结束时间 (月-日 T 时)	历时 (h)	洪峰流量及相应含沙量		最大含沙量及相应流量		洪量 (亿 m³)	洪水沙量 (亿 t)
				洪峰流量 (m³/s)	相应含沙量 (kg/m³)	最大含沙量 (kg/m³)	相应流量 (m³/s)		
1958	07-13T19	07-14T09	15.9	10 800	—	425	3 830	3.27	0.29
1959	07-21T10	07-23T04	42.01	12 400	—	514	5 290	7.6	0.83
1959	08-04T11	08-05T08	22.59	11 300	—	368	6 340	4.87	0.61
1964	07-06T08	07-07T16	35.71	10 200	—	695	5 230	6.97	2.22
1964	08-01T12	08-14T20	316.83	17 300	—	401	5 020	49.14	2.45
1966	07-29T10	07-30T00	16.4	10 100	—	385	3 760	3.51	0.88
1967	08-06T22	08-07T20	23.32	15 300	—	373	5 020	6.26	1.3
1967	08-11T02	08-12T11	38.28	21 000	184	464	11 600	11.04	2.75
1967	08-20T09	08-21T19	32.63	14 900	103	320	4 500	7.6	1.22
1967	08-22T00	08-24T08	60	14 000	—	326	11 100	11.39	1.92
1967	09-01T19	10-03T12	781.39	14 800	128	357	8 500	133.49	2.25
1970	08-02T19	08-03T11	19.76	13 800	—	826	6 860	5.31	2.74
1971	07-25T22	07-26T19	21.15	14 300	269	509	8 580	5.51	2.03
1972	07-20T12	07-21T04	17.04	10 900	—	387	8 130	3.86	0.61
1977	07-06T12	07-07T06	19.68	14 500	575	690	10 800	5.05	1.53
1977	08-03T03	08-03T20	16.91	13 600	142	551	3 450	4.16	1.18
1977	08-05T18	08-06T14	20.61	10 600	—	821	7 570	5.02	1.96
1977	08-06T15	08-07T08	19.15	12 700	—	569	8 480	4.75	1.59
1988	08-06T07	08-07T03	23.95	10 200	—	500	9 820	6.43	0.4
1994	08-05T09	08-06T20	35.81	10 600	—	401	7 420	8.5	1.9
1996	08-10T09	08-11T00	16.19	11 100	272	390	4 360	3.56	0.68

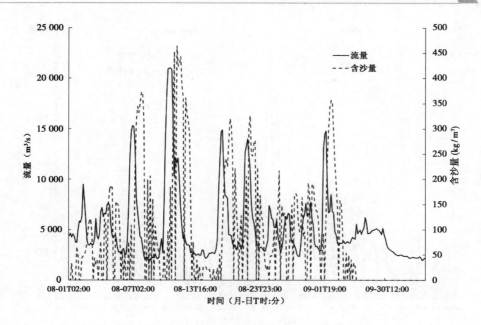

图 10-18　1967 年龙门站实测水沙过程

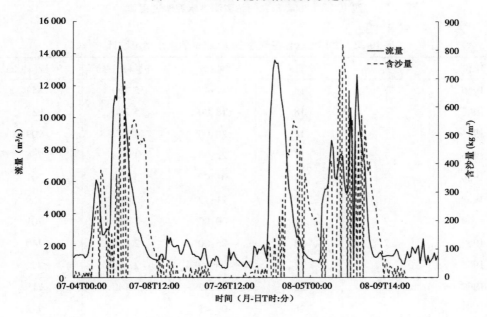

图 10-19　1977 年龙门站实测水沙过程

龙门站含沙量超过 700 kg/m³ 的洪水情况统计见表 10-23。从统计的数据看,含沙量超过 700 kg/m³ 时,相应的最大流量为 7 570 m³/s。

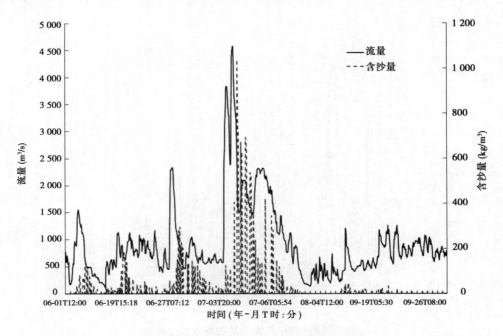

图 10-20   2002 年龙门站实测洪水泥沙过程

表 10-23   龙门站含沙量超过 700 kg/m³ 的洪水情况统计

年份	月	日	时:分	流量(m³/s)	含沙量(kg/m³)
1966	7	18	17:42	5 490	859
1966	7	18	18:00	5 290	933
1966	7	18	20:00	4 840	909
1966	7	18	22:00	4 550	766
1966	7	19	01:00	3 840	701
1969	5	13	11:12	630	769
1969	7	28	00:00	4 450	701
1969	7	28	05:00	2 870	740
1969	7	28	06:00	2 170	752
1969	7	28	09:12	2 140	715
1969	7	28	09:42	1 820	738
1969	8	10	19:00	1 660	734
1969	8	10	23:00	2 640	723
1970	8	2	20:00	7 100	717
1970	8	3	04:00	6 860	826
1970	8	3	06:00	5 980	799

续表 10-23

年份	月	日	时:分	流量（m³/s）	含沙量（kg/m³）
1970	8	3	07:00	5 840	765
1970	8	3	16:00	2 350	711
1970	8	9	11:40	4 200	777
1970	8	9	12:10	3 670	755
1977	8	6	04:00	7 560	732
1977	8	6	06:19	7 570	821
1977	8	6	08:00	6 020	752
1977	8	6	09:45	5 320	709
2002	7	5	01:00	1 940	1 040
2002	7	5	01:24	1 600	745
2002	7	5	01:42	1 530	718

10.4.3.4　坝前浑水容重计算

1. 计算工况

坝前浑水容重是工程设计的重要参数。根据设计需要，分别计算如下条件的坝前浑水容重：

（1）核洪水条件下（$P = 0.02\%$）相应坝前浑水容重；

（2）设计洪水条件下（$P = 0.1\%$）相应坝前浑水容重；

（3）正常蓄水位 627 m 相应坝前浑水容重；

（4）汛限水位 617 m 相应坝前浑水容重；

（5）死水位 588 m 相应坝前浑水容重。

2. 计算方法

单位体积浑水的质量称为浑水容重，采用下式计算：

$$\gamma' = \gamma + \left(1 - \frac{\gamma}{\gamma_s}\right)S$$

式中：γ' 为浑水容重，kg/m³；γ 为清水容重，kg/m³；γ_s 为泥沙容重，kg/m³；S 为浑水的含沙量，kg/m³。

在一般情况下，$\gamma = 1\,000$ kg/m³，$\gamma_s = 2\,650$ kg/m³，则

$$\gamma' = 1\,000 + 0.622S$$

计算上述各种条件下的坝前浑水容重，首先计算不同条件下坝前含沙量，再换算成相应的浑水容重值。坝前含沙量采用《泥沙设计手册》推荐的排沙计算公式计算。

壅水排沙公式为

当 $Q_出 < Q_入$ 时

$$\eta = \rho_出/\rho_入 = a\lg Z + b$$

当 $Q_出 > Q_入$ 时

$$\eta = Q_{s出}/Q_{s入} = a\lg Z + b$$

式中: η 为排沙比; Z 为壅水指标, $Z = \dfrac{VQ_入}{Q_出}$, V 为蓄水容积, m^3, $Q_入$ 为入库流量, m^3/s, $Q_出$ 为出库流量, m^3/s; $\rho_入$ 为入库含沙量, kg/m^3; $\rho_出$ 为出库含沙量, kg/m^3; $Q_{s入}$ 为入库输沙率, t/s; $Q_{s出}$ 为出库输沙率, t/s。

系数和常数 a、b 值见表 10-24。

表 10-24　水库壅水排沙关系式中的系数、常数值

时期	水库运用时期	计算条件	a	b
汛期	拦沙期（未形成高滩深槽）	$1.8 \times 10^4 < Z \leqslant 15.2 \times 10^4$	$-0.823\,2$	$4.508\,7$
		$Z > 15.2 \times 10^4$	$-0.076\,9$	$0.638\,3$
	正常运用期（形成高滩深槽）	$2.5 \times 10^4 < Z < 19.0 \times 10^4$	$-0.824\,6$	$4.626\,5$
		$Z \geqslant 19.0 \times 10^4$	$-0.080\,2$	$0.703\,4$
非汛期	拦沙期和正常运用期	$Z > 1.8 \times 10^4$	$-0.823\,2$	$4.508\,7$

敞泄排沙公式为

$$Q_{s出} = k\left(\frac{S_入}{Q_入}\right)^{0.7}(Q_出 i)^2$$

式中: $Q_{s出}$ 为出库输沙率, t/s; $\dfrac{S_入}{Q_入}$ 为入库来沙系数; i 为水面比降, 与流量大小和水位高低有关; k 为敞泄排沙系数, 取 $k = 8\,800$, 当河槽冲刷时, 考虑河床冲刷粗化影响, 河床冲刷深度大于 0.5 m 时, k 值乘以折减系数 0.8, 河床冲刷深度大于 1.0 m 时, k 值乘以折减系数 0.7。

3. 计算结果

计算时库容采用水库正常运用期高槽状态时的有效库容。

1) 校核洪水位

校核洪水位条件下, 根据水库调洪计算成果, 采用 1967 年典型设计入库洪水过程 ($P = 0.02\%$), 入出库流量均为 13 247 m^3/s, 坝前水位为 630.99 m, 水库蓄水量为 26.71 亿 m^3。入库流量为 10 000 ~ 15 000 m^3/s, 根据图 10-17 上包线, 入库含沙量采用 600 kg/m^3。计算得到壅水排沙比为 27.8%, 出库含沙量为 166.8 kg/m^3, 相应浑水容重为 1.10 t/m^3。

2) 设计洪水位

设计洪水位条件下, 根据水库调洪计算成果, 采用 1967 年典型设计入库洪水过程 ($P = 0.1\%$), 入出库流量均为 11 615 m^3/s, 坝前水位为 628.65 m, 水库蓄水量为 22.23 亿 m^3。根据图 10-17 上包线, 入库含沙量采用 660 kg/m^3。计算得到壅水排沙比为 28.0%, 出库含沙量为 184.7 kg/m^3, 相应浑水容重为 1.11 t/m^3。

3）正常蓄水位

水库在调节期（10 月至翌年 6 月）蓄水拦沙、调节径流兴利运用，水位在正常蓄水位以下调节运用。对调节期高含沙水流进行统计分析，水库仍有发生高含沙水流的可能，见表 10-25。

表 10-25　龙门站调节期高含沙量（大于 500 kg/m³）实测洪水统计

年份	月	日	时:分	水位(m)	流量(m³/s)	含沙量(kg/m³)
1966	6	29	08:50	381.44	1 920	519
1969	5	12	20:00	380.37	1 680	513
1969	5	13	08:00	380.50	755	614
1969	5	13	10:12	380.55	675	642
1969	5	13	11:12	380.58	630	769
1969	5	13	14:18	380.49	553	622

正常蓄水位 627 m，相应蓄水量为 19.1 亿 m³。入库流量分别选取 1 920 m³/s、630 m³/s，相应入库含沙量分别选取 519 kg/m³、769 kg/m³ 进行计算，出库流量按等于入库流量（此时水库排沙比最大）考虑。计算得到壅水排沙比分别为 22.2%、18.4%，出库含沙量分别为 115.4 kg/m³、141.2 kg/m³，相应浑水容重分别为 1.07 t/m³、1.09 t/m³，本次取 1.09 t/m³。

4）汛限水位

汛限水位 617 m，相应蓄水量为 6.9 亿 m³，根据表 10-26，入库含沙量较大的洪水，其流量一般小于 8 000 m³/s，入库流量和入库含沙量分别采用 8 000 m³/s、800 kg/m³ 进行计算，出库流量按等于入库流量考虑。计算得到壅水排沙比为 59.3%，出库含沙量为 474.4 kg/m³，相应浑水容重为 1.30 t/m³。

表 10-26　不同运用水位条件下坝前浑水容重计算成果

水位条件	流量(m³/s)	水位(m)	入库含沙量(kg/m³)	计算排沙比(%)	出库含沙量(kg/m³)	浑水容重(t/m³)
校核洪水位	13 247	630.99	600	27.8	166.8	1.10
设计洪水位	11 615	628.65	660	28.0	184.7	1.11
正常蓄水位	630	627	769	18.4	141.2	1.09
汛限水位	8 000	617	800	59.3	474.4	1.30
死水位	8 000	588	800	106.3	850.0	1.53

5）死水位

死水位条件下，水库遇到高含沙洪水一般都是敞泄排沙，入库流量和入库含沙量分别采用 8 000 m³/s、800 kg/m³ 进行计算。根据敞泄排沙公式，计算得出库含沙量为 850.0 kg/m³，相应浑水容重为 1.53 t/m³。

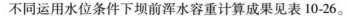

不同运用水位条件下坝前浑水容重计算成果见表10-26。

10.4.3.5 实测资料分析

统计三门峡水库不同水位下相应的三门峡站实测含沙量,见表10-27。坝前水位在汛限水位305 m左右时,1970年8月5日高含沙洪水,三门峡站含沙量均大于400 kg/m³,累计持续时间18 h,其中500 kg/m³以上含沙量持续时间14 h,600 kg/m³以上含沙量持续时间10 h;1970年8月7日洪水,三门峡站500 kg/m³以上含沙量持续时间4 h;1977年8月9日洪水,500 kg/m³以上含沙量持续时间16 h,其中600 kg/m³以上含沙量持续时间4 h。说明三门峡水库在汛限水位时坝前大于500 kg/m³含沙量的持续时间还是比较长的。坝前水位在300 m以下时,2003年8月1日高含沙洪水,三门峡站500 kg/m³以上含沙量持续时间6 h。

表10-27 三门峡站实测含沙量统计

年	月	日	时:分	流量 (m³/s)	含沙量 (kg/m³)	坝前水位 (m)	时间间隔 (h)
1970	8	5	02:00	3 310	570		0
1970	8	5	08:00	2 880	611		6.0
1970	8	5	12:00	2 600	620	305.8	4.0
1970	8	5	16:05	2 290	519		4.1
1970	8	5	20:00	1 970	434		3.9
1970	8	7	02:00	2 330	367		0
1970	8	7	08:00	2 270	364		6.0
1970	8	7	12:00	2 400	366	304.5	4.0
1970	8	7	14:00	2 000	0		2.0
1970	8	7	16:00	2 180	535		2.0
1970	8	7	20:00	2 450	550		4.0
1977	8	9	00:00	3 090	590		0
1977	8	9	04:00	3 470	643		4.0
1977	8	9	06:00	3 360	631		2.0
1977	8	9	08:00	3 250	636		2.0
1977	8	9	11:00	3 320	593		3.0
1977	8	9	12:00	3 300	597	305.0	1.0
1977	8	9	14:00	3 240	554		2.0
1977	8	9	16:00	3 160	520		2.0
1977	8	9	18:00	2 810	487		2.0
1977	8	9	19:00	2 410	453		1.0
1977	8	9	20:00	2 390	0		1.0

续表 10-27

年	月	日	时:分	流量 （m³/s）	含沙量 （kg/m³）	坝前水位 （m）	时间间隔 （h）
2003	8	1	16:00	539	916		0
2003	8	1	16:30	426	887		0.5
2003	8	1	17:00	388	810		0.5
2003	8	1	18:00	502	766		1.0
2003	8	1	18:48	589			0.8
2003	8	1	19:00	563	763	295.2	0.2
2003	8	1	20:00	535	721		1.0
2003	8	1	20:30	644			0.5
2003	8	1	21:36	720			1.1
2003	8	1	22:00	769	533		0.4
2003	8	1	23:12	859			1.2

10.4.3.6 坝前浑水容重垂向分布计算

计算公式：

$$S_i = S_a \mathrm{e}^{-\beta(\bar{y}-a_z)} = S_a \mathrm{e}^{-\beta(\frac{y}{H}-\frac{a}{H})}$$

式中：S_i 为任一位置的含沙量，kg/m³；S_a 为某一定值 a 处的含沙量，取 $a = 0.5$ m；β 为坝前含沙量分布指数；y 为任一点水深，m；H 为底孔以上水深，m。

1. 含沙量分布指数分析

含沙量分布指数 $\beta = \dfrac{6}{\kappa}\dfrac{\omega}{U_*}$，其中 $\omega/\kappa U_*$ 叫作"悬浮指标"，实质上代表重力作用与紊动扩散作用的对比关系。κ 为卡门常数，其值一般为 0.15~0.4，随含沙量的增大而减小，清水情况下为 0.4。ω 为泥沙沉速，U_* 为摩阻流速，$U_* = \sqrt{ghJ}$。

本次根据三门峡水库坝前实测资料反推含沙量分布指数，并参考小浪底初步设计选择。

根据三门峡 1971 年 7 月、8 月 4 次实测深孔、隧洞、底孔的含沙量资料，其相对水深和相对含沙量关系见表 10-28。套汇相对水深与相对含沙量分布形态，见图 10-21。可以看出，坝前悬移质含沙量在垂线上分布相对较均匀。

根据上述实测资料反推的含沙量分布指数 β 为 0.34~0.72。将含沙量分布指数显示在相对水深与相对含沙量分布形态图（见图 10-22）上，可以看出含沙量分布指数 β 越小，含沙量沿垂线分布越均匀，表明重力作用在紊动扩散作用的对比中越弱。

表 10-28　三门峡水库坝前相对水深与相对含沙量关系

位置	编号	测验时间 (年-月-日)	流量 (m³/s)	含沙量 (kg/m³)	坝前水 位(m)	底孔以上 水深(m)	相对 含沙量	相对水深 y/H					
								1.0	0.8	0.6	0.4	0.2	0
三门峡 水库 坝前	①	1971-07-27	4 420	162	311.64	31.64	S_i/S_a	0.75	0.77	0.80	0.83	0.90	1
	②	1971-08-03	1 300	163	302.00	22.00	S_i/S_a	0.69	0.71	0.76	0.81	0.89	1
	③	1971-08-23	1 840	236	305.65	25.65	S_i/S_a	0.61	0.62	0.63	0.67	0.78	1
	④	1971-08-24	1 600	170	304.52	24.32	S_i/S_a	0.60	0.61	0.62	0.65	0.73	1

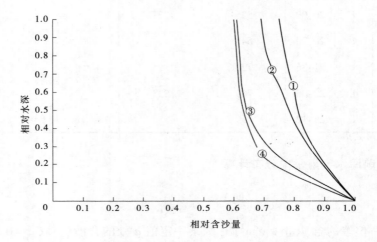

图 10-21　三门峡水库坝前相对水深与相对含沙量分布形态

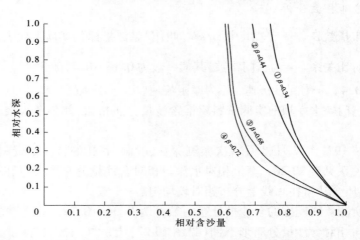

图 10-22　不同含沙量分布指数下相对水深与相对含沙量分布形态

根据《黄河小浪底水利枢纽初步设计报告》,三门峡水库 $\beta = 0.6$,盐锅峡水库 $\beta = 0.7$。计算小浪底水库的坝前含沙量分布指数 $\beta = 0.3 \sim 0.68$,当坝前平均含沙量小于或等于 400 kg/m³ 时,$\beta = 0.68$;当坝前平均含沙量为 $400 \sim 600$ kg/m³ 时,$\beta = 0.50$;当坝前平均含沙量大于 600 kg/m³ 时,$\beta = 0.30$。本次古贤坝前含沙量分布指数采用小浪底初步设计值。

2. 河床底层含沙量 S_a 与断面平均含沙量 $\overline{S}$ 关系

根据三门峡水库 1971 年 7 月、8 月 4 次实测深孔、隧洞、底孔的含沙量资料,$S_a/\overline{S} = 1.19 \sim 1.47$。小浪底水库在正常运用期,当含沙量小于或等于 400 kg/m³ 时,$S_a/\overline{S} = 1.33$;当含沙量为 $400 \sim 600$ kg/m³ 时,$S_a/\overline{S} = 1.2$;当含沙量大于 600 kg/m³ 时,$S_a/\overline{S} = 1.15$。本次古贤河床底层含沙量 S_a 与断面平均含沙量 $\overline{S}$ 关系采用小浪底初步设计值。

3. 垂线分布计算结果

根据上述方法,计算的古贤水库坝前浑水容重垂向分布见表 10-29 ~ 表 10-33。

表 10-29　古贤水库校核洪水位条件下坝前浑水容重垂向分布

坝前水位 (m)	流量 (m³/s)	平均含沙量 (kg/m³)	高程 (m)	相对水深	含沙量 (kg/m³)	浑水容重 (t/m³)
			630.99	1.000	112.66	1.070
			620	0.922	118.79	1.074
			610	0.851	124.66	1.078
			600	0.780	130.82	1.081
			590	0.709	137.29	1.085
			580	0.638	144.07	1.090
			570	0.567	151.19	1.094
			560	0.496	158.66	1.099
			550	0.426	166.50	1.104
630.99	13 247	166.8	540	0.355	174.73	1.109
			530	0.284	183.36	1.114
			520	0.213	192.42	1.120
			510	0.142	201.93	1.126
			500	0.071	211.91	1.132
			490	0	221.84	1.138
			480			1.138
			470			1.138
			462			1.138

表 10-30 古贤水库设计洪水位条件下坝前浑水容重垂向分布

坝前水位 （m）	流量 （m³/s）	平均含沙量 （kg/m³）	高程 （m）	相对水深	含沙量 （kg/m³）	浑水容重 （t/m³）
628.65	11 615	184.7	628.65	1.000	124.76	1.078
			620	0.938	130.16	1.081
			610	0.865	136.71	1.085
			600	0.793	143.58	1.089
			590	0.721	150.79	1.094
			580	0.649	158.37	1.099
			570	0.577	166.34	1.103
			560	0.505	174.70	1.109
			550	0.433	183.48	1.114
			540	0.361	192.70	1.120
			530	0.288	202.39	1.126
			520	0.216	212.56	1.132
			510	0.144	223.25	1.139
			500	0.072	234.47	1.146
			490	0	245.65	1.153
			480			1.153
			470			1.153
			462			1.153

表 10-31 古贤水库正常蓄水位条件下坝前浑水容重垂向分布

坝前水位 （m）	流量 （m³/s）	平均含沙量 （kg/m³）	高程 （m）	相对水深	含沙量 （kg/m³）	浑水容重 （t/m³）
627	630	141.2	627	1.000	95.38	1.059
			620	0.949	98.75	1.061
			610	0.876	103.77	1.065
			600	0.803	109.06	1.068
			590	0.730	114.60	1.071
			580	0.657	120.44	1.075
			570	0.584	126.57	1.079
			560	0.511	133.01	1.083
			550	0.438	139.77	1.087

续表 10-31

坝前水位 （m）	流量 （m³/s）	平均含沙量 （kg/m³）	高程 （m）	相对水深	含沙量 （kg/m³）	浑水容重 （t/m³）
627	630	141.2	540	0.365	146.89	1.091
			530	0.292	154.36	1.096
			520	0.219	162.22	1.101
			510	0.146	170.47	1.106
			500	0.073	179.15	1.111
			490	0	187.80	1.117
			480			1.117
			470			1.117
			462			1.117

表 10-32　古贤水库汛限水位条件下坝前浑水容重垂向分布

坝前水位 （m）	流量 （m³/s）	平均含沙量 （kg/m³）	高程 （m）	相对水深	含沙量 （kg/m³）	浑水容重 （t/m³）
617	8 000	474.4	617	1.000	345.97	1.215
			610	0.945	355.63	1.221
			600	0.866	369.91	1.230
			590	0.787	384.77	1.239
			580	0.709	400.22	1.249
			570	0.630	416.29	1.259
			560	0.551	433.01	1.269
			550	0.472	450.39	1.280
			540	0.394	468.48	1.291
			530	0.315	487.29	1.303
			520	0.236	506.86	1.315
			510	0.157	527.21	1.328
			500	0.079	548.38	1.341
			490	0	569.28	1.354
			480			1.354
			470			1.354
			462			1.354

表 10-33 古贤水库死水位条件下坝前浑水容重垂向分布

坝前水位 （m）	流量 （m³/s）	平均含沙量 （kg/m³）	高程 （m）	相对水深	含沙量 （kg/m³）	浑水容重 （t/m³）
588	8 000	850	588	1	725.26	1.451
			580	0.918	743.24	1.462
			570	0.816	766.34	1.477
			560	0.714	790.17	1.491
			550	0.612	814.73	1.507
			540	0.510	840.06	1.523
			530	0.408	866.17	1.539
			520	0.306	893.09	1.556
			510	0.204	920.86	1.573
			500	0.102	949.48	1.591
			490	0	977.50	1.608
			480			1.608
			470			1.608
			462			1.608

本次计算的汛限水位条件下古贤坝前浑水容重垂向分布与小浪底对比见图 10-23。

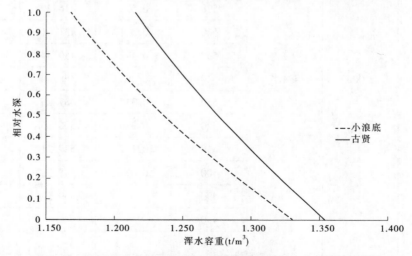

图 10-23 汛限水位条件下古贤坝前浑水容重垂向分布与小浪底对比

10.5　小　结

（1）水库排沙比与 V/Q 关系密切，可建立关系 $\eta = f(\frac{v}{Q})$ 或绘制排沙比关系曲线，当给定入库水沙条件时，可针对不同运用水位和相应蓄水量，采用排沙比公式或排沙比关系曲线计算出坝前含沙量，考虑含沙量垂线分布后，即可计算出相应的坝前浑水容重。

（2）通过浑水压力模拟试验和浑水压力模型试验，证明随着水体含沙量的增大，水平压强与竖向压强基本一致，且与浑水容重成正比例关系，即 $p = \gamma' h$ 成立。

（3）天然河流中悬移质泥沙粒径组成是非均匀的，含沙量梯度的存在是水流紊动扩散作用赖以产生的因素，也是紊动扩散作用与重力作用相互制约的结果。当含沙量增大到一定程度时，水流紊动扩散的作用逐渐减弱，甚至部分核心区域其作用为 0，这也导致高含沙量水流含沙量沿垂线分布趋于均匀，即浑水中含沙量沿垂线分布随着含沙量的增大会发生根本性变化，在工程设计中，应考虑含沙量变化而区别对待。

（4）设计工况选择是浑水容重设计的基础，其关键在于不同运用条件下入库含沙量极值的确定。主要通过入库洪水泥沙特性分析，确定流量与含沙量外包极值关系，考虑水库最危险运行工况，选择不同运用水位条件下入库含沙量极值，提出相应计算水沙条件。

（5）坝前含沙量计算主要采用经验排沙公式、经验排沙曲线或构建数学模型等手段进行计算求取。

（6）坝前浑水含沙量垂线分布设计是浑水容重计算的重要内容。牛顿体条件下，含沙量垂线分布计算可采用 Rouse、Van Rijn、张瑞瑾等公式进行计算。考虑到各公式计算相对较为复杂，涂启华等对 Rouse 公式进行修正，并提出半经验半理论的计算公式，主要参数系数已通过多沙已建水库实测资料进行验证，计算便捷、可靠、精度高。当坝前浑水含沙量较高，出现非牛顿体时，垂向含沙量趋于均匀，可不再进行含沙量垂线分布分析，直接采用断面平均含沙量计算浑水容重。

第 11 章

抗磨蚀防护技术

11.1 多沙河流泄水建筑物的运行情况

我国是一个河流泥沙含量较高的国家,依据泥沙粒径的大小,大体可以分为三个区域:一是黄河流域以北地区,河流泥沙以细颗粒悬移质为主,其中黄河中游含沙量在世界上是最高的;二是长江流域,河流泥沙为悬移质和推移质,年总输沙量约占世界 13 条大江大河总的 29.3%;三是西南地区,河流泥沙以粗颗粒推移质为主。随着这些区域水利水电资源的开发,一批水利水电工程相继开工建设并投入运行。为缓解坝前过度淤积的情况,这些枢纽工程常利用洪水期泄洪冲沙,将库内泥沙随洪水宣泄到下游。此时高速水流挟带着大量泥沙,同时伴随推移质的滚动、跳跃,对泄水建筑物的边壁造成严重的空蚀和磨损破坏。我国运行的大坝泄水建筑物有 70% 存在不同程度的空蚀和磨损问题,其中比较典型的有三门峡水库和刘家峡水库等,屡经修补。

11.1.1 三门峡工程

三门峡水利枢纽位于黄河中游,是以防洪为主的大型水利枢纽工程。1960 年大坝基本建成并开始蓄水。蓄水后库内出现了严重的泥沙淤积。从 1964 年起被迫对工程进行改建。三门峡坝址处多年平均流量 1 105 m^3/s,多年平均含沙量 37.7 kg/m^3,汛期平均含沙量 68.3 kg/m^3,洪峰最大含沙量 911 kg/m^3。年输沙量 16 亿 t,汛期水量占全年的 60%,而汛期输沙量占全年的 85%。泥沙中石英矿物含量为 90% ~95%,长石矿物含量为 1% ~5%,两者合计达 95% ~96%,而石英和长石的硬度都较高(按标准矿物莫氏硬度,石英为 7 级,长石为 6 级)。泥沙中平均中数粒径 d_{50} = 0.038 mm。泥沙基本颗粒形状为多角形和尖角形,且比较尖利。因此,泄水建筑物在泄洪时受泥沙的磨损非常严重。1980 年底发现底孔磨蚀后,先后对底孔的单层孔和双层孔进行了全面检查,发现下列部位有较严重的磨蚀破坏。

(1)单层孔和双层孔进口斜门槽正向不锈钢导轨在高程为 2 825 ~2 880 m 的迎水面有不连续的沟槽或缺口(斜门槽为矩形断面,宽 120 cm、深 55 cm),严重部位导轨磨损呈锯齿状,有的部位导轨及基座方钢几乎磨平。

(2)单层孔和双层孔进口斜门槽水封座板在高程为 2 810 ~2 900 m 破坏成锯齿状和蜂窝状,在门槽边缘 10 cm 范围内及侧面角钢大部分被磨穿,混凝土被淘深 2 ~8 cm。

(3)单层孔和双层孔进口门槽底坎被淘成锅底状,底孔中心部位混凝土淘深 8 ~15 cm,大部分钢板被磨损损坏。

(4)单层孔和双层孔底孔进口喇叭口顶板(椭圆曲线)有一定的破坏,在高程 291.0 m 以下的钢板护面已被磨穿,但混凝土基本完好。

(5)单层孔工作门槽在高程 282.0 ~284.0 m 范围内的导轨严重损坏,有大如手指顺水流向的槽坑和缺口。

(6)双层孔工作门槽在高程 282.0 ~288.0 m 底孔段范围内的导轨均有破坏,在高程 287.0 ~288.0 m 范围内最为严重,导轨的一半已被剥蚀。在高程 300.0 ~306.0 m 深孔段门槽内导轨有沟槽状破坏,在高程 300.0 ~302.0 m 范围内较严重,导轨已成锯齿状。

在串水门井段(高程 288.0 ~ 300.0 m)的混凝土及不锈钢导轨未发现损坏。

(7)底孔底板严重磨损,破坏面积占 4/5,粗骨料全部外露,平均磨深 14 cm,并有多处冲坑,最大冲坑面积约 5.6 m×2.3 m,深 0.2 m,钢筋外露 20 余根,有的钢筋已磨掉 1/3 左右。

(8)底孔边墙在高程 284.0 m 以下有较严重磨损,混凝土粗骨料外露,最大磨损深度约 7 cm。高程 284.0 m 以上磨损较轻,底孔顶板无明显磨损痕迹。

11.1.2　刘家峡工程

刘家峡水电站位于甘肃省永靖县境内的黄河干流,水电站中央排列 5 台大型水轮发电机组,分别担负着供给陕西、甘肃、青海等省用电任务。泄水道设于主坝左端,进口底坎高程为 1 665 m。设有 2 孔 8 m×8 m 的平板闸门,压力短管后接明渠及弯道,弯道中心线的圆弧半径 $R = 269$ m,渠底的最大横向超高 4 m,平面宽度为 8 m,出口为横向倾斜的连续式挑流鼻坎,挑坎末端宽度 18 m,平均挑角 15°,泄水道全长 239 m,出口主流坎中点高程 1 629.5 m,最大流速 38.6 m/s。

刘家峡泄水道是泄洪、排沙、排污和向下游供水的主要泄水建筑物,自 1968 年 10 月正式投入运行以来,截至 1989 年底已运行 41 048.9 h,泄水总量达 863.8 亿 m³,累计排沙量为 6 934 万 t,泄水道最大含沙量为 961 kg/m³,多年平均最大含沙量为 285.9 kg/m³,泥沙中的主要矿物组成为石英长石,占 95% ~ 98%。

泄水道护面曾遭受的空蚀与磨损破坏较为严重,其中以 1985 年与 1989 年尤为突出。1985 年汛后检查发现泄水道护面普遍遭受磨损,底板呈沟槽麻面或护层骨料外漏的面积约占底板面积的 95%。在导墙与底板上也发生了严重的空蚀破坏,个别部位钢筋外露,破坏深度达 30 cm 以上,空蚀最大连续破坏达 80 m² 左右,其深度为 10 ~ 15 cm。空蚀与磨损破坏严重威胁泄水道的安全运行,造成每年破坏的局面。据统计,泄水道自 1975 年进行第一次修补以来,截至 1989 年共进行了 13 次复修,总修补面积达 9 534 m²。

11.2　泥沙磨损破坏机制

11.2.1　泥沙磨损

清水流过泄水建筑物表面,对过流表面基本上没有破坏作用(消能不良及空蚀破坏除外),产生过流表面冲磨的原因是水流中含有固体颗粒。当挟沙水流以较高的速度流经泄水建筑物或排沙建筑物时,将造成磨蚀。磨蚀破坏主要发生在水工混凝土建筑物的泄流部位。如大坝溢流面及下游消能工(护坦、趾墩、鼻坎、消力墩)、底孔或隧洞的进口、深孔闸门及其后泄水段等易发生磨蚀破坏。

泥沙在水流中有悬移质与推移质两种存在形式,其对水工建筑物的磨损机制也不尽相同。

在高速水流作用下,推移质以滑动、滚动及跳动等方式在过流面上运动,除摩擦及切削作用外还有冲击作用。如过流面 A 点处受到质量为 m、速度为 v_1 的砂石的冲击(见

图 11-1）。垂直向冲击力 F_y 按动能原理分析应为（忽略水阻力）：

$$F_y = (2mv_1 \cos\alpha)/\Delta t$$

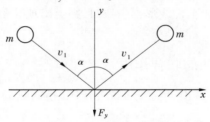

图 11-1　砂石冲击示意图

石子在水流的作用下，以速度 v_1 冲击建筑物壁面，假定它又以同样的速度 v_1 反弹起来，由于冲击壁面的时间 Δt 很短，则 F_y 值很大。石子在反作用力作用下弹跳起来后，又会再次下落冲击壁面。这样反复作用的结果会使 A 点遭受反复多次的摩擦、切削与冲击。当材料强度达到极限值或疲劳极限值时，则发生破坏，表现为表层剥落，并可能继续向纵深扩展。推移质冲磨破坏作用的大小取决于水流速度、流态，推移质的质量、粒径及其运动方式。对建筑物整体来说，破坏程度还和材料的抗冲耐磨性能、过流时间等因素有关。

细粒径的悬移质泥沙，在高速水流的紊动作用下能充分与水混合，形成近似均匀的固液两相流。高速水流挟带的悬移质在移动过程中触及建筑物过流面时的作用，表现为磨损、切削和冲撞。悬移质对混凝土的冲磨破坏开始表现为从表面开始的均匀磨损剥离，而后由于剥离程度的加深及混凝土本身的非均质性，过流表面会出现凹凸不平的磨损坑。此时水流就会受到扰动而产生漩涡流，随着漩涡流的形成、扩大和消失，水中的泥沙颗粒以较小的角度（5°~15°）冲击流道表面，对边壁施以切削和冲击作用，从而造成建筑物表面的磨损。原型观测结果表明，含悬移质的高速水流对泄水建筑物表面冲磨破坏作用的大小，与下列因子成正比关系：

$$\beta \propto \alpha\rho^m v^n dT$$

式中：β 为泥沙磨损深度，mm；ρ 为含沙量，kg/m³；m 为指数，$m = 0.7 \sim 1.0$；v 为流速，m/s；n 为指数，$n = 2.7 \sim 3.0$；d 为泥沙粒径，mm；T 为运用时间，s。

由泥沙引起磨损的因素是复杂的，包括沙粒的矿物成分、泥沙颗粒大小、泥沙浓度、泥沙流速及冲击方向等。

（1）沙粒成分与磨损的关系。一般水中沙粒成分有石英、长石、云母等矿物。其硬度若大于水力机械材料的硬度，则产生磨损。矿物成分硬度愈大，造成的磨损愈严重。

（2）泥沙颗粒大小与磨损的关系。一般认为，磨损与颗粒直径成正比，尖棱形状沙粒比圆形磨损要大。黄河水利科学研究院针对过机泥沙专门进行了试验研究，发现材料的磨损与泥沙粒径之间的关系为

$$W_t = Kd^n$$

式中：W_t 为材料的失质量，mg；d 为泥沙粒径，μm；K 为与材料、含沙量及磨损时间等有关的系数；n 为泥沙粒径的指数，$n = 0.9 \sim 1.4$，平均为 1.182 9。

（3）泥沙浓度与磨损的关系。泥沙浓度越大，磨损越大。

(4)泥沙流速及冲击方向与磨损的关系。由于泥沙主要由水流所挟带,因此泥沙流速及方向主要取决于水流流速的大小和方向。平顺的绕流磨损与挟沙水流流速的平方成正比,当泥沙运动轨迹与过流部件线形不一致时,则会出现冲角入流,增加冲击作用,加大磨损。

11.2.2 泥沙磨损与空蚀的联合作用

一般情况下所说的泥沙磨损与空蚀的联合作用,指的是局部泥沙磨损。但也有以下几种观点:

(1)单纯清水空蚀破坏是与过流速度的 6~14 次方成正比的,而单纯磨损则与过流速度的 2 次方成正比。

(2)清水空蚀破坏随时间的发展关系是复杂的,而磨损随时间变化是直线关系。

(3)空蚀破坏过程中有一段潜伏期,而磨损没有潜伏期。

(4)空蚀破坏主要由于空穴气泡溃灭时产生高压的机械作用,磨损则是较小的冲击负荷所致。

联合作用主要有下面几种形式:

(1)在空蚀和磨损联合作用时间小于材料的空蚀潜伏期时,这时材料破坏主要为磨损作用,仅与水流速度、含沙量及沙粒形状、硬度有关。

(2)当联合作用的时间显著超过了材料的空蚀潜伏期时,则空蚀作用明显增大。

(3)从电站实际运行中也可以看到,空蚀的发生和发展是随泥沙含量而变化的。浑水时的临界汽化压力为清水时的 3.4 倍,损伤量为清水时的 8.5 倍。

11.3 常用抗冲耐磨材料及其应用

近年来,我国的水利水电事业快速发展,我国已成为世界上水库大坝数量最多、水电总装机容量最大的国家。工程实践表明,水利水电工程的溢洪道、泄洪排沙孔、消力池等过水建筑物均会发生不同程度的冲磨损坏现象,许多水电站开闸度汛后即面临修复的问题,维护修补费用巨大。近年来,我国正在兴建一批大型高水头大坝,泄水流速高达 50 m/s 以上,对抗冲磨材料提出了更高的技术要求。

11.3.1 硅粉混凝土

国外将硅粉混凝土用于水工建筑物始于 1983 年,美国宾夕法尼亚州的 Kingzua 坝消力池共浇筑 54 块、1 540 m³ 混凝土,浇筑厚度 25 cm,其中最大一块体积为 51 m³;1983~1985 年,在 Los Angeles 河道护面工程中使用了硅粉混凝土,共浇筑了 6 540 m³,厚度 10~30 cm。随后,American Falls 坝(1985)、Navajo 坝(1987)、Palisades 坝(1986~1988 年)及 Diverion 坝、Blanco 隧洞(1986~1989)等工程也都成功地使用了抗磨蚀硅粉混凝土。

国内将硅粉混凝土作为抗磨蚀混凝土的研究始于 1985 年,并于 1986 年开始先后在葛洲坝、大伙房、龙羊峡、映秀湾等工程中运用,一般采用单掺硅粉,掺量为 10%~15%。

硅粉是硅铁合金和硅金属生产时的工业副产品,其主要成分为无定型氧化硅,其颗粒为极细小的球形微粒,比表面积达 20 m²/g,具有很高的活性。将硅粉掺入混凝土中可显著改善水泥石的孔隙结构,使大于 320A 有害孔显著减少,可使水泥石中力学性能较弱的 Ca(OH)₂ 晶体减少,C—S—H 凝胶体增多。反映在客观上,即混凝土吸水率降低,抗渗性提高,抗二氧化碳和氧气等侵入的能力提高。混凝土掺入硅粉后,改善了水泥石与骨料的界面结构,增强了水泥石与骨料的界面黏结力,从而提高了混凝土的各项力学性能。

硅粉高强混凝土抗冲磨强度很高,但拌和物十分黏稠,失水快,开裂较多。例如,李家峡水电站抗冲磨混凝土采用的是 C60 高强硅粉混凝土,混凝土用水量大,混凝土拌合物黏性大,失水快,收缩大,施工困难。李家峡水电站右中孔底板硅粉混凝土裂缝严重,2003 年 5 月底汛前检查发现抗冲磨层表面龟裂且多处脱空。小浪底泄洪洞、溢洪道抗冲磨混凝土采用 C50 高强硅粉混凝土,施工过程温控防裂难度大,护面材料裂缝很多。

11.3.2　纤维混凝土

纤维混凝土是掺加短钢纤维或短合成纤维的混凝土。钢纤维可采用碳钢纤维、低合金钢纤维或不锈钢纤维。合成纤维可采用聚丙烯腈纤维、聚丙烯纤维、聚酰胺纤维或聚乙烯醇纤维。

混凝土中掺入纤维使得混凝土内部互相搭接、牵连、整体性强,改善了混凝土的脆性,阻碍冲击或磨损导致的裂缝的发展。同时,由于纤维也牵制了水泥块的剥落,将纤维从水泥石中剥离需要消耗一定的能量,从而可以有效地提高混凝土的抗冲耐磨能力。

11.3.3　铁矿石混凝土

铁矿石骨料是天然铁矿石经机械破碎加工而成的人工骨料的统称,其主要成分为 Fe₂O₃、SiO₂ 和 Al₂O₃。铁矿石自身具有较高的硬度和强度,作为混凝土骨料被广泛运用于高性能抗冲耐磨混凝土中。从大量的室内试验成果看,铁矿石混凝土较普通混凝土抗冲磨强度可提高 1 倍,抗冲击韧性可提高 2 ~ 3 倍,抗磨蚀强度可提高 1.5 倍。

万家寨水利枢纽工程溢流面过流流速为 25 ~ 30 m/s,最大含沙量为 300 kg/m³。泄水建筑物采用天然砂、铁矿石小石、人工中碎石拌制的抗冲磨混凝土,抗磨层厚 35 cm,与基底混凝土同层浇筑,90 d 抗磨强度可达 1.20 h/(kg·m²),较好地满足了工程需求。

11.3.4　硅粉纤维混凝土

在水利水电工程泄水建筑物中越来越广泛地运用硅粉混凝土作为抗冲耐磨材料的同时,混凝土的裂缝问题也受到了越来越多的重视。对于混凝土结构,造成混凝土裂缝的因素有很多,比如混凝土自身收缩、温度应力等。对于抗冲耐磨的硅粉混凝土,出现的裂缝大都是塑性收缩裂缝和自身收缩裂缝,防止这类裂缝产生的主要措施有收缩补偿和掺加纤维。硅粉纤维混凝土集合了硅粉混凝土和纤维混凝土的优点,硅粉提高了混凝土的黏稠度,减少了材料的离析,使混凝土内部凝胶和密实度增加;纤维的增强增韧阻裂效应,阻止了混凝土内部微裂纹的开展,限制了混凝土胶块破碎进程。因此,纤维硅粉混凝土具有良好的力学性能,其抗压、抗拉性能以及抗裂性、抗冻性、耐冲性能大大提高,在工程实例中运用也越来越普遍。

葛洲坝二江泄水闸在 27 孔闸室底板冲磨较严重的部分进行了硅粉钢纤维材料的现场应用试验,修补面积 1 万 m^2。试验表明,硅粉钢纤维砂浆抗冲磨强度比葛洲坝曾用过的氯偏砂浆提高 66%,与环氧砂浆接近。硅粉钢纤维混凝土在葛洲坝 27 孔底板修补后经受 2 个汛期、13 次洪峰考验,修补表面完好无损,表面平整,黏结良好,无脱落现象。

溪洛渡水电站进行了硅粉聚丙烯纤维混凝土的抗冲耐磨试验,从试验成果看,在硅粉混凝土中掺入一定的聚丙烯纤维($0.9\ kg/m^3$)后,硅粉混凝土的抗冲磨强度提高了 10%,抗冲击韧性提高了 12%。

锦屏一级水电站拱坝使用了掺 PVA(聚乙烯醇)纤维的混凝土。掺纤维后,适当降低掺纤维混凝土机口坍落度,减水剂质量掺量由 0.6% 增加到 0.9%。在 $C_{180}40$ 拱坝混凝土中掺入 $0.9\ kg/m^3$ 的 PVA 纤维,在保持拱坝混凝土强度性能不变的条件下,降低了拱坝混凝土的弹性模量,提高了拱坝混凝土的极限拉伸值,减少了拱坝混凝土的干缩变形。

11.3.5　HF 抗冲磨混凝土

高强耐磨粉煤灰混凝土(砂浆)(简称 HF 混凝土)是甘肃省电力科学研究院在研究硅粉混凝土的基础上,研制的新型水工抗冲耐磨护面材料,由 HF 外加剂、优质粉煤灰或其他掺和料、符合要求的砂石骨料和水泥组成,并按规定的要求进行设计和按照要求的施工工艺和质量控制方法组织浇筑完成的混凝土。

HF 抗冲磨混凝土于 1992 年开发问世,在应用实践和研发过程中性能得到持续改善。目前,HF 抗冲磨混凝土已在洪家渡水电站、光照水电站、官地水电站、大藤峡水利枢纽、丰满水电站等多个水利水电工程中得到应用。

从 HF 抗冲磨混凝土技术取得的成功经验来看,抗冲磨混凝土是一个系统工程,需要从设计、原材料、配合比、浇筑、养护等全环节进行优化控制。抗冲磨混凝土配合比不仅要满足设计要求,更重要的是要满足施工要求。抗冲磨混凝土的破坏大部分是由开裂和结构性破坏造成的。这就要求抗冲磨混凝土材料具有较好的施工性能和抗裂性能,尽量减少施工困难造成的表面不平整、不光洁、表面裂缝等问题。

11.3.6　环氧树脂基抗冲磨材料

环氧树脂是一类热固性树脂,其固化物具有优异的力学性能。实验室和工程试验结果表明,环氧树脂砂浆既具有良好的抗磨蚀能力,又具有良好的抗冲击能力,与混凝土黏结良好,耐水、耐化学侵蚀性能良好,固化收缩小。长江科学院是较早把环氧树脂基材料用于水工泄水建筑物抗冲磨防护的单位之一,先后应用于葛洲坝、藏木水电站、杨汊湖、沙沱水电站等水利水电工程,效果良好。

科研人员一直致力于环氧树脂的改性研究,以提高环氧树脂基抗冲磨材料的工作性、耐久性和韧性。买淑芳等对新安江抗冲耐磨环氧砂浆抗冲磨材料进行跟踪研究,先后开发出潮湿、水下环氧材料,低温 - 潮湿 - 水下环氧材料,弹性环氧材料,并用于新安江环氧树脂砂浆抗冲耐磨层的修补,取得了良好效果。张涛等开发出的 NE - Ⅱ 型环氧树脂砂浆,无毒、低温潮湿固化、施工性能优良、线膨胀系数接近混凝土、耐久性良好,在小浪底工程中使用效果良好。环氧树脂基抗冲磨材料是常用的抗冲磨防护材料和抗冲磨混凝土修补材料,在使用过程中也存在紫外老化、开裂剥落等问题。

11.3.7　聚脲弹性体

聚脲是一类由异氰酸酯组分和氨基化合物反应生成的一种弹性材料。聚脲弹性体是国外率先研发的一种新型的无溶剂、无污染的环保涂料。聚脲弹性体强度高、韧性好、耐化学腐蚀、耐老化、抗冲磨性能优良。Wang Xin 等对几种纯聚脲水工建筑物防护材料抗冲磨能力进行了研究。结果表明,聚脲弹性体抗冲磨强度是高性能混凝土的 5~50 倍,并且随着纯聚脲硬度增加,其抗冲磨能力下降。说明"以柔克刚"的抗冲磨理念可采用。陈亮等将不同配比的异氰酸酯预聚体组分和脂肪族胺基组分制备了双组分底层和面层天门冬氨酸酯聚脲,试验证明,底层天门冬氨酸酯聚脲与混凝土黏结性能优异,面层天门冬氨酸酯聚脲抗冲磨、抗渗性能和抗碳化性能优异,将该材料成功应用于汤渡河水库除险加固工程溢流坝面保护。冯菁等制备了脂肪族聚脲材料,在葛洲坝和三峡大坝的船闸闸墙的现场试验中表现出优异的耐久性和抗冲磨性。

新一代聚脲弹性体施工性能优异,既可以喷涂施工,也可以手刮施工。但是,无论是手刮施工工艺还是喷涂施工工艺都需要复杂的基面处理和性能优良的界面剂。现在使用的界面剂大多是环氧树脂基界面剂,韩练练通过对环氧树脂改性制备出一种界面剂,在不同界面情况下获得较好的黏结效果。另外,聚脲弹性体材料成本较高,喷涂聚脲弹性体技术专用喷涂设备价格昂贵,限制了聚脲弹性体在水利工程中的大规模推广。

11.4　国内抗冲耐磨材料的研究动态

11.4.1　多元胶凝粉体新型抗冲磨混凝土

在水泥中掺入具有不同颗粒分布和活性的细掺和料可以获得多元凝胶粉体材料。多元凝胶粉体材料的核心作用是紧密堆积效应和复合胶凝效应。通过掺入特定颗粒分布的粉体调整水泥熟料粉体的颗粒级配,使混合粉体具有紧密堆积体结构;优化多元凝胶粉体的活性组分、含量和细度,调控其各组分胶凝反应的进程匹配、水化放热过程和强度发展过程,达到根据需要定制设计多元胶凝粉体,用于配制高性能高抗冲磨混凝土,克服硅粉系列抗冲磨混凝土早期强度发展过快、水化热集中释放、收缩大的缺点,充分利用混凝土的中后期强度增长。

混凝土是一种多相复合材料,振捣密实的混凝土由骨料体系和浆体体系构成。粗骨料级配、细骨料细度模数和最优砂率保证了混凝土骨料体系的紧密堆积。胶凝材料加水搅拌制成浆体,一部分水被吸附在粉体颗粒表面,称为吸附水;另一部分水充填在粉体颗粒空隙中,成为空隙水;剩余的水为自由水。空隙水量和自由水量的变化影响浆体流动性。在水泥中掺加颗粒分布适中的活性细掺料制成的多元胶凝粉体,能释放浆体中的空隙水,增加自由水,在水量不变的情况下,提高浆体的流变性,改善混凝土的和易性。

11.4.2　降低高强抗冲磨混凝土体积收缩技术

硅粉混凝土施工期极易发生裂缝的主要原因是干缩和自干燥收缩。收缩不仅仅是硅粉混凝土独有的弱点,而且是低水胶比、高强,特别是早期高强度混凝土的通病。目前工程运用的硅粉抗冲磨混凝土的设计强度等级一般为 C40～C70,水胶比一般控制在 0.35以内,从而引起混凝土自干燥收缩的显著增大。干缩是由于混凝土中的水分从表面蒸发,失散到空气中,表层毛细孔失水形成毛细张力而引起的收缩;自干燥收缩则是由于混凝土中胶凝材料的快速水化,大量吸收水分,造成内部毛细孔失水,形成毛细张力而引起的收缩。高强混凝土的水胶比普遍较低,其胶凝材料的水化产物在水化早期便很快堵塞了毛细通道,阻碍了外部养护水向混凝土内部迁移,造成内部失水自干燥而收缩。通过掺加减缩剂,降低混凝土中毛细孔的毛细张力和收缩力,从而减小干缩和自干燥收缩已成为提高高强混凝土体积稳定性的有效措施。

早期快速水化引起的水化热集中释放、高温升、干缩和自干燥收缩是导致硅粉混凝土在施工期发生裂缝的主要因素。提高抗冲磨混凝土的体积稳定性、减少混凝土收缩,比提高混凝土极限拉伸更能有效提高施工期抗冲磨混凝土抗裂性,抑制裂缝发生。

11.4.3　"海岛结构"环氧树脂合金抗冲磨防护材料

我国从 20 世纪 60 年代开始应用环氧砂浆进行水电工程高速泄流部位的抗冲磨防护和薄层冲磨破坏的修补,之后就一直没有停止过对环氧砂浆的改性研究,通过研究明显改善了环氧砂浆的性能,提高了环氧砂浆的适用性,扩大了使用范围。但从近年来环氧砂浆作为抗冲磨防护材料在水电工程中的应用状况来看,其性能特别是在提高断裂韧性和抗裂性、方便快速易施工、适应有水潮湿混凝土表面并具有高黏结强度等方面,还有待于进一步的改善和提高。

多相多组分"海岛结构"环氧合金技术是一种新型环氧材料增韧技术,其技术核心是进行分子结构设计并经有机高分子合成制备出具有特种结构的多官能团增韧体系,加入该增韧体系后环氧树脂在固化过程中离析出来,形成以环氧树脂为连续相、增韧剂生成尺寸为 10^{-1}～10 μm 的分散第二相即"海岛结构",这种多相多组分的环氧树脂被称为环氧树脂合金。在优选的胺类—环氧树脂固化体系环氧砂浆 EP-15 基本配方中,加入增韧剂 QS 后,制备出具有"海岛结构"的环氧树脂砂浆 HD-EP。HD-EP"海岛结构"环氧树脂砂浆与普通环氧砂浆 EP-15 的力学性能及其他主要性能对比见表 11-1。"海岛结构"环氧固化体的断裂韧性为原来的 4 倍;抗冲磨强度提高 25%～61%;抗裂性显著提高,-20～-80 ℃的强化开裂试验 15 个循环无开裂。HD-EP 环氧树脂砂浆施工工艺与传统环氧砂浆没有差别,对干燥、饱和面干、潮湿混凝土面的黏结强度分别大于 6.0 MPa、3.0 MPa、2.0 MPa,可直接在潮湿有水的混凝土表面施工。

表 11-1　HD－EP"海岛结构"环氧树脂砂浆与普通环氧砂浆 EP－15 的力学性能对比

编号	抗压强度 (MPa)	抗拉强度 (MPa)	收缩率 (×10⁻³)	极限拉伸值 (×10⁻⁶)	线胀系数 (×10⁻⁶/℃)
EP－15	>100	18.3	0.9~1.0	1 650	35.50
HD－EP	>100	21.5	2.5	1 702	37.85

编号	弹性模量 (MPa)	断裂韧性 (J/m²)	抗冲磨强度 h/(g·cm²)	抗开裂指标 (循环数)	与金属黏结强度(MPa)	对混凝土黏结强度(MPa)		
						干面	饱和面干	潮湿面
EP－15	3 836.90	615.3	2.35	3 个循环开裂	11.04	>6.0	>3.0	>2.0
HD－EP	1 864.23	2 496.5	3.79	15 个循环开裂	16.99	>6.0	>3.0	>2.0

11.4.4　聚脲高抗冲磨防护材料

喷涂聚脲弹性体是美国 Texaco 化学公司于 20 世纪 90 年代初研制开发的新技术,该技术融合了聚脲树脂的反应特点和反应注射成型技术的快速混合、快速成型工艺特点,实现了双组分聚脲树脂按比例快速混合、喷出,迅速反应固化成型的一体化过程,可用于金属、混凝土表面的防水、防侵蚀、耐磨防护喷涂处理。

中国水利水电科学研究院对聚脲弹性体涂层与高强混凝土的抗冲磨性能进行了对比,结果见表 11-2。

表 11-2　聚脲弹性体涂层与高强混凝土的抗冲磨性能对比试验成果

	喷涂聚脲弹性体涂层	二级配混凝土, 骨料为石灰岩, $f_{28}=66.5$ MPa	二级配混凝土, 骨料为花岗岩, $f_{28}=65.6$ MPa
冲磨后质量损失(g)	<2.5	414.0	98.0
磨损率[g/(cm²·h)]	<0.027	0.440	0.104

注:冲磨试验采用圆环高速含沙水流冲刷仪,试验水流含沙率为 10%,流速为 40 m/s,一次冲刷时间为 30 min,共冲刷两次。聚脲弹性体涂层表面冲刷前后基本没有任何变化,没有任何刮痕。喷涂试件时表面存在的部分凸起部位,也没有任何刮痕,C60 硅粉混凝土试件冲磨后内壁有很多沟痕等缺陷。

聚脲弹性体喷涂技术绿色环保,不含催化剂、溶剂、助剂和有机挥发物,喷涂一次成型,固化速度快,快速施工,不产生流挂现象,施工作业能适应潮湿、有水、低温环境,具有优异的耐磨性。

11.5　超疏水外加剂新材料

11.5.1　水分迁移抑制对混凝土耐久性的影响

作为一种复杂的毛细—多孔材料,混凝土中 7%~12% 的体积由毛细管、孔隙和微裂缝构成。混凝土中毛细孔水、吸附水和层间水在一定干燥条件下的散失导致的混凝土内部水分向外迁移和毛细吸收以及水力渗透导致的水分向内迁移,将不可避免地产生侵蚀、干缩、冻融和干湿循环等问题,对混凝土的耐久性和抗裂性产生极为不利的影响,对抗冲磨混凝土更是如此。因此,本书提出采用抑制水分在混凝土和外部环境之间的迁移以提高混凝土耐久性和抗裂性的新思路。

在抑制外部水分入侵方面,现有技术主要采用以下方案:

(1)增加密实性。如通过降低水胶比,掺加矿物料和高性能减水剂提高混凝土的致密性,改善混凝土的孔结构。试验表明,掺入一定比例的粉煤灰和矿粉(粉煤灰的掺量一般控制在30%以内,矿粉的掺量一般控制在50%以内)可以有效地降低试件的毛细吸收系数。

(2)隔离措施。如涂层和表面防护措施等。对于处于抗冲磨、海洋、盐渍土等恶劣环境下的混凝土结构,除采用双掺技术的高性能混凝土外,一般采取必要的附加表面防护措施,如表面涂层、硅烷浸渍等。但是,表面防护措施易受表层混凝土性能的影响,同时还面临长期暴露下材料的自身老化问题。

(3)特种外加剂。疏水化合孔栓物是一种新型的制备整体混凝土防水抗腐的添加剂,其机制是通过改变混凝土毛细孔表面张力提高材料的憎水性。在受到外界水压作用下,分散在混凝土毛细孔的孔栓物聚集在毛细孔,进而形成“塞子”堵塞毛细孔,防止外界水及其他有害介质渗入,理论上能够在受到有水压或无水压的情况下有效抑制水的吸收和渗透,提高混凝土的耐久性。试验表明,疏水化合孔栓物能降低混凝土的吸水率90%以上。该技术有已超过40年的工程应用案例。

上述研究表明,抑制混凝土内外部水分迁移可以有效提高混凝土的抗裂性能和耐久性能,为通过水分迁移抑制解决混凝土耐久性问题的新思路的提出奠定了基础。与传统的单一提高混凝土某项性能的技术不同,本研究通过多种手段形成对混凝土内外水分迁移交换的有效阻尼作用,旨在全面提升混凝土的综合免疫力和抵抗力。

11.5.2 超疏水外加剂新材料的性能

在上述水分迁移抑制思路的基础上,通过大量试验,制备完成了有助于大幅提升混凝土疏水性能的外加剂,命名为 YREC 超疏水混凝土外加剂(简称 YREC 外加剂或 YREC)。YREC 外加剂的使用方法为外掺,掺量为其质量与胶凝材料质量的百分比,一般控制在2% ~5%。制备砂浆和混凝土拌和物时,先将 YREC 外加剂与其他粉体材料拌和均匀,之后按照常规操作进行砂浆和混凝土的制备。图 11-2 给出了利用 YREC 外加剂制备的混凝土表面和内部的直观疏水效果,所制备的混凝土具有良好的疏水效果,能够显著抑制水分的侵入,表明水分抑制材料取得了初步成功。为了明确所制备的超疏水混凝土的物理化学性能,以下通过试验对超疏水混凝土的吸水率、抗裂性能、自养护性能等做了进一步的研究。

11.5.2.1 吸水率

试件的吸水率反映了水分进入混凝土内部的难易程度,进而说明混凝土抗不良水质侵蚀的能力。为了得到更加偏于保守的结果,采用孔隙率高、吸水率大的砂浆试件进行吸水率试验研究。控制 YREC 外加剂掺量在 0、3%、5% 三个水平,其他材料用量相同,制备

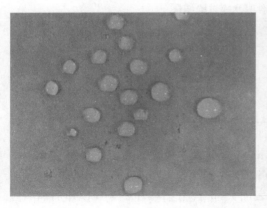

图 11-2　混凝土表面及其内部的疏水效果

尺寸为 300 mm×300 mm×50 mm 的砂浆试件，标准养护 28 d 后，在 80 ℃烘箱内烘干处理 72 h 后称取初始质量。然后将试件成型面向上放入水槽，下部用直径 10 mm 的光圆钢筋垫起，试件没入水中的高度为 25 mm。保持水位不变，浸泡一定时间后取出，擦去试件表面水分，称取吸水后质量，计算试件的吸水率。吸水率试验过程和结果分别如图 11-3和表 11-3 所示。

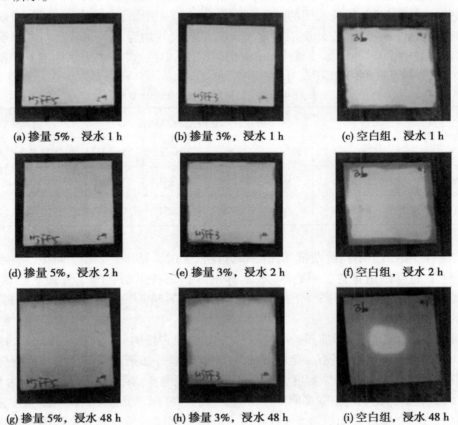

图 11-3　吸水率试验过程

表 11-3   砂浆平板试件吸水率试验结果

编号	48 h 吸水率(%)
JZ(空白)	3.05
HJFF3(3%掺量)	1.20
HJFF5(5%掺量)	0.90

如图 11-3 所示,试件浸水后,短时间内(2 h)空白组试件四周已明显被水洇湿,掺3% YREC 外加剂组试件四周洇湿不明显,掺 5% YREC 外加剂组试件则几乎没有被水洇湿。试验进行 48 h 后,由于毛细吸水作用,空白组表面大部分湿透,掺 3% YREC 外加剂组四周仅有局部洇湿,掺 5% YREC 外加剂组仍然几乎没有受到洇湿。表 11-3 对比了 3 组试件的 48 h 吸水率,可知掺3%和5% YREC 外加剂组分别比空白组降低了61%和70%,表明 YREC 外加剂对吸水率的降低作用十分明显。

11.5.2.2 自养护

为了明确 YREC 外加剂对混凝土自养护性能的影响,本研究分别在标准养护和30%湿度干燥养护的条件下,进行了空白组和 YREC 添加剂组混凝土试件的不同龄期抗压强度和劈拉强度试验。试验采用的配合比参数如表 11-4 所示,水胶比为 0.50,粉煤灰掺量35%,砂率为35%,YREC 外加剂掺量为5%,试件尺寸均为 100 mm 立方体,水泥采用中热水泥。表中,"M"表示标准条件下的空白组试件(中热),"MY"表示标准养护条件下的 YREC 外加剂组试件(YREC)。

表 11-4   模拟工程环境条件配合比参数

编号	每立方米混凝土材料用量(kg)							
	水	水泥	粉煤灰	砂	小石	减水剂	引气剂	YREC 外加剂
M	130	169	91	728	1 351	1.12	0.074	0
MY	130	169	91	728	1 351	0.56	0	13.5

表 11-5 给出了不同龄期抗压强度和劈拉强度试验结果。表中,"M-标"表示标准养护条件下的空白组试件,"MY-标"表示标准养护条件下的 YREC 外加剂组试件,"M-30%"表示 30%湿度养护条件下的空白组试件,"MY-30%"表示 30%湿度养护条件下的 YREC 外加剂组试件。

由表 11-5 可知,在标准养护条件下,试验组与空白组的针对抗压强度比值为 0.749 ~ 0.916,试验组相比空白组有一定的降低,说明 YREC 外加剂对混凝土的抗压强度存在一定程度的不利影响;在 30%湿度养护条件下,试验组与空白组的抗压强度比值为 0.749 ~ 1.015,试验组相比空白组强度降低已不明显,而且在 3 d、7 d 龄期时试验组强度甚至高于空白组,表明 YREC 外加剂对于干燥条件下混凝土强度的增长具有良好的促进作用。对空白组和 YREC 外加剂组试件劈拉强度的分析表明,其变化规律与抗压强度基本一致。

表 11-5 模拟工程环境条件强度试验结果

龄期	抗压强度（MPa）				劈拉强度（MPa）			
	M－标	MY－标	M－30%	MY－30%	M－标	MY－标	M－30%	MY－30%
1 d	12.86	9.63	12.86	9.63	0.63	0.83	0.63	0.83
3 d	26.21	20.62	21.37	21.52	1.86	1.52	1.39	1.36
7 d	32.34	25.69	24.92	25.30	2.05	2.15	1.71	2.05
28 d	45.75	41.92	31.32	29.90	4.11	3.11	1.95	2.29
龄期	MY－标/M－标		MY－30%/M－30%		MY－标/M－标		MY－30%/M－30%	
1 d	0.749		0.749		1.317		1.317	
3 d	0.787		1.007		0.817		0.978	
7 d	0.794		1.015		1.049		1.199	
28 d	0.916		0.955		0.757		1.174	

11.5.2.3 抗裂性能

为了明确 YREC 外加剂对混凝土抗裂性能的影响，采用清华大学李庆斌团队研制的温度应力试验机进行了定温湿度条件下干缩—全约束开裂试验研究。试验基本参数见表 11-6，试件尺寸为 150 mm×150 mm×2 000 mm，环境条件设置为 20 ℃恒温、30% 相对湿度。

表 11-6 干缩约束试验基本参数

设置	A	C	D
M	自由干缩	自由干缩	100% 约束
MY(YREC)	自由干缩	自由干缩	100% 约束

图 11-4 为设定试验条件下无约束试件干缩开裂试验的干缩变形。由图 11-4 可知，空白组试件的干缩变形明显大于 YREC 外加剂组试件。当测试时间达到 140 h(5.85 d)后，空白组由于干缩变形过大而发生断裂，空白组试验终止。空白组试验终止前，其干缩变形比 YREC 外加剂组试件大约高 40%。而且从数据发展趋势来看，YREC 外加剂可能具有更大的优势。

图 11-5 给出了全约束—干缩试验应力曲线。在全约束条件下，随着混凝土干缩的发展，混凝土中干缩应力逐渐增大，直至超过允许应力产生开裂。由图 11-5 可知，空白组中热水泥在 140 h(5.85 d)时发生开裂，而 YREC 外加剂组 250 h 仍未开裂，在人工降温 3 ℃，并叠加 0.4 MPa 温度应力后才产生裂缝。图 11-6 给出了试件开裂应力和劈拉强度的计算结果，空白组的开裂应力约为 0.76 MPa，劈拉强度约为 1.5 MPa，开裂应力比为 −51%；YREC 外加剂组的开裂应力约为 1.76 MPa，劈拉强度约为 2.34 MPa，开裂应力比为 −75%。开裂应力比由 51% 提高至 75%，提高了 40% 以上，表明 YREC 外加剂能够显著提升混凝土的抗裂性能。

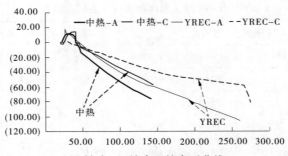

图 11-4　无约束干缩变形曲线

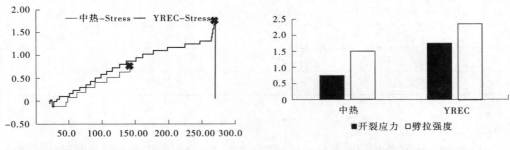

图 11-5　干缩—约束应力曲线　　　　　图 11-6　开裂应力对比

通过对 YREC 外加剂的吸水率、自养护、抗裂、温度应力试验,研究了 YREC 外加剂新材料的水分迁移抑制性能和抗裂性能。结果表明,YREC 外加剂具有优良的抗裂性能,用于抗冲磨混凝土中时,有利于降低抗冲磨混凝土尤其是高强度抗冲磨混凝土的开裂风险,具有良好的应用前景。

11.5.2.4　超疏水性机制的初步分析

YREC 混凝土外加剂为一种无机与有机复合的超疏水粉体。无机基材呈薄片状,具有耐热、耐酸碱、强度高等性能,其具有的高径厚比的晶体片状结构,在混凝土中呈基本乱向排列,上下层重叠,对水和其他腐蚀物质的渗透方向形成强烈的阻隔,可有效地提高涂料的强度和抗渗透性。有机复合物在碱性条件下与无机粉体表面的化学键反应,使憎水的有机组分具有了特定结构和载体,产生了有机与无机的复合叠加效应。

从材料性能试验结果来看,YREC 混凝土外加剂大幅度降低了水泥基材料的吸水率,说明外加剂抑制了外部水分的侵入;显著抑制材料的干缩并提高混凝土的自养护性能,说明外加剂抑制了内部水分的散失。

针对干湿循环作用下水分在混凝土材料的传输过程,已有大量研究。混凝土的湿润过程主要可分为两个阶段:快速毛细吸附阶段和扩散阶段。在湿润初期的几小时内,处于快速吸附阶段,干燥试件表面接触水分后,吸水量迅速增加,离表面较浅部位的相对湿度急速上升,该过程主要以毛细吸附为主导,扩散传输的贡献较小。表层混凝土吸水饱和后,毛细吸附大大减弱,水分逐步转向由湿度梯度引起的扩散传输,传输速度大为减缓,持续时间较长。YREC 混凝土外加剂大幅降低了吸水率,也就大大延缓了混凝土的湿润过程。针对干燥过程,水分的散失以扩散作用为主,外加剂主要通过微粒的填充作用和片状结构的阻挡作用减缓水分散失和裂缝发展。相比之下,混凝土材料湿润过程的传输速率远大于干燥过程。因此,对湿润过程的抑制为主导作用。

11.6 泄水建筑物的抗磨防护技术

11.6.1 常用的抗冲耐磨措施

泄流建筑物过流表面常用的抗冲耐磨主要措施有:提高混凝土材料的抗冲耐磨性能、混凝土过流面表层采用特种材料的涂层和钢板衬砌。

11.6.1.1 提高混凝土材料的抗冲耐磨性能

(1)采取高强度混凝土。随着材料科学的发展和进步,抗冲磨混凝土的抗压强度逐渐由早期的 C25 提高到 C50～C70,以硅粉混凝土或改性的硅粉混凝土为主的抗冲磨混凝土得到普遍应用。

(2)提高骨料的耐磨性能。为提高骨料的抗冲耐磨性能,可选用质地致密与坚硬的花岗岩、辉绿岩、石灰岩等粗骨料,根据需要还可选用铸石、铁钢砂、铁矿石等硬度更高、耐磨性更好的粗骨料。对于细骨料,可选用质地坚硬的矿物颗粒,保证级配良好等。

(3)提高水泥结石强度等级。为避免冲刷导致水泥结石被磨损,可选用抗冲磨强度高的水泥。

(4)掺和料。用于抗冲磨混凝土的掺和料有两类:一类直接用于增强耐磨性的掺和料,这部分掺和料可以代替部分细骨料,如钢屑、钢纤维、金刚砂等;另一类是用于增强混凝土的致密性和强度的掺和料,常用的有硅灰、粉煤灰及细矿渣粉等。

11.6.1.2 混凝土过流面表层采用特种材料涂层

采用新型有机高分子复合材料抗冲磨技术,利用特种高分子材料的高强度、高韧性特点来解决高速含沙水流的冲击磨损。常用的材料有环氧树脂、聚脲、聚氨酯等。将特种材料喷涂在混凝土表面,不仅具有较好的抗冲耐磨性能,与混凝土表面有较好的黏结能力,施工方便且便于修复。

11.6.1.3 钢板衬砌

在孔口或隧洞流道表面铺设钢板,后期进行接触灌浆,保证钢衬与混凝土表面的紧密黏结。

11.6.2 清水河流上高坝深孔的常规结构

在混凝土高坝上设置的深孔,孔身周围的应力条件极为复杂,在荷载的作用下,孔周围某些部位会出现拉应力,需要在孔口周围采用高强度混凝土并配置适量的钢筋来承受这些拉应力,使拉应力能够均匀分布,不致产生应力集中。尽管如此,坝身孔口裂缝几乎不可避免。高坝的排沙孔往往承受较高的水压力,孔口表面混凝土的细微裂缝在高水头作用下易发生劈裂破坏,导致裂缝的进一步扩展。为避免水力劈裂并提高抗冲蚀能力,高压泄水孔口采用钢板保护常常是必要的。目前国内超高拱坝的坝身泄洪深(中)孔,大都采用图 11-7 中的这种结构。

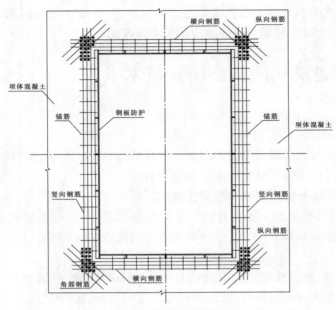

图 11-7　高坝深孔的常规结构

11.6.3　高含沙河流上高坝深孔新型结构

　　常规的高坝深孔用高强度的混凝土和配筋来限制裂缝的开展、采用钢板衬砌来避免水力劈裂问题,常规结构中的钢板抗磨蚀能力较低,图 11-8 中的结构形式可同时解决裂缝、水力劈裂和磨蚀问题。

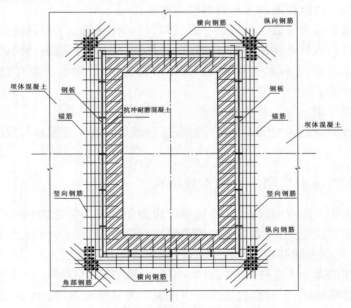

图 11-8　高坝深孔新型结构形式

高泥沙河流上高坝深孔结构在过流面采用抗冲耐磨混凝土,充分利用混凝土的抗磨蚀能力,提高了深孔的抗磨蚀能力。抗冲耐磨混凝土的内侧布置钢筋和钢板,可限制裂缝向坝体内部发展和水力劈裂。钢板两侧设置肋板和锚筋,保证了钢板与抗冲耐磨混凝土及坝体混凝土之间的结合。

结合国内抗冲耐磨材料的发展和超疏水外加剂 YREC 的性能,为提高内衬混凝土的抗冲耐磨性能,在内衬混凝土中掺入硅粉、玄武岩纤维和 YREC 超疏水外加剂,形成超疏水高强纤维抗磨蚀混凝土新材料。YREC 超疏水外加剂掺量一般为 2% ~5% ,玄武岩纤维掺量一般为 0.6 ~1.2 kg/m³,硅粉掺量一般为 4% ~10% ,具体掺量结合室内配合比试验确定。

超疏水高强纤维抗磨蚀混凝土新材料充分发挥硅粉、玄武岩纤维及 YREC 超疏水外加剂的作用,从已开展的定温湿度条件下干缩—全约束开裂试验研究初步成果看,掺入 YREC 外加剂的混凝土从可较普通混凝土减少干缩开裂30%以上,提高开裂应力比40%以上,从源头上抑制了内衬混凝土细微裂缝的产生。

在多沙河流上,高坝深孔新型结构与常规的结构相比,抗磨蚀流速也由 10 m/s 提高至 25 m/s。三门峡水利枢纽工程曾开展过钢板、普通混凝土、高强混凝土、高强石英砂浆、环氧砂浆和辉绿石铸石板等多种材料的抗磨蚀试验研究,并结合多年原型观测的资料,提出多沙河流泄水建筑物减免磨蚀要控制最大流速。高坝深孔的常规结构的过水表面为钢板,高坝深孔新型结构的过水表面为超疏水高强纤维抗磨蚀混凝土新材料,因此两种结构型式相比,后者抗磨蚀流速也大大提高。

11.7　闸门抗磨防护技术

11.7.1　泥沙对闸门的影响

泥沙对闸门的影响主要有 3 个方面,分别是泥沙作用在闸门上的荷载、泥沙对闸门的摩阻力、含沙水流对闸门及其埋件的磨蚀作用。

11.7.1.1　泥沙作用在闸门上的荷载

作用在闸门上的水平淤沙压力,按照闸门设计规范按下列公式计算。

$$P_n = \frac{1}{2}\gamma_n \times h_n^2 \times \tan^2(45° - \varphi/2) \times B$$

$$\gamma_n = \gamma_0 - (1 - n) \times \gamma_w$$

式中:P_n为淤沙压力;γ_n为淤沙的浮容重;γ_0为淤沙的干容重;γ_w为水的容重;n为淤沙的孔隙率;h_n为闸门前泥沙淤积高度;B为闸门前泥沙淤积宽度;φ为泥沙的内摩擦角。

泥沙荷载虽然对闸门的结构计算有一定的影响,但通过提高闸门结构承载能力可以消除此影响。但泥沙对闸门的摩擦力,含沙水流对闸门及其埋件的磨蚀作用,对闸门的危害较大,甚至主导着闸门的布置和设计。

11.7.1.2　泥沙对闸门的摩阻力

泥沙对闸门的摩阻力分析起来较为困难,因泥沙的特性、闸门结构形式存在较大差

异,很难给出一个准确的计算方法。

1.模型试验测试方法

为测算泥沙淤积对黄河小浪底水库闸门启闭力的影响,原黄河水利委员会勘测规划设计院委托黄河水资源保护科学研究所进行闸门淤沙摩阻力试验研究。试验选用黄河下游泥沙作为试验沙,利用轧制钢板模拟闸门面板,利用浑水系统设备条件模拟门前淤积,利用启闭机械配合测力装置提门测试启门力的方法开展试验,经分析研究提出不同淤积时间淤沙对闸门钢板单位面积的摩阻力值。同时,采取淤沙试样测试容重、凝聚力和摩擦角等土力学配套参数。试验按 15 d、30 d、60 d 淤积期安排,共进行了三轮次的摩阻拉力测试和两轮次的土力参数测试,获得了需要的资料数据。首次以仿真试验的方式为重大水利工程淤沙闸门摩阻力设计及多沙河渠同类工程泥沙问题提供了一些依据。

该试验设计 3 台泵分别担负上吸下冲、下吸上冲和斜冲扫底的循环搅浑任务。泵组根据沉积泥沙的高度和管口在桶体的位置关系及冲撞程度逐次启动,达到模拟闸门运用条件相似的淤积环境的目的。

闸门淤沙摩阻力试验的一个轮回全过程分搅浑水造成淤积环境、下闸板静置淤积、排清水后采取淤沙试样测试土力参数、安装传感器测试摩阻拉力等几个作业步段。造成淤积环境即利用水泵机组的动力冲搅试验桶中因沉积而分开的水、沙,使其充分紊动如天然河渠的高沙水流。试验设施造成的浑水体系的时、空沉淤规律符合水库悬浮泥沙沉积观测研究的一般结论,说明将试验成果应用于工程设计的相似环境是适宜的。

根据实测的 φ、c 值,应用剪切描述公式 $\tau = \sigma \tan\varphi + c$ 计算抗剪切应力。其中,σ 为压应力,φ 为抗剪强度摩擦角,c 为凝聚力。主要试验成果如下:

(1)模拟浑水沉淤环境设施、仿真闸门结构、提升工具及选取的泥沙级配,含沙量等均做到了与小浪底工程闸门前自然淤积条件和提门条件相似。因此,试验的成果资料是可信的。

(2)试验桶内沉积 60 d 后,淤积面以上已变为清水,说明全部泥沙已接近 100% 沉积,已形成原型水库中闸门前可能落淤的最大值。也可以说,60 d 的摩阻力值应被视为峰值。

(3)根据试验成果,推荐在闸前水温不低于 5 ℃时,淤积 15 d、30 d、60 d 的闸门单位面积摩阻力分别采用 4.0 kN/m²、6.5 kN/m²、14.0 kN/m²,供设计单位参考使用。由于多沙河流水工闸门淤积后的摩阻力问题非常复杂,可借鉴资料极少,建议通过原型观测进一步研究验证。

2.日本的闸门设计规范计算方法

日本的闸门设计规范《TECHNICAL STANDARDS FOR GATES AND PENSTOCKS》给出了下列的泥沙压力和摩擦力的计算方法。

泥沙压力 P_s

$$P_s = 0.5 \times P_e \times d \times B_{zs}$$

式中:B_{zs} 为闸门侧止水之间的宽度;d 为泥沙淤积高度。

指定高度泥沙压强 P_e

$$P_e = C_e \times W_1 \times d$$

式中:C_e 为压力系数,取 $0.4 \sim 0.6$;d 为指定的高度。

水中的泥沙容重 W_1

$$W_1 = W - (1 - \nu)W_0$$

式中:W 为泥沙容重,取 $1.5 \sim 1.8$ tf/m³;ν 为泥沙孔隙率,取 $0.3 \sim 0.45$;W_0 为水的容重,取 1.0 tf/m³。

泥沙的摩擦力 F_s

$$F_s = \mu_s P_s$$

式中:μ_s 为泥沙与闸门之间的摩擦系数,一般取 $0.3 \sim 0.5$。

黄河上泥沙情况比较严重,历史上曾发生过闸门被泥沙完全埋没的情况。闸门被泥沙完全埋没后,其启闭力难以估算,经常是启闭困难造成启闭机超载或者无法启闭的情况。在泥沙条件较为恶劣时,为了避免该情况的出现,布置上常将闸门的止水和面板布置在上游,高出闸门的泥沙由胸墙来承担。同布置在下游相比,闸门的止水和面板布置在上游其止水效果虽然差一些,但可以避免泥沙埋没闸门的情况,非常有效地解决了这个问题。已建工程中,也有采用高压冲沙系统来解决该问题。高压冲沙系统在特定的位置布置高压冲淤管,通过冲淤管射出的高压水流扰动闸门周围的泥沙,在闸门周围的泥沙发生松动后,可以达到减小启闭力的效果。

11.7.1.3　含沙水流对闸门及其埋件的磨蚀作用

单纯的清水条件下,闸门的过流面发生的破坏形式较多为空蚀。该破坏形式随时间的发展关系是复杂的,主要是水中气泡溃灭时产生高压的机械作用。磨损由较小的冲击负荷所致。当水中存在泥沙的时候,则会发生磨蚀和磨损。多泥沙河流上,水流对闸门及其埋件的磨蚀则表现为空蚀和磨蚀的联合作用。

11.7.2　闸门抗磨措施

11.7.2.1　闸门抗磨蚀常规措施

国内外已建工程中,闸门抗磨蚀的常规措施有涂料防护、采用不锈钢面板等。其中,涂料防护是最普遍的做法。采用不锈钢面板的效果较好,但工程投资较大,只被少数工程所采用。

涂料防护中,目前较为常用的有厚浆型环氧沥青漆、氯化橡胶面漆、改性耐磨环氧涂料、超厚浆型无溶剂耐磨环氧、耐磨型不锈钢鳞片漆等。在涂料防护基础上,也常采用金属热喷涂保护。主要喷涂的金属材料有铝、锌、锌铝合金等。

11.7.2.2　弧门底缘装配式方案

装配式方案的主要设想是将易发生磨蚀的部位分成承载构件和耐磨件两个部分。承载构件主体材料为低合金结构钢,材料与闸门的母材匹配并焊接成一体;耐磨件选择耐磨材料,两者通过螺栓连接后构造成闸门底缘,详见图 11-9。

装配式设计主要解决了以下几个问题:

(1)构件之间的连接问题。耐磨件的硬度大,耐磨性好,但焊接性能差甚至于不能焊接,装配式设计中的承载件解决了与闸门主体的焊接难题,再采用螺栓将耐磨件连接成整体,合理地解决了该问题。

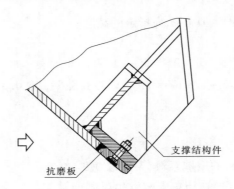

图 11-9　弧门底缘装配式方案

（2）实现了便于更换的功能。虽然耐磨技术相对比较成熟，但完全适应小浪底泥沙特性的耐磨材料仍存在一定的不确定性。当耐磨件磨损严重时，装配式结构便于更换，采用其他耐磨件替代也较为方便。

（3）采用装配式设计，可以在同一个闸门上装配几种试验用耐磨件，通过比较其耐磨性能，选择适宜的耐磨材料，达到抗磨蚀的效果。

总之，与非装配式设计相比，装配式设计在选择耐磨材料上具有明显的优势。

11.7.3　闸门耐磨材料选择

适用于抗磨板的耐磨材料一般分为非金属耐磨材料和金属耐磨材料两种。非金属耐磨材料包括陶瓷、碳化硅、铸石等。金属耐磨材料种类繁多，大体上可分为高锰钢，中、低合金耐磨钢，铬钼硅锰钢，耐气蚀钢，耐磨蚀钢以及特殊耐磨钢等。一些通用的合金钢如不锈钢、轴承钢、合金工具钢及合金结构钢等也都在特定的条件下作为耐磨钢使用，由于其来源方便，性能优良，故在耐磨钢的使用中也占有一定的比例。

11.7.3.1　高锰钢

高锰钢是指含锰量在 10% 以上的合金钢。高锰钢的铸态组织通常由奥氏体、碳化物和珠光体所组成，有时还含有少量的磷共晶。铸态组织的高锰钢很脆，无法使用，需要进行固溶处理，保温消除铸态组织，得到单相奥氏体组织。然后通过水淬，使此种组织保持到常温。通过这种水韧处理、热处理后钢的强度、塑性和韧性均大幅度提高。热处理后力学性能为 $\sigma_b = 615 \sim 1\,275$ MPa，$\sigma_s = 340 \sim 470$ MPa，$\zeta = 15\% \sim 85\%$，$\psi = 15\% \sim 45\%$，$a_K = 196 \sim 294$ J/cm^2；HB180 ~ 225，低冲击载荷时，可以达到 HB300 ~ 400，高冲击载荷时，可以达到 HB500 ~ 800。随冲击载荷的不同，表面硬化层深度可达 10 ~ 20 mm。高硬度的硬化层可以抵抗冲击磨料磨损。高锰钢在强冲击磨料磨损条件下，有优异的抗磨性能，故常用于矿山、建材、火电等机械设备中，制作耐磨件。在低冲击工况条件下，因加工硬化效果不明显，高锰钢不能发挥材料的特性。

我国常用的高锰钢的牌号及其适用范围是：ZGMn13-1（C 1.10% ~ 1.50%）用于低冲击件，ZGMn13-2（C 1.00% ~ 1.40%）用于普通件，ZGMn13-3（C 0.90% ~ 1.30%）用于复杂件，ZGMn13-4（C 0.90% ~ 1.20%）用于高冲击件。以上 4 种牌号钢的锰含量均为 11.0% ~ 14.0%。

高锰钢极易加工硬化,因而很难加工,绝大多数是铸件,极少量用锻压方法加工。高锰钢的铸造性能较好,易于浇筑成型。其线膨胀系数为纯铁的 1.5 倍,为碳素钢的 2 倍,故铸造时体积收缩率和线收缩率均较大,容易出现应力和裂纹。

11.7.3.2　耐磨合金钢

主要是 Cr – Mo 系列,并加入少量其他合金元素,主要有低合金马氏体钢、贝氏体钢、奥氏体 – 贝氏体双相钢和马氏体 – 贝氏体双相钢等。

耐磨合金钢应用于有一定冲击载荷的磨料磨损工况条件,它是指为满足特定的性能要求而有目的地加入其他元素的钢材。如为提高强硬度、韧性淬透性及各项综合性能指标而加入的元素称为合金元素。淬火的有铬(Cr)、镍(Ni)、钼(Mo)、铜(Cu)、硅(Si)、锰(Mn)、钒(V)、钛(Ti)、稀土(Re)、钨(W)、硼(B),甚至有些有害元素在特定环境条件下为满足特别需求,亦可称为合金元素,如硫(S)、磷(P)等,耐磨合金钢大致分为奥氏体锰钢、中铬钢、低合金钢和石墨钢,分别适用不同工况条件。

在耐磨合金钢中,合金元素总量(Fe、C 及有害元素和隐存元素)不得高于 5% 即称为低合金钢(5% ~ 10% 为中合金钢,10% ~ 15% 为高锰钢),低合金钢的力学性能特别是硬度和韧性可以在很大的范围内调整,可根据不同的使用条件,将强度、冲击韧度和耐磨性能综合考虑和匹配。只要不因脆性而引起断裂,其耐磨性随硬度的提高而增强。

通常低合金耐磨钢以高强韧性、高硬韧性著称。其强度和硬度高于耐磨锰钢而在非大冲击磨损工况可替代锰钢,其塑性、韧性高于耐磨铸铁,而在一定冲击载荷的磨损工况,使用寿命高于耐磨铸铁。

11.7.3.3　耐磨不锈钢

耐磨不锈钢是指能用于同时经受磨损和腐蚀的场合,主要合金元素是铬和镍的一类合金钢。因同时具备抗腐蚀的功能,比较适用于与水接触或者工作在水下的水电站抗磨设备上,如水轮机过水设备等。

耐磨不锈钢有三种类型:奥氏体不锈钢,退火态的硬度为 HV148;马氏体不锈钢,淬火回火态的硬度为 HV387;铁素体不锈钢,退火态的硬度为 HV180。

一般在磨损占优势的腐蚀和磨损过程中,宜选用马氏体型不锈钢;在腐蚀占优势的腐蚀和磨损过程中,宜选用奥氏体型不锈钢。铁素体不锈钢的抗腐蚀能力优于马氏体而逊于奥氏体,但其价格则低于奥氏体。

11.7.3.4　马氏体不锈钢

马氏体不锈钢是耐磨不锈钢的一种,是通过热处理可以调整其力学性能的不锈钢,是一类可硬化的不锈钢。典型牌号为 Cr13 型,淬火后硬度较高,不同回火温度具有不同强韧性组合。马氏体不锈钢具备高强度和耐蚀性,可以用来制造机器零件[如蒸汽涡轮的叶片(1Cr13)、蒸汽装备的轴和拉杆(2Cr13)],以及在腐蚀介质中工作的零件[如活门、螺栓等(4Cr13)]。碳含量较高的钢号(4Cr13、9Cr18)则适用于制造医疗器械、餐刀、测量用具、弹簧等。

标准的马氏体不锈钢有 403、410、414、416、416(Se)、420、430 等;这些钢材的耐腐蚀性来自"铬",其范围为 11.5% ~ 18%,铬含量愈高的钢材碳含量愈高,以确保在热处理期间形成马氏体。

马氏体不锈钢能在退火、硬化与回火的状态下焊接,无论钢材的原先状态如何,经过焊接后都会在邻近焊道处产生一硬化的马氏体区,当硬度增加时,则韧性减少,且此区域变成较易产生龟裂、预热和控制层间温度,是避免龟裂的最有效方法,为得到最佳的性质,需焊后热处理。

各国广泛应用的马氏体不锈钢钢种有低碳及中碳 13%Cr 钢、高碳的 18%Cr 钢、低碳含镍(约 2%)的 17%Cr 钢三类。

在马氏体不锈钢加入约 1%Mo 及 0.1%V,可以增加 9Cr18 钢的耐磨性及耐蚀性。马氏体不锈钢的耐蚀性主要取决于铬含量,而钢中的碳由于与铬形成稳定的碳化铬,又间接地影响了钢的耐蚀性。因此,在 13%Cr 钢中,碳含量越低,则耐蚀性越高。而在 1Cr13、2Cr13、3Cr13 及 4Cr13 四种钢中,其耐蚀性与强度的顺序恰好相反。在加工产品的时候,为了提高马氏体不锈钢产品的强度和硬度,会增加碳含量,从而导致产品的塑性和耐蚀性下降。所以,通常马氏体不锈钢加工出来的产品的耐蚀性较差。

马氏体不锈钢根据化学成分不同可分为马氏体铬钢和马氏体铬镍钢两类;根据组织和强化机制的不同分为马氏体、半奥氏体、沉淀硬化不锈钢以及马氏体时效不锈钢等。

1. 马氏体铬钢

钢中除含铬外还含有一定量的碳。铬含量决定钢的耐蚀性,碳含量越高则强度、硬度和耐磨性越高。此类钢的正常组织为马氏体,有的还含有少量的奥氏体、铁素体或珠光体。主要用于制造对强度、硬度要求高,对耐腐蚀性能要求不太高的零件、部件以及工具、刀具等。典型钢号有 2Cr13、4Cr13、9Cr18 等。

2. 马氏体铬镍钢

包括马氏体沉淀硬化不锈钢、半奥氏体沉淀硬化不锈钢和马氏体时效不锈钢等,都是高强度或超高强度不锈钢。此类钢碳含量较低(低于 0.10%),并含有镍,有些牌号还含有较高的钼、铜等元素,所以此种钢在具有高强度的同时,强度、韧性以及耐蚀性、焊接性等均优于马氏体铬钢。Cr17Ni2 是最常用的一种低镍马氏体不锈钢。马氏体沉淀硬化不锈钢通常还含有 Al、Ti、Cu 等元素,它是在马氏体基体上通过沉淀硬化作用析出 Ni3Al、Ni3Ti 等弥散强化相而进一步提高钢的强度,如 Cr17Ni4Cu4 等牌号;而半奥氏体(或称半马氏体)沉淀硬化不锈钢,由于淬火状态仍为奥氏体组织,所以淬火态仍可进行冷加工成型,然后通过中间处理、时效处理等工艺进行强化,这样就可以避免马氏体沉淀硬化不锈钢中的奥氏体淬火后直接转变为马氏体,导致随后加工成型困难的缺点。常用的钢种有 0Cr17Ni7Al、0Cr15Ni7Mo2Al 等。此类钢强度较高,一般达 1 200 ～ 1 400 MPa,常用于制作对耐蚀性能要求不太高但需要高强度的结构件,如飞机蒙皮等。

马氏体时效不锈钢,是在超低碳马氏体时效钢的基础上加入高于 10% 的铬制成的,既保有马氏体时效钢的良好综合性能,又提高了耐蚀性。此类钢碳含量低于 0.03%,铬含量为 10%～15%,镍含量为 6%～11%(或钴含量为 10%～20%),并加入 Mo、Ti、Cu 等强化元素。

11.7.3.5 超低碳马氏体不锈钢

超低碳马氏体不锈钢是水电站常用的一种耐磨不锈钢,具有良好的强度、韧性、可焊性及耐磨、耐腐蚀性能。该材料在水轮机中较为普遍,如已建的工程金沙江白鹤滩水轮机为 4Cr13Ni4Mo、长江三峡水轮机为 0Cr13Ni4Mo、黄河小浪底水轮机为 0Cr13Ni5Mo、黄河万家寨水轮机为 06Cr16Ni5Mo,渭河魏家堡水轮机基材材质也由 ZG25 材料更换为ZG06Cr16Ni5Mo。

11.7.3.6　高铬铸铁

高铬铸铁是高铬白口抗磨铸铁的简称,是一种性能优良且受到特别重视的抗磨材料。它以比合金钢高得多的耐磨性,比一般白口铸铁高得多的韧性、强度,同时它还兼有良好的抗高温和抗腐蚀性能,加之生产便捷、成本适中,被誉为当代最优良的抗磨蚀材料之一。

高铬铸铁是继普通白口铸铁、镍硬铸铁发展起来的第三代耐磨材料。由于高铬铸铁自身组织的特点,高铬铸铁比普通铸铁具有高得多的韧性、高温强度、耐热性和耐磨性等性能。高铬铸铁已被誉为当代最优良的抗磨材料,得到了广泛应用。

高铬铸铁良好的耐磨性主要取决于其基体组织和碳化物的类型及分布特点。

高铬铸铁是以 Fe、Cr、C 为基本成分的多元合金。刚凝固下来的高铬铸铁中基体是奥氏体,这种奥氏体在加热至较高的温度下才是稳定的,而且被 C、Cr 等元素所饱和。当温度降低时,奥氏体将发生转变。通常条件下,高铬铸铁呈现以奥氏体为主的多相组织,这种组织的铸铁在高温下使用,更能发挥材质本身的潜能。

高铬铸铁是含铬量为 12% ~ 28% 的铬系白口铸铁,铬的大量加入使得白口铁中的 M3C 型碳化物变成 M7C3 型碳化物。这种合金碳化物很硬,赋予了高铬铸铁良好的耐磨性。另外,在凝固过程中 M7C3 型碳化物呈杆状孤立分布,使高铬铸铁的韧性有了一定程度的改善。

我国抗磨白口铸铁国家标准(GB/T 8263)规定了高铬铸铁的牌号、成分、硬度及热处理工艺和使用特性。其典型成分及工艺见表 11-7,硬度见表 11-8。

表 11-7　高铬铸铁的牌号及化学成分(%)　　　　　　　　　　　　(%)

牌号	C	Mn	Si	Ni	Cr	Mo	Cu	P	S
KmTBCr12	2.0 ~ 3.3	≤2.0	≤1.5	≤2.5	11.0 ~ 14.0	≤3.0	≤1.2	≤0.10	≤0.06
KmTBCr15Mo	2.0 ~ 3.3	≤2.0	≤1.2	≤2.5	11.0 ~ 18.0	≤3.0	≤1.2	≤0.10	≤0.06
KmTBCr20Mo	2.0 ~ 3.3	≤2.0	≤1.2	≤2.5	18.0 ~ 23.0	≤3.0	≤1.2	≤0.10	≤0.06
KmTBCr26	2.0 ~ 3.3	≤2.0	≤1.2	≤2.5	23.0 ~ 30.0	≤3.0	≤1.2	≤0.10	≤0.06

表 11-8　高铬铸铁的硬度

牌号	铸态或去应力处理		硬化态或硬化态去应力处理		软化退化态	
	HRC	HBW	HRC	HBW	HRC	HBW
KmTBCr12	≥46	≥450	≥56	≥600	≤41	≤400
KmTBCr15Mo	≥46	≥450	≥58	≥650	≤41	≤400
KmTBCr20Mo	≥46	≥450	≥58	≥650	≤41	≤400
KmTBCr26	≥46	≥450	≥56	≥600	≤41	≤400

1. 高铬铸铁磨球在球磨机中的应用

球磨机是水泥、电力、矿山等行业研磨工序的主要设备,磨球是球磨机主要易损件之一。磨球既要有高的耐磨性,又要有高的韧性。它的耐磨性能高低对生产起着极为重要的作用。因此,提高其硬度、抗冲击性、耐磨性能极为重要。为了改进铸铁球的致密度、减少热裂,通过加入不同的稀土元素来改善铸铁球的化学成分和均匀性。

2. 高铬铸铁在渣浆泵上的应用

渣浆泵在矿山、冶金、火力发电、煤炭、化工和环保等工矿部门广泛应用于输送高浓度渣浆,其四大过流件如蜗壳、叶轮、前护板和后护板等在工作过程中不但承受物料的冲刷磨损,而且还承受浆料的腐蚀作用,运行工况极其恶劣,因此其过流部件成为冶金矿山行业常见的易损件。国内外渣浆泵过流部件所用材料主要有不锈钢、高铬铸铁和镍硬铸铁。高铬铸铁是渣浆泵过流件的理想候选材料,通过碳、铬含量水平的调整或选择,可以获得不同工况条件下过流件的最佳使用效果。改善定向凝固设备和工艺,以制备碳化物定向排列的高铬铸铁,这也是一种值得期待的方法。

3. 高铬铸铁在水泥磨上的应用

锰铝复合高铬铸铁的水泥磨磨辊衬板,对于厚大件其淬透性、耐磨性都不理想,仅适用于有效截面为 100~140 mm 的铸件上。厚大截面的磨辊衬板需要有一定抗冲击能力的高铬铸铁品种,用于大型水泥立磨。

4. 高铬铸铁在破碎机上的应用

随着破碎机规格的加大和机械化程度的提高,颚板的耐磨性问题变得越来越突出。颚板耐磨性差,造成频繁更换,不仅增加了破碎成本,而且降低了生产率,增大了工人劳动强度,因此提高颚板耐磨性问题已引起了人们的重视。

小浪底孔板洞的关键部件孔板环就采用了高铬铸铁,实践证明效果良好。

11.7.3.7 碳化钨

碳化钨(tungsten carbide)是一种由钨和碳组成的化合物。分子式为 WC,为黑色六方晶体,有金属光泽,硬度与金刚石相近,为电、热的良好导体。碳化钨不溶于水、盐酸和硫酸,易溶于硝酸-氢氟酸的混合酸中。纯碳化钨易碎,若掺入少量钛、钴等金属,能减少脆性。用作钢材切割工具的碳化钨,常加入碳化钛、碳化钽或其混合物,以提高抗爆能力。碳化钨的化学性质稳定,碳化钨粉应用于硬质合金生产材料。

硬质合金对碳化钨(WC)粒度的要求,不同用途的硬质合金,采用不同粒度的碳化钨。硬质合金切削刀具,比如切脚机刀片 V-CUT 刀等,精加工合金采用超细、亚细细颗粒碳化钨;粗加工合金采用中颗粒碳化钨;重力切削和重型切削的合金采用中粗颗粒碳化钨做原料;矿山工具岩石硬度高冲击负荷大,采用粗颗粒碳化钨;岩石冲击小,冲击负荷小,采用中颗粒碳化钨做原料耐磨零件;当强调其耐磨性抗压和表面光洁度时,采用超细、亚细细中颗粒碳化钨做原料;耐冲击工具以中粗颗粒碳化钨原料为主。

碳化钨理论含碳量为 6.128%(原子50%),当碳化钨含碳量大于理论含碳量则碳化钨中出现游离碳(WC+C),游离碳的存在烧结时使其周围的碳化钨晶粒长大,致使硬质合金晶粒不均匀;碳化钨一般要求化合碳高(≥6.07%)、游离碳低(≤0.05%),总碳则取决于硬质合金的生产工艺和使用范围。

正常情况下石蜡工艺真空烧结用碳化钨总碳主要取决于烧结前压块内的化合氧含量含 1 份氧要增加 0.75 份碳即 WC 总碳 = 6.13% + 含氧量% × 0.75（假设烧结炉内为中性气氛,所用碳化钨总碳小于计算值）。我国碳化钨的总碳含量大致分为三种:①石蜡工艺真空烧结,用碳化钨的总碳约为(6.18 ± 0.03)%（游离碳将增大）;②石蜡工艺氢气烧结,用碳化钨的总碳含量为(6.13 ± 0.03)%;③橡胶工艺氢气烧结,用碳化钨总碳含量为(5.90 ± 0.03)%。上述工艺有时交叉进行,因此确定碳化钨总碳要根据具体情况。

不同使用范围、不同钴含量、不同晶粒度的合金所用 WC 总碳可做一些小的调整。低钴合金可选用总碳偏高的碳化钨,高钴合金则可选用总碳偏低的碳化钨。总之,硬质合金的具体使用需求不同,对碳化钨粒度的要求也不同。

大量用作高速切削车刀、窑炉结构材料、喷气发动机部件、金属陶瓷材料、电阻发热元件等制品。用于制造切削工具、耐磨部件,铜、钴、铋等金属的熔炼坩埚,耐磨半导体薄膜。用作超硬刀具材料、耐磨材料。它能与许多碳化物形成固溶体。WC—TiC—Co 硬质合金刀具已获得广泛应用。它还能作为 NbC—C 及 TaC—C 三元体系碳化物的改性添加物,既可降低烧结温度,又能保持优良性能,可用作宇航材料。采用钨酐(WO_3)与石墨在还原气氛中 1 400 ~ 1 600 ℃高温下合成碳化钨(WC)粉末。再经热压烧结或热等静压烧结可制得致密陶瓷制品。

11.7.3.8　环氧砂浆

环氧砂浆是指环氧树脂涂料添加精细石英砂经过人工调配而成的,用于建筑物体、工业地面、环氧地面的施工中,以增加抗压、抗震能力,提高耐磨性、耐候性的中间聚合体,可以大大提高土层的使用寿命和使用年限。主要有以下优点:

(1)化学性能稳定,耐腐蚀、耐候性好。

(2)固结体具有高黏结力,高抗压强度且不受结构形状限制。

(3)具有补强、加固的作用。

(4)具有抗渗、抗冻、耐盐、耐碱、耐弱酸腐蚀的性能,并与多种材料的黏结力很强。

(5)热膨胀系数与混凝土接近,故不易从这些被黏结的基材上脱开,耐久性好。

主要适用范围如下:

(1)污水处理池、耐酸碱地面、FRP 防腐等化工防腐蚀行业。

(2)海水、盐碱地区及化工厂等腐蚀环境中的耐腐蚀材料。

(3)地下管道、水电站、坝基等接口的密封防腐。

(4)建筑物的梁、柱、桩承台等的裂缝,混凝土构筑物表面的蜂窝、漏洞和露筋等的缺陷处理。

(5)钢结构与混凝土的黏结,并可做成耐磨地坪;黏钢加固和黏碳纤维加固时做底层找平。

(6)粘接多种同质或异质材料,如金属、木材、陶瓷、玻璃、玉石、皮革等。

(7)飞机跑道、公路桥梁、隧道矿井及有腐蚀环境中的混凝土构筑物修补。

11.7.4　小浪底排沙洞工作闸门抗磨蚀方案

小浪底水利枢纽设有 3 条排沙洞,出口设工作闸门,工作闸门采用偏心铰弧门,可局部开启。自1999年投入运行,多次频繁开启和局部开启,封水严密,性能良好。2018年7~8月,小浪底水利枢纽高含沙泄洪运用期间,3套排沙洞工作闸门底部面板出现不同磨蚀破坏现象,其中2#工作闸门较为严重,闸门底端约5 280 mm(宽度)×100 mm(高度)×30 mm(厚度)范围的钢板发生了磨蚀破坏,闸门底坎埋件和钢衬的局部、水封压板等发生不同程度的磨蚀破坏。2#排沙洞工作闸门现场分别见图11-10、图11-10。

图11-10　2#排沙洞工作闸门现场

图11-11　2#排沙洞工作闸门现场(闸门底缘)

2018年夏季排沙洞工作闸门局部开启期间,库水位为210~220 m,该水位下水体的含沙量高,运行时间较长,导致工作闸门底缘急剧磨损。

对工作闸门底缘磨损部位的改造采用装配式设计方案,将改造部位分成承载构件和耐磨件两个部分。承载板主材采用16Mn,与原闸门门体材料保持一致。

耐磨板比选了三种材料:高锰钢、低碳马氏体不锈钢和高铬铸铁。高锰钢价格低,耐磨蚀能力比较差,不建议采用。低碳马氏体不锈钢具有良好的强度、韧性及耐磨、耐腐蚀性能,被水电站水轮机设备广泛采用,技术成熟,效果良好,可作为抗磨板的主选材料。高铬铸铁在加工制造方面(平面和螺栓孔)存在一定难度,但抗磨蚀能力出色,在小浪底孔板洞上应用的效果良好。根据上述分析,耐磨板的主要推荐方案如下(推荐程度从高往低排列）：

(1)选择黄河小浪底水轮机主材 0Cr13Ni5Mo 作为抗磨板,表面采用碳化钨抗磨蚀层。

(2)选择黄河小浪底水轮机主材 0Cr13Ni5Mo 作为抗磨板,表面采用环氧金刚砂抗磨涂层。

(3)高铬铸铁。

(4)若试验验证磨蚀情况不太严重,可直接使用 0Cr13Ni5Mo 作为抗磨板。

采用装配式方案改造后,可直接在设备上进行抗磨材料试验,并根据试验结果选择适宜的抗磨蚀材料,为其他过流部位的抗磨蚀设施积累经验。

黄河小浪底水利枢纽工程的排沙洞工作闸门在泄水、排沙运用中最频繁,是整个枢纽最重要的泄水设备。今后,该闸门在汛期局部开启的运用方式将成为常态,将工作闸门底缘抗磨蚀方案进行整体和永久方案设计,解决了闸门的抗磨蚀难题。

11.8　水轮机抗磨防护设计

水轮机的泥沙磨损是我国水电站建设中的一个突出问题,从 20 世纪 50 年代提出泥沙对水轮机的危害问题以来,人们对泥沙磨损有一个认识和学习的过程。我国对水轮机泥沙磨损问题的研究始于 20 世纪 50 年代初,大致经历如下三个阶段：

(1)1949～1960 年,为起步阶段。这一阶段主要是学习、收集国内外水轮机泥沙磨损的情况和资料,开展了初步试验研究工作。

(2)1961～1977 年,为独立自主发展研究的阶段,在这一阶段的后期,由国内自主研发的一些抗磨措施在三门峡等水电站中开始取得初步实效。

(3)1978 年至今,为研究工作获得全面深入发展的阶段。这一阶段研究成果较为丰富,取得了较大实效,在某些方面还处于国际领先水平。

为了减轻水轮机的磨损,应根据各个电站的具体情况与要求进行抗磨措施的确定。在工程规划设计、水工设计方面,应充分分析泥沙特性,并从水工设计角度设置防排沙措施；在水轮机选型与设计方面,应选择有别于常规清水河流电站的设计理念。本节仅从水轮机选型设计及抗磨材料选用方面进行论述。

11.8.1　水轮机选型时应充分考虑的泥沙因素

(1)水轮机型式的选择应根据水电站的运行水头范围、运行特点和过机泥沙特性,提出可供选择的水轮机机型方案。当电站水头段有两种及以上机型可以选择时应从经济指标、设计制造经验、运行可靠性、泥沙磨损特性和维护检修等方面综合确定。

(2)适当降低水轮机参数,降低磨蚀的影响。根据黄河上多泥沙电站的水轮机运行情况和有关设计证明,适当降低水轮机参数,可以降低泥沙磨蚀对水轮机的影响。

表 11-9 是部分多沙河流运行电站的水轮机主要参数,表中电站的机组参数水平低于常规清水河流的电站水平,对防泥沙磨蚀具有极大的作用。

表 11-9　部分多沙河流运行电站的水轮机主要参数

序号	电站名称	额定水头（m）	最大水头（m）	额定出力（MW）	额定转速（r/min）	比转速（m-kW）	比速系数	电站泥沙情况
1	文泾	106	112	16.67	500	189.8	1 954.1	多年平均含沙量 145.90 kg/m³，电站实际过机含沙量≥200 kg/m³
2	塔尕克	74	76.6	24.5	300	216.4	1 861.5	多年平均含沙量 3.178 kg/m³，最大含沙量 49.3 kg/m³
3	上达吉	132	—	33.2	375	152.7	1 754.4	过机含沙量 4.92 kg/m³
4	渔子溪二级	259	302.2	41.3	500	97.8	1 573.9	汛期平均中数粒径为 0.05 mm，粒径小于 0.25 mm 的占 95%。河水多年平均含沙量 0.603 kg/m³，汛期过机含沙量 0.3～0.4 kg/m³。汛期最大日平均含沙量 54.7 kg/m³，泥沙成分主要为石英、长石、角闪石
5	映秀湾	54	66	45.9	125	182.9	1 344	中数粒径 0.07 mm，河流多年平均含沙量 0.722 kg/m³，设计资料为 0.33 kg/m³
6	响水	210	221.05	65	300	95.7	1 386.8	平均含沙量 1.340 kg/m³
7	龚嘴	48	—	102.5	88.2	223.5	1 548.5	实测最大含沙量 27.6 kg/m³，最小含沙量 1.5 kg/m³
8	洮河口	93.6	114	153	136.4	183.3	1 773.4	多年汛期平均含沙量 9.07 kg/m³，中数粒径 0.029 mm
9	大盈江四级	289	329	178.6	300	106.4	1 808.8	平均含沙量为 0.448 kg/m³，汛期含沙量为 0.675 kg/m³
10	万家寨	68	80	183.7	100	219.5	1 810	每年 8～9 月为排沙期，过机含沙量为 8～12 kg/m³
11	刘家峡	100	114	230	125	189.6	1 896	多年平均含沙量 3.33 kg/m³，汛期平均含沙量 5 kg/m³。中数粒径约 0.025 mm。实测最大过机含沙量 544 kg/m³
12	小浪底	112	141	306	107.1	162.6	1 720.8	多年平均含沙量约 37.0 kg/m³。泥沙中数粒径 0.023 mm

（3）水轮机的吸出高度应较在清水条件下运行的水轮机有更大的安全裕度。对于多泥沙水流条件下运行的水轮机，在含沙水流条件下，空蚀往往提前发生，而且空蚀与磨损的联合作用又将进一步加重水轮机的磨蚀损坏程度。因此，电站空化系数应较在清水条件下运行的水轮机有更大的安全裕度。

11.8.2　水轮机水力设计

水轮机流道的设计应符合下列要求：

（1）应采用计算流体动力学（CFD）方法进行设计计算。水轮机通流部件应符合《水轮机、蓄能泵和水泵水轮机通流部件技术条件》（GB/T 10969—2008）的要求，并宜通过模型试验对流道中的流态进行检验。模型试验应符合 IEC60193 的要求。

（2）在水轮机规定的运行范围内，水轮机流道内应避免产生漩涡、脱流等流态。

（3）流道内的水流速度分布应均匀，避免出现局部过高的流速，特别对汛期运行工况。

（4）应避免流道有急剧的变化，叶片的曲率变化宜较小。

（5）流道内的流速不宜过高。混流式水轮机转轮宜选择较小的出口直径，降低转轮出口的圆周速度，转轮叶片出水边的相对流速不宜大于 40 m/s，对于预期磨损严重的水轮机可适当降低转轮叶片出水边的流速。

高水头混流式水轮机的导叶高度与导叶分布圆直径宜适当增大，降低导叶区的流速及改善转轮前的流态。导叶叶型应选择有利于减小两侧压差的形式，减轻导叶端面与抗磨板间的磨损。导叶的轴颈不宜过粗或局部凸出，并应设计成与来流呈流线型结构，以避免局部流态急剧变化或脱流，产生局部磨损。

11.8.3　水轮机结构设计

（1）水轮机流道设计应符合下列要求：

①应避免流道特别是在流速较高的部位出现各种接缝、凸台、台阶等不平整现象。

②混流式水轮机的导叶限位块宜设置在顶盖上。轴流式水轮机的叶片宜取消吊装孔，改用与主轴、轴承、支撑盖整体起吊的安装方式。

③尾水管内表面应避免出现吊钩等物体。进人门与管壁的连接应平整。应避免螺孔、螺栓裸露于流道表面。

④在易磨损部位不宜出现过多的焊缝。焊缝应选择有良好耐磨蚀的焊接材料焊接，焊接后应打磨平整，保证焊缝的磨损不引起部件的破坏与脱落。

（2）易磨损部件的结构强度设计应有足够的裕度，保证在一个大修周期内不因磨损而导致停机检修或部件更换。

（3）易磨损部件的结构应易于装拆，并具有良好的互换性。易损部件应有足够的备件。

（4）对各种接触式主轴密封，宜选择清洁水源。主轴密封的结构应保证能够快速更换。

（5）在不影响其他性能的条件下，转轮叶片出水边与抗磨板的厚度应取较大值，保证在一个大修周期内不致磨穿。

（6）水轮机特别是高水头混流式水轮机其顶盖与底环应有足够的刚度,避免水轮机充水后因水压作用导致变形,造成导叶端面间隙的增大。顶盖内腔的设计应避免采用易于造成泥沙沉积的结构。水轮机顶盖与底环应设有更换的抗磨板,宜采用塞焊不锈钢板或带板焊不锈钢,其表面应平整,不宜采用螺钉连接,拼缝应严密平整。

（7）大中型转桨式水轮机叶片背面外缘宜设置裙边,减轻间隙空化引起的叶片背面外缘区和转轮室的磨损。裙边的尺寸与形式宜通过模型试验或有关经验来确定。

（8）导叶立面宜采用硬止水方式,导叶端面不宜采用弹性止水密封结构,导叶端面间隙宜取较小值。导叶轴径密封应采用有利于阻止泥沙进入的密封结构。

11.8.4 金属和非金属抗磨涂层措施

由于水轮机的磨蚀发生在过流部件的金属表面,因此对其表面采取防护减缓磨蚀破坏是比较经济适用的措施之一。

水轮机常用母材和防护材料包括金属材料、金属防护材料与非金属防护材料。

（1）金属材料。包括不锈钢、低合金钢、碳钢等。其应用情况与抗磨蚀性能见表 11-10。

表 11-10　金属材料的应用情况与抗磨蚀措施

材料	应用情况	抗磨蚀性能
碳钢	可用于易磨损部位以外的部位	抗磨蚀性差,但较铸铁好
20SiMn 低合金钢	20 世纪七八十年代应用较多	抗磨蚀性稍强于碳钢
0Cr13Ni4Mo 不锈钢	目前普遍应用	抗磨蚀性好
0Cr13Ni5Mo 不锈钢	部分替代 0Cr13Ni4Mo 应用	抗磨蚀性好
0Cr16Ni5Mo 不锈钢	多用于高水头混流式水轮机	抗磨蚀性好
1Cr18Ni9Ti 不锈钢	20 世纪七八十年代应用较多	抗磨蚀性比 0Cr13Ni5Mo、0Cr16Ni5Mo 等稍差

（2）金属防护材料。包括碳化钨喷涂涂层、喷焊材料、焊材等。其应用情况与抗磨蚀性能见表 11-11。

表 11-11　金属防护材料的应用情况与抗磨蚀措施

材料	使用情况（修复或防护）	抗磨蚀性能
氧乙炔喷焊	小水轮机中应用	抗磨蚀性好,但易变形与开裂
耐磨 I 号焊条	较多用于磨损部件的修复	抗磨蚀性好,易裂但不易打磨
臭 I 02 焊条	较多用于磨损部件的修复	抗磨蚀性较好
WC 涂层（HVOF）	应用较多,不适应空化较强区域	抗磨蚀性好,工艺要求高

（3）非金属防护材料。包括环氧金刚砂涂层、聚氨酯涂层、超高分子量聚乙烯材料

等。其应用情况与抗磨性能见表 11-12。

各种不同材料的力学性能见表 11-13。

表 11-12　非金属防护材料的应用情况与抗磨蚀措施

材料	使用情况	抗磨蚀性能
聚氨酯涂层	部分机组应用	不适于空化区域
环氧金刚砂涂层	部分机组应用,涂层厚度不易控制,型线很难保证	抗磨蚀性好,不适于空化区域
超高分子量聚乙烯	用于抗磨板等,部分机组应用	抗磨蚀性好

表 11-13　各种防护材料的主要力学参数

材料	最大泄水流速（m/s）	涂层厚度（mm）	抗压强度（MPa）	抗拉强度（MPa）	弹性模量（GPa）	与母材黏结强度（MPa）	抗冲磨强度[h/(g·cm²)]	空蚀率（g/h）	抗冲击强度（MPa）
304 不锈钢	40~50	—	—	500~700	200~210	>500	8~12	0.1~0.2	>100
高强度混凝土	30~40	—	50~80	5~10	35~40	3~4(混凝土)	1.8~2.8	0.5~1.5	2~5
硅粉混凝土	40~50	—	50~90	5~10	35~40	3~4(混凝土)	2.0~3.5	0.4~0.8	2~5
普通环氧砂浆	30~40	2~4	60~90	14~18	20~25	>4(混凝土) 20~30(不锈钢)	6.0~8.0	0.2~0.4	10~20
聚氨酯复合树脂砂浆	35~40	2~4	100~120	24~28	15~20	>4(混凝土) 20~30(不锈钢)	10~15	0.05~0.1	23~40
聚氨酯弹性体	40~45	4~6	10~20	40~65	0.2~0.4	>4(混凝土) 20~30(不锈钢)	>20	<0.025	>100
碳化钨涂层	40~50	0.2~0.4	—	—	170~200	80~90(不锈钢)	10~15	0.1~0.2	>100
聚脲	35~40	1.5~3.0	10~28	0.1~0.4		2.5~3.0(混凝土) 8~15(不锈钢)	>20	<0.025	80~100

11.8.5　优化电网调度,避开机组振动区域运行

正确的运行方式对减轻水轮机磨损非常重要。根据水轮机特性,对制造厂家提出运行要求,机组运行要在规定的工况范围内运行。对于转桨式机组,应保持在协联工况下运行,同时尽量避免低水头工况下机组运行在部分负荷区域。

11.8.6　设置筒形阀,防止导叶关闭状态下间隙空蚀破坏

筒形阀设于水轮机顶盖与座环之间,阀体为圆筒,蜗壳充水后筒阀阀体四周均匀受压,基本不承受轴向水推力。阀体开闭为上下直线运行,因而操作力较小,安装精度要求相对较低,阀体只有全开、全关功能,因而上下密封易于实现,且密封性能良好。筒体全开位置缩入顶阀腔内,对水流无任何干扰,因而不影响水轮机流道的效率,筒形阀的结构及

安装位置决定其不需设置阀室,不明显增加机组尺寸,因而不影响厂房尺寸与布置,不会增加厂房投资。筒形阀与水轮机联成一体,属水轮机的一个部件,因而比常用的进水阀结构简单,造价明显降低。筒形阀阀体紧靠导水叶外缘对称承受水压:所需启闭力小,无须充水平压开启,动水关闭快速可靠,因而使机组开停操作程序大大简化,开停机时间比设进水阀机组的明显减少,与靠进水口快速门操作开停机有无可比拟的优越性,加之筒阀随着机组开停机程序同步开闭,可以明显减少机组停机制动时间。

表 11-14 是国内装设筒形阀的水电站工程实例,多泥沙河流水电站过机含沙量较高,机组停机时间隙水流流速很高,会导致导叶间隙空蚀破坏,增大导叶漏水量。而设置筒形阀能有效地保护导水机构,延长大修周期,并且可以避免导叶漏水量过大导致无法停机的风险。经过初步估算,设置筒形阀的漏水量是不设置筒形阀机组导叶漏水量的 2% 左右。此外,与机组进口快速闸门相比,筒形阀安装位置紧靠水轮机进口,能够实现快速动水关闭,可以更快速有效地退出飞逸状态,缩短机组的飞逸时间,减小对机组的破坏。

表 11-14 国内装设筒形阀的水电站工程实例

序号	电站名称	最大水头 (m)	单机容量 N_f (MW)	筒形阀直径 内径/外径	筒形阀高度 (mm)	工艺制造 难度系数 $\Phi \times H_{max}$
1	石泉	47.5	45	5 210/5 450	2 000	259
2	阿海	88	400	9 684/10 004	2 640	880
3	大朝山	87.9	225	7 697/7 937	1 815	698
4	漫湾	89	300	8 018/8 278	1 890	737
5	漫湾	100	250	7 234/7 450	1 450	745
6	梨园	106	600	10 136/10 496	2 480	1 113
7	滩坑	127	200	6 388/6 628	1 128	842
8	董箐	124.5	220	6 330/6 570	1 445.5	818
9	光照	135	270	5 330/6 590	1 340	890
10	小浪底	141.7	306	8 100/8 390	2 000	1 189
11	瀑布沟	154.6	600	8 988/9 348	1 630	1 445
12	糯扎渡	215	650	9 440/9 800	1 360	2 107
13	溪洛渡	230	770	9 520/9 920	1 660	2 282
14	锦屏一级	240	600	8 390/8 750	1 250	2 100
15	小湾	251	700	8 326/8 686	1 435	2 180
16	锦屏二级	318.8	600	8 175/8 625	900	2 750
17	古贤	162.0	350	8 300	1 300	1 377

11.8.7 合理安排机组检修

决定机组大修周期的关键因素是水轮机的磨蚀。检修周期根据水轮机主要过流部件的磨蚀程度确定,黄河上泥沙含量较大的电站,检修周期以 3 ~ 5 年为宜,检修周期过长会加剧磨蚀,得不偿失。

11.8.8 典型工程的水轮机抗磨防护措施应用

11.8.8.1 小浪底水利枢纽

1. 基本情况

小浪底水利枢纽工程坐落在黄河干流中游最后一个峡谷出口,是以防洪、防凌、减淤为主,兼顾供水、灌溉和发电,除害兴利,综合利用为开发目标的巨型水利工程。小浪底水电站是枢纽工程的重要组成部分,总装机容量为 1 800 MW,是河南电网中唯一的大型水电站,建成后在系统中担任调峰、调频任务。

1)泥沙

河流多年平均含沙量为 37.0 kg/m³;泥沙中数粒径 d_{50} 为 0.023 mm。

泥沙矿物组成:石英 <90%,长石 <5%,其他 <5%。

小浪底水库汛期(7 ~ 9 月)不同运用时期过机含沙量及中数粒径见表 11-15。

表 11-15 小浪底水库汛期(7 ~ 9 月)不同运用时期过机含沙量及中数粒径

项目	第 1 ~ 3 年	第 4 ~ 10 年	第 11 ~ 14 年	第 15 ~ 28 年	第 28 年以后
过机含沙量(kg/m³)	7.4	21.5	35.3	64.5	68.6
中数粒径 d_{50}(mm)	0.008 4	0.011	0.013	0.021	0.021

2)水轮机主要参数

水轮机额定水头 H_r 为 112 m,水轮机额定出力 N_r 为 306 MW,水轮机最大出力 N_{max} 为 331 MW,水轮机设计水头 H_0 为 110 m,机组额定转速 n_r 为 107.1 r/min,最大飞逸转速 n_f 为 224 r/min,水轮机额定效率 η_r 为 94.1%,加权平均效率 η(在额定水头下)为 94.58%,水轮机最高效率 η_{max} 为 95.85%。

2. 水轮机的结构设计和抗磨防护措施

为减轻和避免泥沙对水轮机的磨蚀损害,扩大检修周期,延长机组使用寿命,实现电站全年安全正常发电,通过对水轮机结构形式、特点、抗磨蚀防护材质和措施进行的长期研究,小浪底电站水轮机的结构设计和抗磨防护采用了如下措施。

1)设置筒形阀

我国已投运的中、高水头多沙河流电站机组的运行实践表明,机组在停机状态下,因导叶关闭时要承受电站全水头,常使导水叶的立面与端面间隙遭受高含沙水流的喷射影响而加速破坏,导致漏水量增大,进水阀或进水口工作闸门充水平压困难,机组无法实现正常启停。

我国已建大型水电站中,首次使用筒形阀的工程为云南省境内澜沧江上的漫湾水电站,该电站设置筒形阀的主要目的是取代进水口事故闸门,以节约工程投资。该筒形阀的设计生产技术由东方电机厂从加拿大引进。操作机构为 6 只直缸接力器,其同步机构为链条机械同步方式。

在小浪底电站招标设计阶段,尚缺乏漫湾水电站筒形阀的运行经验。

为适应小浪底电站水流的高含沙特性,吸取其他多泥沙电站的运行经验。为确保电站的调峰需要及机组汛期安全运行,消除水轮机在停机状态下,因导叶关闭时承受全压而产生的间隙气蚀和磨损破坏,在水轮机的固定导叶和活动导叶之间设置筒形阀。筒形阀还能起到在事故情况下,当调速系统失灵时安全关闭,切断水流的作用。筒形阀的操作由5只直缸接力器来完成,筒形阀操作接力器的同步是靠计算机控制系统连续测量各液压接力器的位移来实现的。

为方便对机坑内主要过流部件的检修,可利用筒形阀接力器将顶盖提起,以提供进入水轮机流道的进人通道。

2)不设置推力减压系统

在转轮上冠处不设置推力减压系统,以消除流经转轮上冠密封的漏水,避免上止漏环的快速磨损,并消除上冠、顶盖下侧表面的磨损破坏,避免设置均压环管和减压孔而出现的设备损坏和维修工作。与此同时,由于消除了上止漏环的漏水,可使水轮机容积损失减小,从而提高水轮机的效率。

由于推力减压系统的取消,机组水推力负荷增加较多,但由于上止漏环间隙基本不会随运行时间的延长而加大,机组推力负荷的设计也无须考虑运行时间的影响。

3)易于检修、更换易损部件的措施

在水轮机机坑内利用筒形阀接力器提升顶盖,包括导叶及其操作机构、水导轴承支承和其他由顶盖支持的设备,以提供到达导水机构过流表面和转轮过流表面进行维修的优良通道,改善对导叶、导叶端部密封、抗磨板、导叶下轴套、转动和固定止漏环、固定导叶、顶盖下侧、上冠上部和转轮进口区域进行检查、修理或更换部件的工作条件。由于避免了大量的拆卸工作量,该措施将利于减少机组检修时间,延长大修周期。

4)设置环形维修廊道

在围绕底环的下面设置环形维修廊道,可进行导叶下轴套的拆卸、更换工作。

5)止漏环设置要求

在顶盖和基础环上设置一个可移动、可更换的固定止漏环,在转轮下环设置一个可移动、可更换的转动止漏环。转动止漏环的材料硬度略高于固定止漏环,这些止漏环分别与顶盖、基础环和转轮牢牢地固定装配。在转轮上冠外表面,堆焊最小厚度为5 mm的不锈钢层,作为上转动止漏环,与转轮上冠形成整体结构。

6)设置蜗壳弹性垫层

对于小浪底工程所处的水头段,是否要在现场对蜗壳进行打压试验,各工程有不同的做法。经过综合比较后认为,为了节省现场的工作量及机组安装周期,确定采用蜗壳弹性垫层方案。对蜗壳焊缝的检查采取严密的检查方案,这样可节约蜗壳与座环封堵设备,同时有效解决了采用垫层埋设技术带来的机组和厂房震动问题。

7)补气系统

对于机组补气系统的设计,没有采用常见的尾水管设十字架的补气方式,主要是基于该方式对尾水流态将产生一定的影响,同时高的泥沙含量将会造成补气管路的加速破坏。采用的尾水管补气的主要方式为大轴中心孔补气,即在空心的机组主轴内设补气管至发电机层,并设补气单向阀,补气口消声器设在发电机层上游侧夹墙内。补气管管径为 273 mm。

3. 水轮机抗磨防护

为减缓泥沙对水轮机过流部件产生的磨蚀破坏,结合小浪底电站的运行条件,提出了对水轮机过流部件实施抗磨防护的要求。过流部件防护措施及方案如下。

1)防护设计

通过对全流道的流体力学分析计算,可以预见流道中易发生磨蚀破坏的部件及区域,对这些过流部件的抗磨防护措施及工艺做出决定。

2)抗磨防护材质及工艺

对于水轮机过流部件中的高流速区域,利用含氧燃料进行高速热喷涂技术(HVOF),喷涂抗磨金属粉末 WC + C0,所形成的涂层厚度为 0.35 ~ 0.4 mm(分 3 ~ 4 遍实施),表面硬度可达 75 HRC,与母材的黏结强度为 60 ~ 70 N/mm²。对于水轮机的低流速部件如固定导水叶和尾水管进口段则以涂刷聚氨脂(PU)弹性涂层进行保护,与母材的黏结强度可达 25 ~ 29 N/mm²,厚度 1 ~ 2 mm,涂层表面硬度约 90 邵尔。

3)抗磨防护部位及措施

小浪底水电站水轮机流道的抗磨防护部位及措施见表 11-16。每台机组总防护面积达 180 m²,其中转轮部分约 125 m²。

表 11-16　水轮机流道的抗磨防护部位及措施

序号	部件名称	防护部位	防护材料及工艺
1	转轮叶片正面	进、出口区域	WC + C0　HVOF
2	转轮叶片背面	进、出口区域	WC + C0　HVOF
3	转轮下环	内侧	WC + C0　HVOF
4	导叶	头、尾部立面、端面	WC + C0　HVOF
5	上、下抗磨板	过流表面	WC + C0　HVOF
6	固定导叶	过流表面	涂刷 PU
7	尾水锥管进口段	过流表面	涂刷 PU

11.8.8.2　三门峡水电站

1. 电站概况

三门峡水利枢纽于 1960 年 9 月开始蓄水运用,1973 年工程改建后,开始实行"蓄清排浑"的运行方式。三门峡水电站现装了 5 台轴流转桨式水轮发电机组和 2 台混流式水轮发电机组。

5 台轴流转桨式水轮机型号为 ZZ010-LJ-600,最高、最低水头分别为 52 m 和 15 m,设计水头为 30 m,转速为 100 r/min,出力为 51 600 kW,过机流量为 198 m³/s,气蚀系数 $\sigma = 0.395$、$K = 1.5$。

2 台混流式水轮机型号为 HL820-LJ-550,最高、最低水头分别为 47.7 m 和 27.4 m,设计水头为 36 m,转速为 88.2 r/min,出力为 76 531 kW,过机流量为 232.51 m³/s。

2. 过机泥沙特性

根据 1974 年实测过机泥沙资料,每年尤其是汛期,黄河水中挟带大量泥沙,经测算三门峡水电站多年平均输沙量为 16 亿 t,含沙量平均为 37.6 kg/m³;进入水轮机的泥沙基本上集中在汛期 7~10 月,平均过机含沙量为 43 kg/m³,最高过机泥沙含量达 153 kg/m³。

3. 汽蚀磨损对水电站过流部件的危害

三门峡水电站自 1973 年 12 月 26 日第一台机组投入运行,至 1978 年 5 台机组相继投入运行,各机过流部件磨蚀情况(见图 11-12)基本相似。

图 11-12　三门峡电站水轮机泥沙磨损情况

在非汽蚀区(叶片正面、导水叶进口和出口、转轮体上半部、中环柱面),过流部件表面受到比较均匀的侵蚀,在上述区域主要受到泥沙磨损,有些部位表面磨光,有些部位表面变得粗糙,出现不同程度的波纹和鱼鳞坑。

在强汽蚀区(叶片进口头部及外缘角、叶片背面头部外缘三角区、叶片背面外缘 300~400 mm 宽的汽蚀带、吊装孔周围及中环球面),过流部件表面受到不均匀的侵蚀,主要汽蚀类型为翼型汽蚀、间隙汽蚀、局部汽蚀;汽蚀现象呈现大面积的鱼鳞坑,包括深坑、深沟、穿透或蜂窝状。

为了更进一步地阐述汽蚀与磨损对三门峡水电站水轮机过流部件的破坏情况,现以 4# 机组为例做较详细的说明。

4# 机组 1973 年投入运行,1979 年进行首次大修,累计运行 31 000 h,检修时发现:叶片与中环间隙扩大到 50~120 mm;叶片进口边头部削去 150~200 mm,呈不规则锯齿状,外缘呈锋利刀口状,叶片出口边外缘小于 500 mm 处磨薄穿透残缺不全,中环球部铺焊的抗磨铬五铜钢板全部脱落;ZG30 母材及下环磨蚀严重,转轮体表面遍布着鱼鳞坑,深坑

5～10 mm,部分达 15 mm,侵蚀痕迹与水流方向呈 45°。大修时,由于汽蚀磨损的金属补焊量所用的焊条达 9.3 t,耗资 73 万元,工期长达 222 d。

为了避免泥沙对过流部件的汽蚀影响,三门峡水电站自 1980 年起由全年发电运行调整为非汛期发电运行、汛期调相运行,避开了高泥沙水流对机组过流部件的影响,减轻了汽蚀磨损对过流部件的破坏,但汛期不发电,每年损失电量 3 亿～5 亿 kW·h,为充分利用水能资源,经水利部批准,1989～1993 年,三门峡水电站开始进行浑水发电试验,在 1994 年之后进入了汛期发电原型试验阶段。

4. 抗磨蚀材料试验

三门峡水电站自 1973 年第一台机组投运以来,经历了以下几个阶段抗汽蚀磨损材料的试验与研究工作。

第一期试验(1982 年以前):主要是在过流部件上进行了不锈钢板的铺焊、铬五铜钢板铺焊、不锈钢焊条堆焊、环氧金刚砂涂覆等。从试验结果来看,环氧金刚砂涂覆材料在水轮机过流部件的非汽蚀区有很好的表现。在水轮机强汽蚀区,所选用保护措施并未解决强汽蚀区的汽蚀问题。

第二期试验:1982 年夏季,由水电部科技司主持,精心挑选了若干种材料用于试验,本次试验目的在于解决强汽蚀区的汽蚀破坏,试图寻找出一种既抗汽蚀又抗泥沙磨损且能与母材牢固结合的材料。

本阶段试验表明:环氧涂层、尼龙喷涂在强汽蚀区均大面积脱落,起不到长期防护的作用;而金属陶瓷表现良好,除局部发生表皮脱落外,大部分金属陶瓷堆焊区无汽蚀和磨损痕迹,完整如前。用金属陶瓷堆焊了的叶片外缘光滑完整,而用不锈钢焊条堆焊的外缘却出现锋利边缘的深坑(坑深 5～10 mm),这说明金属陶瓷比不锈钢有较好的抗汽蚀磨损性能。

第三、四期试验:在 1983 年进行第三期试验的主要材料有金属陶瓷、耐磨 I 号焊条堆焊、3SFD5、SFD7、SFD46、钴基合金等。第四期试验材料为聚氨酯,试验采用喷涂。试验的目的在于选择一种优良的金属抗磨材料。但是,由于材料选择的局限性和现场施工工艺的限制,除金属陶瓷、CoCrW 显示出较好的抗汽蚀磨损性能外试验没有取得任何突破性进展。

在 20 世纪 80 年代末和 90 年代初,三门峡水电站与有关科研院所及材料生产厂家进行合作,希望在抗汽蚀磨损材料的试验和研究上有一定的突破。

第五期试验:时间在 1989～1991 年的汛期,试验机组选择为 4#、5# 及 2# 机组,这次试验均是利用大修在即将退役报废的叶片上进行的。目的是想通过试验,既能取得一定的经济效益,又能在抗汽蚀方面取得一定成绩。试验项目分机组本身试验和抗汽蚀、磨损材料选择及机组试验。

机组运行试验情况:

本期的汛期发电试验均躲过了高含沙期。从累计 3 年的试验结果来看,过机泥沙含量较低,过流部件汽蚀磨损相对较轻。

北京水科院的 SPHG1 复合板材表现出较好的抗汽蚀性能,叶片头部迎水边直接喷焊的保护层,在发电运行后,完好无损。而喷焊以外的部位破坏十分严重。

GB1 焊条堆焊层表面硬度达 HRC35,具有良好的抗汽蚀性能和广泛的应用前景。

沈阳金属研究所、黄河水利科学研究院、株州清水电焊条厂、西北冶金研究院等科研院所生产的材料、焊条、涂料,经汛期试验,均不十分理想。

经过五期试验特别是 1989 ~ 1991 年的浑水发电试验,试验工作取得了重大进展,初步掌握了机组过流部件的汽蚀磨损破坏部位、特征,并在抗磨蚀材料上和工艺上取得了可喜成果。

第六期试验:试验在 1992 年汛末,在 1# 机组上进行。在材料试验上重点安排了具有良好的抗磨能力的 SPHG1 合金粉末改进材料(SPH2、SPH11、SPH12、SPH15、SPH18)喷涂的细化工艺试验。GB1 焊条扩大堆焊面积试验(同时有 CoCrW、214 焊条及钴基合金、镍基合金、1Cr18Ni9Ti 激光表面处理、Ni3Al 试板试验、电镀复合板铺焊)、高强度合金试验。同时,为了避免水流在叶片背面低压区边缘脱流而造成的间隙汽蚀,选择了 2 个对称叶片进行裙边试验,以获得理想的裙边参数及试验效果。

试验结论如下:

(1)改进后的 SPHG1 合金粉末材料抗汽蚀性能优良,材料表面龟裂基本消除。

(2)GB1 焊条性能优于 CoCrW 和 A132,其焊接性能基本与 A132 相同。

(3)激光重溶处理的镍基合金复合板和 Ni3Al 试板具有较好的抗磨蚀能力。镍基合金复合板无法投入工业应用,影响其推广。Ni3Al 实施中裂纹严重。

(4)电镀复合板铺焊试验表现出较好的抗汽蚀性能,汛期运行后几乎没有破坏。

1992 年 8 月,水利部在三门峡组织召开了"三门峡电站汛期发电机组抗磨科技攻关工作会议",依据会议精神,为使试验成果尽快投入应用,1993 年 1 月在 1# 机组上进行试验。经过材料的筛选和工艺改进,初步筛选出以下几种材料进行大面积推广应用:

SPHG1 合金粉末材料喷焊防护、改进的 GB1 焊条堆焊防护、电镀复合板的铺焊防护、金属陶瓷堆焊防护:合金粉末喷焊防护及 GB1 焊条堆焊防护部位,防护表面基本完好;金属陶瓷及电镀复合板具有良好的抗磨蚀能力,但由于试验时间短,工艺中还存在一定问题,有待于进一步试验。

第七期试验:2000 年完成了三门峡水电站 1# 机组的增容改造工作,改造后的水轮机采用德国福伊特公司的全球型转轮室,转轮体叶片与转轮室的间隙保持在 4 mm,填补了国内全球型转轮室水轮机组的空白,世界上首台全球型转轮室水轮机在三门峡安装成功。

在水轮机转轮室和叶片正面、背面、头部及转轮体等强气蚀区采用碳化钨涂层防护。根据碳化钨涂层特性,在 1# 水轮机过流部件的以下部位:水轮机转轮室、7 个叶片、叶片裙边、转轮体、顶盖、底环、24 个导叶的立面密封面及端面均采用碳化钨涂层防护。

2013 年,电厂引进了一套国际领先的自动 HVOF 喷涂碳化钨设备,该设备采用计算机控制机械手喷涂的方式,具有喷涂工艺精良、生产效率及喷涂涂层质量稳定可靠的特点。

2013 年 11 月至 2017 年 10 月,三门峡水电站 2# ~ 5# 机组进行了机组改造工作,对 4 台机组的转轮室、底环、顶盖及导叶进行了全方位喷涂,喷涂面积达 365 m²。

11.9 小 结

(1)针对高速水流对泄洪建筑物产生的冲刷磨损破坏,各种抗冲磨材料相继出现,如硅粉混凝土、特殊抗冲磨混凝土和表面防护材料等,且各具优缺点,适用于不同特点的水利水电工程。从抑制水分在混凝土和外部环境之间的迁移的思路出发研制的超疏水外加剂新材料 YREC 可减少混凝土干缩开裂 30% 以上,提高开裂应力比 40% 以上,有效减少了裂缝的产生,改善了混凝土的抗磨性能。

(2)针对高含沙水流磨蚀问题,提出钢板内衬抗磨蚀混凝土的新结构,在传统的混凝土—钢板内衬结构上,发明了内衬为抗磨蚀混凝土的泄水排沙孔洞新结构,研发了超疏水高强纤维抗磨蚀混凝土新材料,解决了抗水力劈裂与抗磨蚀相统一的问题。

第 12 章

结　论

一、水沙条件设计技术

设计水沙条件是水利枢纽工程规模论证及效益分析的重要基础条件。多沙河流流域下垫面变化剧烈,实测水沙系列一致性差,系列代表性不足。人类活动使输沙量及其过程发生明显变化时,应在分析近期水沙变化成因的基础上,考虑未来气候和人类活动影响,预估未来水沙变化趋势,合理确定设计沙量。

研究提出,在预估未来水沙变化趋势基础上,采用近期人类活动影响的实测资料建立水沙关系,按近期下垫面条件设计月径流量过程计算现状水平依据站的月沙量过程。设计水平月径流量、输沙量是在现状水平基础上根据设计水平年水量、沙量预测值分别进行缩放求得的;设计水平年历年日流量、输沙率过程根据设计水平年历年各月水沙量与实测历年各月水沙量的比值,对历年各月实测日流量、输沙率进行同比例缩放求得。在基准系列当中,通过系列丰枯分析、滑动平均、均值与方差比较、差积曲线等方法,从中选取设计代表系列参与工程论证,设计水沙代表系列的多年平均径流量、输沙量、含沙量应接近设计水平年长系列的多年平均值,且包含丰、平、枯水沙情况。

二、下游输沙与水库拦沙能力设计

系统分析了黄河流域 30 余条重要支流年均含沙量与宽谷河段河道形态,高含沙水流输沙比例和年均含沙量关系,提出了高、超高、特高含沙量河流分级标准。即年均含沙量为 $10 \sim 100 \ kg/m^3$ 的河流为高含沙河流,年均含沙量为 $100 \sim 200 \ kg/m^3$ 的河流为超高含沙河流,年均含沙量在 $200 \ kg/m^3$ 以上的河流为特高含沙河流。

针对工程泥沙设计以经验设计为主的现状,探明了"水库—河道"联动机制、输沙能量转换机制,以边界能耗最小为原则,创建了水库拦沙能力计算新方法,为拦沙库容设计提供了基础理论。构建了库区泥沙冲淤能耗最小临界形态计算公式,为泥沙淤积形态设计提供了基础理论。

在对黄河泥沙配置途径和潜力深入分析的基础上,考虑下游河道输沙能力,以维持黄河健康生命、黄河下游河床不淤积抬高为目标,通过构建泥沙配置模型,研究了变化环境下黄河泥沙配置方案,给出了未来水沙情景下的最优配置模式,提出入黄泥沙以排为主、拦调结合、适时放淤的配置模式,宜尽量增大黄河中游骨干水库的拦沙库容,同时采取综合治理措施处置泥沙。

三、泥沙模拟技术

多沙河流水库近坝区具有低流速、高含沙、强冲刷、三维特性明显等特征,水流动力转换快,含沙量变幅大,河床冲淤剧烈,基于两相流基本理论,从泥沙颗粒与水流之间、泥沙颗粒之间的相互作用力入手,对水沙两相流理论方程进行了优化,构建了坝区三维水沙数学模型,进行了冲刷和淤积模型验证,并将模型应用于东庄水库和古贤水库。建立了平面二维水沙数学模型、立面二维水沙数学模型及一维水沙数学模型,均进行了模型验证和工程应用。

多沙河流水库库坝区输沙流态和冲淤模式十分复杂,现有模型考虑不全面,难以适应高、超高、特高不同含沙量水库冲淤模拟。为此，调查了四十余座水库，深入研究了库坝区泥沙冲淤规律，分别建立了冲淤模拟方法，经过对三门峡、小浪底、刘家峡、巴家嘴等水库的参数率定，计算精度提高了10%以上。针对坝区冲淤特性，从物理模型相似理论入手，对几何相似、水流运动的重力和阻力相似、悬沙运动相似、水流挟沙力相似、河床变形相似、床沙启动相似等提出了相似比尺公式，并列出了小浪底水库和东庄水库坝区物理模型试验采用的比尺。

四、淤积形态设计

分析总结了水库淤积形态，纵向淤积形态一般有三角洲、带状和锥体等，既有单一形式，又有复合形式，影响因素主要有库区地形条件、来水来沙条件、水库运用方式及水库泄流规模等；横向淤积形态分为淤槽为主、淤滩为主、沿湿周淤积、淤积面水平抬高等，影响因素包括水库运用方式、含沙量及悬移质级配、流速、水深等在横向的分布，附近的河势、断面形态以及水库纵剖面形态等。

研究了水库淤积形态的设计方法，提出多种方法判断水库淤积形态类型，利用经验公式计算分析、数学模型模拟以及基于最小能耗原理理论推导等多种方式进行水库淤积形态设计，并结合多沙河流水库河槽泥沙调节情况，界定了高滩高槽、高滩中槽、高滩低槽等不同状态，开展了设计应用。

五、库容分布和特征水位设计

水库的一般库容指标有死库容、兴利库容、防洪库容、调洪库容等，多沙河流还应考虑拦沙库容、调水调沙库容。多沙河流水库具有死滩活槽的特点，槽库容有冲有淤，传统设计未充分考虑河槽冲淤临界状态，库容分布设计的不合理将可能导致泥沙淤积侵占有效库容，影响工程安全和效益发挥。

通过理论与实测资料分析，揭示了库区存在"高滩深槽、高滩中槽、高滩高槽"三种状态，提出"深槽调沙、中槽兴利、高槽调洪"的库容分布设计原则，构建了完整的淤积形态设计技术，实现了拦沙库容、调水调沙库容、兴利库容、防洪库容的分布与淤积形态耦合设计，突破了传统的设计方法。

针对目前多沙河流水库回水计算基底边界不明确，可能导致移民回水超出设计范围，诱发社会问题，提出了基于高滩高槽推算移民水位的新方法，确立了水库淹没水位设计新规则。在此基础上，确定了多沙河流水库运用的特征水位。

六、超高含沙河流水库拦沙库容再生利用技术

多沙河流主要通过水库拦沙实现对下游河道减淤，目前工程设计理念是拦沙库容淤满后即失去拦沙减淤功能。为持续发挥水库拦沙减淤效益，首次提出了在死水位以下创造坝前临时泥沙侵蚀基准面实现部分拦沙库容再生利用的设计理念。

针对超高含沙量河流水库拦沙库容淤损后无法重复利用的世界级难题，提出在正常排沙孔以下增设低位非常排沙孔洞，发明了孔洞平面位置、进口高程、泄流规模等设计技术，为在死水位以下快速形成坝前临时泥沙侵蚀基准面、实现拦沙库容再生利用创造了工程条件。

结合东庄水库水沙特性,提出低位非常排沙孔洞采用"相机泄空,实时回蓄"的调度方式,并确定了启用的水沙条件、泄水流量、回蓄时机,新技术应用使水库拦沙库容恢复 20% 以上,并永续利用,破解了水库泄空冲刷与后期用水之间难以协调的矛盾。

七、特高含沙河流水库分置开发技术

多沙河流供水水库面临着汛期供水和有效库容保持的双重矛盾,这在特高含沙河流上尤为突出。若采用传统的单库开发模式,汛期蓄水运用则无法保证水库有效库容,汛期排沙运用则无法满足供水要求。为此,本研究创建了特高含沙河流水沙分置开发模式,提出干流大库调控泥沙、调蓄水库调节供水,开辟了特高含沙量河流重大水工程开发新途径。

针对并联水库兴利库容联合配置问题,创建了供水保证率、引沙量、工程投资、经济效益等方案评价体系,研发了并联水库"径流调节库容—泥沙调控库容"联合配置模型,建立了并联水库兴利库容联合配置设计技术,科学确定了两库兴利库容规模。

甘肃省马莲河年平均入库含沙量高达 280 kg/m³,为世界上含沙量最高的供水水库,采用传统的单库开发模式,工农业用水无法保障。采用新技术,提出干流贾嘴水库加支流砚瓦川调蓄水库的并联开发方案,使工业用水保证率由 56.6% 提高到 95.0%,农业用水保证率提高到 86.0%。

八、防淤堵技术

从已建水利枢纽泄水孔洞淤堵情况、三维数学模型计算和坝区泥沙物理模型试验等方面研究了坝区复杂的水流和泥沙运动,揭示了坝前泥沙淤堵机制。已建水利枢纽的防淤堵措施主要有合理布置泄水建筑物,确定泄水孔洞前允许淤沙高程(合理的泥沙淤积厚度),制定合理的泄洪排沙调度运用方式,防止闸门前泥沙累积性淤积;每年定期对泄水孔洞闸门进行试门,检验主要泄洪闸门设施运行是否正常,防止闸门前泥沙淤堵;及时清理进水塔前的树根、高秆作物、杂草等杂物。

综合考虑可能发生的淤堵情况,制定泄水建筑物进水口防淤堵和淤堵后应急方案。其中,合理布置泄水建筑物,确定泄水孔洞前允许淤沙高程,制定合理的泄洪排沙调度运用方式是泄水建筑物防淤堵的关键。统计了已建水库坝前冲刷漏斗形态,提出了坝前漏斗形态设计方法,可为多沙河流水利枢纽泄水建筑物防淤堵提供技术支撑。

九、坝面浑水压力设计

浑水容重是大坝结构受力安全设计的关键环节之一。浑水压力模拟试验和浑水压力模型试验证明,高含沙量水体的水平压强与竖向压强基本一致,且与浑水容重成正比。天然河流中,坝前浑水含沙量垂线分布会随含沙量增大发生根本性变化,工程浑水容重设计时应考虑含沙量变化而区别对待。

多沙河流流变特性和枢纽运行工况复杂,坝前浑水压力难以确定,设计规范没有明确。我们深入分析了已建水库坝前上万组次的含沙量垂线分布资料,研发了基于水沙两相流理论建立的坝区三维泥沙数学模型;突破了高、超高、特高含沙量水流的试验技术,构建了坝区物理模型。开展了不同来水来沙和运用组合条件下数学模型计算和物理模型试

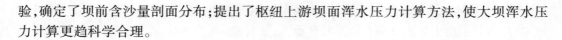

验,确定了坝前含沙量剖面分布;提出了枢纽上游坝面浑水压力计算方法,使大坝浑水压力计算更趋科学合理。

十、抗磨蚀防护技术

针对高速水流对泄洪建筑物产生的冲刷磨损破坏,从抑制水分在混凝土和外部环境之间迁移的思路出发,研制出了超疏水外加剂新材料 YREC,可减少混凝土干缩开裂 30%以上,提高开裂应力比 40%以上,有效减少了裂缝的产生,改善了混凝土的抗磨性能。针对高含沙水流磨蚀问题,提出钢板内衬抗磨蚀混凝土的新结构,在传统的混凝土—钢板内衬结构上,发明了内衬为抗磨蚀混凝土的泄水排沙孔洞新结构,研发了超疏水高强纤维抗磨蚀混凝土新材料,解决了抗水力劈裂与抗磨蚀相统一的问题。

参 考 文 献

[1] 中华人民共和国住房和城乡建设部.工程泥沙设计标准:GB 51280—2018[S].北京:中国计划出版社,2018.

[2] 中华人民共和国水利部.水利水电工程水文计算规范:SL 278—2002[S].北京:中国水利水电出版社,2002.

[3] 国家能源局.水电工程泥沙设计规范:NB/T 35049—2015[S].北京:中国电力出版社,2015.

[4] 涂启华,杨赉斐.泥沙设计手册[M].北京:中国水利水电出版社,2006.

[5] 梅锦山,侯传河,司富安.水工设计手册 第2卷 规划、水文、地质[M].2版.北京:中国水利水电出版社,2014.

[6] 杨庆安,龙毓骞,缪凤举.黄河三门峡水利枢纽运用与研究[M].郑州:河南人民出版社,1995.

[7] 李景宗.黄河小浪底水利枢纽规划设计丛书 工程规划[M].北京:中国水利水电出版社,郑州:黄河水利出版社,2006.

[8] 王左,何惠,魏新平.我国水文站网建设与发展[J].水文,2016,26(3):42-44.

[9] 邓坚.中国水文发展现状与展望[C]//2012中国水文学术讨论会论文集.南京:河海大学出版社,2012.

[10] 张家军,刘彦娥,王德芳.黄河流域水文站网功能评价综述[J].人民黄河,2013,35(12):21-23.

[11] 朱鉴远.水利水电工程泥沙设计[M].北京:中国水利水电出版社,2016.

[12] 刘晓燕,等.黄河近年水沙锐减成因[M].北京:科学出版社,2016.

[13] 黄河水利委员会,中国水利水电科学研究院.黄河水沙变化研究[R].郑州:黄河水利委员会,2015.

[14] 黄河水利委员会.人民治黄70年黄河治理开发与保护成就及效益[R].郑州:黄河水利委员会,2015.

[15] 黄河勘测规划设计有限公司.黄河水沙变化及古贤入库水沙设计专题报告[R].郑州:黄河勘测规划设计有限公司,2018.

[16] 王延贵,刘茜,史红玲.江河水沙变化趋势分析方法与比较[J].中国水利水电科学研究院学报,2014,12(2):190-195.

[17] 姚文艺,冉大川,陈江南.黄河流域近期水沙变化及其趋势预测[J].水科学进展,2013,24(5):607-616.

[18] 黄河勘测规划设计有限公司.黄河流域水文设计成果修订[R].郑州:黄河勘测规划设计有限公司,2017.

[19] 张金良,刘继祥,万占伟,等.黄河2017年第1号洪水雨洪泥沙特性分析[J].人民黄河,2017,39(12):14-17.

[20] 安催花,万占伟,张建,等.黄河水沙情势演变,水利科学与工程前言(上)[M].北京:科学出版社,2017.

[21] 万占伟,安催花,李庆国.黄河水沙变化及设计水沙条件[J].人民黄河,2013,35(10):26-29.

[22] 张金良,郜国明.关于建立黄河泥沙频率曲线问题的探讨[J].人民黄河,2003,25(12):17-18.

[23] 张金良.黄河泥沙入黄的机理及过程探讨[J].人民黄河,2017,39(9):8-12.

[24] 赵世来.基于两相流理论的低浓度挟沙水流运动数值模拟[D].武汉:武汉大学,2007.

［25］梁在潮,刘士和,张红武.多相流与紊流相干结构[M].武汉:华中理工大学出版社,1994.

［26］Wu W M,Rodi W,Wenka T. 3D numerical model for suspended sediment transport in open channels[J]. J. Hydr. Engrg. ,ASCE,2000,126(1):4-15.

［27］Van Rijn,L C. Methamatical Modeling of morphological processes in the case suspended sediment transport[J]. Delft Hydr. Communication, 1987, 382.

［28］Phillips B C,Sutherland,A J. Spatial lag effects in bed load sediment transport[J]. J. Hydr. Res. ,Delft, The Netherlands,1989,27(1): 115-133.

［29］Wellington N B. A sediment-routing model for alluvial streams[J]. M. Eng. Sc. dissertation, University of Melbourne, Australia. 1978.

［30］SanJiv K Sinha, Fotis Sotiropoulos. Three-dimensional numerical model for flow through natural rivers[J]. Journal of Hydraulic Engineering, ASCE, 1998,124(1):13-24.

［31］崔占峰.三维水流泥沙数学模型[D].武汉:武汉大学,2006.

［32］夏云峰.感潮河道三维水流泥沙数值模型研究与应用[D].南京:河海大学,2002.

［33］Van Rijn L C. Sediment Transport part Ⅲ:bed form and alluvial roughness[J]. Journal of Hydraulic Engineering, ASCE, 1984,110(12):1733-1754.

［34］Rodi W. Turbulence models and their application in hydraulics[C]. 3rd ED,IAHR Monograph,Balkema,Rotterdam, The Netherlands,1993.

［35］夏云峰,薛鸿超.非正交曲线同位网格三维水动力数值模型[J].河海大学学报(自然科学版),2002,30(6):74-78.

［36］杨向华,陆永军,邵学军.基于紊流随机理论的航槽三维流动数学模型[J].海洋工程,2003,21(2):38-44.

［37］Mellor G,Blumberg A. Modeling vertical and horizontal diffusivities with the sigma coordinate system[J]. Monthly Weather Rev,2003(113):1379-1383.

［38］槐文信,赵明登,童汉毅.河道及近海水流的数值模拟[M].北京:科学出版社,2004.

［39］柏威,鄂学全.基于非结构化同位网格的 SIMPLE 算法[J].计算力学学报,2003(20):702-710.

［40］Xin W, Xu H, Bai Y. River pattern discriminant method based on resistance parameter and activity indicators[J]. Geomorphology, 2018, 303:210-228.

［41］辛玮琰.基于河流阻力参数与活动指标的河型判别法[J].水力发电学报,2018,37(4):90-100.

［42］Xu H , Bai Y , Li C . Hydro-instability characteristics of Bingham fluid flow as in the Yellow River[J]. Journal of Hydro-environment Research, 2018, 20:22-30.

［43］宋晓龙,白玉川.基于河流阻力规律的河型统计与分类[J].水力发电学报,2018,37(1):49-61.

［44］黄哲,白玉川.渗流作用下的泥沙运动研究综述[J].泥沙研究, 2017(6):73-80.

［45］Zhe Huang,Yuchuan Bai,Haijue Xu, et al. A Theoretical Model to Predict the Critical Hydraulic Gradient for Soil Particle Movement under Two-Dimensional Seepage Flow[J]. Water, 2017.

［46］白玉川,王令仪,杨树青.基于阻力规律的床面形态判别方法[J].水利学报, 2015, 46(6):707-713.

［47］徐海珏,熊润东,白玉川,等.基于两相流模式的水流挟沙力研究[J].泥沙研究, 2014(5):48-53.

［48］Bai Y , Xu H . Hydrodynamic instability of hyperconcentrated flows of the Yellow River[J]. Journal of Hydraulic Research, 2010, 48(6):742-753.

［49］白玉川,徐海珏.高含沙水流流动稳定性特征的研究[J].中国科学, 2008(2):135-155.

［50］韩其为.水库淤积[M].北京:科学出版社,2003.

[51] 张瑞瑾. 河流泥沙动力学[M]. 北京:中国水利水电出版社,1998.

[52] 谢鉴衡,丁君松,王运辉. 河床演变及整治[M]. 北京:水利电力出版社,1990.

[53] 钱宁,张仁,周志德. 河床演变学[M]. 北京:科学出版社,1987.

[54] 杨国录. 河流数学模型[M]. 北京:海洋出版社,1993.

[55] 梁忠民,钟平安,华家鹏. 水文水利计算[M]. 北京:中国水利水电出版社,2006.

[56] 吴巍,周孝德,王新宏,等. 多泥沙河流供水水库水沙联合优化调度的研究与应用[J]. 西北农林科技大学学报(自然科学版),2010(12):221-228.

[57] 姜乃森,傅玲燕. 中国的水库泥沙淤积问题[J]. 湖泊科学,1997(1):1-8.

[58] 夏迈定,程永华,程建民. 黑松林水库泥沙处理技术的研究及应用[J]. 泥沙研究,1997(4):7-13.

[59] 杨桂红,沈英浩. 闹德海水库水沙特性分析[J]. 东北水利水电,2007(2):37.

[60] 胡涛,郑方帆. 库区清淤方式探讨和应用[J]. 浙江水利科技,2013(1):27-28.

[61] 杨乃蘅. 浅析解决水库淤积问题的途径[J]. 中国东盟博览,2012(7):172.

[62] 宋彩朝. 水土保持综合治理对闹德海水库径流泥沙特性的影响[J]. 水土保持应用技术,2013(2):43-44.

[63] 黄河勘测规划设计有限公司.泾河东庄水利枢纽初步设计报告[R].郑州:黄河勘测规划设计有限公司,2018.

[64] 李立刚. 黄河小浪底水库库区泥沙冲淤规律及减淤运用方式研究[D]. 南京:河海大学,2005.

[65] 贾恩红. 青铜峡水库泥沙冲淤分析[D]. 西安:西安理工大学,2002.

[66] 张跟广.水库溯源冲刷模式初探[J]. 泥沙研究,1993(3):86-94.

[67] 程永华,张志恒,谢水生. 中小型水库的增容与保持库容[J]. 水利水电技术,2001,32(1):60-70.

[68] 吴腾.坝区水沙立面二维数学模型研究[D].武汉:武汉大学,2005.

[69] 张耀新,吴卫民. 剖面二维非恒定悬移质泥沙扩散方程的数值方法[J]. 泥沙研究,1999(4):40-45.

[70] 余明辉,吴腾,杨国录.剖面二维水沙数学模型及其初步应用[J].水力发电学报,2006,25(4):66-69.

[71] 方春明,韩其为,何明民.异重流潜入条件分析及立面二维数值模拟[J].泥沙研究,1997(4):68-75.

[72] 曹志先. 水沙两相流立面二维数学模型及数值方法研究[D].武汉:武汉水利电力大学,1991.

[73] 韩其为,陈绪坚,薛晓春.不平衡输沙含沙量垂线分布研究[J].水科学进展,2010,21(4):512-522.

[74] 胡涛,吴红雨,李聪. 悬移质含沙量沿垂线分布理论研究综述与检验[J].广东水利水电,2012(8):1-3.

[75] 彭杨,李义天,槐文信.异重流潜入运动的剖面二维数值模拟[J].泥沙研究,2000(6):25-30.

[76] 解河海,张金良,刘九玉. 小浪底水库异重流垂线流速分布和含沙量分布研究[J].人民黄河,2010,32(8):25-29.

[77] 邱金营,庄田贺一,陈飞勇,等.河道及水库清淤工程技术.首届河海沿岸生态保护与环境治理、河道清淤工程技术交流研讨会[C].2008:79-84.

[78] 徐国宾,任晓枫. 坝前淤泥对闸门启门力影响的模拟相似性及方法[J].水利学报,2000(9):61-64.

[79] 练继建,徐国宾,杨敏,等.青铜峡水库坝前清淤问题研究[C]水利部黄河研究会. 2006 年黄河小浪底水库泥沙处理关键技术及装备研讨会论文集,2006:123-134.

［80］朱旭萍，廖昕宇，张松宝，等.西霞院水库库区防淤堵情况分析［J］.水利科技与经济,2014,20(9)：10-12.

［81］陈丽晔，王春，姚宏超，等.西霞院水库闸前泥沙防淤堵设计［J］.人民黄河,2011,33(9)：104-105.

［82］李立刚.黄河小浪底工程预防泥沙淤积的工程措施和减淤运用实践［J］.红水河,2005,24(4)：71-74.

［83］中华人民共和国水利部.河工模型试验规程:SL 99—2012［S］.北京:中国水利水电出版社,2012.

［84］中华人民共和国水利部.水工模型试验规程:SL 155—2012［S］.北京:中国水利水电出版社,2012.

［85］中国水利学会泥沙专业委员会.泥沙手册［M］.北京:中国环境科学出版社,1989.

［86］黄伦超.水工与河工模型试验［M］.郑州:黄河水利出版社,2008.

［87］谢鉴衡.河流模拟［M］.北京:水利电力出版社,1990.

［88］张红武，等.黄河高含沙洪水模型相似率［M］.郑州:河南科学技术出版社,1994.

［89］南京水利科学研究院.黄河小浪底枢纽泥沙研究(报告汇编)［R］.南京:南京水利科学研究院,1993.

［90］黄委会水利科学研究院.黄河小浪底泥沙模型试验研究(报告汇编)［R］.郑州:黄委会水利科学研究院,1993.

［91］屈孟浩.黄河动床模型设计模型试验［M］.郑州:黄河水利出版社,2005.

［92］黄河水利科学研究院.小浪底水库动床模型试验研究［M］.郑州:黄河水利出版社,2012.

［93］惠遇甲，王桂仙.河工模型试验［M］.北京:中国水利水电出版社,1999.

［94］李昌华.河工模型试验［M］.北京:中国水利水电出版社,1999.

［95］夏震寰，等.水库泥沙［M］.北京:中国水利电力出版社,1988.

［96］刘培斌,孙东坡.河流工程问题数值模拟理论与实践［M］.郑州:黄河水利出版社,1999.

［97］钱宁,万兆惠.泥沙运动力学［M］.北京:科学出版社,1983.

［98］张瑞瑾,等.河流泥沙动力学［M］.北京:水利水电出版社,1989.

［99］王士强.黄河泥沙冲淤数学模型研究［J］.水科学进展,1996(3):193-199.

［100］张红武.挟沙水流中含沙量沿垂线的分布规律［J］.泥沙研究,1997(1):35-41.

［101］张瑞瑾.关于河道挟沙水流比尺模型相似律问题［J］.武汉水利电力学院学报,1980(9).

［102］窦国仁.全沙模型相似律及设计实例［J］.水利水运科技情报,1977(3).

［103］高亚军,刘长辉.细颗粒煤粉的密实过程及其对起动流速的影响［J］.河海大学学报(自然科学版),1999,27(4):54-59.

［104］黄河水利科学研究院,清华大学,等.小浪底水库淤积形态的优选与调控［R］.郑州:黄河水利科学研究院,2012.